Baumwanzen 8,

Zikaden **12, 64**

Stelzenwanzen **9**

WANZEN **8-13, 64**

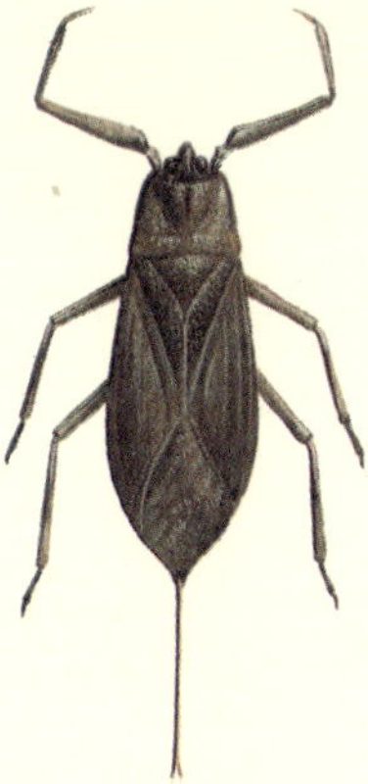

Wasserwanzen **11**

Termiten **103-106**

Schmetterlingshafte **14**

Netzflügler **15**

Skorpionsfliegen **15**

SCHMETTERLINGE **16-27**

Insekten Mitteleuropas

Insekten Mitteleuropas

Ein Taschenbuch für Zoologen und Naturfreunde

Von Michael Chinery

Übersetzt und bearbeitet von

Dr. Irmgard Jung und Dr. Dieter Jung

Institut für Allgemeine Zoologie
der Freien Universität Berlin

Illustriert von

Gordon Riley, Denis Ovenden
und Brian Hargreaves

Ergänzt durch Zeichnungen von
Carla-St. Friedemann und Peter Adam

3. bearbeitete Auflage

Mit 1580 Abbildungen, davon 924 farbig,
im Text, auf Vorsatzblättern und auf 64 Tafeln

Verlag Paul Parey · Hamburg und Berlin

Die Originalausgabe erschien unter dem Titel
A Field Guide to the Insects of Britain
and Northern Europe
im Verlag Collins Publishers, London

1. Auflage: November 1976
2. Auflage: September 1979
3. Auflage: März 1984

CIP-Kurztitelaufnahme der Deutschen Bibliothek

Chinery, Michael:
Insekten Mitteleuropas : e. Taschenbuch für Zoologen u. Naturfreunde / von Michael Chinery. Übers. u. bearb. von Irmgard Jung u. Dieter Jung. Ill. von Gordon Riley . . . – 3., bearb. Aufl. – Hamburg ; Berlin : Parey, 1984.
Einheitssacht.: A field guide to the insects of Britain and Northern Europe <dt.>
ISBN 3-490-14018-4

NE: Jung, Irmgard [Bearb.]

ISBN 3-490-14018-4

 Anschriften: Spitalerstr. 12, D-2000 Hamburg 1; Lindenstr. 44–47, D-1000 Berlin 61. Printed in Germany by Westholsteinische Verlagsdruckerei Boyens & Co., Heide/Holstein. Umschlag- und Einbandgestaltung: Jan Buchholz und Reni Hinsch, Hamburg, unter Verwendung des von Preben Dahlstrom für die englische Originalausgabe entworfenen Umschlages.

Danksagung des Autors

Dieses Buch hätte ohne die Hilfe vieler nicht entstehen können, und so ist es mir eine Freude, hier vielen Freunden und Kollegen meinen Dank abzustatten. Besonders danken möchte ich Dr. Paul Freeman, dem Leiter der entomologischen Abteilung des British Museum (Natural History), und folgenden seiner Mitarbeiter, die stets bereit waren, mit mir entstehende Probleme zu erörtern, das Manuskript kritisch durchzusehen und die mir und meinen Zeichnern jederzeit Zugang zu den Sammlungen des Museums gestatteten: Dr. J. D. Bradley, P. S. Broomfield, Dr. T. Clay, B. H. Cogan, A. L. Goodson, D. E. Kimmins, Dr. W. J. Knight, Frau J. A. Marshall, H. Oldroyd, der verstorbene J. V. Pearman, R. D. Pope, Dr. D. R. Ragge, W. A. Sands, F. G. A. M. Smit, P. H. Ward und Dr. I. H. H. Yarrow. Ferner bin ich Herrn G. E. Woodroffe zu Dank verpflichtet, der mich bei den Abschnitten *Hemiptera* und *Coleoptera* sehr unterstützte. Ich muß jedoch betonen, daß die genannten Damen und Herren in keiner Weise für irgendwelche Fehler in diesem Buche verantwortlich sind.

Bei der Zusammenstellung dieses Feldführers habe ich auf eine große Zahl bereits vorhandener Werke zurückgegriffen. Der Royal Entomological Society of London danke ich für die Erlaubnis zur Bearbeitung und Übernahme der Schlüssel für die Gruppen der *Plecoptera, Diptera* und *Coleoptera* aus ihren Handbooks for the Identification of British Insects. Der Frederick Warne & Co. Ltd. danke ich für die Genehmigung zur Bearbeitung und Übernahme des Schlüssels für die Familien der *Heteroptera* aus Southwood und Leston, Land and Water Bugs of the British Isles.

Sehr dankbar bin ich meinen drei Kollegen Brian Hargreaves, Denys Ovenden und Gordon Riley für die Sorgfalt, mit der sie die Insekten bis zur letzten Ader und Borste gemalt und gezeichnet haben. Denys Ovenden möchte ich noch besonders für die Begleitung auf verschiedenen Exkursionen zur Beschaffung des Materials für diese Arbeit danken. Mein Dank gebührt auch Herrn I. M. Evans vom Leicester-Museum, der eine große Zahl der im Buche abgebildeten Tiere zur Verfügung stellte.

Viele andere, zu zahlreich, um sie hier alle einzeln nennen zu können, haben mich beim Entstehen dieses Buches unterstützt. Ich möchte aber wenigstens Sheila Kinsey und Sylvia Bambridge noch nennen, die die umfangreichen Schreibarbeiten für das Manuskript durchgeführt haben. Und schließlich gebührt mein Dank meiner lieben Frau Jill, die sich über viele Jahre mit einem Haus voller lebender und toter Insekten abgefunden hat und die mir kürzlich noch einen Käfer mit der Bemerkung brachte: „Der muß interessant sein – er hat mich gerade gebissen."

Hundon, Suffolk, 1973 — Michael Chinery

Vorwort der Übersetzer und Bearbeiter zur dritten Auflage

Bei der Neubearbeitung des „Chinery", der seit seinem ersten Erscheinen zu einem festen Begriff geworden ist, konnten wir eine immer wieder gewünschte Veränderung durchführen: Alle Tafeln und Tafellegenden wurden am Ende des Bandes zusammengefaßt. Wir hoffen, daß dadurch das Lesen des Textes und auch die Benutzung der Abbildungen im Gelände einfacher geworden sind.

Veränderungen im System und Namensänderungen haben wir berücksichtigt, soweit sie sich allgemeiner durchgesetzt haben.

Für Ergänzungen und Korrekturen danken wir den Kollegen Dr. W. Altenkirch, Dr. H. Dathe, M. Gerstberger, G. Harter, Dr. P. Herger, Prof. Dr. G. Jurzitza, Prof. Dr. G. Lampel, Prof. Dr. D. Matthes, Prof. Dr. W. Peters, Dr. J. Schönherr, Prof. Dr. W. Schwenke und Dipl.-Biol. W. Zimmermann. Besonders dankbar sind wir Herrn Prof. Dr. K. Schmidt für die Durchsicht und Neuaufstellung der Hymenopteren-Schlüssel.

Berlin, im März 1984

Dr. Irmgard Jung

Dr. Dieter Jung

Vorwort der Übersetzer und Bearbeiter zur zweiten Auflage

Zwanzig Jahre Tätigkeit in Kursen und Bestimmungsübungen des biologischen Grundstudiums haben uns deutlich werden lassen, wie hilfreich ein praktischer, gut illustrierter Feldführer bei dem Bemühen sein kann, einen Überblick über die unerhörte Mannigfaltigkeit der Insekten zu gewinnen.

Natürlich kann ein solches Bestimmungsbuch deshalb nicht wie bei den Vögeln oder den Säugetieren die einzelne Art zum Mittelpunkt seiner Betrachtung machen. Die Vielfalt der Formen erfordert eine Beschränkung auf die großen Gruppen, die Ordnungen und die Familien, die anhand einzelner Arten beispielhaft dargestellt werden. Diesen Weg ist Michael Chinery mit seinem Feldführer gegangen. Er hat das so überzeugend getan, daß wir gern der Bitte des Verlages Paul Parey gefolgt sind, sein Buch zu übersetzen und für das mitteleuropäische Verbreitungsgebiet zu bearbeiten. Hunderte von farbigen Tafelabbildungen und Zeichnungen im Text erschließen den Zugang zu allen Insekten-Familien bzw. Überfamilien unseres Raumes. Einfache, durch charakteristische Skizzen erläuterte Bestimmungsschlüssel erleichtern die Überprüfung der ersten Ansprache. Ihrer Vertiefung dienen naturkundliche Einführungen zu den einzelnen Insektenordnungen und ihren Familien mit Hinweisen auf Erkennungsmerkmale, Lebensraum und Lebensweise, Nahrung und Verhalten. Auf diese Weise ist ein Feldführer entstanden, der auch dem mit der Insektenwelt weniger Vertrauten die systematische Einordnung seiner Beobachtungen und Funde ermöglicht.

Bei der Bearbeitung haben wir den mitteleuropäischen Bereich stärker berücksichtigt, als das in der englischen Originalausgabe der Fall ist. Vier zusätzliche Tafeln und zahlreiche weitere Textabbildungen wurden deshalb dem Buch hinzugefügt. Wir danken Frau Carla-St. Friedemann sehr herzlich dafür, daß sie sie gezeichnet hat.

Einige Bestimmungsschlüssel haben wir verändert und erweitert, weil die herangezogenen Merkmale, wie z. B. bei den Heuschrecken, Ohrwürmern und Wanzen, nicht alle Festlandsformen erfaßten. Neuere biologische Erkenntnisse wurden nach Möglichkeit berücksichtigt. In systematischer Hinsicht wurden einige Anpassungen an das auf Hennig zurückgehende Insektensystem vorgenommen, entsprechend der im deutschsprachigen Raum vorherrschenden Lehrmeinung. Das geschah, um Anfängern und Lernenden ein möglichst übersichtliches Bild zu vermitteln. Schließlich war das Literaturverzeichnis dem Verbreitungsgebiet der deutschen Ausgabe anzupassen.

Der Autor Michael Chinery hat unsere Arbeit durch wertvolle Hinweise auf notwendige Änderungen und Ergänzungen unterstützt. Dafür gilt ihm unser besonderer Dank.

Wir hoffen, daß das Buch sich für alle als nützlich erweisen wird, die an der Bestimmung von Insekten und an ihrer Systematik interessiert sind. Für Hinweise auf mögliche Ergänzungen oder notwendige Berichtigungen wären wir dankbar.

Berlin, im September 1979

Dr. Irmgard Jung
Dr. Dieter Jung

Inhalt

Verzeichnis der Tafeln

Zur Benutzung des Buches

Die *Vorsatzblätter* am Anfang und am Ende des Buches bilden ein Insekt aus jeder Ordnung ab, das in Mitteleuropa vorkommt. Sie sind alle annähernd in natürlicher Größe wiedergegeben, ausgenommen jene in blauen Kreisen auf dem hinteren Vorsatzblatt. Man suche sich die Abbildung aus, die dem zu bestimmenden Tier am ähnlichsten ist, und schlage dann die darunter angegebenen Tafeln oder Seiten auf.

Auf den *Tafeln* sind Beispiele für alle größeren Familien abgebildet. Sie wurden so ausgewählt, daß sie die charakteristischen Merkmale der jeweiligen Familie gut zeigen.

In den *Tafelerläuterungen*, die jeweils der Tafel gegenüberstehen, findet man die Namen der abgebildeten Arten sowie eine kurze Angabe darüber, woran die Ordnung und die Familie, zu denen das Tier gehört, zu erkennen sind. Sofern notwendig, sind hier auch die Bestimmungsmerkmale vergrößert abgebildet. Die Zeichen ▲ vor einer Art und △ vor einer Familie geben an, daß diese normalerweise *nicht* im behandelten Gebiet vorkommen. Die meisten auf den Tafeln abgebildeten Tiere sind vergrößert wiedergegeben. Es ist entweder der Grad dieser Vergrößerung (z. B. 1,5fach = das 1,5fache der natürlichen Größe) oder aber die Wiedergabe in natürlicher Größe (nat. Gr.) angegeben. Die Zahlen verweisen auf die Textseiten, auf der die betreffende Form ausführlich behandelt wird.

Text: Nach einer allgemeinen Einführung in die Anatomie und Biologie der Insekten findet man auf den Seiten 50 bis 56 einen Schlüssel für die Insektenordnungen, die in Europa vorkommen. Folgt man der Benutzungsanweisung auf Seite 48, sollte es möglich sein, jedes Insekt einwandfrei seiner Ordnung zuzuordnen.

Bei nahezu allen Ordnungen findet man ferner Schlüssel für die Familien. Nur die Ordnungen der Schmetterlinge, Hautflügler und Käfer enthalten so viele Familien, daß sich hier die Angaben des Schlüssels auf die Überfamilien beschränken müssen. Will man in diesen Gruppen weiter als bis zur Überfamilie bzw. den beispielhaft im Text erwähnten Familien bestimmen, muß man auf die im Literaturverzeichnis genannte weiterführende Bestimmungsliteratur zurückgreifen.

Einführung

In der geschichtlichen Entwicklung des Lebens auf dieser Erde spielten die Insekten eine hervorragende Rolle und spielen sie noch – zum Nutzen und zum Schaden der Menschheit.

In keiner anderen Gruppe der Tierwelt gibt es eine solche Mannigfaltigkeit der Formen und Farben, der Lebensweisen und Lebensräume wie bei den Insekten. Viele Menschen betrachten sie als lästig oder gar ekelerregend. Dennoch ist die Gruppe derer nicht klein, die ihnen aus Liebhaberei oder aus beruflichen Gründen besonderes Interesse entgegenbringen und sie vielleicht sogar sammeln. Für sie ist dieses Buch bestimmt, und damit zugleich für alle Naturfreunde, die wissen möchten, welchem Tier – welchem Insekt – sie in der freien Natur begegnen.

Es ist schwer, eine allgemeine Definition der Insekten zu geben, sieht man einmal davon ab, daß die meisten von ihnen zu irgendeinem Zeitpunkt ihres Lebens 6 Beine besitzen. Es gibt so viele Insektenarten, die sich so stark voneinander unterscheiden, daß keine Definition alle diese Unterschiede umgreifen kann. Am einfachsten ist es, all jene Merkmale zu benennen, die Insekten von anderen Tieren unterscheiden.

Die Insekten gehören zu dem Tierstamm der Arthropoda – ein Name, der sich auf den gegliederten Körper und die gegliederten Beine bezieht. Der Körper der Arthropoden ist von einem harten Außenpanzer umgeben. Weiche Verbindungshäute zwischen den einzelnen Körperregionen ermöglichen eine Beweglichkeit.

Neben den Insekten gehören zu den *Arthropoden* die Crustaceen (Krebstiere wie Krabben, Garnelen, Seepocken), die Myriapoden (Tausendfüßer, Steinkriecher) und die Arachniden (Spinnentiere wie Skorpione, Webspinnen, Milben u. a.). Mit diesen Gruppen können die Insekten – und zwar besonders die flügellosen Arten – am ehesten verwechselt werden. Die nachstehenden Abbildungen zeigen die Unterschiede zwischen diesen vier Gruppen.

Insekt: Drei Beinpaare; Drei Körperabschnitte; sehr häufig geflügelt

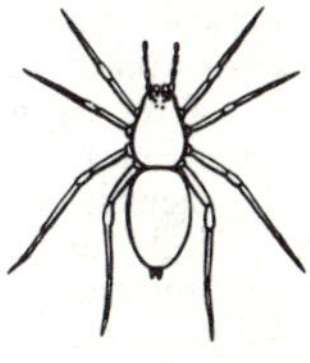

Spinnentier: Vier Beinpaare; Fühler fehlen, doch können die Palpen Fühler vortäuschen; Flügel fehlen immer

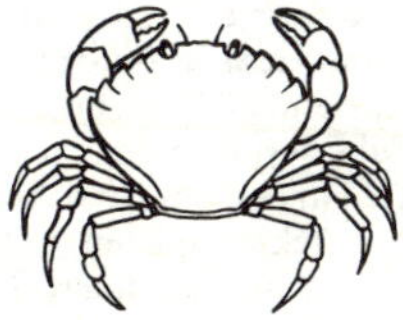

Krebse: Eine Anzahl von Beinpaaren; zwei Fühlerpaare; Flügel fehlen immer

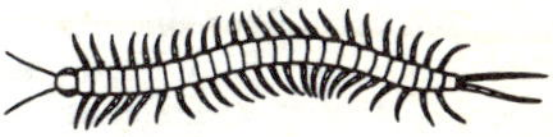

Tausendfüßer: Sehr viele Beinpaare; Flügel fehlen immer

Der Körper der Insekten ist in drei Abschnitte gegliedert: Kopf, Thorax und Abdomen (Hinterleib). Der Kopf trägt ein Paar Antennen (Fühler), der Thorax gewöhnlich drei Beinpaare, wovon sich die auch für die Insekten benutzte Bezeichnung Hexapoda (Sechsfüßer) ableitet. Außerdem trägt der Thorax häufig noch Flügel. Bei allen geflügelten Arthropoden – tatsächlich sogar bei allen geflügelten Wirbellosen! – handelt es sich immer um Insekten, doch ist der umgekehrte Schluß, daß nämlich alle Insekten Flügel besäßen, nicht erlaubt und richtig. Auf den folgenden Seiten dieses Buches sind viele flügellose Tiere abgebildet, die dennoch echte Insekten sind, wie etwa flügellose Schmetterlinge und Fliegen! Die drei Körperregionen und die drei Beinpaare beweisen dies schon von der äußeren Erscheinung her.

Mit dem bisher Gesagten sollte auch der Anfänger keine Schwierigkeiten mehr bei der Feststellung haben, ob ein gefundenes Tier ein Insekt ist oder nicht. Doch wie ist dies nun bei den Jugendstadien? Viele Insektenlarven sehen den ausgewachsenen Tieren sehr ähnlich, wenn man von dem Fehlen der Flügel absieht. So kann man eine junge Heuschrecke oder Schabe ohne weiteres identifizieren. In einer ganzen Reihe von Ordnungen unterscheiden sich aber die Entwicklungsstadien völlig vom erwachsenen (adulten) Tier. Zwei Beispiele seien dafür gegeben: Eine Raupe hat mit einem Schmetterling wenig gemein, und das gilt auch für die Fliegenmade und die Fliege. Dennoch geht das eine Tier aus dem anderen hervor. Nach den obenstehenden Abbildungen wird man nun den Schmetterling mit Sicherheit als Insekt ansprechen, doch die Raupe vielleicht als Myriapoden einstufen, und die beinlose Fliegenmade schließlich scheint gar nicht zu den Arthropoden zu gehören.

Es sind diese großen Unterschiede, die es letztlich unmöglich machen, mit einer Definition alle Insekten und alle ihre Entwicklungsstadien zu umfassen und abzudecken.

Das Sammeln von Insekten wird oft als Kuriosität betrachtet, doch ist es der einzige Weg, um sich wirklich mit dieser Riesengruppe vertraut zu machen. Man darf sich allerdings dabei nicht darauf beschränken, Schmetterlinge zu fangen und sie in ein Tötungsglas zu stopfen. So kann man höchstens lernen, daß Schmetterlinge oft recht schwer zu fangen sind. Zu einem Studium der Insekten gehört auch die Beobachtung ihrer Lebensgewohnheiten, Lebensräume und ihrer Entwicklung. Natürlich muß man zu bestimmten Zwecken, etwa zur Bestimmung, einige von ihnen töten. Hauptanliegen sollte jedoch sein, das eigene Wissen um ihre Lebensgewohnheiten zu bereichern, nicht aber die Kästen eines Insektenschrankes zu füllen! Das Sammeln und Töten von Insekten sollte niemals Selbstzweck werden! Näheres über das Sammeln siehe S. 32. Benötigt man Vergleichsmaterial in großem Umfang, so findet man dies in den Museen. In Fragen der Insektenanatomie, die man an toten Tieren studieren muß, läßt sich wohl nur noch wenig grundsätzlich Neues finden; viel läßt sich jedoch noch an unbekannten Lebensgewohnheiten entdecken, besonders bei den weniger bekannten Gruppen. Hier gibt es ein weites Feld an Möglichkeiten, die das Interesse desjenigen, der sich damit beschäftigen will, voll in Anspruch nehmen können.

Insekten sind mehr als nur interessant. Es gibt etwa 800 000 bis 1 Million bekannter Insektenarten (die Angaben hierüber schwanken, doch machen die Insekten in jedem Fall etwa 80 % der Tierwelt aus), und viele davon treten mit riesigen Individuenzahlen auf – man denke hier nur an die Zahl der Ameisen in einem Nest oder an einen Mückenschwarm über einem See. Noch größer ist die Zahl der winzigen im Erdboden lebenden Insekten. E. B. Ford schätzt die Zahl der Insekten in den obersten 23 cm eines Morgen (4047 m^2) Weidelandes auf etwa 230 Millionen. Insekten spielen im Haushalt der Natur als Räuber, Parasiten und Aasfresser und als Nahrung für andere Tiere eine bedeutende Rolle. Man kann sich mit kaum einem Gebiet der Biologie beschäftigen, ohne mit Insekten in irgendeine Berührung zu kommen, und es gibt auch kaum eine große Tätigkeit des Menschen, die nicht in irgendeiner Weise mit ihnen verknüpft ist. Was aber sollten z. B. Insekten mit dem Bau des Panama-Kanals zu tun haben? Die Gelbfiebermücke beeinflußte dieses Unternehmen gewaltig! Etwa 16 000 Arbeiter starben während des Baues am Gelbfieber, so daß man die Arbeit für mehrere Jahre einstellen mußte, bis man diese Krankheit bzw. ihre Überträger unter Kontrolle gebracht hatte. Eine große Zahl von Krankheiten beim Menschen, bei Tieren und bei Pflanzen wird von Insekten übertragen. Jährlich werden 10–15 % der Nahrungsmittelproduktion der Erde durch Insekten vernichtet, entweder bereits auf den Feldern oder aber in den Vorratslagern. Große Geldmittel müssen ständig zur Bekämpfung der holzzerstörenden Insekten aufgebracht werden. Und dennoch sind nur relativ wenige Insektenarten wirkliche Schädlinge. Die Bienen und viele andere Insekten leisten einen nicht zu ersetzenden Dienst durch die Bestäubung der Blüten und haben so überhaupt erst die Basis für die erfolgreiche Evolution bei Blütenpflanzen geschaffen. Andere Insekten sind dadurch nützlich, daß sie Schädlinge vernichten und unter Kontrolle halten, wie etwa die Marienkäfer Blattlausplagen. Produkte der Insekten für den menschlichen Haushalt sind z. B. Honig, Wachs und Seide. Die Erforschung der Insekten hat daher für die Menschheit auch große wirtschaftliche Bedeutung.

Ob man nun mit den Insekten als Landwirt, Botaniker, Zoologe oder in ähnlichen Berufen zu tun hat oder ob man sich lediglich aus Interesse mit ihnen beschäftigt, in jedem Fall tritt als erstes die Frage nach dem Namen des jeweiligen Tieres und nach seiner Zugehörigkeit zu einer Gruppe auf. In Mitteleuropa rechnet man mit etwa 30 000 Arten. Es kann kein kurzgefaßtes Buch geben, das alle diese Arten behandelt. Eine Liste ihrer Namen allein ergäbe ein sehr dickes Buch, gar nicht zu reden von Beschreibungen oder der Aufnahme von Schlüsseln. Daher gibt es eine große Menge von Spezialliteratur, die einzelne Insektenordnungen oder auch nur Familien behandelt, und mit Hilfe dieser Werke kann man dann – die notwendige Einarbeitung vorausgesetzt – die Arten bestimmen. Zur Benutzung dieser Werke ist im allgemeinen ein großes Maß von Detailwissen erforderlich. Jemand, der aber kein Spezialist ist, hat oft Schwierigkeiten schon bei der Klärung der Frage, zu welcher Familie sein Fund überhaupt gehört: Er weiß nicht, ob er es mit einer Erzwespe oder einer Gallwespe zu tun hat, ja vielleicht nicht einmal, ob es überhaupt eine Wespe ist. Dieses Buch enthält die Antwort auf eine solche Frage. Es soll demjenigen, der kein Insektenspezialist ist, bei der Lösung seiner Fragen und Probleme helfen. Es soll ihm die Zuordnung der Insekten zu den einzelnen Gruppen ermöglichen und ihm gleichzeitig so viel an grundsätzlichem Wissen über die jeweilige Gruppe vermitteln, daß er danach, wenn er es wünscht, auch weiterführende Werke zu Rate ziehen kann. Daneben kann es aber vielleicht auch eine Hilfe für den Spezialisten sein, der sich plötzlich mit einer ihm nicht vertrauten Gruppe befassen will oder muß.

Anatomie und Biologie der Insekten

Mißt man den Erfolg eines Organisationsplanes im Tierreich nur an der Zahl der Arten, so sind die Insekten mit 800 000–1 000 000 bekannten Arten und sicher einer großen Zahl noch unbeschriebener Formen die erfolgreichste aller Tiergruppen überhaupt. Es gibt sicher eine Vielzahl von Gründen für diesen Erfolg, doch fünf Bauplanmerkmale sind es vor allem, die hier anzuführen sind: 1. das Außenskelett, 2. die Kleinheit, 3. die Anpassungsfähigkeit, 4. das Flugvermögen, 5. die Metamorphose während ihres Entwicklungszyklus.

1. Das Außenskelett

Ebenso wie andere Arthropoden besitzen auch die Insekten ein hartes Außenskelett aus Chitin. Dieses schützt den gesamten Körper gut, ermöglicht aber vor allem das Verlassen feuchter Lebensräume, in denen die stammesgeschichtlichen Vorfahren der Insekten zweifellos gelebt haben. Frei von dieser Bindung an eine hohe Luftfeuchtigkeit konnten sie die unterschiedlichsten Lebensräume erobern. Hierbei halfen ihnen auch die folgenden drei Eigenschaften.

2. Die Größe

Alle Insekten sind relativ kleine Tiere. Ihre Abmessungen liegen zwischen 0,25 mm und etwa 30 cm Länge, ihre Spannweiten zwischen 0,5 mm und 30 cm. Eine Reihe der winzigsten Vertreter kommt auch in Mitteleuropa vor (z. B. Insekten-Parasiten), die größten sind jedoch auf die Tropen beschränkt. Die Stabheuschrecken, die 30 cm Körperlänge erreichen, und bestimmte Nachtschmetterlinge mit 30 cm Flügelspannweite haben dennoch einen geringen Körperdurchmesser. Nur bei wenigen Insektenarten beträgt dieser mehr als 1 cm. Ein weiterer interessanter Punkt ist, daß nur wenige Arten ihren Körper um mehr als 5 mm vom Boden abheben. Der Hauptgrund für die begrenzte Größe der Insekten liegt in ihrem Atmungssystem. Bei den Wirbeltieren und den meisten Wirbellosen liegen die Atmungsorgane, Lungen oder Kiemen, in einem bestimmten Teil des Körpers, und ein Transportsystem, das Blut, sorgt für die Verteilung des Sauerstoffs vom Aufnahmeort zu den Verbrauchsorganen. Die Insekten benutzen ein anderes System. Der Körper wird von einem System feiner und feinster Kanäle durchzogen, dem sog. Tracheensystem, das sich durch Tracheenöffnungen (Stigmen) nach außen öffnet. Die Gewebe nehmen den Sauerstoff direkt aus der Luft in den Tracheen auf. Durch Diffusion gelangt ständig neuer Sauerstoff aus der Umgebung in das Tracheensystem. Diffusion ist jedoch ein langsamer, räumlich nur begrenzt wirksamer Prozeß, und so wird durch die Art dieses Versorgungssystems, das nur über kleine Entfernungen hin wirksam ist, die Größe der Insekten begrenzt.

Die geringe Größe stellt andererseits einen ausgesprochenen Vorteil für die Verbreitung der Insekten dar, denn sie konnten so auch winzige Lebensräume erobern, ökologische Nischen, die für viele andere Tiere nicht nutzbar waren. Jedes einzelne Insekt benötigt nur eine relativ geringe Menge an Nahrung und kann daher auch noch in Lebensräumen mit begrenztem Nahrungsangebot auskommen. Um ein Beispiel zu geben: Ein einziges Eichenblatt bietet auf seiner Oberfläche Platz für hundert winzige Gallen (Tafel 38). Jede Galle kann außer ihrem Erzeuger noch 1–2 „Gäste“ beherbergen, so daß also im günstigen Fall rund 300 winzige Insekten auf einem einzigen Eichenblatt entstehen können, wenn auch nicht alle die Geschlechtsreife erlangen werden.

3. Die Anpassungsfähigkeit

Die Anpassungsfähigkeit der Insekten ist nahezu unbegrenzt. Es gibt auf der Erde nur wenige Plätze, wo Insekten fehlen. Höchste Berggipfel, extrem heiße Wüsten, Seen und Flüsse und selbst heiße Quellen werden von Insekten bewohnt. Nur die ausgesprochene Hochsee wurde von ihnen nicht erobert. Doch gibt es eine Reihe von Arten, die die Küsten bewohnen, und einige Arten haben auch die Oberfläche der Küstenmeere besiedelt.

Die Beine der Insekten sind an die unterschiedlichsten Lebensweisen angepaßt, und die wichtigsten Umwandlungen sind im Zusammenhang mit dem Nahrungserwerb erfolgt. Die Mundwerkzeuge, die ursprünglich Gliedmaßen waren, haben die mannigfaltigsten Umgestaltungen in Anpassung an jede Art fester und flüssiger Nahrung erfahren. Es gibt kaum etwas, was vor dem Zugriff der Insekten verschont bleibt. Man kann tatsächlich sagen „Nenn mir eine Substanz, und ich werde das Insekt angeben, welches sie frißt“. Jede Pflanze, einige Meeresalgen vielleicht ausgenommen, ist Wirtspflanze für eine oder mehrere Insektenarten. Selbst für den Menschen so giftige Pflanzen wie der Knollenblätterpilz *(Amanita phalloides)* werden von Insekten ohne Schaden gefressen. Andere Insekten leben von Tieren, fressen kleinere Lebewesen oder saugen Blut an größeren. Noch größer ist die Zahl der Aasfresser und der Pilz- und Bakterienfresser im Boden. Holzkäfer, Teppichkäfer, Wachsmotte, Mehlkäfer, Kleidermotte, Bücherlaus, Pelzkäfer, Tabakkäfer – alle diese Namen nennen nur eine kleine Auswahl der oft seltsamen Nahrungssubstrate, von denen Insekten leben, spiegeln aber die ungeheure Vielseitigkeit bei der Erschließung neuer Stoffe als Nahrung wider.

4. Das Flugvermögen

Unter den wirbellosen Tieren sind die Insekten die einzigen, die ein echtes aktives Flugvermögen entwickelt haben. Spinnen und viele andere winzige Tiere lassen sich vom Wind verdriften, haben aber keine Flügel und können ihre Flugrichtung nicht selbst bestimmen. Das Flugvermögen ist für die Verbreitung der Insekten ein äußerst wichtiger Faktor. Sie können dadurch auch Feinden besser entkommen, die Geschlechtspartner leichter finden, neue Gebiete leichter erreichen und für die Ablage der Eier geeignete Orte suchen.

5. Die Metamorphose

Wenn auch weniger offensichtlich als die bisher genannten Faktoren, so spielt doch auch die Metamorphose, die viele Insekten im Verlauf ihres Entwicklungszyklus durchmachen, eine wesentliche Rolle bei ihrer Allgegenwärtigkeit. Wenn sich zwei Entwicklungsstadien derselben Art von ganz unterschiedlichen Substanzen ernähren, wie z. B. die blätterfressende Raupe und der nektarsaugende Schmetterling, dann kann ein bestimmtes Gebiet mehr Tiere dieser Art ernähren als von einer anderen, bei der beide Stadien dieselbe Nahrung zu sich nehmen, also gegenseitige Nahrungskonkurrenten sind.

Nimmt man zu diesen Charakterzügen noch die schnelle und oft gewaltige Vermehrung vieler Insekten hinzu, so versteht man, warum der Bauplan des Insekts zu einem durchschlagenden Erfolg wurde und etwa 80 % aller heute lebenden Tierarten Insekten sind, so daß sie im wahrsten Sinne des Wortes heute in unserer Tierwelt überwiegen.

Der Bau des Insektenkörpers

In diesem Buch ist kein Platz für eine detaillierte Anatomie des Insektenkörpers. In den Schlüsseln muß jedoch auf so viele Begriffe aus der äußeren Anatomie der Insekten zurückgegriffen werden, daß hier ein allgemeiner Überblick über diesen Bereich gegeben werden muß, damit die Schlüssel verstanden werden. Die innere Anatomie hat wenig Bezug zu der hier gestellten Aufgabe – mit Ausnahme der Geschlechtsorgane wird sie bei der Bestimmung lebender oder ganzer toter Insekten nicht herangezogen –, so daß wir uns auf einen ganz kurzen Überblick beschränken können.

Die Insekten sind durch eine deutliche Gliederung des Körpers in drei Bereic e – Kopf, Brust (Thorax) und Hinterleib (Abdomen) – gekennzeichnet. Der Kopf trägt ein Paar Fühler (Antennen), der Thorax gewöhnlich drei Beinpaare. Weiterhin befinden sich am Thorax gewöhnlich ein oder zwei Flügelpaare. Der Hinterleib der adulten (erwachsenen) Insekten trägt keine Beine, kann aber am Hinterende Cerci und Filamente aufweisen. Wie bei allen Arthropoden ist auch der Körper bei den Insekten segmentiert, d. h. aus einer Anzahl grundsätzlich ähnlicher Ringe zusammengesetzt. Der Insektenkörper besteht aus 20 derartigen Segmenten – sechs im Kopf, drei im Thorax und elf im Hinterleib. Einige davon sind verschmolzen, so daß man die genannten Zahlen äußerlich nicht abzählen kann. Jedes Segment wird aus mehreren harten Chitinplatten, den sog. Skleriten, gebildet. Zwischen diesen Platten befinden sich dünne häutige Verbindungen, die eine Beweglichkeit des Körpers ermöglichen.

Der Kopf

Die sechs Segmente des Kopfes sind fest miteinander verschmolzen und bilden eine harte Kopfkapsel. Auf dieser Kapsel sind viele Nähte oder Suturen zu erkennen, die aber nicht notwendig mit den ursprünglichen Segmentgrenzen bzw. Skleriten übereinstimmen, aus denen die Kopfkapsel entstanden ist. Die nachstehende Abbildung zeigt die grundsätzliche Anordnung am Kopf einer Schabe, eines Vertreters einer recht alten

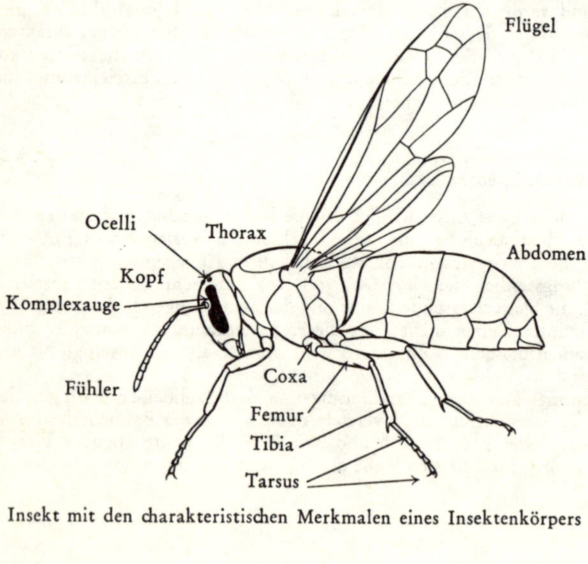

Ein Insekt mit den charakteristischen Merkmalen eines Insektenkörpers

und primitiven Insektengruppe. Die dort bezeichneten Regionen lassen sich auch an den Köpfen der meisten anderen Insekten auffinden. Durch die Verschmelzung und/oder Unterteilung von Skleriten kann sich das Bild allerdings stärker komplizieren.

Insekten besitzen keine inneren Kiefer wie die Wirbeltiere, sondern die Extremitäten der Kopfsegmente sind zu Werkzeugen der Nahrungsaufnahme umgebildet. Sie vollbringen das Zerschneiden und Zerkauen der Nahrung, bevor sie in die Mundöffnung

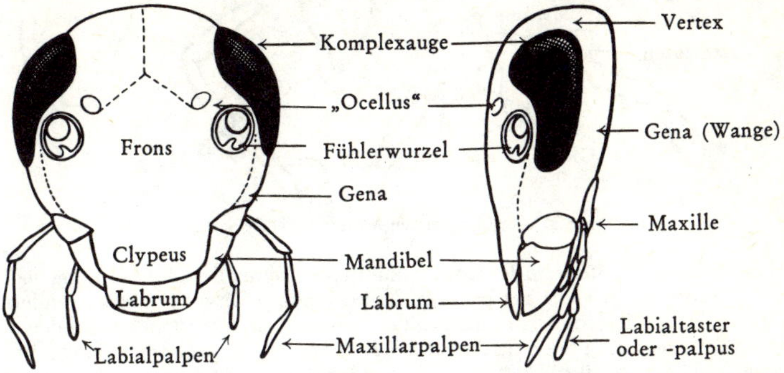

Frontal- und Seitenansicht eines Schabenkopfes, ein typisch hypognather Kopf. Die Ocellen sind bei den Schaben nur schwach ausgebildet und kaum mehr als helle Flecke neben den Fühlerwurzeln

gebracht wird. Wiederum soll die Schabe zur Erläuterung des Grundbauplanes dienen. Ihre Mundwerkzeuge sind einfach und unspezialisiert ausgebildet und dienen zur Bewältigung der unterschiedlichsten Nahrungsmittel; man hat die Vorstellung, daß sie den Verhältnissen bei frühen, primitiven Insekten entsprechen.

Die paarigen Mandibeln sind die kauenden Teile der Mundwerkzeuge und werden daher auch als Kiefer bezeichnet. Sie sind hart und stark sklerotisiert und oft mit sehr kräftigen Muskelbündeln verbunden. Viele unserer größeren Insekten können den unachtsamen Fänger mit Hilfe der Mandibeln recht empfindlich zwicken – der Warzenbeißer, eine große Laubheuschrecke, erhielt z. B. seinen Namen von dem Volksbrauch, die Tiere in Warzen beißen zu lassen, wonach diese Wucherungen vertrocknen sollten. Die Mandibeln stehen an der Unterseite des Kopfes und sind gewöhnlich nicht auffällig. Bei einer Anzahl von Insekten haben sie jedoch neue Aufgaben übernommen und sind im Zusammenhang damit sehr auffällig ausgebildet. Der männliche Hirschkäfer (Tafel 51) trägt sehr große, geweihartige Mandibeln, die fast so lang wie der Rest des Körpers sein können. Sie spielen in den Paarungskämpfen eine Rolle, sind aber keineswegs so furchterregende Waffen, wie es den Anschein hat. Solch kräftige Waffen stellen jedoch die Mandibeln der „Soldaten“ der Termiten dar, die mit entsprechender Muskulatur ausgerüstet sind. Einige afrikanische Stämme benutzen die Soldaten bestimmter Ameisenarten zum „Klammern“ von Wunden: Sie lassen die Tiere sich daran festbeißen und schneiden dann den Körper ab. Die Mandibeln bleiben geschlossen und halten die Wundränder zusammen, bis die Wunde verheilt ist.

Hinter den Mandibeln liegen die paarigen Maxillen oder Unterkiefer. Bei der Schabe halten sie die Nahrung fest, während sie von den Mandibeln zerschnitten wird. Die Taster oder Palpen der Maxillen sind mit Sinnesorganen reich besetzt und sind beim Aufsuchen und Prüfen der Nahrung auf ihre Beschaffenheit von großer Bedeutung. Das Labium oder die Unterlippe ist aus der Verschmelzung zweier maxillenartiger Mundwerkzeuge hervorgegangen und hat ähnliche Funktionen wie auch die Maxillen.

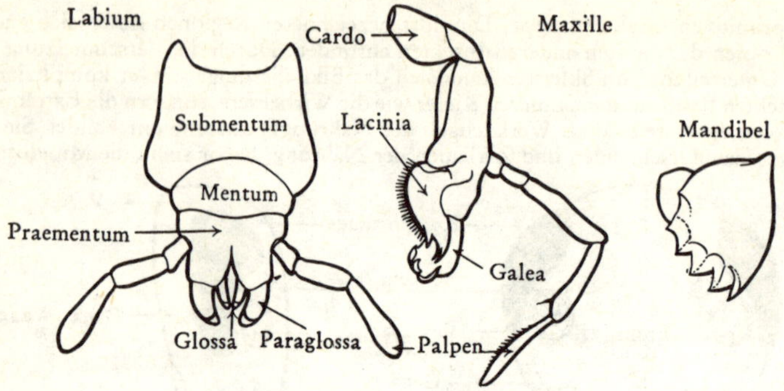

Die auseinandergelegten Mundteile einer Schabe

In der Mitte der Unterseite des Kopfes unmittelbar hinter der Mundöffnung liegt der Hypopharynx. Er ist nicht aus paarigen Kopfanhängen hervorgegangen, sondern im Zusammenhang mit den Ausführgängen der Speicheldrüsen entstanden. Bei den Schaben und den meisten anderen Insekten ist es eine weiche, zungenartige Bildung, bei den Fliegen, und dort vor allem bei den blutsaugenden Arten, jedoch sehr groß entwickelt.

Die Mundwerkzeuge werden durch das Labrum vervollständigt. Hierbei handelt es sich um ein unpaares Gebilde, das sich von einer Platte an der Vorderfront des Kopfes ableitet. Es bildet ein „Dach“ über dem Raum, in dem die Mandibeln die Nahrung zerschneiden, und wird entsprechend als Oberlippe bezeichnet. Seine Rückwand wird als der weichhäutige Epipharynx bezeichnet.

Kauende Mundwerkzeuge wie die hier beschriebenen finden sich in den meisten primitiveren Insektenordnungen, so bei Schaben, Heuschrecken, Libellen und anderen, aber auch in höher entwickelten Ordnungen wie bei Käfern oder bei Wespen unter den Hautflüglern. Saugende Mundwerkzeuge, die zur Aufnahme flüssiger Nahrung umgebildet sind, besitzen Schmetterlinge, Wanzen, Fliegen, Flöhe und eine Reihe anderer Insekten. Bei diesen saugenden Mundwerkzeugen gibt es erhebliche Unterschiede in der Ausgestaltung – man betrachte nur einmal den aufgerollten Rüssel eines Schmetterlings, die scharfen Stilette einer Wanze und den Tupfrüssel einer Stubenfliege nebeneinander. Dennoch haben sich stammesgeschichtlich alle diese Formen durch unterschiedliche Abwandlungen aus den Bestandteilen der beschriebenen einfachen kauenden Mundwerkzeuge entwickelt. Besonders die Maxillen und das Labium spielen hierbei eine wesentliche Rolle.

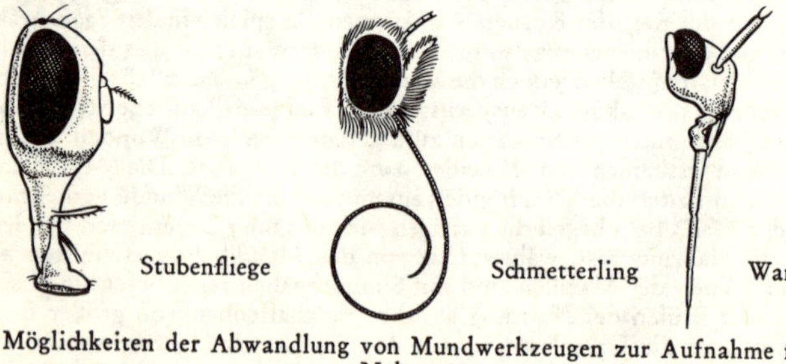

Drei Möglichkeiten der Abwandlung von Mundwerkzeugen zur Aufnahme flüssiger Nahrung

Bei nahezu allen adulten Insekten findet sich ein Fühler-(Antennen-)paar, ebenso bei dem größeren Teil der Larven, wenn sie auch hier nicht immer so deutlich sichtbar sind. Sie stehen vor allem im Dienste des Geruchs- und des Tastsinnes, und man kann ihre Benutzung in dieser Richtung deutlich beobachten, wenn man einmal eine Ameisenstraße betrachtet. Die Fühler sind ständig in Bewegung und betasten den Boden hier und da, während die Tiere Nahrung, Baumaterial u. ä. suchen. Die Fühler einiger Schmetterlingsmännchen sind besonders stark entwickelt und werden bei der Suche nach den Weibchen eingesetzt. Die weiblichen Tiere entsenden einen bestimmten Duftstoff, der von den Männchen oft über Kilometer wahrgenommen wird. Die Konzentration des Lockstoffs in der Luft ist in dieser Entfernung bereits sehr gering, doch die stark gefiederten Fühler der Männchen bilden die größtmögliche Oberfläche, auf der entsprechende Sinneszellen doch noch mit der geringen Zahl von Molekülen zusammentreffen und darauf reagieren können.

Die Fühler bestehen aus einer Zahl von Gliedern, die zwischen einem einzigen bei einigen Käfern und mehr als 100 bei Schaben, Laubheuschrecken und anderen liegen kann. In den primitiveren Insektenordnungen sind die Fühlerglieder untereinander alle gleich, die Fühler insgesamt dünn und faden- oder borstenförmig ausgebildet. Bei den höher entwickelten Ordnungen gibt es jedoch die unterschiedlichsten Ausbildungen. Das erste Glied, das oft sehr viel länger als die übrigen ausgebildet ist, wird als Schaft oder Scapus bezeichnet, der Rest des Fühlers als Fühlergeißel oder Flagellum. Zwischen beiden Abschnitten sitzt ein sehr kurzes Glied, der Pedicellus. Die Fühlergeißel

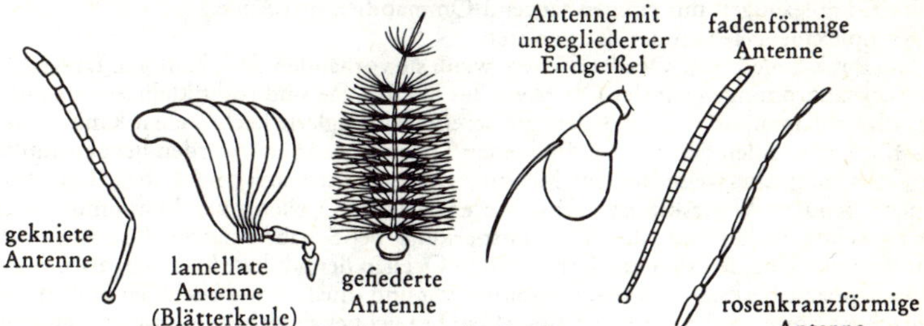

Fühlertypen der Insekten

besteht aus einer Anzahl von Gliedern, die jedoch miteinander verschmolzen sein können. Wenn der Schaft besonders lang ausgebildet ist und die Fühlergeißel abgeknickt an ihm ansetzt, bezeichnet man den Fühler als gekniet.

Bei den Insekten gibt es zwei Typen von Lichtsinnesorganen – das Komplexauge und das Punktauge (Ocellus). Die größere Zahl besitzt beide Typen, doch bei einzelnen Verwandtschaftsgruppen können einer von ihnen oder beide fehlen. Das Komplexauge ist der größere Typ und bei vielen Insekten sehr auffällig entwickelt.

Komplexaugen sind aus einer größeren Zahl von Einzelaugen oder Ommatidien zusammengesetzt. Jedes dieser säulchenförmigen Ommatidien endet mit einer facettenartigen Linse an der Oberfläche des Auges (Abb. S. 22). Dies ist der Grund für die wabenartige Struktur auf der Oberfläche des Auges, die man schon bei schwacher Vergrößerung sieht. Jedes Ommatidium erzeugt ein eigenes Bild, das über ableitende Nerven zum Gehirn weitergegeben wird, so daß das Insekt also ein mosaikartiges Bild empfängt. Damit wird ein relativ grober Bildraster erzeugt, doch ist dieses Prinzip besonders gut zum Bewegungssehen geeignet, denn in jedem Moment erregt das sich bewegende Objekt andere Ommatidien. Je mehr Ommatidien in einem Komplexauge vorhanden sind, desto besser kann das betreffende Insekt sehen – die Abbildung ist schärfer, und geringfügige Bewegungen werden bereits wahrgenommen. Die Libellen,

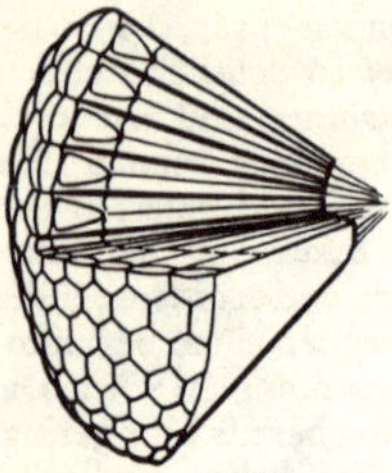

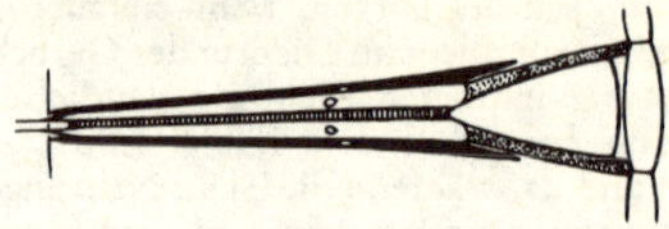

Links: Blick auf die keilförmigen Einzelaugen, die Ommatidien, eines Komplexauges. Rechts: Ein Ommatidium mit Cornea (rechts), Kristallkegel, zwei Sehzellen mit Rhabdom und außen liegenden Pigmentzellen (schwarz)

die ihre Nahrung im Fluge fangen, besitzen bis zu 30 000 Ommatidien und können mit am besten sehen. Ihre Augen sind so groß, daß sie nahezu den ganzen Kopf einnehmen. Im Zusammenhang mit diesem außerordentlich guten Sehvermögen sind ihre Fühler stark rückgebildet und als winzige Borsten kaum zu sehen. Auf der anderen Seite besitzen die Arbeiter verschiedener Ameisenarten, die fast ausschließlich das Tast- und Riechvermögen benötigen, nur wenige hundert Ommatidien, doch ihre Fühler sind stark entwickelt. Große, stark ausgebildete Fühler sind jedoch nicht notwendigerweise mit schlechtem Sehvermögen gekoppelt. Die bereits erwähnten Nachtschmetterlinge besitzen zum Beispiel neben ihren sehr groß ausgebildeten Fühlern auch gutentwikkelte Komplexaugen mit einigen tausend Ommatidien pro Auge.

Komplexaugen fehlen den Larven stets.

Die Punktaugen oder Ocellen stehen, wenn sie vorhanden sind, häufig in Dreizahl in Dreiecksanordnungen auf der Oberseite des Kopfes. Sie sind recht klein und unauffällig, obwohl man sie z. B. bei den größeren Hautflüglern leicht sehen kann (Tafeln 37–47). Die Ocellen besitzen häufig keinen Linsenapparat und werden bei den adulten Insekten möglicherweise nur zur Messung der Lichtintensität, nicht aber zum „Bildsehen" benutzt. Weiterhin ist nachgewiesen, daß die Ocellen einen bestimmten, recht verwickelten Einfluß auf die Aktivitätsperiodik bei Schaben haben. Die Augen der Larven unterscheiden sich insofern von den Ocellen der adulten Insekten, als sie einen Linsenapparat besitzen können, Lichtintensität und -qualität wahrnehmen und auch zu einfachem Formensehen geeignet sind. Man bezeichnet sie daher separat als Stemmata. Sie stehen an den Seiten des Larvenkopfes und ermöglichen den Tieren eine einfache Orientierung.

Der Thorax oder Brustabschnitt

Die drei Thoraxsegmente werden, von vorn gerechnet, Prothorax (Vorderbrust), Mesothorax (Mittelbrust) und Metathorax (Hinterbrust) genannt. Jedes dieser drei Segmente trägt ein Beinpaar. Sind Flügel vorhanden, so setzen sie zu je einem Paar am Meso- und Metathorax an. Der Prothorax, der oft winzig und kaum zu sehen ist, trägt nie Flügel. Meso- und Metathorax sind gewöhnlich miteinander verschmolzen und bilden dann den Pterothorax, dessen beide Bestandteile oft nur schwer voneinander zu unterscheiden sind. Die Vorderflügel, die am Mesothorax ansetzen, sind gewöhnlich größer als die Hinterflügel. Im Zusammenhang damit ist der Mesothorax gewöhnlich größer als der Metathorax ausgebildet. Bei den zweiflügligen Fliegen und Mücken (Diptera), deren Hinterflügel zu trommelschlägelartigen Halteren (Schwingkölbchen) umgebildet sind, macht der Mesothorax nahezu den ganzen Thoraxbereich aus, während Pro- und Metathorax zu schmalen Ringen vorn und hinten rückgebildet sind. Bei den Käfern, bei denen die Vorderflügel zu schützenden Deckflügeln (Elytren) umgebildet sind, ist dagegen der Mesothorax klein.

Die Sklerite der Thoraxsegmente sind gewöhnlich in eine große Zahl kleiner Platten unterteilt, für die es ein kompliziertes Benennungssystem gibt. Wir sollten uns hier jedoch mit den wichtigsten begnügen. Die Deckplatte auf der Rückseite – das Notum – ist jeweils quer in drei Abschnitte geteilt, Praescutum, Scutum und Scutellum. Auf dem Pronotum und dem Metanotum ist diese Unterteilung jedoch häufig verwischt. Im Text beziehen sich daher, sofern nicht ausdrücklich anders vermerkt, die Begriffe Scutum (Schild) und Scutellum (Schildchen) *stets* auf den Mesothorax.

Die Pleuren oder Seiten des Thorax bestehen in jedem Segment aus einem Episternum und einem Epimeron. Das Episternum ist das vorn gelegene Teilstück, das von dem Epimeron durch die Pleuralnaht oder Pleuralsutur getrennt wird. Diese Pleuralsklerite können noch vielfach unterteilt sein, doch wir wollen diese Einzelheiten hier nicht behandeln.

Die Bauchplatten oder Sterna werden ebenso wie die Rückenplatten oder Nota in drei Abschnitte unterteilt, die die Bezeichnungen Praesternum, Basisternum und Sternellum tragen.

Fast alle adulten Insekten besitzen sechs Beine. Sie dienen vorzugsweise zum Laufen, und ihre typische Ausbildung findet sich etwa bei den Schaben und den Laufkäfern.

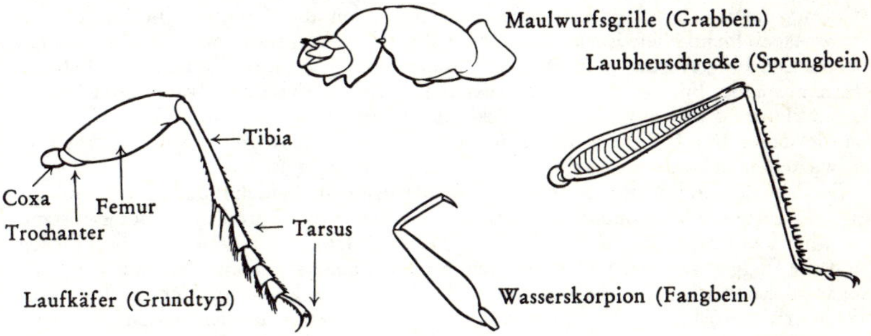

Beintypen der Insekten – links Grundbauplan eines Laufbeines, rechts spezialisierte Beintypen

Einige Teile der Pleuren leiten sich von der ursprünglichen Bein-Basis ab. Für den praktischen Gebrauch betrachtet man jedoch die Hüfte oder Coxa als das Grundglied des Beines. Sie ist mit dem Körper verbunden. Der Trochanter oder Schenkelring ist stets ein sehr schmales Beinglied, das auf der Hüfte beweglich, dagegen fest mit dem Schenkel oder Femur verbunden ist. Letzteres ist gewöhnlich das größte Beinglied, wenn auch die Schiene oder Tibia oft länger ist. Sie trägt häufig eine Anzahl Dornen, besonders an ihrem vom Körper abgewandten (distalen) Ende, wo man sie auch als Sporne bezeichnet – oft ein wichtiges Hilfsmittel bei der Bestimmung! Der Fuß oder Tarsus besteht aus einem bis fünf Gliedern zuzüglich eines Praetarsus. Letzterer trägt gewöhnlich zwei Klauen und dazwischen ein kleines Läppchen, das als Arolium bezeichnet wird.

Dieser Grundbauplan ist allen Insekten eigen, doch gibt es in Verbindung mit den unterschiedlichen Lebensweisen sehr viele Abwandlungen hiervon. Dazu gehören z. B. die Vergrößerung des Hinterschenkels bei Heuschrecken und anderen springenden Gruppen, die großen Haarsäume an den Schwimmbeinen der Wasserinsekten und die Vergrößerung der Vorderbeine zu Grabschaufeln bei unterirdisch lebenden Tieren wie der Maulwurfsgrille.

Die Flügel

Die Klassifikation der Insekten berücksichtigt in großem Ausmaße die Ausbildung der Flügel. Die Bezeichnungen vieler Insektenordnungen enden mit dem Begriff -ptera, der vom griechischen *pteron* = Flügel abgeleitet ist. So sprechen wir z. B. von Lepidoptera (Schuppenflüglern), Diptera (Zweiflüglern) usw. Gewöhnlich sind zwei Flügelpaare ausgebildet, die am Meso- und Metathorax ansetzen. Flügel finden sich niemals am Prothorax, obwohl dieser bei einigen ausgestorbenen und lebenden Arten lappige Verbreiterungen tragen kann. Der typische Insektenflügel ist eine häutige Ausfaltung des Integuments, die von einem Netzwerk von Adern versteift und getragen wird. Die Beschaffenheit beider Flügelpaare kann ähnlich sein wie bei den Libellen, den Schmetterlingen und anderen Gruppen, sich aber auch sehr stark wie etwa bei den Käfern oder Schaben unterscheiden, bei denen die Vorderflügel hart und ledrig ausgebildet sind und Schutzfunktionen übernommen haben.

Unter den flügellosen Insekten gibt es zwei scharf zu trennende Gruppen – die primär flügellosen „Apterygota", zu denen die Springschwänze, die Felsenspringer und Fischchen und einige andere Gruppen zu rechnen sind und für die an Hand des Thoraxaufbaues nachzuweisen ist, daß diese Gruppe nie Flügel besaß, und die sekundär flügellosen Insekten, wie etwa die Läuse und Flöhe. Untersucht man die Thoraxstruktur dieser Tiere, so kann man feststellen, daß die Gruppen im Laufe ihrer stammesgeschichtlichen Entwicklung einmal ein flügeltragendes Stadium durchlaufen haben. Der Flügelverlust kam dann im Zusammenhang mit ihrer parasitischen Lebensweise zustande. Für ein Insekt, daß sein ganzes Leben zwischen Haaren oder Federn herumkletternd verbringt, ist jede Rückbildung der Flügel von Vorteil. Diese Tendenz wurde daher durch die natürliche Auslese als Evolutionsvorteil begünstigt, und so entwickelten sich aus einst geflügelten Parasiten ungeflügelte Tiere.

Die Libellen und wenige andere Insekten bewegen ihre beiden Flügelpaare unabhängig voneinander. Man nimmt an, daß dies der ursprünglichere Entwicklungszustand ist. Man kann nicht sagen, daß diese Methode erfolglos gewesen wäre – die Libellen sind die fluggewandtesten aller Insekten, schnelle, äußerst manövrierfähige Tiere, die sogar rückwärts fliegen können, doch läßt sich in der Evolution der Insekten eine Tendenz zur Ausbildung von Kopplungsmechanismen zwischen den beiden Flügelpaaren feststellen, die dann wie ein Flügelpaar benutzt werden. Die Kopplungsmechanismen können vom einfachen Überlappen, wie bei vielen Schmetterlingen, bis hin zu komplizierten Hakenmechanismen reichen. Parallel zur Ausbildung der Kopplungsmechanismen geht eine Reduktion der Hinterflügel, besonders bei so guten Fliegern wie den Bienen und Wespen und manchen Nachtschmetterlingen. Bei den zweiflügligen Dipteren sind die Hinterflügel zu Schwingkölbchen umgebildet. Es sind Organe der Lagekontrolle, die nicht direkt zum An- oder Auftrieb des Tieres beitragen.

Bei den geflügelten Ordnungen, besonders solchen mit häutigen Vorderflügeln, ist die Aderung von großer Bedeutung für das Bestimmen. Wir müssen daher hier in einige Details gehen.

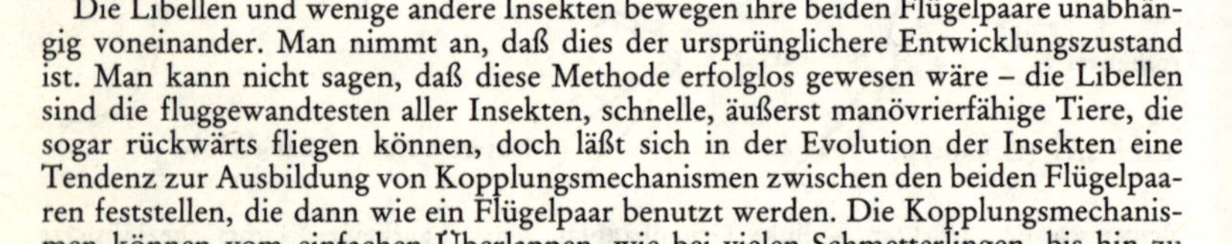

Kopplungsmechanismen der Flügel: a Häkchenreihe am Hinterflügel (Hymenopteren); b überlappende Borsten (Mecopteren); c Frenulum (einige Lepidopteren); d Jugum (Wurzelbohrer und einige andere Lepidopteren, s. S. 154)

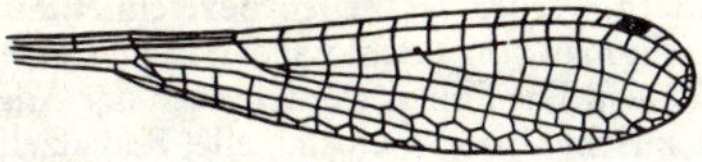

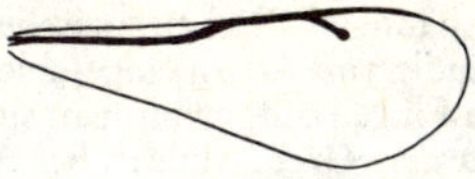

Die Flügel einer Schlankjungfer (links) und einer Erzwespe zeigen die große Variationsbreite, in der Flügeladerung auftreten kann

Betrachtet man die Flügel einer Libelle und einer Erzwespe nebeneinander, so hat man die ganze Variationsbreite der Flügeladerung vor Augen. Zwischen diesen beiden extremen Stadien gibt es jede Variationsmöglichkeit, die man sich vorstellen kann. Allerdings sind die Adern nie willkürlich angeordnet, sondern lassen sich immer auf ein Grundschema rückbeziehen. Zur Aufdeckung dieses Grundschemas haben Comstock und Needham viel beigetragen. Sie haben in mühseliger Arbeit ein hypothetisches Flügelgeäder entwickelt, von dem sich jedes Flügelgeäder bei Insekten ableiten läßt. Sie veröffentlichten ihre Gedanken zu Ende des 19. Jahrhunderts. Natürlich wurde manches im Lichte späterer Arbeiten etwas modifiziert, doch grundsätzlich werden ihre Vorstellungen auch heute noch anerkannt.

Eine Costalader oder Costa (C) gabelt sich nicht und bildet gewöhnlich die Vorderkante des Flügels. Hinter ihr liegt die Subcosta (Sc), meist eine sehr dünne Ader, die sich selten gabelt und irgendwo vor der Costa auf den Flügelrand trifft. Der Radius (R) ist gewöhnlich im vorderen Teil des Flügels recht kräftig ausgebildet. Von ihm zweigt eine als Radialsektor (Rs) bezeichnete Ader ab, die sich in 4 Adern aufgabelt (= dreimal gabelt). So entstehen insgesamt 5 Äste des Radius, die in der Reihenfolge ihres Auftretens auf dem Flügelrand als R_1–R_5 durchnumeriert werden. Etwa in der Mitte des Flügels verläuft die Media (M), die sich in einen vorderen (MA) und einen hinteren Ast (MP) aufzweigt. MA fehlt bei den meisten heute lebenden Insekten, während MP, deshalb auch verkürzt häufig nur als M bezeichnet, in vier Äste aufgegabelt zum Flügelrand zieht. Diese Äste tragen die Bezeichnungen M_1–M_4. Auffällig im hinteren Flügelteil ist der Cubitus (Cu), der sich in zwei Hauptäste gabelt, von denen sich Cu_1 noch einmal in Cu_{1a} und Cu_{1b} aufteilen kann. Die drei Analadern (A) verlaufen ungegabelt. Die nachstehende Zeichnung gibt diese Anordnung wieder. Die einzelnen Adern sind entsprechend dem Gesagten mit kleinen Buchstaben bezeichnet.

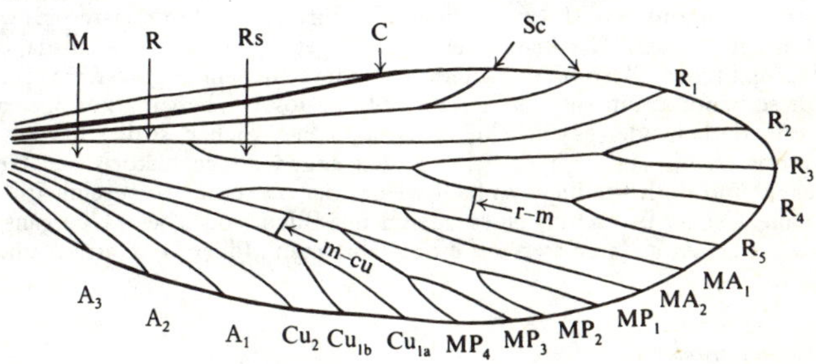

Die hypothetische Flügeladerung eines ursprünglichen geflügelten Insektes mit den hauptsächlichen Längs- und Queradern. Keines der heute lebenden Insekten besitzt alle diese Adern, doch kann man die wichtigsten bei den meisten geflügelten Insekten auffinden. C = Costa, Sc = Subcosta, R = Radius, Rs = Radialsektor, M = Media, MA = vorderer Ast der Media, MP = hinterer Ast der Media, Cu = Cubitus, A = Analader, m-cu = Querader zwischen Media und Cubitus, r-m = Querader zwischen Radius und Media

Die häutigen Flächen zwischen den Adern werden als Zellen bezeichnet. Sind sie vollständig von Adern eingeschlossen, spricht man von geschlossenen Zellen, erreichen sie den Flügelrand, nennt man sie offene Zellen. Die Zellen werden nach der Ader, die ihre *vordere* Grenze bildet, benannt; man spricht also von Costalzelle, Radialzelle etc.

Die Abwandlungen dieses Grundmusters werden durch zusätzliche Queradern, weitere Gabelungen der genannten Hauptadern, zusätzliche sekundäre Längsadern neben den Hauptadern oder aber Aderausfälle hervorgerufen. Es gibt jedoch bei keinem bekannten Insekt eine Vermehrung der aus der Flügelbasis entspringenden Flügel-Hauptadern.

Ist die Aderung reduziert, sei es nun durch Ausfall einer oder mehrerer Adern oder durch die Verschmelzung benachbarter Adern, so ist es oft schwer zu entscheiden, welche Adern nun noch vorhanden sind. Comstock und Needham kamen daher bei einigen der von ihnen bearbeiteten Gruppen verständlicherweise zu falschen Schlüssen. Zum Beispiel wird eine Ader, die Comstock bei Dipteren als Cu_1 ansprach, heute als M_4 betrachtet. Untersuchungen über die Entwicklung der Flügeltracheen, die vor allem Tillyard anstellte, sind vor allem die Grundlage für die heutige korrekte Interpretation der Geäder.

Eine solche Untersuchung der Flügeltracheen ist sicher das geeignete Mittel für den Spezialisten, um die Natur von Adern festzustellen. Doch bieten zum Glück viele Insekten einfachere Schlüssel für das Verständnis ihrer Flügeladern. Die Flügel in den primitiveren Insektenordnungen sind nicht völlig plan, sondern in Furchen und Aufwölbungen gewellt. Einige Adern folgen den Aufwölbungen, andere den Furchen, und sie bleiben stets in dieser Position. Der Radius liegt stets auf einer Aufwölbung und ragt daher aus dem ausgespannten Flügel nach oben vor. Das gleiche gilt für die Adern Cu_{1a} und A_1. Der Radialsektor und die Mediaäste verlaufen dagegen in Furchen und ragen demzufolge nach oben viel weniger heraus. Durch die Beachtung dieser Lageunterschiede kann man sich also in dem oft recht verwirrenden Flügelgeäder vieler primitiver Ordnungen doch recht gut orientieren. Allerdings gilt dieses Merkmal für die höheren Insekten nicht oder kaum.

Bevor wir dieses Kapitel abschließen, muß noch angemerkt werden, daß das Prinzip der Aderbenennung von Comstock und Needham nicht das einzige ist, das es gibt. Was nun in einem System als Radius bezeichnet wird, muß nicht notwendig auch in einem anderen so heißen, und die Korrekturen und erwähnten späteren Untersuchungen haben in der Bestimmungsliteratur leider auch ihre Spuren hinterlassen. Es wurde hier, soweit möglich, dem Needhamschen System gefolgt, jedoch überall da, wo in der mitteleuropäischen Bestimmungsliteratur andere Benennungssysteme gebräuchlich sind, diese benutzt, um einen möglichst reibungslosen Übergang zur Spezialliteratur, wenn erforderlich oder gewünscht, zu ermöglichen. Sicher ist dies für den Anfänger etwas verwirrend, doch hat es sich aus den angedeuteten historischen Gründen so entwickelt und ist heute nicht einfach wieder per decretum zu vereinheitlichen! Man achte daher bei der Benutzung eines jeden neuen Buches oder beim Übergang von einer Ordnung zu einer anderen stets auf die abgebildeten „Flügellandkarten“ und ziehe sie zu Rate!

Das Abdomen oder der Hinterleib

Der Hinterleib der Insekten ist grundsätzlich elfgliedrig, doch ist das elfte Segment stets klein und verschwindet bei den höheren Insektengruppen, so daß dort nur noch 10 Segmente vorhanden sind. Auch das erste Segment ist klein. Die Verschmelzung von Segmenten, besonders an den beiden Enden des Hinterleibes, ruft den Eindruck einer noch geringeren Zahl als erhalten sind hervor.

Die Proturen und die Collembolen bilden unter den Insekten insofern eine Ausnahme, als sie eine geringere als die normale Hinterleibssegmentzahl aufweisen. Junge Proturen besitzen nur 8 Hinterleibssegmente, dazu ein sog. Telson. Zwischen diesem und dem 8. Segment bilden sich dann im Laufe der Entwicklung die Segmente 9, 10 und 11 heran. Diese Art des Wachstums findet man bei den übrigen Insekten nicht, jedoch bei einer ganzen Reihe anderer Arthropoden, was ein Beweis für die nahe Verwandtschaft der Proturen mit diesen Gruppen und den primitiven Charakter dieser Ordnung ist. Die Collembolen oder Springschwänze besitzen niemals mehr als 6 Hinterleibssegmente, und einige Entomologen trennen sie auf Grund dieses Merkmals von den Insekten ab und betrachten sie als eigene Klasse. Wir folgen dem hier nicht.

Jedes Hinterleibssegment besteht aus einem Tergum auf der Oberseite und einem Sternum auf der Bauchseite. Pleuralsklerite fehlen am Abdomen jedoch im Gegensatz zum Thorax. Einige der Abdominalsegmente oder alle tragen bei den apterygoten Insekten Anhänge – wiederum ein Hinweis auf ihre primitive Natur. Bei den übrigen Insekten finden sich Hinterleibsanhänge bei Entwicklungsstadien. Bei den adulten Tieren der pterygoten Insekten sind sie auf das Hinterende des Abdomens beschränkt. Die Anhänge der Segmente 8 und 9 sind zu äußeren Geschlechtsorganen umgebildet und spielen bei der Paarung und der Eiablage eine Rolle. Die Ausbildung dieser Genitalanhänge ist oft als Bestimmungsmerkmal zur Trennung nahe verwandter Arten von sehr großer Bedeutung, jedoch liegt das außerhalb der Aufgabe, die sich dieses Buch gestellt hat. Die Genitalanhänge sind meist recht klein und können häufig in den Körper zurückgezogen werden. Bei den Weibchen einer Reihe von Arten sind sie allerdings auch als sehr auffällige und große Legebohrer und -säbel ausgebildet. Hierzu gehören die Laubheuschrecken, Pflanzenwespen und Schlupfwespen. Mit Hilfe eines langen Ovipositors können sie die Eier an sonst unzugängliche Stellen bringen – recht weit unter die Erdoberfläche, in Pflanzen oder aber auch in andere Tiere hinein. Bei den Bienen und Wespen hat der Legestachel seine ursprüngliche Funktion verloren und ist zum Wehrstachel geworden, mit dessen Hilfe sich die Tiere verteidigen oder aber Beutetiere lähmen können.

Neben diesen hervorstechenden Legeapparaten sind die auffälligsten Hinterleibsanhänge die Cerci am letzten Hinterleibssegment. Sie können lang und dünn wie bei den Eintagsfliegen, kurz und dick wie bei den Heuschrecken oder aber zu Zangen wie bei den Ohrwürmern umgebildet sein. Den meisten höheren Insekten fehlen die Cerci. Bei einigen Insekten reicht die Dorsalplatte des 11. Segmentes als sog. Epiproct weiter nach hinten. Bei den Felsenspringern, Fischchen und vielen Eintagsfliegen ist sie lang und dünn ausgezogen und bildet den dritten „Schwanzanhang“ zwischen den beiden Cerci (Abb. S. 62).

Innere Anatomie

Da dieses Buch in erster Linie zum Gebrauch im Freien bestimmt ist, braucht nur wenig über den inneren Aufbau der Tiere gesagt zu werden. Die folgende kurze Zusammenfassung erwähnt nicht alle Organsysteme, ist aber als Grundinformation für den Anfänger gedacht.

Der Verdauungstrakt ist ein verhältnismäßig einfacher Kanal von der Mundöffnung zur Afteröffnung, an dem eine Reihe von Ausstülpungen liegen. In den meisten Fällen ist er nicht sehr viel länger als der Körper – nur bei einigen Arten ist er stark aufgewickelt und dann sehr viel länger. Im allgemeinen gilt, daß die Arten, die flüssige Nahrung aufnehmen, längere Darmkanäle besitzen als solche mit fester Nahrung, was recht erstaunlich ist. Der erste Teil wird, wie bei den meisten Tieren, als Ösophagus oder Speiseröhre bezeichnet und ist recht englumig. Besonders bei saugenden Insekten, aber auch anderen ist dieser an der Mundöffnung ein muskulöser Pharynx vorgeschaltet. Der Ösophagus führt in eine recht variabel ausgebildete Region, den Kropf, der zur

Nahrungsspeicherung dient. Daran schließt der Kaumagen oder Proventrikel an, ein muskulöser Bereich, der der Nahrungszerkleinerung dient. Er ist bei all den Arten, die feste Nahrung aufnehmen, gut entwickelt, z. B. Schaben, Heuschrecken, Käfern und vielen anderen, bei den Fliegen dagegen kaum zu unterscheiden.

Bis zu diesem Punkt ist der Darm mit einer dünnen Chitinkutikula ausgekleidet und wird als Vorderdarm bezeichnet. Hinter dem Kaumagen schließt der kurze Mitteldarm an. Er trägt keine derartige Auskleidung, doch wird der Speisebrei in ihm von einer ebenfalls chitinhaltigen sog. peritrophischen Membran umschlossen, die die Darmwandung vor direktem Kontakt mit der Nahrung schützt. Im Mitteldarm werden Enzyme für den Verdauungsprozeß produziert und auch gewisse Stoffe resorbiert. Die reaktionsfähige Oberfläche dieses Abschnittes wird oft durch eine Anzahl von Blindsäcken oder Caeca vergrößert. Bei einer Reihe von Larven, die flüssige Nahrung aufnehmen, von der kaum Rückstände übrigbleiben, ist der Darmkanal nach dem Mitteldarm blind geschlossen und hat keine zweite Öffnung. Die wenigen Abfallstoffe werden im Darm gespeichert, bis es beim erwachsenen Tier zur Ausbildung einer hinteren Körperöffnung kommt. Dies ist z. B. bei den Larven der Goldaugen, der Bienen und der Wespen der Fall.

Die Malpighischen Gefäße markieren die Stelle, an der der Mittel- in den Enddarm übergeht. Letzterer ist wieder wie der Vorderdarm von einer Kutikula ausgekleidet, seine Oberfläche oft gefaltet. Die Resorption wird hier vollendet und das Wasser in einigen Ausstülpungen oder Kammern (Rectalpapillen) am Ende des Darmes rückgewonnen.

Die Exkretion erfolgt vor allem durch die Malpighischen Gefäße, lange, dünne Schläuche, die zwischen Mittel- und Enddarm ansetzen. Sie sind mit Tracheen gut versorgt und liegen frei in der Leibeshöhlenflüssigkeit, aus der sie Abfallstoffe aufnehmen. Es wird hauptsächlich Harnsäure ausgeschieden. In den unteren Teilen der Schläuche kommt es zu einer Rückresorption benötigter Salze. Bei einigen Jugendstadien, etwa den Larven bestimmter Netzflügler, ist eine Reihe Malpighischer Gefäße zu seideproduzierenden Organen umgebildet.

Das Blutgefäßsystem der Insekten hat ebenso wie das der anderen Arthropoden relativ wenige Gefäße. Das Blut zirkuliert vor allem frei durch die Körperhohlräume und umspült die Organe. Diese Hohlräume werden insgesamt als Haemocoel oder Schizocoel bezeichnet und ersetzen bei den Arthropoden das Coelom oder die sekundäre Leibeshöhle. Den Hauptteil des Blutgefäßsystems bilden Herz und Aorta. Beide zusammen bilden das Rückengefäß, das auf der Rückenseite dicht unter der Körperoberfläche dahinzieht. Das Herz ist am hinteren Ende geschlossen und liegt in einem blutgefüllten Spaltraum. Kontraktionswellen laufen in rhythmischen Abständen über das Herz, und Blut wird dabei durch kleine Öffnungen, Ostien genannt, in das Herz hineingesaugt. Gleichzeitig wird ein Teil des im Herzen bereits befindlichen Blutes in seitlich abzweigende Gefäße, der Hauptteil aber durch die Aorta in den Kopf gepreßt. Einfache Gefäße finden sich in den Flügeladern und den Beinen. Im übrigen aber erfolgt die Blutzirkulation unter niedrigem Druck durch die Spalträume. Die allgemeine Körperbewegung dient hierbei als Antrieb. Bei größeren Insekten finden sich jedoch daneben Pumpmechanismen an verschiedenen Stellen des Körpers, besonders im Thorax in Verbindung mit der Zirkulation in Flügeln und Beinen.

Das Gewicht des Blutes eines Insektes kann zwischen 5 und 40 % des Gesamtgewichtes betragen. Es besteht aus Blutplasma und Zellen. Von diesen Zellen enthält ein mm^3 etwa 100 000, und ihre Hauptaufgabe besteht im Abtransport von Schadstoffen, z. B. Bakterien und Zelltrümmern. Beim Sauerstofftransport spielt das Blut praktisch keine Rolle. Hämoglobin findet sich nur bei einer geringen Zahl von Insekten. Ein Teil des Kohlendioxid-Abtransportes wird aber vom Blut besorgt.

Die Atmung erfolgt mit Hilfe eines Luftröhrensystemes, des Tracheensystems, das alle Teile des Körpers durchzieht und sich über Tracheenöffnungen nach außen öffnet (Abb. S. 156). Im allgemeinen sind 10 Paare dieser Öffnungen vorhanden, das erste davon im Mesothorax und dann in jedem Segment eines. Diese Zahl kann jedoch häufig reduziert sein. Bei den höheren Insekten können diese Öffnungen willkürlich geöffnet und geschlossen werden. Die Tracheen sind Einstülpungen der Körperwandung und daher mit einer Kutikula ausgekleidet. Diese ist nicht als einheitliche Schicht, sondern in Form eines Spiralbandes ausgebildet, das die Röhren aussteift. Bei bestimmten Apterygoten *(Machilis)* besteht das Tracheensystem noch aus paarigen Einzelsystemen, eines an jeder Öffnung in jedem Segment. Bei den höheren Insekten ist jedoch nur noch ein einheitliches System vorhanden, das mit allen Tracheenöffnungen verbunden ist.

Wenn die Stigmen geöffnet sind, dringt Sauerstoff in das System ein. Es konnte gezeigt werden, daß die Diffusion, obwohl langsam erfolgend, doch hinreicht, um den Bedarf kleiner und inaktiver Insekten zu decken. Größere Insekten verstärken ihre Sauerstoffversorgung durch Luftsäcke und Atembewegungen. Die Luftsäcke sind dünnhäutige Ausstülpungen der Tracheen, die mit Luft gefüllt werden. Pumpbewegungen des Körpers pressen die Luft aus diesen Säcken und füllen sie beim Entspannen erneut mit frischer Luft. Man kann diese Pumpbewegungen bei einer sitzenden Wespe oder Schwebfliege gut beobachten, und beim Maikäfer ist das „Pumpen" vor dem Abfliegen allbekannt.

Jede Trachee zweigt sich am Ende sternförmig auf und endet in feinsten Röhrchen von weniger als 1 µm Durchmesser, sogenannten Tracheolen. Diese sind oft teilweise mit Flüssigkeit gefüllt. Aus den Enden dieser Tracheolen diffundiert der Sauerstoff in die Gewebe. Der Flüssigkeitsanteil in den Tracheolen hängt von der Aktivität des Insektes ab. Wigglesworth konnte zeigen, daß die Anhäufung von Stoffwechsel-Endprodukten im aktiven Muskel auf Grund der osmotischen Verhältnisse Flüssigkeit aus den Tracheolen abzieht. Damit wird gleichzeitig eine Verstärkung der Sauerstoffversorgung sichergestellt. Das Kohlendioxid wird hauptsächlich über die Gewebe und die Körperoberfläche an die Umgebung abgegeben.

Alle adulten Insekten, auch die im Wasser lebenden, atmen atmosphärische Luft. Einige im Wasser lebende Larven entnehmen den Sauerstoff jedoch lediglich durch Diffusion aus dem Wasser. Der größte Teil der im Wasser lebenden adulten Insekten sind Käfer oder Wanzen, die eine Luftblase unter den Flügeldecken oder an feiner Behaarung anderer Körperteile mit sich führen. Diese Luftblase steht mit den Stigmen in Berührung: So erfolgt die Atmung, als befände sich das Tier an der Luft. Eine solche Luftblase vermittelt jedoch mehr Sauerstoff, als sie eigentlich nach ihrer Zusammensetzung enthält. Wenn der Sauerstoffgehalt einer solchen Blase durch den Verbrauch des Tieres abnimmt, wird er durch Diffusion aus dem umgebenden Wasser wieder aufgefüllt. Die Gasblase löst sich allerdings langsam im Wasser und wird daher kleiner, muß also dennoch an der Wasseroberfläche erneuert werden.

Einige wenige adulte Insekten, die im Wasser leben, haben diese Einrichtung zu einer „physikalischen Kieme" weiterentwickelt, die es ihnen gestattet, ständig unter Wasser zu bleiben. Ihre Körperoberfläche ist mit feinen, wasserabweisenden Haaren besetzt, unter denen eine sehr dünne Luftschicht, die in Verbindung mit den Stigmen steht, gefangen bleibt. Die Haare verhüten einen Gasverlust, und so kann diese dünne Gasschicht als ständige „physikalische Kieme" arbeiten. Man nennt dies auch eine Plastron-Atmung. Tiere mit dieser Einrichtung sind zum Beispiel die Wanze *Aphelocheirus* (Tafel 11) und Käfer aus der Familie der *Elmidae*. Sie können aber nur in gut belüfteten Fließgewässern mit hohem Sauerstoffgehalt leben.

Insekten sind sehr aktive Tiere. Ihr Nervensystem ist besser als bei vielen anderen Wirbellosen entwickelt, wenn man einmal von den Tintenfischen absieht. Im Kopf ist ein Gehirn vorhanden, das als Ober- und Unterschlundganglion mit ringförmiger Verbindung den Ösophagus oft völlig umgreift. Von hier aus zieht unter dem Verdauungskanal ein doppelter Nervenstrang nach hinten, der in jedem Segment Ganglien und Querverbindungen aufweist. Die ganze Anordnung erinnert an eine Strickleiter, und man spricht daher auch vom Strickleiter-Nervensystem. Die Ganglien verschiedener Segmente, z. B. im Thorax, sind oft groß, und besonders die des Thorax können sogar größer als das Gehirn sein. Sie fungieren als „örtliche Schaltzentralen" und steuern die Funktionen in ihrer unmittelbaren Umgebung, können aber vom Gehirn, das das Zentrum der Koordination ist, beeinflußt werden.

Im Zusammenhang mit dem Nervensystem steht eine gute Ausstattung mit Sinnesorganen (Rezeptoren). Die Lichtsinnes- und die Geruchsorgane (Fühler) wurden bereits behandelt. Berührungsreize nehmen große Partien des Insektenkörpers wahr, besonders aber die Fühler und die Beine. Hier stehen Haarsensillen, die über ableitende Nervenfasern mit dem Nervensystem in Verbindung stehen. Geschmacksorgane sind ebenfalls bei vielen Insekten gut ausgebildet, allerdings nicht auf die Mundregion beschränkt. Stubenfliegen und andere Insekten tragen Geschmacksrezeptoren an den Füßen und stellen die Qualität einer Nahrung einfach dadurch fest, daß sie darauf landen. Weiterhin gibt es Temperatur-Sinnesorgane. Weibliche Mücken suchen ihren Wirt z. B. auf Grund der Temperaturveränderung bei Annäherung an ihn auf. Auch die Wahrnehmung der Veränderung der Luftfeuchtigkeit spielt hierbei eine Rolle.

Die Entwicklungszyklen der Insekten

Wenn auch einige Insekten, z. B. die Sommergeneration der Blattläuse, lebendgebärend sind, legen doch die meisten Insekten Eier. Durch eine feste Schale und eine oder mehrere darunterliegende Häute geschützt, die ein Eindringen von Wasser verhindern, können die Eier recht unterschiedliche Umweltbedingungen ertragen. Viele Insekteneier überdauern z. B. den Winter offen an Zweige angeheftet. Wenn das junge Insekt zum Schlüpfen reif ist, nagt es sich entweder ins Freie, oder es sprengt die Schale mit Hilfe seiner Muskelkraft, wobei mitunter eine hörnchenartige Erhebung auf der Kutikula, der Eizahn, hilft.

Das aus dem Ei schlüpfende Insekt sieht in den seltensten Fällen dem adulten Tier derselben Art ähnlich. Ein wesentlicher Unterschied ist meist das Fehlen der Flügel. Weiterhin können sich die Mundwerkzeuge beträchtlich unterscheiden, und natürlich ist auch die Größe sehr viel geringer. Das junge Tier muß also eine erhebliche Entwicklung durchlaufen, bis es den Zustand des geschlechtsreifen adulten Tieres erreicht. Die hierbei stattfindenden Veränderungen bezeichnet man zusammenfassend als Metamorphose.

Auf Grund des harten Außenskelettes kann ein Insekt nicht stetig wachsen. Es muß vielmehr schubweise an Größe zunehmen und sich häuten, wenn der alte Panzer zu eng wird. In den meisten Fällen werden die inneren Schichten der Kutikula vorher aufgelöst und eine neue, aufgefaltete unter der alten äußeren Kutikula angelegt. Durch Muskeltätigkeit oder durch das Anschwellen nach Luft- oder Wasseraufnahme sprengt das Insekt den alten Panzer und schlüpft heraus. Es bleibt in dem angeschwollenen Zustand, bis sich die neue Kutikula ausgehärtet hat. Dann wird das aufgenommene Wasser oder die Luft wieder abgegeben, und es ist nun innerhalb der Kutikula Raum zur Substanzvermehrung, zum Wachstum. Bis die neue Kutikula ausgehärtet ist, sind die Insekten recht empfindlich und bleich und verstecken sich in den meisten Fällen, um Feinden zu entgehen.

Die Zahl der Häutungen während eines Insektenlebens liegt zwischen einer und 50, doch sind diese Extreme sehr selten. Bei den meisten Arten liegt die Zahl der Häutungen zwischen vier und zehn. Zwischen den einzelnen Häutungen liegen die sog. Larvenstadien, und man spricht vom 1., 2., 3. Larvenstadium usw.

Nach der Art und Weise, in welcher sich die Flügel entwickeln, kann man die

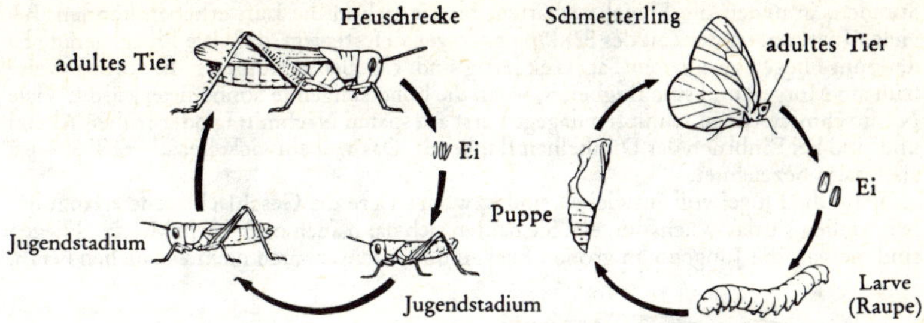

Der Entwicklungszyklus einer Heuschrecke, eines exopterygoten Insekts, und der eines Schmetterlings, eines endopterygoten Insekts

Insekten grob in zwei Gruppen einteilen. Bei den sog. „niederen“ Insekten, den Schaben, Heuschrecken, Libellen etc., entwickeln sich die Flügel schrittweise an der Außenseite der Körper, werden bei jeder Häutung größer und erreichen schließlich die volle Ausbildung. In vielen Fällen ähneln diese Jugendstadien den adulten Tieren sehr stark, bewohnen die gleichen Biotope und nehmen die gleiche Nahrung auf. Man bezeichnet diese Gruppe auch als Exopterygota auf Grund der Tatsache, daß sich ihre Flügel außerhalb des Körpers entwickeln.

Zu der anderen Gruppe der Insekten gehören zum Beispiel die Schmetterlinge, die Käfer, die Fliegen usw., bei denen die Entwicklungsstadien den adulten Tieren absolut unähnlich sind. Man bezeichnet diese Stadien als Larven. Sie bewohnen sehr häufig ökologische Nischen, die grundverschieden von denen der adulten Tiere sind, und sie nehmen meist ein völlig anderes Futter auf. Bei diesen Formen erfolgt die Angleichung an das Aussehen des adulten Tieres nicht schrittweise, sondern auf einmal. Diese Umwandlung ist so gewaltig, daß ein Ruhestadium erforderlich ist, währenddessen sie vollzogen wird. Dieses Ruhestadium ist die Puppe oder Pupa, die sich zwar oft in begrenztem Umfang etwas bewegen kann, jedoch keine Nahrung aufnimmt. Die Flügelanlagen entwickeln sich in dieser Gruppe im Inneren der Tiere und sind bis zum Puppenstadium äußerlich nicht sichtbar. Man bezeichnet diese Insekten deshalb auch als Endopterygota.

Ob nun eine Imago aus einem Jugendstadium oder einer Puppe hervorgeht, in jedem Fall ist ihre erste Reaktion, einen geeigneten Ort aufzusuchen, an dem sich die zusammengeknitterten Flügel gut entfalten können. Dies geschieht, indem Blut in die Flügeladern hineingepumpt wird, um sie zu strecken. Einige Insekten können sofort oder kurze Zeit nach dem Schlüpfen fliegen (s. S. 65). Andere benötigen aber mehrere

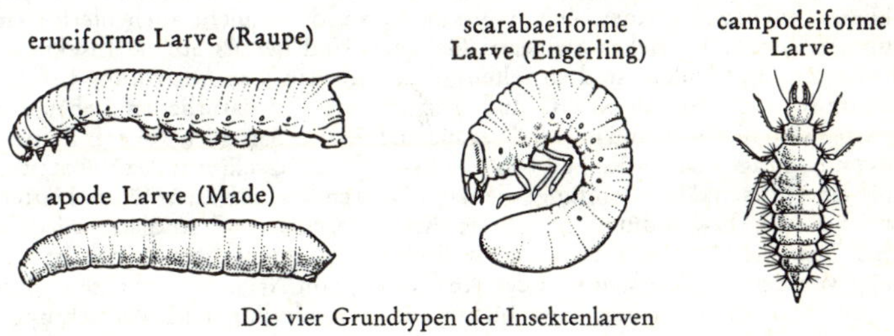

Die vier Grundtypen der Insektenlarven

Stunden, in denen die Flügel aushärten, bis sie sich in die Luft erheben können. Bei vielen Insekten ist die Zeit des Schlüpfens so genau festgelegt, daß ihre Flügel gerade zu der zum Fliegen geeigneten Tageszeit fertig sind. Libellen schlüpfen z. B. vorzugsweise früh am Morgen und sind flugbereit, wenn die höhersteigende Sonne sie erwärmt. Viele Nachtschmetterlinge schlüpfen dagegen erst am späten Nachmittag oder frühen Abend und sind bei Einbruch der Dunkelheit flugbereit. Das voll entwickelte, adulte Tier wird als Imago bezeichnet.

Wenn die Flügel voll entwickelt sind bzw. die Tiere die Geschlechtsreife erlangt haben, stellen sie das Wachstum ein. Sie häuten sich dann auch nicht mehr: Kleine Fliegen sind niemals die Jungen von großen Fliegen und wachsen auch nicht zu solchen heran,

a b

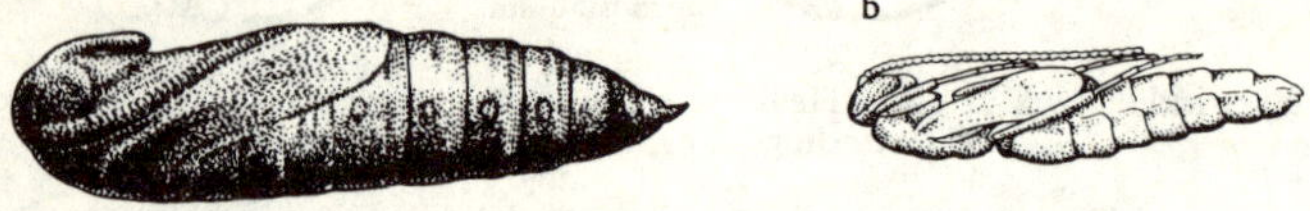

Die beiden Haupttypen der Puppe: a Pupa obtecta, bei der alle Körperanhänge unter der Oberfläche verborgen sind; b Pupa exarata, bei der alle Körperanhänge frei abstehen

um ein vielgebrauchtes Beispiel zu zitieren! Einzige Ausnahmen sind die Fischchen und Felsenspringer, die während ihres Lebens 50 oder mehr Häutungen durchmachen können, die Springschwänze und die Eintagsfliegen, die einzig dastehen und noch im geflügelten Zustand kurz nach dem Schlupf eine weitere Häutung durchlaufen.

Mit diesem groben Abriß der Entwicklung der Insekten müssen wir nun die Biologie der Insekten verlassen. Viele Dinge konnten nicht einmal andeutungsweise erwähnt werden, doch gibt es genügend Einführungen in die Insektenkunde, aus denen der interessierte Leser weitere Einzelheiten entnehmen kann. Wir hoffen, daß dieses Kapitel die Absicht, eine gewisse Grundlage zu geben, erfüllt, auf der nun weiter aufgebaut werden kann. Bei den folgenden Kapiteln soll jedenfalls davon ausgegangen werden, daß dem Leser das hier Gesagte voll im Gedächtnis ist, und wir wollen uns dann auf die Abweichungen vom Grundschema, auf die sich die Klassifikation und Identifikation von Insekten stützen, beschränken.

Das Sammeln und Präparieren von Insekten

Der Zweck dieses Buches ist es, dem Benutzer das Kennenlernen der Insekten im Freien zu ermöglichen – es soll nicht der Anlaß sein, viele Insektenkästen mit toten, aufgespießten Tieren zu füllen. Ohne ein gewisses Maß an Sammeln kommt man jedoch nicht aus, wenn man sich wirklich eine gründliche Formenübersicht verschaffen will. Dieses Buch wäre daher nicht vollständig, würde es nicht auch hierfür einige Anleitungen geben. In vielen kleineren Gebieten sind bereits etliche Insektenarten verschwunden, und andere sind so selten geworden, daß ihre Ausrottung befürchtet werden muß. Sammlerleidenschaft und Vernichtung der natürlichen Lebensräume dieser Arten sind hierbei Hand in Hand gegangen. Für viele Sammler früherer Zeiten war das Zusammentragen langer Reihen von Tieren der gleichen schönen Art Selbstzweck – etwa für eine Hirschkäfersammlung, die dann Dutzende von Kästen füllte. Hätten sie die natürlichen Lebensbedingungen dieser Arten beachtet und studiert, würde man sicherlich manche Art auch heute noch finden, die nun verschwunden ist. Diese Warnung vor der Sammlerwut und der Ausrottung von Arten sollte heute eigentlich überflüssig sein, ist sie leider aber nicht. Die Veränderung und Vernichtung der

Lebensräume hat die Bestände vieler unserer Insektenarten so weit zurückgehen lassen, daß weitere Eingriffe, gleich welcher Art, existenzbedrohend werden. Das Wiedererstarken des Bestandes einer Art kann Jahre in Anspruch nehmen, oder die Art stirbt vollends aus. Man sollte es sich daher zur Richtlinie machen, nicht mehr als ein Pärchen von jeder Art in die Sammlung zu nehmen, was den Bestand der meisten Insektenarten nicht gefährdet und im allgemeinen auch ausreicht.

Beim Sammeln von Insekten sind die jeweils gültigen Naturschutzbestimmungen zu beachten. In der Bundesrepublik Deutschland sind dies das Bundesnaturschutzgesetz (BNatSchG) in der Fassung vom 1. 6. 1980, die Naturschutzverordnungen der einzelnen Bundesländer und die Bundesartenschutzverordnung (BArtSchV) vom 25. 8. 1980. Letztere nennt die besonders geschützten Insektenarten, deren Fang untersagt ist. Von den im Buch behandelten Insekten fallen hierunter:

Libellen *(Odonata):* alle Arten

Heuschrecken *(Saltatoria): Oecanthus pellucens* (Weinhähnchen), *Ephippiger ephippiger* (Sattelschrecke), *Calliptamus italicus, Oedipoda germanica* (Rotflüglige Ödlandschrecke), *Oedipoda caerulescens* (Blauflüglige Ödlandschrecke)

Fangheuschrecken *(Mantodea): Mantis religiosa*

Wanzen *(Heteroptera): Ranatra linearis,* Stabwanze

Zikaden *(Homoptera):* alle Singzikaden *(Cicadidae)*

Echte Netzflügler *(Planipennia):* alle Schmetterlingshafte *(Ascalaphidae), Mantispa styriaca,* alle Ameisenjungfern *(Myrmeleonidae)*

Schmetterlinge *(Lepidoptera):* alle Echten Tagfalter *(Papilionoidea)* – Ausnahmen: die Weißlinge *Pieris brassicae, rapae, napi;* alle Dickkopffalter *(Hesperiidae);* alle Schwärmer *(Sphingidae)* – Ausnahme: *Hyloicus pinastri,* Kiefernschwärmer; alle Widderchen *(Zygaenidae, Amatidae);* alle Glucken *(Lasiocampidae)* –Ausnahmen: *Dendrolimus pini,* Kiefernspinner – *Eriogaster lanestris* (Wollafter), *Malacosoma neustria* (Ringelspinner); alle Zahnspinner *(Notodontidae)* – Ausnahmen: *Notodonta dromedarius* und *N. ziczac, Lephopteryx camelina, Phalera bucephala,* Mondvogel; alle Bärenspinner *(Arctiidae)* – Ausnahme: *Spilosoma menthastri;* alle Ordensbänder (*Catocala* spec.), *Griposia aprilina* (Aprileule), *Mormo maura* (Schwarzes Ordensband)

Hautflügler (Hymenoptera): alle Bienen und Hummeln *(Apoidea), Formica rufa* (Rote Waldameise)

Käfer (Coleoptera): alle Sandlaufkäfer *(Cicindelidae);* alle Puppenräuber (*Calosoma* spec.); alle Laufkäfer der Gattung *Carabus;* alle Kolbenwasserkäfer (*Hydrous* spec.), alle Hirschkäferartigen *(Lucanidae); Oryctes nasicornis* (Nashornkäfer); *Polyphylla fullo* (Walker); alle Rosenkäfer *(Cetoniidae);* alle Prachtkäfer *(Buprestidae)* – Ausnahmen: *Agrilus biguttatus, sinuatus* und *viridis, Coroebus bifasciatus, Melanophila decastigma, Phaenops cyanea;* alle Ölkäfer der Gattung *Meloe; Aromia moschata* (Moschusbock), *Cerambyx cerdo* (Eichenbock).

Die einzigen Insekten, die in der Schweiz durch Bundesgesetz geschützt sind, sind die Roten Waldameisen (*Formica rufa*). Im übrigen sind Natur- und Artenschutz in der Schweiz Aufgaben der Kantone. Es gibt Kantone, in denen weitere Insektenarten geschützt sind.

In Österreich wird der Artenschutz ausschließlich von den Bundesländern geregelt. Vollkommen geschützt sind sämtliche Apollofalter, die Rote Waldameise weitgehend. In einigen Bundesländern stehen weitere Käfer, Schmetterlinge und Netzflügler unter Schutz (etwa der deutschen Auswahl entsprechend).

In jedem Falle sollte die Sammlung nicht Selbstzweck sein, sondern ein Hilfsmittel, um Zugang zu der Biologie der Insekten zu erlangen. Wenn man sich hierfür Verständnis erwirbt, kann man mehr zur Bewahrung unserer Insektenwelt und unserer übrigen Fauna beitragen.

Ein Insektennetz ist für den Entomologen ebenso wichtig wie ein Notizbuch. Dieses sollte zum Festhalten von beobachteten Verhaltensweisen ebenso wie von Fundorten und -daten dienen. Harold Oldroyd sagt hierzu in seinem Buch „Collecting, Preserving, and Studying Insects“: „. . . . man sollte sich nicht bemühen, möglichst schnell Insekten zu fangen und zu töten, sondern sollte soviel Zeit wie möglich zur Beobachtung ihrer alltäglichen Lebensabläufe aufbringen.“ Hat man ein Tier gefangen und bestimmt, wobei man möglicherweise nur bis zur Familie gelangen wird, sollte man in der Lage sein, es im Freien wiederzuerkennen, ohne es neu zu fangen. Schrittweise sollte man dann sein Wissen über die Tiere erweitern und sich so die Kenntnis einer Insektenart oder -gruppe erarbeiten. Man wird überrascht sein, wieviel an unbekannten Dingen auch in der mitteleuropäischen Insektenwelt noch zu beobachten ist.

Nach einer Anfangsphase, in der man gemeinhin alle Insekten sammelt, um sich mit den Ordnungen beziehungsweise den größeren und bedeutenden Familien vertraut zu machen, wird wahrscheinlich der Wunsch auftauchen, sich nur noch mit einer Ordnung oder einer großen Familie intensiver zu beschäftigen. Es ist dies der einzige Weg, auf einem Gebiet der Insektenkunde wirklich zum Fachmann zu werden, denn niemand wird jemals in der Lage sein, alles Wissen über Insekten in sich zu vereinen. Man sollte jedoch stets vermeiden, in seinen Bemühungen so einseitig zu werden, daß man nichts mehr außer seiner eigenen Gruppe beachtet und so zum vielzitierten „Fachidioten“ wird.

Die folgenden Hinweise zum Sammeln und Präparieren von Insekten sind allgemein und recht kurz gehalten, enthalten aber alle notwendigen Angaben zur Anlage einer repräsentativen Insektensammlung. Nicht alle Ordnungen konnten in gleicher Ausführlichkeit behandelt werden. Jeder der folgenden Abschnitte enthält daher einen Hinweis auf die Methoden, die für die jeweils behandelte Ordnung am besten geeignet sind. Genauere Informationen und schwierigere Methoden finden sich in den Werken, die zu diesem Thema im Literaturverzeichnis auf S. 294 genannt werden.

Insekten kann man zu jeder Jahreszeit finden, wenn auch die Sommermonate die bei weitem ergiebigsten für den Sammler sind, und sie finden sich praktisch an jedem Ort. Man braucht eigentlich nie lange und weit zu suchen, bis man auf ein Insekt stößt; man kann sogar eine exemplarische Sammlung anlegen, ohne das Haus zu verlassen. Der Autor fing Vertreter von 15 Insektenordnungen allein dadurch, daß er einige Tage und Nächte lang das Fenster offenstehen ließ. Vertreter von drei weiteren Ordnungen erbrachte eine genaue Inspektion der zum Hause gehörenden Katzen bzw. deren Beutetiere, die diese von Zeit zu Zeit ins Haus schleppten. Mindestens 2, wenn nicht sogar 4 der dann noch fehlenden Ordnungen ließen sich im Garten finden.

Das Studium der im Hause lebenden Insektenarten ist eine vollauf ausfüllende Beschäftigung, doch leben nur relativ wenige Arten stets dort, während eine große Zahl von Arten nur zufällig dorthin gelangt. Der Wunsch des Sammlers wird es sein, die Tiere im Freien in ihrer natürlichen Umgebung aufzusuchen und dort zu sammeln. Diese Lebensräume sind so unterschiedlich, daß man verschiedene Methoden benötigt, um überall der Tiere habhaft zu werden. Um diese Methoden vorzustellen, ist es zweckmäßig, die Insekten in vier Gruppen zu unterteilen: fliegende Insekten; laufende Insekten; Bewohner des Erdbodens und der Pflanzenabfälle; wasserbewohnende Insekten. Die Fangmethoden kann man wiederum in den aktiven Fang und den Fang mittels Fallen und Ködern unterteilen.

Aktiver Fang

1. Fliegende Insekten

Die meisten Insekten fliegen irgendwann einmal, doch sollen hier nur die Arten betrachtet werden, die den größten Teil ihres Lebens im Fluge verbringen und die entweder im Fluge oder aber während der kurzen Ruhepausen gefangen werden müssen. Die wichtigsten hierher gehörenden Gruppen sind die Libellen, die Tag- und eine Reihe von Nachtschmetterlingen, und die Hautflügler. Das Hauptfanggerät ist hier natürlich das Netz. Die Händler verkaufen unterschiedliche Typen (s. Verzeichnis S. 444), doch ist es auch nicht allzu schwer, sich solch ein Netz selbst anzufertigen, sofern man das notwendige Material und ein gewisses handwerkliches Geschick besitzt. Der Rahmen sollte leicht, aber stabil sein, und zur Bespannung verwendet man heute allgemein Nylon- oder Perlongaze, die jedoch nicht zu hart und zu steif sein darf, da sonst die Tiere beschädigt werden. Starker Draht von ca. 2 mm Durchmesser ist wohl das am besten geeignete Material zur Selbstanfertigung eines Netzrahmens, da er noch ohne Schwierigkeiten zur gewünschten Form zusammengebogen werden kann, andererseits aber nicht so schwach ist, daß er sich beim Zuschlagen durch die Luft verbiegt. Eine dreieckige Form ist, besonders wenn man das Netz auch zum Streifen benutzen will (s. S. 36), besser als eine runde. Der Durchmesser sollte mindestens 30 cm betragen, so daß man gut mit der Hand und dem Exhaustor oder dem Tötungsglas hineinlangen und darin arbeiten kann. Die sogenannten Schmetterlingsnetze, die manchmal in Spielzeuggeschäften verkauft werden, sind meist zum Fang fliegender Insekten völlig ungeeignet, können aber manchmal zum Einsatz im Wasser gebraucht werden. Das Netz sollte fest an einem kurzen Stock oder Griff befestigt werden. Dies reicht im allgemeinen beim Sammeln völlig aus, doch ist es nützlich, wenn man eine Auswechselmöglichkeit für besondere Fälle, in denen ein längerer Stock benötigt wird, vorsehen kann.

Die Netzgaze sollte möglichst weich, aber fest sein. Ein zu engmaschiges Netz bietet einen zu großen Luftwiderstand, ein Netz mit zu weiten Maschen läßt kleine Insekten entkommen. Das Material muß auch so hinreichend fest sein, daß es den Attacken von Himbeer- und Rosenranken widerstehen kann. Den Rand des Netzbeutels verstärkt man durch einen übergesetzten Leinenstreifen, um das schnelle Durchscheuern am Metallrahmen zu verhindern. Eine Reparatur wird vereinfacht, wenn man den Netzbeutel zum An- und Abknöpfen einrichtet oder mit Klettband versieht und einen Ersatzbeutel mitnimmt. Die Länge des Netzbeutels sollte mindestens das Doppelte des Netzdurchmessers betragen, so daß durch einfaches Umschlagen des Netzes (s. Abb.) der Netzeingang nach dem Fang verschlossen werden kann. Die Farbe des Netzes ist von keiner großen Bedeutung – dunkle grüne, braune oder auch schwarze Netzbeutel haben sich für Schmetterlinge und Libellen recht gut bewährt.

Der Gebrauch des Netzes ist eine Sache des gesunden Menschenverstandes und der

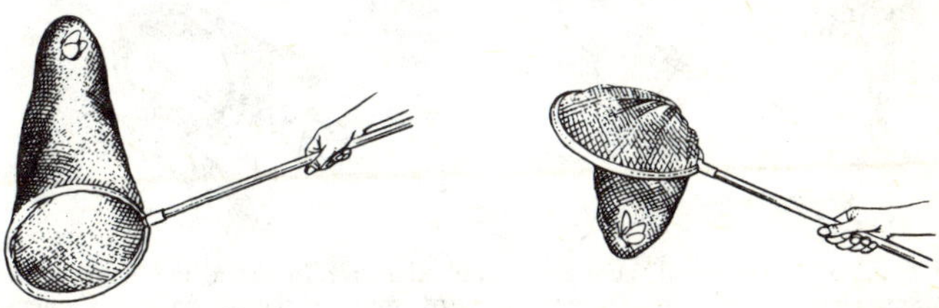

Der Gebrauch eines Luftnetzes: Nach dem Fang wird der Beutel über den Rahmen geschlagen, so daß der Fang nicht entkommen kann, während man ihn in Ruhe betrachtet.

Erfahrung – man kann ihn nicht aus Büchern lernen. Beim Fang von Insekten, die sich auf Blüten niedergelassen haben, stellt sich oft die Frage, ob man mit dem Netz zuschlagen soll oder aber es mit dem Exhaustor oder einem Röhrchen versucht. Die Entscheidung hängt von vielen Faktoren ab – der Art der Pflanze, dem Zustand des Untergrundes und der Art des Insektes. Bei ebenem Untergrund kann man manchmal das Netz über Pflanze und Insekt fallenlassen. Das Tier wird auffliegen und sich im Netzbeutel fangen. Träge Tiere lassen es oft zu, daß man das Netz über sie stülpt oder auch, ohne Verwendung eines Netzes, ein Röhrchen. In anderen Fällen wiederum ist es besser, das Tier von der Blüte aufzustören, sobald man das Netz zuschlagbereit hat, und es aus der Luft zu schlagen.

2. *Laufende Insekten*

Hier sollen die Insekten behandelt werden, die den größten Teil ihres Lebens auf dem Untergrund und der Vegetation verbringen. Dazu gehören die Käfer, Wanzen, Heuschrecken, Staubläuse und Tiere wie die Steinfliegen, Eintagsfliegen und viele Nachtschmetterlinge, die am Abend und in der Nacht fliegen und sich am Tage verbergen. Die einfachste, wenn auch nicht ergiebigste Methode ist es, diese Tiere in ihren Unterschlupfen an Baumstämmen, Mauern, unter Blättern und ähnlichem aufzustöbern. Die größeren Tiere sammelt man direkt in kleine Röhrchen oder Plastikschächtelchen, während man die kleineren besser mit Hilfe eines Exhaustors erbeutet. Mehr Tiere als durch derartiges Absuchen erbeutet man durch Streifen. Dies geschieht mit Hilfe eines Netzes und bringt vor allem bei niederem Krautbewuchs bzw. auf Weiden und Wiesen guten Erfolg. Aus dem Ellbogengelenk heraus werden kurze, kräftige Schläge durch die Vegetation hin und her ausgeführt, während der Sammler langsam vorwärtsschreitet. Der Netzinhalt muß relativ häufig durchgesehen und die Tiere mit Hilfe des Exhaustors herausgesammelt werden, bevor Samen, Blätter und ähnliches die Tiere beschädigen und zerschlagen können, ferner, damit man feststellen kann, von welchen Pflanzen die gefangenen Tiere stammen. Ein Vielzwecknetz, wie oben beschrieben, kann auch zum Streifen verwendet werden. Besser geeignet sind jedoch eigens gefertigte Streifsäcke aus stärkeren Materialien. Ein Beispiel dafür ist hier abgebildet. Bei diesem Modell ist der Griff quer über die Streifsacköffnung geführt, was dem Rahmen größere Stärke verleiht und einen sichereren Schlag ermöglichen soll. Allerdings wird dadurch das Hantieren beim Aussammeln etwas behindert, weshalb die meisten handelsüblichen Streifsäcke ohne diese Verstärkung konstruiert sind.

Das Abklopfen ist eine andere Fangmethode für Insekten, wenn sie auf höherer Vegetation sitzen, also etwa auf Bäumen, Büschen und Hecken. Alles, was man hierzu

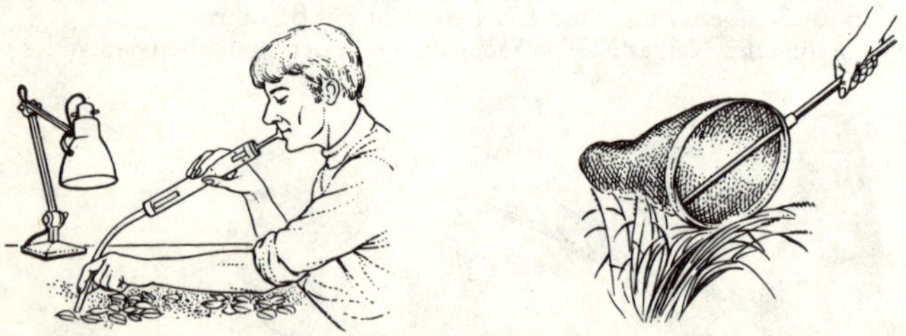

Einen Exhaustor benutzt man zum Aufsaugen kleinster Insekten und Aussammeln eines Streifsackes. Der Schlauch, an dem gesaugt wird, muß an seinem Ende mit einem Stückchen Gaze überdeckt sein, damit man die Tiere nicht in den Mund bekommt. – Ein Streifsacktyp, bei dem der über die Öffnung geführte Stock den Rahmen verstärkt.

braucht, ist ein Stock zum Klopfen und etwas, wovon man die abgeklopften Tiere aufsammeln kann. Ein auf den Boden gelegtes Tuch genügt, doch ist es besser, ein solches Tuch auf einem Rahmen von etwa 1 m^2 aufzuspannen. Ihn kann man mit einer Hand halten und leichter unter die Zweige schieben als ein einfaches Tuch. Das Abklopfen erbringt vor allem Raupen, aber auch Blattwanzen, Käfer und andere an Blättern fressende Insekten.

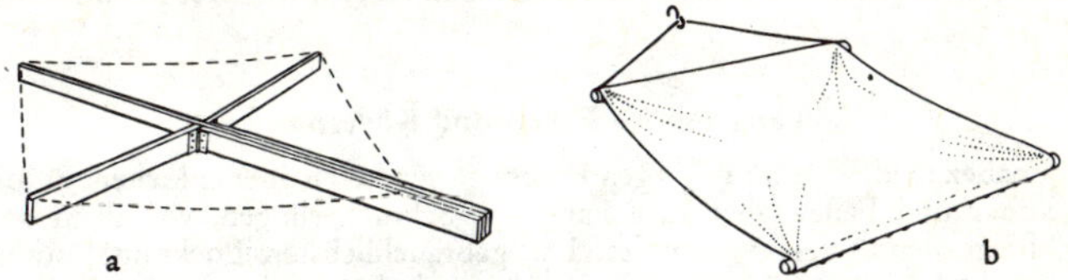

Zwei Formen des Klopfschirmes, a der Stoff ist fest am hinteren Ende und den beiden, mit Scharnieren befestigten Seitenarmen fixiert, die abklappen, wenn man den Stoff zum Gebrauch über die Spitze spannt; b ein Modell, das mit einem Haken über einen Ast gehängt und mit einer Hand entrollt werden kann.

3. Bewohner des Erdbodens und der Pflanzenabfälle

In diesem Bereich finden sich vor allem Ameisen, Käfer und Apterygoten neben einer großen Menge von Spinnentieren. Dieser Lebensraum ist feucht und dunkel, und die Hauptsammelmethoden sind daher, die Tiere mit Hilfe von Licht und Wärme aus ihren Verstecken herauszutreiben. Allgemein wird zu diesem Zweck der Berlese-Trichter verwendet. In einfachster Form handelt es sich dabei um einen großen Glastrichter, in den man etwa auf halber Höhe eine Gaze-Plattform eingeklebt hat. Der obere Teil des Trichters wird nun mit dem zu untersuchenden Material gefüllt, die untere Trichteröffnung in ein Gefäß mit Alkohol oder dergleichen gesteckt. Sodann bringt man eine nicht zu starke Glühbirne oben über dem Trichter an und überläßt das Ganze für einige Stunden oder auch Tage sich selbst. Dabei trocknet das Material schrittweise aus. Die Tiere, die dunkle und feuchtere Bereiche aufsuchen, werden nach und nach in den unteren Trichterbereich getrieben und fallen in die Konservierungsflüssigkeit. Eine noch einfachere Methode, einiger dieser Bodenbewohner habhaft zu werden, ist, etwas Bodenstreu auf eine weiße Unterlage unter einer starken Lampe zu bringen und dann Stück um Stück umzudrehen und abzusammeln. Die aufgestörten Insekten suchen sich dabei wieder zu verbergen und können z. B. mit einem feuchten Pinsel aufgetupft werden. Mit dieser Methode kann man natürlich nur kleine Bodenstreumengen bewältigen, denn sie ist sehr zeitaufwendig.

4. Wasserbewohnende Insekten

Eintagsfliegen, Libellen, Steinfliegen und Köcherfliegen verbringen ihr ganzes Larvenleben im Wasser. Dies gilt auch für einige Schmetterlinge und Fliegen. Die einzigen Insekten, die das Wasser auch als Imagines bezwungen haben, sind die Käfer und Wanzen, deren feste Vorderflügel eine Kammer bilden, in der Luft zum Atmen mitgeführt werden kann. Man braucht ein Netz, um diese wasserbewohnenden Insekten zu erbeuten, doch sollte man dazu nicht jenes verwenden, mit dem man fliegende Insekten fangen will. Zum Gebrauch im Wasser muß es stärker und fester sein, und sein Stock sollte mindestens 1,50 m lang und recht kräftig sein, denn das Wasser bietet beim Durchziehen des Netzes einen erstaunlich starken Widerstand, so daß ein zu dünner Stock dabei zerbricht. Ein Besenstiel ist z. B. ein geeigneter Stock oder auch ein starker Bambusstab. Der Netzrahmen sollte eine gerade Vorderseite besitzen, damit man damit über den Gewässerboden kratzen kann. Für den Beutel eines solchen Wassernetzes genügt es schon, wenn er 15 cm tief ist. Ein weiteres nützliches Ausrüstungsstück ist eine Greifkralle. Sie sieht wie ein kleiner Anker mit drei oder vier Armen aus und ist aus starkem Draht gefertigt. Sie wird an ein Seil geknüpft, und dann kann man sie auswerfen und damit Wasserpflanzen zu sich ans Ufer heranziehen und absammeln.

Fang mittels Fallen und Ködern

Man kann nahezu jedes Insekt mit irgendeinem geeigneten Köder anlocken. Besonders werden Köder und Fallen aber zum Fang von Schmetterlingen, vor allem bei den nächtlich fliegenden Arten, verwendet. Die gebräuchlichsten Lockmittel sind süße Säfte und Licht (s. S. 178–179). Blüten sind der einfachste und attraktivste Köder für viele Insekten, während Aas und Dung viele Fliegen und Käfer anlocken. In den Boden versenkte Joghurtbecher, deren oberer Rand eben mit der Erdoberfläche abschließt und die mit Aas, verwesendem Fleisch oder Käse beschickt werden, stellen gute Käferfallen dar, sofern man die Öffnung so abdecken kann, daß die Becher nicht von Mäusen oder anderen kleinen Säugetieren ausgeräumt werden können.

Eine der interessantesten Methoden zum Anlocken von Schmetterlingen, besonders von Nachtschmetterlingen, bedient sich der Sexuallockstoffe. Der Köder ist hier ein unbegattetes Weibchen in einem Gazekäfig, den man an einem exponierten Platz oder am Fenster aufhängt. Die Männchen können dadurch zu mehreren Dutzend angelockt werden, und es besteht immer die Möglichkeit, daß darunter eine Farbvariation ist, die man dann zu einem interessanten Kreuzungsexperiment mit dem Weibchen verwenden kann. Unbegattete Weibchen lassen sich allerdings im Freien nicht leicht finden, denn sie verharren im allgemeinen ruhig an dem Ort, an dem sie geschlüpft sind, bis sie begattet worden sind. Daher ist die beste Methode, sie zu erlangen, Raupen zu sammeln, aufzuziehen und zur Verpuppung zu bringen. Etwa die Hälfte der schlüpfenden Schmetterlinge sind Weibchen. Die Nachtpfauenaugen sind die Schmetterlinge, die für derartige Anlockversuche wohl am bekanntesten sind. Doch sind es keineswegs die einzigen, bei denen dies glückt; man sollte es mit jedem unbegatteten Weibchen gleich welcher Art ausprobieren. Auch mit einigen unserer größeren Käfer kann man ähnliches versuchen.

Das Präparieren von Insekten

Nach dem Fang muß man die Insekten in kleine Behälter bringen, um sie darin nach Hause schaffen zu können. Wann immer es möglich ist, sollte man sie zunächst in Röhrchen oder kleine Plastikschachteln bringen, um sie vor dem Abtöten beobachten zu können. Damit vermeidet man den häufig begangenen Fehler, zunächst einmal alles abzutöten und erst später festzustellen, daß man davon nur dieses oder jenes Tier aufbewahren will. Der nutzlose Rest wird dann fortgeworfen. Außerdem legen Weibchen, besonders die großen Nachtschmetterlinge, oft nach dem Fang noch ihre Eier ab, und man erhält damit die Möglichkeit, diese Eier zum Schlüpfen zu bringen und die ersten Jugendstadien zu beobachten. Ferner überstehen die meisten Insekten den Transport im lebenden Zustand besser als im toten, sofern die Behälter groß genug sind. Dies ist also der beste Weg, sie heimzuschaffen. Ausnahmen hiervon stellen die Dipteren und einige andere hinfällige Insektengruppen dar, die man sofort abtöten und unterwegs so verpacken und festlegen muß, daß sie sich nicht beschädigen und abstoßen können. Papiertaschentücher sind hierbei ein geeignetes Verpackungsmaterial. Vor Watte muß dringend gewarnt werden, da sie sich in Haaren, Borsten, Fühlern und Beinen verfängt und diese dadurch abgerissen werden können. Auf keinen Fall sollte man abgetötete Insekten lose in einer Schachtel transportieren, sondern stets festgelegt, etwa zwischen Lagen von Papiertaschentüchern.

Das Standard-Tötungsglas besitzt eine weite Öffnung mit einem gut dazu passenden großen Stopfen. Es sollte in seiner Größe so bemessen sein, daß es für die größten Tiere, die man sammeln will, noch gut hinreicht. Ist man z. B. nur an bestimmten kleinen Insekten interessiert, so reicht ein Glas mit einem Öffnungsdurchmesser von 2 cm durchaus schon hin. Das Glas sollte stets etwas mit Fließpapierstückchen oder ähnlichem gefüllt sein. Dies verhindert, daß sich die Insekten aneinanderklammern und sich dadurch beschädigen. Außerdem werden Kot und Verdauungssäfte, die manche Tiere beim Abtöten ausscheiden, dadurch aufgesaugt, und die Tiere verschmutzen nicht.

Es gibt verschiedene Tötungsmittel, doch die professionellen Entomologen arbeiten auch heute noch meist mit Zyankali. Dies ist ein gefährliches Gift, das nur mit einem Giftschein erworben werden kann. Zur Herstellung eines Zyankaliglases werden einige Stücke von Kaliumzyanid mit trockenem Gips vermischt und auf den Boden des Tötungsglases gebracht, so daß dieser etwa 1 cm hoch bedeckt ist. Dann wird darüber angerührter, nicht zu dünnflüssiger Gipsbrei in etwa 1,5–2 cm Stärke gegossen. Danach muß das Tötungsglas an einem gut durchlüfteten Ort etwa 1–2 Tage lang offen stehen. Dann ist es gebrauchsfertig. Das Zyanid zersetzt sich nach und nach und die entstehende Blausäure diffundiert durch den Gips nach oben in das Gefäß. Ein solches Gefäß bleibt ziemlich lange, im allgemeinen mindestens über ein Jahr, gebrauchsfertig und ist sicherlich nützlich, wenn man sehr viel sammelt. Verbrauchte Zyankaligläser dürfen nicht fortgeworfen, sondern müssen vernichtet werden (Ausglühen in offenem Feuer, Auffüllen mit Säure). Sammelt man jedoch nur gelegentlich, kommt man mit einem der flüssigen Tötungsmittel aus. Hierzu gehören Essigäther (Acetylessigester), Chloroform, Tetrachlorkohlenstoff und Ammoniak.

Für jedes dieser Tötungsmittel gibt es Befürworter und Gegner, und einige haben in der Tat einige Nachteile. Ammoniak verändert z. B. einige grüne Farbstoffe. Am weitesten ist wohl der Gebrauch von Essigäther und Tetrachlorkohlenstoff verbreitet, und diese Mittel sind auch für den allgemeinen Gebrauch recht zufriedenstellend. Die Anwendung kann auf unterschiedliche Weise geschehen. Man kann das Tötungsglas mit einer Lage Gips ausgießen und diesen jeweils vor Gebrauch mit dem Tötungsmittel so anfeuchten, daß die Gipsschicht gut durchtränkt ist, aber kein Flüssigkeitüberstand bleibt. Das Tötungsmittel verdunstet nun langsam. Ist es verbraucht, kann das Glas neu gefüllt werden – seine Lebensdauer ist unbegrenzt. Man kann auch in den Stopfen ein kleines Tablettenröhrchen o. ä. mit dem Boden nach außen einlassen und dieses fest mit Watte füllen, die dann in gleicher Weise wie der Gips getränkt wird. Dieses Verfahren hat den Vorteil, daß man das Glas auch unterwegs neu mit Tötungsmitteln beschicken kann, ohne seinen Inhalt ausleeren zu müssen. Die meisten Tötungsmittel greifen viele Kunststoffe an – man verwende Kunststoffgefäße als Tötungsgläser also nur, wenn man sich vorher davon überzeugt hat, daß sie vom Tötungsmittel nicht angegriffen werden.

Auch kochendes Wasser wird gelegentlich zum Abtöten verwendet und wirkt wohl am schnellsten. Besonders kann man es für festere Insekten wie etwa Käfer verwenden. Für Tiere mit behaarten und beschuppten Flügeln ist es völlig ungeeignet.

Wegen ihrer geringen Körpergröße können die meisten Insekten einfach an der Luft getrocknet werden. Danach kann man sie auf unbegrenzte Zeit aufbewahren, sofern man Schimmel und Schädlingsbefall von ihnen fernhält. Nur einige Arten mit großen Körpern, wie etwa Warzenbeißer, Nashornkäfer o. ä., sollte man vor dem Trocknen ausnehmen und mit Watte ausstopfen. Auch eine Reihe großer Libellen bedarf einer besonderen Behandlung, wenn man ihre Zeichnung erhalten will (s. S. 77). Das

Trocknen ist ein ungeeignetes Verfahren für eine Reihe kleiner, dünnhäutiger Insekten. Diese schrumpfen dabei stark und werden völlig unansehnlich und unkenntlich. Diese Tiere müssen in Alkohol oder als mikroskopisches Präparat aufbewahrt werden. In den meisten Fällen reicht vergällter 70%iger Äthylalkohol hin, nicht aber Brennspiritus. Unvergällter Alkohol ist nur in einigen Sonderfällen vonnöten (s. S. 140). Im Notfall kann man sich z. B. auch mit Rasierwasser oder Kölnisch Wasser behelfen, was aber recht kostspielig ist. Die Insekten können direkt aus dem Netz oder Gläschen in das Konservierungsmittel gebracht werden. Die meisten dieser Insekten sind sehr empfindlich. Man sollte daher immer darauf achten, daß die Gefäße ganz mit Konservierungsmittel gefüllt sind, damit die Tiere beim Transport nicht beschädigt werden.

Insekten, die trocken aufbewahrt werden sollen, können auf vier verschiedene Weisen behandelt werden: direkt genadelt, auf Minutien gespießt, ganz auf Aufklebplättchen oder aber nur auf die Spitze dreieckiger Plättchen geklebt. Beim direkten Nadeln spießt man die Nadel gewöhnlich durch den Thorax, einige Insekten jedoch auch besser an anderen Stellen. Gewöhnliche Stecknadeln sind hierfür ungeeignet, da sie einmal zu kurz und zu dick sind, zum anderen rosten und dabei den Insektenkörper sprengen. Es müssen also besonders zu diesem Zweck hergestellte Insektennadeln verwendet werden. Sie sind von den entomologischen Fachhandlungen (s. S. 444) in verschiedenen Längen und Stärken erhältlich. Für eine Übersichtssammlung braucht man verschiedene Stärken, am häufigsten die Nummern 00, 0, 1 und 2. Die Insekten sollten immer in weichem Zustand genadelt werden, wenn möglich bald nach dem Abtöten, da dann die Kutikula noch elastisch ist und die Nadel sicheren Halt bekommt.

Tiere mit großen oder schönen Flügeln werden meist nach dem Nadeln gespannt. Man versteht darunter das flache, geordnete Ausbreiten der Flügel, so daß sie gut zur Geltung kommen. Im allgemeinen benutzt man hierzu Spannbretter. Es handelt sich hierbei um feste oder verstellbare Bretter mit einer mit Torf o. ä. gefüllten, übergekleb-

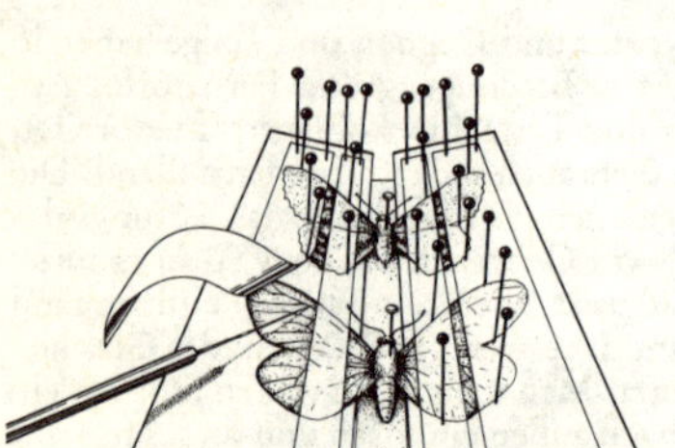

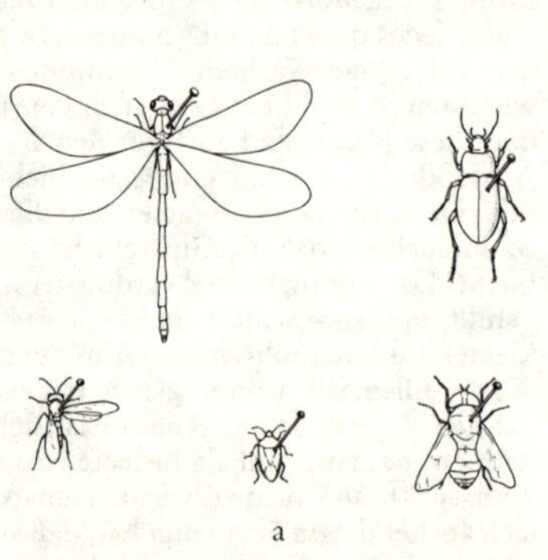

a

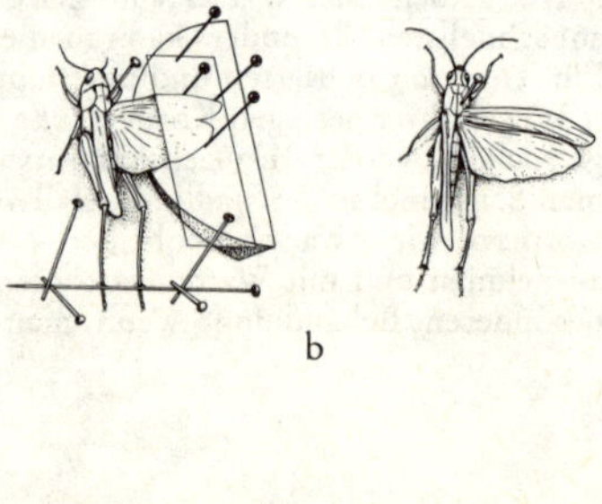

b

Oben: Anordnung von Schmetterlingen auf einem Spannbrett
Rechts: a Größere Insekten werden mit Insektennadeln etwas rechts von der Mittellinie genadelt. So zerstört man keine wichtigen Merkmale. – b Die Flügel der Heuschrecken spannt man auf einer Körperseite mit Hilfe einer keilförmig zugeschnittenen Korkscheibe. Die Hinterbeine lassen sich durch eine über die Füße gelegte Nadel auf einer Höhe fixieren.

ten Rinne in der Mitte. Die Insekten werden auf Brettern passender Breite mit dem Körper in diese Rinne eingebracht, so daß sie sich möglichst wenig hin und her drehen können. Die Flügel können dann auf den höher liegenden Holzflächen in die gewünschte Position gebracht und durch übergelegte, festgesteckte Pergamentstreifen (Spannstreifen) fixiert werden. Im allgemeinen bringt man die Flügel in eine Position, in der die Hinterkante des Vorderflügels einen rechten Winkel mit der Körperlängsachse bildet, doch ist dies nicht in allen Ordnungen möglich. Sind beide Flügelpaare gleichartig und werden sie während des Fluges gekoppelt, so läßt man sich gewöhnlich die Flügel einer Seite beim Spannen etwas überlappen. Die Dauer des Trocknens gespannter Insekten ist von der Temperatur und vor allem der Luftfeuchtigkeit abhängig. Für den größten Teil aller Insekten reichen aber 3–4 Wochen in jedem Fall aus. Achtung: In dieser Zeit können die Tiere bereits von den Larven der Museumskäfer befallen werden! Man kontrolliere also möglichst oft. Nach dem Trocknen bringt man die Tiere in einen sehr gut auf Nut und Feder schließenden Insektenkasten. Insekten, die man gewöhnlich auf Spannbrettern spannt, sind die Schmetterlinge, die Libellen, große Eintagsfliegen und Netzflügler. Auch bei einer Reihe von Heuschrekken empfiehlt es sich, wenigstens die Flügel auf einer Seite auszuspannen (s. S. 40, 94). Auch die Flügel der Hautflügler und der Dipteren lassen sich spannen, doch ist dies nicht allgemein üblich, weil dadurch ein unnatürliches Bild entstehen kann oder bestimmte Merkmale an Thorax und Flügelhaltung verdeckt werden können. Bei Hautflüglern spannt man daher oft nur die Flügel einer Seite.

Das Nadeln auf Minutienstifte verwendet man für sehr kleine Insekten. Hierbei sticht man den Minutienstift, einen feinen, angespitzten Silberdraht, von der Bauchseite in das Tier und setzt ihn dann in ein Holundermark- oder Styroporklötzchen. Durch dieses kann man außerdem eine stärkere Insektennadel (gewöhnlich Nr. 1) stechen und das ganze in den Insektenkasten stecken. Statt des Klötzchens kann man auch ein Aufklebeplättchen verwenden. Hier muß von unten her mit einer Insektennadel vorsichtig vorgestochen, dann der Minutienstift hindurchgestochen werden, ohne daß sich dabei seine Spitze verbiegt, und dann wird erst das Insekt aufgespießt. Diese Montage ist vielleicht weniger plump und auch haltbarer, erfordert aber eine gewisse Übung.

Das Kleben auf Klebeplättchen wird besonders für Käfer- und Wanzensammlungen viel verwendet, ist aber für eine wissenschaftliche Sammlung nur bedingt geeignet, weil dabei die Unterseite der Tiere unzugänglich wird. Bei diesem Verfahren klebt man die Tiere mit einem wasserlöslichen Klebstoff, etwa Syndetikon, in winziger Menge auf und breitet dann Beine und Fühler mit einem etwas mit verdünntem Klebstoff benetzten Pinsel aus, so daß sie ebenfalls in der gewünschten Stellung festkleben. Es können auch andere Klebstoffe verwendet werden, doch dürfen sie keinesfalls zu schnell trocknen, weil man sonst nicht hinreichend Zeit hat, die Tiere auszurichten. Das Aufkleben kann auch für andere Insekten, z. B. Ohrwürmer oder Schaben, verwendet werden, wenn man diese nur zu Demonstrationszwecken verwenden will. Anderenfalls sollten die Tiere aber besser genadelt werden.

Das Aufkleben auf die Spitze dreieckiger Plättchen ist ein anderes Verfahren für Insekten, die nicht genadelt werden können, das aber im deutschsprachigen Raum wenig verbreitet ist. Man verwendet hierzu kleine, langzugespitzte Dreiecke aus dünnem Karton oder Kunststoff, an deren äußerster Spitze die Insekten mit einem winzigen Tropfen Klebstoff festgeklebt werden. Durch den hinteren Teil führt man die Insektennadel und steckt das Ganze in den Insektenkasten ein. Am sinnvollsten ist es, erst die Insektennadel durchzustechen, dann das Klebstofftröpfchen an die Spitze zu bringen und damit das Insekt aufzutupfen. Diese winzigen Tiere werden nicht weiter ausgerichtet, nur die wichtigen Merkmale sichtbar gemacht. So montierte Insekten sind meist sehr erschütterungsempfindlich, was vielleicht der Grund für die geringe Verbreitung der Methode in Mitteleuropa ist.

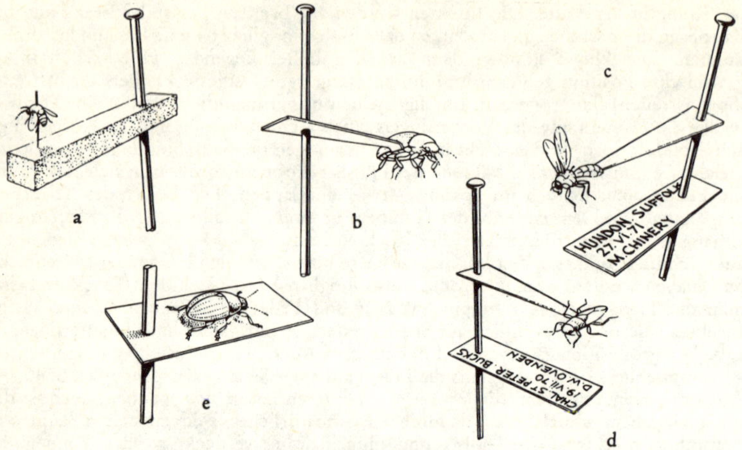

Methoden zur Behandlung kleinster Insekten: a Spießen auf Minutien; b–d Kleben auf zugespitzte, e auf rechteckige Plättchen

Ein sehr wichtiger Faktor beim Insektensammeln, gleich welche Methode man beim Fang und Präparieren anwendet, ist die sorgfältige Beschriftung. Jedes Tier sollte ein Etikett tragen, auf dem Fundort und -datum zusammen mit wichtigen Angaben über den Biotop vermerkt sind. Weiterhin ist es gebräuchlich, den Namen des Sammlers zuzufügen. Wenn auch alle diese Angaben für eine kleine, persönliche Sammlung nicht notwendig erscheinen, geben sie erst den einzelnen Tieren einen wissenschaftlichen Wert. Es ist immer möglich, daß irgend jemand gerade die Gegend, in der man selbst gesammelt hat, zum Gegenstand einer eingehenden Untersuchung der Insektenfauna macht. Dann bieten gutbeschriftete Tiere die Grundlage zu weiterer Arbeit. Das Fundortetikett sollte *stets* auf derselben Nadel wie das Tier stecken, so daß es nicht leicht verlorengehen kann.

Schließlich sei noch eine Warnung zur Aufbewahrung der Insekten angefügt. Man erinnere sich, daß nahezu alles von irgendeinem Tier gefressen wird – getrocknete Insekten machen hier keine Ausnahme. In leicht dumpfigen Räumen droht Gefahr durch Schimmel und Staubläuse, die durch schmalste Ritzen eindringen und im Laufe der Zeit den Inhalt ganzer Kästen vernichten. In trockenen Räumen sind es die Museumskäfer *(Anthrenus, Trogoderma)*, die sehr schnell große Schäden anrichten. Genauer gesagt sind es die Larven, und hier besonders das 1. Larvenstadium, das durch die feinsten Ritzen eindringt. Die Käfer leben auf Blüten und sammeln sich am Fenster, wenn sie zum Licht fliegen – stets ein schlechtes Zeichen, das auf Befall im Raum hinweist. Man muß Sammlungen daher regelmäßig durchsehen. Stellt man an den Fraß- und Kotkrümelchen den Befall nur eines oder weniger Tiere fest, kann man die Larven darin durch Eintauchen des ganzen Tieres in Alkohol abtöten. Bei starkem Befall muß der ganze Kasten, etwa mit Tetrachlorkohlenstoff, vergast werden. Zur Verhinderung des Befalls beschickt man die Kästen mit einem der modernen Lindan-Papiere, z. B. Nexa-Lotte. Dieses Papier von Postkartengröße faltet man zusammen und nadelt es in eine Ecke. Es sollte spätestens nach 1½ Jahren erneuert werden – wenn man die Kästen häufig öffnet, in kürzeren Abständen.

Die Zucht von Insekten

Dies ist ein sehr empfehlenswertes Unterfangen, das nicht nur einwandfreie Exemplare für die Sammlung erbringt, sondern auch ein intensives Studium der Jugendstadien ermöglicht. Die Entwicklungsgeschichte vieler unserer Insekten ist nur unzulänglich bekannt, muß aber erforscht werden, wenn man die Beziehungen der Insekten zu ihrer Umwelt verstehen will. Die Zucht von Insekten ist nicht generell schwierig, wenn sich auch eine Reihe von Arten, z. B. einige der größeren Schmetterlinge, in der Gefangenschaft nicht paaren. In jedem Fall ist es sinnvoll, trächtige Weibchen eine Weile zu halten und abzuwarten, ob das Tier Eier ablegt. Die Aufzucht der ersten Jugendstadien ist bei vielen Arten recht einfach. Man muß im Grunde nur das richtige Futter beschaffen und zusehen, daß die Bedingungen der Haltung denen des Gebietes, wo man das Tier gefunden hat, so gut wie möglich entsprechen. Einzelheiten über die Haltung bestimmter Arten können im Rahmen dieses Buches nicht gegeben werden, doch finden sich viele Angaben in einigen im Literaturverzeichnis genannten Werken.

Das System der Insekten und ein Schlüssel für die Insekten-Ordnungen

Der junge Entomologe steht oft einer unübersehbaren Masse fremd klingender Namen gegenüber und mag sich wohl wie die Mücke in „Alice im Wunderland" fragen, welchen Sinn diese Namen für die Tiere haben, wenn sie doch darauf nicht antworten können. Die weise Antwort der Alice, daß diese Namen zwar keinen Nutzen für die Tiere selbst, wohl aber für diejenigen, die ihnen diese Namen verliehen hätten, aufwiesen, trifft genau den Kern der Sache: Wir benennen alles, um uns darüber ohne längere Beschreibung verständigen zu können.

Die meisten unserer größeren und auffälligeren Tiere – die Säugetiere, die Vögel usw. – tragen deutsche Namen, doch unter den Insekten sind solche nur für die Tagschmetterlinge, größere Nachtfalter und eine kleine Zahl wirtschaftlich wichtiger oder sonst auffälliger Vertreter anderer Gruppen vorhanden. Der Laie kann die kleineren und weniger auffälligen Insekten nicht unterscheiden, und daher gibt es auch keine Volksnamen für sie. Vielleicht vermag er noch Heuschrecken oder Libellen zu erkennen, doch der Rest wird summarisch als „Fliegen", „Motten" oder „Käfer" bezeichnet, und eine echte Benennung bleibt dem Entomologen überlassen.

In der Biologie werden allgemein lateinische oder latinisierte griechische Wörter zur Benennung von Pflanzen und Tieren verwendet. Wenn dies auch unfair gegenüber dem Anfänger erscheinen mag, so gibt es doch hierfür gute Gründe. Im 17. und 18. Jahrhundert, als die systematische Erfassung aller Lebewesen ihren Anfang nahm, war Latein die Schriftsprache der Gebildeten, und so wurde es automatisch zur Benennung von Pflanzen und Tieren verwendet. Obwohl das Latein später für die meisten Zwecke durch moderne Sprachen abgelöst wurde, sahen die Biologen keinen Grund zur Aufgabe der lateinischen Benennungen, denn die Biologie ist eine weltweite Wissenschaft, und jede Verwendung nur einer modernen Sprache hätte Nachteile mit sich gebracht. Verschiedene europäische Sprachen, die romanischen, bauen auf dem Latein auf, was das Problem weiter verringert. Soll ein wissenschaftlicher Name bestmögliche Aussagekraft haben, so muß er etwas über die Natur des Organismus vermelden. Latein oder latinisiertes Griechisch ist hierzu gewöhnlich besser als moderne Sprachen geeignet, weil hier Wortstämme zusammengefügt werden können, um eine Beschreibung auf kürzestmöglichem Raum zusammenzufassen. Zum Beispiel ist die Bezeichnung *Hydrometra stagnorum* kürzer und einprägsamer als „der Wassermesser stehender Gewässer".

Jeder verschiedenen Insektensorte, jeder Art, wird ein zweiteiliger Name verliehen. Man bezeichnet dies als binäre Benennung oder binäre Nomenklatur. Weiteres darüber wird weiter unten erläutert.

Die Artnamen sind jedoch nicht die einzigen, mit denen der Entomologe konfrontiert wird. Es gibt viele andere, die Ordnungen, Familien, Gattungen und so weiter durch die ganze Hierarchie des Systems hindurch bezeichnen, und diese sind genauso wichtig wie die Artnamen. Das System stellt den Versuch dar, die ungeheure Mannigfaltigkeit der Lebewesen so in logischen Gruppen zusammenzufassen, daß sie handhabbar wird. Jede dieser Gruppen umfaßt Arten, die bestimmte Dinge gemeinsam haben, und jede dieser Gruppen muß einen Namen, eine Bezeichnung erhalten. Dieser übergeordnete Name soll nach Möglichkeit eine Aussage über die Natur der Arten, die in einer Gruppe zusammengefaßt sind, machen, so wie dies der Artname für die jeweilige Art tut.

Man stelle sich nur einmal vor, was geschehen würde, wenn die Insekten nicht in dieser Weise zu Gruppen zusammengefaßt wären und man für ein gefundenes Insekt feststellen sollte, ob es sich hierbei um eine bisher für die Entomologie unbekannte Art handele. Man müßte in diesem Falle jede Abbildung betrachten und jede Artbeschreibung lesen, die je entstanden sind, um sicher zu sein, daß nichts mit dem vorliegenden Tier übereinstimmt. Eine solche Aufgabe wäre, wie leicht ersichtlich, nicht zu bewältigen, doch mit Hilfe des Systems und der Anordnung der Insekten in Gruppen läßt sich die Suche sehr stark einengen. Zeigt das gefundene Tier die Merkmale der Gruppe der Ohrwürmer, so braucht man keine Zeit auf die Suche in anderen Gruppen zu verschwenden.

Die Anordnung der Insekten in größeren Gruppen auf Grund auffälliger Baumerkmale macht auch die Beschreibung eines Insekts einfacher. Wenn ein Entomologe liest, daß eine neuentdeckte Fliege zum Beispiel zur Gattung *Pollenia* in der Familie der *Calliphoridae* gehört, hat er bereits eine ziemlich gute Vorstellung davon, wie dieses Tier etwa aussehen muß. Was nun noch zur Beschreibung notwendig ist, ist die Angabe der Merkmale, in denen sich die neue Art von den anderen bisher bekannten *Pollenia*-Arten unterscheidet. Ohne ein solches System müßte man das Tier vollkommen beschreiben – die Anzahl der Flügel, die Form der Fühler, die Flügeladerung und so weiter. Ein solches System ist also klarerweise erforderlich.

Die charakteristischen Merkmale der Insekten und ihre Stellung unter den Arthropoden wurden bereits besprochen. Wir müssen nun zum System der Insekten selbst kommen. Eine ältere, sehr augenfällige Unterteilung ist die in zwei Unterklassen – die primitiven, ungeflügelten *Apterygota*, und die höher entwickelten *Pterygota*, deren Vertreter entweder geflügelt oder aber sekundär flügellos geworden sind. Innerhalb jeder dieser beiden Unterklassen gibt es eine hinreichende Zahl von unterschiedlichen Merkmalen, die die Aufspaltung auf jeweils eine Anzahl von Ordnungen rechtfertigt. Unter den *Pterygota* ist die Flügelstruktur eines der wichtigsten Merkmale zur Unterteilung, und viele der Ordnungen sind nach Flügeleigenschaften und -ausbildungen benannt. Innerhalb der einzelnen Ordnungen gibt es jedoch jeweils eine große Variationsbreite, und verschiedene Ordnungen sind auch flügellos, so daß also die Flügelmerkmale nicht die einzigen sind, auf denen man allein aufbauen kann. Warum die Zusammenfassung zur Gruppe der *Apterygota* heute weitgehend aufgegeben wurde, soll weiter unten erläutert werden (s. S. 57).

Die Systematik oder richtiger Taxonomie ist dem Wesen nach keine exakte Naturwissenschaft, weil viel von den Anschauungen und Bewertungen des jeweiligen Bearbeiters abhängt. Man kann unter den Taxonomen eigentlich zwei Gruppen unterscheiden – diejenigen, die zusammenfassen, und diejenigen, die aufspalten wollen. Die ersteren errichten zwei oder mehr Ordnungen für eine Gruppe von Insekten, die die letzteren zu einer einzigen Ordnung zusammenfassen wollen. Ob man nun zu der einen oder der anderen Bearbeitergruppe tendiert, wird davon abhängen, welchen Wert man bestimmten betrachteten Merkmalen beimißt. Als Beispiel können wir die Schlammfliegen, die Schnabelhaften und die Netzflügler heranziehen. Sehr wesentliche Unterschiede bestehen zwischen diesen Gruppen bei den Larven, die von den Aufspaltern für sehr wesentlich angesehen und zur Begründung für drei Ordnungen herangezogen werden. Diejenigen, die zusammenfassen wollen, messen den Unterschieden zwischen den Larven viel geringere Bedeutung bei als den Gemeinsamkeiten der Imagines und fassen sie daher zu nur einer Ordnung, den *Neuroptera*, zusammen. So kommen also unterschiedliche Bearbeiter zu einer unterschiedlichen Zahl von Ordnungen.

Im folgenden soll nun eine Übersicht über das im Buch verwendete Insektensystem gegeben werden. Dies ist jedoch nicht das in der englischen Ausgabe verwendete System von Imms von 1957 mit 29 Ordnungen. Das mag verwundern, denn nach dem, was im vorigen Abschnitt gesagt wurde, sollte doch eigentlich jedes modernere System als Ordnungsprinzip verwendet werden können. Wenn hier dennoch einem anderen System der Vorzug gegeben wird, so geschieht dies aus folgendem Grunde: Seit einigen Jahrzehnten gibt es Bemühungen um die Aufstellung eines sog. „natürlichen Systems“. Dieses soll die natürlichen Verwandtschaftsverhältnisse im Laufe der Entstehungsgeschichte der Insekten widerspiegeln. Man geht dabei davon aus, daß neue Gruppen dadurch entstehen, daß die Entwicklung einer Gruppe sich auf zwei Entwicklungswege aufspaltete, die auseinanderliefen. So entstehen dann zwei Schwestergruppen, die auf eine gemeinsame Wurzel zurückzuführen sind. Bei der Aufstellung eines natürlichen Systems versucht man, unter Heranziehung von Fossilien, der Embryonalentwicklung und vieler anderer Faktoren, die Ordnungen unter diesem Gesichtspunkt von Schwestergruppen zu verstehen und aufzustellen. Das Ergebnis dieser Bemühungen, die besonders von Willi Hennig vorangetrieben worden sind, ist inzwischen in die neueren Lehrbücher übernommen worden, da sich dieses System vom Ansatz her doch von allen bisherigen grundsätzlich unterscheidet. Aus diesem Grunde und um dem Anfänger den Übergang zu anderen modernen deutschsprachigen Lehrbüchern zu erleichtern, soll auf der folgenden Seite dieses System mit insgesamt 32 Ordnungen wiedergegeben werden.

Man kann jeweils eine Gruppe von Ordnungen entsprechend ihrer engeren Verwandtschaft auf Grund ihrer Evolution zu Überordnungen zusammenfassen, doch soll dieser Aspekt bei diesem für die Praxis geschriebenen Buche außer Betracht bleiben, da es sich hierbei um vorwiegend theoretische Überlegungen handelt.

Die Klassifikation der Insekten hört nun nicht bei den Ordnungen auf. Die meisten von ihnen sind zu groß und umfassen eine zu große Mannigfaltigkeit von Arten, als daß man damit gut umgehen könnte. Daher werden die Ordnungen in eine kleinere oder größere Zahl kleinerer Gruppen aufgeteilt. Es kann vorkommen, daß innerhalb einer Ordnung zwei deutlich voneinander unterschiedene Entwicklungswege zu verzeichnen sind, wenn auch noch nicht so scharf unterschieden, daß man von zwei getrennten Ordnungen sprechen kann. Diese Gruppen werden dann als Unterordnungen bezeichnet. Die Bewertung ist allerdings Ansichtssache, und es kann sehr gut geschehen, daß ein anderer Bearbeiter ihnen den Wert von Ordnungen beimißt. Dies wurde bereits für den Bereich der *Neuroptera* erwähnt, ist jedoch hier von geringerer Bedeutung, solange man nur für jede Insektengruppe in der Praxis eine wohlbezeichnete Stelle im System wiederfindet.

Eine der wichtigsten Kategorien im System ist die Familie, die oft auch als natürliche Familie bezeichnet wird, um zu betonen, daß es sich hier um eine natürliche Gruppierung im Gegensatz zu anderen, künstlich geschaffenen Kategorien handelt. Die Familie umfaßt eine Anzahl verschiedener Arten, die auf Grund detaillierter Übereinstimmungen klar miteinander verwandt sind. Nach Übereinkunft enden alle Familienbezeich-

Klasse Insecta

Unterklasse Entognatha Primitive, primär flügellose Insekten, deren Mundwerkzeuge in das Innere des Kopfes eingesenkt sind.

Ordnung *Diplura*	Doppelschwänze, kleine Bodenbewohner
Ordnung *Protura*	Beintastler, winzige Bodenbewohner
Ordnung *Collembola*	Springschwänze

Unterklasse Ectognatha Insekten, deren Mundwerkzeuge außen an der Kopfkapsel befestigt sind.

Monocondylia Insekten, deren Mandibel nur mit einem Gelenkkopf fest am Kopf verankert ist.

Ordnung *Archaeognatha*	Felsenspringer

Dicondylia Insekten, deren Mandibeln mit zwei Gelenken am Kopf verankert sind.

Ordnung *Zygentoma*	Silberfischchen

Pterygota Geflügelte Insekten, von denen allerdings eine Reihe im Laufe ihrer Evolution die Flügel wieder verloren haben.

Hemimetabola Insekten mit unvollkommener Verwandlung

Ordnung *Ephemeroptera*	Eintagsfliegen
Ordnung *Odonata*	Libellen
Ordnung *Plecoptera*	Steinfliegen
Ordnung *Embioptera*	Tarsenspinner
Ordnung *Saltatoria*	Heuschrecken
Ordnung *Phasmida*	Gespenstschrecken
Ordnung *Dermaptera*	Ohrwürmer
*Ordnung *Notoptera*	Erdbewohnende Insekten amerik. Gebirge
Ordnung *Mantodea*	Fangheuschrecken
Ordnung *Blattodea*	Schaben
Ordnung *Isoptera*	Termiten
*Ordnung *Zoraptera*	Bodenläuse
Ordnung *Psocoptera*	Staubläuse und Flechtlinge
Ordnung *Phthiraptera*	Tierläuse
Ordnung *Thysanoptera*	Fransenflügler
Ordnung *Hemiptera*	Schnabelkerfe

Holometabola Insekten mit vollkommener Verwandlung.

Ordnung *Megaloptera*	Schlammfliegen
Ordnung *Raphidioptera*	Kamelhalsfliegen
Ordnung *Planipennia*	Echte Netzflügler
Ordnung *Mecoptera*	Schnabelhafte
Ordnung *Trichoptera*	Köcherfliegen
Ordnung *Lepidoptera*	Schmetterlinge
Ordnung *Diptera*	Zweiflügler (Fliegen und Mücken)
Ordnung *Siphonaptera*	Flöhe
Ordnung *Hymenoptera*	Hautflügler
Ordnung *Coleoptera*	Käfer
Ordnung *Strepsiptera*	Fächerflügler

Die mit einem * markierten Ordnungen kommen in Europa nicht vor.

nungen auf die Silbe *-idae*. Wenn eine Anzahl von Familien in einer Ordnung oder Unterordnung vorhanden ist, können sie zu Überfamilien zusammengefaßt werden. Innerhalb einer Überfamilie ist jede Familie mit jeder anderen Familie näher als mit einer Familie in einer anderen Überfamilie verwandt. Die Namen der Überfamilien enden auf die Silbe *-oidea*.

So wie Ordnungen manchmal in Unterordnungen aufgeteilt werden, können auch Familien in Unterfamilien aufgeteilt werden, deren Bezeichnungen auf *-inae* enden. Allen diesen Unterfamilien sind die Hauptmerkmale der Familie gemeinsam, doch gibt es kleinere Unterschiede zwischen ihnen.

Eine Gattung ist nun eine noch kleinere Gruppe nahe verwandter Arten. Die Arten sind dann die letzte Einheit des Tierreichs. Es ist nicht leicht, den Begriff der Art zu definieren, doch versteht man darunter gewöhnlich einen Bestand an Individuen mit offensichtlicher Gleichheit in Körperbau und Erscheinung, der dasselbe Gebiet bewohnt und innerhalb dessen sich jedes Tier mit jedem anderen Geschlechtspartner paaren und fortpflanzen kann.

Wie bereits oben erwähnt, setzt sich der wissenschaftliche Name einer Art aus zwei Wörtern zusammen. Das erste, das stets groß geschrieben wird, ist der Name der Gattung. Das zweite wird stets klein geschrieben und ist der Artname. Gewöhnlich werden diese Namen *kursiv* gedruckt. Dieses binäre System wurde 1758 von dem schwedischen Naturforscher Linné eingeführt und hat gegenüber nur einer Bezeichnung zwei große Vorzüge. Zum einen zeigt es die Verwandtschaft des Tieres durch die Angabe der Gattung, zu der das Tier gehört, auf. Lesen wir die Namen *Pieris brassicae* und *Pieris rapae*, so wissen wir sofort, daß diese Tiere nahe miteinander verwandt sind. Der zweite große Vorzug der binären Benennung ist, daß der Artname vielfach in jeweils anderen Gattungen verwendet werden kann. Jede Gattung muß natürlich einen unterschiedlichen Namen erhalten, doch der Artname, der eine bestimmte Art dieser Gattung beschreibt, kann vielfach benutzt werden, innerhalb einer Gattung aber natürlich nur einmal. So können Vertreter verschiedener Gattungen z. B. denselben Biotop bewohnen, und da nun Artnamen mehrfach verwendet werden können, dürfen alle von ihnen denselben Artnamen tragen, der eine Auskunft über eben diesen Biotop gibt. Lesen wir also *Musca domestica* und *Thermobia domestica*, so wissen wir, daß beide Arten in Häusern leben. Trügen sie nur einen Namen, könnte nur eine Art den Namen *domestica* tragen, und die Lebensgewohnheit der anderen könnte so nicht angezeigt werden.

Wenn man auch die Art als biologische Grundeinheit betrachtet, so kann sie doch noch unterteilt werden. Durch genetische Vatiationen können Formen entstehen, die sehr stark von der gewöhnlichen Beschaffenheit der Art abweichen, wenn auch die Tiere ohne weiteres miteinander zur Fortpflanzung kommen. Vielleicht noch wichtiger sind die sog. geographischen Variationen. Trennen geographische Barrieren wie etwa Gebirge, Meere oder unbewohnbare Gebiete das Gesamtareal einer Art in isolierte Gebiete, so können sich dort schrittweise voneinander unterschiedliche Populationen entwickeln. Werden die Tiere zusammengebracht, so können sie sich noch miteinander fortpflanzen, doch die Unterschiede können schon so deutlich geworden sein, daß man die Art eindeutig in zwei oder mehr Unterarten oder Sub-Spezies aufteilen kann. Dies ist zum Beispiel sehr oft mit Arten auf den Britischen Inseln geschehen, die von der Hauptpopulation auf dem europäischen Festland durch den Meeresarm des Kanals abgetrennt sind. Hier hat sich eine große Zahl ausgeprägter Unterarten entwickeln können. Eine der bekanntesten ist die britische Unterart des Schwalbenschwanzes, *Papilio machaon brittanicus* (Tafel 16), die sich stark von den europäischen Unterarten unterscheidet. Wird eine Unterart erkannt bzw. aufgestellt, so wird dem wissenschaftlichen Namen ein drittes Wort zugefügt – *brittanicus* ist die geeignete Bezeichnung für die englische Unterart.

Auf jeden Fall sollte nach dem Namen des Tieres der des Autors angegeben werden, der dieses Tier als erster beschrieb. Steht dieser (Name) in Klammern, so bedeutet dies, daß der Betreffende das Tier zwar als erster beschrieben hat, jedoch unter einem anderen Gattungsnamen. Dies bringt uns zu einem Thema, das häufig sehr beklagt wird – dem Namenswechsel. Die wissenschaftliche Benennung erfolgt nach den scharfen Regeln der International Commission for Zoological Nomenclatur, und eine der wichtigsten hiervon ist, daß der erste Name, der einer Art verliehen wurde, der gültige ist.

Als die Menschen nun mit der Benennung der Insekten und anderer Tiere begannen, gab es noch nicht das Maß an Informationsaustausch, das wir heute kennen. Sehr oft wurde ein Name zwar veröffentlicht, verschwand jedoch in der Vergessenheit, ohne anderen Entomologen bekanntgeworden zu sein, die dann derselben Art einen anderen Namen gaben. Wurde die frühere Veröffentlichung dann wieder aufgefunden, und es stellte sich heraus, daß sich zwei Namen auf dieselbe Art bezogen, so hatte nach dem Prioritätsgesetz der ältere Name Anwendung zu finden, auch wenn der jüngere allgemein gebräuchlich geworden war. Zum Beispiel war der Postillion (Tafel 18) über lange Zeit als *Colias edusa* Fabricius bekannt, bis man darauf stieß, daß bereits Geoffroy diesen Schmetterling beschrieben und 1785 als *Colias crocea* benannt hatte, zwei Jahre vor Fabricius. Nun mußte der korrekte Name *Colias crocea* Geoffroy lauten.

Auch Gattungsnamen müssen geändert werden, wenn ältere Gattungsbezeichnungen aufgefunden werden. Dies hat allerdings auf manchen Gebieten zu einem vollständigen Wirrwarr geführt (s. z. B. bei den Fliegen, S. 187), und man ist daher dazu übergegangen, bestimmte alteingebürgerte und allgemein gebräuchliche Namen unter bestimmten Bedingungen zu Nomina preservanda zu erklären, die in Abweichung zum Prioritätsgesetz in keinem Fall mehr geändert werden.

Ein anderer Grund zur Änderung von Gattungsbezeichnungen ist, daß die Wissenschaftler in den Anfangsjahren der Entomologie in ihrer Systematik nach heutigen Gesichtspunkten viele Fehler machten und dazu tendierten, zu große Gruppen zu bilden. So wurden also zunächst sehr viele Insektenarten in einer Gattung zusammengefaßt. Linné prägte zum Beispiel den Gattungsnamen *Libellula* für alle Libellen, die er kannte. Als Amos Harris als erster die schöne *Calopteryx splendens* (Tafel 2) beschrieb, folgte er Linné und benannte sie *Libellula splendens.* Später stellte man fest, daß sie zu einer eigenen Gattung *Calopteryx* gehört, und so lautet der korrekte Name *Calopteryx splendens* (Harris), obwohl dies eine jüngere Bezeichnung als die ursprüngliche *Libellula splendens* ist. Harris wird weiterhin als Erstbeschreiber angegeben, jedoch steht sein Name nun in Klammern, da er das Tier unter einem anderen Gattungsnamen beschrieb. Die meisten Änderungen von Gattungsnamen sind auf diese Weise zustande gekommen, da die ursprünglichen Gattungen aufgeteilt wurden. Nur zwei der 11 von Linné beschriebenen Libellen haben den Gattungsnamen *Libellula* behalten, doch behielten die Arten den Artnamen, den ihnen Linné verliehen hatte.

Der Schlüssel

Das erste, was man beim Bestimmen eines unbekannten Insektes tun muß, ist die Zuordnung zu seiner Ordnung. Mit Hilfe einer Lupe und des folgenden Schlüssels sollte es möglich sein, nahezu jedes mitteleuropäische Insekt in seine richtige Ordnung zu stellen. Wir sagen mit Vorbedacht „nahezu“, denn die Variationsbreite in den Ordnungen und zwischen ihnen ist enorm, und jede Ordnung enthält einige atypische Arten. Diese Außenseiter kann man mit einem derartigen einfachen Schlüssel nicht erfassen, aber man lernt bald, sie zu erkennen. Tatsächlich sind die Charakteristika der meisten Ordnungen so klar, daß man sehr schnell lernt, Insekten in die Ordnungen ohne Hilfe dieses Schlüssels zu sortieren, und dies sollte auch jeder anstreben, der sich mit Insekten beschäftigen will. Man wird bald in der Lage sein zu sagen, daß ein bestimmtes Tier eine Steinfliege (oder was auch immer) ist, *weil sie so aussieht.* Die Kombination der Merkmale und Eigenschaften wie die Ruhestellung oder die Art zu fliegen oder einfach das Aussehen allein werden die Ordnung ausweisen, ohne daß man noch die Flügelmerkmale studieren muß. Die genannten Dinge sind weniger scharf umrissen und viel weniger leicht zu beschreiben als die im Schlüssel genannten, doch wenn man sie erst einmal erfaßt hat, sind sie zur Identifikation mindestens von gleicher Wichtigkeit.

Will der Anfänger den Schlüssel benutzen, muß er stets am Anfang damit beginnen und sich systematisch hindurcharbeiten. Bei jedem Schritt (durch eine Ziffer gekennzeichnet) gibt es zwei (gelegentlich auch drei) Alternativen, jeweils durch einen kleinen vorgesetzten – markiert. Man lese diese Alternativen sorgfältig durch und wähle die aus, die mit dem in Frage stehenden Insekt übereinstimmt. Um das einfachste Beispiel zu nehmen: Die Frage 1 lautet „geflügelt" oder „flügellos". Wenn man sich entschieden hat, sieht man nach der Ziffer ganz rechts außen am Seitenrand. Hat das Insekt Flügel, so findet man hier die Ziffer 2, und dort hat man dann also mit der Bestimmung fortzufahren. Bei jeder Frage des Schlüssels verfährt man wieder in der gleichen Weise. Wenn man dies richtig tut, muß das zu bestimmende Tier immer wieder unter eine der beiden angezeigten Alternativen fallen. Trifft man aber auf eine Frage, bei der beide Alternativen nicht zutreffen, dann hat man sich bei einer früheren Frage falsch entschieden, sozusagen „verlaufen" – oder aber man hat es mit einem Jugendstadium zu tun.

Wenn man den Schlüssel verfolgt, wird man feststellen, daß die Fragen immer spezieller werden, da sich die Auswahl auf die Gruppe einschränkt, zu der das Tier dann gehört. Irgendwann einmal steht bei einer Alternative dann rechts außen keine weitere Ziffer, sondern ein Name – der Name der Ordnung, zu der das Insekt gehört. Um noch weiter bestimmen zu können, muß man nun auf den entsprechenden Abschnitt des Buches zurückgreifen, in dem diese Ordnung behandelt wird. Dort findet man eine Beschreibung der Ordnung und gewöhnlich weitere Schlüssel, mit Hilfe derer man das Tier dann einer Familie zuordnen kann.

Wie die Ordnungen, so kann man auch viele Familien an ihrem allgemeinen Erscheinungsbild erkennen, und an dieser Stelle finden nun die zahlreichen Tafeln ihre Verwendung. Die abgebildeten Arten zeigen im allgemeinen das typische Erscheinungsbild der einzelnen Familien, „wie sie eben aussehen", und viele Detailzeichnungen erläutern die einzelnen Bestimmungsmerkmale nahe verwandter Familien.

Durch Beschreibung und Abbildungen wird es in manchen Fällen möglich sein, die genaue Art des gefangenen Insekts zu ermitteln, doch bei rund 28 000 mitteleuropäischen Insektenarten ist klar, daß davon nur sehr wenige im einzelnen in diesem Buch behandelt werden können. Will man also in jedem Fall weiter bis zur Art bestimmen, dann muß man auf die am Ende des Buches genannte Spezialliteratur zurückgreifen. Doch sei darauf hingewiesen, daß die Unterschiede zwischen den einzelnen Arten und auch zwischen den Gattungen sehr viel geringer sind als die zwischen Familien. Man benötigt also für diese Arbeit, besonders bei kleineren Insekten, eine gute Binokularlupe. Man benötigt für diese Arbeit auch detailliertere Kenntnisse. Bei ihrer Erlernung will der Abschnitt „Erläuterung der Fachbegriffe" im Anhang eine Hilfe sein.

Schlüssel für die Ordnungen der europäischen Insekten

1. – Insekten geflügelt **2**
– Insekten flügellos oder Flügel verkümmert **28**

2. – Ein Paar Flügel vorhanden **3**
– Zwei Paar Flügel vorhanden **7**

3. – Körper heuschreckenartig, Hinterbeine verlängert; das Pronotum erstreckt sich nach hinten über den Hinterkörper *Saltatoria,* S. 83

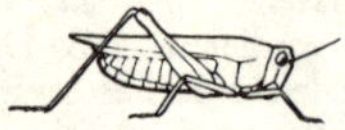

– Tiere anders gebaut **4**

4. – Hinterleib mit „Schwanzanhängen" **5**
– Hinterleib ohne „Schwanzanhänge" **6**

5. – Insekten kürzer als 5 mm; Fühler relativ lang; Flügel mit nur einer gegabelten Ader *Hemiptera,* S. 131

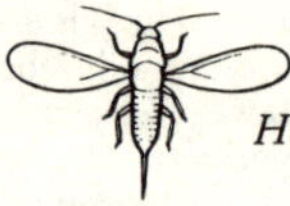

– Größere Insekten mit kurzen Fühlern und vielen Flügeladern; Schwanzanhänge recht lang *Ephemeroptera,* S. 64

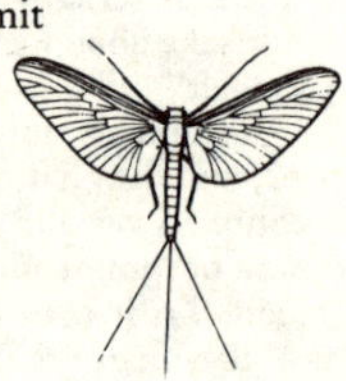

6. – Vorderflügel in keulenförmige Halteren umgebildet *Strepsiptera,* S. 283

– Hinterflügel zu Halteren umgebildet (oft verdeckt) *Diptera,* S. 187

7. – Vorderflügel hart oder ledrig **8**
– Alle Flügel häutig **13**

8. – Vorderflügel ledrig bis auf die häutige Spitze *Hemiptera,* S. 118

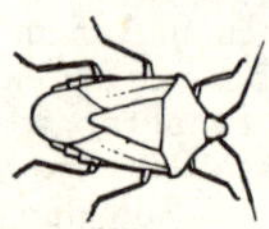

– Vorderflügel einheitlich ausgebildet **9**

9. – Vorderflügel hart und aderlos, in der Körpermitte zusammenstoßend **10**
– Vorderflügel mit vielen Adern, überlappen sich mindestens etwas und werden oft dachartig über dem Körper aufgestellt **11**

10. – Hinterleib endet in einem Zangenpaar *Dermaptera,* S. 96

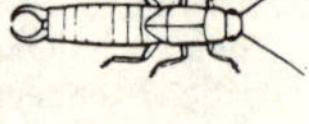

– Hinterleib ohne Zangenpaar *Coleoptera,* S. 258

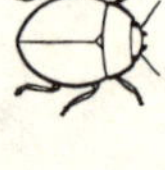

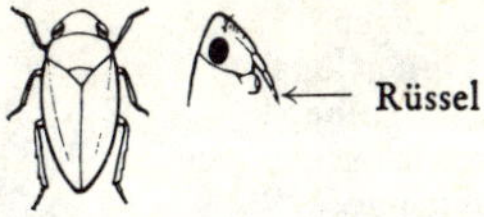

11. – Insekten mit einem Stech- und Saugrüssel — *Hemiptera*, S. 131

– Insekten mit kauenden Mundwerkzeugen; Cerci gewöhnlich vorhanden — **12**

12. – Hinterbeine zu Sprungbeinen umgebildet — *Saltatoria*, S. 83

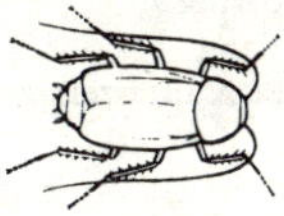

– Hinterbeine nicht umgebildet — *Blattodea*, S. 100

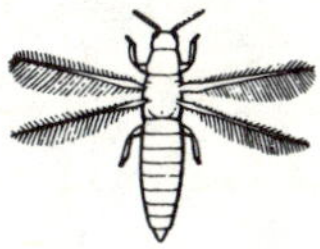

13. – Schlanke schmale Insekten mit schmalen, mit einem langen Fransensaum besetzten Flügeln; oft auf Blüten — *Thysanoptera*, S. 115

– Insekten anders aussehend — **14**

14. – Kopf nach vorn unten in einen langen Schnabel ausgezogen — *Mecoptera*, S. 148

– Ein derartiger Schnabel fehlt — **15**

15. – Flügel mehr oder weniger mit winzigen flachen Schuppen bedeckt; gewöhnlich ist ein aufgerollter Rüssel vorhanden — *Lepidoptera*, S. 151

– Flügel gewöhnlich durchsichtig, wenn auch oft behaart — **16**

16. – Flügel mit einem Adernetzwerk mit vielen Queradern — **17**

– Flügel mit relativ wenigen Queradern — **21**

17. – Der Hinterkörper endet in langen Fäden — **18**

– Hinterleibsanhänge kurz oder fehlend — **19**

18. – Vorderflügel viel größer als Hinterflügel; die Flügel werden in der Ruhe senkrecht über dem Körper aufgestellt; zwei oder drei Hinterleibsanhänge — *Ephemeroptera*, S. 64

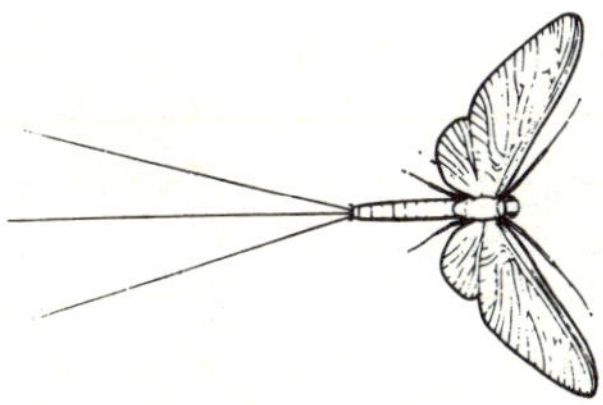

– Flügel mehr oder weniger gleich groß oder Hinterflügel größer; Flügel in der Ruhe um den Körper gewickelt; zwei Hinterleibsanhänge — *Plecoptera,* S. 78

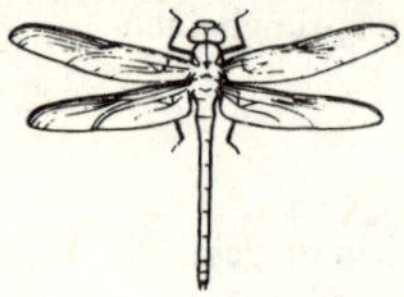

19. – Fühler sehr kurz; Körper mindestens 25 mm lang — *Odonata,* S. 69

– Fühler länger, als der Kopf breit ist — 20

20. – Füße mit drei Gliedern — *Plecoptera,* S. 78

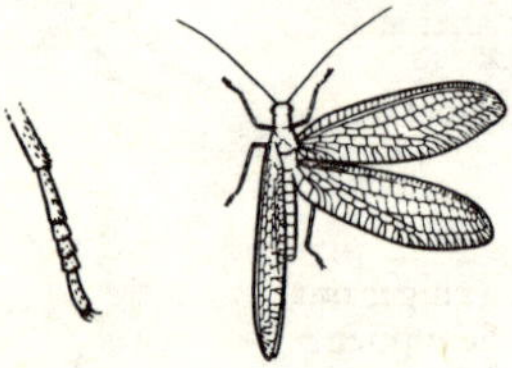

– Füße mit fünf Gliedern — *Neuroptera,* S. 141

21. – Flügel auffällig behaart — 22

– Flügel nicht auffällig behaart — 23

22. – Alle Flügel mehr oder weniger gleich; Vorderfüße angeschwollen — *Embioptera,* S. 82

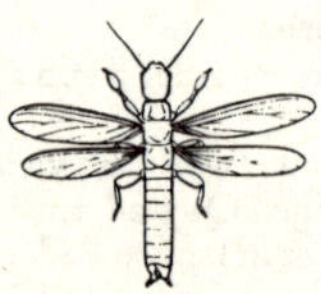

– Hinterflügel gewöhnlich breiter als Vorderflügel; Vorderfüße nicht angeschwollen — *Trichoptera,* S. 179

23. – Winzige, weiß bepuderte Insekten — *Neuroptera*, S. 141
– Flügel durchsichtig — **24**

24. – Füße mit 4 oder 5 Gliedern — **25**
– Füße mit 1–3 Gliedern — **26**

25. – Alle Flügel gleichgebaut — *Isoptera*, S. 103

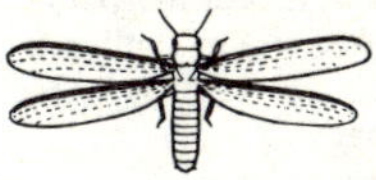

– Hinterflügel viel kleiner als Vorderflügel — *Hymenoptera*, S. 226

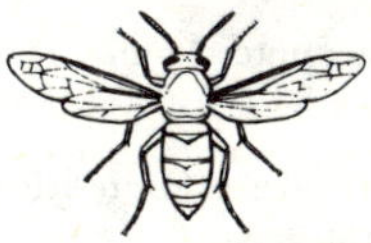

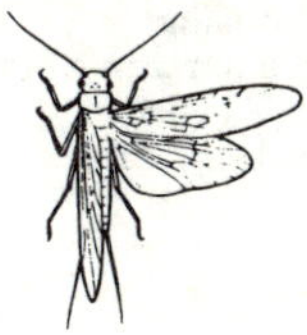

26. – Hinterflügel so groß wie oder größer als die Vorderflügel; Hinterleib mit Cerci — *Plecoptera*, S. 78
– Hinterflügel kleiner als Vorderflügel; Cerci fehlen — **27**

27. – Winzige Insekten mit mindestens 12 Fühlergliedern — *Psocoptera*, S. 106

– Fühler höchstens zehngliedrig; Saugrüssel vorhanden — *Hemiptera*, S. 131

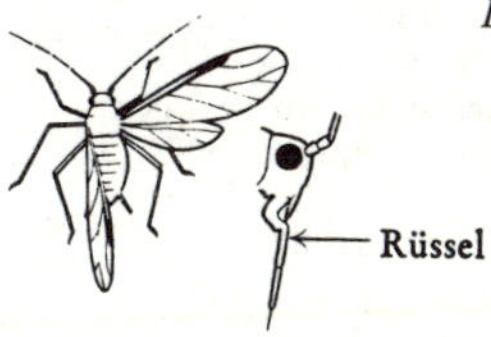

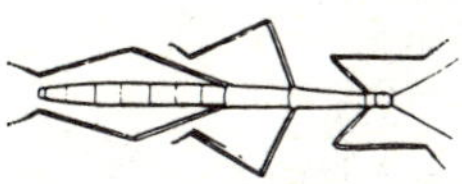

28. – Insekten mit langem, dünnem, zweigartigem Körper — *Phasmida*, S. 94
– Insekten anders gebaut — **29**

29. – Insekten mit heuschreckenartigem Körper, Hinterbeine lang — *Saltatoria*, S. 83

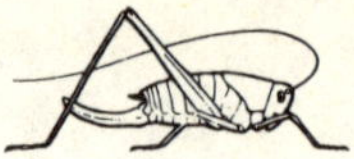

– Insekten anders gebaut — 30

30. – Kleine Insekten mit weichem Körper, die auf Pflanzen unter einem schützenden Schild sitzen — *Hemiptera*, S. 131

– Insekten anders gebaut — 31

31. – Winzige Bodenbewohner unter 2 mm Länge ohne Fühler — *Protura*, S. 59

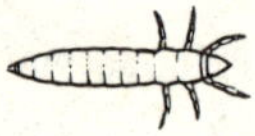

– Insekten anders gebaut — 32

32. – Insekten mit Cerci oder anderen Hinterleibsanhängen — 33

– Insekten ohne solche Anhänge — 40

33. – Anhänge lang und auffällig — 34

– Anhänge kurz oder unter dem Körper verborgen — 37

34. – Die Anhänge bilden Zangen — 35

– Die Anhänge bilden keine Zangen — 36

35. – Füße dreigliedrig — *Dermaptera*, S. 96

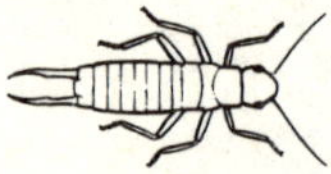

– Füße nur eingliedrig — *Diplura*, S. 58

36. – Hinterleib mit drei langen Anhängen — *Thysanura*, S. 62

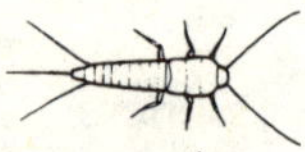

– Hinterleib mit nur zwei Anhängen — *Diplura*, S. 58

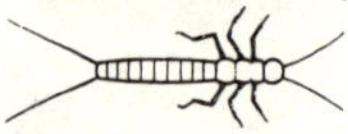

37. – Kleine springende Insekten, deren Kopf in einen langen Schnabel nach unten ausgezogen ist; verkümmerte Flügel vorhanden — *Mecoptera*, S. 148

– Ein Schnabel fehlt völlig — 38

38. – Kleine bis winzige Insekten mit einem gegabelten Sprungorgan unter dem Körperhinterende; auf dem Boden oder an verrottenden Pflanzen — *Collembola*, S. 59

– Insekten anders gebaut — 39

39. – Füße gewöhnlich viergliedrig — *Isoptera*, S. 103

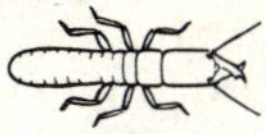

– Füße dreigliedrig, Vorderfüße angeschwollen — *Embioptera*, S. 82

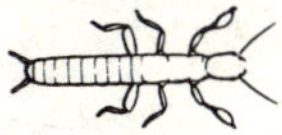

40. – Parasiten im Pelz oder Gefieder; Tiere entweder seitlich oder von oben nach unten abgeplattet — **41**

– Insekten nicht parasitisch oder nicht abgeplattet — **45**

41. – Springende, seitlich abgeplattete Insekten — *Siphonaptera*, S. 221

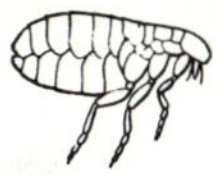

– Insekten dorso-ventral abgeplattet — **42**

42. – Insekten mittlerer Größe; Kopf zum Teil unter dem Thorax verborgen — **43**

– Kleine bis winzige Insekten; Kopf nicht unter dem Thorax verborgen — **44**

43. – Fühler kurz; Beine auffällig stark mit großen Klauen, mit denen sie sich an Säugetier-Wirten festklammern — *Diptera*, S. 187

– Fühler länger; Körper mehr gerundet; Klauen weniger auffällig — *Hemiptera*, S. 118

44. – Kauende Mundwerkzeuge; Prothorax deutlich — *Mallophaga*, S. 112

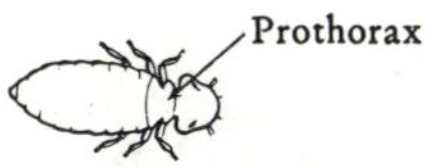

– Saugende Mundwerkzeuge; Thoraxsegmente zu einer Einheit verschmolzen — *Anoplura*, S. 113

45. – Körper mit „Wespentaille“; Fühler oft gekniet — *Hymenoptera*, S. 226

– Kein derartiges Merkmal — **46**

46. – Körper mit abgeplatteten Haaren und Schuppen bedeckt; Flügelreste vorhanden — *Lepidoptera*, S. 151

– Körper nackt — **47**

47. – Kopf so breit oder nahezu so breit wie der Körper; Fühler lang und dünn; Tiere häufig an getrockneten Materialien

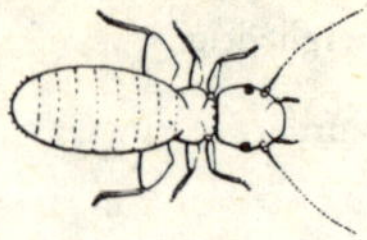

Psocoptera, S. 106

– Kopf schmaler als der Körper, Fühler kürzer; Hinterleib oft mit einem Paar röhrenartiger Auswüchse nahe dem Hinterende; auf frischen Pflanzen

Hemiptera, S. 131

„Apterygota" Urinsekten

Die Urinsekten sind kleine bis höchstens mittelgroße Insekten, die auch im geschlechtsreifen Zustand stets flügellos sind. Untersuchungen des Brustabschnittes der Tiere haben, anders als bei flügellosen Parasiten wie etwa den Läusen, keine Spur eines Flugapparates erbracht, so daß man diese Flügellosigkeit als ursprüngliches Merkmal auffaßt. Fossilien erbrachten weitere Hinweise auf die Ursprünglichkeit dieser Tiere. Ein etwa 300 Millionen Jahre altes Fossil aus dem Devon stellte sich als Springschwanz heraus. Diese *Rhyniella* ist damit erheblich älter als alle Fossilien geflügelter Insekten. Auch die am Hinterleib außer den Cerci und den Genitalanhängen vorhandenen, auf Extremitätenanlagen zurückgehenden Anhänge sprechen dafür, daß diese Gruppen ursprünglichen, vielbeinigen Arthropodenvorfahren, aus denen sich Tausendfüßler und Insekten entwickelt haben, näherstehen als die geflügelten Insekten.

Früher bezeichnete man die Apterygota als Unterklasse, die, in 4 Ordnungen unterteilt, den Fluginsekten – Pterygota – gegenübergestellt wurden. Inzwischen ist man zu der Erkenntnis gekommen, daß zwar die Pterygota eine Gruppe einheitlichen Ursprungs sind, zwischen den Urinsekten aber komplizierte Verwandtschaftsverhältnisse bestehen. Die drei Ordnungen der *Diplura*, *Protura* und *Collembola* besitzen Mundwerkzeuge, die zum Teil in die Kopfkapsel hinein versenkt sind. Sie werden danach als gemeinsame Gruppe der **Entognatha** zusammengefaßt und allen anderen Insekten, bei denen die Mundwerkzeuge freiliegen und die daher als **Ectognatha** bezeichnet werden, gegenübergestellt. In dieser Gruppe der *Ectognatha* befindet sich also auch die vierte der früheren Ordnungen der Urinsekten, die als *Thysanura* oder Borstenschwänze bezeichnet wurde. Diese Ordnung mußte aufgelöst werden, denn man stellte fest, daß sich die so zusammengefaßten Felsenspringer und Silberfischchen in den Mundwerkzeugen grundlegend unterschieden. Die Felsenspringer besitzen Mandibeln, die nur mit einem Gelenkkopf eingelenkt sind – ein urtümliches, primitives Merkmal. Die Silberfischchen tragen dagegen Mandibeln mit 2 Gelenkköpfen wie alle geflügelten Insekten auch, stehen also diesen viel näher als den übrigen unbeflügelten Urinsekten. Deshalb wertet man Felsenspringer und Silberfischchen heute zu Recht als eigene Ordnungen.

Den Begriff der Apterygota findet man in modernen Darstellungen der Insektenverwandtschaft nicht mehr. Wenn er in der Bestimmungsliteratur immer noch auftritt, so hat dies rein praktische Gründe. Die Urinsekten finden sich oft nebeneinander etwa in Material, das man mit Hilfe des Berlese-Trichters gewonnen hat. Alle Gruppen müssen in 70 % Alkohol aufbewahrt werden, die kleineren als mikroskopische Präparate zum Bestimmen zugerichtet werden. Man braucht zum Bestimmen meist eine größere Stückzahl aus demselben Biotop, denn Entwicklungsstadien und erwachsene Tiere lassen sich auf den ersten Blick nicht unterscheiden. Außerdem ist in bestimmten Gruppen der Collembolen die Färbung wichtiges Bestimmungsmerkmal, variiert aber gleichzeitig von Tier zu Tier stark. Man benötigt hier also Serien vom selben Ort.

Ordnung Diplura *Doppelschwänze*

ERKENNUNGSMERKMALE: Kleine flügellose, im Boden und unter Pflanzenabfällen lebende Tiere mit zwei langen Cerci. Alle vorkommenden Arten höchstens 5 mm lang.

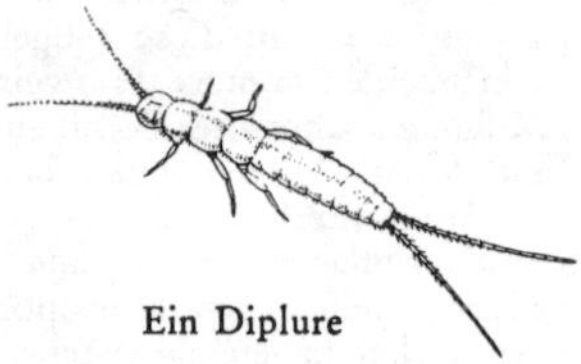

Ein Diplure

Diese Gruppe wurde früher einmal mit den Felsenspringern und den Silberfischchen zur Gruppe der Borstenschwänze *(Thysanura)* zusammengefaßt. Tatsächlich unterscheidet sie sich aber von jenen durch die in das Innere der Kopfkapsel verlagerten Mundwerkzeuge, ein Merkmal, das sie mit den Proturen und den Springschwänzen gemeinsam hat, was auf eine nähere Verwandtschaft zwischen diesen und nicht den obengenannten Gruppen hinweist. Das Merkmal der Lage der Mundwerkzeuge ist nicht leicht festzustellen, und so kann man sich für die mitteleuropäischen Dipluren meist mit der allgemeinen Körpergestalt, der Zahl der „Schwanzanhänge" und der Zahl der Fußglieder behelfen.

Die Dipluren leben im Boden, unter Rinde und an anderen dunklen, feuchten Stellen, wo genügend organische Abfallstoffe liegen, von denen sie leben können. Alle sind farblos weiß oder gelblich und besitzen weder Komplex- noch Punktaugen. Die Fühler sind kürzer und etwas kräftiger, ihre Glieder deutlicher sichtbar als bei den Borstenschwänzen. Wie diese besitzen sie an den meisten Hinterleibssegmenten rückgebildete Extremitäten in Form der Styli, die jedoch ohne starke Vergrößerung nicht sichtbar sind. Der 11gliedrige Hinterleib setzt sich nicht in einen Terminalfaden fort, so daß am Körperende nur 2 Cerci stehen.

Es ist sehr wahrscheinlich, daß die Dipluren dem Ursprung der Insekten aus urtümlichen Arthropoden-Vorfahren am nächsten stehen, denn sie weisen eine Reihe von gemeinsamen Merkmalen mit den *Myriapoda* (Tausendfüßern) auf, der Schwestergruppe, die sich parallel zu den Insekten entwickelte.

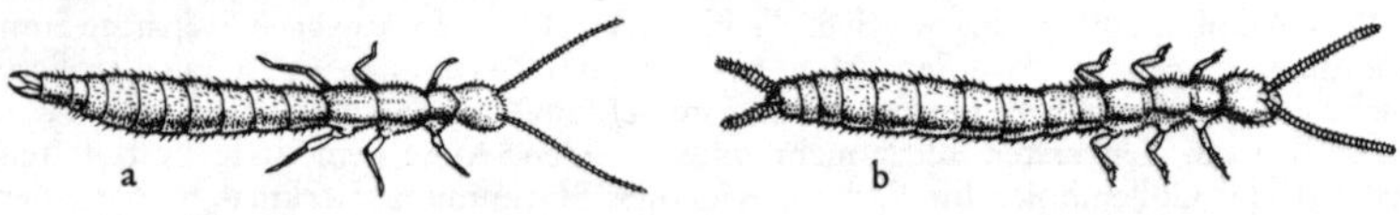

Vertreter zweier europäischer Dipluren-Gattungen: a *Japyx;* b *Anajapyx*

Bei den Diplura werden drei Familien unterschieden, von denen aber nur zwei in Mitteleuropa vorkommen. Etwa ein Dutzend Arten der Gattung *Campodea* aus der häufigsten Familie der **Campodeidae** wurden bisher in Wald- und Ackerböden nachgewiesen. Sie alle besitzen lange, dünne Cerci. Die Familie der **Japygidae** trägt dagegen zangenartige Cerci. Ebenso wie die dritte Familie, die **Projapygidae** mit kurzen, kräftigen Cerci, ist sie an warme Gebiete gebunden, erreicht aber noch die Weinberge des Rheintals und die Gegend um Wien mit der Gattung *Heterojapyx.* Die *Projapygidae* fehlen im Gebiet.

Ordnung Protura *Beintastler*

ERKENNUNGSMERKMALE: Winzige Erdbewohner unter 2 mm Körperlänge; Fühler und Augen fehlen; Vorderbeine werden wie Fühler vorgestreckt getragen.

Ein Beintastler oder Proture

Diese winzigen Tiere, die der allgemeinen Vorstellung von Insekten überhaupt nicht entsprechen, wurden erst 1907 entdeckt, seither aber in allen Teilen der Erde aufgefunden. Man kennt bis heute etwa 200 Arten, von denen etwa 15 auch in Mitteleuropa im engeren Sinne vorkommen. Die Tiere scheinen sich durch das Aussaugen von Pilzfäden zu ernähren – die nachgesagte räuberische Lebensweise konnte bisher nicht bestätigt werden. Sie leben überall dort in feuchter Erde, wo auch viele verrottende Pflanzenabfälle vorhanden sind, können aber nur mit einer starken Binokularlupe erkannt werden, da die größten Arten noch unter 2 mm Körperlänge bleiben. Der deutsche Name wurde nach der Art, wie die Vorderbeine benutzt werden, gebildet, der wissenschaftliche (Einschwanz) soll auf den ohne Anhänge einfach spitz zulaufenden Hinterleib – im Gegensatz zu den übrigen Urinsekten – hinweisen.

Wenn man auch Proturen gerade noch mit dem bloßen Auge sehen kann, so ist doch zur Untersuchung ihrer Anatomie in jedem Fall ein Mikroskop notwendig. Der Kopf ist nahezu konisch, vorn zugespitzt und endet in stilettförmigen Mundwerkzeugen. Augen und Fühler fehlen, doch werden die beiden Vorderbeine an den Kopfseiten wie Fühler nach vorn gestreckt gehalten und tragen charakteristische Sinneshaare. Die Füße sind eingliedrig und tragen nur eine Klaue. Der Hinterleib besteht bei ausgewachsenen Tieren aus 11 Segmenten, bei den frisch geschlüpften Jungtieren jedoch nur aus 8 und dem zugespitzten Telson. Die Segmente 9, 10 und 11 kommen im Laufe der Entwicklung hinzu, so daß man von einer gewissen Metamorphose sprechen kann. Eine solche Zunahme der Körpersegmentzahl ist von anderen Insekten nicht bekannt, jedoch ein allgemeines Merkmal der Arthropoden. Hierauf basiert die manchmal vertretene Ansicht, die Proturen seien keine Insekten.

Die ersten drei Hinterleibssegmente tragen auf der Bauchseite Reste von Extremitäten, deren Ausbildung zur Trennung der drei bisher unterschiedenen Familien benutzt wird. Alle diese Familien sind in der mitteleuropäischen Fauna vertreten. Sie können nur an mikroskopischen Präparaten bestimmt werden.

Ordnung Collembola *Springschwänze*

ERKENNUNGSMERKMALE: Kleine flügellose Insekten, kaum länger als 5 mm. Körper zylindrisch oder kugelig, gewöhnlich mit Sprunggabel am hinteren Körperende, die es den Tieren erlaubt, bei Beunruhigung große Sprünge zu machen. Vor allem in der Erde, auf Pflanzenabfällen, mitunter auch auf dem Wasser.

In dieser bei weitem größten Ordnung der Urinsekten kennt man bisher ca. 3500 Arten, von denen etwa 300 in Mitteleuropa vorkommen. Die Ordnung ist weltweit verbreitet. Einige Arten existieren sogar oberhalb der Schneegrenze im Gebirge und in

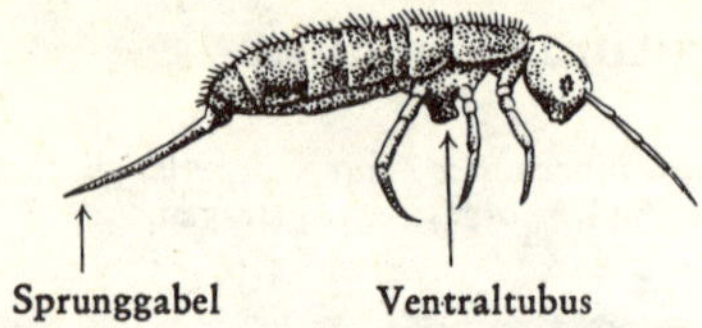

Springschwanz mit ausgeklapptem Sprungapparat

arktischen und antarktischen Gebieten, wo sie von spärlichen Algen oder von Pollen, den der Wind dorthin trägt, leben. Die meisten Arten leben jedoch in der Erde, auf zerfallenden pflanzlichen Stoffen und fehlen überall da, wo geringe Luftfeuchtigkeit herrscht, denn die Tiere sind gegen Austrocknung sehr empfindlich. Einige Arten leben auch am und im Wasser, so z. B. *Podura aquatica*, die in großer Zahl auf Tümpeln und an Seerändern zu finden sein kann. Grau und Braun sind die vorherrschenden Farben der Springschwänze, doch gibt es auch farblose und bunt fahlgelb, blau und violett gezeichnete Arten. Der Körper ist oft mit Haaren und Schuppen bedeckt, und manche Arten tragen einen regelrechten Borstenkranz direkt hinter dem Kopf.

Die Springschwänze besitzen kauende Mundwerkzeuge, die zum Teil in die Kopfkapsel versenkt sind. Die Länge der Fühler variiert, doch bestehen sie nie aus mehr als 6 Gliedern. 4 Fühlerglieder sind am häufigsten. Komplexaugen fehlen, doch sind einige Punktaugen vorhanden, die oft auf einem dunklen Fleck stehen und so den Eindruck eines Komplexauges hervorrufen. Die Brustsegmente kann man von den Hinterleibssegmenten nur daran unterscheiden, daß an ihnen die Beine ansetzen. Die Beine sind insofern ungewöhnlich, als sie keine Füße tragen. Die Schienen enden in einer einzigen oder in zwei Klauen.

Es ist der Hinterleib, der die Springschwänze vor allem von den anderen Insekten unterscheidet – so stark, daß deswegen sogar bisweilen ihre Insektennatur in Frage gestellt wurde. Der Hinterleib besteht nur aus 6 Segmenten im Vergleich zu 11 bei den übrigen Insekten. Bei allen Springschwänzen trägt das erste Hinterleibssegment ein charakteristisches Organ, den Ventraltubus, der aus den verschmolzenen Extremitätenanlagen dieses Segmentes entstanden ist. Aus diesem Ventraltubus können Endblasen durch Blutdruck ausgepreßt werden. Man hat ihnen Atmungsfunktion, aber auch Wasserabsorption und Adhäsionswirkung zugeschrieben. Springschwänze, die man in einem kleinen Glas hält, pressen beim Umherlaufen stets die Öffnung des Tubus gegen das Glas. Daher stammt die Adhäsionsvorstellung, die den Tieren auch den Namen gegeben hat (*kolla* = Leim, *embolos* = Pflock, Zapfen), doch wurde bisher noch kein schlüssiger Beweis für die Funktion des Tubus geliefert.

Das Sprungvermögen gab den Tieren ihren deutschen Namen. Das gegabelte Sprungorgan entsteht durch eine teilweise Verschmelzung der Beinanlagen des vierten Hinterleibssegmentes und wird als Furca bezeichnet. Wenn es nicht gebraucht wird, falten es die Tiere nach vorn unter den Bauch, wo es von den ebenfalls teilweise verschmolzenen Beinanlagen des dritten Segmentes, dem Retinaculum, festgehalten wird. Wird das Tier aufgestört, gibt das Retinaculum die Furca frei, deren Sprungmuskulatur sie dann nach hinten gegen den Boden schnellt. Diese Bewegung ist so kräftig, daß dadurch das ganze Tier durch die Luft geschnellt wird. Die Sprunggabel ist bei den meisten Arten gut entwickelt, kann aber auch bei einigen Gattungen nahezu oder völlig fehlen. Das Springen ist aber nicht die Haupt-Fortbewegungsweise der Tiere, denn sie leben oft in engen, begrenzten Lebensräumen. Dort laufen oder rennen sie zwischen den Pflanzenabfällen umher, wobei die Fühler in ständiger Bewegung auf der Suche nach Durchschlüpfen und Nahrung sind.

Die Springschwänze durchlaufen gewöhnlich 6–8 Entwicklungsstadien, werden aber fortpflanzungsfähig, bevor sie ihre endgültige Größe erreichen. Die Veränderungen bei

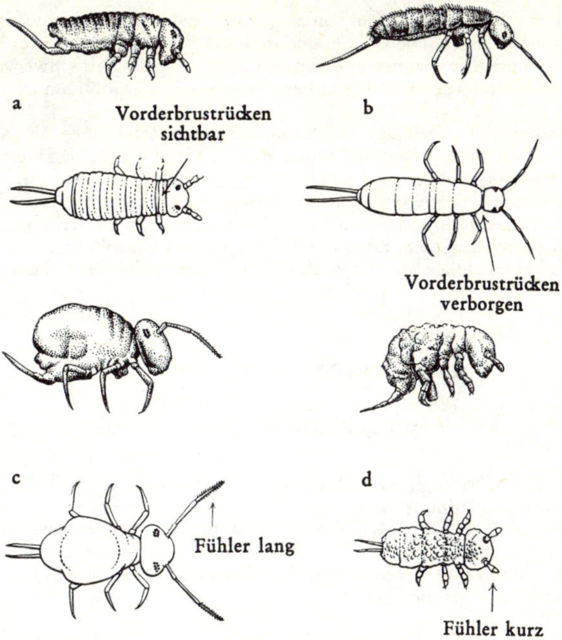

Die vier größeren Gruppen der Springschwänze: a *Poduroidea,* b *Entomobryoidea,* c *Smithuridae,* d *Neelidae*

den einzelnen Häutungen sind so gering, daß man sagen kann, daß eine Metamorphose fehlt. Unter normalen Bedingungen entwickeln sich in einem Jahr mehrere Generationen.

Springschwänze können aus der Bodenstreu mit den herkömmlichen Methoden gesammelt werden (s. S. 37), wenn auch ihr Sprungvermögen das Aufsammeln mit einem feuchten Pinsel schwierig macht.

Schlüssel zur Unterscheidung der Hauptgruppen der Springschwänze:

1. – Körper mehr oder weniger gestreckt **2**
– Körper mehr oder weniger kugelig **3**

2. – Vorderbrustrücken entspricht den anderen Brustsegmenten und ist von oben gut sichtbar; Haut meist gekörnelt Überfamilie *Poduroidea*
– Vorderbrustrücken reduziert, oft von oben nicht sichtbar; Haut glatt, behaart oder beschuppt Überfamilie *Entomobryoidea*

3. – Fühler kürzer als der Kopf Familie *Neelidae*
– Fühler länger als der Kopf Familie *Sminthuridae*

Zur Überfamilie der **Poduroidea** gehören meist sehr kleine Springschwänze mit schiefrigen Farben. Beine und Fühler sind relativ kurz. Viele Vertreter dieser Gruppe kommen am und auf dem Wasser vor, zum Beispiel der Schwarze Wasserspringer, *Podura aquatica* L. Die drei Familien innerhalb dieser Gruppe sind nicht leicht zu unterscheiden.

Zur Überfamilie der **Entomobryoidea** gehören größere Springschwänze mit relativ langen Körperanhängen. Diese Tiere sind in der Bodenstreu häufig, aber beim Durchsuchen auf Grund ihrer braunen und bunt gefleckten Färbung oft schwer zu entdecken. Zu dieser Überfamilie gehören 4 Familien, die ebenfalls nur mühsam zu unterscheiden sind.

Die Familien der **Neelidae** und **Sminthuridae** werden auch als Kugelspringer bezeichnet. Diese beiden Familien lassen sich an Hand der Fühlerlänge leicht unterscheiden, denn die der *Neelidae* sind sehr kurz. Die *Sminthuridae* bevorzugen pflanzliche Nahrung, und einige Arten können in geringerem Umfange auch schädlich werden. So hat sich z. B. *Sminthurus viridis* (L.) durch ganz Europa verbreitet und tritt in Luzerne, Klee und Rübenkulturen durch Benagen von Blattoberflächen und Keimlingen nicht selten schädlich auf. Er wird auch als Luzernefloh bezeichnet.

Thysanura *Borstenschwänze*

(Ordnung Archaeognatha: Felsenspringer
Ordnung Zygentoma: Silberfischchen)

VORBEMERKUNG: Der englischen Originalfassung, die an dieser Stelle den alten Begriff der Thysanura als Ordnung entsprechend dem Immsschen System beibehält, soll hier nur insoweit gefolgt werden, als die Tiere viele äußerliche Ähnlichkeiten aufweisen und insofern ein gemeinsamer Schlüssel angebracht ist. Im übrigen sei auf die Beschreibung der Mundwerkzeuge verwiesen, die zu einer Trennung dieser beiden Insektengruppen in zwei Ordnungen geführt haben.

ERKENNUNGSMERKMALE: Kleine flügellose Insekten von höchstens 20 mm Länge. Der sich nach hinten verjüngende, rübenähnliche Körper ist mit glänzenden Schuppen bedeckt. Lange, fadenförmige Fühler und drei gegliederte „Schwanzanhänge" am hinteren Körperende.

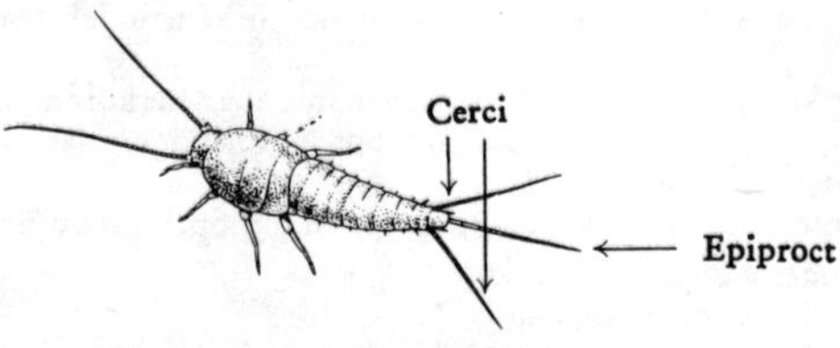

Das Silberfischchen, *Lepisma saccharina* L.

Von den Urinsekten sind die Borstenschwänze diejenigen, die am ehesten dem zufälligen Beobachter zu Gesicht kommen, denn zu ihnen zählen unsere größten Arten, und einige davon leben auch in menschlichen Behausungen. In Küchen und Badezimmern halten sie sich gern dort auf, wo etwas Feuchtigkeit (z. B. feuchte Lappen) und kohlehydrathaltige Nahrung vorhanden sind.

Der metallische Glanz der schlanken verjüngten Körper wird durch eine Bedeckung mit bunten oder silbrigen Schuppen hervorgerufen. Beim Versuch, die Tiere zu fangen, verbleiben oft nur diese Schuppen an den Fingern, während das Tier entwischt. Die Fühler sind lang und fadenförmig. Die Füße bestehen aus 2, 3 und 4 Gliedern, und die meisten Hinterleibssegmente tragen kleine rückgebildete Extremitäten, die Styli. Am letzten Hinterleibssegment sitzen zwei lange, gegliederte Cerci und ein mittlerer, ebensolanger Terminalfaden. Diese Anhänge sind mit Borsten besetzt und waren für den deutschen Namen ausschlaggebend (griech. *thysanos* = Franse, Borste und *oura* = Schwanz).

Die einzigen Insekten, mit denen man Borstenschwänze verwechseln könnte, sind die Doppelschwänze *(Diplura)*, die jedoch keinen Terminalfaden besitzen, am Hinterende also nur 2 Borsten tragen. Vollständige Tiere kann man daher leicht voneinander unterscheiden. Sind die Schwanzanhänge aber z. T. abgebrochen, so muß man verstecktere Merkmale untersuchen. Hier sind die nur eingliedrigen Füße der Diplura als Unterscheidungsmerkmal geeignet, ferner die Gesamtgestalt des Körpers. Auch die Körperlänge kann man mit heranziehen, allerdings nur in Mitteleuropa. Hier gilt, daß die Diplura eine Länge von 5 mm nicht überschreiten, während die ausgewachsenen Borstenschwänze größer werden.

Die Gestalt der Borstenschwänze verändert sich während der Entwicklung nur sehr wenig und besteht vorwiegend in der Ausbildung der Schuppen nach den ersten Häutungen. Mindestens 6, meist aber mehr Häutungen finden statt. Sie erfolgen auch noch, nachdem die Tiere geschlechtsreif geworden sind, und zwar meist vier- bis fünfmal pro Jahr. Das ist ungewöhnlich, denn die meisten Insekten hören nach Erreichen der Geschlechtsreife auf, zu wachsen und sich zu häuten.

Die Gruppe wird heute auf Grund des Baues ihrer Mundwerkzeuge nicht mehr als einheitlich betrachtet. Zwar liegen bei ihnen wie bei den geflügelten Insektengruppen die Mundwerkzeuge außerhalb der Kopfkapsel, womit sie sich deutlich von den übrigen flügellosen Urinsekten unterscheiden. Bei den Felsenspringern sind jedoch die Mandibeln nur mit einem Gelenkkopf an der Kopfkapsel verankert, sonst nur durch biegsame Gelenkhäute, und arbeiten daher ganz anders als bei den Silberfischchen und den geflügelten Insekten, denen eine Mandibelverankerung durch 2 solcher Gelenkköpfe gemeinsam ist. Die Felsenspringer sind eine urtümliche Gruppe, während die Fischchen also den heutigen modernen geflügelten Insekten näher verwandt sind. Beide Gruppen sind demnach zu trennende Ordnungen, die man allerdings nicht an dem sehr verborgenen Kiefergelenk unterscheiden muß, sondern an Hand folgender einfacher Merkmale trennen kann:

- Komplexaugen groß, Punktaugen klein; Grundfarbe meist braun; im Freien unter Steinen oder an flechtenbewachsenen Bäumen — Ordnung *Archaeognatha* – Felsenspringer
- Komplexaugen klein oder fehlend, keine Punktaugen; Grundfarbe gelblich oder silberglänzend; im Norden nur in Wohnungen, sonst auch in Ameisennestern und unter Steinen — Ordnung *Zygentoma* – Silberfischchen

Die Systematik der Felsenspringer und Trennung der Arten bietet ungewöhnliche Schwierigkeiten und ist sehr revisionsbedürftig. Unter der für Meeresküsten als Algen- und Detritusfresser genannten Art *Petrobius maritimus* verbergen sich ganz offensichtlich ganz verschiedene Arten. In Kalkgebieten der Mittelgebirge scheint *Dilta hibernica* (Carpenter) als Algen- und Detritusfresser häufig zu sein, *Lepismachilis y-signata* (Kratochvil) dagegen auch in der Ebene.

Das wärmeliebende Ofenfischchen

Die beiden hausbewohnenden Silberfischchen des Gebietes sind besser bekannt. Das eigentliche Silberfischchen, *Lepisma saccharina* L. ist in Wohnungen, Lagerräumen u. ä. häufig und oft durch Benagen von Papier und Textilien schädlich. Zucker oder Stärke wirken besonders fraßreizend, z. B. gestärkte Textilien, Stärkeleim hinter Tapeten u. ä. Die stärker beborstete *Thermobia domestica* (Packard) bevorzugt, wie der Name schon sagt, wärmere Aufenthalte wie Bäckereien und frißt an Mehl, Brot, aber auch an tierischen Produkten. Die viel längeren Fühler und Schwanzanhänge unterscheiden die Tiere vom Silberfischchen.

Ordnung Ephemeroptera *Eintagsfliegen*

Erkennungsmerkmale: Kleine, mittelgroße oder große Insekten mit zwei oder drei langen Schwanzanhängen und einem oder zwei Paaren zarter Flügel. Die hinteren Flügel sind, sofern überhaupt vorhanden, stets erheblich kleiner als die Vorderflügel. Fühler kurz. Die Tiere finden sich gewöhnlich in Wassernähe.

Die Steinfliegen, Köcherfliegen und die Netzflügler sind die einzigen Insekten, mit denen man Eintagsfliegen verwechseln kann, doch sind sie durch ihre kurzen Fühler eindeutig von diesen drei Gruppen zu unterscheiden. Weitere Unterscheidungsmerkmale sind folgende: das große Hinterflügelpaar bei den Steinfliegen, die wenigen Queradern in den Flügeln der Köcherfliegen und die Gleichartigkeit beider Flügelpaare bei den Netzflüglern. Schließlich können Eintagsfliegen ihre Flügel nicht über den Körper legen, sondern halten sie in der Ruhe stets vertikal über dem Körper. Diese Flügelhaltung tritt bei den übrigen genannten Gruppen nur unmittelbar nach dem Schlüpfen auf.

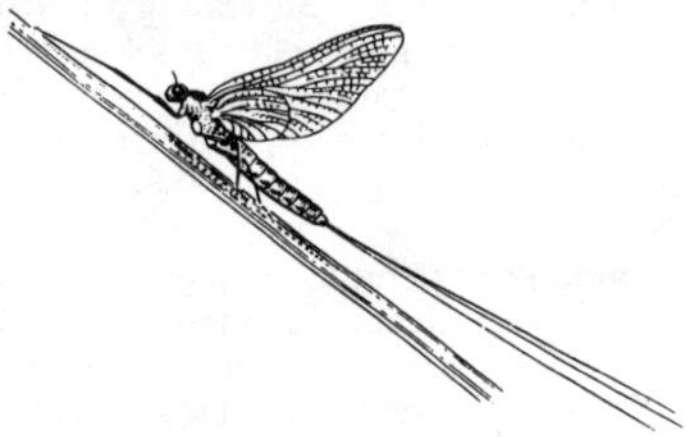

Eintagsfliege in Ruhestellung

Die meisten unserer Eintagsfliegenarten sind recht klein – ihre Spannweite beträgt weniger als 12 mm – und neben den Entomologen vor allem den Anglern und Fischern bekannt. Tatsächlich können Angler die Tiere oft besser unterscheiden als ein Entomologe, wenn sie sie auch natürlich nicht als *Oligoneuriella rhenana* oder *Leptophlebia vespertina* ansprechen, sondern von der Rheinmücke o. ä. sprechen. Das Interesse der Angler an dieser Insektengruppe ist verständlich, denn die Tiere verbringen nahezu ihr gesamtes Leben am und im Wasser und stellen einen wesentlichen Anteil der Fischnahrung dar. Eintagsfliegen gaben daher auch das Vorbild für viele Kunstfliegen der Angler ab.

Die Eintagsfliegen können in einzelnen Arten während des ganzen Sommers gefunden werden. Sie sind schlechte Flieger und werden nur, wenn sie vom Wind verweht worden sind, in weiter vom Wasser entfernten Gebieten getroffen.

Die Eintagsfliegen besitzen einen sehr schlanken Körper und hinfällige durchsichtige Flügel. Die Hinterflügel sind stets erheblich kleiner als die Vorderflügel und können auch völlig fehlen. Wie dies bei einem Insekt mit besonders ausgeprägtem Vorderflügelpaar zu erwarten ist, stellt der Mesothorax den größten Brustabschnitt dar, während Pro- und Metathorax ziemlich unbedeutend sind.

Keine der mitteleuropäischen Arten ist besonders farbig – die vorherrschende Zeichnung ist braun und gelb. Einige Flügel zeigen einen leichten metallischen Schimmer, wenn Licht unter einem bestimmten Winkel auf sie trifft. Alle Farben verblassen jedoch nach dem Tode, so daß man die Tiere nicht an Hand ihrer Färbung bestimmen kann.

Zur Bestimmung wird hauptsächlich das Flügelgeäder herangezogen, doch treten auch hierbei Probleme auf, da die Adern oft wenig ausgeprägt und nahezu unsichtbar sein können. Mit einer guten Binokularlupe und sehr guter Beleuchtung (!) wird man jedoch den größten Teil der Adern erkennen können. In der Ruhe halten die Eintagsfliegen die Flügel senkrecht über dem Körper aneinander, da sie sie nicht nach hinten über den Körper legen und zusammenfalten können.

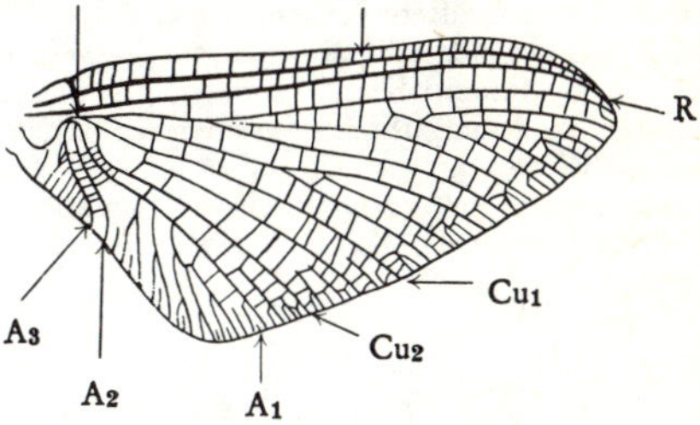

Aderung des Vorderflügels der Gattung *Ephemera* (Familie *Ephemeridae*)

Die Vorderbeine der Männchen sind recht lang und ergreifen bei der Paarung das Weibchen. Sonst sind die Beine schwach und dünn und werden nur zum Festhalten an Pflanzen benutzt. Die Schwanzanhänge bestehen aus einem Paar sehr dünner, fadenförmiger Cerci, wozu als dritter Schwanzfaden ein Terminalfaden in der Mitte kommen kann. Die Zahl der Schwanzborsten ist für die einzelnen Familien konstant und wird auch zur Bestimmung mit herangezogen. Doch können diese zarten Gebilde leicht beschädigt werden und z. T. fehlen.

Die Komplexaugen sind recht groß und gut entwickelt, die Fühler dagegen nur klein. Die erwachsenen Eintagsfliegen nehmen keine Nahrung auf; ihre Mundwerkzeuge sind verkümmert und funktionslos.

Die Eintagsfliegen nehmen insofern unter den Insekten eine einzigartige Stellung ein, als sie sich im geflügelten Zustand noch einmal häuten. Das letzte Larvenstadium stellt die Nahrungsaufnahme ein und steigt einige Zeit danach an einem Pflanzenstengel empor oder schwimmt häufiger zur Wasseroberfläche auf. Hier erfolgt das Schlüpfen zum geflügelten Insekt innerhalb weniger Sekunden. Im Gegensatz zu anderen frisch geschlüpften Insekten können diese Tiere bereits sofort auffliegen, wenn auch ihre Flugrichtung vor allem vom Wind bestimmt wird. Dieses geflügelte Insekt ist jedoch noch nicht das geschlechtsreife Tier. Es wird als Sub-Imago bezeichnet und zeigt trübe, dunkle Färbungen. Sie gehen auf eine feine Haarbedeckung zurück, von der man annimmt, daß sie den Schlüpfprozeß aus der Larve begünstigt, indem sie eine Benetzung des Tieres verhindert. Die Sub-Imago häutet sich, nachdem sie einen geeigneten

Platz erreicht hat, innerhalb weniger Stunden, bei einigen Arten sogar nach wenigen Minuten, wieder und nimmt dann die hellere, durchscheinendere Gestalt der Imago an.

Das Leben dieser Tiere ist kurz und die Ursache für die Namensgebung gewesen (griech. *ephemeros* = nur einen Tag lebend). Viele Arten leben als Imago weniger als einen Tag: Sie schlüpfen am Abend und sterben am Morgen. Andere Arten können bis zu einer Woche leben. Während dieser kurzen Flugzeit erfolgen die Paarung und die Eiablage. Die Männchen bilden häufig Flugschwärme und tanzen über dem Wasser auf und nieder. Ein Weibchen, das sich diesem Schwarm nähert, wird von einem Männchen ergriffen, und die Paarung erfolgt danach in der Luft. Die Eiablage schließt gewöhnlich innerhalb einer Stunde ab, kann sich aber bei schlechtem Wetter um einige Stunden verzögern. Die Eier werden meist einzeln oder in Klumpen über der Wasseroberfläche abgeworfen, doch steigen manche Arten auch in das Wasser hinein, um die Eier an Pflanzen unterhalb der Wasseroberfläche anzukleben. Danach werden die Eintagsfliegen eine Beute der Fische. Auch Fledermäuse, Schwalben und Libellen dezimieren die Schwärme beträchtlich, bevor die Ephemeriden schließlich alle ins Wasser fallen.

Die meisten Eintagsfliegenarten sind weit verbreitet, doch besiedelt jede einen speziellen Lebensraum. Die Larven sind jeweils besonders an ihre „ökologischen Nischen" angepaßt. Man kann unter ihnen zylindrische grabende Formen, Tiere mit ziemlich „zerklüfteter" Oberfläche, die auf Pflanzen umherklettern, stromlinienförmige Schwimmer und abgeplattete Larven, die sich in starker Strömung an Steine klammern, finden. Klare, saubere Still- und Fließgewässer sind jedoch häufiger und stärker von Eintagsfliegen besiedelt als stehende Gewässer, die viel organisches Material enthalten.

Die Larven sind vorzugsweise Pflanzenfresser, die sich von Algen und pflanzlichem Detritus ernähren. Eine Reihe von Arten nimmt aber auch Kleinlebewesen

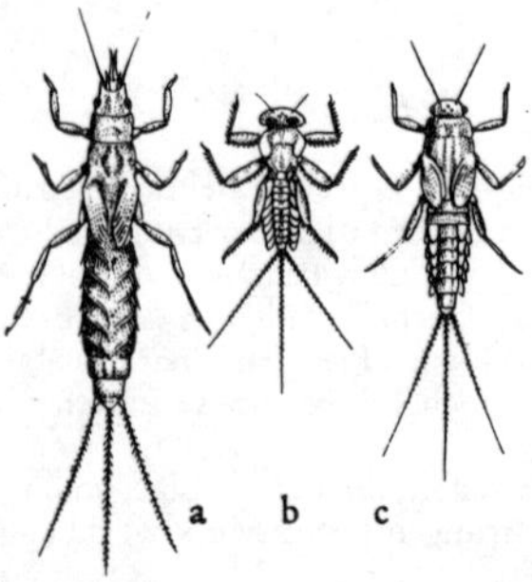

Drei Typen von Eintagsfliegenlarven
a *Ephemera*
b *Ecdyonurus*
c *Ephemerella*

auf. Die Larven atmen mit Hilfe von Tracheenkiemen, die in zwei Reihen an den Seiten des Hinterkörpers stehen. Gewöhnlich sind sieben Paare dieser Tracheenkiemen vorhanden, deren Tracheen in Verbindung mit dem übrigen Tracheensystem des Körpers stehen. Der Sauerstoff des Wassers diffundiert in sie hinein. Fast alle unsere Eintagsfliegenlarven besitzen drei Schwanzanhänge – auch die Arten, denen als Imago der mittlere Terminalfaden fehlt. Nur die Larven der weitverbreiteten Art *Epeorus sylvicola* machen mit 2 Schwanzanhängen eine Ausnahme.

Dem kurzen Leben des erwachsenen Tieres geht eine viel längere Larvalzeit voran. *Ephemera danica* benötigt zwei Jahre für ihre Entwicklung, die meisten Arten jedoch vollenden sie innerhalb eines Jahres. Bei einigen Arten, besonders in wärmeren

Gebieten, kommt es auch zu zwei Generationen in einem Jahr. Bis zu 27 Häutungen wurden bei Eintagsfliegenlarven beobachtet.

In Mitteleuropa kommen 11 Familien mit ca. 70 Arten vor. Ein Vertreter jeder Familie ist auf den Tafeln 1 und 2 abgebildet.

Schlüssel für die Familien der mitteleuropäischen Ephemeroptera

1.	– Flügel milchig weiß oder bräunlich trübe	**2**
	– Flügel nicht durchscheinend, nicht trübe	**5**
2.	– Flügel milchig weiß getrübt	**3**
	– Flügel einfarbig braun, kaum durchscheinend	*Palingeniidae*, S. 68
3.	– Hinterflügel fehlen	*Caenidae* S. 68
	– Hinterflügel vorhanden	**4**
4.	– Hinterflügel ohne Queradern	*Oligoneuriidae*, S. 68
	– Beide Flügel mit vielen Queradern	*Polymitarcidae*, S. 68
5.	– Mit drei langen Schwanzborsten	**6**
	– Mit zwei langen Schwanzborsten	**9**
6.	– Vorderflügel dunkel gefleckt	*Ephemeridae*, S. 68
	– Vorderflügel ohne dunkle Flecke	**7**

7. – Im Vorderflügel Ader Cu_2 an der Basis stark ausgebuchtet — *Potamanthidae*, S. 68

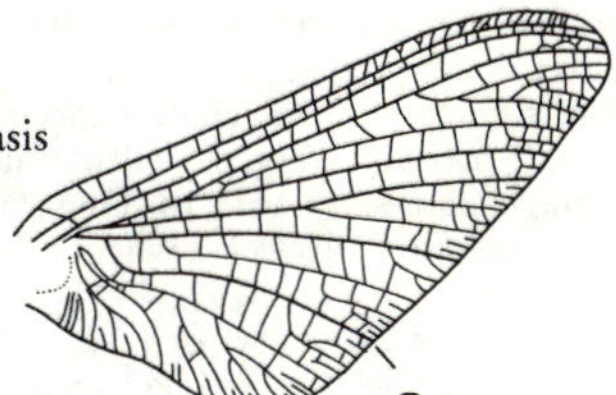

Cu2

– Im Vorderflügel Ader Cu_2 an der Basis gerade

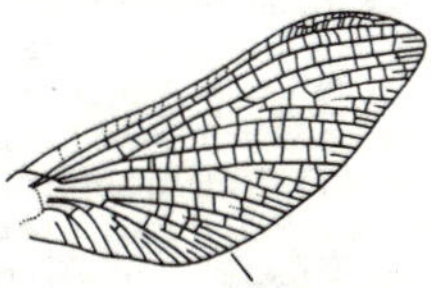

Cu2

8. – Im Vorderflügel entspringt die Ader A_2 in der Mitte zwischen A_1 und A_3 oder nahe A_3 — *Leptophlebiidae*, S. 68

A2 in der Mitte zwischen A1 und A3

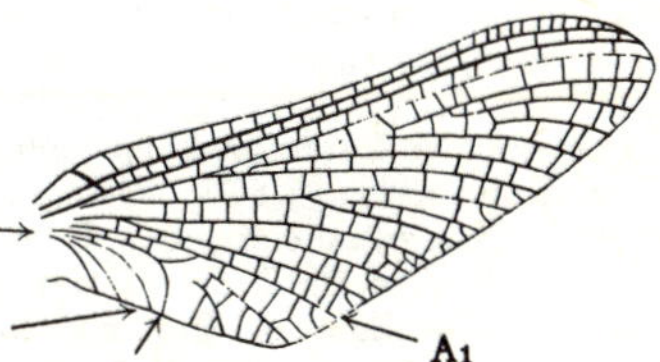

A3

A2

A1

– Im Vorderflügel entspringt Ader A_2 dicht bei A_1 — *Ephemerellidae*, S. 68

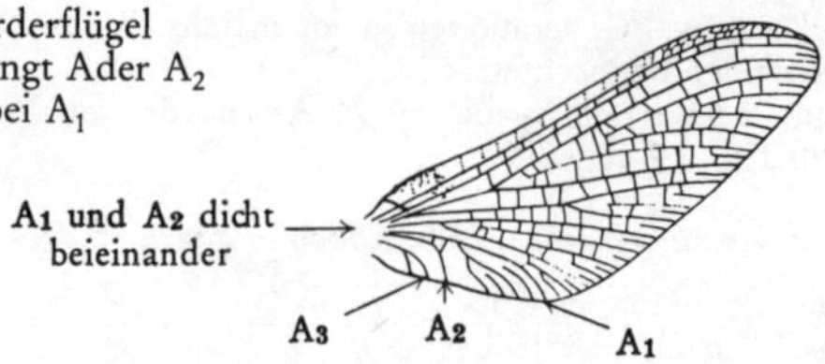

9. – Hinterflügel winzig (weniger als 1/5 der Vorderflügelfläche) oder fehlend — *Baetidae*, S. 69
 – Hinterflügel größer (etwa 1/3 der Vorderflügel) — 10
10. – Mittlere Schwanzborste sehr kurz, aber vorhanden — *Siphlonuridae*, S. 69
 – Mittlere Schwanzborste fehlt völlig — *Ecdyonuridae*, S. 69

Bei der Benutzung dieses Schlüssels muß auf folgende Dinge besonders geachtet werden:
- die Flügeltrübung von Tieren, die in Alkohol konserviert wurden, wird schwächer und verliert sich völlig, wenn dem Alkohol etwas Glyzerin beigegeben wurde, um die Tiere geschmeidig zu halten.
- Bei der Feststellung der Zahl der Schwanzborsten müssen Stümpfe abgebrochener Borsten beachtet und mitgezählt werden.

Die **Palingeniidae** sind im Gebiet mit nur einer Gattung und 2 Arten vertreten. *Palingenia longicauda* (Tafel 2) tritt an wenigen Stellen einiger Flußgebiete, dort aber oft massenhaft auf und fällt dann sehr auf. In Ungarn verursacht diese größte europäische Art die sog. „Theißblüte". In der Tschechoslowakei kommt die andere Art, *P. fuliginosa* Geo., vor.

Die **Caenidae**, für die die Gattung *Caenis* typisch ist, umfassen sehr kleine Eintagsfliegen, denen Hinterflügel fehlen. Die Vorderflügel sind am Hinterrand bewimpert, ihre Aderung ist reduziert. Nur noch wenige Queradern ziehen in einer Zickzacklinie über das innere Flügeldrittel. Die Larven sind langsame Bodenbewohner, die mindestens teilweise räuberisch leben. Sie können leicht an dem vergrößerten zweiten Kiemenpaar erkannt werden, das die dahinterliegenden schützend überdeckt.

Die **Oligoneuriidae** treten mit nur einer Gattung und Art in den westlichen Flußgebieten und Österreich oft im Juli und August in riesigen Schwärmen auf und werden als „Augustmücken", „Rheinmücken" und „Ködermücken" bezeichnet. Die Tiere sind an der geringen Zahl von Flügeladern sofort zu erkennen.

Die einzige mitteleuropäische Art der **Polymitarcidae** erreicht eine Körperlänge von 18 mm und trägt die Bezeichnungen „Uferaas" und „Weißwurm". Die Larven leben in u-förmigen, selbstgegrabenen Gängen im Boden.

Zu den **Ephemeridae** gehören die recht großen Vertreter der Gattung *Ephemera*, die mit gefleckten Flügeln und mehrfarbigem Körper wohl die schönsten und auffälligsten Eintagsfliegen darstellen. Auch ihre Larven leben wie die vorstehend erwähnten als Bodengräber und sind daher an wenig bewegtes Wasser gebunden. Die Larven tragen gefiederte Tracheenkiemen, die entsprechend ihrer Lebensweise nach oben über den Rücken gekrümmt liegen.

Die einzige Vertreterin der **Potamanthidae** unterscheidet sich nach Größe und Gestalt kaum von den Ephemeridae, ist aber leicht an ihrer einheitlich gelben Färbung und den ungefleckten Flügeln zu unterscheiden. Im südlichen Teil des Gebietes lebt sie an größeren Flüssen und Bächen, die Larven an und unter Steinen.

Die Familien der **Leptophlebiidae** und **Ephemerellidae** umfassen 12 Arten mit einer Flügelspannweite zwischen 10 und 27 mm. Beide Familien können an Hand der

Flügeladerung (s. Schlüssel) voneinander getrennt werden. Die Arten beider Familien sehen sich sonst sehr ähnlich und haben helle oder rauchbraune Flügel und braune oder gelbe Körper.

Die Arten der **Baetidae** verteilen sich auf vier Gattungen: Winzige Hinterflügel sind noch bei *Baetis* und *Centroptilum* vorhanden, bei *Cloeon* und *Procloeon* fehlen sie völlig. Die Flügelspannweite beträgt stets weniger als 25 mm. Die als Schwimmer lebenden Larven der beiden erstgenannten Gattungen bevorzugen Fließgewässer, während die der beiden anderen auch selbst in Regentonnen vorkommen können.

Die Larven der **Siphlonuridae** bevorzugen Pflanzenwuchs in Fließgewässern. Von dieser Familie wird jetzt häufig die Familie der **Isonychiidae** mit der einzigen Art *Isonychia ignota* abgetrennt, die ebenfalls an Flüssen vorkommt.

Unter den **Ecdyonuridae** finden sich Arten von 10 bis fast 40 mm Spannweite, die relativ unterschiedliche Biotope bewohnen. Die meisten Arten sind jedoch an die sauberen, schnellfließenden Gebirgsbäche gebunden, in denen die abgeflachten Larven an Steinen angeklammert im Bachbett leben.

Die auf Tafel 2 ebenfalls abgebildete Familie der **Metretopodidae** fehlt im mitteleuropäischen Bereich und ist auf den skandinavischen Raum beschränkt.

Sammeln und Präparieren

Das Absuchen der Ufervegetation bringt meist gute Ergebnisse. Eintagsfliegen fliegen im allgemeinen nicht leicht auf und lassen sich daher verhältnismäßig leicht fangen. Um sie im Flug zu fangen, benötigt man einen sehr leichten, weichen Netzbeutel (möglichst keine Kunstfasergaze!), will man die sehr empfindlichen Flügel nicht beschädigen. Schlüpfende Sub-Imagines kann man mit einem über einen Drahtrahmen gespannten Stück Musselin aus dem Wasser heben. Larven lassen sich in einem entsprechend gut eingerichteten Aquarium halten und können Sub-Imagines und später Imagines erbringen. Da bisher sehr wenig über die Larven vieler Arten bekannt ist, kann der Sammler, der eine solche Haltung versucht, einiges zur Vermehrung unserer Kenntnisse beitragen, wenn er über Larven und später daraus schlüpfende Imagines ein genaues Tagebuch führt.

Für die Sammlung bestimmte Tiere können auf herkömmliche Weise getötet, die größeren Arten genadelt und wie Schmetterlinge gespannt werden. Die kleinen Arten sind jedoch äußerst hinfällig und werden am besten in Alkohol oder sogar als Totalpräparate auf Objektträgern aufbewahrt.

Die Farben der Eintagsfliegen schwinden schnell. Will man sie zur Bestimmung mit heranziehen, sollte man die Tiere lebend nach Hause bringen. Viele Arten lassen sich allein nach der Färbung oder Flügeladerung bestimmen, doch ist es zur Trennung nahe verwandter Arten oft auch notwendig, die Genitalmorphologie mit heranzuziehen, wobei man ohne Mikroskop nicht auskommt. Für diese Art der Untersuchung läßt sich nur in Alkohol aufbewahrtes Material verwenden.

Ordnung Odonata *Libellen*

ERKENNUNGSMERKMALE: Meist große Insekten mit langem, stabförmigem Hinterleib: 2 Paare reich netzartig geaderter Flügel; sehr große Komplexaugen; Fühler winzig, leicht zu übersehen.

Libellen können kaum mit anderen Insekten verwechselt werden, obwohl die Ameisenjungfern (s. Tafel 14) eine gewisse Ähnlichkeit mit ihnen besitzen. Diese sind jedoch an den vorragenden, kräftigen, am Ende geknöpften Fühlern stets leicht zu erkennen.

Wie die Eintagsfliegen besitzen auch die Libellen an das Wasserleben gebundene Larven. Diese fehlen in kaum einem bleibenden Gewässer. Bevorzugt werden von den meisten Arten stehende oder schwach fließende Gewässer. Die Imagines vieler Arten

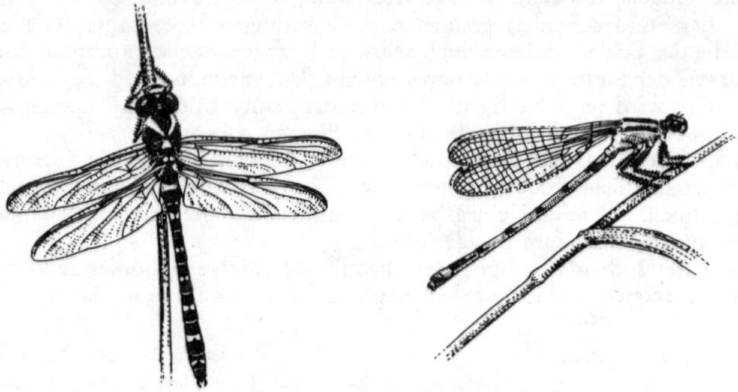

Links eine Großlibelle, rechts eine Kleinlibelle oder Jungfer in den typischen Ruhestellungen

fliegen äußerst ausdauernd und rasant und finden sich oft weit vom Wasser entfernt. Obwohl einige, allerdings nur gebietsweise gebrauchte Volksnamen wie „Teufelsnadeln" den Verdacht nahelegen können, daß die Tiere stechen könnten, ist dem nicht so – Libellen besitzen keinen Wehrstachel und sind für den Menschen harmlos. Da sie sich zum großen Teil von Mücken und Fliegen ernähren, haben sie vielmehr einen für den Menschen durchaus angenehmen Effekt.

Die Zeichnungen der Libellen, die durch Pigmentfarben und/oder Strukturfarben hervorgerufen werden, gehören zu den auffälligsten und schönsten im ganzen Tierreich. Im lebenden Zustand können viele Arten allein an diesen Farben erkannt werden, doch ist dies kein allgemeingültiges Merkmal. Zum einen schwinden die Farben bei toten Tieren, werden schwarz und sind nur bei den Sammlungsstücken nahezu unverändert erhalten, die einer besonderen Behandlung zur Farberhaltung unterzogen wurden. Ferner zeigen die Weibchen oft gänzlich andere Farben und Zeichnungen als die Männchen, und schließlich verändern sich die Farben eines Individuums mit zunehmendem Alter. Frisch geschlüpfte und noch nicht geschlechtsreife Tiere sind allgemein blasser als ältere. Ein interessantes Zeichnungsmerkmal ist ferner eine wachsartige Bereifung, die sich auf der Körperoberfläche besonders älterer Männchen entwickelt. Die Farbe dieser Bereifung ist weißlich oder bläulich und kann das Aussehen eines Tieres in zwei oder drei Tagen völlig verändern.

Von den ca. 3700 bekannten Arten sind in Mitteleuropa 79 vertreten, die sich auf 2 leicht zu unterscheidende Unterordnungen verteilen: die Zygoptera (= Flügelpaare gleichartig) oder Kleinlibellen, und die Anisoptera (= Flügelpaare ungleichartig) oder Großlibellen (Tafel 3). Die Flügel der Kleinlibellen sind alle mehr oder weniger gleichartig und weisen einen schmalen, stielartigen Ansatz auf. Bei den Großlibellen sind dagegen die Hinterflügel stets breiter als die Vorderflügel.

Alle einheimischen Libellen sind am Tage aktiv und orientieren sich fast ausschließlich mit Hilfe der Augen. Bei vielen Arten scheint der Kopf aus wenig mehr als den Komplexaugen, die bis zu 30 000 Einzelaugen aufweisen können, zu bestehen. Die

Augen der Großlibellen stoßen bei den meisten Arten auf dem Scheitel zusammen oder berühren sich fast. Die halbkugeligen Augen der Kleinlibellen sind kleiner und stehen weitgetrennt an beiden Seiten des quergestreckten Kopfes, der dadurch etwa hammerförmige Gestalt erhält. Der Kopf kann sich auf der sehr dünnen, drehzapfenartigen Halsregion um fast 180° nach jeder Richtung drehen, wodurch die Tiere ein allumfassendes Gesichtsfeld haben. Auf Grund der großen Zahl von Einzelaugen können die Tiere Bewegungen in ihrer Umgebung außerordentlich gut wahrnehmen und andere Insekten in vollem Fluge fangen. Aus dem gleichen Grunde sind die Großlibellen sehr schwer zu fangen. Die Fühler, Ort des Geruchs- und des Tastsinnes, sind nur wenig entwickelt. Die Libellen besitzen entsprechend ihrer räuberischen Ernährung gutentwickelte kauende Mundwerkzeuge. Die Mandibeln sind stark gezähnt und Ursache für den Ordnungsnamen (*Odonata* = Zahntragende).

Der Prothorax ist klein, aber scharf abgesetzt, während die beiden übrigen Thoraxsegmente im Zusammenhang mit dem großen Flugvermögen vieler Arten zu dem sehr auffälligen Pterothorax verschmolzen sind. Dieser Pterothorax hat im Verlauf der Evolution eine Drehung erfahren, wobei die beintragende Bauchseite nach vorn, die flügeltragende Rückenfläche nach hinten verlagert wurde. Die auffällige „Rücken"fläche vor der Wurzel der Vorderflügel wird jetzt tatsächlich von einer Vergrößerung der Episterna (Seitenflächen) des zweiten Thoraxsegmentes gebildet. Auf diese Weise ist der Ansatz des zweiten und dritten Beinpaares dicht hinter den Ansatz des ersten Beinpaares verlagert. Alle Beinpaare bilden zusammen einen „Fangkorb", mit dem Beute aus der Luft ergriffen und festgehalten werden kann, während die Kiefer ihr Werk verrichten. Die Beine werden auch zum Festhalten am Substrat, nicht aber zum Laufen benutzt.

Die Grundanordnung der Flügeladern ist in beiden Unterordnungen gleich, obwohl nicht alle Bearbeiter in der Benennung der Adern übereinstimmen. Die hier verwendeten Bezeichnungen sind die vorzugsweise in der deutschen Bestimmungsliteratur verwendeten und gehen im wesentlichen auf Comstock und Needham zurück. An der Vorderkante des Flügels (der Costa) befindet sich ein kleiner Knick, darunter eine auffällige kleine Querader, der Nodus oder Knoten. Zur Spitze des Flügels hin ist ein Flügelfeld am Vorderrand stärker chitinisiert, das Flügelrandmal, Pterostigma oder Stigma. Zwischen Flügelwurzel und Nodus läuft dicht hinter und etwa parallel zur Costa die Subcosta. Das von Costa, Nodus und Subcosta eingegrenzte Feld wird von kleinen Queradern, den Antenodal- oder Randqueradern, unterteilt. Unterhalb der Subcosta entspringen mit gemeinsamer Wurzel Radius und Media. Während der Radius parallel zur Flügelvorderkante ohne schärfere Biegungen verläuft, knicken Media und Seitenäste des Radius wenige Millimeter vor der Flügelwurzel für ein kurzes Stück fast rechtwinklig nach unten ab und bilden zusammen mit einer Querader den sog. Arculus. Danach spaltet dieser gemeinsame Aderverlauf auf: Zwei Media-Äste ziehen zur Flügelspitze, zwei Media-Äste zur Mitte der Flügelhinterkante. Dazwischen erreicht ein im letzten Drittel gegabelter Seitenast des Radius (= Radialsektor) die Flügelkante. Dahinter ist mehr oder weniger gut eine weitere stärkere Längsader zu erkennen, der jedoch der Anschluß an das übrige Längsadernetz und die Flügelkante zu fehlen scheint, der Radialsupplementärsektor. Weitere stärkere Längsadern, die Cubital- und Analadern, sind im hinteren Teil des Flügels der Großlibellen zu unterscheiden. Bei den Kleinlibellen schließt an den Arculus eine rechteckige Quadrilateralzelle an, das Flügelviereck. Bei den Großlibellen ist der gleiche Bereich in 2 Dreiecke, das Triangulum und das Supratriangulum, gegliedert. Dieser Bereich wird häufig für die Bestimmung herangezogen. Die Zahl der Queradern ist groß, besonders bei den Anisoptera.

Während die meisten Kleinlibellen in der Ruhestellung die Flügel nach hinten über dem Rücken zusammenlegen (Ausnahme z. B. Gattung *Lestes*), bleiben sie bei den

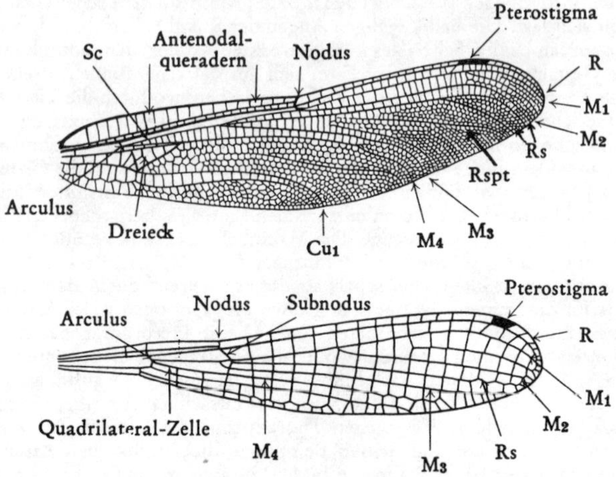

Vorderflügel einer Anisoptere (oben) und einer Zygoptere mit der Benennung der Hauptadern (Erläuterung s. Text)

Großlibellen waagerecht ausgebreitet. Vorder- und Hinterflügel werden im Flug unabhängig voneinander bewegt. Die Tiere können äußerst geschickt manövrieren, auf der Stelle verharren und sogar rückwärts fliegen.

Der Hinterleib aller Libellen ist relativ lang und schlank, bei den Großlibellen allerdings im allgemeinen etwas kräftiger als bei den Kleinlibellen. 10 Segmente und einige Reste des elften sind zu erkennen. Alle Männchen tragen am 10. Segment zwei zangenartige Hinterleibsanhänge und unterscheiden sich dadurch von allen anderen Insekten, daß sie auf der Bauchseite des 2. und 3. Hinterleibssegmentes ein besonderes Kopulationsorgan besitzen. Bei einer Reihe von Arten besitzen die Weibchen am 8. und 9. Hinterleibssegment einen Legeapparat.

Die Männchen suchen ein Weibchen und ergreifen es im Fluge mit den Zangen des 10. Segmentes von oben her hinter dem Kopf. Soweit bekannt, füllen die Männchen danach das Kopulationsorgan am 2. und 3. Hinterleibssegment mit Sperma aus der eigentlichen Geschlechtsöffnung am 9. Hinterleibssegment, indem sie ihren Hinterleib radartig nach vorn krümmen. Die gepaarten Tiere fliegen in dieser sog. „Tandemstellung" oft umher, wobei das Männchen das Weibchen nachschleppt. Bei einigen Arten, besonders unter den Kleinlibellen, legt das Weibchen die Eier ab, während das Männchen noch seine Vorderbrust umklammert hält. Die Zygopteren und einige Anisopteren legen ihre Eier in das Gewebe von Wasserpflanzen. Sie gehen dabei mit dem Hinterleib oder auch völlig unter Wasser, zuweilen beide Partner, um geeignete Pflanzen zu finden. Diese werden mit dem Legeapparat angeschlitzt und die Eier danach in das Gewebe abgelegt. Andere Libellen legen ihre Eier im Fluge frei in das Wasser ab, wobei sie in Abständen mit dem Hinterleib auf die Wasseroberfläche auftupfen.

Die Larven, die aus den Eiern schlüpfen, atmen mit Hilfe von Tracheenkiemen, dünnhäutigen, von Tracheen durchzogenen Körperwandausstülpungen. Die Tracheenkiemen der Großlibellen sind im Enddarm verborgen, die der Kleinlibellen finden sich

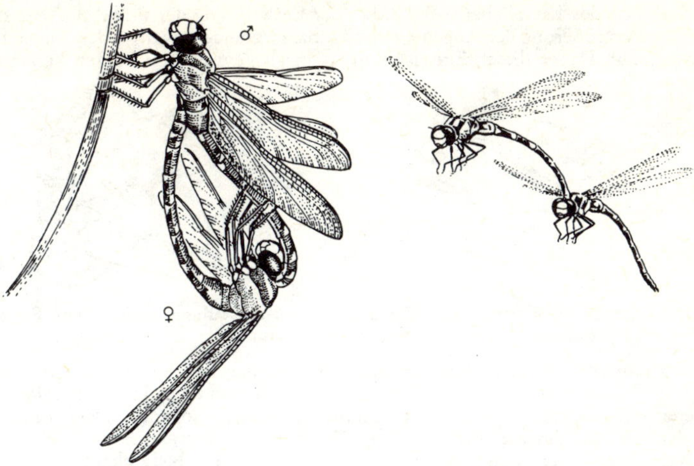

Links die Begattungsstellung von zwei Großlibellen, wobei das Männchen den Kopf des Weibchens umklammert; rechts die anschließende „Tandemposition" im Fluge

als drei blattförmige Anhänge am Hinterleibsende, Umwandlungen der Cerci und eines mittleren Körperanhangs, und sind gut sichtbar. Dadurch lassen sich die Larven der beiden Unterordnungen stets leicht unterscheiden. Die Anisopterenlarven sind außerdem breiter und kräftiger als die der Zygopteren, aber sonst prinzipiell gleich gebaut.

Alle Libellenlarven sind wie die adulten Tiere Räuber. Ihre Unterlippe (Labium) ist zu einem Fangapparat umgebildet. Sie ist stark verlängert und etwa in der Mitte gelenkig abgeknickt. Die Taster sind zu beweglichen Klauen am Ende des Labiums umgebildet. Der ganze Apparat wird als Fangmaske bezeichnet, weil er in der Ruhestellung, unter den Kopf gefaltet, den Rest des Gesichtes verbirgt. Sobald Nahrung erblickt wird, wird die Maske vorgeschleudert und die Beute mit den Klauen durchbohrt.

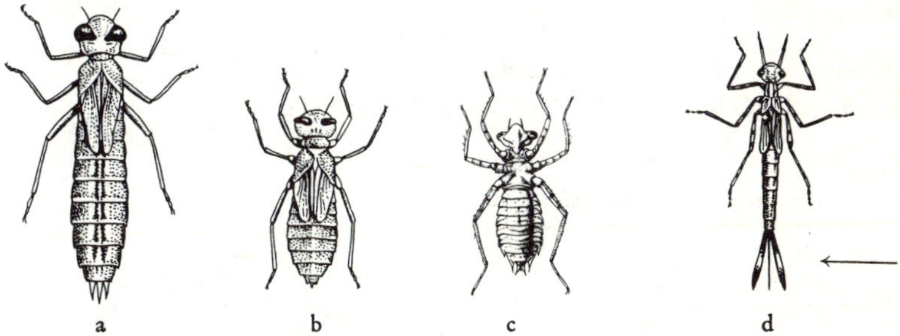

Libellenlarven: a–c Anisopteren-Larven (a, b: Oberseite; c: Unterseite), d Larve einer Kleinlibelle (Jungfer), an den drei blattförmigen Hinterleibsanhängen kenntlich

Während des Larvallebens sind außer der Entwicklung der Flügel und der schrittweisen Vergrößerung der Augen kaum sichtbare Veränderungen an den Tieren festzustellen. Die Dauer dieser Entwicklung ist in großem Maße von den herrschenden

Kopf einer Libellenlarve, links Fangmaske in Ruhestellung, rechts zum Fang eines Wurmes ausgeklappt

Temperaturen und dem Nahrungsangebot abhängig, doch vollenden die meisten unserer Zygopteren-Arten ihren Lebenszyklus während eines Jahres. Bei den Anisopteren kann die Entwicklung jedoch ein bis fünf Jahre, ja sogar noch länger dauern. Es finden während des Larvallebens 10 bis 15 Häutungen statt.

Kurz vor der Umwandlung in die geflügelte, adulte Libelle klettert die Larve an einem geeigneten Stengel aus dem Wasser empor, gewöhnlich in der Nähe des Ufers. Nach einer kurzen Ruhepause reißt ihre Haut auf dem Rücken auf, und Kopf und Thorax der Libelle treten heraus. Eine weitere Ruhepause wird eingelegt, bevor das Tier auch den Hinterleib aus der Larvenhaut herauszieht. Flügel und Körper dehnen sich dann zur endgültigen Größe aus. Viele Libellen schlüpfen noch in der Dunkelheit früh am Morgen, und man muß Frühaufsteher sein, um sie an der Schlüpfstelle zu erleben. Sobald sie von der Sonne erwärmt werden, fliegen die frisch geschlüpften Tiere ab und hinterlassen nur die leeren Larvenhäute als Zeichen der Umwandlung.

Unterordnung Zygoptera

Es sind dies sehr schlanke und recht hinfällige Insekten mit geringem Flugvermögen. Ihre Bewegungen erinnern mehr an ein Treibenlassen von Schilf zu Schilf als an einen aktiven Flug. Man kann sie fast immer ruhend auf den Pflanzen rings um ein Gewässer antreffen und leicht durch Abstreifen der Ufervegetation mit dem Netz fangen.

In Europa sind vier Familien vertreten, die mit folgendem Schlüssel unterschieden werden können:

Schlüssel für die Familien der europäischen Zygopteren (Tafel 2)

1. – Flügel gefärbt, 5 oder mehr Antenodal-Queradern bis zum Knoten *Calopterygidae (Agriidae)*, S. 75

– Flügel farblos, weniger als 5 Antenodal-Queradern 2

2. – Stigma länger als breit, Ader M_3 entspringt näher dem Arculus als dem Nodus *Lestidae*, S. 75

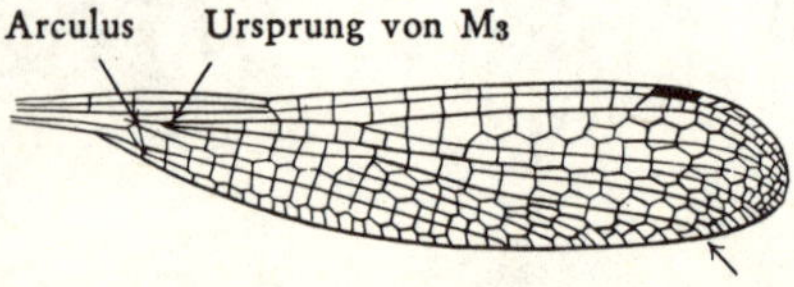

– Stigma kaum länger als breit, rautenförmig 3

3. – Quadrilateralzelle rechteckig *Platycnemididae*, S. 75

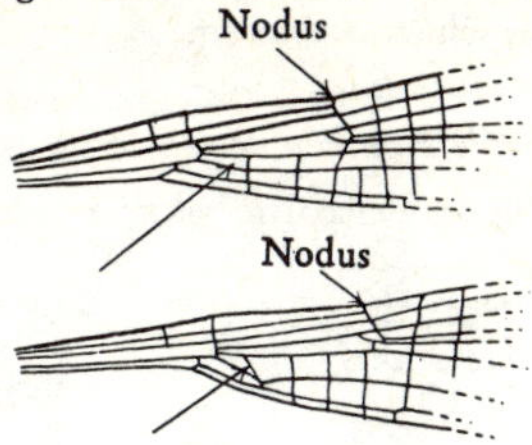

– Quadrilateralzelle mit zugespitztem distalen Ende *Coenagrionidae (Agrionidae)*, S. 75

In unserem Gebiet kommen zwei Arten der **Calopterygidae** vor: die schön gefärbte *Calopteryx splendens* und *C. virgo* mit metallisch grün oder blau glänzenden Körpern. Ihre Flügel sind im Wurzelbereich nicht so plötzlich verschmälert wie die der übrigen Kleinlibellen und unterscheiden sich außerdem dadurch, daß sie gefärbt sind. Bei den Weibchen ist diese Färbung gelblichgrau oder grünlich, bei den Männchen braun und unter bestimmten Betrachtungswinkeln tiefblau glänzend. Beide Arten sind in ganz Europa verbreitet und treten auch noch im Mittelmeerraum, Vorder- und Nordasien auf.

Die **Lestidae** sind in Mitteleuropa mit 8 Arten vertreten, 6 der Gattung *Lestes* und 2 der Gattung *Sympecma*. Der Körper der *Lestes*-Arten ist oben erzgrün oder blau, der der *Sympecma*-Arten erzbraun gefärbt. Die meist langsam fliegenden Arten treten an Tümpeln und Mooren, aber auch an Waldrändern auf. Die Eiablage erfolgt in Nachpaarungsstellung durch beide Partner gemeinsam, wobei die Weibchen einiger Arten gelegentlich dicht unter die Wasseroberfläche gehen. Die beiden *Sympecma*-Arten sind die einzigen Libellen, die in Mitteleuropa als Imago überwintern. Häufigste Vertreterin der Familie ist *Lestes sponsa.*

Die Familie der **Platycnemididae** ist im Gebiet nur mit einer Art vertreten, der Federlibelle *Platycnemis pennipes.* Diese in ganz Mitteleuropa verbreitete Art ist leicht an den blatt- oder federartig verbreiterten Schienen der Mittel- und Hinterbeine zu erkennen. Die Männchen sind grün oder blau, die Weibchen lehmgelb gefärbt und kommen an langsam fließenden Gewässern vor, wo die Eier an schwimmenden Wasserpflanzen abgelegt werden.

Die übrigen 18 Vertreter der Kleinlibellen in Mitteleuropa gehören alle zur Familie der **Coenagrionidae**. Ihre Grundfärbung ist grün (Weibchen) oder blau (Männchen), bei zwei Arten auch rot. Stets ist der Hinterleib schwarz gezeichnet, bei den Weibchen stärker als bei den Männchen. Die Arten bewohnen unterschiedliche Biotope, sind aber an rasch fließenden Gewässern selten. In fast ganz Europa ist *Coenagrion puella* besonders häufig.

Unterordnung Anisoptera

Die Großlibellen weisen einen erheblich kräftigeren Körperbau als die Kleinlibellen auf und fliegen sehr viel besser. Die adulten Tiere werden oft weit entfernt vom Wasser angetroffen. Viele Arten haben bestimmte Reviere, in denen sie stundenlang die gleichen Routen immer wieder abfliegen. Die steifen Flügel erzeugen beim Fliegen häufig ein knisterndes Geräusch. Die fünf europäischen Familien können an Hand des folgenden Schlüssels unterschieden werden:

Bestimmungsschlüssel für die Familien der europäischen Anisoptera (Tafel 3)

1. – Dreieck in beiden Flügeln gleichartig geformt ... 2

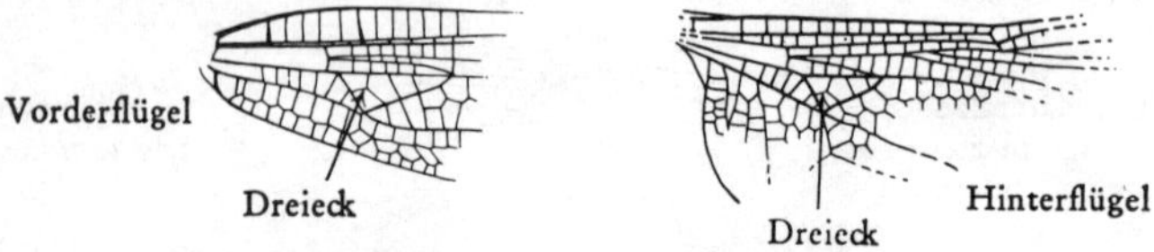

– Dreieck im Vorder- und Hinterflügel unterschiedlich geformt ... 3

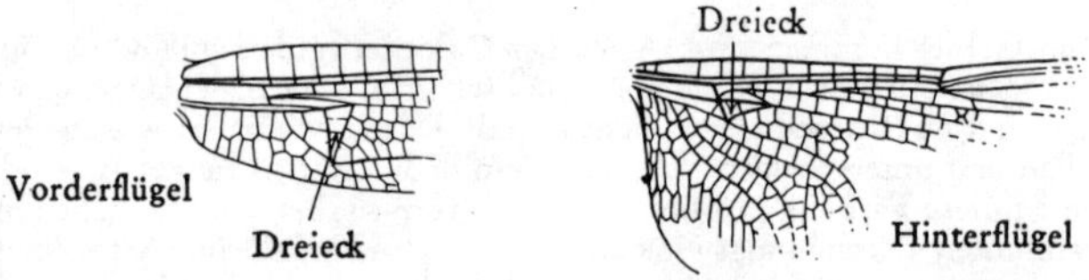

2. – Augen stoßen auf breiter Front zusammen ... *Aeshnidae*, S. 76
– Augen weit getrennt, Hinterleib hinten angeschwollen ... *Gomphidae*, S. 76
– Augen berühren sich in einem Punkt ... *Cordulegastridae*, S. 77

3. – Dreieck im Vorderflügel kaum höher als breit ... *Corduliidae*, S. 77

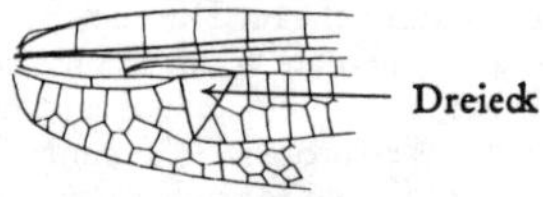

– Dreieck im Vorderflügel viel höher als breit ... *Libellulidae*, S. 77

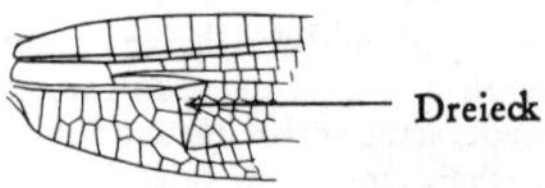

Die zwölf Vertreter der **Aeshnidae** besitzen alle einen langen Körper und sind auf dunklerem Untergrund sehr schön blau, braun, grün und gelb gezeichnet. Sie bevorzugen stille Gewässer, Teiche, Altwässer und Moortümpel, in denen die Larven im Pflanzenbestand jagen. Die adulten Tiere kann man über Stunden im stetigen Flug auf bestimmten Routen in ihren Jagdrevieren beobachten. Eine der schönsten Aeshniden ist die Große Königslibelle, *Anax imperator*, bei der der Thorax hell olivgrün, der Hinterleib beim Männchen himmelblau, beim Weibchen blaugrün und schwarz gezeichnet ist.

Von den **Gomphidae** sind in Mitteleuropa bisher 7 Arten aufgefunden worden. Am 2. Hinterleibsring sind hier stets auffällige „Öhrchen" ausgebildet, die aber auch bei den Aeshnidae und Cordulegastridae vorhanden sind. Die Eiablage erfolgt in Bächen und Flüssen oder in der Uferzone bewegter größerer Seen, während sich die erwachsenen Tiere fern vom Wasser auf Waldlichtungen u. ä. aufhalten. Die Larven leben im Gegensatz zu anderen Libellenlarven nicht frei, sondern im Sand oder Schlamm eingegraben und fressen am Grund lebende Larven und Würmer. Keine der Arten kann als häufig bezeichnet werden, einige sind ausgesprochen selten.

Beide Arten der stattlichen **Cordulegastridae** sind auf schwarzem Grund leuchtend gelb gezeichnet. Die Tiere sind an die kalten Gebirgsbäche gebunden, in denen ihre Larven ähnlich wie die der vorigen Familie im Sande vergraben leben. Im Flachland sind sie nur selten anzutreffen. Häufigere Art ist die Zweigestreifte Quelljungfer, *Cordulegaster boltoni (annulatus)*, die bis in Höhen von 1400 m geht.

Auch die meisten der 7 Arten der **Corduliidae** sind nicht häufig. Bei fast allen Arten ist die Grundfärbung metallisch- bis schwarzgrün, häufig ohne weitere Zeichnung. Nur bei dem durch je einen großen, braunschwarzen Fleck an der Wurzel der Hinterflügel markant gezeichneten Zweifleck, *Epitheca bimaculata*, ist die Grundfärbung braungelb. Häufigste Art im ganzen Gebiet ist die goldgrüne, auf der Brust stark gelb behaarte Gemeine Smaragdlibelle, *Cordulia aenea*.

Die Vertreter der **Libellulidae** sind kleiner als die anderen Großlibellen und erreichen selten eine Länge von 5 cm. Durch eine Abplattung des Hinterleibes wirken viele Arten jedoch recht kräftig. Nach ihrer hastigen, ruckartigen Flugweise, die meist ein Segelflug ist, werden sie auch als Segellibellen bezeichnet. Vorherrschende Farben in dieser Familie sind Rot, Gelb, Braun und Schwarz. Ferner besteht eine starke Tendenz zur Entwicklung graublauer Wachsfarben bei alten Männchen. Dies ist besonders auffällig bei den Männchen von *Libellula depressa*, dem Plattbauch, und *Libellula fulva*. Die 22 mitteleuropäischen Arten verteilen sich auf 5 Gattungen und leben vor allem an stehenden und schwach fließenden Gewässern.

Sammeln und Präparieren

Wie bereits erwähnt, können die schlecht fliegenden Kleinlibellen leicht durch das Abstreifen der Ufervegetation oder beim Auffliegen daraus mit dem Netz gefangen werden. Die größeren Arten, deren Augen buchstäblich bis auf die Hinterseite des Kopfes reichen, sind nicht so leicht zu erlangen. Ihre regelmäßigen Flüge innerhalb eines Reviers machen es jedoch möglich, durch Beobachtung die immer wiederkehrend aufgesuchten Ruheplätze festzustellen. Dort kann man sich aufstellen und mit einem plötzlichen Netzschlag von hinten her die Tiere erbeuten. Achtung: Ein Fehlschlag kann die Tiere für lange Zeit von einem Ruheplatz vertreiben! Frisch geschlüpfte, noch nicht ausgefärbte Tiere, gleich ob aus eigener Zucht oder dem freien Gelände stammend, sind für die Sammlung kaum geeignet, da sie zu weich und farblos sind. Ihre volle Ausfärbung erreichen sie auch dann selten, wenn man sie mehrere Tage in der Gefangenschaft lebend hält.

Libellen können mit den herkömmlichen Mitteln abgetötet werden, jedoch sollte dies erst ein bis zwei Tage nach dem Fang geschehen. Während dieser Zeit können sie in Dreieckstüten aus Papier, die man sich entsprechend ihrer Größe leicht falten kann, einzeln und kühl aufbewahrt werden. Bei dieser Behandlung erleiden die Tiere offenbar keinen Schaden – nicht benötigte Exemplare können danach wieder freigesetzt werden. Während dieser Behandlung entleeren die Tiere jedoch den größten Teil ihres Darminhaltes und können danach besser getrocknet und aufbewahrt werden. Um Platz zu sparen und das männliche Kopulationsorgan, den Legeapparat der Weibchen u. a. besser untersuchen zu können, werden die Tiere in wissenschaftlichen Sammlungen meist getütet mit zurückgelegten Flügeln aufbewahrt. Einige Merkmale sind so jedoch nicht zu erkennen, so daß man sie besser mit ausgebreiteten Flügeln spannen sollte.

Es ist wichtig, die Tiere im Bereich des Pterothorax in rechtem Winkel zu den Flügeln, nicht jedoch im Bereich vor der Wurzel der Vorderflügel zu nadeln, da die Flügel sonst nicht plan liegen. Die Tiere können auf einem gewöhnlichen Spannbrett oder auch verkehrt herum liegend auf einem Stück Torf oder Styropor gespannt werden.

Die Farben der Libellen blassen schnell nach dem Abtöten aus. Durch Schnelltrocknung können sie besser erhalten werden. Stehen daher ein Exsiccator und eine Wasserstrahlpumpe zur Verfügung, können damit gute Ergebnisse erzielt werden. Eine Reihe von Spezialisten empfiehlt auch das Aufschneiden des Hinterleibs und das Entfernen des Darmes, wonach die Tiere für einige Tage vor dem Trocknen in Alkohol oder Azeton gelegt werden. Ein Einbringen dünner Gras- oder Strohhalme in den Hinterleib macht diesen gegen Erschütterungen weniger empfindlich. Verwendet man hierzu entsprechend gefärbte Plastik-Trinkröhrchen, kann dem Verblassen der Farben etwas entgegengewirkt werden.

Ordnung Plecoptera *Steinfliegen*

ERKENNUNGSMERKMALE: Mittelgroße Insekten, gewöhnlich mit zwei Paaren häutiger Flügel, von denen das hintere Paar das größere ist. Der weiche Körper ist etwas abgeflacht, und dieses Merkmal wird häufig durch die Art und Weise, in der die Flügel in der Ruhelage flach über den Körper gelegt und gefaltet werden, betont. Die Fühler sind lang und dünn, und oft sind am hinteren Körperende ähnliche Cerci vorhanden, die allerdings bei einigen Arten stark reduziert sind. Vom Bau her ähneln die Steinfliegen den Heuschrecken und Schaben, doch kommt es bei ihnen nie zu einer Verstärkung der Vorderflügel. Köcherfliegen und Netzflügler sind diejenigen Insekten, die am leichtesten mit den Steinfliegen verwechselt werden können, doch sind sie an Hand der Flügeladerung, der Cerci und der Ruhehaltung der Flügel eindeutig voneinander zu trennen. Die großen Hinterflügel und die Ruhehaltung unterscheiden die Steinfliegen auch leicht von Eintagsfliegen.

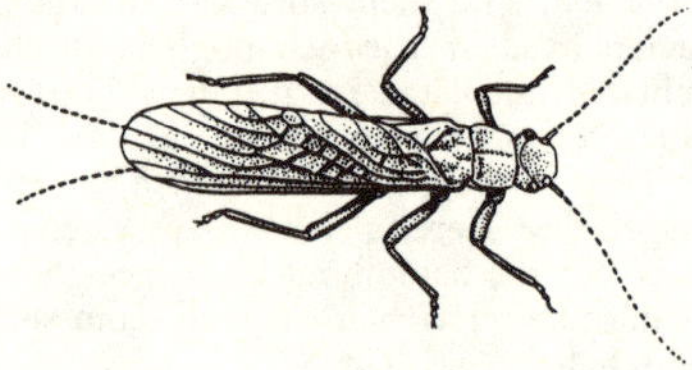

Steinfliege mit flach nach hinten über den Körper gelegten Flügeln in der Ruhestellung

Die Steinfliegen (Tafel 4) sind nur eine relativ kleine Ordnung, die etwa 3000 Arten umfaßt, von denen in Mitteleuropa bisher 112 gefunden wurden. Auf Grund der unscheinbaren dunkelbraunen, grünen und gelben Färbung, die die Tiere mit dem Untergrund eins werden läßt, und der verborgenen Lebensweise kennt kaum jemand außer Entomologen und Anglern diese Gruppe.

Wie die Eintagsfliegen und die Libellen verbringen auch die Steinfliegen ihr ganzes Larvenleben im Wasser und stellen hier einen wichtigen Anteil des Fischfutters. Auch die adulten Tiere werden gefressen und gaben den Anglern Vorbilder für viele Kunstfliegen. Die Steinfliegenlarven bevorzugen ausgesprochene Fließgewässer, und nur ganz wenige Arten finden sich auch in stehenden Gewässern und im Flachland. Die meisten Arten findet man in Quellbächen mit steinigem oder kiesigem Bett, d. h. also in Mittel- und Hochgebirgen. Die meisten Arten sind gegen Wasserverschmutzung sehr empfindlich und fehlen daher in stehenden Gewässern mit geringem Sauerstoffgehalt völlig.

Die adulten Steinfliegen leben zwei oder drei Wochen, in denen sie auf den Steinen am Bachbett (Name!) oder in der Ufervegetation sitzen. Die kauenden Mundwerkzeuge sind nur schwach entwickelt, und viele Arten nehmen als Imago überhaupt keine Nahrung auf, während andere Algenbewuchs von Steinen oder Baumstämmen und Pollen aus Blüten fressen. Aufgestört fliegen sie nur schlecht und setzen sich sehr bald wieder.

Die langen dünnen Fühler bestehen aus bis zu 80 Gliedern. Die Komplexaugen sind gut entwickelt, außerdem gewöhnlich drei Punktaugen vorhanden. Die drei Brustabschnitte sind von annähernd gleicher Gestalt, d.h. auch der Prothorax ist gut ausgebildet. Die Beine sind kräftig und enden in einem dreigliedrigen Fuß, der am Ende starke Klauen trägt, mit deren Hilfe sich die Tiere an Steinen festklammern können.

Alle Flügel sind häutig, und auch die relativ schmalen Vorderflügel sind nicht stärker chitinisiert. Die breiten Hinterflügel sind gewöhnlich beträchtlich größer als die

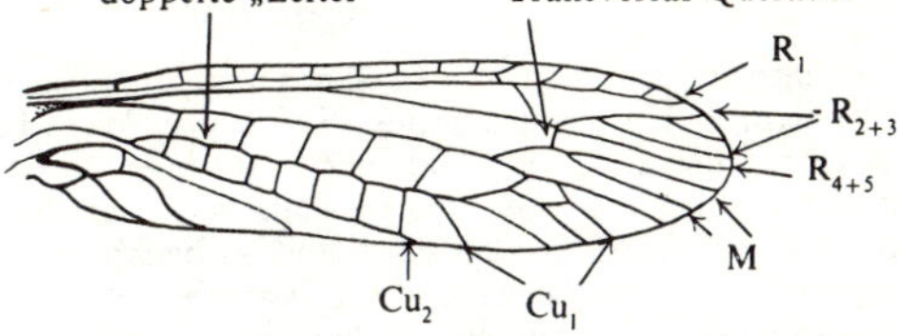

Vorderflügel einer Steinfliege mit doppelter „Leiter" in der Aderung, einem charakteristischen Merkmal der meisten Steinfliegen-Familien

Vorderflügel. Die Männchen einiger Arten sind fast flügellos, und kurzflüglige (brachyptere) Tiere können bei manchen Arten, und zwar besonders solchen aus großen Höhen, auftreten. Die beiden Flügelpaare sind am Grunde weit voneinander getrennt, und es gibt zwischen ihnen keinen Kopplungsmechanismus. Eines der auffälligsten Merkmale, das für die meisten Steinfliegen typisch ist, besteht in der doppelten „Leiter" im Flügelgeäder, die von Queradern zwischen M und Cu_2 im Vorderflügel hervorgerufen wird. Die große Breite der Hinterflügel geht vor allem auf ein sehr stark entwickeltes Analfeld, das von vielen Gabelungen der Analadern gestützt wird, zurück. In Anordnung und Lage der kleineren Queradern gibt es viele Abweichungen, die so weit gehen können, daß die Flügel der rechten und der linken Seite desselben Tieres unterschiedlich sein können. In der Ruhestellung werden die Flügel entweder flach nach hinten über den Körper gelegt oder aber eng um ihn herumgerollt. Der Name Plecoptera bezieht sich auf die „zusammengefalteten" Flügel (griech. *plekein* = falten), und zwar auf die in der Ruhe fächerartig zusammengelegten Hinterflügel.

Die Cerci am Hinterleib sind gewöhnlich lange, vielgliedrige Fäden, können aber bei einigen Familien zu kurzen, kaum sichtbaren Stümpfen reduziert sein. Der Hinterleib und der ganze Körper überhaupt sind ziemlich weich, da die Sklerite nur schwach entwickelt sind.

Die Paarung der Steinfliegen erfolgt auf dem Boden oder dem Uferbewuchs. Danach fliegen die Weibchen entweder dicht über den Wasserspiegel und tauchen das Hinterleibsende periodisch in das Wasser ein, wobei Eiklumpen abgespült werden, oder sie schwimmen auf der Wasseroberfläche und entlassen die Eier kontinuierlich. Die kurzflügligen Formen kriechen in das Wasser hinein, oder sie legen die Eier am Wasserrand ab. Jedes Weibchen legt mehrere hundert Eier.

Mit Ausnahme des Fehlens der Flügel sehen die Steinfliegenlarven den adulten Tieren sehr ähnlich. Die abgeflachte Gestalt ist der Lebensweise, dem Anpressen an Steine in rasch fließendem Wasser, sehr gut angepaßt. In dieser Hinsicht ähneln die

Larven bestimmten Eintagsfliegenlarven. Man kann sie von diesen jedoch durch das Fehlen der plättchenartigen Tracheenkiemen am Hinterleib und das Vorhandensein von nur zwei Cerci unterscheiden – fast alle Eintagsfliegen besitzen drei solcher Cerci. Auch diejenigen Steinfliegen, bei denen die Cerci der Imagines reduziert sind, tragen zwei gutentwickelte „Schwänze“ im Larvenstadium.

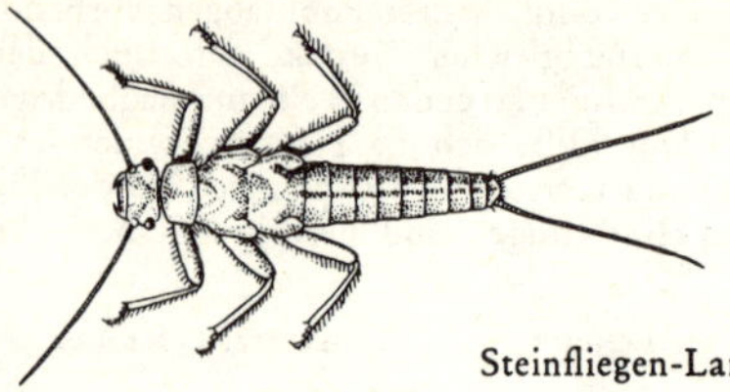

Steinfliegen-Larve

Die Steinfliegenlarven entnehmen den größten Teil des benötigten Sauerstoffs durch reine Diffusion mit der ganzen Körperoberfläche. Nur einige Arten besitzen noch zusätzliche Tracheenkiemen, die als Büschel kleiner haarartiger Ausstülpungen an verschiedenen Stellen des Körpers sitzen. Die Steinfliegenlarven ernähren sich vorzugsweise vegetarisch, und zwar von Algen und Moos an und im Bachbett. Einige größere Arten leben aber auch räuberisch von Larven anderer Wasserinsekten.

Die meisten Steinfliegenarten vollenden ihre Entwicklung innerhalb eines Jahres, einige wenige Arten benötigen dazu jedoch zwei bis drei Jahre. Bei einer der größten Arten, *Dinocras cephalotes*, konnten 33 Häutungen während der dreijährigen Larvenzeit festgestellt werden. Derartige Kenntnisse fehlen jedoch bisher für die meisten Steinfliegenarten, doch ist wahrscheinlich, daß die meisten Arten weniger Häutungen durchlaufen müssen. Ausgewachsen kriechen die Larven zum Ufer und aus dem Wasser heraus, bevor die Imago schlüpft. Schlüpfende Steinfliegen kann man zu fast allen Jahreszeiten finden, doch sind die meisten Arten jeweils an einen ziemlich scharf begrenzten Zeitraum gebunden, so daß man Arten des Frühjahres, des Frühherbstes usw. unterscheiden kann.

Der folgende Schlüssel geht auf den von Kimmins im R.E.S. Handbook gegebenen zurück und gestattet die Zuordnung der europäischen Arten zu den einzelnen Familien.

Schlüssel für die Familien der europäischen Plecoptera (Tafel 4)

1. – Cerci kurz und unauffällig — 2
– Cerci lang — 4

2. – Das zweite Fußglied so lang wie die beiden übrigen — *Taeniopterygidae*, S. 81
– Das zweite Fußglied kürzer als die beiden anderen — 3

3. – Äußerer Vorderflügelteil mit X-förmiger Aderfigur — *Nemouridae*, S. 81

X-förmige Aderfigur

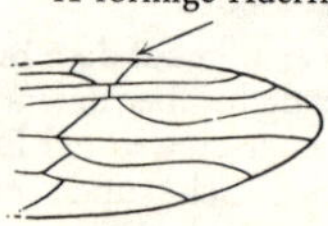

– Eine derartige Figur fehlt — *Leuctridae*, S. 81

4. – Keine auffällige leiterartige Aderfigur im Vorderflügel, basales Fußglied so lang wie das dritte — *Capniidae*, S. 81
– Gewöhnlich eine auffällige leiterartige Aderfigur im Vorderflügel, basales Fußglied kürzer als das dritte — 5

5. – Im Vorderflügel R_{2+3} verzweigt 6

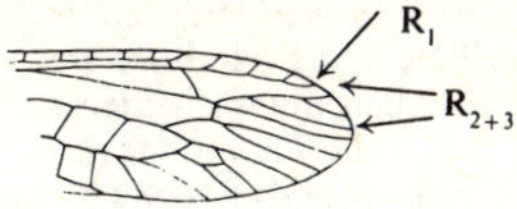

– Im Vorderflügel R_{2+3} einfach 7

6. – R_{4+5} entspringt an der Transversal-Querader *Perlidae*, S. 81

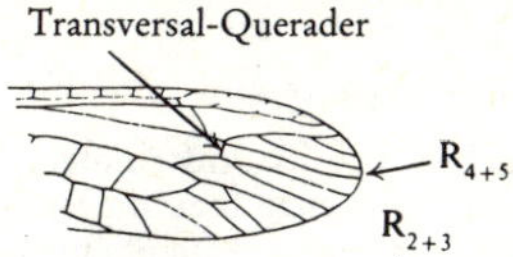

– R_{4+5} entspringt mehr zur Flügelspitze hin *Perlodidae*, S. 82

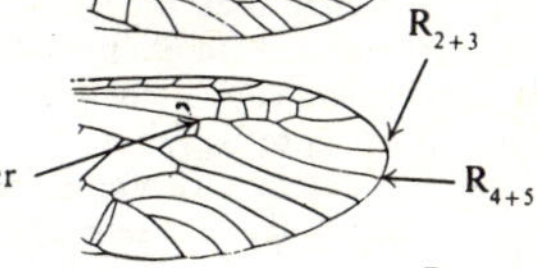

7. – Analfeld des Hinterflügels klein *Chloroperlidae*, S. 82

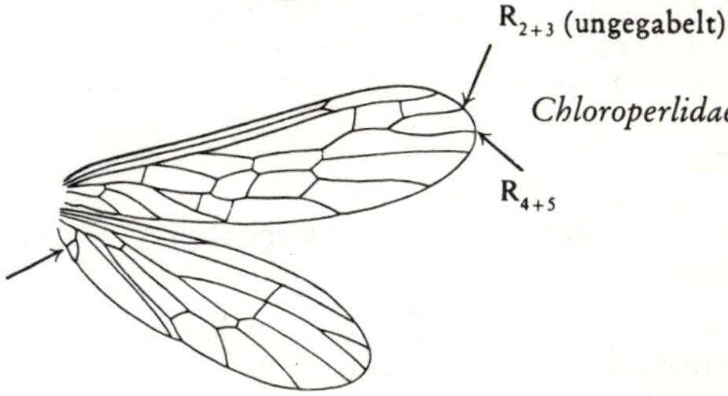

– Analfeld des Hinterflügels groß *Isoperlidae*, S. 82

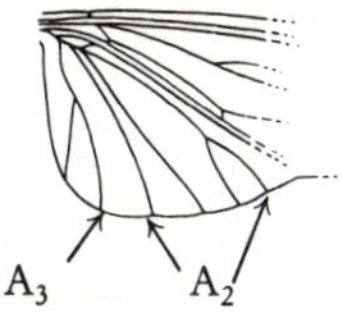

Die Familien der **Taeniopterygidae** und der **Leuctridae** wurden früher oft als Unterfamilien der **Nemouridae** angesehen, gelten heute aber als eigenständige Gruppen. Alle drei Familien besitzen kurze, unauffällige Cerci und sind braun oder schwarz gefärbt. Ihre Länge übertrifft selten 12 mm. Die *Leuctridae* rollen ihre Flügel in Ruhelage halbzylindrisch um den Körper und sehen dann schlank und nadelartig aus. *Taeniopteryx nebulosa* bildet insofern eine Ausnahme, als sie schlammige Flüsse in der Ebene und den Mittelgebirgen bevorzugt und in typischen Steinfliegengebieten fehlt.

Die Familie der **Capniidae** ist mit sechs kleinen, schwärzlichen Arten vertreten, die zu den Gattungen *Capnia, Capnioneura* und *Capnopsis* gehören. Sie schlüpfen fast alle sehr zeitig im Frühjahr ab Februar. Da ihnen die leiterartige Aderzeichnung im Flügel fehlt, die fast alle anderen Familien aufweisen, sind sie leicht zu erkennen.

Die acht Arten der **Perlidae** sind die wohl am längsten bekannten Steinfliegen des Gebietes, die eine Flügelspannweite von 50 mm und mehr erreichen und recht auffallend sind. Eine sichere Unterscheidung der recht variablen Tiere ist jedoch erst möglich geworden, nachdem in jüngster Zeit erkannt wurde, daß der Penis der Männchen mit Zähnchen in artspezifischer Anordnung besetzt ist. Nur dieses Merkmal ist bisher völlig eindeutig. Die Larven dieser Familie leben als Räuber, die erwachsenen Tiere nehmen keine Nahrung mehr auf.

Die übrigen drei Familien wurden früher auch als Unterfamilien der **Perlidae** betrachtet. **Isoperlidae** und **Perlodidae** werden jetzt auch zu einer Familie zusammengefaßt. Die drei Familien unterscheiden sich nur durch geringere Abweichungen im Flügelgeäder. Während die *Perlodidae* meist dunkel gefärbt sind, finden sich unter den *Isoperlidae* und **Chloroperlidae** vorzugsweise gelbliche und grüne Arten.

Sammeln und Präparieren

Durch das Absuchen von Baumstämmen, Steinhaufen, Mauern u. ä. in der Nähe geeigneter Gewässer kann man Steinfliegen in ziemlicher Anzahl erbeuten. Da sie nur ungern auffliegen, kann man sie ziemlich leicht durch das Überstülpen von Röhrchen fangen. Auch das Umdrehen von Steinen am Gewässerrand und das Abstreifen der Ufervegetation erbringt oft gute Resultate.

Die größeren Arten können in herkömmlicher Weise genadelt und gespannt werden, doch schrumpfen die weichen Körper sehr bald, so daß die zur Bestimmung von Arten benötigten Geschlechtsorgane und andere Körpermerkmale verlorengehen, wenn auch die Flügel in gutem Zustand erhalten bleiben. Um eine Sammlung von dauerndem Wert zu erlangen, müssen die Tiere daher in Alkohol aufbewahrt werden.

Ordnung Embioptera *Tarsenspinner*

ERKENNUNGSMERKMALE: Kleine bis mittelgroße Insekten mit weichem, bräunlichem Körper und kauenden Mundwerkzeugen. Das Grundglied der Vorderfüße ist eiförmig angeschwollen. Flügel können bei den Männchen vorhanden sein, fehlen aber gewöhnlich bei den europäischen Arten. Die Tiere leben unter Steinen in dünnen Gespinströhren.

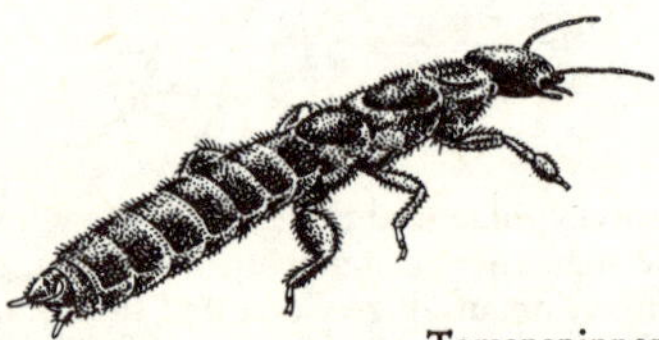

Tarsenspinner

Die *Embioptera* sind eine kleine, wenig bekannte Insektengruppe, die mit etwa 200 Arten in den Tropen und warmen Ländern verbreitet ist. Die Tiere werden als Tarsenspinner bezeichnet, weil sie seidene Gespinste und Röhren unter Steinen und in der Erde anlegen. Die Seide entsteht in besonderen Spinndrüsen im Grundglied der Vorderfüße. Dieses Glied ist angeschwollen und das charakteristische Merkmal der ganzen Ordnung. Die Tiere leben in den Gespinströhren und ihrer Umgebung und kehren sofort in sie zurück, wenn sie gestört werden. Bei kälterer Witterung ziehen sie sich tiefer in die Erde zurück. Die Tarsenspinner leben oftmals in Gemeinschaften von einem Dutzend und mehr Tieren zusammen, obwohl sie an den Gespinsten nicht gemeinsam arbeiten. Die miteinander verflochtenen Gespinste schützen aber möglicherweise besser vor Tausendfüßern und anderen Räubern.

Der Kopf ist klein, aber so breit wie der Körper, und trägt kauende Mandibeln. Sie unterscheiden sich in beiden Geschlechtern – die der Männchen sind länger und schlanker. Wahrscheinlich führen die Männchen eine mehr räuberische Lebensweise, während sich die Weibchen vor allem vegetarisch ernähren.

Die Weibchen der Tarsenspinner sind stets flügellos, und auch den Männchen einer Reihe von Arten fehlen die Flügel. Bei einigen Arten können die Männchen gelegentlich Flügel aufweisen. Beide Flügelpaare sind dann gleich gestaltet, rauchig braun getrübt und mit feinen Härchen bedeckt. Die Radialader ist stark verdickt, alle anderen Adern sehr schwach ausgebildet. Tarsenspinner fliegen nicht gut, wenn auch einige Männchen des Nachts von Licht angelockt werden. Der Hinterleib trägt ein Paar kurzer Cerci, die bei den Männchen häufig asymmetrisch ausgebildet sind.

Die relativ großen, ovalen Eier werden in den Gespinströhren abgelegt. Die Weibchen belecken und bewachen sie und die jungen Larven für eine gewisse Zeit. Während der Entwicklung machen die Weibchen keine, die Männchen nur eine geringe Gestaltänderung durch.

Die wenigen europäischen Arten werden selten gefunden und sind auf Südeuropa beschränkt. Zwei der häufigeren Arten sind *Haploembia solieri* Rambur und *Embia amadorae* Ross. Bei der letzteren kommen auch geflügelte Männchen vor.

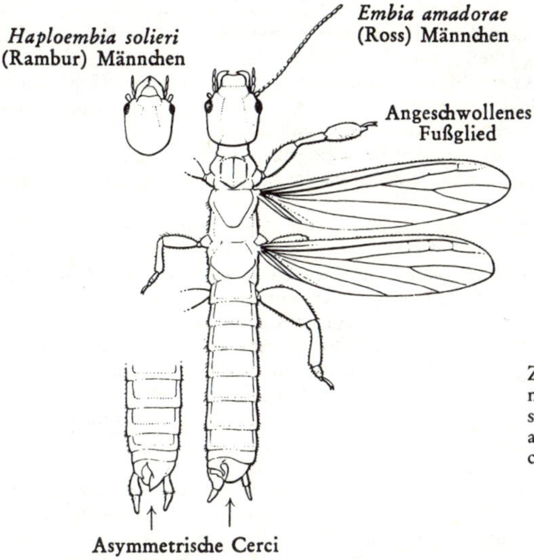

Zwei europäische Tarsenspinner mit den charakteristischen geschwollenen Fußgliedern und asymmetrischen Cerci der Männchen. Die Cerci der Weibchen sind gerade und unverändert.

Tarsenspinner müssen in Alkohol aufbewahrt werden, da sie in getrocknetem Zustand leicht zerfallen, weil ihre weiche Kutikula beim Trocknen stark verformt wird.

Ordnung Saltatoria *Heuschrecken*

ERKENNUNGSMERKMALE: Mittelgroße bis große Insekten mit kräftigem Körper, großem, derbem Kopf und auffälligem sattelförmigen Pronotum. Die Hinterbeine sind gewöhnlich vergrößert und zu Sprungbeinen umgebildet. Bei den typischen Formen sind zwei Flügelpaare vorhanden, von denen das vordere stärker sklerotisiert ist. Jedoch können auch ein oder beide Flügelpaare reduziert sein oder fehlen. Die Gestalt dieser Insekten ist so typisch, daß man sie mit keinem anderen Insekt verwechseln kann, wenn man einmal Bekanntschaft mit ihnen gemacht hat.

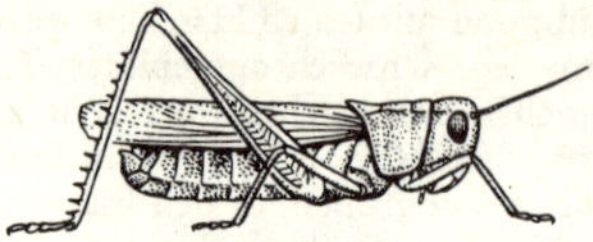

Feldheuschrecke mit großen, zu Sprungbeinen umgebildeten Hinterbeinen

Heuschrecken und Grillen teilen mit Rundfunksprechern das Schicksal, daß man ihre Stimmen besser als ihr Aussehen kennt. Sie verkünden ihre Anwesenheit zwar sehr lautstark, sind aber durch ihre Färbung den Blicken des zufälligen Passanten entzogen. Dennoch sind sie recht gut zu finden, wenn man genau auf die Richtung, aus der ihr Gesang zu hören ist, achtet. Nähert man sich der Stelle vorsichtig, kann man die Tiere nicht selten in vollem „Gesang" beobachten.

Von den über 15 000 bekannten Arten kommen in Mitteleuropa 131 Arten vor – die meisten Arten dieser Ordnung leben in den Tropen. Sie treten meist in großer Zahl auf und ihr Gesang fehlt im Sommer nur auf wenigen Wiesen und Weiden. Ihre relativ stattliche Größe und leichte Haltbarkeit in Gefangenschaft haben sie zu einem bevorzugten Untersuchungsobjekt gemacht, wobei ihre Lautäußerungen das Interesse stark anwachsen ließ. Im Süden Europas werden die Feldgrillen sogar als Stubengenossen gehalten und ihr Gesang erfreut wie der eines Kanarienvogels, wenn er auch weniger abwechslungsreich ist.

Die früher verwendete Bezeichnung *Orthoptera* für diese Gruppe leitet sich vom griechischen *orthos* = gerade, starr, ab und bezog sich auf die ziemlich geraden Vorderflügel, die jedoch in gleicher Weise bei Heuschrecken und Grillen wie bei Schaben und Stabheuschrecken auftreten. Tatsächlich wurden auch alle diese Gruppen früher in einer Ordnung als *Orthoptera* zusammengefaßt. Dies hat man inzwischen als nicht gerechtfertigt erkannt und den Begriff als Ordnungsbezeichnung fallengelassen. Er wird noch als Bezeichnung für die Heuschrecken allein verwendet, doch besteht zunehmend die Tendenz, ihn ganz fallenzulassen und den Begriff *Saltatoria* für diese Ordnung zu verwenden. Er leitet sich vom lateinischen Verb *saltare* = springen ab und beschreibt Heuschrecken und Grillen sicher besser.

Die 7 Familien der europäischen Springschrecken (in einer Reihe von Veröffentlichungen werden drei dieser Familien als Überfamilien betrachtet und weiter aufgegliedert – s. unten) unterscheiden sich in Bau und Habitus voneinander beträchtlich, so daß hierüber nur sehr allgemeine Angaben gemacht werden können. Bei der Besprechung der einzelnen Familien soll auf die näheren Einzelheiten eingegangen werden.

Der große Kopf ist gewöhnlich hypognath, d. h. senkrecht nach unten gerichtet, und die Mundwerkzeuge befinden sich an seinem unteren Ende unterhalb des Kopfes (s. Abb. S. 19). Die Komplexaugen sind groß. Außer ihnen sind bei den meisten Arten noch zwei bis drei Ocellen vorhanden. Die Länge der Fühler variiert stark – sie können sehr kurz sein, aber auch die mehrfache Körperlänge erreichen.

Hinter dem Kopf ist das Pronotum stets groß und gut entwickelt vorhanden. Im rechten Winkel abgebogen zieht es über die Seiten des Körpers hinunter und bedeckt sie ebenso wie die Rückenfläche des Prothorax. Bei den Dornschrecken erreicht das Pronotum fast das Hinterleibsende oder ragt sogar darüber hinaus. Bei vielen Arten sind die Flügel reduziert oder fehlen überhaupt – sind sie jedoch gut entwickelt vorhanden, so sind die Vorderflügel fester und stärker sklerotisiert und werden auch als Tegmina (Singular: Tegmen) bezeichnet. Sie überlappen sich auf der Mittellinie des Körpers mehr oder weniger und liegen seitlich über dem Körper. Die Hinterflügel sind stets dünnhäutig und werden in der Ruhestellung unter die Vorderflügel gefaltet. Meist sind sie farblos, doch gibt es auch Arten mit schön gefärbten Hinterflügeln. Die Flügeladerung ist meist ziemlich vollständig, an den Hinterflügeln im allgemeinen ein stark vergrößertes Analfeld ausgebildet. Eines der auffälligsten Merkmale der Flügeladerung ist, daß die Costalader im Vorderflügel nicht dem Flügelrand folgt – es entsteht zwischen ihm und der Ader ein Präcostalfeld. Zur Klassifikation innerhalb der Familien wird die Aderung herangezogen, soll aber hier nicht weiter besprochen werden, da zur Trennung der Familien andere, auffälligere Merkmale hinreichen.

Nur wenige Springschrecken können gut fliegen. Die Wanderheuschrecken machen hiervon natürlich eine gut bekannte Ausnahme, doch bei den übrigen Arten werden die Flügel vorzugsweise zum Segelflug und zur Vergrößerung der Sprungweiten eingesetzt, wozu die Hinterflügel besonders durch das vergrößerte Analfeld gut geeignet

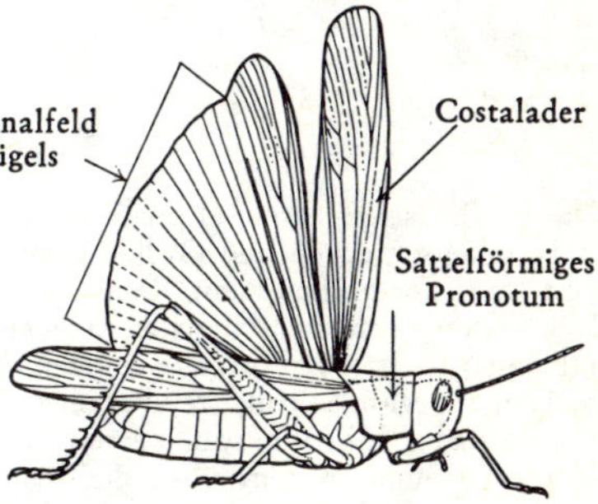

Feldheuschrecke mit dem großen, sattelförmigen Pronotum und dem stark vergrößerten Analfeld des Hinterflügels

sind. Die schlechte Flugfähigkeit ist die Ursache für die relative Artenarmut dieser Gruppe auf Inseln wie etwa England – schon recht schmale Wasserflächen setzen ihrer Ausbreitung unüberwindbare Schranken. Allerdings werden Heuschreckenarten nicht selten mit Obst- und Gemüseimporten eingeschleppt, können sich aber nur selten einbürgern. Eine Ausnahme macht hier die Gewächshausheuschrecke (s. S. 91).

Die Beine sind gut entwickelt und tragen wohlausgebildete Klauen. Die Hinterbeine übertreffen die beiden anderen Paare normalerweise erheblich an Länge und sind als Sprungbeine mit einer sehr starken Muskulatur ausgestattet. Nicht alle Arten springen jedoch gleich leicht auf – Grillen und Laubheuschrecken laufen ebensohäufig fort wie sie wegspringen.

Der Legeapparat ist gewöhnlich gut entwickelt und äußerlich sichtbar, die Kopulationsorgane des Männchens sind jedoch größtenteils verborgen. Die Größe der Cerci variiert – sie sind lang bei den Grillen, bei den anderen Gruppen meist kurz, können aber bei den männlichen Laubheuschrecken zu Klammerorganen zum Festhalten des Weibchens umgebildet sein.

Alle zu dieser Ordnung gehörenden Arten zeigen eine unvollkommene Verwandlung – schon die ersten Larvenstadien sind leicht als Heuschrecken zu erkennen. Die Eier werden in den Boden, in Pflanzengewebe oder in Spalten abgelegt, wobei der Legeapparat des Weibchens eine geeignete Stelle ausfindig macht oder schafft. Die aus dem Ei schlüpfende Larve ist zunächst noch wurmförmig, doch ist dies nur ein Übergangsstadium zum Erreichen der Oberfläche. Dort wird die chitinöse Haut, die das ganze Tier umgibt, abgestreift und entläßt eine winzige Heuschrecke. Die meisten

Heuschrecken besitzen 4–6 Larvenstadien, doch bei den Grillen beträgt die Zahl meist 10. Die meisten besprochenen Arten vollenden ihren Lebenszyklus innerhalb eines Jahres. Die adulten Tiere sterben im Herbst und hinterlassen die Eier, die überwintern und aus denen im nächsten Frühjahr neue Larven schlüpfen. Einige Arten erreichen die Geschlechtsreife erst im zweiten Jahr und überwintern als Larve. Ein interessantes Merkmal aller Springschrecken ist, daß sich in den beiden letzten Larvenstadien die Flügelscheiden verdreht entwickeln, so daß die Flügel über den Flügeldecken und mit dem Vorderrand nach oben liegen (s. Abb. unten). Hieran kann man stets Larven von erwachsenen Tieren mit reduzierten Flügeln unterscheiden.

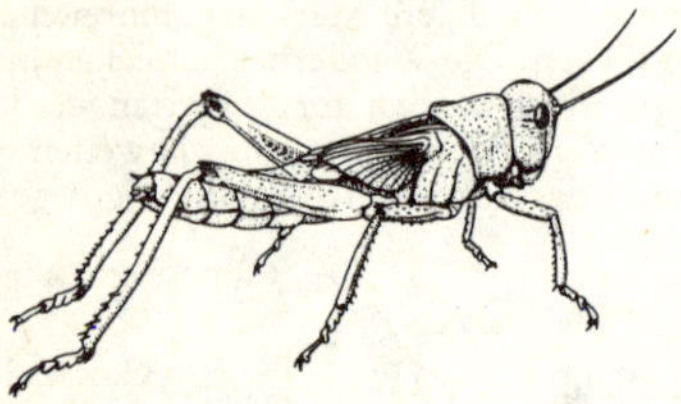

Heuschreckenlarve. Die Hinterflügel liegen über den Vorderflügeln

Die Feldheuschrecken sind meist ausschließlich Pflanzenfresser, während die meisten Laubheuschrecken und Grillen gemischte Kost benötigen, wobei tierische Nahrung etwa $^2/_3$ ausmachen kann. Reine Fleischfresser wie *Saga pedo* sind selten.

Der Gesang der Springschrecken ist zweifellos ihr faszinierendstes Merkmal. Er wird durch einen als Stridulation bezeichneten Vorgang erzeugt, bei dem eine mit Chitinerhebungen bedeckte Schrilleiste über eine als Plektrum wirkende Schrillkante gerieben wird, die dadurch in Vibration versetzt wird. Man kann diesen Vorgang nachahmen, indem man einen Kamm über die Kante einer Spiel- oder Postkarte zieht. Die Schrillkante befindet sich stets auf den Flügeln, die Schrilleiste nur bei den Laubheuschrecken und Grillen auf dem jeweils gegenüberliegenden Flügel, bei den Feldheuschrecken jedoch auf der Innenseite der Hinterschenkel. Daneben kommen auch andere Arten der Lauterzeugung vor, z. B. Mandibel-„Knirschen", Trommeln u. ä.

Die Schrilleiste wird gewöhnlich sehr schnell über die Schrillkante geführt und erzeugt einen kurzen Ton-Impuls (genauer eine Reihe von Impulsen entsprechend der Zahl von Zähnchen, die über die Schrillkante gleiten, doch folgen diese gewöhnlich so rasch aufeinander, daß man vereinfachend jede Bewegung mit einem Impuls gleichsetzen kann). Dies ist der grundlegende Prozeß für jeden Stridulations-Gesang. Die Gesangsmuster unterscheiden sich jedoch bei den einzelnen Arten sehr stark. Die Gesänge können in Einzeltönen oder Strophen unterschiedlicher Dauer bestehen, wobei eine große Anzahl von Stridulationsbewegungen hintereinander ausgeführt wird. Der Bunte Grashüpfer, *Omocestus viridulus*, erzeugt ein kontinuierliches Zirpen über 10–20 Sekunden, wobei der ganze Körper zittert, da sich die Beine bis zu 20mal in der Sekunde auf und ab bewegen. Ganz anders hört sich der Gesang des Braunen Grashüpfers, *Chorthippus brunneus*, an, der in einem Zeitraum von 12–18 Sekunden 6- bis 12mal ein klangloses „psrr" von etwa $^1/_5$ Sekunde Dauer erzeugt. Die Strophenlänge der einzelnen Arten ist bei bestimmter Temperatur ziemlich konstant. Sie folgen aber in unregelmäßigen Abständen aufeinander. Die Grillen besitzen solche fixierten Strophenlängen nicht und zirpen bei warmem Wetter nahezu dauernd. Bei kaltem Wetter schweigen die meisten Arten.

Die Gesänge unterscheiden sich nach Umfang und Tonlage von Art zu Art und man kann sie, wenn man sie verstärkt, mit dem Geräusch von Nähmaschinen, Motorsägen,

Motorrädern etc. vergleichen. Tatsächlich ist es einfacher, Feldheuschrecken, deren Färbung stark variieren kann, nach den Gesängen als nach dem Aussehen zu unterscheiden.

Bei den Laubheuschrecken und Grillen können fast immer nur die Männchen Töne erzeugen. Bei vielen Feldheuschrecken antworten die Weibchen jedoch den Männchen im Wechselgesang, wenn auch leiser als diese. Bei Anwesenheit eines Weibchens gehen die Männchen zum Werbegesang über, der sich erheblich vom Lockgesang, den man meistens hört, unterscheidet. Dieser Lockgesang dient wahrscheinlich dazu, Weibchen aus der weiteren Umgebung anzulocken.

Die Hörorgane, mit deren Hilfe die Tiere diese Töne wahrnehmen, bestehen aus dünnen Membranen, die mit Sinneszellen verbunden sind. Sie liegen bei den Feldheuschrecken am 1. Hinterleibssegment, bei den Laubheuschrecken und Grillen in den Vorderbeinen (Abb. s. S. 89).

Die Familie der europäischen Springschrecken können nach folgendem einfachen Schlüssel unterschieden werden:

Schlüssel für die Familien der europäischen Saltatoria (Tafel 5, 6)

1. –	Vorderbeine stark vergrößert und zu Grabbeinen umgebildet	*Gryllotalpidae*, S. 87

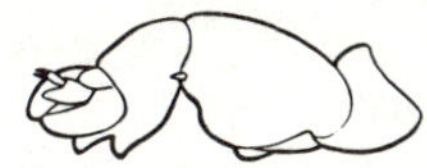

–	Vorderbeine nicht umgestaltet, Hinterbeine größer als die übrigen, gewöhnlich als Sprungbeine ausgebildet	2
2. –	Fühler länger als der Körper	3
–	Fühler kürzer als der Körper	5
3. –	Taster sehr lang, Tiere stets flügellos	*Rhaphidophoridae*, S. 91
–	Taster kürzer, Tiere meist geflügelt	4
4. –	Füße viergliedrig, Cerci kurz	*Tettigoniidae*, S. 89
–	Füße dreigliedrig, Cerci lang	*Gryllidae*, S. 88
5. –	Pronotum nach hinten verlängert, bedeckt den Hinterleib ganz oder fast ganz	*Tetrigidae*, S. 93

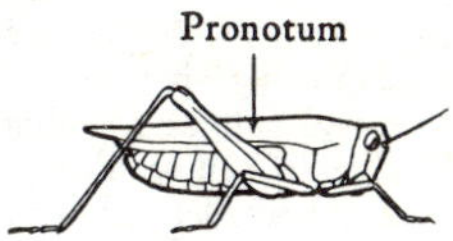

–	Pronotum nicht in dieser Weise verlängert	6
6. –	Vorderfüße dreigliedrig	*Acrididae*, S. 91
–	Vorderfüße zweigliedrig	*Tridactylidae*, S. 94

Die Familien sind in ihren Merkmalen so klar unterschieden, daß man nach einigen Blicken auf die Tafeln die vorstehende Tabelle wahrscheinlich kaum noch zu Rate ziehen wird.

Familie **Gryllotalpidae** – Maulwurfsgrillen (Tafel 5)

Von den etwa 60 bekannten Arten kommt nur eine, *Gryllotalpa gryllotalpa* L., in Mitteleuropa vor. Mit einer Länge von 35–50 mm und massigem Körper ist sie eines der großen Insekten des Gebietes. Der braune Körper ist nahezu vollständig mit feinen Haaren bedeckt. Das auffälligste Merkmal besteht in den sehr großen, stark gezähnten Vorderbeinen, die zum Graben benutzt werden. Die Tiere leben, wie der Name besagt, während der meisten Zeit in unterirdischen Gängen. Die Vorderflügel sind kurz, die Hinterflügel jedoch gut entwickelt und überragen zusammengefaltet in der Ruhelage das Hinterende des Körpers.

Die Maulwurfsgrille bevorzugt feuchten Boden in Gewässernähe. Sie ist über ganz Europa, Westasien und Nordafrika verbreitet, zieht aber offenbar tiefere Lagen den Gebirgen vor.

Die Weibchen besitzen keinen äußerlich sichtbaren Legeapparat und legen etwa 200–300 Eier lose in eine sorgfältig vorbereitete unterirdische Höhle ab. Im Gegensatz zu vielen anderen Insekten bewachen sie die Eier und bleiben auch noch einige Zeit bei den nach 2–3 Wochen schlüpfenden Jungen. Nach etwa einem Monat verlassen diese die Höhle und ernähren sich nun selbständig von Wurzeln und Insektenlarven. Letztere machen offenbar den Hauptteil ihrer Nahrung aus, so daß die Schäden an Wurzeln von Feldfrüchten, die ihnen früher zugeschrieben wurden, sehr wohl auf die Zerstörung durch andere Insekten zurückgehen können. Nach etwa 10 Larvenstadien erfolgt die Häutung zur Imago frühestens im Herbst des 2. Jahres. Tiere, die erst im Spätsommer aus dem Ei schlüpfen, können auch zweimal überwintern und brauchen fast zwei Jahre bis zum Erreichen des Imaginalzustandes.

Die Männchen erzeugen wie die anderen Grillen Gesänge durch Stridulation mit den Flügeln. Ihr Gesang wird als langanhaltendes dichtes Surren oder Rollen beschrieben, das besonders an warmen Frühsommerabenden zu hören ist. Zu dieser Zeit fliegen die Tiere gelegentlich in ziemlich schwerfälliger, stürmischer Weise auf.

Familie **Gryllidae** – Grillen (Tafel 5)

Diese Insekten sind etwas breiter und abgeflachter als die übrigen Springschrecken und der größere Teil der Vorderflügel liegt bei ihnen horizontal über dem Körper, der kleinere Teil rechtwinklig abgeknickt über den Seiten. Die Vorderflügel sind relativ kürzer als bei den übrigen Vertretern dieser Ordnung, und die stark zusammengerollten Hinterflügel ragen, sofern sie überhaupt ausgebildet sind, nach hinten unter den Vorderflügeln hervor. Der Legeapparat der Weibchen ist gewöhnlich lang und nadelförmig, die Cerci sind in beiden Geschlechtern lang. Die Eier werden einzeln im Boden oder in Spalten abgelegt, die Larven entwickeln sich in herkömmlicher Weise und unterscheiden sich nur in der Entwicklungsdauer. Die Tiere sind Allesfresser, wenn auch Pflanzenstoffe in ihrer Nahrung überwiegen.

Nur die Männchen sind zur Stridulation fähig und erzeugen diese mit Hilfe der beiden Flügeldecken. Die Flügeldecken werden hierzu schräg nach oben vom Körper abgespreizt und eine gezähnte Schrillader auf der Unterseite des rechten Vorderflügels über die Schrillkante an der Hinterkante des linken Vorderflügels gezogen. Die Gesänge der Grillen sind lang, relativ musikalisch und erfolgen in höherer Tonlage als die der Feldheuschrecken.

a Feldgrille, Flügelstellung beim „Singen“; b Schrill-Leiste der Feldgrille; c Schrill-Leiste an der Innenseite des Hinterschenkels einer Feldheuschrecke

Diese Familie wird in die Unterfamilien (sieht man sie als Überfamilie an, in die Familien) der *Gryllinae*, *Mogoplistinae*, *Myrmecophilinae*, *Trigonidiinae* und *Oecanthinae* unterteilt.

Zu den *Gryllinae* zählen unsere bekanntesten Grillen, die Feldgrille *(Gryllus campestris)* und das Heimchen *(Acheta domestica)*. Die Feldgrille ist über ganz Mitteleuropa verbreitet und lebt als Allesfresser in selbstgegrabenen Erdlöchern auf trockenen Wiesen, Dünen und Heiden. Die wärmeliebenden Tiere sonnen sich gern. In Mitteleuropa sind die Hinterflügel praktisch immer verkümmert, die Tiere flugunfähig. In Südeuropa treten dagegen, wenn auch selten, Tiere mit vollentwickelten Hinterflügeln auf (var. *caudata*).

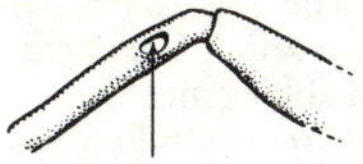

Das „Ohr" einer Laubheuschrecke unmittelbar unterhalb des Schenkel/Schienen-Gelenks des Vorderbeines

Das Heimchen *(Acheta domestica)* ist ursprünglich in Mitteleuropa nicht heimisch, wenn auch dort weit verbreitet. Möglicherweise ist es aus den warmen Gebieten Afrikas und des Mittleren Ostens eingewandert, was erklären würde, warum man es vorzugsweise in menschlichen Behausungen findet. Es tritt vorzugsweise in Gastwirtschaften, Bäckereien und Fabriken auf, in denen die Temperatur höher als in der Umgebung liegt, kommt aber auch – und mitunter in großen Massen – in Müllgruben vor, wo durch Fäulnisprozesse höhere Temperaturen erzeugt werden. Zwei verwandte Arten, die völlig schwarze Steppengrille, *Melanogryllus desertus* (Pallas), und die schwarzbraune Östliche Grille, *Modicogryllus frontalis* (Fieber), deren Stirn mit einer hellen Linie zwischen den Augen gezeichnet ist, sind im Süden des Gebietes vom Kaiserstuhl über das Burgenland bis nach Ungarn an bestimmten Orten heimisch.

Fast unbekannt sind dagegen die in lichten Laubwäldern schon in Mitteldeutschland lebende Waldgrille, *Nemobius sylvestris*, und die etwas kleinere Sumpfgrille, *Pteronemobius concolor* Walker, bei der die Flügeldecken den Hinterleib fast völlig abdecken. Sie kommt in sehr warmen sumpfigen Wiesen mit nicht zu hoher Vegetation im Schweizer Jura, Österreich und in der Rheinebene nördlich des Kaiserstuhls vor.

Die Unterfamilie der *Mogoplistinae* ist in Mitteleuropa nur in einem kleinen Gebiet der englischen Südküste (Chesil Beach, Dorset) mit der flügellosen *Mogoplistes squamiger* vertreten, die aus dem Mittelmeergebiet eingeschleppt worden ist, wo sie als Küstenbewohner lebt.

Die Ameisengrillen bilden die Unterfamilie der *Myrmecophilinae*. Sie ist in Mitteleuropa mit *Myrmecophila acervorum* (Panzer) vertreten, die flügellos ist, bis 3,5 mm Länge erreicht und unter Steinen als Raum- und Nahrungsparasit in Ameisennestern lebt. Sie vermehrt sich parthenogenetisch, eine Erscheinung, die sie mit anderen aus dem Südosten zugewanderten Arten teilt.

Das zarte, blaßgelbe Weinhähnchen *Oecanthus pellucens* (Scopoli) vertritt die letzte Unterfamilie der *Oecanthinae*. Die Männchen erzeugen nachts im Gebüsch den wohl zartesten Insektengesang, ein sehr hohes und reines gri-i-i-i, das ständig wiederholt wird. Man kann die Tiere dennoch schwer finden, denn sie verändern die Lautstärke bei der geringsten Beunruhigung. Dadurch entsteht der Eindruck, der Gesang käme nun von einem völlig anderen Platz, oder, wie Fabre es beschreibt, „völlige Konfusion" beim Sammler.

Familie **Tettigoniidae** – Laubheuschrecken (Tafel 5)

Die Laubheuschrecken sind mit den Grillen enger als mit den Feldheuschrecken verwandt und werden mit den Grillen auch zur Ordnung der *Ensifera* = Schwert- oder Legesäbelträger zusammengefaßt. Sie leben mehr auf Bäumen und Gebüsch als im

Grase, und sie klettern häufiger, als daß sie springen. Sie unterscheiden sich von den Grillen durch 4 Fußglieder und kurze Cerci. In der modernen Systematik werden die Laubheuschrecken häufig als Überfamilie betrachtet und in eine Reihe von Familien aufgeteilt. Da die Unterschiede aber doch relativ gering sind, wollen wir uns hier der Auffassung anschließen, daß es sich nur um eine Familie mit einer Reihe von Unterfamilien handelt, zu der auch Harz in seiner letzten Bearbeitung der Orthopteren Europas (1969) zurückgekehrt ist.

Der Umfang, in dem die Hinterflügel entwickelt sind, ist von Art zu Art verschieden. Aber auch die Arten mit vollentwickelten Flügeln machen selten Gebrauch davon und laufen oder klettern bei Störungen eher fort, als daß sie abfliegen.

Die Cerci der Männchen sind nach innen gekrümmt und werden zum Festhalten der Weibchen benutzt. Ihre Gestalt wird mit zur Artbestimmung herangezogen. Die Weibchen sind mit einem furchterregenden, schwertförmigen Legesäbel ausgestattet. Wenn dieser auch manchen Menschen Angst einflößt, so ist er doch völlig harmlos und wird nur zur Eiablage an geeigneten Plätzen benutzt. Es können dies die Erde, Borkenritzen oder Pflanzenstengel sein, die angeschlitzt werden. Die Eier werden einzeln abgelegt. Die Larven schlüpfen erst im nächsten Frühling oder Frühsommer. Sie wachsen in drei Monaten heran und häuten sich zu den geschlechtsreifen Tieren im August und September. Die Nahrung dieser Heuschrecken besteht vorzugsweise aus kleinen Tieren, vor allem Insekten.

Wie die Grillen singen auch die Laubheuschrecken, indem sie die Flügel aufstellen und gegeneinanderreiben. Bei ihnen trägt jedoch der linke Flügel die Zahnleiste auf der Unterseite und liegt über dem rechten, also eine umgekehrte Anordnung. Der Gesang liegt in sehr hoher Tonlage und wird in relativ langen Strophen erzeugt.

Laubheuschrecken haben in viel größerem Umfang als die Feldheuschrecken eine nächtliche Lebensweise. Sie werden am späten Nachmittag aktiv und singen dann bis in die Nacht hinein. Die blaßgrüne Mitteleuropäische Eichenschrecke, *Meconema thalassinum*, der einzige Vertreter der Unterfamilie der *Meconeminae*, ist ein häufiger abendlicher Besucher in Wohnungen in der Nähe von Eichen und Linden, wo er durch Licht bei offenem Fenster angelockt wird.

Etwas größer und kräftiger als die Eichenschrecken sind die Schwertschrecken *(Conocephalinae)*, z. B. *Conocephalus discolor*. Sie erhielten ihren wissenschaftlichen Namen nach einer konischen Verlängerung des Kopfes zwischen den Fühlern nach vorn. Artenreicher sind die Sichelschrecken *(Phaneropterinae)*, bei denen die Flugorgane häufig verkümmert sind. Die Legesäbel der Weibchen sind meist kurz und breit und häufig sichelartig nach oben gekrümmt. Bei den meisten Arten handelt es sich um relativ zarte, langbeine Pflanzenfresser auf Stauden und Gebüsch, wie etwa *Leptophyes punctatissima*.

Sehr viel auffälliger sind die Vertreter der *Tettigoniinae*, die im größten Teil Mitteleuropas die größten Vertreter dieser Familie stellen. Die Laubheuschrecke schlechthin ist das Große grüne Heupferd *(Tettigonia viridissima)*, das über ganz Mitteleuropa verbreitet und meist häufig ist. Durch den scharfen Gesang – ein in Stößen erzeugtes ssss, das dem Messerschleifen am Schleifstein ähnelt – und die Größe von 3,5–5 cm sind die Tiere allgemein bekannt. Die kleineren Arten, *Tettigonia caudata* (Charpentier) im Südosten (bis 3,7 cm) und die Zwitscherschrecke *Tettigonia cantans* (Fuessly) (bis 2,8 cm), die das Große Heupferd in feuchteren Biotopen ersetzt, werden meist mit dem Großen Heupferd verwechselt. Von fast gleicher Größe, aber sehr viel massiver ist der Warzenbeißer, *Decticus verrucivorus* (L.), der meist auf engbegrenzten Stellen in größerer Zahl auftritt. Höhenverhältnisse und Feuchtigkeit scheinen hierfür aber nicht ausschlaggebend zu sein. In der Färbung dieser Tiere treten Grün und Braun nebeneinander auf. Ihr Gesang ist ein fast vogelartig grelles, kräftiges „zri". Die Tiere besitzen eine Flügelspannweite von etwa 10 cm und fliegen recht gut.

In anderen Gattungen dieser Unterfamilie herrschen graue und braune Farbtöne vor. Bei vielen dieser Arten sind die Flügel reduziert und nur die Flügeldecken schuppenförmig erhalten, wie z. B. bei der Gewöhnlichen Strauchschrecke *(Pholidoptera griseoaptera)*. Bei den meisten Arten sind die Flügeldecken mit dem Stridulationsapparat beim Männchen noch stärker ausgebildet als bei den Weibchen.

Die Reduktion der Flügel und Flügeldecken findet sich auch in den beiden Unterfamilien der *Saginae* und *Ephippigerinae*, Steppenbewohner, die als Relikte der nacheiszeitlichen Wärmeperiode in Mitteleuropa erhalten geblieben sind. Die Sägeschrecke, *Saga pedo* (Pallas), pflanzt sich in ihren nördlichsten Verbreitungsinseln (Wallis, Umgebung von Wien und Burgenland) wohl nur parthenogenetisch fort, da Männchen hier praktisch nicht gefunden werden. Bei der Steppen-Sattelschrecke *(Ephippiger ephippiger)*, die durch das verbreitete, hinten sattelförmig nach oben gebogene Halsschild eindeutig zu erkennen sind, treten beide Geschlechter in Mitteleuropa auf. Männchen und Weibchen können stridulieren. Nach dem Doppelton werden die Tiere in Frankreich „tizi" genannt. Die Tiere sind tagaktiv.

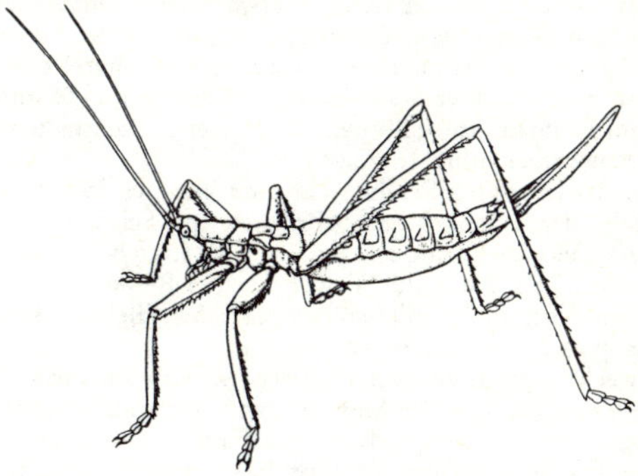

Sägeschrecken-Weibchen *(Saga pedo)*

Familie **Rhaphidophoridae** – Höhlen- und Gewächshausschrecken (Tafel 6)

Alle diese Tiere sind völlig flügellos und von buckliger Gestalt. Ihre Fühler und Taster sind extrem lang – letztere machen beinahe den Eindruck eines weiteren Beinpaares. Die Tiere sind Allesfresser, ziehen aber tierische Nahrung vor. Nur die Höhlenschrekken *(Troglophilus)*, die vor allem im Mittelmeergebiet heimisch sind, dringen mit 2 Arten bis in den Süden Mitteleuropas nach Kärnten, Steiermark und in die Umgebung Wiens vor. Überall im Gebiet findet sich aber in Gewächshäusern die ursprünglich aus Asien (Zentralchina?) stammende Gewächshausheuschrecke *(Tachycines asynamorus)*. Hier kann sie Schäden an Keimlingen anrichten, ist aber durch das Verzehren von Blattläusen u. ä. Insekten eher nützlich. Die verwandte Gattung *Dolichopoda* ist auf Mittelmeergebiete beschränkt.

Familie **Acrididae** – Feldheuschrecken (Tafel 6)

Dies sind die häufigsten und bekanntesten Springschrecken. Sie leben im Gras und erfüllen an Sommerabenden Wiesen und Weiden mit ihrem Gesang. Ihre Töne liegen nicht so hoch wie die der Grillen und Laubheuschrecken und gleichen mehr einem Schwirren, sind aber nicht weniger interessant.

Die Fühler sind im Gegensatz zu denen der Laubheuschrecken kurz und derb. An den Vorderbeinen fehlen Gehörorgane – die Tympana finden sich an den Seiten des Hinterkörpers. Das Pronotum trägt in dieser Familie einen Kiel in der Mittellinie. Bei einer größeren Zahl von Gattungen sind die Flügel wohlausgebildet, bei einer kleineren Zahl von Arten fehlen sie oder sind verkümmert. Der Legeapparat ist klein und häufig teilweise verdeckt. Die beiden Geschlechter lassen sich jedoch leicht an der Form des Hinterendes unterscheiden, das beim Männchen stets nach oben gekrümmt ist.

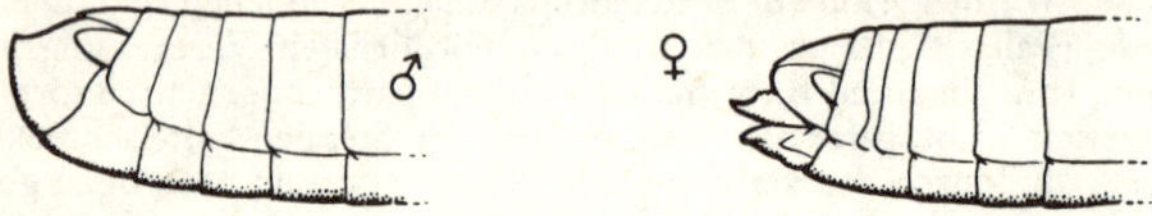

Das Hinterende des Abdomens einer männlichen (links) und einer weiblichen Feldheuschrecke

Die Eier werden in Gruppen zu jeweils etwa einem Dutzend dicht unter der Erdoberfläche oder am Grunde von Grasbülten abgelegt. Gleichzeitig mit den Eiern wird ein Sekret abgegeben, das zu einem schützenden Mantel oder einer Grubenauskleidung erstarrt und die Eier während des Herbstes und Winters abdeckt. Die Larven beginnen im Frühjahr zu schlüpfen. Nach vier Larvenstadien treten die ersten erwachsenen Feldheuschrecken im Juni auf.

Die Stridulation wird von den Feldheuschrecken mit den Hinterbeinen vollbracht, die an der Innenseite der Schenkel eine Schrilleiste mit Schrillzäpfchen tragen. Beim Singen bewegen die Tiere die Beine auf und ab und streichen über eine vorstehende Längsader der Vorderflügel. Auch die Weibchen einer Reihe von Arten können Töne erzeugen. Bei ihnen sind die Zäpfchen auf den Schrilleisten kleiner als die der Männchen, und es wird ein weicherer Ton erzeugt.

Die Feldheuschrecken ernähren sich vegetarisch, wobei manche Arten bestimmte Futterpflanzen bevorzugen. Die Bindung an ganz bestimmte Lebensräume, die für viele Arten vorliegt, ist aber weniger durch das Futter als die ganz unterschiedlichen Ansprüche an die Feuchtigkeit des Biotops bestimmt. Es gibt Bewohner extrem trockener Gebiete wie die Rotflüglige Ödlandschrecke, *Oedipoda germanica*, und die Blauflüglige Ö., *Oe. caerulescens* (L.), die sich im Aussehen nur durch das blaugefärbte Hinterflügelfeld unterscheidet. Auch verwandte Arten zeichnen sich durch bunte Hinterflügel aus. An nasse Wiesen und Wiesenmoore sind die Sumpfschrecke, *Mecostethus grossus* (L.), an unten hellrot gezeichneten Hinterschenkeln, schwarzen Knien und gelben Hinterschienen eindeutig erkennbar, und die Goldschrecken *(Chrysochraon)* gebunden. Bei diesen fehlen die Hinterflügel, die Flügeldecken sind bei den Weibchen stark, bei den Männchen weniger rückgebildet, aber in der Regel auch hier kürzer als der Hinterleib. Diese Gattung wird aber auch mitunter in sehr trockenen Gebieten angetroffen (Wanderungen?).

Auch die Wanderheuschrecken gehören zu den Feldheuschrecken. Diese großen Tiere besitzen ein ausgezeichnetes Flugvermögen. Von Zeit zu Zeit kommt es bei ihnen zu explosionsartigen Massenvermehrungen. Dann wandern große Schwärme aus den Verbreitungszentren aus. Sie richten große Schäden in der Landwirtschaft an. In Nordafrika und im Mittleren Osten kommen mehrere Arten vor, die nicht selten nach Europa gelangen. Die Wanderheuschrecke Südosteuropas ist *Locusta migratoria* (Tafel 6), die sich dort aber nicht häufig zu gefährlichen Beständen entwickelt. Sie kommen nur an wenigen Stellen Mitteleuropas ständig vor, z. B. in Vorarlberg und im Bregenzer Wald.

Alle bisher genannten und die größte Zahl der Feldheuschrecken werden auch in der Unterfamilie der *Acridinae* zusammengefaßt. Von ihnen werden eine Reihe von recht auffälligen Arten, die vor allem in den Gebirgen und im Süden vorkommen, als Knarr- oder Gebirgsschrecken *(Catantopinae)* abgetrennt. Äußerlich unterscheiden sie sich von der anderen Gruppe dadurch, daß auf der Unterseite zwischen den Vorderhüften, also quasi in der „Kehlregion", ein Chitinzapfen steht. Sie erzeugen die „Gesänge"

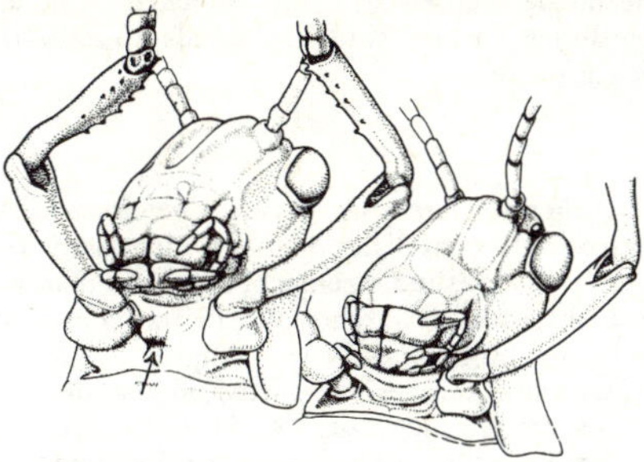

Links Kehlregion einer Knarr- oder Gebirgsschrecke *(Catantopinae)* mit Kehlzapfen. Rechts ein Vertreter der *Acridinae*, denen dieser Zapfen fehlt

durch Aneinanderreiben der Mandibeln, also gleichsam durch Zähneknirschen. Andere Stridulationsorgane fehlen. Recht auffällig sind die bis 3,4 cm langen Schönschrecken, *Calliptamus italicus* (L.), Bewohner von Trockengeländen, deren Flügel in der inneren Hälfte blaßweinrot gefärbt sind. In sehr heißen trockenen Jahren kann es auch in Deutschland und Österreich zu Massenvermehrungen kommen und die Tiere treten dann mitunter als Wanderschrecken auf. – Rückgebildet sind die Flügel der kräftig grün, gelb und schwarz gezeichneten Gebirgsschrecken, die früher in der Gattung *Podisma* zusammengefaßt wurden, heute aber auf 8 Gattungen verteilt werden. – Auffällig ist schließlich noch die Ägyptische Heuschrecke, *Anacridium aegypticum* (L.), die bis zu 6,5 cm Länge erreicht und mit Obst- und Gemüselieferungen oft aus dem Mittelmeer eingeschleppt wird. Sie wird dann häufig fälschlich auch als Wanderheuschrecke angesprochen.

Familie **Tetrigidae** – Dornschrecken

Diese Insekten, die mit 6–8 Arten in Mitteleuropa vertreten sind, finden sich als Bodenbewohner vorzugsweise dort, wo der Graswuchs nicht zu hoch und dicht ist, also in Gebieten, die von den Feldheuschrecken nicht bevorzugt werden. Sie sehen diesen auf den ersten Blick ähnlich, können aber ganz leicht an dem Pronotum erkannt werden, das in einen langen, bis zum Körperende reichenden Dorn ausgezogen ist. Die Vorderflügel sind zu kleinen Schüppchen reduziert, die Hinterflügel aber bei vielen Tieren voll entwickelt und werden dann von dem Dornfortsatz geschützt. Abgebildet ist ein Exemplar mit halblang entwickelten Flügeln von Sowerbys Dornschrecke *(Tetrix undulata)*.

Wie die Feldheuschrecken sind die Dornschrecken tagaktiv und dabei stark temperaturabhängig. Sie erzeugen keine vernehmbaren Töne und besitzen keine Hörorgane. Durch ihre vorherrschend braune Färbung sind sie meist nur schwer auf dem Boden zu entdecken.

Die Eier kleben in Häufchen zusammen, werden aber nicht in einer ausgekleideten Bodenhöhlung wie bei den Feldheuschrecken abgelegt, sondern frei in den Boden oder in Moos. Die jungen Larven schlüpfen innerhalb eines Monats. Die Tiere fressen vorzugsweise Moos und Algen, weniger Gräser, und überwintern als Larven oder Vollkerfe.

Familie **Tridactylidae** – Dreizehenschrecken

Diese Familie mit rd. 150 Arten ist im Süden Mitteleuropas nur mit den Arten *Tridactylus variegatus* und *T. pfaendleri* Harz vertreten. Die ziemlich seltenen Tiere leben nicht selten zusammen am gleichen Fundort, in der Regel eingegraben im feuchten Sand von Fluß- und Bachufern. Sie werden als Grabschrecken oder auch Sandgrillen bezeichnet. Alle Vertreter dieser Familie sind kleiner als 10 mm. Ihre Hinterschenkel sind immer recht stark entwickelt.

Sammeln und Präparieren

Obwohl das schlechte Flugvermögen bei diesen Tieren bis zu einem gewissen Grade durch die Sprungfähigkeit wettgemacht wird, ist ihr Fang dennoch nicht schwierig. Wenn man sie auf Grund ihres Gesanges einmal ausfindig gemacht hat, kann man viele Arten dazu veranlassen, direkt in ein größeres Glasröhrchen hineinzukriechen oder -springen. Die aktiveren Arten kann man mit Hilfe eines Netzes fangen.

Die meisten Tötungsmittel sind für Heuschrecken geeignet, selbst kochendes Wasser, sofern man es nicht länger als ein bis zwei Sekunden auf die Tiere einwirken läßt. Die Tiere werden durch das Pronotum genadelt und nach Ausrichten der Beine zum Trocknen aufgestellt. Da die Sprungmuskulatur oft unterschiedlich schnell trocknet, empfiehlt es sich, die beiden Hinterfüße durch eine übergelegte, festgesteckte Nadel in gleicher Höhe zu fixieren, wenn man auf ein ordentliches Aussehen Wert legt. Häufig wird wenigstens ein Flügel gespannt, um seine Färbung sichtbar zu machen. Hierzu kann man eine dünne Scheibe von einem Korken schneiden und darauf in geeigneter Höhe den Flügel mit einem Pergaminstreifen und Nadeln festlegen. Wie bei vielen anderen großen Insekten ist auch hier die Erhaltung der Farben schwierig, doch erhält man durch schnelles Trocknen, etwa in einem Exsiccator, recht brauchbare Ergebnisse.

Heuschrecken und Grillen lassen sich leicht halten. Man benötigt hierzu nur ein großes Glasgefäß, z. B. ein ausgedientes Aquarium. Eine Schicht feuchten Sandes auf dem Boden dient zur Eiablage. Die meisten Arten lassen sich mit Gras füttern. Kleine Fruchtstücke und Brot werden von den Grillen bevorzugt. Eine Reihe von Laubheuschrecken benötigt vor allem Blattläuse und andere kleine Insekten als Nahrung. Hält man sie auf diese Weise, kann man viele interessante Lebensgewohnheiten dieser Tiere beobachten.

Ordnung Phasmida *Gespenstschrecken*

ERKENNUNGSMERKMALE: Alle europäischen Arten lang, gestreckt-stabförmig mit langen Beinen, flügellos, kauende Mundwerkzeuge. Mit keiner anderen Ordnung zu verwechseln.

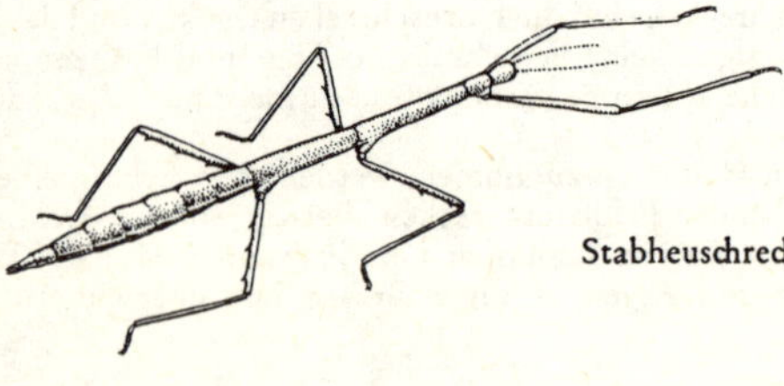

Stabheuschrecke

Die Ordnung umfaßt etwa 2500 Arten, und zwar die Stabheuschrecken und die Wandelnden Blätter. Letztere sind sehr charakteristische Insekten mit abgeflachtem Körper und blattartigen Verbreiterungen an den Beinen. Sie haben insgesamt das Aussehen von Blättern, kommen aber in Europa nicht vor und sollen daher hier nicht weiter behandelt werden. Die Stabheuschrecken sind dünne, zweigartige Wesen, gewöhnlich grün oder braun gefärbt und sehr schwer wahrzunehmen, wenn sie in den Bäumen und Büschen sitzen. Die meisten Vertreter der Ordnung sind in den tropischen und orientalischen Faunenregionen anzutreffen. Einige wenige Arten kommen aber auch in Südeuropa vor.

Der Kopf ist prognath und trägt ein Paar dünner Fühler mit bis zu 100 Gliedern. Alle Stabheuschrecken sind Pflanzenfresser und besitzen gutentwickelte Mandibeln. Das Pronotum ist klein – im Gegensatz zu dem der Heuschrecken und Schaben –, doch Mittel- und Hinterbrust sind lang entwickelt und können nahezu die Hälfte der Körperlänge ausmachen. Alle Beine sind mehr oder weniger gleich gestaltet und tragen am Ende fünf Fußglieder, sofern sie nicht verlorengegangen waren und sich in der Regeneration befinden. Flügel fehlen bei den europäischen Arten, sind aber bei vielen außereuropäischen Formen vorhanden. In diesem Fall sind die Vorderflügel zu Deckflügeln verstärkt, meist aber recht klein. Der Hinterkörper trägt am Ende ein Paar kurzer Cerci.

Bei vielen Stabheuschreckenarten treten Männchen nicht oder nur sehr selten auf. Die Fortpflanzung erfolgt bei diesen Arten durch Parthenogenese (Jungfernzeugung), d.h. die Weibchen legen ohne Befruchtung entwicklungsfähige Eier. Diese ähneln kleinen Samenkörnern und besitzen gewöhnlich ein kleines Deckelchen, das vom schlüpfenden jungen Insekt abgehoben werden kann. Die Weibchen können pro Tag mehrere Eier legen, die sie einfach zu Boden fallen lassen. Die Jungtiere schlüpfen hieraus oft erst nach Monaten. Abgesehen von der Größenzunahme verändert sich ihre Gestalt während der Entwicklung wenig. Sofern Männchen auftreten, sind sie kleiner als die Weibchen und sehr viel dünner.

Über die Klassifikation der Gespenstschrecken gibt es verschiedene Anschauungen. Wir wollen uns hier der Ansicht anschließen, daß alle Gattungen einer einzigen Familie angehören, den **Phasmatidae.** Drei Arten treten in Südeuropa auf. *Bacillus rossius* (Tafel 7) und *Clonopsis gallica* sind beide ziemlich häufig, während *Leptynia hispanica* seltener zu finden ist. Bei den beiden erstgenannten Arten sind Männchen selten, während bei *Leptynia* beide Geschlechter in etwa der gleichen Zahl auftreten.

Drei überseeische Formen sind in das Gebiet der Britischen Inseln eingeschleppt worden und haben hier kleine Kolonien gebildet. *Acanthoxyla prasina* und *Clitarcus hookeri* stammen aus Neuseeland. Die erstgenannte Art gelangte möglicherweise mit importierten Pflanzen nach England. Beide Arten haben auf den Scilly Isles und in einigen anderen Gebieten der Südküste Englands kleine Bestände gebildet. Von *Acanthoxyla prasina*, die scharfe Dornen auf Kopf und Thorax trägt, sind bisher keine Männchen bekannt. Die Männchen von *Clitarcus hookeri* treten in Neuseeland häufig auf, fehlen aber in England. Die dritte Art ist die als Laboratoriumstier und auch von Privatleuten häufig gehaltene Art *Carausius morosus.* Sie stammt ursprünglich aus Indien und konnte sich bisher nur in Gewächshäusern auf den Britischen Inseln ansiedeln.

Stabheuschrecken kann man am besten aufbewahren, wenn man sie durch den Metathorax – also etwa auf halber Körperlänge – nadelt.

Ordnung Dermaptera *Ohrwürmer*

ERKENNUNGSMERKMALE: Langgestreckte bräunliche Insekten, deren kurze Flügeldekken gewöhnlich in der Körpermittellinie zusammenstoßen und nur den Brustbereich bedecken. Die Cerci sind zu kräftigen Zangen umgebildet, die bei den Männchen stark gekrümmt sind. Die Körpergestalt der Tiere ist so beschaffen, daß man sie mit einigen Kurzflüglern (*Staphylinidae*, s. Käfer S. 268) verwechseln könnte, doch an Hand der Cerci ist eine Unterscheidung der Ohrwürmer möglich.

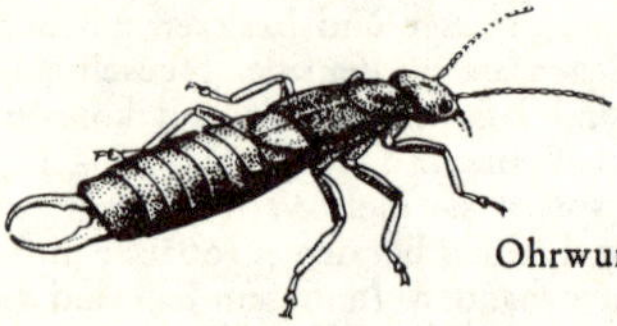
Ohrwurm

Die Ohrwürmer stellen mit etwa 1300 bekannten Arten eine relativ kleine Ordnung dar, von denen nur 7 Arten in Mitteleuropa vertreten sind, also eine ganz kleine Zahl. Hiervon kommt nur eine Art überall vor, und drei weitere sind in vielen Gebieten verbreitet. Die vorwiegend in warmen Ländern lebende Gruppe steht hier im Nordbereich ihres Lebensraumes; ihre Verbreitung ist abhängig von den Wintertemperaturen, die jeweils erreicht werden. Die Tiere verbringen den Winter im Boden, und die bei uns häufigsten Arten, *Forficula auricularia* und *Labia minor*, können dabei ziemlich niedrige Temperaturen ertragen. Einige weitere Arten werden immer wieder einmal mit Importgütern eingeschleppt und bilden zeitweilig kleine Kolonien in der Umgebung von Lagerhäusern und -plätzen, können jedoch auf Dauer nicht die Winter überstehen. Die größte unserer Arten ist *Labidura riparia*, die bis 2,5 cm Länge erreicht und mit ihren langgestreckten Zangen unverkennbar ist. Die Art ist an feuchte Sandböden gebunden, in denen sie ihre umfangreichen Röhrensysteme baut.

Ohrwürmer werden von vielen Menschen gefürchtet, weil sie angeblich in die Ohren kriechen und das Trommelfell durchbeißen sollen. Hieran ist nur wahr, daß das Ohr eines im Freien schlafenden Menschen durchaus auch einmal einen Ohrwurm zum Hineinkriechen einladen mag, und die Bezeichnung „Ohrwurm“, die sich in ähnlicher Weise in vielen anderen Sprachen wiederfindet, weist wohl sicher darauf hin, daß man die Tiere gelegentlich an diesem Ort gefunden hat. Ohrwürmer führen eine nächtliche Lebensweise und suchen tagsüber dunkle, enge Höhlungen auf. Hierbei bevorzugen sie Orte, an denen ihr Körper möglichst allseits Kontakt mit den Wandungen hat, was auch gestattet, sie mit Hilfe umgedrehter, vollgestopfter Blumentöpfe zu fangen, nachdem sie nachts etwa an Blütenblättern gefressen haben. Abgesehen davon, daß ihnen dabei meist die schönsten Blüten zum Opfer fallen, sind die Tiere harmlos. Man kann sie sogar, da sie auch tote und geschwächte Insekten fressen, in gewissem Maße als nützliche Tiere bezeichnen.

Der breite Kopf trägt lange, dünne Fühler, die aus bis zu 50 Gliedern bestehen können. Die Facettenaugen sind groß; Ocellen fehlen. Die Tiere besitzen einfache kauende Mundwerkzeuge und sind Allesfresser – Blütenteile, Obst, Aas und lebende Insekten werden in gleicher Weise angenommen. Der Prothorax ist gut entwickelt und deutlich sichtbar, Meso- und Metathorax dagegen sind im allgemeinen von den kurzen, aderlosen Vorderflügeln (Flügeldecken = Tegmina) verdeckt. Die Hinterflügel sind recht groß entwickelt, haben etwa halbkreisförmige Gestalt und sind sehr dünn, etwa so wie die menschliche Haut, die sich nach einem Sonnenbrand abschält. Der Name

Dermaptera bedeutet Hautflügler (griech. *derma* = Haut) und bezieht sich auf die weiche Beschaffenheit der Hinterflügel.

Der größte Teil der Hinterflügel besteht aus dem stark vergrößerten Analfeld, während die übrigen Flügelbereiche zu einem schmalen, verstärkten Streifen am Vorderrand reduziert sind. Die Hinterflügel werden in kunstvoller Weise unter die Deckflügel gefaltet, unter denen dann nur ein kleiner Teil dieses verstärkten Streifens noch hervorragt. Versucht man, einen solchen zusammengelegten Hinterflügel zu entfalten, so erhält man erst einen Eindruck davon, wie kunstvoll dieses Zusammenfalten in der Tat erfolgt: In völlig zusammengefaltetem Zustand liegen etwa 40 Flügellagen übereinander! Der Kleine Ohrwurm, *Labia minor*, fliegt oft auch bei Tage. Die anderen Arten gebrauchen ihre Flügel selten, so daß man fast zu dem Schluß verleitet

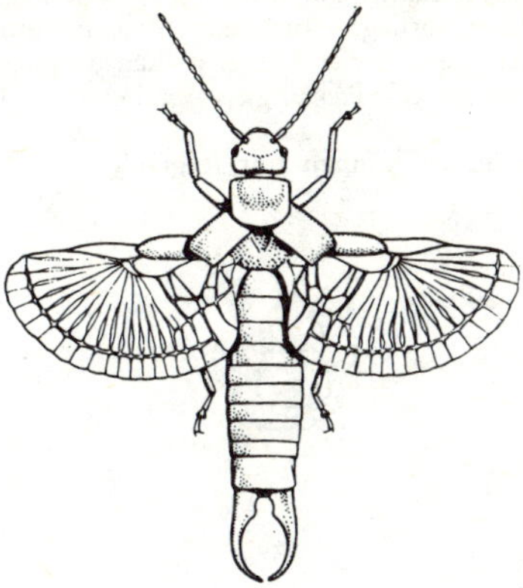

Ein Ohrwurm mit ausgebreiteten, halbkreisförmigen Hinterflügeln, die vielfach gefaltet werden müssen, bevor sie unter den Deckflügeln Platz finden

wird, daß selbst den Tieren das Zusammenlegen und Auseinanderfalten der Flügel zu mühsam sei. Tatsächlich scheint hier aber ein Reduktionsprozeß in der Gruppe vorzuliegen, wofür auch spricht, daß die Flügel nach der Häutung nicht erst gestreckt ausgehärtet, sondern sogleich gefaltet werden und ausgehärtet bei vielen Exemplaren nach dem Ausfalten sogleich rein mechanisch wieder in die gefaltete Position zurückschnellen. Bei einer Reihe von Arten sind die Flügel auch rückgebildet.

Der Hinterleib endet in der charakteristischen Zange, die bei den Männchen stark, bei den Weibchen schwach gekrümmt oder fast gerade ist, so daß sich höchstens die Spitzen etwas überkreuzen. Die Zangen können wohl als Verteidigungsorgane angesehen werden, denn sie werden bei Störungen skorpionsartig über dem Körper emporgekrümmt. Ferner liegen Berichte darüber vor, daß die Zangen nach dem Fluge beim Zusammenlegen der Flügel zu Hilfe genommen werden.

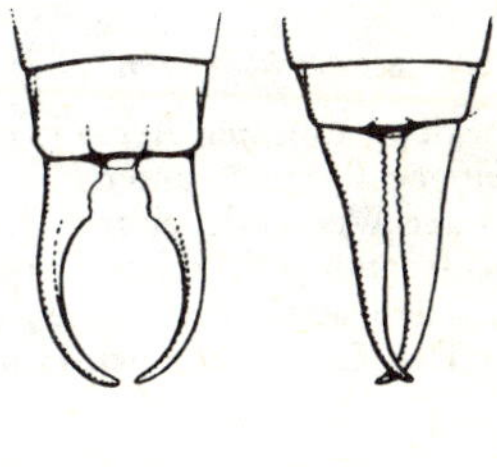

Die Hinterleibszangen eines Männchens (links) und eines Weibchens von *Forficula auricularia*

Brutpflege ist unter den Insekten nicht häufig, doch die Weibchen der Ohrwürmer bilden hier eine Ausnahme. Sie legen ihre Eier – bis zu 80 wurden schon gezählt, doch sind nur 20–40 die Regel – im Herbst oder Frühjahr in den Boden und bewachen sie gegebenenfalls während des ganzen Winters. Versuche unter künstlichen Bedingungen haben gezeigt, daß die Weibchen Eier, die aus dem Gelege entfernt und auf dem Boden der Umgebung verstreut worden waren, wieder aufsammeln und eintragen. Die Eier schlüpfen im Frühjahr bzw. 5–6 Wochen nach der Ablage. Die Larven verlassen den Schlüpfplatz jedoch erst im zweiten Larvenstadium. Sie werden auch an der Erdoberfläche noch vom Muttertier gepflegt und gefüttert, so daß man im Frühjahr häufig Familiengruppen beieinander antreffen kann.

Außer der Entwicklung der Flügel verändert sich das Aussehen der heranwachsenden Tiere kaum. Die Zahl der Fühlerglieder nimmt zu, und die Zangen nehmen langsam die Form an, die bei den adulten Tieren vorliegt – sonst jedoch sehen schon die Larven wie die Elterntiere aus. Gewöhnlich werden vier Larvenstadien durchlaufen und die Geschlechtsreife im Spätsommer erreicht. Die Paarung erfolgt, bevor die Tiere ihre Überwinterungsplätze aufsuchen.

Die 7 in Mitteleuropa vorkommenden Arten können mit folgendem Schlüssel unterschieden werden:

1. – Zwischen Halsschild und Deckflügel eine Platte  **2**

– Eine derartige Platte fehlt  **3**

2. – Platte sehr breit, hinten konkav — Ohrwurmlarven
– Platte schmal, hinten konvex — *Chelidurella acanthopygia* (Géné)
3. – Hinterflügel völlig verborgen oder fehlend — **4**
– Hinterflügel etwas unter Deckflügeln vorragend — **5**
4. – Fühler 12gliedrig — *Apterygida media* (Hagenbach)
– Fühler mit mehr als 15 Gliedern — *Euborellia annulipes* (Lucas)
5. – Länge 4–6 mm — *Labia minor* (L.)
– Länge mindestens 9 mm — **6**
6. – Strohgelb, dunkelbraun gezeichnet — *Labidura riparia* (Pallas)
– Dunkelbraun — **7**
7. – Deckflügel mit je einem gelben Fleck — *Anechura bipunctata* (Fabricius)
– Deckflügel ohne gelben Fleck — *Forficula auricularia* L.

Sammeln und Präparieren

Die beiden häufigsten Arten kann man leicht durch das Abklopfen von Zweigen oder im zeitigen Frühjahr unter Fallaub erbeuten. Man kann sie auch leicht in der bereits erwähnten Weise oder einfach durch das Auslegen feuchter, mehrfach zusammengelegter Stoffstücke (z. B. Scheuerlappen) ködern.

Die Tiere werden am besten genadelt. Man sollte nicht versäumen, wenigstens an einem Tier einmal auch den Hinterflügel zu entfalten und so zu trocknen.

Ordnung Mantodea *Fangheuschrecken*

Erkennungsmerkmale: Mittelgroße bis große Insekten, deren Vorderbeine stets zu Raubbeinen umgebildet sind. Das Pronotum ist stets halsförmig verlängert, die Raubbeine in der vorderen Hälfte eingelenkt.

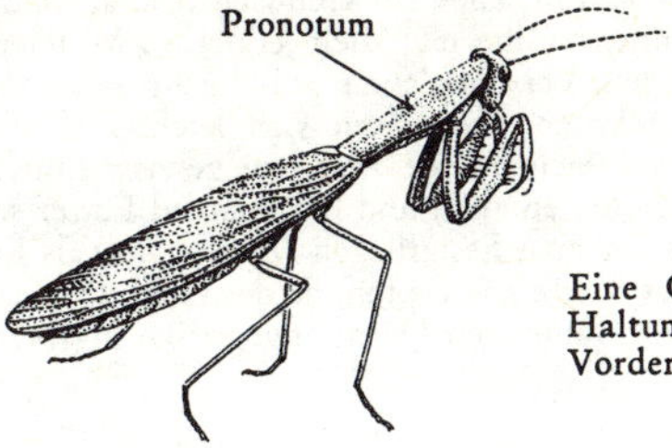

Eine Gottesanbeterin mit der typischen Haltung der angewinkelten, dornigen Vorderbeine und des halsartigen Pronotums

Die Fangschrecken oder Gottesanbeterinnen, wie sie volkstümlich genannt werden, sind von den Schaben eindeutig an den stark bedornten, zu Raubbeinen umgebildeten Vorderbeinen zu unterscheiden. Das lange, schlanke Pronotum hat bei ihnen die Funktion eines beweglichen „Halses" angenommen. In der Ruhestellung wird dieser „Hals" etwas angehoben getragen, und die Vorderbeine werden vor dem Kopf zusammengefaltet. Dies erinnert an einen im Gebet versunkenen Menschen und hat den Tieren den entsprechenden Namen gegeben. Viele Gottesanbeterinnen sind grün gefärbt und daher gut geschützt, wenn sie bewegungslos auf Pflanzen sitzen und auf Beute lauern. Eine Reihe von tropischen Arten ist prächtig gefärbt, und sie tragen bizarre Auswüchse an Beinen und Körper. Sie ähneln damit bestimmten Blüten stark und sind schwer zu erkennen, wenn sie zwischen diesen sitzen.

Alle Gottesanbeterinnen leben als Räuber und benutzen die Vorderbeine zur Erbeutung der Nahrung. Gefangen werden Fliegen, Heuschrecken, Schmetterlinge und viele andere Insekten. Die Gottesanbeterinnen können die Vorderbeine weit vorschleudern und lassen die Schiene gegen den Schenkel taschenmesserartig einschnappen. Die Dornen an beiden Beingliedern halten die Beute fest, während das Tier sie mit Hilfe seiner starken, scharfen Mandibeln frißt. Selbst die stark sklerotisierte Kopfkapsel einer Wespe stellt für eine Gottesanbeterin kein Problem dar – sie kann sie mit ihren Kiefern glatt durchbeißen.

Das Paarungsverhalten der Gottesanbeterinnen wurde mit dem der Spinnen verglichen, weil auch hier das Männchen kleiner als das Weibchen ist und oft am Ende der Paarung aufgefressen wird. Die Eier werden in Ootheken unterschiedlicher Gestalt abgelegt. Häufig wird ein schaumiges Sekret zusammen mit den Eiern aus dem Abdomen gepreßt, das bald zu einer zähen, schwammigen Substanz aushärtet. Diese Eikokons werden an Ästen und Zweigen befestigt. Ein Weibchen kann während seines Lebens ein Dutzend und mehr hiervon produzieren. Die ausschlüpfenden Jungen haben zunächst ein würmchenartiges Aussehen, das sich jedoch in das der Gottesanbeterinnen verwandelt, wenn sie den Kokon verlassen.

Die Gottesanbeterinnen sind, wie auch die Schaben, eine vor allem in den Tropen beheimatete Gruppe. Von etwa 1700 bekannten Arten erreichen nur 23 den europäischen Kontinent. Am besten ist *Mantis religiosa*, die eigentliche „Gottesanbeterin", bekannt. Sie und zwei weitere südeuropäische Arten sind auf Tafel 7 abgebildet. *Mantis religiosa* findet sich regelmäßig nur noch am Kaiserstuhl, im Burgenland, der Südost-Steiermark und Südkärnten sowie im Wallis und Tessin, eine Folge der fortschreitenden Ödlandkultivierung.

Sammeln und Präparieren

Als lauernde Räuber lassen sich die Gottesanbeterinnen recht leicht erbeuten, wenn man einmal gelernt hat, sie durch genaues Hinsehen im Gebüsch o. ä. ausfindig zu machen. Wegen ihres seltenen Vorkommens sollte man sich jedoch in Mitteleuropa größte Zurückhaltung beim Fang auferlegen. Verschiedene tropische Arten werden im Handel immer wieder als Kokons angeboten und lassen sich leichter als unsere einheimische Art halten, sofern man für hinreichende Wärme, eine gewisse Luftfeuchtigkeit (es treten sonst Häutungsschwierigkeiten auf!) und hinreichend Futter sorgen kann. Für das erste Larvenstadium benötigt man Essigfliegen *(Drosophila)* als Futter. Tote Tiere muß man ausnehmen und mit Watte ausstopfen, da der recht dünnhäutige Hinterleib dieser Fleischfresser sonst vom faulenden Darm angegriffen und verfärbt wird.

Ordnung Blattodea *Schaben*

ERKENNUNGSMERKMALE: Kleine, mittelgroße oder große Insekten von abgeplatteter Gestalt, gewöhnlich mit zwei Flügelpaaren, von denen das vordere ledrig ausgebildet ist und flach nach hinten über den Körper gelegt getragen wird. Die Fühler sind dünn und lang, die Beine lang und stark mit Dornen besetzt. Ein Paar auffälliger Cerci ist vorhanden. Das große, schildförmige Pronotum erstreckt sich weit nach vorn und bedeckt den größten Teil des Kopfes.

Schaben können von Heuschrecken und Grillen eindeutig am Fehlen der Sprungbeine unterschieden werden. In einigen Fällen können Verwechslungen mit Käfern auftreten, bei denen die Vorderflügel jedoch nur aneinanderstoßen, sich aber niemals in der Körpermitte überlappen. Außerdem fehlen den Käfern die Cerci. Einige Wanzen erinnern an kleine Schaben, doch auch ihnen fehlen die Cerci, und außerdem sind sie stets an dem Stech- und Saugrüssel klar zu erkennen.

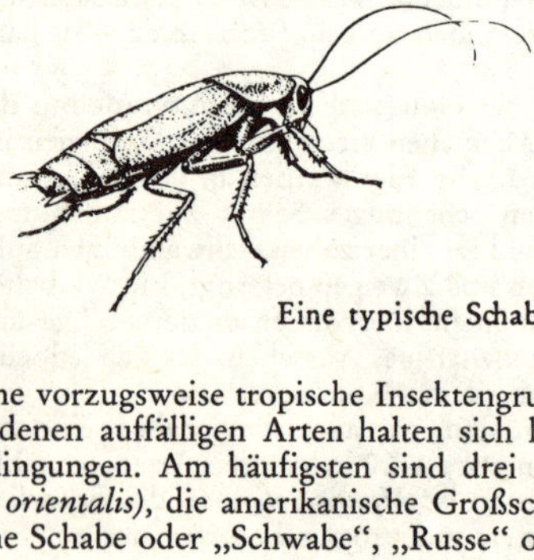

Eine typische Schabe

Die Schaben sind eine vorzugsweise tropische Insektengruppe, und die meisten der in Mitteleuropa gefundenen auffälligen Arten halten sich hier nur als Kulturfolger unter künstlichen Bedingungen. Am häufigsten sind drei Arten: die Bäcker- oder Küchenschabe *(Blatta orientalis)*, die amerikanische Großschabe *(Periplaneta americana)* und die Deutsche Schabe oder „Schwabe", „Russe" oder „Franzose" *(Blatella germanica).* In Verbindung mit dem Welthandel haben sie sich über die ganze Erde verbreitet. Alle stammen aus den wärmeren Gebieten der Erde (auch *B. germanica* ist ursprünglich nicht in Deutschland beheimatet) und haben ideale Lebensräume in Lagerhäusern, Küchen, Bäckereien und Brauereien und überall dort, wo Wärme und ein großes Nahrungsangebot zur Verfügung stehen, gefunden. Sie sind Allesfresser, wenn sie auch in ihrer Heimat vorzugsweise von toten Tieren leben. In der Gefangenschaft fressen sie auch tote Artgenossen, greifen diese aber nicht an, um sie zu töten und zu fressen.

Sie führen eine nächtliche Lebensweise und verbergen sich bei Tage an abgelegenen Orten wie hinter Scheuerleisten, unter Dielen und in Lüftungen. So können sie unbemerkt über eine geraume Zeit vorhanden sein und sich schrittweise immer stärker vermehren. Der Schaden, den sie anrichten, liegt nicht so sehr in dem, was sie fressen – dies sind vorzugsweise Abfälle. Doch verschmutzen sie viel und geben allem ihren charakteristischen Geruch. Daher müssen oft große Nahrungsvorräte vernichtet werden, wenn sie befallen wurden. Schaben übertragen sicherlich auch Krankheitserreger, doch besteht keine spezifische Überträgerfunktion für irgendeine besondere Krankheit.

Die in Europa heimischen Schaben sind kleine, unauffällige Insekten. Ein Dutzend Arten kommt in Mitteleuropa – z. T. allerdings nur in den südlichen Bereichen – vor. Sie leben in der Bodenbedeckung und auf verschiedenen Pflanzen in unterschiedlichen Biotopen.

Die Schaben wurden früher mit den Grillen und Heuschrecken zu den Orthoptera zusammengefaßt, werden aber jetzt auf Grund einer Reihe von Merkmalen abgetrennt, die in der folgenden anatomischen Betrachtung genannt werden.

Die etwa 3500 bekannten Arten sind einander so ähnlich, daß kein Zweifel an der Zusammenfassung zu einer Ordnung bestehen kann. Sie werden auf eine Reihe von Familien verteilt, auf deren Charakteristika hier jedoch nicht näher eingegangen werden soll.

Der Kopf der Schaben (Abb. s. S. 19) ist hypognath, primitiv im Aufbau und weist wenig Spezialisation auf. Die einfachen Kiefer sind stark gezähnt, was in Zusammenhang mit der unspezifischen Nahrung der Tiere steht. Die Fühler sind lang, die Komplexaugen gut entwickelt. Die beiden Ocellen sind äußerlich schwer sichtbar, da ihre Linsen nicht nach außen, sondern nur nach innen gewölbt und äußerlich nur als helle Fleckchen sichtbar sind. Von oben gesehen wird der Kopf weitgehend vom großen Pronotum verborgen, das auch die Seiten überdeckt, sich aber nicht wie bei den Heuschrecken auch seitlich über den Prothorax biegt.

Gewöhnlich sind zwei Flügelpaare vorhanden, wenn auch bei einigen Arten, so z. B. der Küchenschabe, die Weibchen reduzierte Flügel besitzen. Die Vorderflügel – manchmal auch als Tegmina bezeichnet – sind ledrig und überlappen sich in der Mitte des Körpers. Sie überdecken die darunterliegenden häutigen Hinterflügel. Diese Flügel zeigen die typische Flügeladerung, deren Charakteristikum die starke Aufzweigung des Radius ist. Wie bei den Heuschrecken trägt der Hinterflügel ein großes Analfeld. Viele unserer Schabenarten können fliegen, tun es jedoch nicht häufig und nur zögernd – sie leben als bodengebundene Tiere. Die Beine sind nicht zum Springen umgebildet, sondern lang und dünn. Mit ihrer Hilfe können die Schaben ausgezeichnet laufen und sind nur schwer zu fangen. Die Füße weisen im Gegensatz zu den 2–4 Gliedern bei den Springschrecken 5 Fußglieder auf. Der Hinterleib endet in einem Paar kurzer, aber deutlich erkennbarer Cerci. Ein äußerer Legeapparat fehlt.

Die Schaben legen ihre Eier in einer braunen, geldbörsenähnlichen Kapsel ab, die als Oothek bezeichnet wird und oft aus dem Hinterkörper von Weibchen hervorragt. Die meisten Arten legen sie bald nach der Bildung ab, *Blatella germanica* trägt sie jedoch bis zu einem Zeitpunkt kurz vor dem Schlüpfen der Larven mit sich herum. Die Zahl der Eier in einer solchen Kapsel variiert zwischen 12 und 50, doch gelten für jede Art andere Durchschnittszahlen.

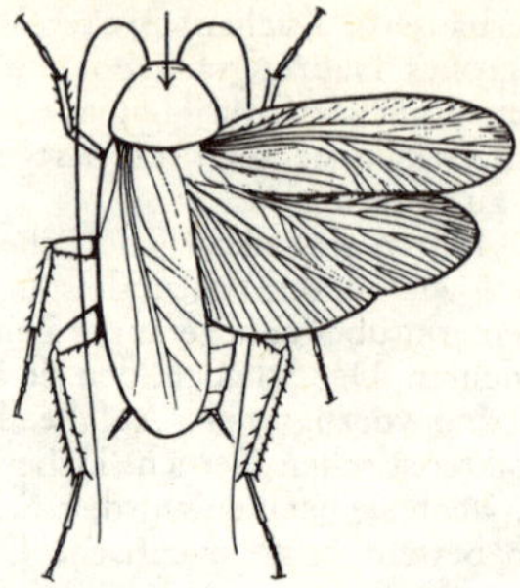

Eine amerikanische Großschabe *(Periplaneta americana)* mit ausgebreitetem rechtem Flügelpaar, das die starke Flügeladerung erkennen läßt. Das große Pronotum überdeckt den Kopf

Die Larven haben beim Schlüpfen ein würmchenartiges Aussehen, häuten sich jedoch, sobald sie an die Luft kommen, und haben dann das Aussehen winziger Schaben. Die Gestaltveränderung während der Entwicklung ist nur gering – je nach Art werden 5–12 Larvenstadien durchlaufen. Sie benötigen eine Reihe von Monaten, um geschlechtsreif zu werden – die genauen Zeiten sind jedoch wieder von Art zu Art verschieden.

Rechts jüngere, links ältere Schabenlarve mit Flügelansätzen

Sammeln und Präparieren

Unsere freilebenden Schaben kann man in ihren Schlupfwinkeln am besten dadurch erbeuten, daß man hier den Bodenbewuchs abstreift oder Bodenstreu siebt. Die eingeschleppten, in Häusern lebenden Arten fängt man mit Früchten oder Sirup als Köder in hohen, glattwandigen Gefäßen mit einer Einstiegsmöglichkeit, sobald man an Hand ihres Kotes und Schmutzflecken einen Befall feststellt. Der Einsatz von Insektiziden, der überall dort, wo auch Nahrungsmittel lagern, nur mit größter Vorsicht erfolgen darf, hat meist die Wirkung, daß sich die Tiere in ihre Schlupfwinkel zurückziehen und dort sterben.

Schaben lassen sich leicht halten, sofern man ihnen hinreichende Wärme bietet. Als Futter können alle Arten von Küchenabfällen dienen. Das größte Problem ist stets, sie am Ausbrechen zu hindern, da sie sich auch durch engste Spalten zwängen, besonders im ersten Larvenstadium.

Die kleinsten Schaben kann man nur in Alkohol aufbewahren oder auf Minutien nadeln. Größere Tiere werden durch den Meso- oder den Metathorax genadelt. Es empfiehlt sich, dabei wenigstens bei einem Tier auch die Flügel einer Körperseite ausgebreitet mit Hilfe einer untergelegten, entsprechend hohen Korkscheibe zu spannen.

Ordnung Isoptera *Termiten*

Erkennungsmerkmale: Kleine bis mittelgroße Insekten mit kauenden Mundwerkzeugen, Flügel vorhanden oder fehlend. Sind Flügel vorhanden, so sind sie lang und schmal und ihre vorderen Adern auffällig verdickt. Beide Flügelpaare sind gleich gestaltet. Die Tiere leben in Staaten, in denen unterschiedliche Kasten ausgebildet sind.

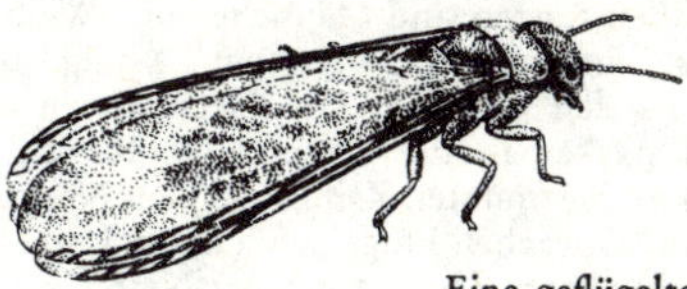

Eine geflügelte Termite

Die Termiten sind fast ausschließlich in tropischen und subtropischen Gebieten verbreitet, und nur 2 der ca. 2000 bekannten Arten sind auch in Europa heimisch. Wegen ihres bleichen Aussehens und ihrer Staatenbildung werden sie oft auch als „weiße Ameisen“ bezeichnet, doch bestehen viele grundsätzliche Unterschiede zwischen den Termiten und den echten Ameisen.

Die Mundwerkzeuge der Termiten sind ähnlich wie bei den Schaben mit großen Kiefern ausgebildet. Einige Arten leben von Gras und Pilzen, die meisten jedoch von Holz und richten dabei große Schäden an. Ein Teil der in einem Bau lebenden Tiere erhält ihre Nahrung indirekt von den Arbeitern, nachdem diese sie bereits vorverdaut haben. Die Soldaten und die Geschlechtstiere werden stets auf diese Weise ernährt, und gleiches gilt auch für bestimmte Jugendstadien. Die Nahrung wird entweder von den Arbeitern erbrochen, oder sie legen bestimmte Kotballen ab, die nur teilweise verdaute Nahrung enthalten und die dann von den anderen Tieren aufgenommen werden. Holz ist eine Nahrung, die in den Verdauungswegen gewöhnlich kaum aufzuschließen ist. Die Termiten sind hierbei auf symbiontische Flagellaten und Bakterien in einer sehr großen Erweiterung des Enddarms, der Gärkammer, angewiesen, die die Zellulose im stark zerkleinerten Holz abbauen. Junge Termiten kommen mit Hilfe der Nahrung, die ihnen von den Arbeitern geboten wird, in den Besitz dieser Symbionten.

Nur die Kopfkapsel der Termiten ist hart und stark chitinisiert, die Kutikula des übrigen Körpers dagegen weich und mehr oder weniger durchsichtig. Bei den Soldaten ist der Kopf groß und langgestreckt oder birnenförmig, in den übrigen Kasten dagegen klein und rund. Bei den Geschlechtstieren sind Komplexaugen stets vorhanden, bei den übrigen Tieren sind sie jedoch reduziert oder fehlen völlig, besonders wenn die Arten unterirdisch leben.

Der Prothorax ist am Thorax klar abgesetzt, seine Gestalt von Wichtigkeit bei der Klassifikation dieser Gruppe. Wenn Flügel vorhanden sind, so sind beide Paare gleichgestaltet – die Ordnungsbezeichnung „Isoptera" bedeutet Gleichflügler –, ihre vorderen Randadern verdickt. Nur wenige echte Queradern sind auf den Flügeln vorhanden, doch sind sie oft mit einem Netzwerk von kleinen Adern und aderähnlichen Runzeln überzogen. In der Ruhelage werden die Flügel normalerweise flach über den Körper gelegt getragen. Am Hinterende des Körpers sind bei allen Kasten zwei sehr kleine Cerci vorhanden.

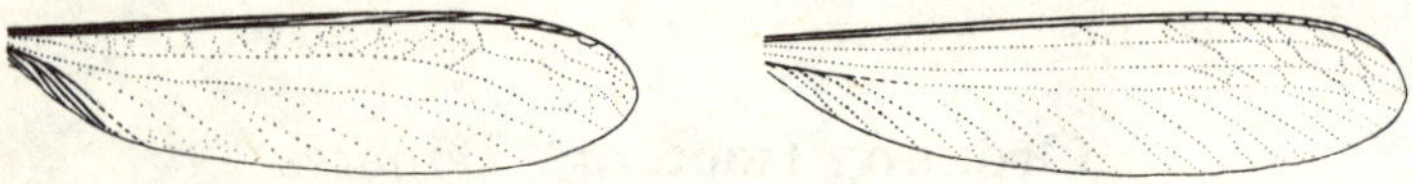

Vorderflügel von *Kalotermes flavicollis* Fabricius (links) und *Reticulitermes lucifugus* Rossi mit ihrer äußerst feinen Aderung. Vorder- und Hinterflügel sehen nahezu identisch aus

Die Termiten unterscheiden sich von den Ameisen und anderen sozialen Insekten dadurch, daß Männchen und Weibchen bei ihnen in mehr oder weniger gleicher Anzahl vorhanden sind. In allen Kasten sind Männchen und Weibchen vertreten, und an der Spitze eines „Staates" sind normalerweise ein „König" und eine „Königin" vorhanden. Diese gehören zu den primären Geschlechtstieren und sind anfänglich geflügelt. Ihre Körper sind stärker als die der anderen Kasten sklerotisiert. Diese Geschlechtstiere schwärmen zu bestimmten Zeiten aus dem Nest und können sich für kurze Zeit mit Hilfe der recht schwachen Flügel auch in die Luft erheben. Dies genügt jedoch, um sie aus der unmittelbaren Umgebung des Nestes zu bringen. Sobald sie dann den Boden wieder aufsuchen, werfen sie die Flügel ab. Treffen zwei Tiere unterschiedlichen Geschlechts zusammen, graben sie eine kleine Hochzeitskammer und begründen so einen neuen Staat.

König und Königin haben ein recht langes Leben und können in diesem Staat über geraume Zeit leben – für einige Arten werden 50 Jahre genannt. Sie kopulieren in dieser Zeit häufig, und die Königin kann recht groß werden, wenn ihr Hinterleib unter den sich bildenden Eiern aufschwillt. Bei einigen Arten kann sie so eine Länge von 10 cm erreichen. Die Staaten wachsen zunächst langsam, später rasch. Der Kolonien der primitiveren Familien sind klein und umfassen nur einige hundert Tiere, während die der höher entwickelten Familien oft bis zu einer Million Tiere aufweisen.

Wie bei allen sozialen Insekten stellen die Arbeiter auch bei den Termiten den Hauptanteil der Tiere. Sie betreuen die Geschlechtstiere, pflegen die Eier und Larven, beschaffen Nahrung, füttern die Soldaten und erweitern und unterhalten den Bau. Die Arbeiterkaste besteht bei den primitiveren Familien aus Jungtieren unterschiedlichen Alters und ist in diesem Sinne noch keine eigentliche Kaste. Viele dieser als Arbeiter fungierenden Larven haben keine festgelegte Konstitution, können sich aber, wenn notwendig, zu Ersatzgeschlechtstieren und Soldaten entwickeln. Bei höher entwickelten Termiten finden wir dann, daß nur noch die älteren Larven Arbeiterfunktionen ausüben, und bei den höchstentwickelten Termitenfamilien, die jedoch in Europa fehlen, ist schließlich eine echte Arbeiterkaste vorhanden. Auch diese Arbeiter entsprechen jedoch Larvenstadien und weisen keine Flügel auf.

Die Soldatenkaste findet sich in allen Termitengattungen. Sie besitzen große Köpfe und sind auf die Verteidigung des Nestes spezialisiert. Es gibt zwei Soldatentypen: einen mit großen, mächtigen Kiefern, den anderen mit kleinen Kiefern und einem zugespitzten Kopf. Letztere spritzen ein Stirndrüsensekret aus, das gummiartig-klebrig ist und zur Abschreckung von Feinden dient. Den Soldaten der meisten Termitenarten fehlen Augen.

Stößt dem König oder der Königin einer Kolonie etwas zu, so können die Arbeiter Ersatzgeschlechtstiere heranziehen. Diese besitzen nur kleine Flügel und verlassen die Kolonie nicht. Sie sind jedoch fortpflanzungsfähig und können an die Stelle der eigentlichen Geschlechtstiere treten und so den Fortbestand der Kolonie sichern.

Die Termitenlarven machen nur einen geringen Gestaltswandel während ihrer Entwicklung durch, die Länge dieser Entwicklungszeit variiert jedoch von Kaste zu Kaste und von Art zu Art. Soldaten und Arbeiter haben wahrscheinlich eine Lebensdauer von bis zu 4 Jahren.

Die Termitenbauten unterscheiden sich sehr stark im Aufbau. Die primitivsten Familien legen nur Gänge im toten Holz an, während andere unterirdische Nester bauen. Die spezialisiertesten Gruppen errichten riesige Bauten, z. T. aus der Erde, die bei der Anlage unterirdischer Kammern gewonnen und, mit Speichel vermischt, zementhart wird. Diese großen Termitenhügel sind besonders in Afrika und Australien verbreitet.

Die europäischen Termiten gehören zwei Familien an, den **Kalotermitidae** und den **Rhinotermitidae**. Die erstgenannte ist eine der primitiveren Familien und durch *Kalotermes flavicollis* vertreten. Es ist dies eine Termite des trockenen Holzes, die in toten Bäumen und gelegentlich in Bauholz vorkommt. Sie besitzt keine speziellen Arbeiter und lebt in kleinen Kolonien, die aus einem Geschlechtstierpaar und wenigen hundert Arbeiter-Larven und Soldaten bestehen. Die Geschlechtstiere benötigen über ein Jahr, um geschlechtsreif zu werden, und durchlaufen in dieser Zeit verschiedene Larvenstadien. Die Soldaten, die etwa 5 % einer Bevölkerung ausmachen, wachsen schneller heran. Diese Termitenart findet sich an der Mittelmeerküste von Portugal bis Griechenland und im Mittleren Osten.

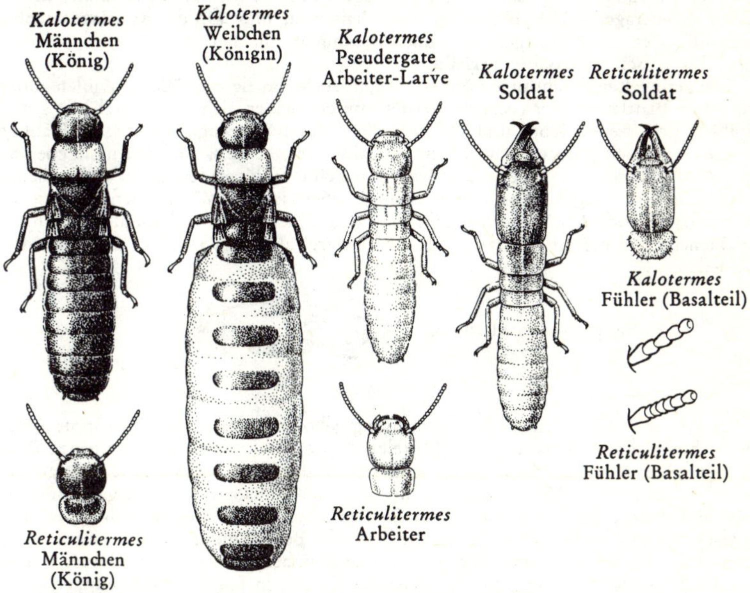

Die unterschiedlichen Kasten der beiden europäischen Termiten-Gattungen

Die zweite europäische Termitenart ist *Reticulitermes lucifugus,* bei der eine stärker ausgeprägte Arbeiterkaste vorhanden ist. Sie höhlt Gänge in Bäumen und Büschen und im Bauholz auf oder unter Bodenniveau aus. Sie richtet besonders an alten Häusern erhebliche Schäden an. Die Tiere sind weniger ortsstetig als *Kalotermes* und ihre Kolonien weniger scharf begrenzt. Äußere Bereiche können die Verbindung mit dem Stammnest verlieren und durch die Heranbildung von Ersatzgeschlechtstieren selbständig werden. *Reticulitermes* kann niedrigere Temperaturen als *Kalotermes* überstehen und kommt daher nordwärts bis Bordeaux und Norditalien vor. Eine amerikanische Art, *Reticulitermes flavipes,* ist in verschiedene französische Städte, Hamburg und ein Gebiet bei Hallein/Österreich eingeschleppt worden und hat sich dort zeitweilig eingebürgert. Bisher scheint sie auf Dauer in Europa nur in Gebäuden vorzukommen, doch ist dies nicht mehr ganz sicher.

Auf Grund ihrer geringen Kutikalarisierung kann man Termiten nur in 70 % Alkohol oder 4 % Formol aufbewahren, wobei Alkohol vorzuziehen ist, da die Tiere darin geschmeidiger bleiben, besonders, wenn man etwas Glyzerin beigibt.

Ordnung Psocoptera *Staubläuse und Flechtlinge*

ERKENNUNGSMERKMALE: Kleine bis winzige, sehr zarte Insekten, deren Länge 6 mm kaum übersteigt. Geflügelt oder ungeflügelt, freilebend in schattigen, weder zu trockenen noch feuchten Lagen oder an getrockneten Materialien. Fühler gemeinhin dünn und fadenförmig. Komplexaugen oft groß und an den Seiten über den ziemlich breiten Kopf hervorragend. Die geflügelten Arten halten die Flügel in der Ruhelage dachförmig über dem Hinterkörper, was ihnen zusammen mit den anderen Merkmalen ein charakteristisches Aussehen verleiht.

Die geflügelten Flechtlinge können, besonders wenn sie in größeren Zahlen auftreten, mit Blattläusen verwechselt werden, unterscheiden sich aber durch die langen Fühler, den breiten Kopf und die kauenden Mundwerkzeuge von diesen. Häufiger werden sie noch mit den Blattflöhen (s. S. 136) verwechselt, von denen sie ebenfalls durch die Mundwerkzeuge und außerdem durch die Flügeladerung zu unterscheiden sind. Einige der ungeflügelten Arten erinnern oberflächlich im Aussehen an Läuse und haben daher auch den Namen „Staubläuse" und „Bücherläuse" erhalten. Sie leben aber in keinem Fall parasitisch und sind zudem durch die langen Fühler deutlich unterschieden.

Ein geflügelter Flechtling

Zu dieser relativ kleinen Insektenordnung gehören heute ca. 1600 bekannte Arten. Von ihnen kommen etwa 100 in Mitteleuropa vor, worunter sich eine ganze Reihe ursprünglich nicht hier heimischer, eingeschleppter Arten befindet, die in Lagerhäusern o. ä. leben. Die Arten, die nicht im Freien leben, haben entweder gar keine oder nur verkürzte Flügel und leben in trockenem, aber leicht dumpfigem Material, z. B. zwischen Papierlagen. Daher haben die Tiere die Bezeichnungen Bücher- und Staubläuse erhalten. Sie leben oft in Büchern, die lange unbenutzt standen, und fressen selbst schwache Schimmelbildungen. Die Tiere sind auch in feuchten Wohnungen hinter Tapeten, die sich ablösen, zu finden. Auch Insektensammlungen, die etwas zu feucht

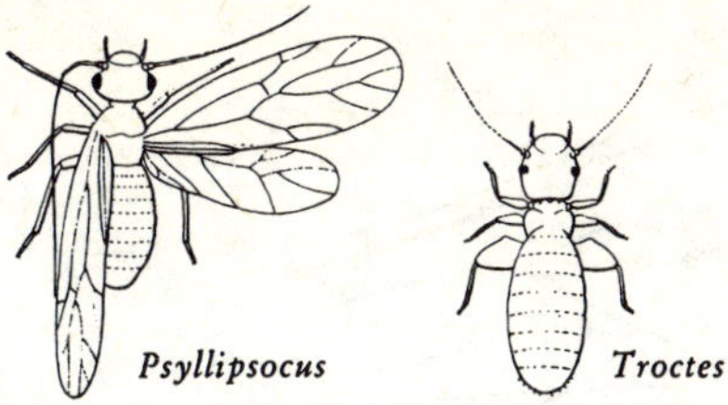

Geflügelte und ungeflügelte Psocide oder Bücherlaus. Die verdickten Hinterschenkel der flügellosen *Troctes* sind charakteristisch für die Familie der *Troctidae*

aufbewahrt werden, leiden unter den Psociden, die die aufbewahrten Insekten zu Staub zernagen können, wenn man sie lange genug ungestört läßt.

Die größere Zahl der Psociden lebt jedoch im Freien, wo sie von Pollen, Algenwuchs auf der Baumrinde und Pilzhyphen auf Blättern leben. Die Bezeichnung „Flechtlinge“ weist darauf hin, daß sich die Tiere häufig auf und unter der Borke und den darauf befindlichen Flechten finden. Alte Vogelnester beherbergen ebenfalls oft Psociden. Eine Reihe der freilebenden Psociden besitzt voll entwickelte Flügel. Den Psociden kommt allgemein keine wirtschaftliche Bedeutung zu, wenn auch einige Arten Zwischenwirte von Schafbandwürmern sein sollen.

Der Kopf der Staubläuse ist recht breit und gut beweglich. Die Breite wird bei den meisten geflügelten Arten noch durch die seitlich hervorstehenden, großen Komplexaugen verstärkt. Bei den flügellosen *Troctidae* oder Bücherläusen sind die Augen jedoch weitgehend reduziert. Die geflügelten Arten besitzen drei Ocellen. Die dünnen Fühler bestehen meist aus 13 Gliedern, doch gibt es auch Arten mit mehr als 20 Fühlergliedern. Die Zahl dieser Glieder wird mit zur systematischen Einteilung der Gruppe herangezogen. Die Psociden besitzen einen komplizierten Kauapparat. Wesentliche Bestandteile sind die großen Mandibeln, mit denen Nahrungspartikel vom Substrat abgenagt werden, und ein mörserartiger Fortsatz im Inneren zur Nahrungszerkleinerung. Der Gattungsname *Psocus* stammt aus dem Griechischen und bedeutet „zu Stücken zermahlen“. *Psocoptera* leitet sich hiervon ab und heißt „geflügelt wie *Psocus*“. Die Ordnung wird nach dem lateinischen Verb *rodere* = nagen auch als *Corrodentia* bezeichnet.

Bei den geflügelten Formen ist der Prothorax reduziert und Meso- und Metathorax jeweils klar in Scutum und Scutellum unterteilt. Bei den flügellosen Psociden ist der Prothorax größer ausgebildet. Wenn überhaupt, so sind zwei Paare häutiger Flügel vorhanden. Die Vorderflügel sind erheblich größer als die Hinterflügel, und beide Paare werden beim Flug miteinander gekoppelt. Es kommt jedoch nicht häufig zum Flug, und die meisten Arten laufen bei Störungen rasch fort. In der Ruhe werden die Flügel über dem Hinterleib dachförmig steil aufgestellt.

Die Adern sind deutlich, wenn auch an Zahl reduziert. Das sogenannte Pterostigma ist hier tatsächlich eine Zelle nahe der Flügelspitze, die häufig pigmentiert ist. Darüber hinaus kann der Flügel auch sonst noch oft dunkel marmoriert sein. Der Radius mit dem Radialsektor ist in drei Äste aufgespalten, ebenso die Media im Vorderflügel, während sie im Hinterflügel ungeteilt ist. Media und Cubitus sind im Wurzelbereich miteinander verschmolzen. Im Vorderflügel schlägt der Cubitus am Ende gleichsam einen Haken und umgreift damit eine Zelle, die als Areola postica bezeichnet wird. Diese kann durch eine kleine Querader mit der Media verbunden sein. Bei den meisten Arten fehlen Queradern in auffälliger Weise.

Die Beine sind einfache, zur Flucht gut geeignete Laufbeine. Die Füße bestehen aus 2 oder 3 Gliedern und tragen jeweils 2 Klauen. In der Familie der Troctidae sind die Schenkel der Hinterbeine breit und flach.

Der größte Teil der Staubläuse legt kleine, perlenartige Eier, die von einem Gespinst

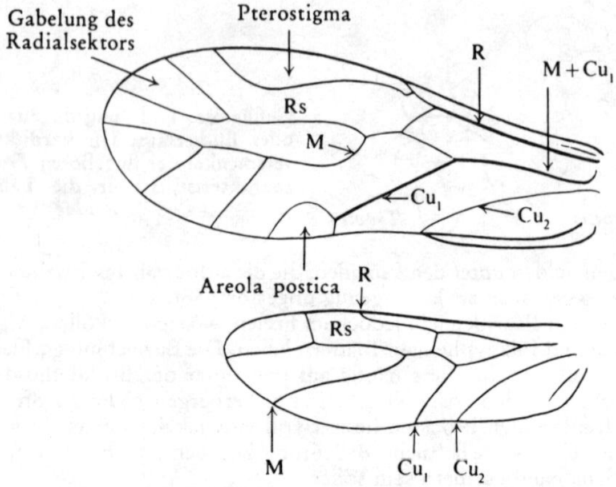

Typische Flügeladerung der Psociden

aus Seide überdeckt oder unter kleinen Nahrungspartikeln oder Kotbröckchen verborgen werden. Die Nymphen durchlaufen im allgemeinen 6 Stadien vor der Häutung zur Imago. Außer einer Größenzunahme und der Entwicklung der Flügel, sofern diese überhaupt ausgebildet werden, bestehen die hauptsächlichen äußeren Veränderungen in dieser Zeit in der Zunahme der Anzahl der Fühlerglieder und der relativen Größe der Augen.

Auf Grund ihrer geringen Größe lassen sich Psociden schwer bestimmen, und man benötigt schon eine gute Binokular-Lupe, um einige der Familien mit Sicherheit ansprechen zu können. Der nachfolgende Schlüssel wurde nach Unterlagen des verstorbenen J. V. Pearman für die Trennung der in Großbritannien vorkommenden Familien aufgestellt. Da in Mitteleuropa dieselben Familien vorkommen, soll der Schlüssel ohne Veränderung wiedergegeben werden:

Schlüssel für die Familien der britischen Psocoptera

1. – Tiere völlig flügellos ... 2
– Tiere mindestens mit Flügelrudimenten ... 3
2. – Sehr kleine Arten, Hinterleib abgeplattet, Hinterschenkel verbreitert ... *Troctidae*

– Größere Arten, Hinterleib gewölbt, Hinterschenkel schlank ... *Epipsocidae* ♀
3. – Flügel verkümmert, nicht über den Thorax nach hinten reichend ... 4
– Flügel voll entwickelt ... 7
4. – Körper und Flügelschüppchen mit Schuppen bedeckt ... *Perientomidae*
– Ohne Schuppen ... 5

5. – Relativ große, gefleckte Arten, Hinterleib bucklig, mit dunklen, charakteristischen Querbinden auf dem Hinterleibsrücken *Mesopsocidae* ♀
– Anders aussehend **6**

6. – Flügelschüppchen abgerundet (nur schwach angeheftet, gehen leicht verloren), Maxillartaster an der Spitze breit *Trogiidae*
– Flügelschüppchen schmal, Maxillartaster schief zugespitzt, Hinterfüße auffällig lang *Psyllipsocidae*

7. – Flügel anomal, die Aderung der Vorderflügel bis auf zwei große Längsadern reduziert Einige ♀♀ der *Troctidae*

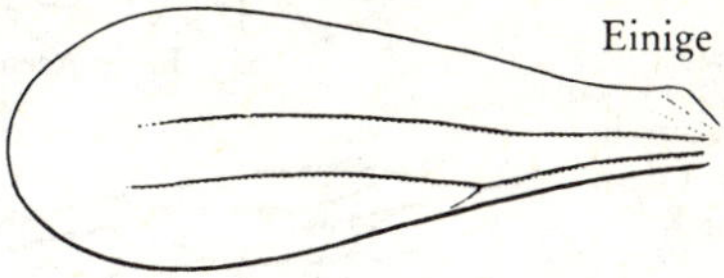

– Flügel normal, mit einer größeren Zahl von Adern **8**

8. – Pterostigma u. Areola postica werden nur von einfachen Adergabelungen gebildet, ohne Pigmentierung, Hinterfüße auffällig lang (oft auch mit kurzen Flügeln vorkommend) *Psyllipsocidae*

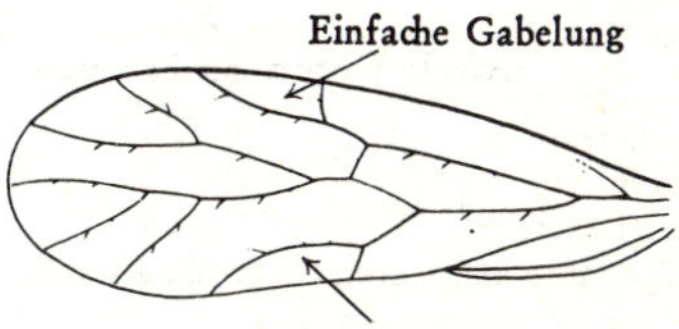

– Pterostigma gewöhnlich pigmentiert, ebenso wie die Areola postica (sofern vorhanden) mit gekrümmten Begrenzungen (viele ♀♀ flügellos oder brachypter) **9**

9. – Areola postica fehlt **10**
– Areola postica vorhanden **11**

10. – Adern der Vorderflügel besonders im Basalteil behaart, Pterostigma rechteckig *Ectopsocidae*

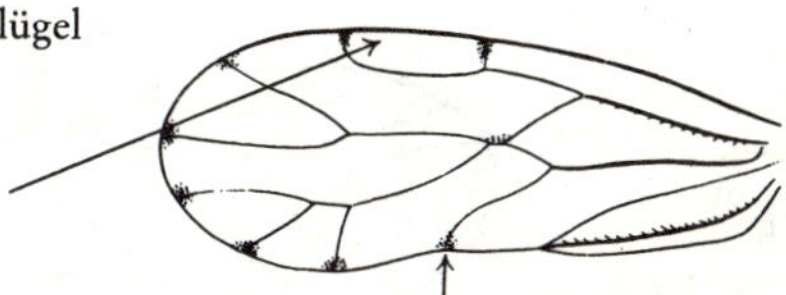

– Adern der Vorderflügel ohne sichtbare Behaarung, Pterostigma distal ausgebaucht und gerundet, Flügel oft dunkel oder getrübt *Peripsocidae*

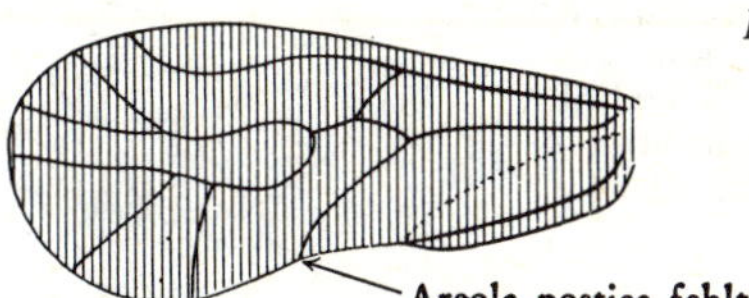

11. – Areola postica mit der Media durch Queradern verbunden **12**

– Areola postica mit der Media nicht verbunden, Pterostigma frei **13**

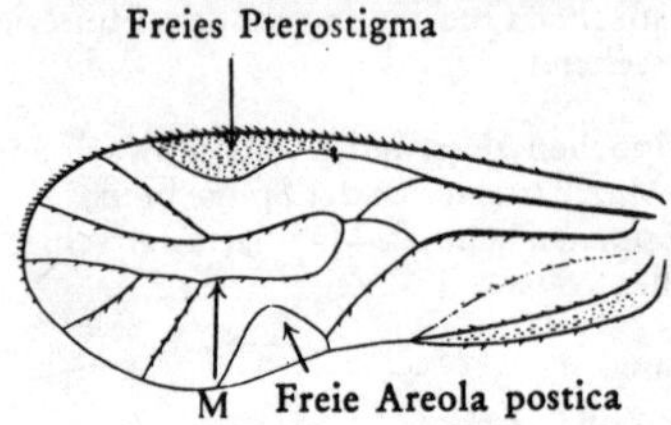

12. – Pterostigma durch Querader mit dem Radialsektor Rs verbunden *Stenopsocidae*

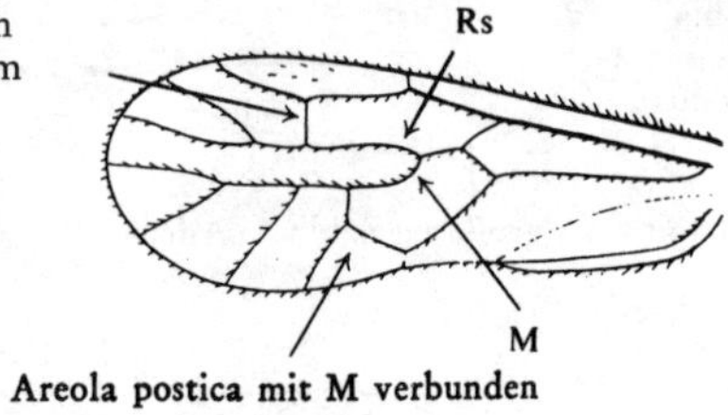

– Pterostigma frei *Psocidae*

13. – Füße dreigliedrig **14**

– Füße zweigliedrig **16**

14. – Vorderflügel unbehaart, relativ große Psociden mit kugelförmigen Augen *Mesopsocidae* ♂

– Kleinere Tiere mit behaarten Vorderflügeln **15**

15. – Haare kurz, Augen halbkugelig *Elipsocidae*

– Haare deutlich sichtbar *Philotarsidae*

16. – Winzige Tiere ohne Behaarung, Pterostigma vorn abgestutzt, etwa keilförmig *Lachesillidae*

– Größere Arten mit behaarten Flügeln **17**

17. – Weißliche Tiere mit braunem Streifen an den Thoraxseiten, Areola postica nahezu halbkreisförmig *Trichopsocidae*

– Insekten gelb bis braun **18**

18. – Insekten dunkelbraun, Areola postica flach und lang, Radialsektor und Media durch Querader verbunden *Epipsocidae* ♂

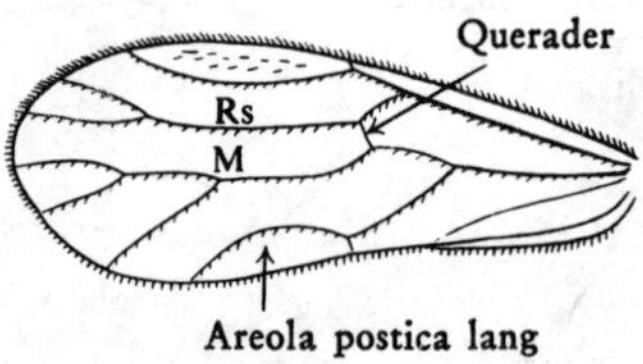

– Farbe variabel, Areola postica kurz und hoch, Rs und M über eine Strecke verschmolzen *Caeciliidae*

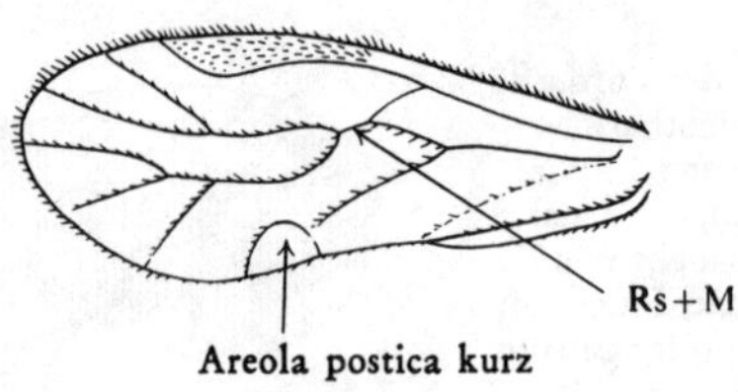

Eine Anzahl von Arten kann mit diesem einfachen Schlüssel nicht erfaßt werden, da sie vom Grundbauplan der jeweiligen Familie abweicht. Die meisten dieser Arten sind ziemlich selten oder schwer zu finden und können daher hier unter allgemeineren Gesichtspunkten vernachlässigt werden. Nur einige wenige werden dem Anfänger, der sein Augenmerk auf Psociden lenkt, auch auffallen. Eine dieser Arten ist *Cerobasis guestfalicus* (Kolbe), ein kleiner, flügelloser Vertreter der *Trogiidae*, der an dem dicht braun gesprenkelten Körper zu erkennen ist. Ferner ist *Reuterella helvimaculata* (Enderlein) zu nennen, die seit 1963 von den **Elipsocidae** abgetrennt und in die eigene Familie der **Reuterellidae** gestellt wird und die durch nur 2 Fußglieder charakterisiert ist. Die höchstens 2 mm großen Tiere leben in Rindenritzen unter silbrig glänzendem Gespinst. Die Männchen sind geflügelt, die Weibchen völlig flügellos.

Nur etwa die Hälfte der Familien ist allgemein verbreitet. Die meisten bei uns gefundenen Arten gehören zu nur 4 Familien. Der größte Teil der in Häusern gefundenen Arten zählt zu den **Trogiidae**, deren Vorderflügel rudimentär sind, und zu den **Troctidae**, von denen nur flügellose Arten in Mitteleuropa vorkommen. Zu ihnen gehört die häufigste „Bücherlaus“, die früher als *Liposcelis divinatorius* (P. L. S. Müller) bezeichnet wurde. Diese Artbezeichnung hat sich jedoch als Sammelbegriff für etwa 20 Arten unterschiedlicher Lebensweise herausgestellt, deren morphologische Unterscheidung jedoch schwer ist. Die meisten freilebenden Arten gehören zu den Familien der **Psocidae** und der **Caeciliidae**.

Sammeln und Präparieren

Freilebende Arten können am besten durch das Abklopfen von Ästen und Sträuchern auf ein untergehaltenes, aufgespanntes weißes Tuch erlangt werden. Auch das Absuchen von Baumstämmen, unter loser Rinde und in Vogelnestern bringt Erfolg. Die in Häusern lebenden Arten findet man vor allem dort, wo ein leicht muffiger oder dumpfiger Geruch auch Schimmelspuren anzeigt.

Die Tiere müssen mit einem angefeuchteten Pinsel bzw. einer Uhrfederpinzette in 90 % Alkohol gebracht werden. Hieraus müssen sie möglichst am gleichen Tage wieder entnommen werden und können auf nichtrostende Minutien gespießt oder auf Aufklebeplättchen geklebt werden, wobei man die Flügel flach ausbreitet. Bei dieser Behandlung behalten die Tiere die natürlichen Farben und schrumpfen nicht.

Ordnung Phthiraptera *Tierläuse*

Diese Ordnung umfaßt kleine bis winzige Tiere, die ektoparasitisch auf Vögeln und Säugetieren leben. Ihre Körper sind abgeflacht, und sie besitzen gewöhnlich starke Klauen, zwei Körpermerkmale, auf Grund derer sie sich eng an den Körper des Wirtes anheften und nur durch heftigstes Kratzen entfernt werden können. Im Zusammenhang mit der Abplattung sind die Tracheenöffnungen auf die Rückseite des Körpers verlagert. Die Tierläuse verbringen ihr gesamtes Leben auf dem Wirt, können aber von einem auf den anderen Wirt wandern, wenn zwei Wirtstiere in engen Kontakt kommen. Es überrascht nicht, daß Flügel im Verlauf der Evolution in dieser Gruppe verschwunden sind. Wie bei anderen Parasiten sind auch hier die Sinnesorgane schwach entwickelt – die Augen sind klein oder fehlen ganz, die Fühler sind nur kurz.

Die Tierläuse leben entweder von Wirtsblut oder nehmen kleine Teilchen der Haut und der Federn auf. Hierbei können sie die Wirtstiere erheblich belästigen, und starker Befall kann zu beinahe fortgesetztem Kratzen führen. Dies führt zunächst zu Hautwunden und Blutverlust. Sekundär können Infektionen erfolgen, die den Wirt schädigen und sogar zu seinem Tod führen können. Einige Läusearten fungieren auch als aktive Überträger von bakteriellen und Virus-Erkrankungen. Läuse sind daher von großer wirtschaftlicher Bedeutung, wenn sie Haustiere befallen, und es wird mit erheblichem Einsatz nach wirkungsvollen Kontrollmaßnahmen gesucht. Einige Arten befallen ein weites Spektrum von Wirten, während andere auf nur einen Wirt oder eine kleine Gruppe nahe verwandter Wirtstiere beschränkt sind. Die Klauen einiger Arten sind so stark an das Umklammern der Haare eines bestimmten Wirtes angepaßt, daß sie sich an Haaren anderer Tiere, die einen anderen Durchmesser aufweisen, nicht festhalten können. Einige Läusearten haben sich schließlich sogar nur auf bestimmte Regionen eines Wirtes spezialisiert – etwa Hals und Kopf.

Die Evolution der Tierläuse ist parallel zu der der Wirte verlaufen, was nicht überrascht, wenn man die ständige enge Beziehung zwischen beiden in Rechnung stellt. Tierläuse werden ohne Zweifel in Nest oder Bau von den Elterntieren auf die Jungtiere übertragen bzw. von einem Mitglied einer Herde oder Familiengruppe auf die anderen. Abgesehen davon wird es aber nur selten zu einer Übertragung bzw. einem Austausch kommen. Eine Linie (Rasse?) der Tierläuse wird daher stets die Tendenz zeigen, mit einer bestimmten Linie (Rasse?) der Wirtstiere in Kontakt zu bleiben, und beide werden sich gemeinsam entwickeln. Um ein einfaches Beispiel zu nennen: Die Tierläuse von Menschen und Affen sind untereinander enger verwandt als etwa mit denen der Nagetiere und spiegeln damit die Verwandtschaftsverhältnisse unter den Wirtstieren wider. Die Tierläuse sind daher in jüngster Zeit auch dazu benutzt worden, um die unklaren Verwandtschaftsbeziehungen zwischen einigen Vogelgruppen abzuklären. Ein oft zitiertes Beispiel ist das der Flamingos: Ihr Äußeres legt nahe, daß sie eher den Störchen als den Enten verwandt seien, doch an Hand der Tierläuse läßt sich nachweisen, daß sie tatsächlich doch enger mit den Enten verwandt sind.

Da sich alle Tierläuse äußerlich ähnlich sehen, bestehen über ihre gruppenmäßige Bewertung unterschiedliche Meinungen. Diejenigen Entomologen, die in der Ähnlichkeit eine durch gleiche Lebensweise notwendigerweise hervorgerufene gleiche Gestalt sehen, neigen dazu, die *Mallophaga* = Haarlinge und Federlinge und die *Anoplura* = eigentliche Läuse als zwei Ordnungen zu sehen. Sie betonen daher die Unterschiedlichkeit der Mundwerkzeuge in beiden Gruppen. Andererseits existieren in den zwei Arten der Elefantenlaus *(Haematomyzus)* Tiere, die eindeutig eine Zwischenstellung zwischen beiden Gruppen einnehmen. Daher wird in der deutschen systematischen Literatur vorwiegend die Anschauung vertreten, daß die Tierläuse eine einheitliche Gruppe = Ordnung darstellen, deren heute noch existierende drei Unterordnungen die Entwicklung recht gut widerspiegeln. Dieser Anschauung sei daher hier im Gegensatz zu der englischen Ausgabe gefolgt.

Unterordnung Mallophaga *Haarlinge* und *Federlinge*

ERKENNUNGSMERKMALE: Kleine bis winzige, abgeplattete Ektoparasiten, vor allem auf Vögeln. Augen sehr klein. Fühler 3- bis 5gliedrig, oft verborgen. Kauende Mundwerkzeuge.

Die Tiere weisen eine oberflächliche Ähnlichkeit mit einigen flügellosen Bücherläusen *(Psocidae)* auf, können jedoch an Hand ihrer kurzen Fühler eindeutig erkannt werden. Von den echten Läusen *(Anoplura)* können sie durch die gesamte Gestalt, besonders aber durch den Kopf, der nie schmaler als der Prothorax ist, und den klar abgesetzten Prothorax selbst unterschieden werden.

Diese Parasiten finden sich vor allem auf Vögeln (= Federlinge) – fast sämtliche Familien sind befallen –, während unter den Säugetieren nur einige Familien als Wirte

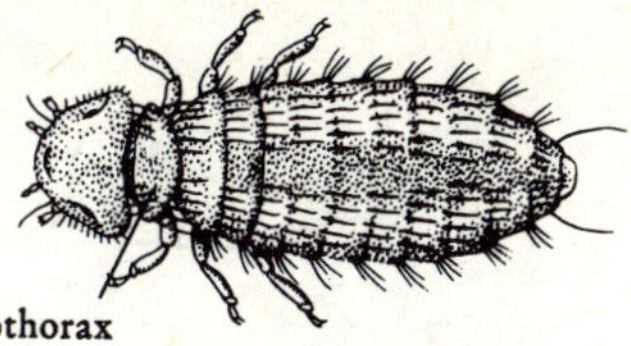

Prothorax

Ein Federling *(Menopon)*, der den freien Prothorax und das Klauenpaar an jedem Bein deutlich zeigt

dienen (= Haarlinge). Die Mallophagen benutzen ihre Kiefer, um Horn von Haaren, Federn und der Körperoberfläche zu schaben. Einige Arten nehmen auch Blut aus kleinen Wunden auf, die entweder schon vorhanden sind oder die sie selbst schlagen. Der Name Mallophaga bedeutet „Wollfresser" (griech. *mallos* = Wolle, *phagein* = fressen), wenn auch bisher nicht nachgewiesen ist, daß irgendeine Art ganze Wollhaare frißt.

Die größten Mallophagen erreichen eine Länge von 6 mm, doch nur wenige Arten werden so groß. Die meisten Arten sind nur etwa halb so lang. Der flache Körper ist ziemlich hart, der Kopf der meisten Arten ausgesprochen breit. Er trägt keine Ocellen und nur reduzierte Augen. Die Fühler liegen bei manchen Arten unter dem Körper verborgen. Die großen, gezähnten Mandibeln werden entweder vertikal oder horizontal getragen. Der Prothorax ist im allgemeinen klar gegen die folgenden beiden Thoraxsegmente abgesetzt, die verschmolzen sein können. Jedes Bein trägt ein oder zwei Klauen, mit denen sich die Parasiten fest an den Wirt klammern, obwohl sie auch keine Faulpelze sind, wenn es gilt, sich einer Gefahr durch die Flucht zu entziehen.

Die Weibchen legen zwischen 50 und 100 Eier, die sie an die Federn bzw. Haare des Wirtes ankitten. Die Nymphen durchlaufen drei Larvenstadien. Der Entwicklungsprozeß vom Ei bis zur Imago benötigt in der konstanten Wärme auf dem Wirtskörper nur drei bis vier Wochen.

Etwa 500 Arten der Mallophagen kommen in Mitteleuropa vor, das sind etwa 20 % der bekannten Arten. Mit Sicherheit sind noch etliche hundert Arten bisher nicht beschrieben worden. Die 8 in Mitteleuropa vertretenen Familien bzw. Überfamilien werden an Hand wenig auffälliger, aber charakteristischer Merkmale unterschieden. Die umfangreichsten Gruppen sind die **Menoponidae** und die **Philopteroidea**, zu denen auch die bedeutendsten Geflügelplagen gehören, darunter *Menopon gallinae* (L.) vom Haushuhn. Die Überfamilie der **Trichodectoidea** ist weit weniger artenreich, doch gehört zu ihr die wichtige Gattung *Damalinia*, deren Arten in den verschiedensten Teilen der Erde große Verluste unter Schafen, Ziegen, Rindern und anderen Huftieren verursachen. Keine der Arten befällt den Menschen.

Unterordnung Anoplura (Siphunculata) *Läuse*

Erkennungsmerkmale: Kleine bis winzige Säugetierparasiten. Der Kopf ist schmaler als der Körper, die Augen sind reduziert oder fehlen ganz. Fühler kurz. Die Mundwerkzeuge sind als Stech-Saugapparat ausgebildet, der in der Ruhe in den Kopf zurückgezogen werden kann. Die Thoraxsegmente sind miteinander verschmolzen. Jedes Bein trägt am Ende eine starke Klaue. Von den flügellosen Psociden können die Läuse an Hand ihrer kurzen Fühler, von den Feder- und Haarlingen durch die verschmolzenen Thoraxsegmente, die keinen freien Prothorax erkennen lassen, unterschieden werden.

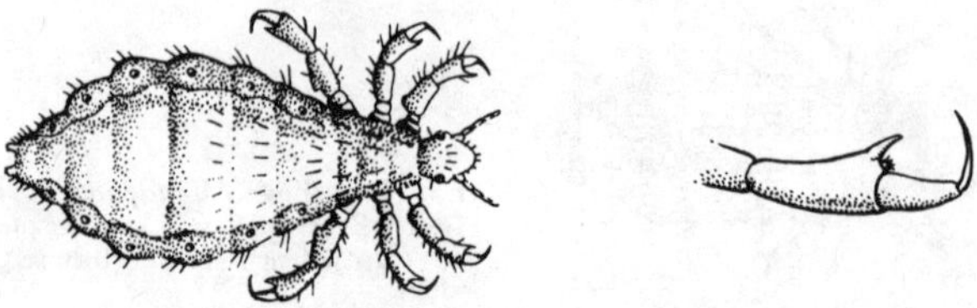

Eine Kleiderlaus, an der die verschmolzenen Thoraxsegmente und die einzelne Klaue an jedem Bein (rechts stärker vergrößert) gut zu erkennen sind

Alle Läuse sind Säugetierparasiten und ausschließlich Blutsauger. Sie durchstechen die Haut mit Hilfe ihres stark spezialisierten Saugapparates, der aus der kegelförmigen, mit Zähnchen versehenen Oberlippe und drei Stiletten gebildet wird. Die Zähnchen der Oberlippe verankern die Öffnung des Mundvorraums luftdicht auf der Haut des Wirtes, während die Stilette sie durchstechen. Das Blut wird dann durch Muskelbewegungen in der Pharynxregion durch den von den Mandibelrinnen gebildeten Kanal hochgesaugt. Mit Ausnahme der Mundwerkzeuge und der Ernährungsweise sind die Läuse im allgemeinen Erscheinungsbild und in der Lebensweise den Feder- und Haarlingen sehr ähnlich.

Der Kopf ist allgemein schmaler als bei jenen, der Thorax durch die Verschmelzung der drei Segmente unterschieden. Nur am Hinterleib ist noch eine gewisse Segmentierung zu erkennen. Die kräftigen Beine enden in einer Klaue wie bei den ebenfalls auf Säugetieren lebenden Haarlingen. Die Klaue ist so eingelenkt, daß sie gegen den Fuß geklappt und so ein Wirtshaar festgehalten werden kann. Die Krümmung von Fuß und Klaue entspricht der des Haares, so daß der Parasit eine sehr feste Verankerung erreicht.

Wie bei den Haarlingen werden auch hier die Eier gewöhnlich an die Haare des Wirtes gekittet, doch heften sie die Menschenläuse auch an Kleidungsstücke oder legen sie sogar lose ab. Der Entwicklungsverlauf entspricht dem der Haarlinge.

Bisher sind in Mitteleuropa etwa 25 Läusearten bekannt, doch muß auch hier wie bei allen kleineren, weniger bekannten Gruppen mit der Entdeckung weiterer Arten gerechnet werden. Die Arten verteilen sich auf 8 Familien, von denen eine nur auf Robben vorkommt.

Am besten ist die Familie der **Pediculidae** bekannt, da zu ihr früher die beiden auf dem Menschen lebenden Arten gerechnet wurden. Die Menschenlaus, *Pediculus humanus* (L.), existiert in zwei klar unterscheidbaren Unterarten, der Kopflaus (*P. h. capitis* de Geer) und der Kleiderlaus (*P. h. humanus* L.). Die Kleiderlaus ist allgemein die größere von beiden, und beide Unterarten halten ziemlich strikt an den Wirtskörperbereichen fest, nach denen sie benannt wurden. Die Läuse stellen überall dort, wo auf regelmäßige Körper- und Haarpflege und Kleidungswechsel geachtet wird, kein großes Problem dar, werden jedoch sofort wieder häufig, wenn diese Dinge vernachlässigt werden. Sie haben daher im letzten Jahrzehnt auch in Mitteleuropa wieder stark zugenommen. Der Stich der Läuse kann sehr lästig werden. Wichtiger ist jedoch, daß die Tiere als Überträger für eine Reihe von Krankheiten, darunter das Fleckfieber und das Europäische Rückfallfieber, in Frage kommen. Diese Krankheiten stellen eine konstante Bedrohung in Kriegszeiten dar, in denen die sonstigen Lebensbedingungen die Verbreitung von Läusen begünstigen. Soldaten werden gegen diese Krankheiten geimpft, doch bleibt das Risiko von Epidemien nach Erdbeben und ähnlichen Katastrophen, wenn Menschen in Lagern zusammengedrängt leben, Schlafstätten miteinander teilen müssen und kaum Gelegenheit zum Waschen haben, bestehen.

Die andere Läuseart, die den Menschen befällt, wird heute in eine eigene Familie gestellt. Die Filzlaus (*Phthirus pubis* L.) ist auf den Bereich der Schamhaare, der Achselhaare und der Augenbrauen beschränkt. Als Krankheitsüberträger ist sie bisher nicht bekanntgeworden. Zu den wichtigsten unter den übrigen Läusen zählt die Gattung *Linognathus*, die Schafe, Ziegen und Rinder befällt.

Sammeln und Präparieren

Die einzige Möglichkeit, Tierläuse in hinreichender Zahl zu erhalten, besteht darin, daß man lebende oder frischtote Tiere absucht. Bei toten Tieren ist dies mit Hilfe eines Kammes und eines Pinsels relativ leicht. Auch Haustiere gestatten eine solche Behandlung meist. Alle anderen Tiere bedürfen jedoch einer besonderen Behandlung. Hier hat es sich für kleine Vögel und Säuger bewährt, ihren Kopf durch einen Schlitz in einem Wachstuch zu führen und den Körper dann in ein Gefäß zu halten, in das man Chloroformdämpfe gebracht hat. Das Tier wird sich zu befreien suchen und bei den heftigen Bewegungen viele Parasiten abschütteln, die bereits durch die Chloroformdämpfe aufgestört wurden. Eine derartige Behandlung scheint den Wirtstieren nicht zu schaden.

Die Parasiten können dann mit Hilfe einer Uhrfederpinzette oder eines Pinsels in 75–80 % Alkohol gebracht werden. Sie können hierin entweder auf Dauer aufbewahrt oder aber zu mikroskopischen Präparaten verarbeitet werden. Hierzu nimmt man besonders Feder- und Haarlinge möglichst bald wieder aus dem Alkohol heraus und bewahrt sie bis zur Verarbeitung trocken in mit Watte verschlossenen Röhrchen auf. Nur so lassen sie sich befriedigend mit 5- bis 10prozentiger Kalilauge mazerieren und aufhellen. Anschließend wäscht man sie mehrmals mit destilliertem Wasser aus, überführt sie jeweils für mehrere Stunden in 96 % Alkohol und Terpineol (oder Isobutylalkohol) und schließt sie dann in Kanadabalsam oder Caedax ein. Alle wasserlöslichen Einschlußmittel haben sich auf Dauer nicht bewährt. Man achte peinlichst darauf, daß Parasiten verschiedener Wirtstiere nicht miteinander vermischt werden. Da die Kleinheit der Tiere und die Schwierigkeiten beim Sammeln nicht dazu beigetragen haben, sie „populär" zu machen, kann jeder ernsthafte Sammler zum Wissen über diese Tiergruppe beitragen helfen.

Ordnung Thysanoptera *Fransenflügler*

ERKENNUNGSMERKMALE: Sehr kleine Insekten mit langem Körper und gewöhnlich 2 Paaren schmaler, lang befranster Flügel; häufig auf Blüten.

Die Form der Flügel und die lange, schlanke, etwas abgeflachte Gestalt der flügellosen Arten unterscheidet die Fransenflügler von allen anderen Insekten.

Bekanntschaft mit dieser Gruppe macht man eigentlich nur an warmen bis schwülen Sommertagen, wenn die Tiere in großen Mengen schwärmen. Sie tragen daher auch die Volksnamen „Gewitterwürmchen" oder „Gewitterfliegen". Die Tiere sammeln sich dann gern an Fensterscheiben und setzen sich auf die bloße Haut des Menschen, z. B. am Strande, um Schweiß aufzusaugen. Hierdurch, evtl. auch durch die Haftorgane der Füße („Blasenfüße") wird ein ständiges unangenehmes Kitzeln und Jucken hervorgerufen. Unangenehm werden die meist nur 1–2 mm langen Tiere auch, wenn sie in die Augen geraten. Im übrigen leben die Fransenflügler in Pflanzen, unter Borke, im Detritus und an ähnlichen Orten, wo sie durch Gestalt und Färbung gut verborgen sind. Wenige Blüten sind im Sommer ohne Thripse – die Untersuchung etwa einer

Fransenflügler mit ausgebreitetem Flügelpaar, das die federartige Struktur gut zeigt

Löwenzahnblüte wird stets einige dieser Tiere zutage fördern. Die Tiere stechen mit ihren Mundwerkzeugen Pflanzenzellen an und saugen sie aus. Einige wenige Arten leben räuberisch von Blattläusen, Schildläusen, Milben und anderen Fransenflüglern, einige stechen auch Pilzfäden an. Die einzelnen Pflanzensauger sind zwar klein, können aber durch Massenvermehrung an Kulturpflanzen schädlich werden. Ein solcher Schädling ist *Kakothrips robustus* UZ., der Erbsen-Thrips, der für das silberfleckige Aussehen von jungen Schoten verantwortlich ist. Die Tiere verletzen die Zellen der äußeren Zellschicht und saugen sie aus. Die vertrockneten, zusammengefallenen Zellen rufen dann das silbrige Aussehen hervor. Befallen die Fransenflügler die Schoten schon in einem frühen Stadium, wachsen sie mißgebildet, und die Ernte kann völlig vernichtet werden. Andere Arten befallen Weizen und Zierpflanzen, z. B. Gladiolen. Zusätzlich zu den direkten Schäden, die sie anrichten, können Thripse noch Krankheiten übertragen. Die Schäden werden durch die Bestäubertätigkeit auf den Blüten bis zu einem gewissen Grade wieder aufgewogen.

Der Kopf trägt ein Paar kleiner, aber deutlich vorragender Komplexaugen, bei geflügelten Formen außerdem drei Punktaugen. Die Fühler sind recht kurz und entspringen dicht nebeneinander vorn am Kopf. Sie bestehen aus 6–10 Gliedern. Die stechend-saugenden Mundwerkzeuge sind ungewöhnlich, nämlich asymmetrisch ausgebildet. Der kurze „Schnabel" besteht vor allem aus Ober- und Unterlippe, die drei vorstoßbare Stechborsten, die beiden Maxillen und die linke Mandibel, umschließen. Die rechte Mandibel fehlt.

Die Vorderbrust ist deutlich erkennbar, Mittel- und Hinterbrust dagegen verschmolzen. Wenn Flügel vorhanden sind, ist die eigentliche Flügelfläche auf einen ganz schmalen, bandartigen, nahezu aderlosen Streifen reduziert, der an Vorder- und Hinterkante lange Fransen trägt, die die tatsächliche Breite des Flügels mehr als verdoppeln. Der Name Thysanoptera (griech. *thysanos* = Franse) weist auf diese Bildung hin. Durch kleine Häkchen auf den Hinterflügeln sind beide Flügelpaare miteinander gekoppelt. Trotz der geringen Größe und zarten Struktur der Flügel können die Fransenflügler erstaunlich gut fliegen, wie bereits oben erwähnt. Viele Arten sind flügellos, doch kann die Flügelausbildung sehr variieren – innerhalb einer Art kann es ungeflügelte, kurzflüglige und geflügelte Tiere geben.

Die Eier werden auf oder in Pflanzen hineingelegt. Die Weibchen einiger Arten besitzen gutentwickelte Legebohrer, mit denen sie Pflanzen anschlitzen können. Die ersten beiden Larvenstadien ähneln den erwachsenen Tieren, doch fehlen noch Flügelanlagen. Nach der zweiten Häutung erscheint die Vorpuppe (Praepupa, Pronymphe), die bewegungslos ist und keine Nahrung aufnimmt. Es folgt eine Puppe (Nymphe), manchmal unter Zwischenschaltung einer 2. Vorpuppe, die sich schließlich zum adulten Tier häutet. Obwohl in die Entwicklung diese ungewöhnliche Ruhephase eingeschaltet ist, kann man dennoch nicht von einer vollkommenen Verwandlung sprechen, weil die ersten Larvenstadien den fertigen Tieren weitgehend gleichen. Viele Arten überwintern nach der Häutung von der Puppe zur Imago in Pflanzenabfällen, alten Vogelnestern u. ä.

Von den etwa 4000 bekannten Fransenflüglerarten sind in Mitteleuropa etwa 300 vertreten. Die drei Familien, zu denen sie gehören, können nach nachstehendem einfachen Schlüssel mit Hilfe einer starken Lupe unterschieden werden.

1. – Weibchen mit Legebohrer, Hinterleib konisch zugespitzt oder stumpf abgerundet **2**

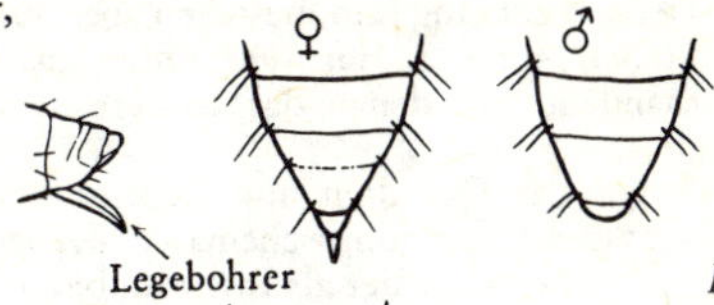

– Legebohrer fehlt, Hinterleib in ein Röhrchen ausgezogen *Phloeothripidae*

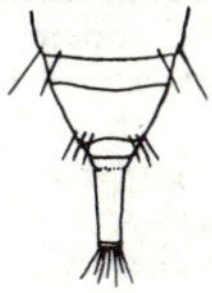

2. – Körper abgeflacht; Vorderflügel schmal, am Ende zugespitzt *Thripidae*

– Körper nicht abgeflacht; Vorderflügel breiter, am Ende abgerundet *Aeolothripidae*

Die Arten der **Phloeothripidae** haben kräftigere Körper als die meisten anderen Thripse. Die meisten dieser Arten leben räuberisch oder von Pilzfäden. Nur wenige richten Schäden an.

Zu den beiden anderen Familien gehören die meisten schädlichen Arten. Die **Aeolothripidae** mit breiteren Flügeln tragen darauf ein oder zwei Querbinden. Diese fehlen den **Thripidae**, zu denen die meisten mitteleuropäischen Arten gehören, fast immer. Bei beiden Familien sind die Legebohrer der Weibchen, die unten aus dem Körper ragen, recht auffällig. Bei den *Aeolothripidae* sind sie aufwärts, bei den *Thripidae* abwärts gekrümmt.

Sammeln und Präparieren

Da die Nahrungspflanzen oft bei der Bestimmung der Tiere eine Hilfe sind, ist es ratsam, Thripse möglichst mit einem in Alkohol (mit kleinem Glyzerinzusatz) angefeuchteten Pinsel direkt von den Futterpflanzen zu sammeln. Da die einzige Methode zur sicheren Bestimmung die Anfertigung mikroskopischer Dauerpräparate ist, müssen die Tiere sowieso in Alkohol aufbewahrt werden – man kann sie also gleich vom Pinsel in das Gläschen abspülen. Dem Autor ging eines Tages der Alkohol aus, und er benutzte als Notbedarf After-shave-Lotion. Hierdurch wurden die Tiere regelrecht aus den Blüten hervorgelockt, was bei reinem Alkohol nicht der Fall war – eine Zufallserfahrung, die man sich zunutze machen kann.

Ordnung Hemiptera *Schnabelkerfe*

ERKENNUNGSMERKMALE: Winzige bis große Insekten von sehr unterschiedlicher Gestalt, stets jedoch mit stechend-saugenden Mundwerkzeugen zur Aufnahme von Pflanzensäften oder Blut. Die nadelförmigen, zu Stechborsten umgebildeten Mandibeln und Maxillen werden von dem rohrförmig ausgebildeten Labium geschützt und in der Ruhelage normalerweise unter den Körper gelegt. Die Fühler können im Verhältnis zur Größe des Tieres recht lang sein, bestehen aber nur aus einer geringen Anzahl von Gliedern, gewöhnlich 4 bis 5, nur sehr selten aus mehr als 10. Meist sind zwei Flügelpaare vorhanden, von denen das vordere häufig etwas verstärkt ist und als Deckflügel fungiert.

Die große Vielfalt der Gestalten und Lebensräume der Schnabelkerfe macht es unmöglich, ein einziges Erkennungsschema anzugeben – das einzige wirklich durchgängig vorhandene Merkmal ist der als Rostrum bezeichnete Stechapparat. Die Schnabelkerfe können aber nur mit drei anderen Ordnungen wirklich verwechselt werden, von denen jedoch keine dieses Rostrum besitzt. Käfer und Schaben ähneln einigen Schnabelkerfen, doch überlappen sich die Deckflügel der Käfer nie, und die Fühler der Schaben weisen stets eine sehr große Anzahl von Gliedern auf. Einige Flechtlinge können mit Blattläusen verwechselt werden, doch auch hier sind die langen, vielgliedrigen Fühler der Flechtlinge das sichere Unterscheidungsmerkmal.

Die Schnabelkerfe sind eine der großen Ordnungen des Insektenreiches, die etwa 50 000 Arten umfaßt, von denen über 2400 in Mitteleuropa vorkommen. Der größte Teil hiervon saugt Pflanzensäfte, und unter ihnen ist eine Anzahl gefährlicher Schädlinge für die Landwirtschaft. Hier wären vor allem die Blattläuse zu nennen, die die Pflanzen nicht nur direkt schädigen, sondern auch Virus-Krankheiten übertragen.

Die Ordnung wird in zwei scharf getrennte Unterordnungen geteilt – die Heteroptera und die Homoptera –, die sich nach Gestalt und Lage der Flügel und Ursprungsort des Rostrums erheblich unterscheiden. Von einer Reihe von Entomologen werden diese Gruppen auch als Ordnungen, der Begriff der Hemiptera dann entsprechend als Überordnung gewertet.

Wenn vorhanden, ist der Vorderflügel der Heteroptera scharf in zwei Bereiche geteilt, einen festen, ledrigen Basisbereich und eine häutige Spitze. Hiernach wurden die Heteroptera benannt (griech. *heteros* = verschieden), und auch die Ordnung Hemiptera (griech. *hemi* = halb), denn bei flüchtigem Hinsehen scheint nur ein halber Flügel vorhanden zu sein. Die Hinterflügel sind stets häutig. Beide Flügelpaare werden in der Ruhestellung über den Körper gefaltet. Der Stechrüssel der Heteroptera entspringt stets vorn am Kopf. Die Unterordnung umfaßt Blut- und Pflanzensaftsau-

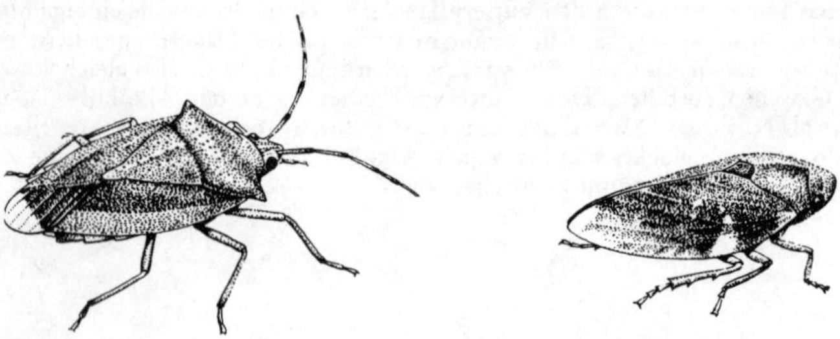

Vergleich zwischen einer Baumwanze (links) und einer Zikade (rechts)

ger. Hierher gehören die auffälligen, oft bunten Baumwanzen, die Weichwanzen, die Bettwanzen und alle Wasserbewohner der Ordnung.

Der Vorderflügel der Homoptera ist nicht in zwei Regionen unterteilt, also entweder durchweg häutig oder lederig (griech. *homos* = einheitlich). Auch hier sind die Hinterflügel häutig. In der Ruhelage werden die Flügel in dieser Gruppe jedoch im Gegensatz zu den Heteroptera dachförmig über dem Körper zusammengelegt. Der Rüssel entspringt stets weit hinten an der Kopfunterseite zwischen den Vorderbeinen. Zu dieser Unterordnung gehören nur Pflanzensaftsauger: die Zikaden, die Blattflöhe, die Blattläuse u. a. Sieht man von einigen Zikaden ab, sind alle Vertreter in Mitteleuropa klein bis winzig.

Unterordnung Heteroptera *Wanzen*

Die Körper dieser Tiere sind im allgemeinen abgeflacht, ihre Flügel werden in der Ruhe flach über dem Körper zusammengelegt. Abgesehen davon gibt es wenig gemeinsame Gestaltsmerkmale, wie die Tafeln 8–11 zeigen. In der Färbung sind die meisten Wanzen ihrem Lebensraum angepaßt. Braun und grün herrschen vor – nur einige Arten zeigen leuchtende Warnfarben. Viele Arten besitzen Stinkdrüsen auf der Oberseite des Hinterleibes oder neben den Hinterhüften. Das Sekret gibt den Tieren und den Pflanzen, auf denen sie leben, einen widerlichen Geschmack, wirkt aber auch als Kontaktgift, z. B. gegen Insekten und Spinnen. Vögel werden dagegen kaum von dem Geruch oder den Warnfarben abgeschreckt.

Die Gestalt des Kopfes ist ziemlich variabel. Meist wird er waagerecht vorgestreckt getragen und ist von oben gut sichtbar. Komplexaugen sind stets vorhanden, außerdem bei den meisten Landwanzen noch zwei Punktaugen, die den Wasserwanzen fehlen. Die Fühler bestehen nie aus mehr als 5 Gliedern und sind bei den Wasserwanzen unter dem Kopf verborgen.

Da die Ernährungsweise in der ganzen Gruppe einheitlich ist, variieren auch die Mundwerkzeuge nur wenig. Mandibeln und Maxillen haben die Form nadelartiger Stechborsten und ruhen in dem scheidenartigen Labium, das auch als Rostrum oder Schnabel bezeichnet wird. Am oberen Ende trägt es keine Rinne – hier werden die Stechborsten vom darüberliegenden Labrum geschützt. Am unteren Ende krümmen sich die Wände des Labiums über den Stechborsten stark zusammen und bilden eine sichere Führung. An der Spitze des Rostrums befinden sich Sinnesorgane, mit Hilfe derer eine geeignete Stelle zum Saugen gesucht wird. Dann wird das Rostrum etwas angezogen (Abb. S. 120), und die Stechborsten werden eingebohrt. Hierbei schneiden die an der Spitze gesägten Mandibeln zuerst ein, die schlankeren Maxillen folgen in die Wunde. Die 4 Stechborsten sind etwa kreisförmig zusammengelegt, die Mandibeln außen, die Maxillen innen. Letztere liegen fest zusammen und bilden zwischen sich zwei Kanäle. Durch den einen fließt Speichel in die Stichstelle, durch den anderen wird die Nahrung aufgesaugt. Der Hypopharynx, der bei Insekten mit kauenden Mundwerkzeugen nur klein und unscheinbar ausgebildet ist, spielt hier eine wesentliche Rolle als Teil des Pumpmechanismus, der die Nahrung ansaugt. In der Ruhe wird das ganze Rostrum unter den Körper gelegt und ragt bei vielen Arten über die Hinterhüften hinaus.

Der Prothorax ist bei den Wanzen stets groß und auffällig, sein Pronotum bildet, von oben gesehen, den größten Teil des Brustabschnittes. Abgesehen vom Scutellum oder Schildchen, der auffälligen dreieckigen Partie zwischen den Flügelwurzeln, ist der Mesothorax unter dem Pronotum und den Flügeln verborgen. Auch der kleine Metathorax ist von oben nicht sichtbar. Bei einigen Arten ist das Scutellum so groß ausgebildet, daß es auch die Flügel verdeckt und diese Tiere flügellos scheinen.

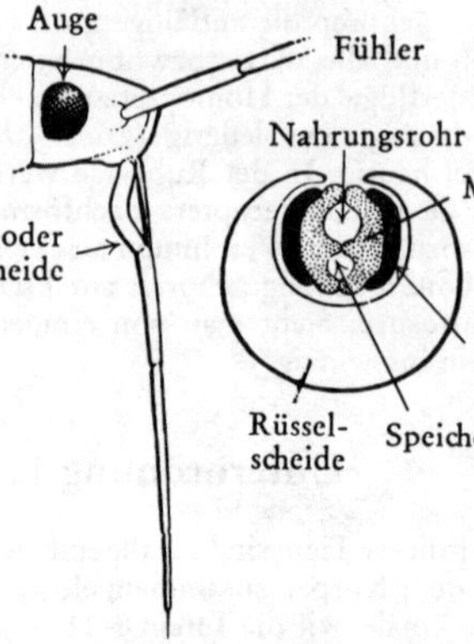

Kopf einer Wanze mit dem Schnabel oder Rostrum und Schnitt durch das Rostrum, so daß die Kanäle, die von den einzelnen Teilen der Mundwerkzeuge gebildet werden, zu erkennen sind

Da die Vorderflügel nur zur Hälfte lederig verstärkt sind, bezeichnet man sie auch als Hemielytren. (Als Elytren werden die Flügeldecken der Käfer benannt.) Der lederige Abschnitt ist in zwei oder mehr Abschnitte unterteilt. Am wichtigsten und bei allen Wanzen vorhanden ist der Clavus, der in der Ruhelage neben dem Schildchen liegt und durch die Clavalnaht vom übrigen Lederteil, dem Corium, getrennt ist. Von diesem kann am vorderen Flügelrand manchmal das Embolium und, häufiger, die dreieckige hintere Spitze als Cuneus abgetrennt sein. Diese Unterteilungen werden bei der systematischen Einteilung der Wanzen verwendet.

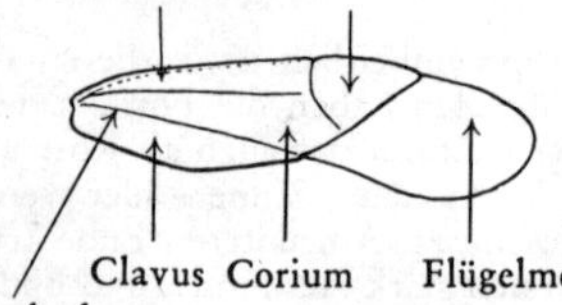

Vorderflügel einer Blumenwanze *(Anthocoridae)*, der alle bei Wanzen möglichen Untergliederungen des Vorderflügels zeigt

Die Aderung der Vorderflügel ist sehr undeutlich und bei allen Arten stark reduziert. Radius, Media und Cubitus sind oft unverzweigt, keine von ihnen erreicht den Membranteil. Auch bei den häutigen Hinterflügeln sind die Adern reduziert. Da sie aber nicht als Bestimmungsmerkmal verwendet werden, soll hier nicht näher darauf eingegangen werden.

Einigen der im Gebiet vorkommenden Arten fehlen die Flügel völlig oder fast ganz, bei anderen Arten kommen vorzugsweise kurzflüglige Individuen vor. Polymorphismus, d.h. ein Nebeneinander von lang- und kurzflügligen Tieren derselben Art, kommt vor. Diese abweichenden Tiere können nicht immer mit dem einfachen Schlüssel bestimmt werden.

Die Beine der Wanzen sind wenig bemerkenswert, wenn man von einigen räuberischen Formen absieht, bei denen die Vorderbeine im Zusammenhang mit ihrer Lebensweise zu Raubbeinen umgestaltet sind. In diesen Fällen ist der Schenkel gezähnt, und die Schiene klappt taschenmesserartig dagegen ein, so daß Beute festgehalten werden kann. Der Wasserskorpion *(Nepa cinerea)* ist hierfür ein gutes Beispiel (Tafel 11). Kleinere Unterschiede in der Bedornung der Beine, die Zahl der Fußglieder und ähnliches werden zur Bestimmung der Wanzen herangezogen.

Die Zahl der sichtbaren Segmente des Hinterleibes ist bei den einzelnen Gruppen etwas verschieden. Cerci fehlen den Wanzen, doch sei auf die Atemröhre hingewiesen, die die *Nepidae* (s. S. 130) am Hinterleibsende aus Teilen der Rückenplatten entwickelt haben.

Teile des Hinterleibes können auch für die Lauterzeugung umgebildet sein. Die berühmtesten „Sänger" unter den Hemipteren sind zwar die Zikaden aus der Unterordnung der Homoptera, aber auch verschiedene Wanzenfamilien erzeugen Töne. Hierbei wird mit den Beinen oder Flügeln über Leisten oder Borstenfelder des Hinterleibes gestrichen oder, wie bei der Raubwanze (*Reduvius personatus*, Tafel 9), mit der gezahnten Rüsselspitze über eine geriefte Rinne der Vorderbrust.

Wanzeneier sind oft mit hübschen Oberflächenstrukturen geschmückt und besitzen häufig ein Deckelchen, das der Larve das Schlüpfen erleichtert. Die Eier werden gewöhnlich an Pflanzen angeheftet oder auch in Pflanzengewebe hinein abgelegt.

Die jungen Larven sehen den erwachsenen Tieren häufig wenig ähnlich. Die Wanzen zählen zu den Hemimetabola, und so nehmen die Larven mit jeder Häutung schrittweise das spätere Aussehen an. Die Mehrzahl der Wanzen macht fünf Larvenstadien durch, wobei sich die Färbung von einer Häutung zur nächsten erheblich ändern kann. Das gilt besonders für die letzte Häutung zum adulten Tier. Andere äußere Veränderungen betreffen die Zahl der Fühler- und Fußglieder, die Gestalt des Halsschildes und

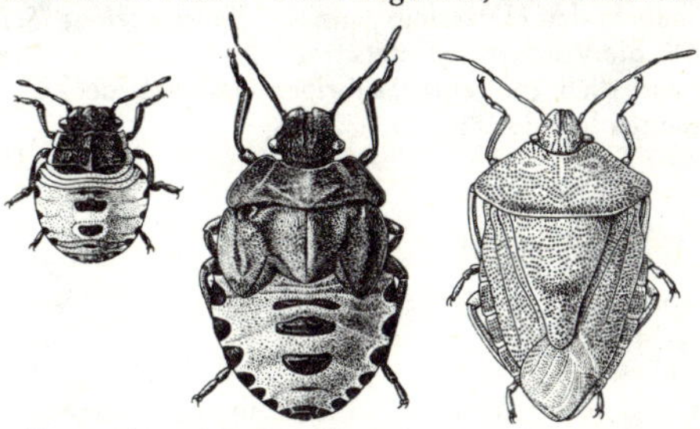

Zwei Larvenstadien und erwachsenes Tier der Baumwanze *Palomena prasina* L.

die Entwicklung der Flügel. Die Flügelanlagen werden gewöhnlich nicht vor dem vierten Larvenstadium sichtbar. Wie die erwachsenen Tiere ernähren sich auch die Larven saugend, und zwar von genau derselben Nahrung. Die Mehrzahl der pflanzensaftsaugenden Wanzen beherbergt symbiotische Bakterien in ihrem Verdauungstrakt. Diese nehmen nicht am Verdauungsprozeß der Nahrung teil, sondern synthetisieren Vitamine und Aminosäuren, die der Wirt nicht selbst bilden bzw. mit der Nahrung aufnehmen kann. Dies ist ein Merkmal von Tieren, die in allen Stadien die gleiche vitaminarme Nahrung aufnehmen. Die Jungtiere erhalten die Symbionten, indem diese entweder bereits in die Eier einwandern, oder das Weibchen die Eier mit Darmsaft nach der Ablage bespritzt, oder indem sie an symbiontenhaltigem Kot der Mutter saugen.

Schlüssel für die Familien der mitteleuropäischen Wanzen

Der folgende Schlüssel lehnt sich an den von Southwood und Leston an. Da sich die Flügel bei den Larven schrittweise entwickeln, lassen sich manchmal alte Larven und erwachsene kurzflüglige Tiere schwer unterscheiden. Man achte hier auf die Grenze zwischen Schildchen und Flügel. Ist sie scharf markiert, handelt es sich mit größter Wahrscheinlichkeit um ein erwachsenes Tier.

1. – Fühler von oben her sichtbar; Landbewohner oder Bewohner der Wasseroberfläche (*Geocorisae* und *Amphibicorisae*)* 2
– Fühler klein, unter dem Kopf verborgen; Wasserbewohner (*Hydrocorisae*)* 33
2. – Kopf wenigstens fünfmal so lang wie breit *Hydrometridae*, S. 129
– Kopf höchstens dreimal so lang wie breit 3
3. – Fühler fünfgliedrig 4
– Fühler viergliedrig 9
4. – Körperlänge 2 mm oder weniger; das Schildchen erreicht die Mitte des Körpers nicht; auf Wasseroberflächen *Hebridae*, S. 129
– Mehr als 3 mm lang, Schildchen erreicht mindestens die Körpermitte; Landbewohner 5
5. – Füße zweigliedrig 6
– Füße dreigliedrig 7
6. – Körper halbkugelig, Schildchen bedeckt Hinterleib ganz *Plataspidae*, S. 125
– Körper länger als breit, Schildchen kleiner *Acanthosomatidae*, S. 124
7. – Schienen stark bedornt, Grabbeine. Größere schwarze oder dunkelbraune Tiere, oft mit Metallglanz *Cydnidae*, S. 125
– Schienen nicht bedornt oder Tiere stark behaart 8
8. – Schildchen bedeckt den Hinterleib ganz *Eurygastrinae (Scutellerinae)*, S. 125
– Schildchen läßt die Vorderflügel stets frei *Pentatominae*, S. 125
9. – Körperunterseite dicht mit feinen, silbrigen Haaren bedeckt 10
– Körperunterseite ohne derartige Behaarung 12
10. – Meist olivgrüne Tiere mit Klauen an der Spitze der Vorderfüße; auf Schwimmblättern *Mesoveliidae*, S. 129

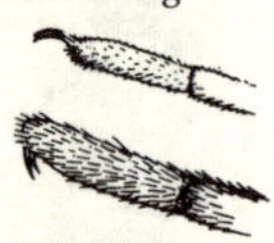

– Klauen der Vorderfüße unterhalb der Spitze; Tiere nie grünlich 11
11. – Hinterschenkel reichen über die Hinterleibsspitze hinaus; Mittelbeine stehen näher an den Hinter- als an den Vorderbeinen *Gerridae*, S. 129
– Hinterschenkel reichen nicht über die Hinterleibsspitze hinaus; Mittelbeine entspringen in der Mitte zwischen Hinter- und Vorderbeinen *Veliidae*, S. 129
12. – Schnabel gekrümmt, nicht flach an die Körperunterseite angepreßt; Körper länger als 4,5 mm 13
– Schnabel flach an die Körperunterseite angepreßt; wenn nicht, Tier kleiner als 4,5 mm 14
13. – Schnabel viergliedrig *Nabidae*, S. 127
– Schnabel dreigliedrig *Reduviidae*, S. 126
14. – Halsschild und Vorderflügel mit netzartiger Struktur 15

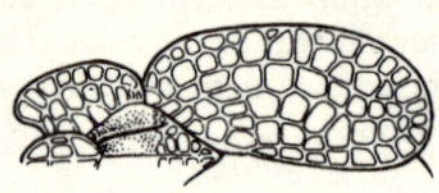

– Derartige Strukturen fehlen 16

* Die Unterteilung in die drei Gruppen der *Geocorisae, Amphibicorisae* und *Hydrocorisae* ist ökologisch begründet und wird in der deutschen Bestimmungsliteratur verbreitet verwendet. Auf Grund morphologischer Merkmale lassen sich nur die Gruppen der *Gymnocerata* (Fühler frei) und *Cryptocerata* (Fühler verborgen) unterscheiden.

15. – Halsschild hinten spitz ausgezogen, verdeckt Schildchen, Membran des Flügels undeutlich *Tingidae*, S. 126
– Halsschild verdeckt das Schildchen nicht, Flügelmembran deutlich, mit Queradern *Piesmidae*, S. 126
16. – Füße zweigliedrig **17**
– Füße dreigliedrig **20**
17. – Tiere kleiner als 2,5 mm *Microphysidae*, S. 128
– Tiere größer als 3,5 mm, Fühler sehr kräftig **18**
18. – Vorderflügel nicht unterteilt, glasartig durchsichtig *Aneuridae*, S. 124
– Vorderflügel deutlich in Corium und Membran geteilt (oder rückgebildet) **19**
19. – Kopf hinter und vor den Augen gleich breit *Aradidae*, S. 124
– Kopf hinter den Augen viel breiter *Meziridae*, S. 124
20. – Fühlerglieder 1 und 2 kurz und dick, nicht halb so lang wie 3 und 4 zusammen; letztere fadenförmig; Tiere weniger als 2,5 mm lang *Dipsocoridae*, S. 128
– Fühler anders **21**
21. – Punktaugen fehlen **22**
– Punktaugen vorhanden **24**
22. – Außerordentlich stark abgeplattete, braune Tiere, Flügel fehlen *Cimicidae*, S. 127
– Aussehen anders **23**
23. – Länger als 8 mm, rot und schwarz, Vorderflügel fast immer verkürzt, ohne Membran *Pyrrhocoridae*, S. 126
– Kleiner als 8 mm; wenn größer, nicht rot/schwarz gefärbt; wenn Flügel vorhanden, mit Cuneus *Miridae*, S. 128
24. – Schnabel dreigliedrig, nicht flach an die Körperunterseite angepreßt; wenn Flügel vorhanden, mit Cuneus und Embolium; Tiere unter 4 mm Länge *Anthocoridae*, S. 127
– Schnabel drei- oder viergliedrig, flach an die Körperunterseite angepreßt; Cuneus und Embolium fehlen den geflügelten Arten stets **25**
25. – Schnabel dreigliedrig **26**
– Schnabel viergliedrig **27**
26. – Rücken und Vorderbeine stark bedornt *Leptopodidae*, S. 128
– Ohne Dornen *Saldidae*, S. 128
27. – Membran mit höchstens 5 Längsadern; kurzflüglige Formen mit dunkelbraunem oder schwarzem Hinterleib **28**
– Membran mit mehr als 5 Längsadern; kurzflüglige Formen mit grünem oder gelblichem Hinterleib mit roten oder schwarzen Abzeichen **29**
28. – 1. Fühlerglied und Schenkel am Ende keulig verdickt, sonst mückenartig dünn, Körper gestreckt *Berytidae (Neididae)*, S. 126
– Fühler und Beine normal *Lygaeidae*, S. 126
29. – Fühler, Schienen, Mittel- und Hinterschenkel deutlich schwarz und gelb gezeichnet *Dicranocephalidae*, S. 126
– Höchstens einige davon so gezeichnet **30**
30. – Kopf so breit wie Halsschild, dreieckig; Hinterschenkel bedornt *Alydidae*, S. 125
– Kopf schmaler als Halsschild oder Hinterschenkel unbedornt **31**
31. – Mündung der Stinkdrüsen deutlich, meist ohrenförmig, außerhalb der Hüften gelegen. Corium nie durchsichtig **32**

– Mündung der Stinkdrüsen zwischen Mittel- und Hinterhüfte versteckt; Corium häufig durchsichtig *Corizidae*, S. 125

32. – An der Membranbasis 2–3 Zellen; Kopf ohne Längsfurche *Arenocoridae*, S. 125

– An der Membranbasis nur 1 dreieckige Zelle; Kopf mit Längsfurche *Coreidae*, S. 125

33. – Schnabel nicht sichtbar, von der Oberlippe verdeckt; Vorderfüße oft schaufelartig verbreitert; eingliedrig *Corixidae*, S. 131

– Schnabel drei- bis viergliedrig, freiliegend; Vorderfüße mindestens zweigliedrig **34**

34. – Hinterleib mit langer Atemröhre *Nepidae*, S. 130

– Hinterleib ohne Atemröhre **35**

35. – Körper flach und oval **36**

– Körper bootförmig, Tiere schwimmen auf dem Rücken **37**

36. – Vorderschenkel stark verdickt; Vorderflügel stets ausgebildet *Naucoridae*, S. 130

– Vorderschenkel kaum verdickt; Vorderflügel schuppenförmig *Aphelocheiridae*, S. 130

37. – Wanzen unter 3 mm Länge *Pleidae*, S. 131

– Wanzen über 10 mm Länge *Notonectidae*, S. 130

Gymnocerata: Wanzen mit freiliegenden Fühlern

Geocorisae: Landwanzen

Die Landwanzen stellen eine vorzugsweise tropische Gruppe dar, kommen jedoch in allen Zonen vor und fehlen nur den Polgebieten und Hochgebirgsgipfeln. Entwicklung und Überwinterung sind noch wenig untersucht, doch scheint es, daß Klimaeinflüsse hier einwirken und dadurch die Verbreitungsgebiete vieler Arten begrenzt werden. Im feuchten Klima der Britischen Inseln werden z. B. viele größere Wanzenarten beim Überwintern zwischen Grasbülten in den obersten Bodenschichten leicht von Pilzen befallen. Es ist deutlich, daß sich die meisten bodenbewohnenden Wanzenarten in England in trockneren Gebieten im Süden und Osten auf Kalk, Sandstein oder in Dünengebieten finden. Auch die Jahreshöchsttemperaturen spielen eine Rolle: Eine Reihe von Gattungen, die in Südeuropa mit vielen Arten verbreitet sind, dringt nur mit ein oder zwei Arten auf die Wärmeinseln nach Mitteleuropa vor.

Die Rindenwanzen (Familie **Aradidae**) sind breite, sehr flachgedrückte Tiere, die gewöhnlich auf und unter loser Borke leben, wo sie Pilzmyzelien aussaugen. Einige, darunter unsere häufigste Art, die Kiefernrindenwanze, *Aradus cinnamomeus* (Tafel 8) saugen jedoch an Kiefern. Die Stechborsten sind sehr lang und dünn und werden in Ruhelage im Kopf aufgerollt. Nur bei der Kiefernrindenwanze sind die Weibchen häufig kurzflüglig. Die anderen Arten haben lang entwickelte Flügel, fliegen aber nur zu gewissen Zeiten. Nahe verwandt sind die Familien der **Meziridae** mit nur einer Art mit rotbraunen Fühlern und Beinen, und der **Aneuridae** mit 2 Arten. Sie leben unter der Rinde abgestorbener Bäume und sind an den glasartig durchsichtigen Vorderflügeln gut zu erkennen (Tafel 8).

Zur Familienreihe der **Pentatomoidea** gehören die großen, robusten, oft käferähnlichen Wanzen, die wegen ihres oft stechenden Geruchs (Beerenwanze!) auch als „Stinkwanzen" bezeichnet werden. Die **Acanthosomatidae** (Tafel 8) besitzen im Gegensatz zu den übrigen Familien nur 2 Fußglieder. Die Stachelwanze, *Acanthosoma haemorrhoidale*, bevorzugt Ebereschen als Nahrung, kann nach dem Überwintern im Frühling aber auch an Blättern saugen. *Elasmucha grisea*, auf Birken häufig, bedeckt den rhombusförmigen Eierhaufen bis zum Schlüpfen und „bewacht“ die Larven auch danach noch einige Zeit. Möglicherweise wird dadurch ein Parasitieren, besonders der Eier, weitgehend verhindert.

Die Erdwanzen (**Cydnidae**) sind an ihren stark bedornten Grabbeinen gut zu erkennen (Tafel 8). Die schwarzen, oft metallisch glänzenden Tiere saugen am Bodenbewuchs und legen die Eier in den Boden. Hier überwintern die erwachsenen Tiere auch. Sie sind daher an leichten, trockenen Boden gebunden. *Sehirus bicolor* lebt auf Lippenblütlern, wo die Larven im Kelch, die erwachsenen Tiere an Blättern und Stengeln saugen. *Corimelaena scarabaeoides* ist auf Kalkböden weit verbreitet und lebt dort im Bodenbewuchs. Das schwarze, hochgewölbte, erzglänzende Tier kann im Süden des Bereiches evtl. mit der gleichgefärbten, aber noch breiter und höher gebauten Kugelwanze, *Coptosoma scutellatum*, verwechselt werden, die nur an warmen Stellen unter Kornwicke vorkommt und der einzige Vertreter der **Plataspidae** ist.

Die **Eurygastrinae** (Tafel 8) (früher: **Scutellerinae**) sind vor allem in den Tropen, dort auch als gefürchtete Schädlinge, verbreitet. Das stark vergrößerte Schildchen, das Flügel und Hinterleib völlig verdeckt, charakterisiert diese Unterfamilie der **Pentatomidae**. Die Gräserwanze, *Eurygaster maura*, kommt besonders an Getreideähren häufig vor, während *Eurygaster testudinaria* Riedgräser an feuchteren Orten bevorzugt. Die beiden *Odontoscelis*-Arten, an Kleearten auf Kiesböden, können durch die bedornten Beine mit Erdwanzen verwechselt werden, sind aber im Gegensatz zu diesen behaart. *Podops innuncta* auf Wiesenböden ist an 2 hakenartigen Fortsätzen vorn am Halsschild erkennbar. Die schönsten Schildwanzen sind die beiden rot-schwarz-gestreiften *Graphosoma*-Arten, die, wärmeliebend, nur im Süden des Gebietes vorkommen.

Die **Pentatominae**, die zweite Unterfamilie der Baumwanzen, stellt mit etwa 35 Arten das Gros der großen, auffälligen Wanzen. Die Beerenwanze, *Dolycoris baccarum*, ist wohl jedem durch den unangenehmen Geschmack, den sie Himbeeren verleiht, bekannt. Die sehr häufige Getreidewanze, *Aelia acuminata*, nach Halsschild- und Kopfform auch Spitzling genannt, kann zuweilen an Getreide schädlich werden. Gelb oder weiß ist die grünschwarze Kohlwanze, *Eurydema oleraceum*, gezeichnet, die in mehr als 20 Färbungsvarianten an allen Kulturpflanzen vorkommt, bunter rot und gelb die ähnliche Schmuckwanze, *Eurydema ornatum*. Die Rotbeinige Baumwanze, *Pentatoma rufipes*, bewohnt Laubbäume und Sträucher. Ähnlich sieht *Picromerus bidens* aus, die jedoch einen kräftigeren Dorn an jeder Halsschildseite trägt und einer weiteren Unterfamilie (**Amyotinae**) zugerechnet werden kann.

Die **Coreidae** werden als Rand- oder Lederwanzen bezeichnet. Es sind ausschließlich Pflanzensaftsauger, vor allem an Früchten und Samen, die in warmen Ländern auch an Kulturpflanzen schädlich werden. Auch bei ihnen ist das Halsschild breit – im ganzen erscheinen die Tiere jedoch etwas schmaler als die Baumwanzen, und ihr Schildchen ist weniger auffällig. Bei den meisten Arten sind die Seiten des Hinterleibs zu einem flachen Randsaum verbreitert. Die an Ampfer im Feuchten lebende Saumwanze, *Coreus marginatus* (Tafel 8), ist unsere häufigste Art. Die einem stachligen Samen gleichende *Phyllomorpha laciniata* findet sich erst von Ungarn und Südfrankreich an südwärts.

Die **Arenocoridae** umfassen kleinere, graue bis schwarzbraune Bodentiere, die meist nur zerstreut auftreten.

Von den **Alydidae** ist nur *Alydus calcaratus*, ein schmales schwarzbehaartes Tier von 10 mm Länge an Wolfsmilch auf trockenen Böden häufiger. Sie fliegt leicht und schnell auf und enthüllt dabei den leuchtend-orange gefärbten Rücken (s. Tafel 8), ein Beispiel einer Schreck- und Warnfarbe.

Manche **Corizidae** sind den *Coreidae* ähnlich, aber durch die andere Lage der Stinkdrüsenöffnungen (s. Schlüssel S. 123) unterschieden. Rotbraune bis dunkelbraune Färbungen wie bei *Rhopalus subrufus* (Tafel 9), einem Bewohner trockener Böden, sind die Regel. Atypisch ist das Aussehen von *Chorosoma schillingi*, deren Gestalt an das Leben auf Gräsern auf Sandböden angepaßt ist.

Pyrrhocoris apterus, die Feuerwanze (Tafel 9), ist die häufigere der beiden Vertreter der **Pyrrhocoridae**. Sie lebt in der Regel in größeren Gesellschaften am Fuß alter Laubbäume. Es gibt geflügelte, kurzflüglige und flügellose Individuen.

Die vor allem auf Wolfsmilch lebenden Arten der **Dicranocephalidae** (Tafel 9) stellen im Aussehen so etwas wie einen Übergang zwischen *Lygaeidae* und *Coreidae* dar und können leicht miteinander verwechselt werden.

Die Familie der Bodenwanzen, **Lygaeidae**, ist mit über 100 Arten eine große Gruppe häufig bräunlicher, schlanker bis ovaler guter Läufer. Sie erreichen höchstens 12 mm Länge. Die Ritterwanzen (Gattung *Lygaeus*, Tafel 9) sind schön schwarz-rot gefärbt. Die Bodenwanzen sind den Randwanzen recht ähnlich, tragen aber stets nur wenige Adern auf der Flügelmembran. Einige Bodenwanzen erinnern auch an Weichwanzen, die jedoch weichere Körper und nie Punktaugen besitzen. Einige Bodenwanzen sind Räuber, andere Pflanzensaftsauger, von denen *Blissus leucopterus* in Amerika an Getreide und Zuckerrohr schädlich wird. Die Wanzen überwintern in großen Mengen in Grasbülten o. ä. und können auch in Häuser einwandern. Häufige Arten sind z. B. *Megalonotus chiragra* und *Scoloposthetus decoratus*, letztere auf Heideböden. Die Gattung *Cymus* bewohnt Riedgräser und Binsen auf Sumpfwiesen.

Die Stelzenwanzen **(Berytidae)** sind, wie der Name sagt, durch auffallend dünne, lange Beine ausgezeichnet und kaum zu verwechseln. Besonders schlank ist auch der Körper der Großen Stelzenwanze, *Neides tipularius*, kürzer bei den Berytinusarten (Tafel 9).

Die Meldenwanzen, **Piesmidae**, sehen oberflächlich den Netzwanzen durch die netzartige Struktur von Halsschild und Vorderflügel ähnlich, sind jedoch den Bodenwanzen näher verwandt. Sie saugen an Gänsefußgewächsen, z. B. Rüben, Mangold, Spinat u. ä. Die Rübenwanze, *Piesma quadrata* (Tafel 9), ist über ganz Zentraleuropa verbreitet und schadet durch die Übertragung des Virus der Kräuselkrankheit den Rüben sehr. Die Männchen erzeugen durch Stridulation mit den Flügeln an bestimmten Hinterleibsringen laute Töne.

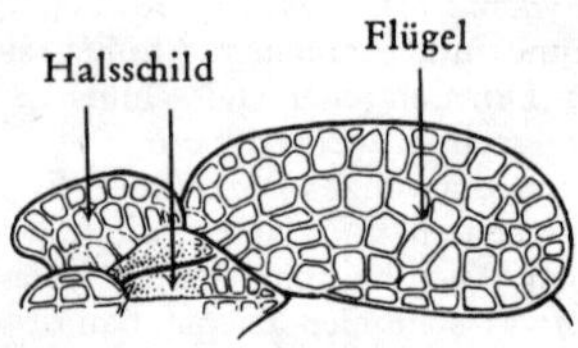

Netzartig strukturierter Halsschild und Flügel der Netzwanzen *(Tingidae)*

Die Netzwanzen, **Tingidae** (Tafel 9), tragen ebenfalls die Netzstruktur wie die Meldenwanzen, können aber von diesen daran unterschieden werden, daß sich bei den meisten der Halsschild über das Schildchen hin erstreckt, ebenso nach vorn und über die Seiten. Die Flügelmembran ist im Gegensatz zu der der Meldenwanzen kaum zu erkennen. Die etwa 70 Arten sind recht klein – 6 mm ist die maximale Größe – und Pflanzensauger. Viele leben an Moos und sind kurzflüglig. Die graue Färbung wird häufig durch Wachsstaub auf der Oberfläche hervorgerufen. Eine Reihe von Arten sind Nahrungsspezialisten und können am besten nach ihrer Futterpflanze erkannt werden, auf die man achten sollte. Für *Tingis cardui* sind dies z. B. Cissium-, seltener Carduus-Arten.

Die Raubwanzen, **Reduviidae**, leben, wie der Name sagt, vor allem von anderen Arthropoden. Viele können schmerzhaft stechen, wenn man sie unachtsam anfaßt, doch nur wenige leben von Säugetierblut. Mimese ist in dieser Familie häufig. Viele

Arten sehen ihrer Beute so ähnlich, daß sich auch der Entomologe täuschen läßt. Die vorzugsweise tropische Gruppe kommt nur mit etwa 10 Arten nach Mitteleuropa. Die braune *Coranus subapterus* ist vielfach kurzflüglig und lebt unter Heidekraut. Die Große Raubwanze, *Reduvius personatus*, ist ein Kulturfolger und lebt in menschlichen Behausungen von Bettwanzen, Fliegen u. ä. Beide Arten können laute Töne erzeugen, indem sie mit ihrer Schnabelspitze über eine geriefte Brustrille reiben. In einer großen Zahl geographischer Rassen kommt die schön schwarz-rot gefärbte *Rhinocoris iracundus* vor. Die bisher genannten Arten haben lange, doch kräftige Beine, während die zarten, dunkel geringelten Beine den beiden *Empicoris*-Arten den Namen Mückenwanzen eingetragen haben. Sie sehen diesen besonders in der Ruhestellung sehr ähnlich und sind an hohe Luftfeuchtigkeit gebunden.

Die Sichelwanzen, **Nabidae** (s. Tafel 9), sind den Raubwanzen in einigen Zügen ähnlich, besitzen aber einen viergliedrigen Rüssel (Raubwanzen: dreigliedrig) und sind näher mit den Bettwanzen verwandt. Sie sind ziemlich schlank, besitzen relativ lange Beine und ernähren sich räuberisch von anderen Insekten. *Nabis limbatus* ist an feuchten Stellen auf Stauden und Gräsern häufig, *Nabis apterus* – wie die vorige Art meist kurzflüglig – geht dagegen als einzige Art auf Sträucher und niedrige Bäume. Alle Nabiden sind braun gefärbt.

Die **Cimicidae** oder Bettwanzen (Tafel 10) sind stets praktisch flügellos und leben als Blutsauger an Säugetieren und Vögeln. Alle Arten sind braun und nur bei starker Vergrößerung sicher zu bestimmen. Die Schwalbenwanze, *Oeciacus hirundinis*, lebt in den Nestern von Mehlschwalben und Mauerseglern und findet nach deren Abzug im Spätsommer oft den Weg in menschliche Wohnungen, kann jedoch nicht auf Dauer von menschlichem Blut leben. Dies tut die Bettwanze, *Cimex lectularius*, die nicht ständig auf ihrem Wirt bleibt, sondern sich tagsüber unter Bildern, Scheuerleisten, hinter loser Tapete u. ä. verbirgt. Nachts suchen sie den Wirt auf. Bis zu 6 Monate können sie hungern. Übertragung von Krankheiten durch Bettwanzen ist bisher nicht festgestellt worden. Einige, z. T. nahe verwandte, Arten finden sich auf Vögeln und Fledermäusen.

Die **Anthocoridae** oder Blumenwanzen (Tafel 10) werden mitunter mit den vorigen Arten zu einer Familie vereint. Die kleinen, gewöhnlich braun oder schwarz gefärbten Arten haben meist lange Flügel und leben als Insektenjäger. Die Vertreter der einen Unterfamilie finden sich vor allem auf Blättern und Blüten von Büschen und Bäumen und gaben der Familie diesen Namen. Ein typischer Vertreter ist *Anthocoris nemorum*. Wie die übrigen Arten überwintert sie unter Rinde und an ähnlichen Orten und jagt im Sommer Blattläuse und kleine blütenbesuchende Insekten. Die zweite Unterfamilie ist durch *Xylocoris galactinus* charakterisiert, die in Heuhaufen, Kornspeichern, Komposthaufen und ähnlichen Aufhäufungen von pflanzlichen Stoffen lebt und dort Staubläuse, Springschwänze und ähnliche kleine Insekten jagt. Von den Miriden und Lygaeiden, die am gleichen Orte leben, können die Anthocoriden durch das gut ausgebildete Embolium an ihren Flügeln unterschieden werden.

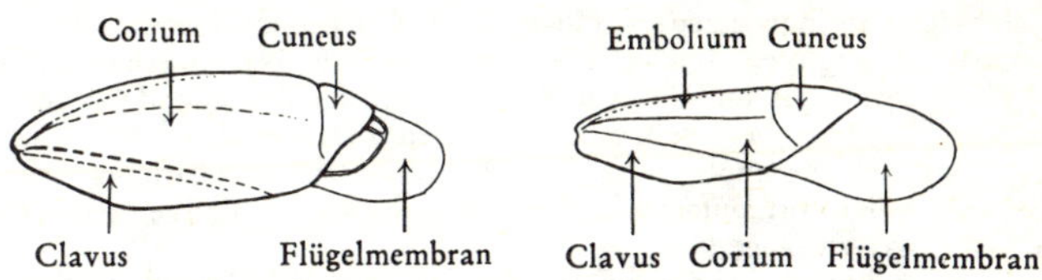

Vergleich zwischen dem Vorderflügel der Weichwanzen – *Miridae* (links) und der Blumenwanzen – *Anthocoridae* (rechts)

Die kleinen Vertreter der **Loriculidae** oder **Microphysidae**, z. B. *Loricula elegantula*, leben zwischen Flechten auf Rinde oder unter Moos von Rindenläusen, Springschwänzen u. ä. Die geflügelten Männchen sehen den Blumenwanzen, die verbreiterten Weibchen aber oft Blattläusen ähnlich. Die bis 2,5 mm langen Arten werden oft übersehen, und wahrscheinlich sind noch nicht alle im Gebiet vorhandenen Arten gefunden worden.

Mit mehr als 300 Arten sind die Weichwanzen **(Miridae)**, Tafel 10, die artenreichste mitteleuropäische Wanzenfamilie. Die Tiere sind klein bis mittelgroß und bewohnen nahezu alle Lebensräume. Weichwanzen sind in der Gipfelregion der Gebirge und auf den salzigen Böden des Marschlandes, in Dünen und auf jeder Art von Pflanzen – Bäume, Sträucher, Kräuter, Gräser – und schließlich auch auf nacktem Boden zu finden. Die meisten sind schlanke Pflanzensaftsauger, einige Arten aber wenigstens zum Teil räuberisch. Mimikry ist bei vielen Arten der Familie ausgebildet. Einige Arten ahmen Ameisen nach, so *Myrmecoris gracilis*, die Ameisenwanze, und das Weibchen von *Systellonotus triguttatus*. Beide Arten besitzen rückgebildete Flügel und kommen, wie die nachgeahmten Ameisen, auf trockenen Böden vor. Sie greifen lebende Ameisen nicht an, ernähren sich aber von toten. Wahrscheinlich gehören auch Ameisenlarven zu ihrem Speisezettel.

Am Flügel der Miriden ist der Cuneus gewöhnlich gut ausgebildet, woran man sie von anderen Wanzen unterscheiden kann. Auch die Blumenwanzen besitzen diesen Cuneus, dazu aber noch das Embolium (Abb. S. 127). Wie man es bei Tieren, die vorwiegend Pflanzensaftsauger sind, erwarten sollte, herrschen grüne und braune Farbtöne vor.

Viele der Weichwanzen sind sehr häufig und können im Sommer in Mengen mit dem Streifsack erbeutet werden. Auf jeder großen Doldenblüte findet man einige von ihnen. Sie saugen vor allem an heranwachsenden Früchten und Samen. Viele Arten sind von wirtschaftlicher Bedeutung. Die Feldwanze, *Lygus rugulipennis* Pop. tritt stellenweise als Schädling an Kulturpflanzen auf und ruft Flecke an Früchten und Blättern hervor. Die Eier überdauern den Winter auf Bäumen und die jungen Larven saugen dort an den ersten Blättern, bevor sie zu den Pflanzen absteigen, von denen die Sommergeneration lebt. Im Herbst kehren die Tiere auf die Bäume zurück und legen dort ihre Eier ab. Auch die durch dunkelbraune „Knie“ (obere Schienenenden) ausgezeichnete *Blepharidopterus angulatus* ist auf Obstbäumen häufig. Das sonst grüne Tier lebt jedoch räuberisch und jagt auch die roten Spinnmilben, die große Schäden anrichten. Dies ist also eine Wanze, die man durchaus im Obstgarten haben sollte!

Neuerdings stellt man auch die Familie der **Isometopidae** (Tafel 10) zu den Miriden, die bei uns nur mit einer Art, *Isometopus intrusus*, vertreten ist. *Isometopus mirificus* kommt von Ungarn und Südfrankreich an südostwärts vor.

Die Familie der **Dipsocoridae** mit 7 mitteleuropäischen Arten ist eine stark spezialisierte Gruppe, die sich aus Anthocoriden entwickelt haben könnte. Die winzigen, 0,8–2,2 mm langen Tiere finden sich unter feuchtem Moos u. ä. *Cryptostemma alienum* findet sich z. B. an kiesigen Ufern an schnellfließenden Bächen.

Die Ufer- oder Springwanzen (**Saldidae**, Tafel 10) leben als Räuber stets am Wasser, an Meeresküsten, Sümpfen, Teichen u. ä., woher sie ihren Namen erhielten. Der Kopf ist breit, die Augen ragen auffällig vor. Der dreigliedrige Rüssel und 4–5 geschlossene Zellen in der Flügelmembran helfen bei ihrer Identifizierung. Die häufige Art *Saldula saltatoria* findet sich an sumpfigen Teichen. Ihre braunschwarze Färbung verbirgt sie in der Ruhe gut. Aufgestört läuft, springt und fliegt sie wie alle übrigen Arten rasch und gut und ist schwer zu fangen.

In die Verwandtschaft gehört die Familie der **Leptopodidae**, die nicht wasserliebend ist und mit nur einer seltenen Art, *Leptopus marmoratus*, unter flachen Steinen lebt.

Amphibicorisae: Wasserliebende Landwanzen

Die auf den Wasseroberflächen lebenden Wanzen werden mit den Landwanzen zur Gruppe der Gymnocerata zusammengefaßt, da alle diese Tiere freie, gut sichtbare Fühler besitzen, während diese bei den eigentlichen Wasserwanzen unter dem Kopf verborgen liegen. Die hier behandelten Familien bewohnen jedoch einen ganz eigenen Lebensraum und sind speziell an das Leben auf Wasseroberflächen angepaßt. Ein besonderes Merkmal ist die feine Behaarung, die mindestens die Unterseite bedeckt und vor Benetzung schützt. Alle Arten leben räuberisch und finden ihre Beute entweder optisch oder durch Wahrnehmung von Erschütterungen der Wasseroberfläche.

Die **Mesoveliidae** und die verwandten Zwergwasserläufer **(Hebridae)** (Tafel 11) sind am wenigsten an das Leben auf Wasseroberflächen angepaßt und zeigen noch Merkmale der landbewohnenden Vorfahren. Beide Familien besitzen z. B. noch ein Schildchen, das den anderen Familien dieser Gruppe fehlt, und Klauen an den Spitzen der Füße, ein Merkmal, das allerdings auch für die *Hydrometridae* gilt. Die beiden Familien sind im Gebiet mit nur 3 Arten vertreten, alle kleiner als 3 mm. *Mesovelia furcata* ist grün und schwarz, fast immer flügellos und kommt auf Schwimmblättern von Wasserpflanzen (z. B. *Lemna*) vor. *Naeogeus (Hebrus) pusillus* und *N. ruficeps* – letzterer gewöhnlich mit kurzen Flügeln –, finden sich besonders auf Torfmoos an Gewässerrändern.

Hydrometra stagnorum, der Gemeine Teichläufer (Tafel 11) gehört zu den **Hydrometridae**, einer Familie, die durch die starke Verlängerung des Kopfes gekennzeichnet ist. Die Flügel sind bei dieser Art gewöhnlich schuppenförmig entwickelt. Sie findet sich an stehenden oder langsam strömenden Gewässern im ganzen Gebiet. Im Gegensatz zu den anderen oberflächenbewohnenden Arten stechen die Teichläufer ihre Beute durch die Wasseroberfläche hindurch an und halten sie nur mit dem Rüssel, nicht mit den Vorderbeinen. Möglicherweise hat die Kopfverlängerung etwas mit dieser Ernährungsweise zu tun. Wasserflöhe, Mückenlarven und andere Bewohner der oberen Wasserregion machen die Beute dieser und einer verwandten hellbraunen Art *Hydrometra gracilenta* aus.

Die Familie der **Veliidae**, deren typischer Vertreter der Große Bachläufer, *Velia caprai* (Tafel 11), ist, ähnelt den Wasserläufern in vielen Merkmalen, besitzt jedoch kürzere Mittel- und Hinterbeine und wirkt im ganzen gedrungener. Es sind bräunliche Tiere, im allgemeinen flügellos und bis zu einer Größe von 8 mm. Sie leben auf stehenden und fließenden Gewässern von kleinen Insekten, die auf das Wasser fallen. Möglicherweise erbeuten sie auch Mückenlarven dicht unter der Wasseroberfläche. Die Beute wird mehr mit dem Rüssel als mit den Vorderbeinen gehalten.

Die **Gerridae**, von denen der Gemeine Wasserläufer (*Gerris lacustris*, Tafel 11) abgebildet ist, stellen die am besten angepaßte Familie der Gruppe dar. Dies sind die eigentlichen Wasserläufer, die sich auf dem Wasserspiegel von Teichen, Bächen, Seen und Flüssen finden. Mit Hilfe der langen Mittelbeine „rudern" sie sich gleichsam mit hoher Geschwindigkeit über die Wasseroberfläche. Die Hinterbeine wirken dabei als eine Art Steuerruder. In dieser Anordnung sind die Vorderbeine frei, um kleine, auf die

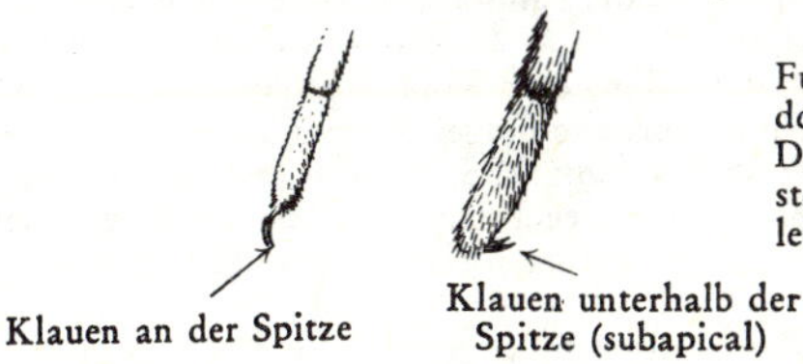

Fuß von *Mesovelia* (links) und *Gerris* mit der unterschiedlichen Lage der Fußklauen. Die unterhalb der Fußspitze (subapikal) stehenden Klauen erlauben *Gerris* ein leichteres Laufen auf der Wasseroberfläche

Oberfläche fallende Insekten als Beute ergreifen zu können. Die Klauen liegen wie bei den *Veliidae* etwas unterhalb der Fußspitze (sub-apical), die Spitze selbst ist mit dichten, wasserabstoßenden Haaren besetzt. Dadurch können sie sich besser über die Wasseroberfläche bewegen. Die Vertreter der Gattung *Gerris* sind gewöhnlich geflügelt und gute Flieger, wenn auch kurzflüglige Tiere nicht selten sind. Die Vorderflügel sind stets von einheitlicher Struktur – eine Membran ist nicht abgesetzt. Wenn auch in Mitteleuropa nicht vertreten, sei die Gattung *Halobates* doch kurz erwähnt, eine der wenigen Insektengruppen, die das Meer erobert haben. Die Tiere finden sich auf schwimmendem Tang und dem offenen Wasser Hunderte von Meilen vor den Küsten tropischer und subtropischer Meere.

Cryptocerata: Wanzen mit verborgenen Fühlern (Tafel 11)

Die Vertreter dieser Gruppe sind dadurch charakterisiert, daß sie ihre Fühler verborgen in Furchen oder Gruben unter dem Kopf tragen. Alle leben direkt im Wasser, und die Ausbildung der Antennen ist mit dieser Lebensweise verbunden. Diese Wasserwanzen werden auch als *Hydrocorisae* zusammengefaßt. Die Familien, die zu den *Cryptocerata* gehören, zeigen ein sehr unterschiedliches Aussehen, und es ist nicht möglich, die Gruppe der Landwanzen zu nennen, von denen sie abstammen. Es gibt unter ihnen jedoch eine deutliche Entwicklungsreihe von Formen, die mit Hilfe eines Atemrohres Luft aufnehmen, über luftblasentragende Arten zu der Plastronatmung von *Aphelocheirus*. Die Mehrzahl der Wasserwanzen lebt räuberisch und kann empfindlich stechen, wenn unvorsichtig zugefaßt wird.

Die Vertreter der **Nepidae** sind stets leicht an dem langen schwanzartigen Atemrohr oder Sipho zu erkennen. Es wird in Abständen durch die Wasseroberfläche gesteckt und Luft hierdurch zu den Tracheenöffnungen geleitet. Die Tiere besitzen hydrostatische Organe, mit deren Hilfe sie stets die geeigneten Wassertiefen finden, um ihr Atemrohr einsetzen zu können. Die Familie ist vorzugsweise in den Tropen verbreitet. In Mitteleuropa kommen nur der breite, bodenverbundene Wasserskorpion, *Nepa rubra*, und die langgestreckte Stabwanze, *Ranatra linearis*, die an Wasserpflanzen sitzt, vor. Beide sind keine guten Schwimmer, sondern haben den Bewegungsrhythmus der Landbewohner beibehalten – sie „laufen" im Wasser. Beide Arten besitzen Flügel, doch sind die Flugmuskeln schlecht entwickelt. Die Vorderbeine sind als Raubbeine ausgebildet, besonders bei dem Wasserskorpion, und zum Ergreifen von Beute gut geeignet. Der Wasserskorpion ernährt sich von anderen Insekten, Kaulquappen und sogar kleinsten Fischen, die Stabwanze hingegen von kleineren Beutetieren wie Wasserflöhen.

Die Schwimmwanze, *Ilyocoris cimicoides*, ist einer der beiden sehr ähnlichen Vertreter der **Naucoridae** und an den stark verdickten Vorderschenkeln, die hörnchenartig seitwärts unter dem Kopf hervortreten, leicht zu erkennen. Sie ist groß, bis 15 mm lang, und in stehenden Gewässern zwischen Wasserpflanzen zu finden. Sie atmet aus einer mitgeführten Luftblase, kann aber länger als die anderen Wasserwanzen, die so atmen, unter Wasser bleiben.

Nahe verwandt mit den Schwimmwanzen ist die Familie der **Aphelocheiridae**, die mit nur einer Art, der Grundwanze, *Aphelocheirus aestivalis*, vorkommt. Sie unterscheidet sich von den *Naucoridae* durch den schmaleren Kopf, weniger stark entwickelte Raubbeine und wenig oder gar nicht entwickelte Flügel. Wesentlichstes Kennzeichen von *Aphelocheirus* ist jedoch die Plastronatmung (s. S. 29). Das bedeutet, daß sie auf sauerstoffreiches Wasser angewiesen ist. Im Gegensatz dazu können Arten, die Luft an der Wasseroberfläche aufnehmen, auch in sauerstoffarmem, faulendem Wasser vorkommen.

Die Rückenschwimmer der Familie der **Notonectidae** gehören zu den stechlustigsten Wanzen und sind in Mitteleuropa mit 6 Arten vertreten, von denen *Notonecta glauca* (Tafel 11) die häufigste ist. Diese Tiere schwimmen auf dem Rücken, den Bauch nach oben gekehrt, und benutzen die Beine wie Riemen. Durch diese Schwimmhaltung kann man die Tiere auf einen Blick von den Ruderwanzen unterscheiden, ferner an den sehr langen Hinterbeinen. Das Licht, nicht aber die Gravitation bestimmt ihre Körperhaltung. Setzt man sie in ein Aquarium, das nur von unten beleuchtet ist, so schwimmen sie auf dem Bauche wie andere Wanzen auch. Die Rückenschwimmer atmen aus einer Luftblase, müssen daher häufig an die Wasseroberfläche kommen und ihren Luftvorrat erneuern. Sie fressen Kaulquappen, kleine Fische und andere Insekten und sollten daher nie in einem Gemeinschaftsaquarium gehalten werden. Da die Tiere sehr gut fliegen, sollte ihr Aquarium auch stets gut abgedeckt sein. Die Tiere sind vom Volksmund wegen ihres schmerzhaften Stiches auch mit dem Namen „Wasserbienen“ belegt worden, der für sich spricht.

Plea leachi (Tafel 11) ist der einzige Vertreter der Zwergrückenschwimmer oder **Pleidae**, die mit den Rückenschwimmern nahe verwandt sind und wie diese auf dem gekielten Rücken schwimmen. Durch die geringe Größe – nur 3 mm Länge – sind sie leicht unterscheidbar.

Die Ruderwanzen (**Corixidae**, Tafel 11) unterscheiden sich als Pflanzenfresser, besser -sauger, grundsätzlich von den anderen Wasserwanzen. Mit den sehr kurzen, meist mit einem schaufelartigen Fußglied ausgestatteten Vorderbeinen schaufeln sie am Grunde der Gewässer vor allem Algen, aber auch pflanzliche und tierische Abfälle herbei und saugen sie mit dem sehr kurzen Schnabel aus. Die Ruderwanzen, für die stellvertretend die häufige *Corixa punctata* abgebildet ist, sehen oberflächlich betrachtet den Rückenschwimmern ähnlich, schwimmen jedoch auf der Bauchseite und sind weniger hochrückig gebaut. Die Hinterbeine sind mit Fransensäumen besetzt und werden zum Schwimmen benutzt, sind aber kürzer als bei den Rückenschwimmern und kaum länger als die Mittelbeine. Die Ruderwanzen verbringen ihre Zeit am Grunde der Gewässer und tauchen nur zur Erneuerung des Luftvorrates auf. Sieht man von den kleinen, bis 2,7 mm langen *Micronecta*-Arten ab, so ist das Schildchen unter den Flügeln völlig verborgen. Die Tiere fliegen im allgemeinen bei Tag und bei Nacht gut, doch ist die Flugmuskulatur bei einzelnen Exemplaren rückgebildet. Die Männchen mancher Arten sind zur Lauterzeugung fähig, meist durch Streichen eines Zapfenfeldes am Vorderschenkel über die Kopfkante.

Die **Ochteridae** fehlen in Mitteleuropa, sind aber in Südeuropa durch *Ochterus marginatus* (Tafel 10) vertreten. Diese Wasserbewohner unterscheiden sich von den übrigen Familien der Wasserwanzen dadurch, daß ihre Fühler nicht verborgen sind. Etwa 20 Arten gehören zu dieser Familie, die alle klein und oval sind und räuberisch an schlammigen Flußufern und auf Sandbänken leben.

Unterordnung Homoptera

(Tafel 12–13)

Die Vertreter dieser Unterordnung sind eine Versammlung ganz unterschiedlicher Gestalten, die wenig Ähnlichkeit mit Wanzen besitzen. Lediglich die Gleichartigkeit der Mundwerkzeuge verbindet beide Gruppen miteinander. Sicher hätte man die Homoptera mit so unterschiedlichen Vertretern wie den großen Zikaden und den winzigen Blatt- und Schildläusen in verschiedene Ordnungen aufgeteilt, hätte man nicht diese Gemeinsamkeit der Mundwerkzeuge festgestellt. Vielfach wird auch eine Aufteilung in zwei Ordnungen der Homoptera vorgenommen: als *Auchenorrhyncha* werden die Zikaden, die kurze borstenartige Fühler tragen, als *Sternorrhyncha* die Pflanzenläuse, d.h. Blatt-, Schild-, Mottenschildläuse und Blattflöhe, betrachtet. Alle diese haben lange, fadendünne Fühler.

Der Kopf der Homopteren ist scharf nach unten hinten gerichtet, so daß die Mundwerkzeuge unter und hinter den Augen zu liegen kommen und es den Anschein hat, als entsprängen sie hinten am Kopf. Bei den *Sternorrhyncha* hat man den Eindruck, daß die Wurzel des Rostrums zwischen den Vorderbeinen liegt. Abgesehen von dieser weit nach hinten verlagerten Stellung entsprechen die Mundwerkzeuge aber im Aufbau denen der Wanzen (S. 119).

Komplexaugen sind gewöhnlich vorhanden und deutlich sichtbar, wenn sie auch oft nur aus wenigen Facetten bestehen. Ferner sind gewöhnlich 2–3 Punktaugen vorhanden. Die Fühler bestehen meist aus 4–5 Gliedern, doch können bei Blattflöhen bis zu 10 und bei einigen männlichen Schildläusen 25 Glieder vorhanden sein. Die Gestalt der Fühler ist ein wichtiges Merkmal zur Trennung und Identifizierung einiger Familien.

War das Halsschild bei den Wanzen groß und auffällig ausgebildet, so ist es bei den Homopteren im allgemeinen klein und oft nur als eine Art „Kragen" hinter dem Kopf zu erkennen. Die Ausnahme stellen die Buckelzikaden *(Membracidae)* dar, bei denen das Pronotum nach hinten und oben fast helmartig ausgezogen ist. Meso- und Metanotum (Mittel- und Hinterbrustrücken) sind gewöhnlich gut entwickelt, das Schildchen jedoch nie so auffällig wie bei den Wanzen.

In der Ausbildung der Flügel unterscheiden sich die beiden Unterordnungen am meisten. Die Vorderflügel der Homoptera sind nie in einen ledrigen und einen durchsichtigen Teil untergliedert. Entweder sind sie völlig durchsichtig, wie etwa bei den Blattläusen, oder aber undurchsichtig ledrig wie bei einigen Zikaden – in jedem Fall aber einheitlich strukturiert. In der Ruhestellung werden die Flügel dachartig über dem Körper zusammengelegt, wogegen sie bei den Wanzen flachgelegt werden. Die Flügeladerung ist bei den Zikaden ziemlich vollständig, in den anderen Familien aber stark rückgebildet. Einige Generationen der Blattläuse und die Weibchen der Schildläuse sind stets flügellos, die übrigen Homopteren aber geflügelt.

Die meisten Zikaden besitzen kräftige Legebohrer, mit Hilfe derer sie die Eier in Spalten ablegen oder aber Pflanzen anschneiden und die Eier in das Gewebe versenken. Den Blattläusen und den meisten anderen *Auchenorrhyncha* fehlen Legebohrer. Sie legen ihre Eier an der Oberfläche ab. Die Eier der Homopteren sind viel weniger schön skulpturiert als die der Wanzen. Die Larvenentwicklung ist weniger einheitlich – je nach Familie können 3–7 Larvenstadien vorkommen. Das Lebendgebären (Viviparie) und Jungfernzeugung (Parthenogenese) kommen regelmäßig bei einer Reihe von Blattläusen vor. Die meisten Arten überwintern als Eier.

Alle Homopteren sind Pflanzensaftsauger, von denen einige sehr schädlich werden können, besonders unter den Blattläusen und -flöhen. Die Tiere schwächen die Pflanzen durch die Entnahme großer Saftmengen und können beim Stich auch Stoffe in die Wunde fließen lassen, die das Chlorophyll zerstören und das Wachstum der Pflanzen beeinträchtigen können. Einige blockieren durch den Stich die saftführenden Leitungsbahnen der Pflanzen und bringen sie oberhalb der Saugstelle zum Welken und Absterben. Die größte Bedeutung besitzen die Tiere jedoch als Überträger von Viruskrankheiten. Die Zikaden stellen in Mitteleuropa keine ernste Gefahr dar – durch die von Blattläusen übertragenen Viruskrankheiten werden jedoch jährlich große Erntemengen vernichtet. Die Viren wandern im Rostrum abwärts und infizieren jede Pflanze, die das Tier neu ansticht.

Eine Fähigkeit, die sich bei vielen Homopteren findet, ist die der Erzeugung eines süßen Exkretes, des sog. „Honigtaus". Es wird durch den After ausgeschieden – fälschlich wurden auch die Siphonen, paarige Rückenröhren, für den Ort der Ausscheidung bei den Blattläusen gehalten – und es enthält bis zu 25 % Zucker aus den aufgenommenen Pflanzensäften. Hierdurch werden die Blattläuse für Ameisen und Honigbienen attraktiv. Der Honigtau, der oft in so großen Mengen produziert wird, daß er den Boden unter befallenen Bäumen klebrig macht, ist auch für das schmutzige

Aussehen vieler Pflanzen im Spätsommer verantwortlich. Bestimmte schwarze Pilze siedeln sich auf dem Honigtau an und benutzen ihn als Nahrungssubstrat.

Auch wachsartige Abscheidungen aus Drüsen des Hinterkörpers finden sich bei vielen Homopteren. Sie haben die Form von Schüppchen oder Fäden und schützen ihre Träger vor der Benetzung in den oft feuchten Lebensräumen. Die Siphonen der Blattläuse oder einfache, an ihrer Stelle befindliche Öffnungen des Hinterleibes scheiden kugelige, mit einer wachsartigen Flüssigkeit gefüllte Blutzellen zum Verschmieren der Mundwerkzeuge von Feinden aus.

Der folgende Schlüssel kann dazu benutzt werden, bei den meisten mitteleuropäischen Homopteren die Familienzugehörigkeit festzustellen – bei den Blatt- und Schildläusen führt er allerdings nur bis zur Überfamilie. Weitere Einzelheiten hierzu finden sich auf den Seiten 137–140. Die starken Unterschiede zwischen den Geschlechtern und/oder Generationen macht jedoch die genaue Bestimmung innerhalb dieser Gruppen zu einer Aufgabe, die nur der Spezialist bewältigen kann, die aber jenseits des hier gezogenen Rahmens liegt.

Mit Ausnahme der seltenen Singzikaden sind alle mitteleuropäischen Homopteren kleine Insekten, die meist weniger als 5 mm Länge erreichen. Das genaue Studium ist daher nur mit Hilfe einer Binokularlupe möglich.

Schlüssel für die Familien der europäischen Homoptera

1. – Fühler sehr kurz, mit feiner Endborste; Rüsselansatz am Kopf deutlich; Füße dreigliedrig: *Auchenorrhyncha* **2**

– Fühler länger; das Rostrum scheint, sofern vorhanden, zwischen den Vorderhüften zu entspringen; Füße mit 1–2 Gliedern: *Sternorrhyncha* **10**

2. – Halsschild nach hinten über den Hinterleib verlängert *Membracidae*, S. 135

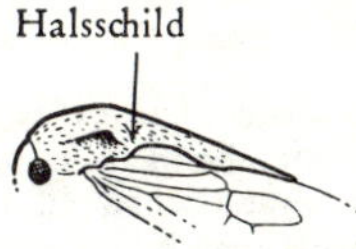

– Halsschild quer, nicht verlängert **3**

3. – Die Flügeladern A_1 und A_2 bis zum Flügelrand voneinander getrennt; Mittelhüften klein, eng beieinander **4**

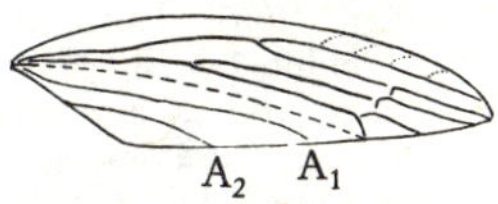

– Flügeladern A_1 und A_2 verschmelzen in der Randhälfte miteinander; Hüften größer, voneinander getrennt **6**

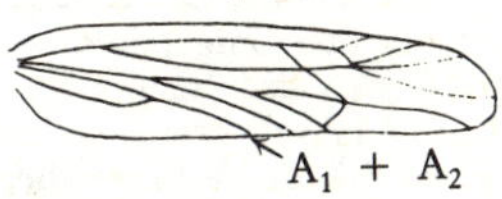

4. – Insekten über 15 mm lang, 3 Punktaugen *Cicadidae*, S. 134

– Insekten unter 15 mm Länge, nur 2 Punktaugen oder keine **5**

5. – Hinterschiene rund, mit nur 1–2 Dornen *Cercopidae*, S. 135

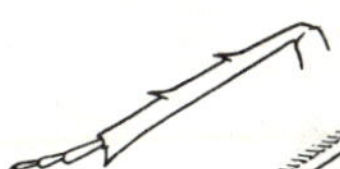

– Hinterschiene kantig, sehr lang, gesägt oder dicht bedornt *Jassidae*, S. 135

6. – Hinterschiene am Ende mit großem blattartigen, beweglichen Dorn *Delphacidae*, S. 136

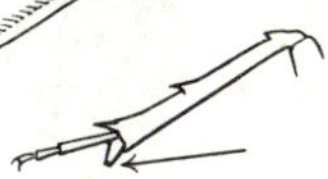

– Kein derartiger Dorn, sondern höchstens einige kleine, unbewegliche an dieser Stelle 7

7. – Flügel glashell, oft braun gezeichnet, mit deutlich erkennbaren Adern *Cixiidae*, S. 136

– Flügel mehr oder weniger undurchsichtig, verstärkt, Adern schlecht zu erkennen 8

8. – Wangen und Seitenflächen der Stirn von vorn gut sichtbar *Tettigometridae*, S. 136

– Wangen und Seitenflächen der Stirn von vorn nicht sichtbar 9

9. – Kopf lang kegelartig nach vorn verlängert *Fulgoridae*, S. 136

– Kopf nicht so verlängert, Halsschild hinten gerade abgeschnitten *Issidae*, S. 136

10. – Füße mit zwei Gliedern von etwa gleicher Länge; Tiere immer mit Flügeln und gut entwickelten Beinen; Fühler mit 7–10 Gliedern 11

– Adulte Tiere oft flügellos, Beine oft stark rückgebildet; Füße, wenn vorhanden, mit einem Glied oder zwei Gliedern, von denen das basale klein ist; Fühler mit 1–13 Gliedern 12

11. – Vorderflügel fest, mit deutlichen Adern; Sprungbeine *Psyllidae*, S. 136

– Vorderflügel weich und weißlich bereift, Adern rückgebildet *Aleyrodidae*, S. 137

12. – Wenn Füße vorhanden, dann gewöhnlich nur mit einem Glied und einer Klaue; Weibchen stets flügellos, Männchen flügellos oder mit nur einem Flügelpaar Überfamilie *Coccoidae*, S. 139

– Füße gewöhnlich mit 2 Gliedern und 2 Klauen vorhanden; geflügelt oder flügellos; oft mit zwei kleinen Röhrchen (Siphonen) am Hinterleib Überfamilie *Aphidoidea*, S. 137

Alle Vertreter der Singzikaden, **Cicadidae**, sind wärmeliebende Formen und daher vor allem an der Südgrenze des Bereichs zu finden. Nur die Bergzikade ist auf warmen Trockenrasen bis zum Fränkischen Jura und Kyffhäuser inselartig verbreitet. Im Südosten Österreichs trifft man einige weitere Arten an, z. B. *Cicada plebeja* und den Lauer oder Weinzwirner, *Tibicen haematodes*, der vereinzelt auch in Weinbergen an Main und Neckar vorkommt. Die Singzikaden fallen durch ihre Größe – die Bergzikade erreicht eine Länge von 20 mm – und die durchsichtigen Flügelpaare, die dachartig über dem Körper zusammengelegt werden, auf. Die meisten Arten der Singzikaden bewohnen Bäume. Die Zikadenlarven leben unterirdisch – ihre Vorderbeine sind zu Grabbeinen umgebildet, und sie saugen an Pflanzenwurzeln. Das unterirdische Larvenleben dauert eine Reihe von Jahren – bei der amerikanischen *Tibicen septendecim* 17 Jahre – bevor die letzte Häutung über der Erde stattfindet. Im genannten Beispiel durchläuft die Larve aber trotz der langen Zeit nur 7 Larvalstadien, häutet sich also etwa alle zwei Jahre.

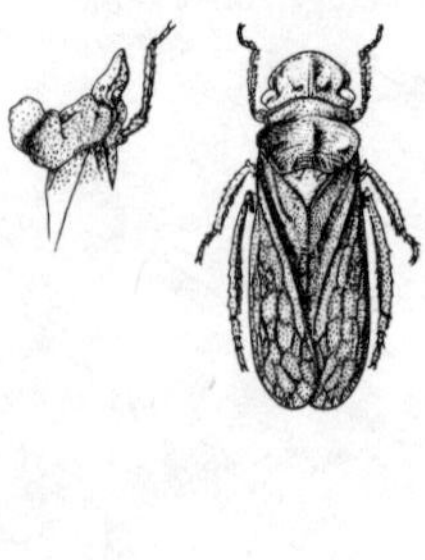

Die Ohrenzikade, *Ledra aurita* Fallen, nach ohrartigen Lappen am Halsschild so genannt, ist eine der größten Zikaden des Gebietes. Sie wird in eine eigene Familie *(Scaridae)* oder aber zu den *Jassidae* gestellt

Die adulten Zikaden sitzen auf Bäumen, und die Männchen erzeugen hier ihren charakteristischen, monoton schrillenden Gesang mit Hilfe der Tymbalorgane. Es sind dies zwei gewölbte Felder der Körperoberhaut, die durch Muskeln in schnelle Schwingungen versetzt werden. Die Töne werden meist ohne Unterbrechung erzeugt, und man ist erlöst, wenn man ein Gebiet verlassen darf, wo Singzikaden häufig sind. Diese Art der Tonerzeugung steht unter den Insekten ziemlich einzigartig dar. Ähnliche Organe werden noch bei gewissen Blattflöhen gefunden, doch ist ihr Tonvolumen dem der Zikaden nicht vergleichbar.

Die Familie der Buckelzirpen, **Membracidae**, ist durch auffällige Halsschildfortsätze gekennzeichnet (s. Tafel 12). Diese vorzugsweise tropische Familie lebt vor allem auf Bäumen. Über viele Jahrzehnte waren *Gargara genistae* und *Centrotus cornutus* die einzigen Vertreter dieser Familie in Mitteleuropa. Seit Mitte der 60er Jahre wandert die ursprünglich in Nordamerika beheimatete Büffelzirpe *Ceresa bubalus* (Tafel 64) in das südbadische Oberrheingebiet von Südwesten her ein. Funde dieses etwa 10 mm langen, grasgrünen Tieres, das durch die Farbe grundsätzlich von *Centrotus cornutus* unterschieden ist, sollten dem Biologischen Institut I (Zoologie) der Universität Freiburg gemeldet werden.

Die Schaumzikaden, **Cercopidae**, sind vor allem durch den Schaum, in dem die Larven leben und der auch als „Kuckucksspeichel“ bezeichnet wird, bekannt. Er entsteht durch das Einblasen von Luft aus dem Stigmenkanal in die eiweißhaltige Kotflüssigkeit. *Philaenus spumarius*, die Wiesenschaumzikade, ist wohl der häufigste Vertreter. Größer (bis 11 mm) sind die braunen Erlen- und Weiden-Schaumzikaden (*Aphrophora alni* bzw. *salicis*). Unterirdisch leben die Larven der auf schwarzem Grund auffällig rotgefleckten Blutzikaden (Gattung *Cercopis*).

Die im Durchschnitt recht kleinen **Jassidae** werden auch als Zwergzikaden bezeichnet. Von den etwa 5000 Arten dieser riesigen Familie kommen mehr als 300 im Gebiet vor. Die Familie wird, um eine gewisse Übersicht zu behalten, auch in verschiedene Unterfamilien aufgeteilt. Unter den häufig auch bunt gefärbten Tieren ist Grün die vorherrschende Farbe. Die Zwergzikaden sehen oft Schaumzikaden recht ähnlich, können aber an ihren großen Hinterhüften, die fast bis zum Seitenrand des Hinterleibes reichen, und an 1–2 Dornenreihen auf den Hinterschienen erkannt werden. Die

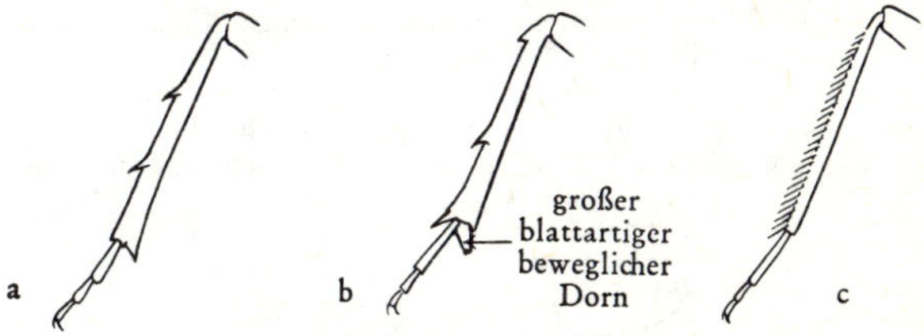

Hinterbeine verschiedener Zikadenfamilien mit der unterschiedlichen Bedornung: a *Cercopidae*; b *Delphacidae*; c *Jassidae*

Schienen sind ferner kantiger als die der Schaumzikaden. Zwergzikaden sind oft sehr zahlreich und können im Sommer von jedem Busch oder Baum in größerer Zahl geschüttelt werden. Sie saugen auch an Gräsern und Kräutern, wobei jede Art nur bestimmte Futterpflanzenarten annimmt. Trotz ihrer geringen Größe springen die Zwergzikaden ausgezeichnet, und sie fliegen auch gut.

In warmen Gebieten richten die Zwergzikaden oft erhebliche Schäden an, doch auch in Mitteleuropa können sie durch die Übertragung von Viruskrankheiten schaden. Durch die Zerstörung des Chlorophylls durch den Speichel bilden sich um Saugstellen charakteristische weißliche Ringe aus. Bei Massenbefall können diese Flecke zusammenlaufen, und das ganze Blatt kann zerstört werden und vergilben. Viele der Zwergzikaden erzeugen Honigtau.

Die restlichen Familien der *Auchenorrhyncha* (Tafel 12) werden als **Fulgoroidea** zusammengefaßt, und sie wurden früher als eine Familie betrachtet. Bei allen diesen Familien tritt eine Verschmelzung der beiden Analadern zu einer Y-artigen Ader auf. Ferner stehen bei ihnen die Fühler stets unter den Augen.

Namensgebend waren für diese Gruppe die **Fulgoridae,** von denen nur eine Art, der grasgrüne Europäische Laternenträger, *Fulgora europaea,* auch in Mitteleuropa vorkommt. Alle übrigen Laternenträger sind südlichere, vor allem tropische Arten.

Infolge der glasartig-durchsichtigen Flügel machen die **Cixiidae** einen fast fliegenartigen Eindruck und flüchten auch ähnlich rasch. Die Larven der ca. 20 Arten tragen oft büschelartige Wachsschweife am Hinterleib.

Vorderflügel der *Delphacidae* (links) und der *Cercopidae*. Bei den *Delphacidae* und den übrigen *Fulgoroidea* sind die Analadern A_1 und A_2 Y-artig miteinander verschmolzen, bei den übrigen Familien nicht

Mehr käferartig wirken die **Issidae,** die meist auch eine gedrungenere Gestalt besitzen. Dies kommt z. B. in dem Namen von *Issus coleoptratus* zum Ausdruck.

Die Spornzikaden, **Delphacidae,** sind mit etwa 90 Arten die größte dieser Gruppen in Mitteleuropa. Von ihnen saugt *Stiroma pteridis* am Adlerfarn, alle anderen Arten an Monocotylen. Alle Arten können an dem typischen blattartigen Sporn an den Hinterschienen leicht erkannt werden, wie ihn auch die Abb. von *Delphax pulchellus* zeigt, die an Phragmites saugt.

Einige der kleinen Käferzikaden, **Tettigometridae,** leben unter Steinen zusammen mit Ameisen, die den Honigtau aufnehmen, und saugen an Pflanzenwurzeln. *Tettigometra impressopunctata* gehört jedoch nicht dazu.

Alle Vertreter der **Psyllidae,** die Blattflöhe, sind sehr kleine Tiere, die nur eine Länge von 2–3 mm erreichen und kleinen Zikaden sehr ähnlich sehen. Sie treten meist in großer Zahl und vor allem auf Bäumen auf. Viele Arten sind an eine bestimmte

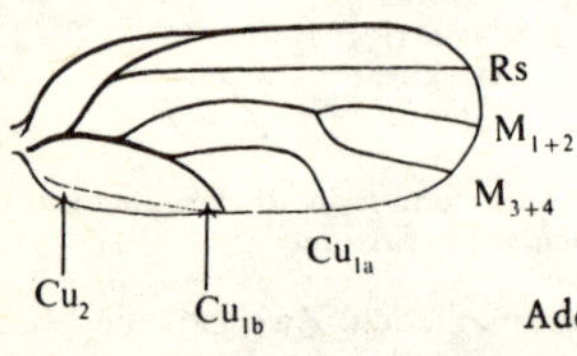

Aderung des Vorderflügels eines Blattflohs

Futterpflanze gebunden und werden danach z. B. als Apfelblattfloh, Erlenblattfloh u. ä. bezeichnet. Einige erzeugen durch ihren Stich Gallbildungen. Gestalt und Ruhestellung der Tiere sind recht charakteristisch. Als Hauptbestimmungsmerkmal wird ihre Flügeladerung herangezogen. Die Adern R, M und Cu_1 sind an der Basis miteinander verschmolzen und scheinen daher aus einer gemeinsamen Wurzel zu kommen. Queradern fehlen. Die Vorderflügel sind sehr viel breiter als die Hinterflügel und manchmal gesprenkelt. Blattflöhe fliegen nicht gut, sind aber für ihre Größe sehr gute Springer, wozu sie die vergrößerten Hinterbeine benutzen.

Die Blattflöhe haben 5 Larvenstadien, die man leicht finden kann, wenn man die roten Blattrand-Rollgallen der Esche öffnet (Tafel 13). Sie werden vom Eschenblattfloh *Psyllopsis fraxini* hervorgerufen. Die Eier dieser Art schlüpfen, wenn die ersten Blätter austreiben, und die Larven beginnen sofort zu saugen. Dadurch rollen sich die Blattränder nach unten ein und verdicken sich. Die Adern färben sich rot bis violett. Die einzelnen Larvenstadien, die sich durch zunehmende Zahl von Fühlergliedern unterscheiden, saugen in der Rollgalle und sind mit langen gewundenen Wachsfäden zum Schutz vor ihrem eigenen klebrigen Kot bedeckt. Ab Juni finden sich auch die bräunlichen erwachsenen Tiere in den Gallen. Eine andere häufige Art ist der Apfelblattfloh *Psylla mali*, der an Blütenstielen, jungen Blättern und Früchten saugt und sie zum Verkümmern und Absterben bringt.

Die Familie der Mottenschildläuse, **Aleyrodidae,** ist leicht zu erkennen, denn Flügel und Körper aller Vertreter sind mehlig mit Wachsstaub bepudert, wovon sich der Name ableitet. Es sind durchweg winzige Tiere mit einer Flügelspannweite von höchstens 5 mm. Mit ihren undurchsichtigen Flügeln erinnern sie an winzige Kleinschmetterlinge. Die Flügeladerung ist stets weitgehend reduziert. Ihre Entwicklung weicht von der der bisher betrachteten Schnabelkerfe ab, denn hier findet sich ein unbewegliches, puppenähnliches Stadium. Das erste Larvenstadium ist freibeweglich und besitzt 6 kurze Schreitbeine. Fühler und Beine werden schrittweise beim 2. und 3. Stadium zurückgebildet, in dem die Tiere bereits seßhaft sind, oft bedeckt von Wachsabscheidungen. Sie nehmen aber noch Nahrung auf, ebenso zu Beginn des 4. Larvenstadiums, das sich dann aber zu einem „Puparium“ umwandelt, das schließlich das erwachsene Tier durch Häutung entläßt. Mottenschildläuse sind in tropischen Gebieten häufig. Etwa 15 Arten finden sich auch in Mitteleuropa sowohl im Freien wie in Gewächshäusern. Letzteres gilt für die wohl aus Mittelamerika eingeschleppte *Trialeurodes vaporariorum.* Sie geht aber auch ins Freie. Einheimisch ist *Aleyrodes proletella,* die an Wolfsmilchgewächsen und Kohlarten saugt. Beide Arten können Kulturpflanzen stark schädigen.

Die Blattläuse, **Aphidoidea,** umfassen eine ständig zunehmende Zahl von Familien und Arten. Z. Zt. kennt man aus Mitteleuropa etwa 850. Sie alle saugen vor allem an Blättern und zarten Trieben, und ihre ungeheure Vermehrungsfähigkeit macht sie zu gefährlichen Pflanzenschädlingen.

Blattläuse sind kleine Insekten – die meisten von ihnen erreichen nur eine Länge von 2–3 mm. Ihr Körper hat eine typische Tropfenform mit spitzem Kopf und breitem, abgerundetem Hinterende. Grün und Braun sind die vorherrschenden Farben. Wenn Flügel vorhanden sind, erscheinen sie durchsichtig und häutig, und die vorderen sind erheblich größer als die hinteren. Die Aderung der Flügel ist rückgebildet, jedoch bei allen Arten ziemlich konstant. Am auffälligsten ist eine kräftige Ader unmittelbar hinter der Flügel-Vorderkante. Sie wird als Verschmelzung aller Hauptadern gedeutet, denn alle übrigen Adern stellen Abzweigungen von ihr dar. In der Ruhelage werden die Flügel dachartig über dem Hinterkörper zusammengelegt, seltener flach oder vertikal gehalten. Polymorphismus ist eine häufige und regelmäßige Erscheinung bei den Blattläusen und in den meisten Arten gibt es flügellose „Morphen“.

Aderung des Vorderflügels einer Blattlaus

Wenn sie auch in einigen Gruppen fehlen, so sind die röhrchenartigen Siphonen am Hinterleib das auffälligste Merkmal der Blattläuse, an dem man sie leicht von ähnlichen Pflanzensaugern unterscheiden kann. Früher wurden diese Röhrchen als Ausscheidungsorgane des Honigtaus gedeutet – heute weiß man, daß sie wachsumhüllte Blutzellen absondern, mit denen sie die Mundwerkzeuge von Angreifern verschmieren. Jedoch schützt diese Substanz – glücklicherweise – nicht vor Marienkäfern und den Larven der Blattlauslöwen (s. S. 147), die praktisch ausschließlich von Blattläusen leben. Viele Arten produzieren auch eine wachsartige Wolle. Die Blutlaus, *Eriosoma lanigerum*, die man häufig an Apfelbäumen findet, ist hierfür ein gutes Beispiel.

Blattläuse durchlaufen pro Jahr mehrere Generationen und haben einen Jahreszyklus von unterschiedlichen Formen, der im Grundprinzip folgendermaßen abläuft: Sie überdauern den Winter in Form der Eier, die im Herbst an die Futterpflanze gelegt wurden. Aus diesen Eiern schlüpfen im Frühjahr flügellose, parthenogenetische Weibchen, die als Stammutter oder Fundatrix bezeichnet werden. Sobald sie erwachsen sind, bringen sie pro Tag durch Jungfernzeugung ein Weibchen lebend zur Welt, das wenig vom Muttertier abweicht. Wenige geflügelte Tiere können darunter sein. Einige Generationen dieser parthenogenetischen Weibchen entstehen während des Sommers, und zwar wechseln meist geflügelte Generationen, die die Art weiter ausbreiten können, mit ungeflügelten, die den Befall an einem bestimmten Ort intensivieren, ab. Zum Herbst werden dann Männchen und Weibchen hervorgebracht. Nach der Paarung legen diese Weibchen Eier, die dann überwintern können. Die Erscheinung der Parthenogenese in mehreren aufeinanderfolgenden Generationen wie auch das Entstehen einer großen Zahl nahezu unbeweglicher Tiere ist verantwortlich für die schnelle Bildung von Blattlauskolonien.

Die Zahl der Blattläuse wird aber durch die oben genannten Feinde und Schlupfwespen, vornehmlich Chalcididen und Braconiden, in Grenzen gehalten. Der Zustand der Wirtspflanze hat ebenfalls einen Einfluß auf die Nachkommenrate und ist auch dafür ausschlaggebend, ob geflügelte oder ungeflügelte Tiere entstehen.

Der vorstehend genannte Lebenszyklus wird oft durch gewisse Wanderungen überlagert. Einige wenige Arten können auf den verschiedensten Pflanzen leben und breiten sich weit aus. Andere sind jedoch an bestimmte Nahrung gebunden, und wieder andere benötigen einen regelmäßigen Wechsel zwischen verschiedenen Pflanzenarten. Bei dieser letztgenannten Gruppe, für die die Schwarze Bohnenlaus, *Aphis fabae*, typisch ist, kommt es zu regelmäßigem Wirtswechsel. Die Eier werden am Spindelbaum *(Euonymus europaeus)*, dem Schneeball *(Viburnum opulus)* oder *Philadelphus coronarius* gelegt. Die Art ist insofern einzigartig, als sie gleich 3! Primärwirtspflanzen hat, während normalerweise nur eine vorhanden ist. Die Fundatrix produziert nun eine flügellose Generation, die darauf folgende ist jedoch geflügelt und wandert. Sie sucht die Sommer-Futterpflanzen, Bohnen, Spinat, Rüben u. ä. auf und pflanzt sich hier parthenogenetisch und vivipar fort, so daß schwarze Massenkolonien die Pflanzen bald überziehen. Die Sommergenerationen können ungeflügelt oder auch geflügelt sein und in letzterem Falle die Art weiter ausbreiten. Die Wanderung zurück auf die Bäume und Büsche erfolgt im September und Oktober. Geflügelte parthenogenetische Weibchen fliegen dorthin und bringen dort ungeflügelte begattungsbereite Weibchen hervor. Die geflügelten Männchen entstehen auf den krautigen Sommer-Futterpflanzen und erreichen die Bäume mit eigener Kraft. Nach der Begattung werden Eier abgelegt, und damit kann der Kreislauf von vorn beginnen. An geeigneten Orten kann sich die Art während des ganzen Jahres parthenogenetisch fortpflanzen.

Die Grüne Pfirsichblattlaus, *Myzus persicae*, ist der gefürchtete Überträger der gefährlichsten Kartoffelvirosen. Sie überwintert auf Pfirsich, aber auch auf Prunusarten und krautigen Pflanzen und geht im Sommer auf zahlreiche Kreuzblütler und Nachtschattengewächse, was ihre Bekämpfung schwierig macht. Bei der mehligen Kohlblattlaus, *Brevicoryne brassicae*, fehlt ein Wechsel der Wirtspflanze. Sie lebt stets auf Kreuzblütlern und ist oft an Kohl durch Verunstaltung und Aufhellung der Blätter schädlich.

Die bisher genannten Arten gehören zu den Röhrenblattläusen oder **Aphididae**. Ihnen sind die Blasenläuse, **Pemphigidae**, nahe verwandt. Die meisten von ihnen erzeugen in oberirdischen Pflanzenteilen Gallen. Die hierher gehörende Blutlaus wurde bereits genannt (S. 138). An Pappelblattstielen erzeugt die Salatwurzellaus, *Pemphigus bursarius*, ihre beutelförmigen, rundlichen oder länglich gekrümmten Gallen (Tafel 13). Andere erwähnenswerte Familien sind die Tannen- oder Fichtengall-Läuse (**Adelgidae**), die auf Nadelhölzer beschränkt sind, und die Zwergläuse, **Phylloxeridae**, zu denen die bekannte Reblaus, *Viteus vitifolii*, zählt. Den beiden letztgenannten Familien fehlen die Siphonen. Ferner besitzen die Zwergläuse das charakteristische Merkmal, daß die geflügelten Tiere ihre Flügel in der Ruhe flach über den Körper breiten.

Die Überfamilie der Schildläuse, **Coccoidea** (Tafel 13), umfaßt wenig typische Insekten – tatsächlich kann man die Weibchen häufig kaum als Insekten erkennen, denn sie sind meist flügel- und beinlos. Ferner sind auch die Fühler stark rückgebildet. Die Weibchen sitzen bewegungslos und sind mit der Wirtspflanze durch den Rüssel verbunden, der nahezu das einzige äußere Merkmal ist, das sie mit den übrigen Insekten gemein haben. Sie werden von einer harten oder wachsartigen Schale oder vielen strangartigen Wachsfäden bedeckt. Diese Bedeckungen werden von den Insekten abgeschieden und sind für den Namen verantwortlich. Die männlichen Schildläuse sehen dagegen anderen Insekten, besonders kleinen Mücken, ähnlich, und diese Ähnlichkeit wird dadurch verstärkt, daß auch bei den Schildlausmännchen das hintere Flügelpaar zu Halteren (Schwingkölbchen) umgewandelt ist. Zu erkennen sind die Schildlausmännchen an den rückgebildeten Mundwerkzeugen und einem langen Fortsatz am Körperende (s. Tafel 13, 10a). Man findet diese Männchen, die schlecht fliegen, sehr selten. Die Einteilung der ganzen Gruppe baut daher auf den Weibchen auf.

Auch die Schildläuse haben eine hohe Vermehrungsrate, und Parthenogenese und Viviparie finden sich weitverbreitet. Ein einzelnes Weibchen kann bis zu 1000 Eier bzw. Nachkommen produzieren. Bei ca. 6 Generationen wären dies innerhalb eines Jahres 30 Millionen Nachkommen eines einzigen Tieres. Die Eier werden gewöhnlich mit Wachsfäden bedeckt oder unter dem Körper des Weibchens bis zum Schlüpfen verborgen. Das erste Larvenstadium sorgt für die Verbreitung der Art, denn es ist, abgesehen von den Männchen, das einzige bewegliche. Die Beine gehen oft bei der ersten Häutung verloren, und die Larven sitzen dann bereits, durch den Rüssel mit der Futterpflanze verbunden, fest am Orte.

Meist wird eine große Vielzahl von Pflanzen befallen, wenn auch einige Schildlausarten auf ein oder zwei nahe verwandte Pflanzenarten spezialisiert sind. Zu den Schildläusen zählen einige der bedeutendsten Schadinsekten der Erde. Sie treten oft in solcher Menge auf, daß die Futterpflanzen dadurch eingehen. In ihren ursprünglichen Heimatgebieten werden sie im allgemeinen durch Parasiten dezimiert. Sie werden aber so leicht mit pflanzlichem Material verschleppt, daß viele Arten heute weltweit verbreitet sind. Damit geraten sie außerhalb der natürlichen Kontrollen und werden oft zu gefährlichen Schädlingen. Andere Arten wiederum haben dadurch eine Massenvermehrung erlebt, daß ihre Futterpflanzen nun in großen Monokulturen angebaut werden.

Die Zahl der schädlichen Arten unter den mitteleuropäischen Schildläusen ist nicht klein. Als Großschädling hat sich aber nur die San-José-Schildlaus, *Quadraspidiotus perniciosus*, im Westen und Süden des Bereiches entwickelt, die, ursprünglich aus dem Amurgebiet stammend, über Kalifornien seit Mitte der 40er Jahre auch aus Deutschland bekannt ist. Sie befällt viele Pflanzen, ist aber an manchen Obstbäumen außerordentlich schädlich. Schädlinge an amerikanischen Kulturen sind die Citrus-Schildlaus, *Planococcus citri* (Tafel 13), und die aus Europa nach Amerika eingeschleppte Kommaschildlaus, *Lepidosaphes ulmi*. Sie schaden an den verschiedensten Kulturpflanzen, an Obstbäumen zuweilen.

Die Bekämpfung der Schildläuse ist ein recht schwieriges Problem, da die Weibchen der meisten Arten durch ihren Schild gegen Sprühmittel geschützt sind. In Amerika wurden sie über einige Zeit mit Zyaniden bekämpft. Doch nachdem viele Arten dagegen immun geworden sind, muß nach neuen Mitteln gesucht werden. Ein gutes Beispiel für eine biologische Bekämpfung ist die aus Australien nach Nordamerika eingeschleppte *Icerya purchasi*. Sie wurde bald zu einer großen Gefahr in Citrus-Anbaugebieten. In Australien wird die Art durch den Marienkäfer, *Rodolia cardinalis*, zurückgehalten. Die Einfuhr großer Mengen dieser Käfer hatte bald den gewünschten Erfolg und reduzierte die *Icerya*-Bestände. Außerdem wurden systemische Insektizide entwickelt, die die Tiere mit der Nahrung aufsaugen.

Einige Schildlausarten waren oder sind noch wirtschaftlich wichtig. Schellack, der rote Cochenillefarbstoff und verschiedene Wachse werden von verschiedenen Schildlausarten geliefert. Das Manna der Bibel waren die Exkremente besonders an Tamarisken saugender Schildläuse der Gattung *Naiococcus*, die in warmen Klimaten schnell eindicken.

Sammeln und Präparieren

Das Abstreifen und Absammeln des Bodenbewuchses stellt die beste Methode zum Fang von Landwanzen dar. Die meisten Wasserwanzen lassen sich mit einem Wassernetz leicht fangen. Nur bei den auf der Wasseroberfläche laufenden Arten ist dies etwas schwieriger. Manchmal kann man sie dadurch anlocken, daß man Blattläuse auf die Wasseroberfläche schüttelt und dann mit einem Netz gezielt zuschlägt.

Viele Wanzen, besonders die Weichwanzen, sind sehr zart und dürfen weder vor noch nach dem Abtöten in einem Behälter stark hin und her geschüttelt werden. Am besten sind kleine Röhrchen, die jeweils nur wenige Tiere aufnehmen.

Die meisten Wanzen und Zikaden lassen sich am besten trocken aufbewahren. Man kann sie auf Aufklebeplättchen kleben, doch werden dabei das oft zur Bestimmung notwendige Rostrum und andere Merkmale verdeckt. Das Nadeln, ggf. auf Minutien, die von Aufklebeplättchen gehalten werden, ist befriedigender. Die Bauchseite von Brust und Hinterleib ist zur Artbestimmung notwendig – daher achte man darauf, daß man beim Nadeln die Unterseite der einen Körperseite unbeschädigt erhält. Die Nadel wird durch das Schildchen oder eine Hemielytre geführt.

Die übrigen Homopteren müssen meist in Alkohol aufbewahrt werden. Will man mikroskopische Präparate anfertigen, ist hierzu unvergällter 96%iger Alkohol notwendig, weil sonst bestimmte Bestandteile verseifen und die Tiere sich nicht mehr hinreichend aufhellen lassen. Zur Präparation werden die Tiere im Alkohol kurz erhitzt, dieser dann abgegossen (Fettlösung). 5 Minuten wird dann mit 10%iger Kalilauge erhitzt, dann etwas Alkohol zugesetzt und die Flüssigkeit abgegossen. Es folgt 5 Minuten Erhitzung, wiederum im Wasserbad, mit Chloralphenol. Aus dem Einbettungsgemisch (s. u.) zieht man einen Ring, etwas größer als das Deckglas, auf den Objektträger und bringt die Läuse mit etwas Chloralphenol ein. Beides vermischt sich ohne Schwierigkeiten unter dem Deckglas. Das Einbettungsgemisch: 24 g Gummi arabicum, 80 cm^3 dest. Wasser, 40 g Chloralhydrat, 10 cm^3 Eisessig, 10 cm^3 Glucosesyrup (Wasser : Glucose = 1 : 1) einen Tag bei 30–40° lösen, durch Glaswolle filtrieren, auf Honigkonsistenz eindicken.

Man achte darauf, daß zur Bestimmung von Blattläusen i. a. auch geflügelte Tiere benötigt werden. Blattflöhe und Mottenschildläuse kann man auch auf Minutien nadeln. Schildlausweibchen, die nicht weiter anatomisch untersucht werden sollen, kann man einfach auf einem Stück der Futterpflanze trocknen. Für eine anatomische Untersuchung gilt das für Blattläuse beschriebene Verfahren. Man achte bei den Notizen darauf, daß die Bestimmung bei diesen Pflanzensaugern oft durch die Kenntnis der Futterpflanzen erheblich erleichtert wird.

Überordnung Neuropteroidea

Schlammfliegen, *Kamelhalsfliegen* und *Echte Netzflügler*

VORBEMERKUNG: Der englischen Originalfassung, die den alten Begriff der Ordnung der *Neuroptera* – Netzflügler entsprechend dem Immsschen System beibehält, wollen wir an dieser Stelle nur insofern folgen, als die in der Überschrift bezeichneten Tiere besonders vom Anfänger immer wieder miteinander verwechselt werden und ihnen gemeinsam ist, daß sie sich in ihren Merkmalen wenig vom Insekten-Grundbauplan entfernt haben. Insofern empfiehlt sich eine gemeinsame Behandlung in einem Schlüssel. Im übrigen wollen wir der modernen kontinentalen Literatur folgen, die den drei Gruppen jeweils den Wert einer eigenen Ordnung auf Grund entwicklungs- und stammesgeschichtlicher Untersuchungen zuerkennt.

ERKENNUNGSMERKMALE: Kleine, mittelgroße oder große Insekten mit weichem Körper, meist grün oder braun gefärbt. Zwei Paare meist zarter, gleichartiger Flügel, die ein netzartiges Flügelgeäder tragen, werden in der Ruhestellung dachförmig über dem Körper zusammengelegt. Die Fühler sind lang und dünn, die Komplexaugen gewöhnlich groß.

Die Vertreter dieser Gruppe können von anderen Insekten auf Grund ihres netzartigen Flügelgeäders und der langen Fühler unterschieden werden. Einige der braunen Arten erinnern an Köcherfliegen, die jedoch viel stärker behaart sind und viel weniger Queradern auf den Flügeln aufweisen. Die Eintagsfliegen unterscheiden sich von den Netzflüglern leicht durch ihre Schwanzanhänge und die kurzen Fühler.

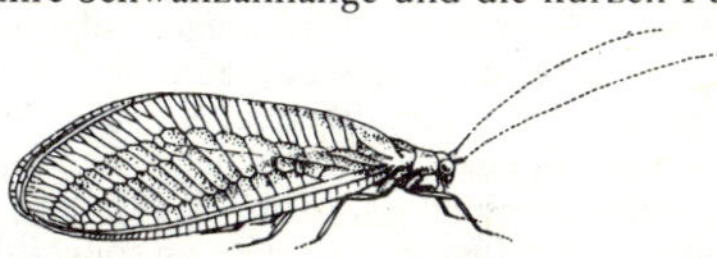

Florfliege in Ruhestellung

Alle Vertreter der **Neuropteroidea** durchlaufen eine vollkommene Verwandlung (Metamorphose) während ihrer Entwicklung und unterscheiden sich insofern von allen bis hierher behandelten Ordnungen. Die Überordnung umfaßt dennoch sehr alte Gruppen mit vielen ursprünglichen Merkmalen, und es gehören hierher die primitivsten der heute lebenden holometabolen Insekten. Die Überordnung umfaßt etwa 6500 Arten, von denen ca. 120 Arten in Mitteleuropa vorkommen.

Die Florfliegen oder Goldaugen (Tafel 15) sind wohl die bekanntesten Vertreter dieser Gruppe. Sie werden vom Licht angelockt und gelangen häufig in die Wohnungen. Auch die kleineren, braun gefärbten Netzflügler findet man gelegentlich dort, während man Schlamm- und Kamelhalsfliegen im Freien suchen muß. Alle Arten ernähren sich räuberisch, und viele Netzflügler helfen dem Gartenbesitzer beim Kampf gegen Blattläuse und ähnliche kleine pflanzensaftsaugende Insekten in bedeutsamem

Maße. Sie werden sogar bereits zur biologischen Schädlingsbekämpfung gezüchtet (s. S. 148).

Die Larven der hier besprochenen Gruppen zeigen in Körperbau und Lebensweise sehr große Unterschiede. Die beiden Ordnungen der **Megaloptera** – Schlammfliegen und der **Raphidioptera** – Kamelhalsfliegen müssen trotz der unterschiedlichen Lebensweise ihrer Larven auf Grund anatomischer Merkmale als Schwestergruppen betrachtet werden, während die dritte Ordnung, die **Planipennia** – Echten Netzflügler auch anatomisch recht stark abweichende Larven besitzt. Die Kamelhalsfliegen kann man leicht an dem langen Prothorax erkennen, der in der Ruhestellung ähnlich dem Hals des Kamels emporgestreckt getragen wird und namengebend war. Den Schlammfliegen fehlt dieser „Kamelhals", doch sind auch sie durch ihre Flügeläderung und den insgesamt massigeren Körperbau leicht von den Echten Netzflüglern zu unterscheiden.

Alle adulten Neuropteren haben kauende Mundwerkzeuge, wenn auch einige Arten offenbar nur sehr selten Nahrung aufnehmen. Die Fühler sind lang und dünn, ihre einzelnen Glieder bei einigen Familien (moniliformer oder rosenkranzähnlicher Antennentyp) besser unterscheidbar als bei den übrigen (filiformer oder fadenförmiger Antennentyp). Komplexaugen sind stets vorhanden und besonders bei den Ameisenjungfern und den schnell fliegenden Schmetterlingshaften gut entwickelt. Daneben können Punktaugen vorhanden sein oder auch fehlen.

Der Prothorax, dessen ungewöhnliche Länge bei den Kamelhalsfliegen bereits erwähnt wurde, ist bei den Schlammfliegen mehr oder weniger quadratisch und scheint mit dem Kopf zu verschmelzen. Der Prothorax der Echten Netzflügler verjüngt sich nach vorn. Da der Kopf dieser Tiere hinten abgerundet ist, entsteht hier eine Form von „Hals". Meso- und Metathorax sind gut entwickelt, die beiden Flügelpaare einander sehr ähnlich. Der Aderbestand entspricht etwa dem ursprünglichen Schema, wenn es auch bei den Florfliegen (Familie *Chrysopidae*) sekundär zu Aderreduktionen durch Verschmelzen gekommen ist. Gewöhnlich ist außerdem noch eine große Zahl akzessorischer Adern vorhanden, und der Name *Neuroptera* (griech. *neuron* = Nerv) bezieht sich auf das nervenartige Netzwerk. Linné hat diese Bezeichnung ursprünglich für alle Insekten mit empfindlichen, netzartig geaderten Flügeln geprägt – also auch die nicht zu den holometabolen Insekten gehörenden Libellen und Eintagsfliegen –, doch mit zunehmenden Erkenntnissen in der Entomologie wurde diese große, heterogene Gruppe Linnés schrittweise in einzelne Ordnungen aufgespalten, bis der Begriff heute schließlich in dem hier erörterten eingeschränkten Sinn verwendet wird.

Zur Verbindung beider Flügelpaare dient ein einfacher Mechanismus, der aus einem schmalen lappenförmigen Jugum am Vorderflügel, in einigen Fällen auch aus einem Frenulum am Hinterflügel besteht (s. Abb. S. 24). Die meisten Arten haben ein schlechtes Flugvermögen und fliegen nur langsam, obwohl die Flügel dabei ziemlich schnell schlagen.

Die weiblichen Kamelhalsfliegen tragen einen langen Legebohrer – bei allen anderen Formen fehlen hintere Körperanhänge.

Alle Larven (Tafel 63) sind recht gut beweglich und besitzen drei gut entwickelte Beinpaare. Am Hinterkörper können starke Borsten stehen – echte Hinterleibsanhänge sind aber nur bei den im Wasser lebenden Larven in Form von Kiemenanhängen vorhanden.

Die Larven sind wie die adulten Tiere räuberisch. Ein grundsätzlicher Unterschied bei den Larven besteht jedoch insofern, als die Larven der Megaloptera und Rhaphidioptera kauende, die der Planipennia saugende Mundwerkzeuge besitzen. Diese Mundwerkzeuge sind bei einigen Netzflüglern jedoch von ganz ungewöhnlicher Form und sehr mächtig, so daß der Irrtum, hier könne es sich auch um kauende Mundwerkzeuge handeln, verzeihbar erscheint. Jede Mandibel bildet mit einem Teil der zugehörigen Maxille ein hakenförmiges Saugrohr, das in den Körper der Beute gesenkt wird.

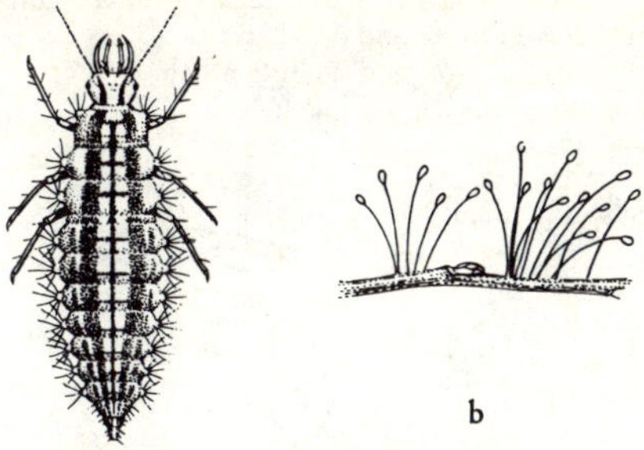

a Florfliegenlarve (rötliche Zeichnung auf grünem Untergrund); b gestielte Eier eines Florfliegengeleges

Die durch Verdauungssekrete aufgelösten Bestandteile werden dann von der Larve wie durch zwei Trinkstrohhalme aufgesaugt.

Die innere Anatomie der Netzflüglerlarven ist insofern sehr interessant, als der Darm in seinem hinteren Teil verschlossen ist und keine Verbindung zum After hat. Dies steht in Zusammenhang mit der Aufnahme flüssiger Nahrung durch die Larven. Die geringen Mengen fester Nahrungsrückstände sammeln sich im blind geschlossenen Mitteldarm an und werden erst im Imaginalstadium ausgeschieden.

Bei Schlamm- und Kamelhalsfliegen kommt es nur zu einer Generation pro Jahr, während einige Netzflügler bis zu drei Generationen im Jahr erreichen können. Viele Arten haben drei Larvenstadien und ein Vorpuppen-Stadium. Letzteres erscheint als etwas geschrumpfte, inaktive Larve. Bei den Sommergenerationen ist dieses Vorpuppen-Stadium sehr kurz, die Herbstgeneration überwintert jedoch gewöhnlich in diesem Stadium. Die Verpuppung erfolgt stets – also auch bei im Wasser lebenden Larven – am Lande. Die Puppe der *Planipennia* ist in einen Seidenkokon eingeschlossen, der nicht mit Hilfe der Speicheldrüsen, sondern von umgewandelten Malpighischen Gefäßen, die in den Enddarm münden, hergestellt wird. Die Seide wird also aus dem After ausgeschieden. Die Puppen der *Megaloptera* und *Raphidioptera* werden nicht eingesponnen.

Schlüssel für die Familien der europäischen Neuropteroidea

1. –	Hinterflügel lang, bandartig	*Nemopteridae**, S. 145
–	Hinterflügel anders geformt	2
2. –	Vorderbeine zu Fangbeinen umgestaltet	*Mantispidae*, S. 145
–	Vorderbeine nicht umgestaltet	3
3. –	Kleine, weiß bepuderte Insekten	*Coniopterygidae*, S. 145
–	Tiere anders aussehend	4
4. –	Prothorax bildet einen langen „Hals“	*Raphididae*, S. 145
–	Kein derartiger „Hals“ vorhanden	5
5. –	Fühler an der Spitze verdickt oder geknöpft	6
–	Fühler an der Spitze nicht verdickt oder geknöpft	7
6. –	Fühler mehr als halb so lang wie die Vorderflügel	*Ascalaphidae*, S. 146
–	Fühler viel kürzer als halbe Vorderflügellänge	*Myrmeleonidae*, S. 146
7. –	Fühler des Männchens gefiedert, Weibchen mit Legebohrer	*Dilaridae**, S. 146

* Familien, die in Mitteleuropa nicht vorkommen

– Fühler nicht gefiedert, kein sichtbarer Legebohrer vorhanden 8

8. – Adern gabeln sich am Flügelrand deutlich 9

– Adern gabeln sich am Flügelrand nicht deutlich *Sialidae*, S. 144

9. – Große Insekten mit getüpfelten Flügeln *Osmylidae*, S. 146

– Anders aussehend 10

10. – Ader Sc verschmilzt vor der Flügelspitze mit R_1 *Sisyridae*, S. 147

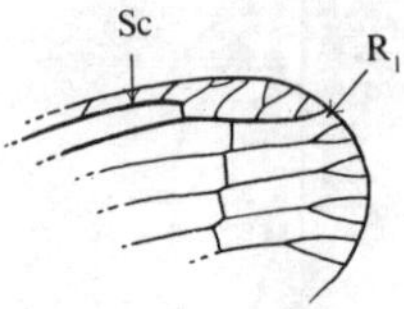

– Ader Sc verschmilzt nicht mit R_1 (Queradern beachten!) 11

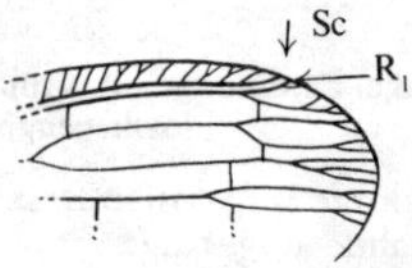

11. – Mittelgroße Tiere, meist grün, mit fadenförmigen Fühlern und wenigen Längsadern *Chrysopidae*, S. 147

– Kleine graue oder braune Tiere mit rosenkranzähnlichen Fühlern und einer größeren Zahl von Längsadern *Hemerobiidae*, S. 147

Ordnung Megaloptera *Schlammfliegen*

Die Schlammfliegen mit der einzigen Familie der **Sialidae** sind von den übrigen hier behandelten Formen leicht am Flügelgeäder zu unterscheiden, bei dem am Flügelrand keine auffälligen Adergabelungen auftreten. Zwar gilt dieses Merkmal auch für die *Coniopterygidae*, doch können diese sehr kleinen Tiere auf Grund ihrer ganzen Gestalt nicht mit den großen, sehr gedrungen wirkenden, düsteren Schlammfliegen verwechselt werden. Von den drei vorkommenden Arten ist *Sialis lutaria* (Tafel 15) die häufigste.

Die Eier werden an der Ufervegetation in Fladen von 200 und mehr abgelegt. Die ausschlüpfenden Larven lassen sich in das Wasser fallen und leben hier räuberisch. Die Larven von *Sialis lutaria* kommen in stehenden Gewässern mit geringerem Sauerstoffangebot vor, während die Larven der beiden übrigen Arten Fließgewässer bevorzugen. Die Larven tragen sieben Paar fädiger, gegliederter Tracheenkiemen im Hinterleib. Auch der Endfaden (Terminalfilament) des Körpers ist ähnlich gestaltet. Die Verpuppung findet am Ufer in der Erde statt, und die Puppe gräbt sich vor dem Schlüpfen der Imago zur Erdoberfläche empor. Die Gesamtentwicklung benötigt etwa zwei Jahre, wobei beide Überwinterungen im Larvenstadium erfolgen. Die adulten Tiere findet man im Mai und Juni.

Ordnung Raphidioptera *Kamelhalsfliegen*

Die Vertreter der einzigen Familie dieser Ordnung, die bei uns vorkommt, die **Raphididae**, leben vollkommen terrestrisch, die Larven in Rindenritzen und in Gängen holzbohrender Insekten, die sie jagen, aber auch in den oberen Bodenschichten. Die Weibchen tragen einen langen Legebohrer, mit Hilfe dessen sie die Eier in Haufen in geeigneten Rindenritzen ablegen. Die Entwicklungsdauer beträgt in der Regel zwei Jahre. Im Gebiet sind 14 Arten vertreten, von denen 12 zur Gattung *Raphidia* (Tafel 15) gehören. Ihre Unterscheidung ist schwierig und ohne Heranziehung der Genitalmorphologie kaum sicher möglich. Der zwölften Art, *Inocellia crassicornis* (Schummel), fehlen Punktaugen (Ocellen), und sie wird daher in einer entsprechend benannten Gattung abgetrennt. Die adulten Tiere können im Sommer an der Rinde von Eichen und Kiefern gefunden werden, sind aber nicht häufig.

Ordnung Planipennia *Echte Netzflügler*

Die Einheitlichkeit dieser Ordnung wird weniger bei den adulten Tieren als vor allem bei den Larven sichtbar, die sich alle durch die oben erwähnte Umwandlung von Mandibeln und Maxillen zu Saugzangen und den blind geschlossenen Mitteldarm auszeichnen. Die erwachsenen Tiere sind nach Gestalt und Lebensweise ziemlich uneinheitlich, wenn auch der überwiegende Teil der mitteleuropäischen Arten tagsüber inaktiv ist und vor allem in den warmen Abendstunden von Licht angelockt wird. Die Ordnung ist vor allem in den Tropen reich vertreten. Über die Zahl der mitteleuropäischen Arten ist schwer mit einer genauen Zahl Auskunft zu geben, da zahlreiche Fragen von Einzelfunden und Mehrfachbeschreibungen von Arten bisher ungeklärt sind. Die Zahl dürfte jedoch etwas über 100 liegen.

Alle Vertreter der Familie der **Nemopteridae** sind leicht an ihren langen, bänderförmigen Hinterflügeln zu erkennen (Tafel 14). Sie fliegen im allgemeinen nur in der Dämmerung und tanzen ähnlich Eintagsfliegen auf und ab. Die Larven kann man im Schutt, in Höhlen und Außengebäuden finden, wo sie auf kleine Insekten lauern. In Südeuropa kommen 5 Arten vor, doch sind sie normalerweise nicht häufig.

Die einzige Vertreterin der Familie der **Mantispidae** erinnert an Gottesanbeterinnen und ist leicht an dem zu Fangbeinen umgebildeten ersten Beinpaar zu erkennen (Tafel 14). Die Flügel der Gottesanbeterinnen und der *Mantispidae* unterscheiden sich jedoch stark. Die meisten Fanghafte kommen in den Tropen vor, nur wenige Arten erreichen Südeuropa. *Mantispa styriaca* ist im Mittelmeergebiet weit verbreitet, in Frankreich aber nicht häufig. Sie kommt auch in klimatisch günstigen Teilen Österreichs (z. B. Burgenland) vor und wurde vereinzelt auch noch in nördlicher gelegenen Wärmeinseln angetroffen. Die Larven dringen nach Überwinterung in die Eikokons von Wolfsspinnen ein, wandeln sich hier bei der nächsten Häutung in eine madenartige Larve um, die den Kokon leerfrißt und sich dann darin verpuppt. Die erwachsenen Tiere fangen mit Hilfe ihrer Raubbeine die unterschiedlichsten Insekten.

Die zu den **Coniopterygidae** gehörenden Arten unterscheiden sich von allen anderen Netzflüglern durch ihre sehr geringe Größe und die weiße oder bräunliche Wachsbestäubung. Man findet sie häufig in Gruppen zusammen, und sie erinnern dann mehr an Mottenläuse (s. S. 137) als an Netzflügler. Die Tiere erinnern insofern an die *Megaloptera*, als auch bei ihnen noch eine doppelte Subcostalader vorhanden ist, während das übrige Flügelgeäder stark reduziert ist. Die Zahl der in Mitteleuropa vorkommenden Arten ist unsicher, da die Tiere vielfach übersehen werden. 22 Arten wurden bisher festgestellt, von denen *Conwentzia psociformis* (Tafel 15) und eine verwandte Art auch in größeren Zahlen bis in Großstädte vordringen können. Diese Gattung ist an den reduzierten Hinterflügeln leicht erkennbar. Die Larven leben an Kräutern, Büschen und Bäumen von Blattläusen und Milben. Meist entwickeln sich zwei Generationen pro Jahr.

Die Schmetterlingshafte, **Ascalaphidae**, sind raschfliegende Insekten mit schmetterlingsartig bunten Flügeln und langen, am Ende geknöpften Fühlern. Sie sind mit 15 Arten in Europa vertreten, von denen die Gattung *Libelloides* mit drei Arten bis in das Kaiserstuhlgebiet, den Rheingau, die Schweiz und nach Oberösterreich vordringt. Diese und die meisten anderen Vertreter der Gruppe fliegen am Tage und fangen andere Insekten, z. B. Schmetterlinge, im Fluge. Die Larven (Tafel 63) haben scharfgezähnte Mandibeln und jagen andere Arthropoden zwischen Blättern und Steinen am Boden, bauen jedoch keine Trichter wie die Ameisenlöwen, denen sie im übrigen ähneln.

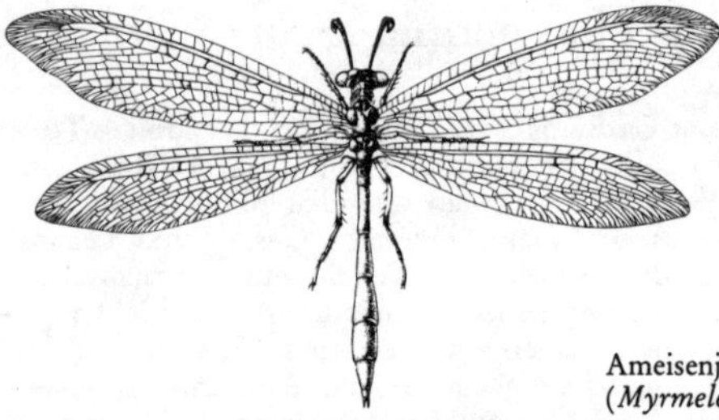

Ameisenjungfer
(*Myrmeleon formicarius* L.)

Die Ameisenjungfern aus der Familie der **Myrmeleonidae** sehen durch ihre Flügel und den langen, schlanken Körper oberflächlich den Kleinlibellen ähnlich. Man kann sie jedoch stets leicht an den kurzen, kräftigen, gekeulten Fühlern erkennen. Der Name steht im Zusammenhang mit der Larve, die als Ameisenlöwe bezeichnet wird (Tafel 63), was sich besonders auf die Larve von *Myrmeleon formicarius* bezieht. Diese lebt auf reinem Sand und baut darin kleine Trichter, an deren Grund sie sich eingräbt, so daß nur die starken Saugzangen etwas herausragen. Kleine Insekten, vor allem Ameisen, fallen in den Trichter und können an den schrägen Wänden nicht wieder emporklettern. Die Ameisenlöwen ergreifen sie und saugen sie aus. Die meisten Larven der Familie ernähren sich auf diese Weise, wenn auch keineswegs alle Trichter bauen. Die Ameisenjungfern fliegen bei Tage in sehr langsam steigendem und fallendem Fluge, wobei sie auf einmal nur selten große Entfernungen zurücklegen. Der Schwerpunkt der Verbreitung liegt auch bei dieser Familie in den Tropen – in Mitteleuropa wurden bisher 11 Arten festgestellt, von denen 2 bis nach Finnland vordringen.

Die Familie der **Dilaridae** ist mit den *Hemerobiidae* verwandt und weniger auffällig als die soeben genannten Familien. Die mittelgroßen Insekten mit abgerundeten, etwas behaarten Flügeln sind an den gefiederten Fühlern der Männchen und dem langen Legebohrer der Weibchen zu erkennen. *Dilar meridionalis* (Tafel 14) ist in Spanien und im südlichen Frankreich verbreitet, doch treten die Tiere immer einzeln auf.

Nach den Schmetterlingshaften und den Ameisenjungfern ist der Bachhaft, *Osmylus fulvicephalus*, der größte europäische Netzflügler, der einzige Vertreter der Familie der **Osmylidae**. Mit einer Spannweite von 50 mm und gefleckten Flügeln ist es ein schönes

Tier, das nur mit gefleckten Ameisenjungfern verwechselt werden kann, von ihnen aber durch die langen, fadenförmigen Fühler, die ungekeult sind, zu unterscheiden ist. Die Larven leben räuberisch im eben noch überspülten Moos unter Steinen an Bachrändern, und die erwachsenen Tiere finden sich in der Nähe solcher Bäche in kühlen, schattigen Bereichen, größeren Gebüschgruppen o. ä. von Mai bis Juli. Die Tiere sind weit verbreitet, aber nirgends häufig und stark an saubere, fließende, unregulierte Bäche gebunden.

Obwohl von ganz anderer Gestalt, sind die **Sisyridae** eng mit der eben besprochenen Familie verwandt. Ihre Larven leben im Wasser und ernähren sich von Süßwasserschwämmen. Sie besitzen 7 Paar Tracheenkiemen am Hinterleib. Die adulten Tiere sind während des Sommers in Wassernähe zu finden. *Sisyra fuscata* (Tafel 15) ist die

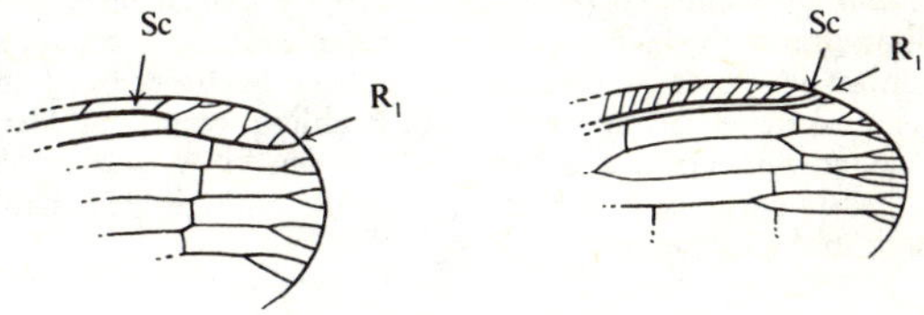

Flügelspitzen von *Sisyra* (links) und *Hemerobius:* die Längsader Sc mündet bei den *Sisyridae* in R_1 ein, nicht aber bei den *Hemerobiidae*

häufigste unserer 4 Arten, die alle klein und bräunlich gefärbt sind. Sie ähneln den *Hemerobiidae*, doch besitzen sie viel weniger Costal-Queradern, und diese gabeln sich kaum.

Die **Hemerobiidae** sind die umfangreichste unserer Netzflügler-Familien. Sie umfassen rund 40 kleine, oft stark behaarte, braune oder graue Arten. Die Adern Sc und R_1 verschmelzen bei dieser Gruppe nicht, und hieran wie auch durch die große Zahl von Costal-Queradern, von denen stets eine Reihe gegabelt ist, kann man sie von den *Sisyridae* unterscheiden. Larven und Imagines fressen vorzugsweise Blattläuse, was den Larven die deutsche Bezeichnung „Blattlauslöwen" eingetragen hat.

Die bekanntesten der mitteleuropäischen Netzflügler sind zweifellos die Florfliegen der Familie der **Chrysopidae**. Körper und Flügeladern zeigen meist zarte grüne oder gelbe Farben, selten geringe schwarze Zeichnung, während die vorstehenden Augen stark metallisch leuchten, wonach sie auch als „Goldaugen" bezeichnet werden. Hauptmerkmal der Flügeladerung ist eine Reduktion der großen Längsadern. Die Ader Rs ist noch als eine Zickzacklinie vorhanden, doch verschmelzen ihre vielen Abzwei-

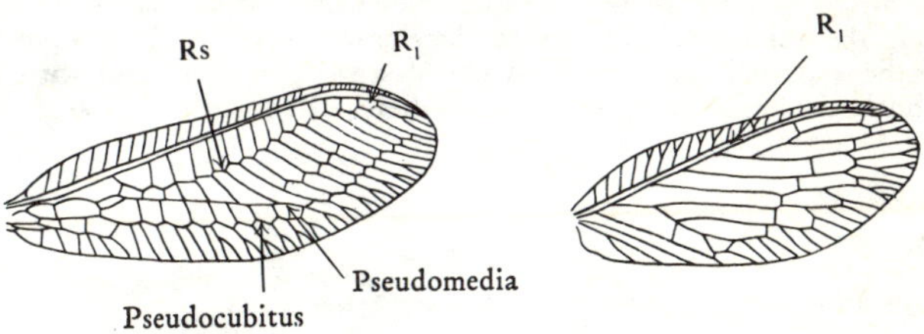

Flügeladerung von Florfliegen *(Chrysopidae)* und Blattlauslöwen *(Hemerobiidae)* mit Adergabelungen an den Flügelrändern und Reduktion der Längsadern bei den Florfliegen

gungen mit denen von Media und Cubitus, so daß daraus zwei zusammengesetzte Adern entstehen – die ganz gerade Pseudomedia und die Zickzacklinie des Pseudocubitus (s. Abb.). Neben den grünen und gelben *Chrysopa*-Arten kommen auch zwei braune Arten der Gattung *Nothochrysa* vor, doch diese sind ziemlich groß (35–45 mm Spannweite) und dadurch und durch die eben genannten Adermerkmale leicht von den *Hemerobiidae* zu unterscheiden.

Abweichend von den meisten übrigen Netzflüglern legen die Florfliegen wie die *Mantispidae* ihre Eier an der Spitze eines langen Sekretfadens ab, der aufrecht steht, so daß jedes Ei an der Spitze eines dünnen Stiels sitzt. Die Bedeutung dieser Stiele ist unklar. Eine andere interessante Erscheinung ist, daß sich die Larven einiger Florfliegen mit den Überresten ihrer Beutetiere bedecken und diese mit sich tragen, so daß sie wie Abfall aussehen.

Die häufigste und am weitesten verbreitete Florfliege *Chrysoperla carnea* (= *Chrysopa vulgaris*) überwintert abweichend zu den meisten anderen Arten als adultes Tier in Häusern und nimmt in dieser Zeit durch veränderten Stoffwechsel (Anhäufung von Karotinoiden) eine rötliche Färbung an, die im Frühling, wenn das Tier wieder aktiv geworden ist, wieder vom Grün abgelöst wird. In den USA werden Massenzuchten dieser Tiere, z. T. auf synthetischem Futter (!), für die biologische Schädlingsbekämpfung durchgeführt und eingesetzt.

Sammeln und Präparieren

Wie nach den für die Gruppe beschriebenen Lebensräumen zu erwarten, erbeutet man sie am besten durch das Abstreifen der Vegetation – und speziell der Ufervegetation bei solchen Arten, deren Larven im Wasser leben. Viele Arten kann man auch mit Lichtfang anlocken.

Frisch gebrochener Lorbeer ist hier das beste Tötungsmittel, weil dabei die zarten Tiere mit Sicherheit nicht erhärten. Man kann sie in herkömmlicher Weise spannen, muß jedoch für sehr schnelles Trocknen sorgen, wenn die grünen Farbtöne erhalten bleiben sollen. Die weichen Körper schrumpfen beim Trocknen erheblich, so daß man Material, das zu anatomischen Untersuchungen dienen soll, in Alkohol aufbewahren muß.

Ordnung Mecoptera *Schnabelhafte*

Erkennungsmerkmale: Kleine und mittelgroße Insekten, deren Kopf nach unten „schnabel"artig verlängert ist und am Ende dieses „Schnabels" kauende Mundwerkzeuge trägt. Meist sind zwei gleichartige Flügelpaare vorhanden. Das Hinterleibsende des Männchens ist bei den meisten Arten blasenartig verdickt und wird über den Rücken hochgekrümmt getragen, wonach diese Arten auch als Skorpionsfliegen bezeichnet werden.

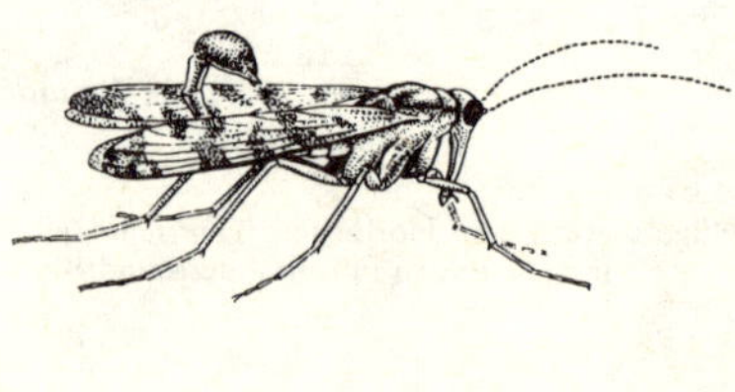

Eine Skorpionsfliege in der Ruhestellung. Der schnabelartige, nach unten verlängerte Kopf und das nach oben gekrümmte, verdickte Hinterleibsende des Männchens sind charakteristisch

Diese kleine Insektenordnung umfaßt nur ca. 300 Arten, ist jedoch, ebenso wie die Überordnung der Neuropteroidea, stammesgeschichtlich sehr alt. Tatsächlich gehören die ältesten fossil bekannten pterygoten Insekten – etwa 250 Millionen Jahre alt – zu den Mecoptera, und es besteht die Anschauung, daß sich Schmetterlinge, Köcherfliegen, Fliegen und Mücken sowie die Flöhe aus mecopterenartigen Vorfahren entwickelt haben. Einige der heute noch vorkommenden australischen Schnabelhafte existieren mit geringfügigen Veränderungen seit dem Perm und führen mit Recht die Bezeichnung „lebender Fossilien", wie etwa auch die Coelacanthiden und ähnliche berühmte Tierarten.

Wenn auch von der ganzen Ordnung oft als den „Skorpionsfliegen" gesprochen wird, so kommt das skorpionsartige Merkmal doch nur den Männchen in der Familie der **Panorpidae** zu. Das Erkennungsmerkmal auch für diese Familie ist der lange „Schnabel", der von Clypeus, Labrum und Labium gebildet wird. Die dünnen, gezähnten Mandibeln sitzen am unteren Ende dieses Gebildes. Die fadenförmigen Fühler bestehen aus 40–50 Gliedern, die Komplexaugen sind gut entwickelt. Drei Punktaugen sind bei den meisten Arten vorhanden und fehlen nur der Gattung *Boreus.*

Die beiden Flügelpaare sind bei den Skorpionsfliegen sehr ähnlich und tragen meist eine größere Anzahl dunkler Flecken (Tafel 15). Sie sind relativ lang und schmal (die Bezeichnung *Mecoptera* leitet sich vom griech. *mekos* = Länge ab), zeigen aber mit Ausnahme der fehlenden Verzweigung von Cu_1 ein vollständiges Flügelgeäder, woran die ursprüngliche Entwicklungsstufe dieser Gruppe kenntlich wird. Ein einfacher Kopplungsmechanismus für die Flügel, bestehend aus Jugal- und Humerallappen und wenigen Borsten (s. Abb. S. 24), ist vorhanden, doch sind die Tiere wenig fluggewandt und fliegen auch nicht weit. Die Flügel von *Boreus* erinnern überhaupt nicht mehr an solche und sind bei den Männchen zu hakenartigen Gebilden, bei den Weibchen zu Schüppchen umgebildet.

Das neunte Hinterleibssegment der *Panorpa*-Männchen ist stark verdickt und wird, wie bereits beschrieben, über den Körper gekrümmt getragen. Der Hinterleib der Weibchen verschmälert sich nach hinten zu stark, wenn auch beim lebenden Tier die vier letzten Segmente teleskopartig ineinandergeschoben sind. Der Hinterleib der *Boreus*-Weibchen ist zu einem legebohrerartigen Gebilde verlängert. In beiden Geschlechtern stehen am Ende des Hinterleibes winzige Cerci. Ausbildung der Geschlechtsorgane, Gestalt und relative Größe der Hinterleibssegmente werden unter anderem zur Trennung der *Panorpa*-Arten herangezogen.

Die Eier werden in die Erde abgelegt. Die *Panorpa*-Larven besitzen drei Brustbeinpaare und an den Hinterleibsringen acht Paare kurzer Füßchen. Sie leben als Aasfresser in der Erde und im Bodenmulm und verpuppen sich in einer Höhle im Boden. Die freigliedrige Puppe gräbt sich zur Oberfläche empor, bevor das adulte Tier schlüpft. Die Entwicklung von *Bittacus* verläuft ähnlich. Die Larve von *Boreus* gehört zum gekrümmten, scarabeiformen Typ und besitzt keine Abdominalbeine. Sie lebt wie die erwachsenen Tiere im Moos und verpuppt sich auch dort oder im direkt darunterliegenden Boden.

Nur neun Arten kommen im behandelten Gebiet vor, von denen die meisten zwar weit verbreitet, aber nirgends auffällig und sehr häufig sind. Fünf der Arten gehören zur Familie der **Panorpidae**, bei denen die Männchen das Hinterleibsende in der oben beschriebenen skorpionsartigen Haltung tragen, wonach diese Familie als Skorpionsfliegen bezeichnet wird. Trotz dieses Namens und des Aussehens sind die Tiere aber völlig harmlos.

Alle fünf Arten des Gebietes – die Artenzahl ist nicht völlig gesichert und kann möglicherweise höher liegen – haben voll entwickelte Flügel, verbringen aber einen großen Teil ihres Lebens, indem sie in schattigen Hecken umherklettern und dort auf Beute warten. Sie ernähren sich vorzugsweise von tierischer Nahrung, greifen aber nur selten lebende Tiere an, sondern verzehren vorzugsweise tote Insekten und Aas. Man hat sie auch an Vogelkot gefunden und wiederholt beim Auftupfen menschlichen Schweißes beobachtet. Doch wird auch pflanzliche Nahrung nicht verschmäht, und im Garten des Autors ziehen besonders überreife Stachelbeeren Skorpionsfliegen an.

***Boreus*, der Winterhaft oder Schneefloh**

Flügellos sind die Winterhafte aus der Familie der **Boreidae**, die mit den beiden Arten *Boreus hyemalis* L., und *B. westwoodi* Hagen in Mitteleuropa vertreten sind und auch als Schneeflöhe (s. auch S. 60) bezeichnet werden. Die Tiere sind nur knapp 3 mm lang und ernähren sich von Moos, in dem sie leben. Die erwachsenen Tiere treten im Herbst und Winter auf und können bei Tauwetter auch auf dem Schnee gefunden werden, was zusammen mit dem Springvermögen der Tiere zu dem oben erwähnten zweiten Namen der Tiere geführt hat.

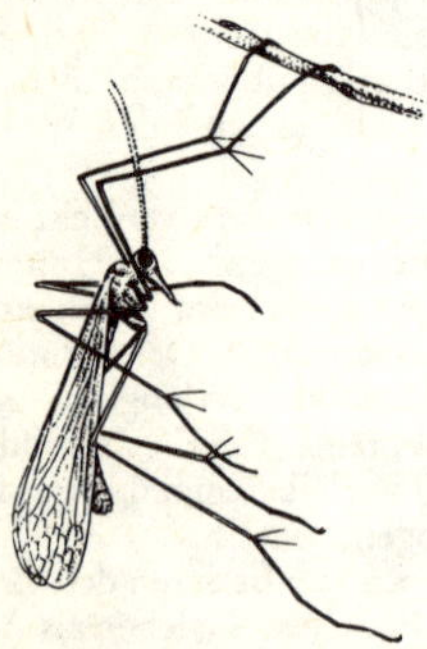

***Bittacus*, in Lauerstellung an den Vorderfüßen hängend, um mit den Hinterfüßen kleine vorbeifliegende Insekten zu ergreifen**

Als dritte Familie der *Mecoptera* finden sich in Mitteleuropa die Mückenhafte oder **Bittacidae**, deren Vertreter leicht an den überlangen, dünnen Beinen zu erkennen sind. Die Männchen besitzen das skorpionshafte Hinterleibsende nicht, und die ganzen Tiere ähneln großen Schnaken. Die Tarsen sind zum Greifen geeignet, und die Tiere verbringen den größten Teil ihrer Zeit, indem sie mit den Vorderbeinen an Pflanzen hängen. Sie fangen mit den Füßen der Hinterbeine kleine Insekten. In Mitteleuropa kommen zwei Arten vor, von denen *Bittacus italicus* (Tafel 15) die häufigere ist.

Sammeln und Präparieren

Das Abstreifen von Gebüsch in geeigneten schattigen Lagen von Mai bis August liefert die *Panorpa*-Arten. *Boreus* muß man jedoch gezielt im Spätherbst an Moos (*Mnium*-Arten, *Polytrichum piliferum*) suchen. Die geflügelten Arten kann man in bereits beschriebener Weise nadeln und spannen, während man *Boreus* entweder auf Minutien spießen oder aber in Alkohol aufbewahren muß.

Ordnung Lepidoptera *Schmetterlinge*

ERKENNUNGSMERKMALE: Sehr kleine bis große Insekten mit gewöhnlich 2 Paar häutiger Flügel, die wie auch der Körper mehr oder weniger von feinen Schuppen bedeckt sind. Die Mundteile, im wesentlichen die Maxillen, sind zu einem langen, saugrohrartigen Rüssel (Proboscis) umgebildet, der in Ruhelage unter dem Kopf aufgerollt ist. Die Mandibeln fehlen in der Regel, können aber auch nur stark rückgebildet sein. In wenigen Fällen sind sie funktionsfähig.

Abgesehen von wenigen flügellosen weiblichen Nachtfaltern und einigen Glasflüglern *(Aegeriidae)*, deren Flügel nahezu schuppenlos sind und daher an Hautflügler erinnern, sind Schmetterlinge auch vom Laien leicht zu erkennen. Unterscheidungsschwierigkeiten gibt es allenfalls zwischen einigen kleinen Nachtfaltern und Köcherfliegen. Bei einer näheren Betrachtung sind die Falter jedoch durch Schuppen und Saugrüssel zu erkennen.

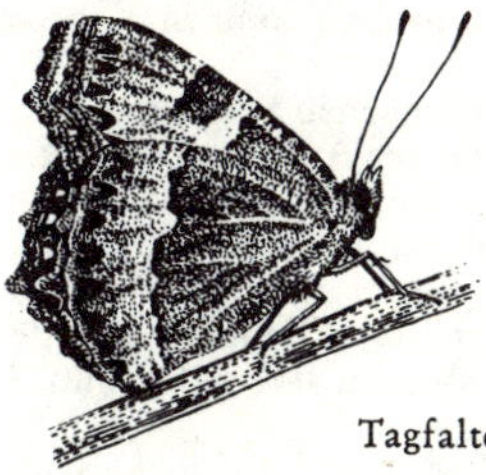

Tagfalter in Ruhestellung

Die Schmetterlinge sind eine sehr umfangreiche Insektenordnung mit mehr als 150 000 bisher bekannten Arten, von denen mehr als 3000 im engeren mitteleuropäischen Gebiet vorkommen. Von diesen sind rund 170 Tagfalter. Die für die Britischen Inseln angegebenen Artenzahlen sind geringer. Sie betragen rund 2300 Schmetterlingsarten, unter ihnen etwa 70 Tagfalter. Obwohl diese Ordnung sehr umfangreich ist, sind ihre Mitglieder im Erscheinungsbild und in der Lebensweise recht gleichförmig. Mit Ausnahme der Angehörigen der Familie der *Micropterigidae* nehmen die Imagines, wenn überhaupt, nur flüssige Nahrung auf, und zwar saugen sie mit ihrem Rüssel Nektar oder andere Säfte auf. Die Larven dagegen besitzen Kiefer und fressen in der Mehrzahl pflanzliches Material. Eine der am besten bekannten Ausnahmen ist die Kleidermotte, deren Raupe von Wolle und anderen keratinhaltigen tierischen Materialien lebt.

Diese Ordnung hat eine große wirtschaftliche Bedeutung durch die Schäden, die die Raupen in Land- und Forstwirtschaft und auch als Vorratsschädlinge anrichten. Auf der Habenseite ist ihre Bestäubungstätigkeit zu werten, ferner die Seidenproduktion einiger Arten. Unabhängig von einer derartigen Wertung bleibt aber die Schönheit vieler Schmetterlinge zu erwähnen.

Eine sehr häufig gestellte Frage ist die nach dem Unterschied zwischen Tag- und Nachtfaltern. Aber diese Frage ist nicht leicht zu beantworten, da die Trennung eine künstliche Abgrenzung ist. So besteht zwischen Schwärmern und Tagfaltern ein genauso großer Unterschied wie zwischen Schwärmern und Spannern. Die benennbaren Unterschiede zwischen einer Nachtfaltergruppe und den Tagfaltern versagen bei Berücksichtigung einer anderen Nachtfaltergruppe. Die laienhafte Vorstellung, die die Tagfalter als leuchtend gefärbte, am Tage fliegende Insekten sieht und die Nachtfalter als düstere, in der Nacht fliegende Tiere, wird durch einen Blick auf die Dickkopffalter und den hellgefärbten, am Tage fliegenden Panterspanner (Tafel 27) erschüttert.

Wenn es sich nur darum handelt, europäische Tagfalter zu erkennen, gibt es einen brauchbaren Weg. Ihnen allen ist ein gekeulter Fühler gemeinsam. Die Fühler der Nachtschmetterlinge zeigen die unterschiedlichsten Bildungen, aber keiner von ihnen ist derartig gekeult. Mehr oder weniger keulenförmige Verdickungen der Fühler finden sich lediglich noch bei den Zygänen. Aber diese Familie besitzt ein anderes Merkmal, das den Tagfaltern fehlt, das Frenulum, eine kräftige Borste am Hinterflügel der Männchen, die in einen gekrümmten chitinisierten Lappen (Retinaculum) auf der Unterseite des Vorderflügels eingreift. Bei den Weibchen finden sich mehrere kürzere Haftborsten.

Der Kopf eines Schmetterlings ist verhältnismäßig groß und ein großer Teil seiner Oberfläche wird von den Komplexaugen eingenommen, die aus einigen tausend Facetten bestehen. Häufig finden sich auch zwei Stirnaugen oder Ocellen, die aber z. B. den Tagfaltern fehlen. Die Form der Fühler ist sehr variabel. Sie reicht von den sehr kurzen Fühlern der Wurzelbohrer bis zu den großen gefiederten der Saturniiden, mit denen sie Weibchen kilometerweit wahrnehmen können. Gewöhnlich sind die Fühler beschuppt.

Die Mundteile der Schmetterlinge stellen einen Saugrüssel dar (Ausnahme *Micropterigidae*, s. dort). Dieser wird gebildet von den Außenladen (Galeae) der 1. Maxillen, die stark verlängert und miteinander verbunden sind. Jeweils an ihrer Innenseite bilden sie eine Rinne. Hierdurch entsteht ein Rohr, durch das Nektar und andere Flüssigkeiten aufgesogen werden können. Wird der Rüssel nicht gebraucht, so wird er aufgerollt. Diese Aufrollung erfolgt passiv durch die Elastizität der den Rüssel bildenden, bogenförmigen Sklerite, die durch Membranen verbunden sind. Ausgestreckt wird der Rüssel dagegen durch Muskelkontraktion.

Der Rüssel erreicht bei einigen Faltern eine beachtliche Länge, so beim Windenschwärmer rund 15 cm. Er kann bei tropischen Formen noch länger sein. Diese Schmetterlinge können Nektar aus Blüten mit sehr langen Kelchen aufnehmen. Bei anderen Arten ist der Rüssel dagegen sehr kurz oder fehlt sogar. Beim Schlehenspinner sind die Maxillen z. B. nicht miteinander verbunden, bei Hepialiden fehlen sie. Diese

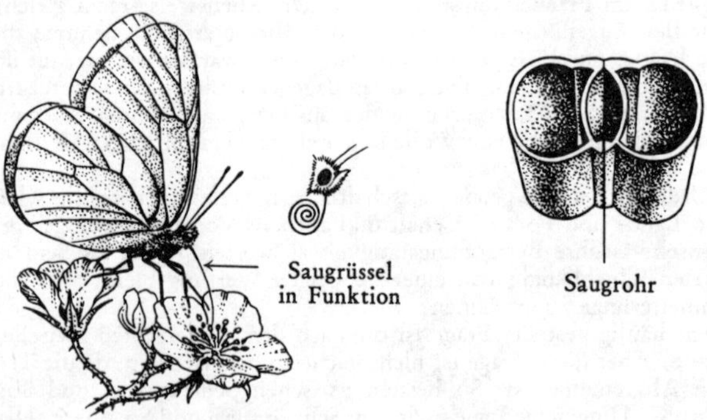

Schmetterling mit ausgerolltem Rüssel beim Nektarsaugen aus einer Blüte. Rechts ein vergrößerter Ausschnitt aus den beiden Maxillen, die zusammengelegt den Saugkanal bilden

Arten können als Imagines keine Nahrung aufnehmen. Bei manchen Saturniiden fehlt sogar die Mundöffnung.

Die übrigen Mundteile der Schmetterlinge sind rückgebildet. Bei der Mehrzahl fehlen die Mandibeln. Lediglich bei manchen pollenfressenden *Micropterigidae* sind gezähnte, funktionsfähige Mandibeln vorhanden. Das Labium (2. Maxille) ist auch stark rückgebildet. Hingegen sind die Labialtaster gut entwickelt. Da sie unterschiedlich ausgebildet sind, kommt ihnen systematische Bedeutung zu.

Bei den primitiveren Vertretern der Ordnung ist der Prothorax deutlich sichtbar, bei den höheren dagegen ist er zu einem kragenartigen Ring hinter dem Kopf reduziert. Der Mesothorax ist immer das größte Thoraxsegment mit einem deutlich ausgebildeten gerundeten Scutellum. Die Basis der Vorderflügel wird von „Schulterdecken", den Tegulae, überdeckt. Tegulae kommen bei vielen Insekten vor, sind aber bei dieser Ordnung besonders groß, obwohl sie häufig unter dem „Fell" der behaarten Arten verborgen sind. Der Metathorax ist mit Ausnahme der primitiven Familien kleiner als der Mesothorax. Der Thorax trägt in der Regel drei Beinpaare. Bei einigen Familien können hier Rückbildungen auftreten. Die „Putzpfoten" vieler Tagfalter sind rückgebildete Vorderbeine oder Vordertarsen.

Bei den primitiveren Schmetterlingen sind die beiden Flügelpaare gleichgestaltet, aber bei den meisten anderen Gruppen sind die Vorderflügel auffallend länger. Der Name Lepidoptera bedeutet Schuppenflügler (griech. *lepis* = Schuppe) und bezieht sich auf die Schuppen, die die Flügel, sich dachziegelartig überlappend, bedecken. Diese Schuppen bedecken auch fast den ganzen übrigen Körper. Jede Schuppe sitzt mit einem dünnen Stiel in der Schuppentasche. Diese Schuppen sind umgebildete Haare. Sie sind typischerweise verbreitert und abgeflacht, aber ihre Entwicklung und viele lange und schmale Schuppen zeigen die Verwandtschaft zu den Haaren deutlich. Daneben finden sich aber auch in wechselndem Umfang besonders auf dem Thorax und an der Flügelbasis echte Haare.

Die Schuppen können Farbstoffe, die für die Flügelfärbung verantwortlich sind, enthalten. Die Färbung der Schmetterlingsflügel ist nicht nur durch Farbstoffe bedingt,

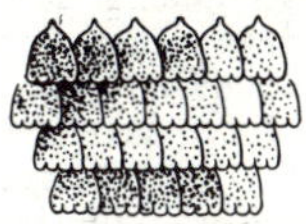

Schuppen eines Schmetterlingsflügels, die sich überlappen

sondern auch rein physikalisch durch den Feinbau der Schuppen. Die Schillerfarben werden durch besonders gebaute Schillerschuppen hervorgerufen.

Besondere Duftschuppen finden sich vorzugsweise bei den Männchen einer Reihe von Schmetterlingsarten. Sie stehen in Beziehung zu Duftdrüsen und liefern eine große Verdunstungsoberfläche. Die Duftschuppen können einzeln, in Bändern oder in Flecken, wie z. B. beim Zipferlfalter (Tafel 18), auftreten.

Die Flügeladerung ist bei den *Micropterigidae* am vollständigsten entwickelt, bei denen Vorder- und Hinterflügel die gleiche primitive Aderung zeigen. Bei den anderen Angehörigen der Ordnung ist die Aderung zum Teil reduziert und Queradern sind selten. Bei den höheren Lepidopteren ist die Ausbildung der großen Zelle R + M besonders auffällig, die durch die Rückbildung des basalen Teiles der Media zustande kommt. Diese große Zelle wird häufig auch als Discoidalzelle oder nur „Zelle" bezeichnet, läßt sich aber nicht auf Zellen gleichen Namens bei anderen Ordnungen beziehen. Die Ader Cu_2 ist im allgemeinen bei primitiven Schmetterlingen auf Vorder- und Hinterflügel vorhanden, fehlt aber zunächst auf dem Vorder-, dann auch auf dem Hinterflügel, wenn man im System aufwärts geht.

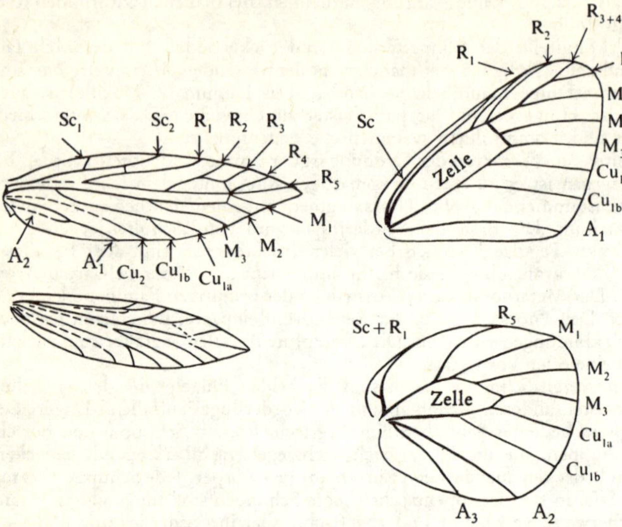

Die Aderung von *Micropteryx* (links) und eines Tagfalters, die die Reduktionen bei den höheren Schmetterlingsfamilien zeigt. Man beachte die große Discoidalzelle (Zelle) der Tagfalterflügel. Die Abbildung ist nicht maßstabgerecht

Das Flügelgeäder ist durch die Beschuppung nicht gut sichtbar. Um kleinere Bereiche des Geäders sichtbar zu machen, kann man die Schuppen mit einem Malpinsel entfernen. Einige Tropfen Alkohol, Äther oder Xylol, die man auf die Unterseite der Flügel bringt, machen die Aderung für einige Sekunden sichtbar, ohne daß die Tiere einen bleibenden Schaden erleiden. Ein Dauerpräparat des Geäders läßt sich folgendermaßen herstellen: Die Flügel werden abpräpariert und in 90 % Alkohol gebracht. Dann legt man sie für 15 Sekunden in verdünnte Salzsäure und taucht sie danach in Chlorkalk. Durch das entstehende Chlor werden die Flügel entfärbt. Ist dies geschehen, überführt man sie in Wasser und dann für jeweils 30 Sekunden in 90 % und absoluten Alkohol. Danach werden sie auf einem Objektträger in Euparal eingeschlossen. Besonders feine Adern lassen sich durch Anfärbung mit Direktivschwarz sichtbar machen.

Der Kopplungsmechanismus zwischen den Flügeln besteht im einfachsten Fall aus einem schmalen Lappen, der Fibula, an der Basis der Vorderflügel und wenigen Borsten an der Vorderseite der Hinterflügel. Die Fibula liegt dem Hinterflügel auf und wird von den Borsten in dieser Position gehalten. Diese Anordnung findet sich bei den *Micropterigidae* und einigen anderen primitiven Familien (Abb. S. 24). Bei den Hepialiden ist die Fibula durch einen längeren Lappen, das Jugum, ersetzt (Abb. S. 24), das sich über den Vorderrand des Hinterflügels legt, aber nicht von Borsten gehalten wird.

Der am besten entwickelte Kopplungsmechanismus dieser Ordnung findet sich bei den meisten größeren Nachtfaltern. Er besteht aus einem Auswuchs der „Schulter“ des Hinterflügels und wird als Frenulum bezeichnet und besteht bei den Männchen aus einer kräftigen Borste. Das weibliche Frenulum besteht gewöhnlich aus mehreren schwächeren Borsten und kann bei schlechten Fliegern weitgehend reduziert sein. In beiden Geschlechtern reicht das Frenulum schräg nach vorn unter den Vorderflügel und greift in das Retinaculum. Dieses hat beim Männchen gewöhnlich die Gestalt eines Hakens (unterhalb der Ader Sc = Subcosta). Bei den Weibchen besteht es aus einer Gruppe steifer Haare (Abb. S. 24).

Tagfalter und einige andere Familien zeigen eine einfachere Form des Zusammenhaltens. Das Frenulum fehlt, und Vorder- und Hinterflügel werden nur aufeinandergepreßt.

Viele Nachtfalter besitzen Organe des Gehörsinnes. Diese Tympanalorgane sind unterschiedlich gebaut. Ihrer Ausgestaltung und Lage kommt systematische Bedeutung zu. Bei den Geometriden liegen sie z. B. an den Seiten des 1. Abdominalsegmentes, bei Lymantriiden und Noctuiden finden sie sich am Thorax.

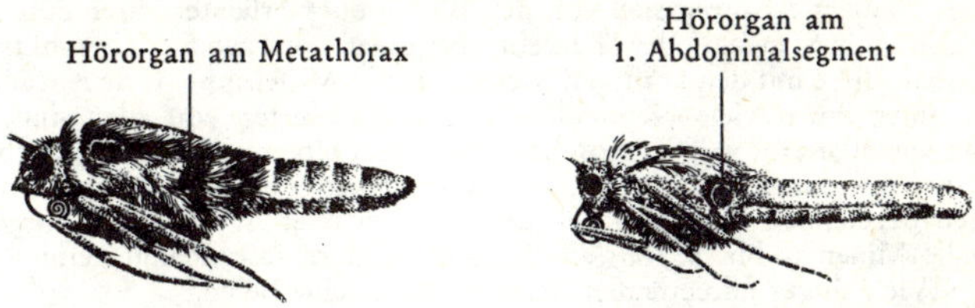

Lage der „Ohren" (Tympanalorgane) bei Noctuiden (links) und Geometriden

Bei ihrer Entwicklung durchlaufen die Schmetterlinge 4 Stadien: Ei, Larve = Raupe, Puppe und Imago, wenn auch erhebliche Unterschiede in der Länge des Lebensablaufes auftreten. Die Eier werden gewöhnlich in Gruppen von 2 oder 3, wie beim Großen Gabelschwanz oder der Perlbinde, bis zu vielen hundert, etwa beim Ringelspinner, abgelegt. Die Gesamtzahl der Eier eines Weibchens variiert von rund 50 bis unter 1000. Die Weibchen suchen mit Hilfe der Sinnesorgane an ihren Füßen und an anderen Körperstellen die richtigen Futterpflanzen für die Raupen auf. Anderenfalls würden die kleinen Raupen absterben, bevor sie die richtige Nahrung gefunden haben. Einige Schmetterlinge jedoch, so die Hepialiden, deren Raupen an Wurzeln von Gräsern und anderen Pflanzen fressen, lassen die Eier einfach zwischen die Pflanzen fallen. Das Eistadium dauert in der Regel 2–3 Wochen. Eine Ausnahme stellen jene Arten dar, die ihre Eier im Spätsommer ablegen und die den Winter im Eistadium überdauern.

Nach abgeschlossener Embryonalentwicklung verläßt die Raupe die Eischale, die sie in vielen Fällen nach dem Schlüpfen auffrißt. Die Raupe ist eine eruciforme Larve mit einem deutlich abgesetzten Kopf, 3 Paar Thorakel- oder Brustbeinen und gewöhnlich 4 Paaren unechter Beine oder Bauchfüße am 3.–6. Abdominalsegment. Am 10. Abdominalsegment finden sich die Afterfüße oder Nachschieber. Bei den Bauchfüßen kann man nach der Ausbildung der Sohlen und der Anordnung feiner Chitinhäkchen Kranz- und Klammerfüße unterscheiden. Die Kraft dieser Klammerfüße ist jedermann wohlbekannt, der versucht hat, eine festsitzende Raupe von einem Zweig zu entfernen.

Die Raupen besitzen ein Paar Spinndrüsen. Die Gesamtlänge der Drüsenschläuche kann ein Mehrfaches der Körperlänge ausmachen. Die Drüsen münden auf der Unterlippe (Labium). Nahe der Vereinigung der Ausführgänge der Spinndrüsen finden sich in der Regel Anhangsdrüsen, deren Sekret dem Seidensekret zugegeben wird. Die Seide ist zunächst flüssig und wird durch die „Spindel" ausgeschieden. Das Sekret der Anhangsdrüsen ist etwas klebrig, aber schnelltrocknend und bewirkt, daß der Seidenfaden an der Umgebung haftet, aber auch, daß er schnell erhärtet. Raupen verwenden die Seide sehr unterschiedlich, wie zum Bau von Schutz„zelten" oder „Rettungsseilen", wie unten beschrieben. Die größte Bedeutung hat sie bei der Kokonherstellung.

a Schwärmerraupe *(Sphingidae)*; b Buchenspinnerraupe (*Stauropus fagi* L.); c Sichelflüglerraupe *(Drepanidae)*

Einige Raupen ernähren sich von den Blüten oder Früchten ihrer Futterpflanzen, einige bohren in Stengeln oder Wurzeln, aber die überwiegende Mehrzahl frißt Blätter und zerteilt diese mit den kräftigen Kiefern bis zur Mittelrippe. Eine Anzahl kleinerer Arten, unter ihnen viele Nepticuliden, die die kleinsten von allen sind, leben im Inneren von Blättern, wo sie zwischen Ober- und Unterseite in das Gewebe eindringen. Derartig lebende Insekten – nicht nur Schmetterlinge – werden als minierende Insekten bezeichnet. Einer der bekanntesten Vertreter ist *Nepticula aurella*, dessen weißliche Minen (Abb. S. 166) an Brombeerblättern fast überall gefunden werden können. Viele dieser minierenden Raupen haben keine Beine.

Die Raupen nehmen ständig Nahrung auf. Die Nahrungsaufnahme wird nur von ein- bis zweiwöchigen Ruheperioden während der Häutungen unterbrochen; das Wachstum ist sehr schnell. Die Zahl der Häutungen schwankt zwischen 3 und 9, aber die Mehrzahl der Arten häutet sich vier- oder fünfmal. Das Larvenleben kann nur 3 Wochen oder bei den als Raupen überwinternden Arten auch 9 Monate dauern. In Ausnahmefällen, z.B. bei den holzfressenden Weiden- und auch bei den Kastanienbohrern, kann sich die Larvenzeit auf 3 Jahre ausdehnen.

Raupen, die auf Blättern von Pflanzen fressen, sind den Angriffen von Vögeln und anderen Feinden ausgesetzt, und wir finden darum viele Schutzeinrichtungen und Schutzverhaltensmuster bei diesen Raupen. Einige Arten spinnen sichere „Zelte" und verbergen sich in ihnen, während andere Blätter als Zufluchtsorte zusammenrollen und zusammenspinnen. Verschiedene Arten fliehen vor ihren Feinden, indem sie einen Seidenfaden an ihrem Blatt befestigen und sich einfach fallenlassen und auf ihr „Rettungsseil" vertrauen. Ist die Gefahr vorüber, klettern sie wieder an dem Faden empor. Viele Raupen verlassen sich auf Tarnungen: Grüne und braune Töne sind die vorherrschenden Farben, und dadurch verschmelzen die Tiere mit Blättern und Zweigen. Hinzu gesellen sich häufig Längs- und Schrägstreifungen, die an Blattadern erinnern oder Schattenwirkung vortäuschen. Eine Anzahl von Raupen treibt diese Tarnung noch weiter und verschmilzt nicht nur mit dem Untergrund, sondern erscheint als ein Teil desselben. Als Beispiele können verschiedene Spannerraupen genannt werden. Diese schlanken bräunlichen Raupen tragen eine Anzahl warzenähnlicher Bildungen, die an Knospen erinnern. Wenn die Raupen ruhig sitzen, werden sie leicht als blattlose Zweige übersehen.

Man könnte annehmen, daß die leuchtend gefärbten Raupen der Bärenspinner oder der großen Weißlinge geradezu zum Gefressenwerden reizen, aber tatsächlich werden sie nur selten von Vögeln angenommen. Beide Gruppen haben einen sehr unangenehmen Geschmack und die auffallenden Farben und Muster warnen ihre Feinde hiervor. Junge Vögel greifen die Raupen an, aber sie lernen bald, bestimmte Farben und Ungenießbarkeit zu assoziieren und lassen dann diese Raupen in Ruhe. Viele andere ungenießbare Insekten – Marienkäfer oder auch Wespen – haben ähnliche Warnfarben entwickelt, und eine große Zahl „genießbarer" Insekten ziehen durch Mimikry daraus ihren Vorteil (S. 235). Die häufigsten Warnfarbenmuster enthalten die Farben Schwarz, Gelb und Rot.

Vögel und andere Feinde nehmen sehr selten stark behaarte Raupen, und so brauchen sich z. B. die Raupen vom Karminbär und vom Braunen Bär nicht zu verbergen (Tafel 22). Viele Insektenhaare rufen allergische Reaktionen hervor, was auch beim Hantieren mit behaarten Raupen zu beobachten ist, wenn auch die Wirkungen individuell sehr verschieden sind. Die Haare der Goldafterraupen zeigen außerdem noch eine Giftwirkung, die zu Hautausschlägen führt.

Diese Schutzeinrichtungen bleiben häufig auch im Imaginalstadium, also beim Schmetterling, erhalten. Der Karminbär wie auch der Braune Bär sind beide lebhaft gefärbt und behaart. Andere Falter wiederum können durch ihre Färbung unentdeckt auf Baumstämmen sitzen. Ein merkwürdiges Beispiel für eine Schutzfärbung zeigt das Silberspinnerchen *(Cilix glaucatus)*, das tagsüber auf Blättern sitzt und Vogelexkrementen sehr ähnlich sieht.

Ist die Raupe ausgewachsen und bereit zur Verpuppung, stellt sie das Fressen ein und sucht einen für die Verpuppung geeigneten Ort auf. Zu dieser Zeit findet man häufig Raupen, die „zielbewußt" Straßen und Bürgersteige überqueren. Der ausgewählte Platz ist artabhängig. Er kann im Erdboden sein, zwischen Moos und Laub oder aber nahe der Futterpflanze. Der Ort muß geeignet sein, daß sich die Art dort in die Puppe verwandeln kann, doch muß später auch der Falter dort schlüpfen können. Der Boden darf zum Beispiel nicht zu schwer sein. Wenn sich auch die Raupe noch eingraben könnte, so wäre der frischgeschlüpfte weichhäutige Schmetterling bei schwerem Boden nicht fähig, sich zu befreien. Im Holz lebende Raupen verpuppen sich dicht unter der Holzoberfläche, und die schlüpfenden Falter brauchen nur eine papierdünne Schicht zu durchbrechen, um ins Freie zu gelangen.

Es scheint, daß die Anfertigung eines Kokons ein primitives Merkmal ist, das vielen Familien verlorengegangen ist. Dies gilt besonders für die Tagfalter. Bei der typischen Entwicklung wird der Kokon zwischen Blättern der Futterpflanze, in einer Rindenritze oder im Fallaub gesponnen. Hat eine Raupe einen geeigneten Platz gefunden, beginnt sie zu spinnen, bewegt dabei ständig ihren Kopf und dreht den Körper hin und her. So hüllt sie sich selbst völlig in Seide ein. Die Dichte und Stärke des Kokons variiert sehr stark. Die stärkste Entwicklung zeigt der des Seidenspinners *Bombyx mori*, dessen Kokon rund 1000 m eines ununterbrochenen Seidenfadens und zahlreiche kürzere Fäden in der Außenschicht enthält. Der Kokon von *Cerura vinula* (Tafel 22) ist wegen seiner außergewöhnlichen Härte erwähnenswert. Die Raupe verbindet bei der Kokonherstellung Seide mit Holzteilchen und Speichel. Es ist sehr schwierig, einen gut gefertigten Kokon des Großen Gabelschwanzes mit den Fingern zu zerdrücken. Das eine Ende des Kokons wird von der Raupe dünner angelegt, so daß der Schmetterling ohne allzu große Schwierigkeiten schlüpfen kann.

Viele Nachtfalter verpuppen sich im Boden und spinnen nur noch wenig oder überhaupt nicht mehr. Die Raupen legen im Boden eine Höhle an und bestreichen Wände mit Speichel und ein wenig Gespinst. Die Puppen liegen frei in der Höhlung.

Unter den Tagfaltern sind die einzigen, die noch Kokons herstellen, die Dickkopffalter *(Hesperiidae)*, die sie zwischen Gräsern und anderen Pflanzen anlegen. Die meisten echten Tagfalter verpuppen sich ohne jeglichen Schutz. Eine Reihe dieser Puppen wie die des Trauermantels, vieler Perlmutt- und Schillerfalter oder einiger Augenfalter hängen kopfabwärts an der Futterpflanze oder einem anderen geeigneten Substrat. Die Raupe spinnt vor der Verpuppung ein kleines Gespinstpolster, an das sie sich als sog. Stürzpuppe mit ihrem Cremaster hängt. Dieser Cremaster ist eine hakenartige Bildung am Raupenhinterende. Bei der anderen Art der Verpuppung, die vorzugsweise bei den Pieriden und den Papilioniden verbreitet ist, bleibt die Puppe aufrecht. Auch hier wird ein Gespinstpolster hergestellt, in das sich die Puppe einhakt. Zusätzlich spinnt die

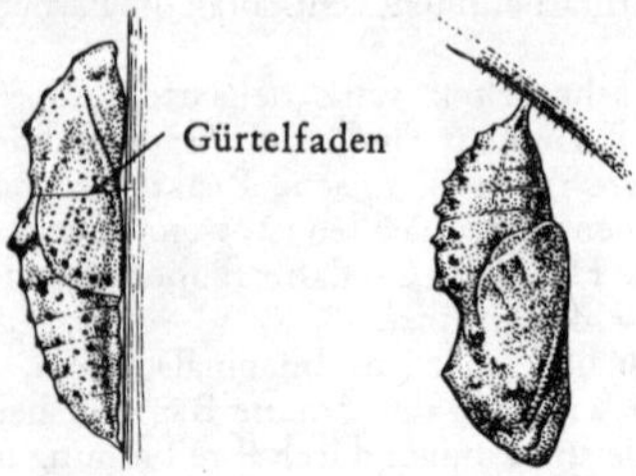

Gürtelpuppe (Pupa succincta) (links) und Stürzpuppe (Pupa suspensa)

Raupe nur einen Gürtelfaden wie einen Sicherheitsgürtel, der von einem Zweig oder Blatt um die Körpermitte geschlungen ist. Nach diesem Gürtel werden diese Puppen als Gürtelpuppen bezeichnet.

Wenn die Raupen sich eingesponnen oder angehängt haben, beginnt die Larvenumwandlung in der Puppe. Innere Umwandlungen haben schon eine gewisse Zeit vorher begonnen, die sichtbaren setzen jetzt ein. Der Körper verkürzt sich und wird flacher, während die Haut zu schrumpeln beginnt. Die Raupe erscheint leblos. Aber dann beginnt sie sich zu krümmen und plötzlich reißt die alte Larvenhaut auf. Bei jenen Puppen, die in einem Kokon oder in einer Erdhöhle ruhen, hängt die alte Larvenhaut häufig lose am Hinterende der Puppe.

Die Tagfalterpuppen befreien sich häufig nicht ohne Gefahr für sich selbst völlig von der Larvenhaut. Mit Hilfe des Cremasters verläßt die Puppe die alte Haut. Schlägt das erneute Aufhängen fehl, bedeutet dies den Tod der Puppe. Doch scheinen diese Fälle selten zu sein. Bei Schmetterlingen finden sich verschiedene Puppentypen. Sehr weit verbreitet ist der der Mumienpuppe *(Pupa obtecta)*, dem auch die Puppen der Tagfalter angehören (S. 32).

Die Mehrzahl unserer Arten überwintert als Puppe, und so kann das Puppenstadium bei einbrütigen Arten (solchen mit einer Generation pro Jahr) 10 Monate dauern. Die nördlich der Alpen einbrütige Perlbinde (*Hamearis lucina* L.) (Tafel 18) schlüpft z. B. Anfang Juni, nachdem sie sich im August des Vorjahres verpuppt hat. Andererseits können zweibrütige Arten und Arten, die als Ei oder Raupe überwintern, im Frühjahr oder Sommer nur ein sehr kurzes Puppenstadium haben. Viele Arten haben im Jahr zwei oder drei Generationen, wie der Kleine Feuerfalter *(Lycaena phlaeas)*. Die Individuen der 3. Generation sind häufig kleiner als ihre Eltern. Die Zahl der Generationen ist auch von klimatischen Faktoren abhängig. Der Kleine Kohlweißling *(Pieris rapae)* (Tafel 18) fliegt in zwei bis drei Generationen. In höheren Lagen der Alpen tritt er jedoch mit nur einer Generation auf.

Einige unserer Tagfalter überwintern als Imagines. Bekannte Beispiele sind das Tagpfauenauge und der Zitronenfalter, die zuweilen schon im Februar oder März von wärmenden Sonnenstrahlen hervorgelockt werden.

Die Gleichförmigkeit der Schmetterlinge führt dazu, daß wir uns auf spezielle Merkmale stützen müssen, um diese Ordnung zu unterteilen. Merkmale des Flügelgeäders sind für die Unterscheidung der Familien besonders wichtig. Da diese Einzelheiten aber gewöhnlich durch Schuppen verdeckt sind, ist es häufig einfacher, die Art nach ihrem allgemeinen Aussehen (mit Hilfe von Abbildungen oder Vergleichssammlungen) zu identifizieren, als nach einem Bestimmungsschlüssel. Aus diesem Grunde wird hier kein Familien-Bestimmungsschlüssel gegeben, sondern ein vereinfachter künstlicher Schlüssel, der zu den Überfamilien führt. Danach wird jede Überfamilie zusammen mit den wichtigsten Familien beschrieben, obwohl die Systematiker ständig Familien aus einer in die eine andere Überfamilie umordnen und keine einheitliche

Meinung über die Anordnung besteht. Es ist zu hoffen, daß der folgende Schlüssel zusammen mit Beschreibungen und Abbildungen es gestattet, die meisten Schmetterlinge den richtigen Familien zuzuordnen. Die hier angegebenen Überfamilien gehen im allgemeinen auf Imms zurück. Im Lichte neuerer Vorstellungen sind einige Veränderungen im Sinne von S. D. Bradley eingeführt.

Vereinfachter Schlüssel für die Überfamilien der europäischen Lepidoptera

1. – Tiere mit gekeulten Fühlern; Hinterflügel ohne Frenulum (Tagschmetterlinge) *Papilionoidea*, S. 161
– Tiere mit sich verjüngenden Fühlern; wenn Fühler gekeult, dann Frenulum vorhanden (Nachtschmetterlinge) 2

2. – Schmetterlinge mit funktionsfähigen Mandibeln; Tiere sehr klein *Micropterigoidea*, S. 165
– Schmetterlinge ohne funktionsfähige Mandibeln 3

3. – Jugum vorhanden, oder Flügeladerung stark reduziert 4
– Jugum fehlt; Flügeladerung gut entwickelt 7

4. – Vorder- und Hinterflügel gleich; Jugum gut entwickelt; kein Frenulum vorhanden 5
– Aderung im Vorder- und Hinterflügel unterschiedlich stark reduziert; Jugum vorhanden, bei den Männchen jedoch rückgebildet und durch starkes Frenulum ersetzt 6

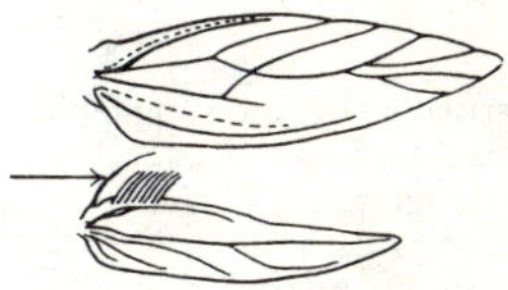

5. – Flügelspannweite unter 25 mm; Jugum und Randborsten vorhanden *Eriocranioidea*, S. 165
– Flügelspannweite über 25 mm; langes Jugum vorhanden *Hepialoidea*, S. 165

6. – Flügelspannweite kaum über 6 mm; erstes Fühlerglied zu einer „Augenklappe“ vergrößert *Nepticuloidea*, S. 166

– Flügelspannweite mindestens 8 mm; „Augenklappe“ fehlt; Fühler manchmal sehr lang *Incurvarioidea*, S. 166

7. – Flügelfläche durchgehend 8
– Flügelfläche in 2–4 Federn aufgelöst *Pyraloidea* (Fam. *Pterophoridae*), S. 168
– Flügelfläche in 6 Federn aufgelöst *Copromorphoidea*, S. 174

8. – Ader Cu_2 im Hinterflügel vorhanden; hauptsächlich kleine „Motten“, jedoch auch einige große Arten 9
– Ader Cu_2 fehlt im Hinterflügel; meist große oder mittelgroße Nachtschmetterlinge ohne auffällige Fransensäume 14

9. – Wurzel der Media M im Vorderflügel mehr oder weniger entwickelt, so daß dort keine große Zelle entsteht 10

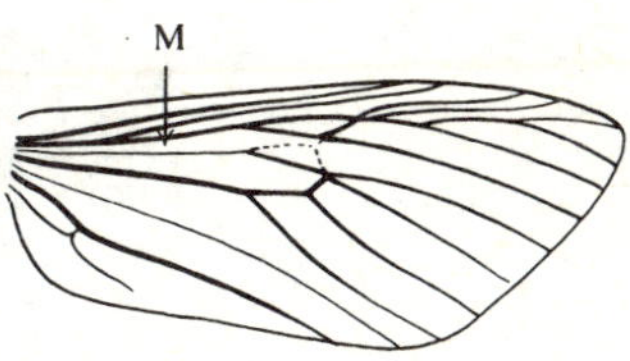

– Wurzel der Media M reduziert oder völlig verschwunden, große Zelle vorhanden **12**

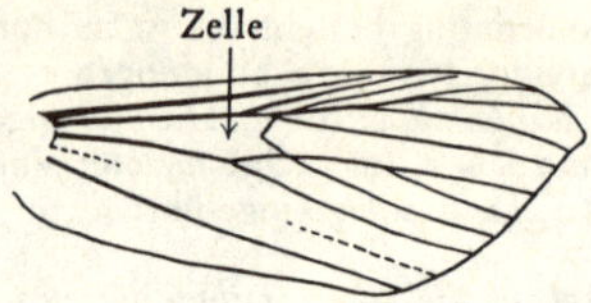

10. – Flügelspannweite im allgemeinen über 35 mm *Cossoidea*, S. 167

– Flügelspannweite im allgemeinen unter 35 mm **11**

11. – Fühler stark gefiedert *Tineoidea* (Familie *Psychididae*), S. 170

– Fühler nicht stark gefiedert; wenn Fiederung angedeutet, dann Flügel metallisch glänzend *Zygaenoidea*, S. 168

12. – Ader Sc + R_4 über eine Strecke vor der Zelle im Hinterflügel mit Rs verschmolzen; Hörorgane am Hinterleib *Pyraloidea*, S. 168

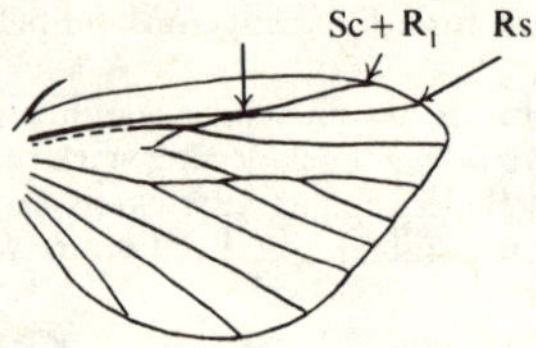

– Eine derartige Verschmelzung fehlt, ebenso Hörorgane **13**

13. – Vorderflügel am Ende rechteckig abgestutzt, Flügel stets breit mit relativ kurzen Fransen; Adern Rs und M_1 im Hinterflügel dicht beieinander oder sogar mit gemeinsamem Stiel *Tortricoidea*, S. 169

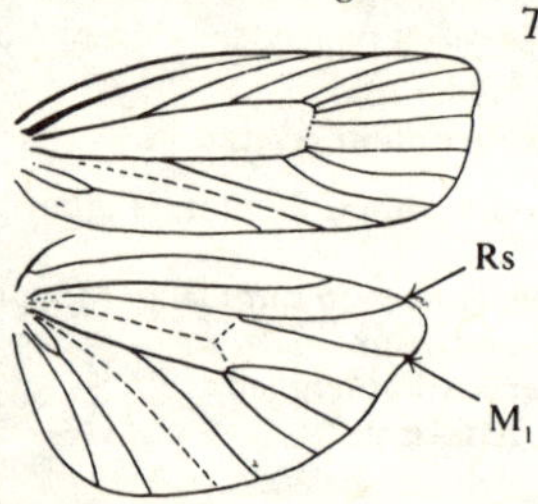

– Flügel allgemein schmal, zugespitzt, mit langen Fransen: Adern Rs und M_1 im Hinterflügel gewöhnlich völlig getrennt *Tineoidea*, S. 170

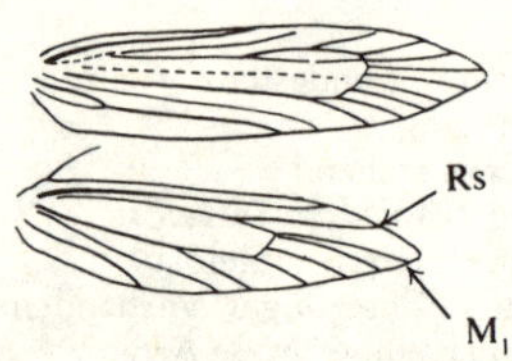

14. – Hörorgane vorhanden **15**

– Hörorgane fehlen **16**

15. – Hörorgane im Metathorax *Noctuoidea*, S. 174

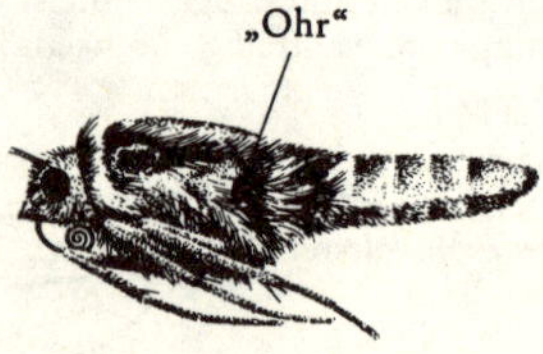

– Hörorgane im Hinterleib *Geometroidea*, S. 176

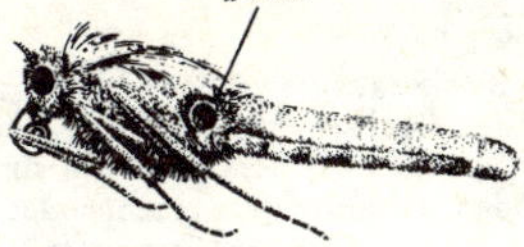

16. – Frenulum vorhanden, wenn auch nicht immer auffällig; Rüssel gut entwickelt; Vorderflügel schmal und scharf zugespitzt *Sphingoidea*, S. 176
– Frenulum und Rüssel fehlen; Flügel gewöhnlich breit; Fühler, besonders bei den Männchen, gefiedert *Bombycoidea*, S. 177

Überfamilie Papilionoidea *Tagfalter*

Die auffälligsten Merkmale dieser Insekten sind die gekeulten Fühler, das Fehlen eines Frenulums und die Vergrößerung des Humerallobus des Hinterflügels. Wenn auch diese Merkmale einzeln bei anderen Schmetterlingen vorkommen können, finden sie sich in dieser Kombination nur bei den Tagfaltern. Wie auch bei den größeren Nachtfaltern fehlt die Ader Cu_2 sowohl auf dem Vorder- wie dem Hinterflügel.

In Mitteleuropa im engeren Sinne kommen rund 170 Arten vor, die sich auf 8 Familien verteilen. Die Britische Fauna ist mit weniger als 60 Arten wesentlich ärmer. In diesen Zahlen sind die Hesperiiden enthalten, die aus praktischen Gründen hier abgehandelt werden. Alle Familien und die meisten Arten können leicht nach Aussehen und Färbung erkannt werden. In den folgenden Abschnitten sind die Familien nach dem Grad ihrer Spezialisierung, von den höher spezialisierten zu den geringer spezialisierten angeordnet, wenn auch diese Abstufung nicht gleichmäßig ist. Die Danaiden und die Satyriden sind viel enger mit den Nymphaliden verwandt (einige Autoren stellen sie daher auch zu den Nymphaliden) als die Lycaeniden und die Pieriden.

Die **Danaidae** sind nur insofern erwähnenswert, als ein Vertreter dieser Familie, der Monarchfalter *Danaus plexippus* (Tafel 16), als seltener Wanderfalter auf der Iberischen Halbinsel, in Frankreich, Irland und England auftritt. Seine Heimat ist Amerika, aber auch auf den Kanaren kommt er vor. Der Monarch wird wegen seines schlechten Geschmacks, seiner Zähigkeit und der auffallenden Warnfarben selten von Vögeln angegriffen. Das 1. Beinpaar ist rückgebildet und dient nicht mehr der Fortbewegung, ein Merkmal, das auch die beiden nächsten Familien teilen. Die Puppe ist eine Stürzpuppe.

Die **Satyridae** (Tafel 16) haben vorwiegend düster bräunlich gefärbte Flügel. Die meisten zeigen einen oder mehrere Augenflecken, aber das auffälligste Merkmal sind blasige Verdickungen an der Basis einer oder mehrerer Adern der Vorderflügel. Die Anschwellungen sind kahl, und man hat die Vorstellung, daß sie der Lautwahrnehmung dienen könnten. Die Fühler sind nicht stark gekeult. Einen Hinweis auf die Verwandtschaft zu den Nymphaliden gibt die Reduktion der Vorderbeine zu Putzpfoten.

Die meisten Satyridenraupen (Tafel 58) fressen an Gräsern und sind vorwiegend grün oder braun gefärbt. Das Hinterende erscheint durch die umgebildeten Nachschieber zweispitzig. Die Verpuppung erfolgt z. T. als Stürzpuppe, z. T. im Boden.

Die Satyriden sind verbreitet in offenem Grasland (z. B. Ochsenaugen, *Maniola jurtina*), in Gehölzstreifen und am Waldesrand (z. B. Brauner Waldvogel, Tafel 16), bis hin zu halbschattigen Waldbereichen, wie der Große Mohrenfalter, *Erebia ligea* L. Die Hälfte der rund 30 mitteleuropäischen Satyridenarten sind Mohrenfalter. Der einzige nicht braun gefärbte Vertreter der Satyriden ist das Schachbrett, *Melanargia galathea* (Tafel 16), das, wie der Name sagt, weiß mit schwarzer Zeichnung ist. Es läßt sich von

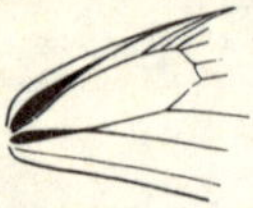

Blasig aufgetriebene Adern am Vorderflügel eines Satyriden. Rechts: die Vorderbeine der Satyriden sind in beiden Geschlechtern mehr oder weniger verkümmert

den Weißlingen durch die 4 Schreitbeine und die angeschwollenen Flügeladern unterscheiden.

Die größte Tagfalterfamilie ist die der **Nymphalidae** (Tafel 17), die so bekannte Formen wie Kaisermantel, Kleinen Fuchs, C-Falter, Admiral, Kleinen Eisvogel, Distelfalter und Großen Schillerfalter umfaßt. Alle sind auffällig gefärbt und viele der Perlmutterfalter tragen silberne Flecken auf der Flügelunterseite. Wie bei den vorhergehenden Familien sind die Vorderbeine verkürzt, beim Männchen stärker als beim Weibchen. Die Ausbildung der Vorderbeine ist bei einigen Arten die einzige Möglichkeit, Männchen und Weibchen zu unterscheiden. Die Fühler sind deutlich keulenförmig.

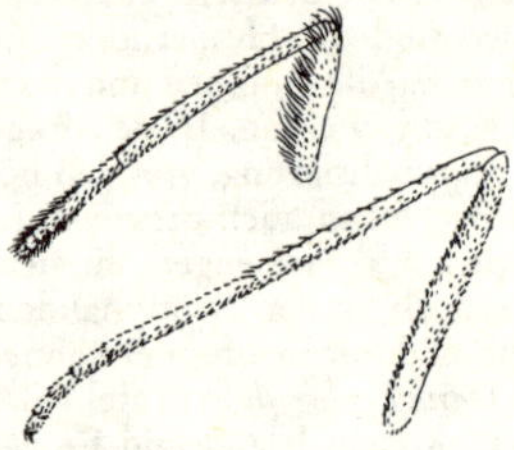

Vorderbeine eines männlichen (oben) und eines weiblichen Nymphaliden

Raupen (Tafel 58) wie auch die Stürzpuppen sind mit Dornen bzw. Ecken und Kanten versehen. Die Puppen tragen häufig metallische Flecken. Die Familie enthält einige gut bekannte Wanderfalter wie den Admiral, den Distelfalter und den Kleinen Perlmutterfalter. Der Distelfalter ist von diesen der größte Wanderer und vielleicht einer der am weitesten verbreiteten Schmetterlinge. Er wandert in Mitteleuropa in der Regel ab Mai aus dem Mittelmeergebiet ein und hat hier bis zu drei Generationen. Die letzte Generation versucht im Herbst in den Süden zu wandern, wobei sicher viele Tiere eingehen. Eine vergleichbare Situation ist in Amerika gegeben, wo der Distelfalter zwischen Mexiko und Kanada wandert.

Einige Nymphaliden wie Kleiner Fuchs und Tagpfauenauge überwintern als Imagines. Damit in Zusammenhang ist die dunkle Färbung der Unterseite der Flügel bemerkenswert, die im Einklang mit dem Verhalten der Tiere steht, die sich im Winter in dunklen Ecken verbergen.

Die Familie der **Libytheidae** hat nur einen europäischen Vertreter, *Libythea celtis* (Tafel 16), den Zürgelbaum-Schnauzenfalter. Dieser kommt nur im Süden des Gebietes vor, sein Verbreitungsgebiet reicht von Südeuropa bis in die Südtäler der Alpen. Die Libytheiden sind mit den Nymphaliden verwandt, unterscheiden sich aber durch einen kräftigen Zacken am Außenrand der Vorderflügel und die langen Palpen. Die Falter fliegen vom Juni bis September und überwintern dann. Die Eiablage erfolgt im März und April.

Die Familie der **Nemeobiidae** *(Riodinidae)* hat ebenfalls nur einen europäischen Vertreter, den Braunen Würfelfalter, auch Perlbinde genannt, *Hamearis lucina* L. (Tafel 18). Dieser kleine Schmetterling, der stellenweise nur lokal in buschigem Gelände und lichten Wäldern vorkommt, unterscheidet sich dadurch von den Nymphaliden, daß zwar die Männchen wie diese 4 Schreitbeine haben, die Weibchen aber sechs. Auch die Raupen (Tafel 58) unterscheiden sich deutlich. Sie sind asselförmig mit kurzen Haarbüscheln und leben auf Primeln. Dort ist auch die feinbehaarte Gürtelpuppe zu finden. In dieser Beziehung ähnelt der Würfelfalter den Lycaeniden. Die Nemeobiiden, deren Hauptverbreitungsgebiet in Südamerika liegt, haben etwa eine Mittelstellung zwischen Nymphaliden und Lycaeniden.

Die **Lycaenidae** (Tafel 18) umfassen die Bläulinge, Feuerfalter und Zipfelfalter. Es sind dies kleine bis höchstens mittelgroße, häufig leuchtend gefärbte Falter. Die Tarsen der männlichen Vorderbeine sind nicht voll entwickelt. Die Raupen (Tafel 58) sind asselförmig und kurz und fein behaart. Die Puppen sind kurz und gedrungen und hängen in vielen Fällen als Gürtelpuppen an den Futterpflanzen oder in dem sie umgebenden welken Laub. Neben dem Gürtelfaden können noch weitere Seidenfäden vorhanden sein. Einige Arten verpuppen sich auch am Boden oder in Ameisennestern. Die Bläulinge oder besser gesagt, ihre Männchen sind leicht allein durch ihre Färbung zu erkennen. Einige Weibchen sind dunkelbraun, haben aber häufig einige wenige blaue Schuppen, besonders nahe dem Körper. Andererseits hilft die Färbung und Zeichnung der Unterseite bei der Identifizierung (Tafel 18). Die Unterscheidung nahe verwandter Arten ist jedoch schwierig. Der Dunkelbraune Bläuling, *Aricia agestis*, ist in beiden Geschlechtern braun gefärbt, aber seine Unterseite gibt ihn als Bläuling zu erkennen. Der Schwarzgefleckte Bläuling, *Maculinea argus*, ist von besonderem Interesse, da seine Raupen mit Ameisen vergesellschaftet leben. Die ersten drei Raupenstadien leben an *Thymus serpyllum*, aber dann verliert die Raupe das Interesse an der Futterpflanze und beginnt zu wandern. Während dieser Zeit wird eine „Honigdrüse" am Hinterleib der Raupe aktiv. Die Raupe wird dadurch für Ameisen attraktiv, die den „Honig" auflecken. Schließlich wird die Raupe von den Ameisen – meistens der Gattung *Myrmica* – in ihr Nest getragen. Hier lebt die Raupe von kleinen Ameisenlarven und wird von den Ameisen gefüttert. Sie spendet weiterhin „Honig". Die Raupe verpuppt sich im Ameisennest, und der Falter verläßt das Nest sofort nach dem Schlüpfen. Die meisten Bläulingsraupen besitzen derartige „Honigdrüsen" und stehen in Beziehung zu Ameisen (Myrmecophilie), wenn sie auch nicht in die Nester gelangen.

Lycaena phlaeas (Tafel 18), der Kleine Feuerfalter, ist leicht an seiner leuchtenden, metallisch-orangen Färbung zu erkennen. Er ist einer der hübschesten Schmetterlinge und einer der letzten, der im Herbst verschwindet.

Die Zipfelfalter erhielten ihren Namen nach dem mehr oder weniger stark ausgeprägten zipfelförmigen Anhang der Hinterflügel, wie auch bei *Quercusia quercus*, dem Eichenzipfelfalter (Tafel 18) zu erkennen ist. Die Grundfarbe der Flügeloberseiten ist bei den einheimischen Zipfelfaltern häufig braun. Beim Eichenzipfelfalter ist sie purpurblau übergossen. Auf den Vorderflügeln ist am Außenrand der Zelle ein dunkler Duftschuppenfleck ausgebildet.

Einer der bekanntesten Vertreter der **Papilionidae** oder Ritterfalter (Tafel 16) ist der Schwalbenschwanz *Papilio machaon*, der als einziger Vertreter auch in England vorkommt. In Mitteleuropa sind vier weitere Arten vertreten, der Segelfalter, *Iphiclides podalirius*, und drei Arten der Gattung *Parnassius*, der Apollofalter, mit zahlreichen Unterarten oder Rassen. Die Vorderbeine sind in beiden Geschlechtern normal entwickelt, und die Spitzen der Fühler sind nach außen gebogen. Die Raupen (Tafel 58) besitzen eine ausstülpbare Nackengabel zwischen Kopf und erstem Thoraxsegment, das Osmaterium, das mit Drüsenzellen besetzt und beim Schwalbenschwanz leuchtend rot gefärbt ist. Die Apolloraupen verpuppen sich in einem feinen Gespinst am Boden, die anderen als Gürtelpuppe. Alle Apollo-Arten wie auch der Segelfalter stehen in der Bundesrepublik Deutschland unter Naturschutz.

Die einzigen wirtschaftlich bedeutenden Tagfalter, die Kohlweißlinge, gehören zu den **Pieridae**, den Weiß- und Gelblingen (Tafel 18), einer Familie, deren vorherrschende Farben Weiß und Gelb sind. Alle sechs Beine sind in beiden Geschlechtern zu Schreitbeinen entwickelt, und die Fühlerspitzen sind nicht nach außen gebogen. Die Verpuppung erfolgt allgemein als Gürtelpuppe.

Der Kleine Kohlweißling *(Pieris rapae)* ist vielleicht der größte Schädling unter den Tagfaltern. Seine blaßgrüne Raupe (Tafel 58) schädigt Kohl- und andere Kreuzblütlerkulturen auf beiden Seiten des Atlantiks. Der Große Kohlweißling *(Pieris brassicae)* mit seiner gelb-schwarzen Raupe ist fast so schädlich, aber es scheint ihm nicht gelungen zu sein, in den USA Fuß zu fassen. Der dritte hier zu nennende Weißling ist der Rapsweißling *(Pieris napi)*, der aber geringere Schäden verursacht, da er wildwachsende Kreuzblütler den Kulturen vorzieht. Der Baumweißling *(Aporia crataegi)*, früher als Obstbaumschädling bekannt, ist stark zurückgegangen und fehlt jetzt in England völlig. Beim Aurorafalter *(Anthocharis cardamines)* (Tafel 18), findet sich ein auffallender Geschlechtsunterschied. Beim Männchen ist die äußere Hälfte der Vorderflügel-Oberseite orangefarben, beim Weibchen fehlt die Orangefärbung.

Auch beim Zitronenfalter (Tafel 18) findet sich eine verschiedene Färbung der Geschlechter. Das Männchen ist leuchtend zitronengelb, während das Weibchen blaß grünlichweiß ist und im Flug weiß erscheint. Die Art überwintert als Schmetterling und ist eine der ersten Arten, die im Frühjahr erscheinen. Die Gelblinge, Angehörige der Gattung *Colias*, sind mit 5 Arten vertreten. Die Flügel sind zum Teil leuchtend gelb oder orange gefärbt und tragen schwarze Randzeichnungen, wie z. B. beim Wandergelbling *Colias crocea*, der aber vermutlich nicht in Mitteleuropa überwintert. Der Grünliche Heufalter *Colias phicomone* ist auf die europäischen Hochgebirge beschränkt.

Die Familie der **Hesperiidae**, der Dickkopffalter, steht abseits von den übrigen Tagfalterfamilien, den „echten" Tagfaltern, und wird besonders auch in der deutschen Literatur in eine getrennte Überfamilie der *Hesperoidea* zu den *Pyraliformes* (Zünslerartigen) gestellt. Die Hauptmerkmale, in denen sich die Dickkopffalter von den übrigen Tagfaltern unterscheiden, sind der breite Kopf, an dem die Fühler weit voneinander getrennt stehen. Die Fühlerkeule endet häufig in einem kleinen Haken. Die Flügeladern entspringen direkt an der Flügelbasis oder an der Discoidalzelle und verzweigen sich nicht. Weitere Unterschiede sind die Verpuppung als Gürtelpuppe in

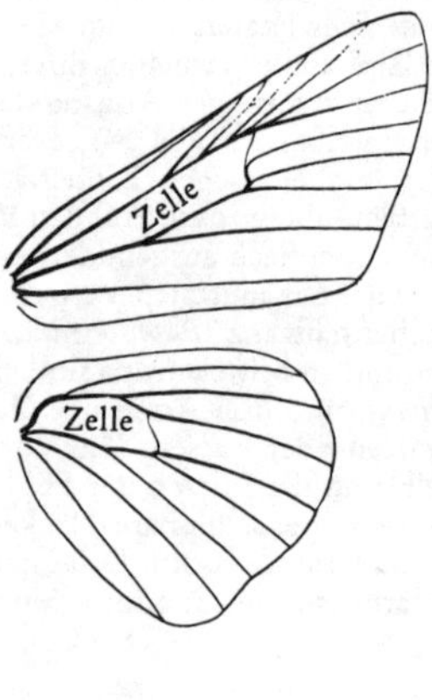

Geäder eines Dickkopffalters *(Hesperiidae)*. Die Adern entspringen an der Discoidalzelle und verzweigen sich nicht

einem leichten Kokon und ihre charakteristische Ruhehaltung mit schräg nach hinten gehaltenen oder auch flach dachförmig gelegten Flügeln, obwohl sie die Flügel auch wie Tagfalter zusammenklappen können. Die Raupen sind häufig spindelförmig, oft mit abgesetztem ersten Thoraxsegment und leben zwischen zusammengesponnenen Blättern. Die Überwinterung erfolgt vielfach als fast erwachsene Raupe oder auch als Puppe. Der Flug der Falter ist auffällig hüpfend, schwirrend. Sehr häufig, wenn auch nicht in Norddeutschland, ist der Dunkle Dickkopffalter *(Erynnis tages)*. Die Angehörigen der Gattung *Pyrgus* (Tafel 18) sind nicht leicht zu unterscheiden.

Überfamilie Micropterigoidea *Urmotten*

Diese Gruppe, die durch eine einzige Familie repräsentiert wird, die **Micropterigidae**, steht wegen einer Reihe von Merkmalen wie funktionsfähige Mandibeln sehr abseits. Diese Familie wird häufig in eine eigene Unterordnung oder Ordnung der *Zeugloptera* gestellt, die dann zwischen Köcherfliegen und Schmetterlingen steht. Sie sind vielleicht die primitivsten Schmetterlinge und zeigen gewisse Ähnlichkeiten mit den Köcherfliegen. Die Micropterigiden besitzen keinen Rüssel, die Maxillen sind kurz und getrennt und sie benutzen diese und die Mandibeln zum Pollenfressen. Sie fliegen am Tage und haben eine Flügelspannweite von kaum 15 mm. Die schmalen Flügel haben einen metallischen Schimmer und einen Kopplungsmechanismus. Die Raupen besitzen verhältnismäßig lange Fühler. Bei den Puppen sind die Scheiden für die Körperanhänge frei vom Rumpf.

Im engeren mitteleuropäischen Bereich ist die Gattung *Micropteryx* mit wenigen Arten vertreten, die häufigste ist *M. calthella*. Die Falter findet man Ende April bis Anfang Juni auf feuchten Wiesen auf Hahnenfuß *(Ranunculus)* und Sumpfdotterblumen *(Caltha)*. Ihre Flügel sind goldviolett (Tafel 21). Die Raupen fressen Moos und Detritus.

Überfamilie Eriocranioidea

Hier ist nur eine größere Familie, die **Eriocraniidae** oder Trugmotten, zu nennen, von denen 9 Arten bei uns vorkommen. Die Färbung kann schwach metallisch sein (Tafel 21). An der Basis der Vorderflügel findet sich ein Jugum. Der Saugrüssel ist kurz, Mandibeln sind vorhanden, wenn auch weitgehend reduziert und funktionslos. Die Raupen sind beinlose Blattminierer hauptsächlich an Birke, Eiche und Hasel. Die gelegentlich schädliche Birkenminiermotte (*Eriocrania sparmanella* Bosc.) mit goldgelben, blauviolett gegitterten Flügeln legt ihre Eier an den Blättern ab, in denen die Raupe dann miniert. Diese geht zur Verpuppung in den Boden.

Überfamilie Hepialoidea

Diese primitive Schmetterlingsgruppe ist hauptsächlich in der australischen Region verbreitet, zu einem geringeren Teil auch in Südafrika. In unserem Gebiet ist sie durch die Gattung *Hepialus* aus der Familie der **Hepialidae** mit rund 5 Arten repräsentiert. Der deutsche Name Wurzelbohrer gibt Aufschluß über die Lebensweise der Raupen dieser Familie. Die Falter (Tafel 19) sind mittelgroß bis groß, lassen sich aber von anderen durch ihr Jugum, sehr kurze Fühler und durch fast gleichen Aderverlauf in Vorder- und Hinterflügel unterscheiden. Die Wurzelbohrer sind schnelle und kräftige Flieger in der Dämmerung. *Hepialus lupulina* wird vom Lampenlicht angelockt, bei den anderen scheint dies nicht der Fall zu sein. Der Hopfenwurzelbohrer *(Hepialus humuli)* zeigt einen interessanten Sexualdimorphismus. Die silberweißen Männchen fliegen in der Dämmerung umher, die lehmgelben Weibchen sitzen im Gras. Die

Männchen tragen an den Hinterschienen ein Duftorgan, das vermutlich die Weibchen anlockt. Nach der Begattung im Flug werden die Eier fallen gelassen. Die Raupen (Tafel 61) dringen dann in den Boden und die Wurzeln ein. Die Verpuppung erfolgt ebenfalls im Boden.

Überfamilie Nepticuloidea *(Stigmelloidea)*

Zu dieser Gruppe gehören die kleinsten aller Schmetterlinge. Hierauf deutet schon der deutsche Name Zwergmotten für die wichtigste Familie, die **Nepticulidae**, hin. Ihre Spannweite überschreitet selten 7 mm. Das Geäder, besonders des Hinterflügels, ist stark reduziert und die Flügel sind mit langen Haaren gesäumt. Die Färbung ist häufig leuchtend und metallisch schimmernd. Beim Weibchen ist ein Jugum vorhanden, beim Männchen findet sich ein gut entwickeltes Frenulum. Das charakteristischste Merkmal,

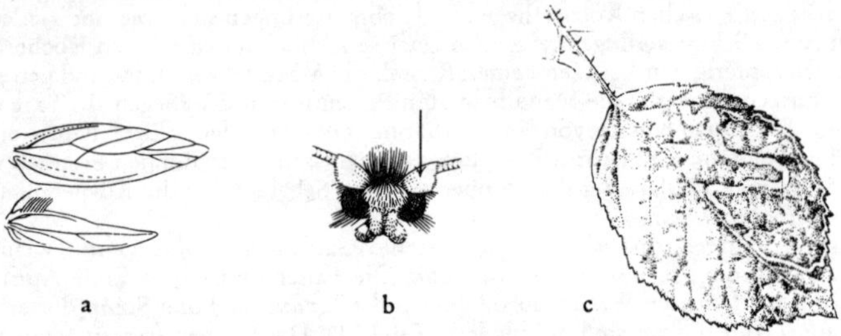

a b c

Nepticula (Familie *Nepticulidae*): a die stark reduzierte Aderung; b der charakteristische Augendeckel wird vom 1. Antennenglied gebildet; c serpentinenartige Mine der Raupe von *N. aurella* in einem Brombeerblatt

besonders groß bei der Gattung *Opostega*, sind „Augenklappen", die vom Grundglied des Fühlers gebildet werden. Die Raupen sind beinlos und die meisten sind Blattminierer. Der einzige Weg, dieser Insekten habhaft zu werden, ist, Blätter mit Minen einzusammeln, wenn anzunehmen ist, daß die Raupen erwachsen sind. Die Verpuppung erfolgt außerhalb der Mine. Die artenreichste Gattung ist *Nepticula* mit rund 100 Arten, die auf verschiedene Futterpflanzen spezialisiert sind, z. B. *N. aurella* (Tafel 21) auf Brombeerblätter, *N. sericopeza* auf die Samenflügel vom Spitzahorn und *N. centifolicella* sowie *N. anomalella* auf Rosen.

Überfamilie Incurvarioidea

Die Angehörigen dieser Gruppe erinnern an die Zwergmotten der letzten Überfamilie in bezug auf die reduzierte Flügeladerung, das Jugum beim Weibchen und ein Frenulum beim Männchen, aber im ganzen gesehen sind sie größer, und es fehlen ihnen die Augenklappen. Die Hauptfamilie, die häufig auch in verschiedene kleinere aufgespalten wird, sind die **Incurvariidae**. Die Raupen dieser Gruppe, die auch den deutschen Namen Miniersackmotten trägt, minieren häufig im ersten Larvenstadium. Später leben sie frei oder in einem flachen Sack aus pflanzlichem Material. Im engeren Mitteleuropa kommen etwa 30 Arten vor, die bei Massenauftreten schädlich werden können. Die Himbeerschabe oder Himbeermotte (*Incurvaria rubiella* Bjk.) legt ihre Eier an Himbeerblüten ab. Die Raupen leben im Fruchtknoten, bohren sich aus, fallen zu Boden und überwintern dort in einem Gespinst. Im Frühjahr fressen sie dann an Blatt- und Blütenknospen und schließlich in der Triebspitze. Die Verpuppung erfolgt innerhalb oder außerhalb der Pflanze. Als Schädling in Johannisbeeren tritt die Johannisbeermotte *Incurvaria capitella* Clerk auf.

Die Angehörigen der Unterfamilie **Adelinae** (von vielen Autoren als Familie betrachtet), sind bekannt für die überaus langen Fühler der Männchen (Tafel 21), die das Sechsfache der Körperlänge erreichen können und zu dem deutschen Namen Langhornmotten geführt haben. Zwischen einigen dieser Langhornmotten und manchen Trichopteren (*Leptoceridae*, Tafel 29) besteht eine gewisse Ähnlichkeit. Die Jungraupen sind im wesentlichen Blattminierer, verlassen dann die Minen und leben in Säckchen aus zusammengesponnenen Blattstückchen am Boden. Die beiden abgebildeten Arten sind in Wäldern häufig. Die Adelinen fliegen meistens am Tage, und man kann die Männchen von *Adela viridella* häufig in großen Schwärmen um die Futterpflanzen (Eichen, Buchen) tanzen sehen (vermutlich Balzflug).

Eine weitere, hier zu nennende Familie ist die der **Tischeriidae**, der Schopfstirnmotten, deren Falter auf der Stirn auffällige längliche Haarschuppen tragen. Eine der wenigen mitteleuropäischen Arten ist *Tischeria complanella* Hb., die Eichenminiermotte, deren Raupen im September oder Oktober in großen Blasenminen an Eichenblättern zu finden sind.

Überfamilie Cossioidea

Dies ist eine Gruppe recht ursprünglicher mittelgroßer bis großer Falter mit einer verhältnismäßig vollständigen Flügeladerung. Der Stamm der Media ist erhalten, so daß keine große Discoidalzelle vorhanden ist wie bei den anderen Schmetterlingen. Der Saugrüssel fehlt, ein gut entwickeltes Frenulum ist vorhanden. Hierher gehört die Familie der **Cossidae**, der Holzbohrer, deren Raupen meist mehrjährig mit sehr

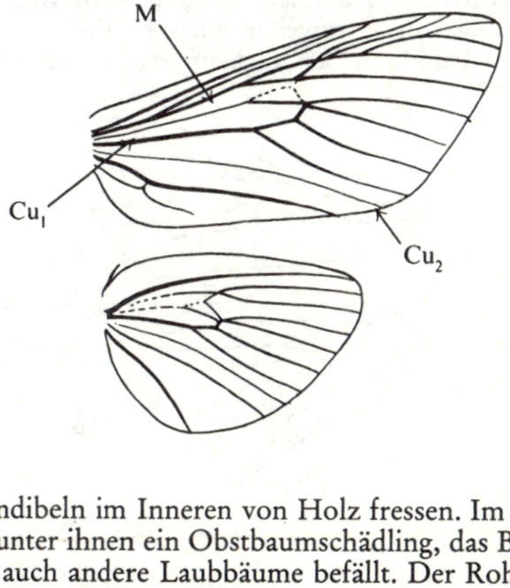

Aderung des Weidenbohrers. Eine große Zelle fehlt

kräftigen Mandibeln im Inneren von Holz fressen. Im engeren Mitteleuropa kommen 5 Arten vor, unter ihnen ein Obstbaumschädling, das Blausieb *(Zeuzera pyrina)* (Tafel 19), der aber auch andere Laubbäume befällt. Der Rohrbohrer *(Phragmataecia castaneae)* kommt in sumpfigen Gebieten vor, und zwar, wie der Name besagt, im Stengel von Schilfrohr. Der Weidenbohrer *(Cossus cossus)* ist nicht nur in diesen, sondern auch an Eichen und Obstbäumen zu finden. Er ist am häufigsten von allen Arten. Seine Raupen (Tafel 61) und deren Exkremente riechen nach Holzessig.

Überfamilie Zygaenoidea

Diese Insekten erinnern insofern an die Cossioiden, als auch bei ihnen der basale Teil der Media erhalten ist, wenn auch häufig sehr schwach. Durch Größe und Färbung sind die beiden Gruppen jedoch deutlich unterschieden. Die wichtigste Familie sind die **Zygaenidae.** Sie umfaßt die Widderchen und die Blutströpfchen. Die Vorderflügel der Widderchen sind metallisch grün oder blaugrün, die Hinterflügel gräulich durchscheinend. Die Blutströpfchen zeigen eine schwarze Grundfarbe der Vorderflügel mit einem dunkelgrünen oder blauen Schimmer. Darauf findet sich ein stark variierendes rotes Fleckenmuster. Die Hinterflügel sind rot mit einem schwarzen Saum. Die Fühler vieler Zygaenen sind gekeult, werden aber wie „Widderhörner" getragen. Diese Fühlerhaltung und das gut entwickelte Frenulum unterscheiden sie von Tagfaltern. Die Zygaenen sind träge Flieger, ihr Flug ist schwirrend, und sie halten sich viel auf Blüten auf. Sie sind am Tage aktiv. Ihre Raupen sind gedrungen, blaßgelblich oder grünlich mit dunklen Flecken. Sie spinnen zähe gelbliche Kokons, die an Grashalmen oder Stengeln befestigt sind. Die Puppen durchbrechen den Kokon, bevor der Falter schlüpft. In Mitteleuropa gibt es wenig mehr als 30 Arten, die sich z. T. schwer unterscheiden lassen und von denen einige sehr variabel sind (Tafel 19).

Eine weitere Familie, die zu den **Zygaenoidea** gestellt wird, sind die **Limacodidae** (= *Cochlidiidae*), mit deutschen Namen Asselspinner, Schneckenspinner oder Schildmotten. Von ca. 1000 Arten dieser Familie kommen in Europa und im Gebiet nur zwei vor. Sie fliegen im Hochsommer meist nachts an Waldrändern, die Männchen gegen Abend, auch am Licht. Namengebend ist die Gestalt der Raupen, die assel- oder nacktschneckenartig aussehen und mit den rückgebildeten Bauchfüßen auf Blättern angesaugt sitzen.

Überfamilie Pyraloidea

Die am einfachsten zu identifizierenden Angehörigen dieser Gruppe sind die **Pterophoridae** oder Federgeistchen (Tafel 20). Die relativ langen Vorderflügel sind in 2, 3 oder gelegentlich 4, die Hinterflügel in 3, zuweilen auch 4 „Federn" aufgespalten. Einige wenige Angehörige dieser Familie haben auch ungeteilte Flügel, wie *Agdistis*

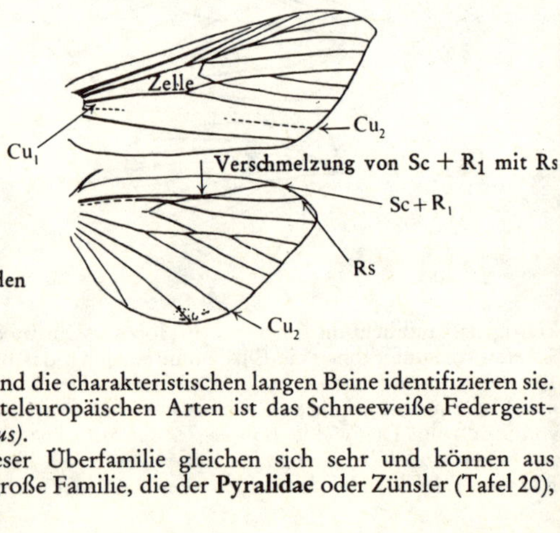

Aderung eines typischen Pyraliden

bennetii, aber die Flügelform und die charakteristischen langen Beine identifizieren sie. Häufig unter den rund 50 mitteleuropäischen Arten ist das Schneeweiße Federgeistchen *(Pterophorus pentadactylus)*.

Die übrigen Mitglieder dieser Überfamilie gleichen sich sehr und können aus praktischen Gründen als eine große Familie, die der **Pyralidae** oder Zünsler (Tafel 20), abgehandelt werden. Der Besitz von Tympanalorganen am Hinterleib unterscheidet die Zünsler von ähnlich aussehenden Tortricoiden und Tineoiden. Aber das charakteristischste Merkmal findet sich im Geäder der Hinterflügel: Sc + R_1 sind hinter der Discoidalzelle auf einer kurzen Strecke mit Rs verschmolzen. Die zahlreichen Unterfamilien, von einigen Autoren als eigene Familien betrachtet, unterscheiden sich durch recht geringe Unterschiede des Geäders, mit denen wir uns hier nicht befassen wollen.

Die Raupen der Zünsler fressen die unterschiedlichsten Substanzen. So finden sich hier auch bedeutende Vorrats- und Pflanzenschädlinge. Die Raupen haben ein wenig charakteristisches Aussehen, aber man kann sie häufig an ihren charakteristischen lebhaften Schlängelbewegungen erkennen, wenn sie gestört werden. Die Familie ist mit rund 300 Arten in Mitteleuropa vertreten. Zu den wirtschaftlich bedeutendsten Arten gehören der Mehlzünsler *(Pyralis farinalis)*, die Dörrobstmotte *(Plodia interpunctella)* und die Mehlmotte *(Ephestia kuehniella)*. Die Raupen der genannten Arten fressen alle Getreide und Getreideprodukte, und zuweilen zerstören oder beschädigen sie große Mengen an Nahrungsmitteln in Getreidespeichern und Mühlenbetrieben. Sie greifen auch andere Vorräte wie Nüsse und Trockenfrüchte an. Die Große Wachsmotte *(Galleria mellonella)* ist ein Schädling in Honigbienenbehausungen. Ihre Larve frißt Waben und überzieht sie mit ihren Gespinstgängen.

Die Zahl der Pflanzenschädlinge ist groß. Sie reicht von Schädlingen von Kulturpflanzen wie dem Kohlzünsler (*Evergestis forticalis* L.) und dem Maiszünsler über die grasfressenden Angehörigen der Gattung *Crambus* bis hin zu Forstschädlingen wie z. B. dem Fichtentriebzünsler. Der Maiszünsler *(Ostrinia nubilalis)* tritt als Schädling von Mais und Hopfen auf. Ursprünglich in Europa heimisch, wurde er auch nach Nordamerika eingeschleppt. Die bekanntesten Zünsler sind vielleicht die Graszünsler. Diese kleinen Motten, wie *Crambus pratellus*, sind an grasbewachsenen Stellen sehr häufig. Sie verbringen den Tag, indem sie kopfabwärts an den Grashalmen sitzen. Die Vorderflügel sind im allgemeinen strohfarben und in Ruhestellung um den Hinterleib gerollt. Wenn die Motten gestört werden, fliegen sie nicht weit, sind aber nicht leicht zu finden, wenn sie sich wieder im Gras niederlassen. Sie fliegen nachts und lassen sich häufig durch Licht anlocken. Die gedrungenen, nach vorn gerichteten Palpen, die hornähnlich am Kopf sitzen, und die charakteristische Flügelhaltung unterscheiden sie von den meisten anderen Pyraliden. Beim Fichtenzapfen- oder Triebzünsler *(Dioryctria abietella)* ist besonders das Schadbild auffällig. Sind Zapfen von Nadelhölzern befallen, so bräunen diese sich vorzeitig. Außerdem sind an ihnen Kotballen und Gespinst zu beobachten. Befallene Wipfeltriebe werden dürr und krümmen sich. Die Raupen leben auch in Chermes-Gallen.

Die Angehörigen der Gattung *Nymphula* sind wegen der aquatischen Lebensweise ihrer frühen Entwicklungsstadien interessant. Die Raupen von *N. stagnata* minieren in den Stengeln und Blättern verschiedener Wasserpflanzen, vorzugsweise im Igelkolben *(Sparganium)*. Dort überwintern sie. Im Frühling findet man sie dann in einem Köcher aus Blattstücken an der Wasseroberfläche. Die Verpuppung erfolgt in einem Gespinstkokon, der an einem schwimmenden Blatt festgesponnen ist. Die Motten fliegen von Juni bis August.

Überfamilie Tortricoidea

Die Falter sind im allgemeinen klein bis mittelgroß. Das auffälligste Merkmal sind die fast rechteckigen Vorderflügel. Der Winkel an der Flügelspitze beträgt fast 90° (Tafel 20). In Ruhe werden die Flügel dachartig über den Körper gehalten. Die Flügel sind verhältnismäßig breit und tragen einen Fransensaum, der viel kürzer ist als die Flügelbreite. Frenulum und Saugrüssel sind gut entwickelt.

Die beiden hierher gehörenden Familien der **Tortricidae** und **Cochylidae** (= *Pha-*

loniidae) lassen sich dadurch unterscheiden, daß bei den **Cochylidae** die Ader Cu_{1b} im Spitzenteil der Discoidalzelle statt in ihrer Mitte entspringt. Sonst ähneln sich die Familien sehr, und die Cochyliden werden daher von vielen Autoren auch nur als Unterfamilie angesehen. Beide Familien sind mit fast 500 Arten in Mitteleuropa

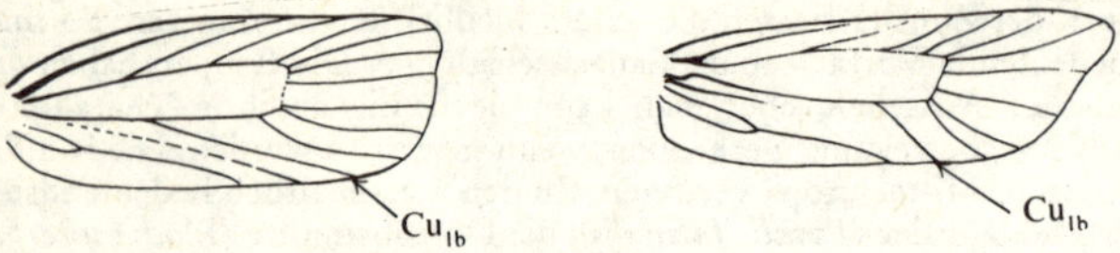

Geäder des Vorderflügels eines Tortriciden (links) und eines Cochyliden, um den unterschiedlichen Ursprung von Cu_{1b} zu zeigen

vertreten. Für sie ist der deutsche Name Wickler gebräuchlich, der sich auf die Eigentümlichkeit vieler Raupen bezieht, in eingerollten, zusammengesponnenen Blättern zu leben. Andere leben im Inneren von Stengeln, Blüten oder Früchten. Es finden sich viele Schädlinge unter ihnen. Die meisten Falter sind bräunlich oder gräulich gesprenkelt. Nur einige sind leuchtend gefärbt, verschiedene Cochyliden z. B. orange (Tafel 20).

Einer der am besten bekannten Wickler ist sicher der Grüne Eichenwickler *(Tortrix viridana)* (Tafel 20), ein kleiner grünlicher Schmetterling, den man in manchen Jahren in großen Mengen von Eichen herunterschlagen kann. Die Raupen leben in zusammengerollten Blättern. Wenn sie gestört werden, lassen sie sich in diesen Wickeln an Seidenfäden herabfallen. Sie können befallene Bäume kahlfressen. Ein weiterer sehr bekannter Schädling ist der Apfelwickler *(Cydia [Laspeyresia, Carpocapsa] pomonella,* Tafel 20), dessen Raupen als Obstmaden bekannt sind und in den verschiedenen Kernfrüchten leben. Es könnten hier noch zahlreiche Schädlinge, besonders von Nadelhölzern, Reben und vielen Kulturpflanzen, genannt werden. Die wirtschaftliche Bedeutung dieser Gruppe, wie auch der zuvor abgehandelten, ist sehr groß.

Überfamilie Tineoidea

Dies ist eine sehr große und vielgestaltige Familie, deren Angehörige von hornissenähnlichen klarflügligen Formen über die typischen Kleidermotten bis zu kleinen Blattminierern reichen. Über ein Drittel aller Schmetterlinge gehören hierher. Es bestehen heutzutage Tendenzen, diese Gruppe in verschiedene kleinere Überfamilien aufzuteilen. Wir wollen dem hier aber nicht folgen.

Die Familie der **Aegeriidae** *(Sesiidae)* mit etwa 55 Arten in Mitteleuropa ist sehr leicht zu erkennen, da die Flügel ihrer Angehörigen nahezu frei von Schuppen sind. Das geht auch aus dem deutschen Namen Glasflügler hervor (Tafel 19). Sie haben sehr schmale Flügel, die sie auf den ersten Blick von den Schwärmern unterscheiden (Tafel 26). Diese Tiere fliegen am Tage, und viele von ihnen erinnern an Wespen und andere Hautflügler oder an Schnaken. Sie liefern ein gutes Beispiel für Mimikry (s. S. 235). Einige Raupen fressen an den Wurzeln verschiedener Kräuter, aber die meisten Arten ernähren sich von Holz, indem sie Gänge in Laubhölzer fressen. Die Raupe von *Chamaesphecia chrysidiformis* kommt in Stengeln und Wurzeln von Beifuß und Ampfer vor, der Hornissenschwärmer *(Aegeria apiformis)* vor allem an Pappeln. Einige Arten verursachen Schäden an Obstplantagen. So ist der Johannisbeerglasflügler *(Synanthedon tipuliformis)* ein häufiger Schädling an roten und schwarzen Johannisbeeren, und der Apfelbaumglasflügler *(Synathedon myopaeformis)* verursacht krebsige Wucherungen an Apfelbäumen.

Die übrigen Tineoiden sind vorwiegend kleine Schmetterlinge, aber sie sind ihren Familien nicht so leicht zuzuordnen, sondern können nur allgemein durch ihre schmalen Flügel und breiten Fransensäume als eine Gruppe angesprochen werden (Tafel 21). Einige haben breitere Flügel und kurze Fransen, aber ihre Vorderflügel sind

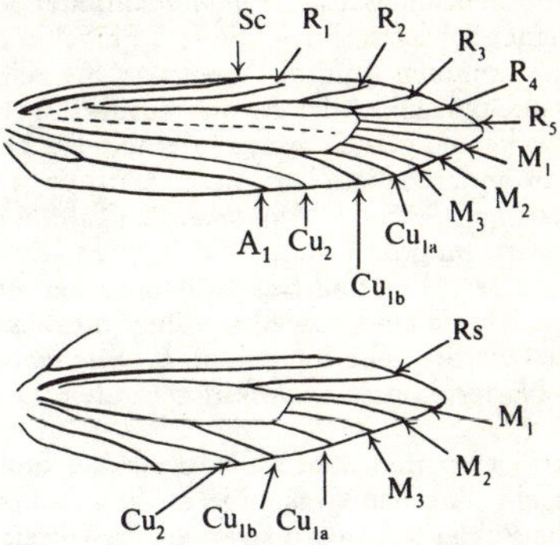

Aderung eines typischen Tineoiden

niemals rechteckig wie bei den Wicklern. Das Fehlen von Tympanalorganen unterscheidet die Tineoiden von den Zünslern. Die Ernährung der Raupen und ihr Verhalten sind sehr unterschiedlich, aber die meisten bohren oder minieren, bauen Röhren aus Gespinst und/oder Blättern. Hier werden nur die größeren Familien oder jene, die wichtige Gattungen enthalten, genannt.

Die **Gelechiidae** oder Palpenmotten, wegen der langen sichelförmig vorstehenden Palpen so genannt, sind leicht am gewellten Außenrand der Hinterflügel zu erkennen (Tafel 21). In Mitteleuropa kommen 200 Arten vor, unter ihnen die ursprünglich aus Nordamerika stammende Getreide- oder Französische Kornmotte *(Sitotroga cerealella)*. Die Mehrzahl der Raupen dieser Familie miniert in Samen oder Früchten oder im Inneren von Trieben, wie z. B. die Eichentriebmotte *(Stenolechia gemmella)*. Nach dem Eindringen der Raupen können die Triebe anschwellen.

Die Angehörigen der nahe verwandten Familie der **Oecophoridae** sind dunkel gefärbt. Die abgeflachten Motten haben an den Spitzen gerundete Flügel (Tafel 21). An der Fühlerbasis findet sich gewöhnlich ein kleines Haarbüschel, aber dieses Merkmal kommt auch noch bei einigen anderen Motten vor. Die Familie ist mit über 100 Arten in Mitteleuropa vertreten. Die Raupen dieser Motten fressen Blätter und Blüten, die sie zusammenspinnen. *Depressaria pastinacella* spinnt z. B. Doldenblüten verschiedener Umbelliferen zusammen und frißt die sich entwickelnden Samen. Die Samenmotte *(Hofmannophila pseudospretella)* lebt normalerweise in Vogelnestern, wo sie tierische und pflanzliche Abfälle frißt. Sie dringt aber oft auch in Häuser ein und greift dort u. a. Wolle, Sämereien, Häute und Bücher an. Die Raupen der *Oecophora*-Arten leben in morschem Holz, wonach sie den Namen Faulholzmotten erhielten.

Die **Elachistidae** minieren vorwiegend in Gräsern, worauf auch ihr deutscher Name Grasminiermotten hinweist. Es sind kleine Tiere mit schmalen, spitzen Flügeln (Tafel 21). Die bekannteste Gattung ist *Elachista* mit zahlreichen Arten.

Die **Cosmopterygidae** sind eine andere schmalflüglige Familie mit 35 Arten. Der deutsche Name Fransenmotten weist auf die häufig vorhandenen langen Fransen an den Hinterflügeln hin. Die Vorderflügel sind oft lebhaft gefärbt (Tafel 21). Die Raupen minieren häufig. Die **Glyphipterygidae** oder Rundstirnmotten haben einen verhältnismäßig dicken Kopf. Sie haben ihr Verbreitungszentrum in der südlichen Hemisphäre. In Mitteleuropa sind sie mit rund 25 Arten vertreten. Sie sind alle sehr klein und erinnern in ihrem Erscheinungsbild an Tortriciden. Viele haben metallisch schimmernde Flügelflecken. Die Raupen minieren zum Teil, zum Teil leben sie aber auch zwischen zusammengesponnenen Gräsern.

Die **Yponomeutidae** (auch *Hyponomeutidae*) oder Gespinstmotten sind eine Familie meist kleiner Schmetterlinge, die ihre Flügel in der Ruhe steil dachförmig halten. In Mitteleuropa kommen rund 50 Arten vor. Sie zeigen keine sehr deutlichen Familieneigentümlichkeiten. Die Ader R_5 der Vorderflügel entspringt direkt an der Discoidalzelle und hat keinen gemeinsamen Stiel mit R_4. Die Hinterflügel sind vielleicht etwas breiter als in anderen Familien dieser Gruppe. Die bekanntesten Vertreter sind die Angehörigen der Gattung *Yponomeuta* (Tafel 21), deren Vorderflügel auf weißem Grund schwarz punktiert sind. Die Raupen der Gespinstmotten leben zunächst zu mehreren in einer Mine und fressen dann unter einer Gespinstdecke einzelne Blätter. Hecken und Bäume sind zuweilen völlig mit diesen Gespinsten bedeckt und können kahlgefressen werden. Die Raupe von *Ethmia bipunctella* (Tafel 21) wird zwischen den Blüten des Natternkopfes *(Echium)* gefunden. Diese Gattung gehört zur Familie der **Ethmiidae.**

Die Sackträgermotten oder **Coleophoridae** sind sehr kleine Motten mit schmalen, spitzen Flügeln. Von den Grasminiermotten unterscheiden sie sich dadurch, daß sie in der Ruhe die Fühler nach vorn strecken. In Mitteleuropa sind über 100 Arten bekannt, die vorwiegend der Gattung *Coleophora* (Tafel 21) angehören. Die Raupen leben zunächst als Blattminierer, dann spinnen sie sich einen transportablen Gespinstsack, der durch Blattstückchen oder dgl. verstärkt sein kann. Die Säcke haben ein artspezifisches Aussehen. Sie werden an Blättern, Stengeln oder Samen der Futterpflanzen festgesponnen, und die Raupen fressen von dem Sack aus: Neben Minier- kommt zuweilen auch Lochfraß vor. Eine häufige Sackträgermotte ist *C. alticolella*, deren Säcke an den Fruchtständen von Binsen angesponnen sind.

Die **Gracillariidae** *(Lithocolletidae)*, die Minier- und Blatt-Tütenmotten sind klein bis sehr klein, mit schmalen, gefransten Flügeln (Tafel 21). Sie werden zuweilen auch zwei Familien zugeordnet. Die meisten von ihnen können an ihrer typischen Ruhestellung, bei der der Körper in einem bestimmten Winkel durch die Vorderbeine abgehoben wird, erkannt werden. Die Miniermotten sind mit mehreren Gattungen und zahlreichen Arten vertreten. Die meisten Blatt-Tütenmotten gehören der Gattung *Phyllonorycter* (= *Lithocolletis*) mit über 50 Arten an. Die Raupen dieser Gattung erzeugen am Laub verschiedener Bäume und Sträucher Faltminen. Andere machen serpentinenartige Minen wie die Nepticuliden (S. 166). Die Angehörigen der Gattung *Gracilaria* verfertigen Blattüten und -rollen.

Die **Plutellidae** (Tafel 21) sind den Yponomeutiden in Größe und Aussehen sehr ähnlich, können aber dadurch unterschieden werden, daß sie ihre Fühler in der Ruhestellung nach vorn halten. Die Adern M_1 und M_2 sind im Hinterflügel gestielt. Diese Motten sind im allgemeinen grau oder braun mit dunkler Zeichnung. Die Raupen minieren oder fressen unter einem schwachen Gespinst. Die Puppenkokons sind an Blättern festgesponnen. Die Raupen einiger Arten sind an Kulturpflanzen schädlich, so die kosmopolitische Kohlschabe *(Plutella xylostella [= maculipennis]). Ypsolophus mucronellus* hat eine Spannweite von 30 mm. Die Gattung wird zuweilen auch zu den Gelechiiden gestellt.

Die meisten „Motten“ des Haushaltes gehören zu den **Tineidae** oder Echten Motten. Die Angehörigen dieser Familie sind vorwiegend kleine Insekten, häufig mit einem goldenen oder silbernen Schimmer.

Der Kopf ist häufig grob behaart, der Saugrüssel rudimentär oder völlig geschwunden. Die Schmetterlinge nehmen deshalb keine Nahrung auf, und es sind die Raupen, die die bekannten Schäden anrichten. Die Echten Motten lieben die Dunkelheit, und wenn auch Männchen und Weibchen nach der Eiablage manchmal an das Licht kommen, ziehen sie es vor, sich zu verbergen und nicht bei Störungen aufzufliegen. Die Raupen fressen bevorzugt getrocknetes pflanzliches und tierisches Material, und sie gehören zu den wenigen Insekten, die in der Lage sind, das Keratin der Haare und Federn zu verdauen. Der natürliche Aufenthaltsort dieser Insekten sind die Nester von Vögeln und Kleinsäugern, von denen nur ein kleiner Schritt zum menschlichen Haushalt, in dem Teppiche, Kleider und viele andere Dinge ein reiches Nahrungsangebot darstellen, ist.

Unter wirtschaftlichen Gesichtspunkten ist die Kleidermotte (*Tineola bisselliella*, Tafel 21) die wichtigste Art. Ihre Raupen fressen vor allem keratinhaltige Substanzen – Haar, Wolle, Seide, Federn usw. –, seltener auch pflanzliches Material wie Baumwolle und gelagerte Getreideprodukte. Die Pelzmotte (*Tinea pellionella*, Tafel 21) spielt eine geringere Rolle, richtet aber auch erheblichen Schaden an. Andere Mottenarten, die Stoffe zerstören, sind die Tapetenmotte (*Trichophaga tapetzella*, Tafel 21), die eine Flügelspannweite von 25 mm erreichen kann, und die auf S. 171 erwähnte Samenmotte *(Oecophoridae)*. Die Schäden durch Echte Motten sind in den vergangenen Jahren unter dem Einfluß von Insektiziden und als Ergebnis häufiger chemischer Reinigung von Textilien zurückgegangen.

Die **Psychidae** oder Sackträger sind mit über 30 Arten im Gebiet vertreten. Sie werden als Sackträger bezeichnet, weil ihre Raupen kleine Säcke ähnlich den Köcherfliegenlarven für sich herstellen. Für diese verwenden sie Stückchen von Borke, Knospenhüllen, Sandkörner usw., die sie mit Gespinst verbinden. Die Säcke sind arttypisch. Sie werden von den Raupen herumgetragen und, wenn die Raupen wachsen, vergrößert.

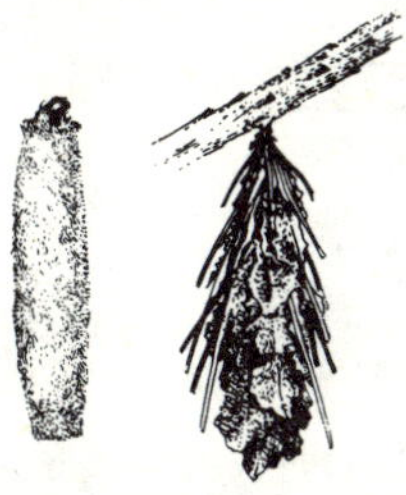

Kokons der Kleidermotte (links) und eines Sackträgers *(Psychidae)*

Wenn die Sackträgerraupen verpuppungsreif sind, werden die Säcke an ein Blatt oder an einen Zweig geheftet, und die Verpuppung erfolgt im Inneren des Sackes. Die adulten Weibchen sind flügellos, und häufig fehlen ihnen auch Beine und Fühler. Mit wenigen Ausnahmen verbleiben sie in ihren Säcken, werden hier begattet, legen Eier und sterben schließlich dort. Die Männchen jedoch sind geflügelt und suchen mit Hilfe ihrer meist gekämmten Fühler die einen Sexuallockstoff abgebenden Weibchen auf. Ihre Flügel sind düster und dünn beschuppt. Sie fliegen je nach Art am Tage oder in der Dämmerung. Eine der häufigsten Arten ist *Sterrhopteryx hirsutella*, deren Säcke auf der Sonnenseite von Baumstämmen in feuchten Wäldern zu finden sind. Abgebildet ist ein Männchen aus derselben Gattung (Tafel 21).

Überfamilie Copromorphoidea

Die **Alucitidae** (= *Orneodidae*), die Geistchen oder Federmotten, sind durch eine Gattung mit 6 Arten im Gebiet vertreten. Sie sind charakterisiert durch die in 6 Federn aufgelösten Flügel und sind durch diese Zahl von den Federgeistchen (S. 168) zu unterscheiden. *Alucita hexadactyla* (Tafel 20), das Geißblattgeistchen, hat eine Spannweite von etwa 15 mm.

Überfamilie Noctuidea

Dies ist eine sehr große Überfamilie, die die große Schar der „Nachtfalter" umfaßt, im ganzen recht gedrungene Gestalten, die durch den Besitz von Tympanalorganen am Metathorax charakterisiert sind. Die einzelnen Familien werden durch verhältnismäßig geringe Unterschiede getrennt, und das äußere Erscheinungsbild der Mehrheit der Schmetterlinge in dieser Überfamilie ist verhältnismäßig einheitlich. Die Mehrzahl der Arten fliegt nachts, und mit einigen wenigen auffälligen Ausnahmen sind sie alle recht düster gefärbt.

Die **Notodontidae** (Tafel 22) können von den anderen Familien dieser Gruppe dadurch getrennt werden, daß bei ihnen die Ader M_2 im Vorderflügel an der Basis nicht M_3 genähert ist wie bei den anderen Familien. Die meisten Notodontiden können aber an einem „Zahn", einem langbeschuppten Fortsatz am Hinterrand der Vorderflügel, erkannt werden. In der Ruhe erscheint bei dachförmig zurückgelegten Flügeln dieser

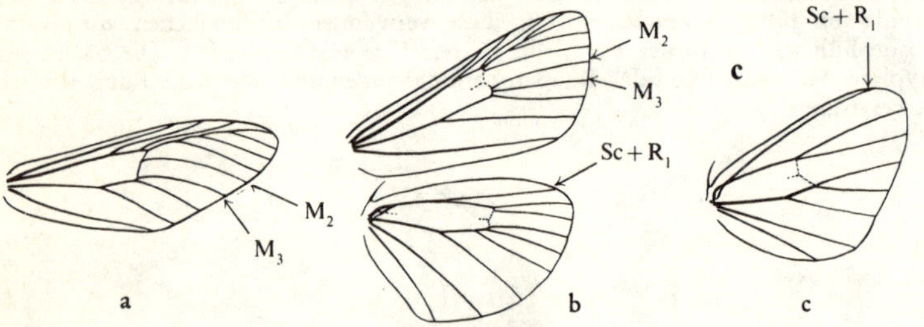

Die Abb. zeigt die unterschiedliche Aderung bei den verschiedenen *Noctuoiden*-Familien: a *Notodontidae* (Vorderflügel); b *Arctiidae*; c *Noctuidae* (Hinterflügel)

zahnartige Fortsatz, der zu dem deutschen Namen Zahnspinner führte. Im Gebiet sind etwa 35 Arten vertreten, unter ihnen ein Schmetterling, bei dem die Raupe besser bekannt ist als der Falter, der Große Gabelschwanz *(Cerura vinula)*. Die ausgewachsene Raupe (Tafel 59) ist grün mit einem rötlich-braunen Sattel. Sie ist, besonders wenn der Kopf eingezogen ist, zwischen den Weiden- und Pappelblättern, von denen sie sich ernährt, recht gut getarnt. Die Nachschieber sind zu einem Verteidigungsorgan umgebildet. Sie haben die Form einer fleischigen Gabel, aus der bei Störungen zwei züngelnde rote Schläuche hervortreten. Diese Schläuche in Verbindung mit dem grotesken Aussehen des zurückgezogenen Kopfes und das Ausspritzen eines Ameisensäure enthaltenden Sekretes aus einer Drüse am Thorax schützen die Raupen vor den meisten ihrer Feinde.

Die **Thaumetopoeidae** oder Prozessionsspinner sind mit 2 Arten vertreten, eine dritte ist im Mittelmeergebiet heimisch, kann aber bis Nordbaden vordringen. Die Falter sind mittelgroß mit dickem Körper, der Rüssel ist rückgebildet. Die Raupen sind behaart (Gifthaare?) und leben gesellig in Gespinstnestern, von denen sie in einer „Prozession" zum Futterplatz ziehen. Beim Kiefernprozessionsspinner *(Thaumetopoea pinivora)* ist sie meist einreihig, beim Eichenprozessionsspinner *(Th. processionea)* (Tafel 22) in der Regel mehrreihig. Diese beiden wie auch die mediterrane Art richten bei Massenauftreten erhebliche Schäden an.

Die **Arctiidae** oder Bärenspinner (Tafel 22) sind durch folgende Aderung der Hinterflügel zu erkennen: Die Adern Sc + R_1 sind über die halbe Länge der Discoidalzelle miteinander verschmolzen. Die meisten Angehörigen dieser Familie können jedoch ohne eine so detaillierte Untersuchung erkannt werden. Es gibt hier noch klar unterschiedene Gruppen oder Unterfamilien, die Bären oder Bärenspinner *(Arctiinae)* und die Flechtenbären oder Flechtenspinner *(Lithosiinae)*. Die Bären sind meist kräftige Falter mit breiten Flügeln, die z. T. buntgefärbt sind. Ihre Raupen sind im allgemeinen groß und dicht behaart (Tafel 60), wie der Name „Bären" andeutet. Sie fressen an den verschiedensten krautigen Pflanzen. Die Flechtenspinnerraupen bevorzugen in der Regel Algen oder Flechten. Diese Raupen tragen spärlich behaarte Wärzchen. Ihre Falter sind schlank mit schmalen Vorderflügeln und sehr breiten Hinterflügeln. Im Gebiet kommen rund 50 Arctiiden-Arten vor. Unter ihnen sind keine nennenswerten Schädlinge an Nutzpflanzen.

Eine weitere Unterfamilie ist zur eigenen Familie erhoben worden, die **Nolidae** oder Kleinbärchen, die mit etwa 10 Arten vertreten sind.

Den Arctiden nahe verwandt sind die **Amatidae** (= *Syntomidae*) oder Fleckwidderchen, wenn auch ihre Angehörigen auf den ersten Blick den Zygaenen gleichen. Viele sind leuchtend gefärbt. Im Gebiet sind nur zwei Arten vorhanden, von denen *Amata phegea*, das Weißfleckwidderchen (Tafel 22) die häufigere ist.

Die größte Schmetterlingsfamilie sind die **Noctuidae** (= *Agrotidae*) (Tafel 23), wenn auch diese Familie häufig in verschiedene kleinere Familien aufgespalten wird. Die Aderung (S. 174) ist dadurch charakterisiert, daß die Adern Sc + R_1 im Hinterflügel nur an der Basis mit der Discoidalzelle verschmolzen sind (s. auch Lymantriiden). Die Tiere haben in der Regel einen gut entwickelten Rüssel. Die Noctuiden oder Eulen fliegen, wie auch aus ihrem Namen hervorgeht, des Nachts.

Die vorherrschenden Farben der Vorderflügel sind braun und grau, die Hinterflügel meist unscheinbar oder aber wie bei den Ordensbändern leuchtend gefärbt. Diese Schmetterlinge liefern ein gutes Beispiel für eine Warnfärbung. Wenn sie gestört werden, fliegen sie auf, und die bunten Hinterflügel leuchten periodisch auf. Dies verwirrt den Angreifer und erschwert die Verfolgung. Die Raupen sind meist glatt, nur mit Einzelborsten besetzt. Sie verpuppen sich im Boden.

Im Gebiet kommen über 500 Arten vor, unter ihnen auch eine Reihe von Schädlingen wie die Kiefern- oder Forleule *(Panolis flammea)* oder der Kleine Kahnspinner (*Pseudoips fagana*, Tafel 23), dessen Raupen besonders an Buchen Schäden anrichten können.

Die **Lymantriidae** oder Schadspinner (Tafel 24) sind, soweit es das Flügelgeäder betrifft, schwer von den Noctuiden zu unterscheiden. Die auffälligsten Unterschiede sind die Reduktion oder der Verlust des Saugrüssels und die doppelt gefiederten Fühler der Männchen. Auch bei den Weibchen finden sich zuweilen Fühler mit kurzen Fiedern oder Kammzähnen. Die Schadspinner sind allgemein stark behaart, und die Weibchen tragen häufig am Hinterleib „Afterwolle". Diese Haare können eine unangenehme Wirkung auf die menschliche Haut ausüben. Die Raupen (Tafel 59) sind ebenfalls stark behaart und darum ebenso schlecht zu hantieren wie die Falter, obwohl sie zu den anziehendsten Raupen mit ihren bunten Haarbüscheln gehören. Vermutlich rufen die Haare nicht nur einen mechanischen Reiz, sondern auch eine Giftwirkung hervor, wie z. B. beim Goldafter *(Euproctis chrysorrhoea)*. Die Puppen der Schadspinner findet man in einem lockeren Kokon an den Futterpflanzen; sie enthalten Raupenhaare!

Im Gebiet kommen 17 Arten vor, unter ihnen der Buchenrotschwanz (*Dasychira pudibunda*, Tafel 24), der zuweilen im Herbst Kahlfraß in Buchenwäldern verursacht. Der Falter des Schwan *(Euproctis similis)* ähnelt dem erwähnten Goldafter. Der Schlehenspinner *(Orgya recens)* ist von besonderem Interesse, weil das Weibchen nur Flügelstummel besitzt.

Überfamilie Geometroidea (Tafel 27)

Dies ist eine andere sehr große Gruppe, deren Mitglieder klein bis mittelgroß sind. Obwohl die Flügelspannweite bei einigen Arten 50 mm erreichen kann, sind die Flügel verhältnismäßig zart und die Körper schlank. Die meisten Arten sehen daher sehr schön aus. Einige von ihnen sind gute Flieger. Es bestehen gewisse Verwechslungsmöglichkeiten mit einigen großen Zünslern (S. 168). Beide Gruppen besitzen Tympanalorgane am Hinterleib, aber sie lassen sich dadurch unterscheiden, daß bei den Zünslern die Ader Cu_2 im Hinterflügel vorhanden ist, bei den Geometroiden aber fehlt.

Die **Thyatiridae** oder Eulenspinner unterscheiden sich etwas von den anderen Familien dieser Gruppe. Sie haben einen gedrungenen Körper. Sie erinnern mehr an Eulen als an andere Geometroiden, besitzen aber keine Hörorgane im Hinterleib. Zu den häufigsten der neun Arten im Gebiet gehört der Achatspinner *(Habrosyne pyritoides)*, dessen Raupen man auf Brombeeren findet.

Die meisten Angehörigen der **Drepanidae** können von den übrigen Geometroiden an der sichelförmig vorgezogenen Vorderflügelspitze unterschieden werden (Tafel 27). Dieses Merkmal hat der Familie den deutschen Namen Sichelflügler gegeben. Die einzige Ausnahme ist das Silberspinnerchen (*Cilix glaucatus*, Tafel 27), aber seine Raupe besitzt wie die anderen Drepanidenraupen am Hinterleib eine unpaare Spitze (Abb. S. 156), die umgebildeten Nachschieber. Im Gebiet kommen 7 Arten vor.

Die **Geometridae** sind sehr artenreich und mit rund 400 Arten im Gebiet vorhanden. Sie unterscheiden sich in Größe und Aussehen stark, aber alle sind sehr zart. Der deutsche Name Spanner weist auf die Bewegungsweise der Raupen hin, die sich, da die ersten 3 Bauchbeinpaare fast stets rückgebildet sind, „spannerartig“ fortbewegen. Sie umgreifen einen Zweig mit den Bauchbeinen, strecken sich, fassen den Zweig mit den Brustbeinen. Dann machen sie einen Buckel, indem sie die Bauchbeine dicht an die Brustbeine heranziehen, um sich dann wieder erneut zu strecken. Viele der Raupen ähneln Zweigen (Tafel 61), und wenn sie einen Zweig nur mit den Bauchfüßen umgreifen und sich schräg wegstrecken, gleichen sie einer Verzweigung. Die Puppen liegen meist in der Erde oder in zarten Kokons zwischen krautigen Pflanzen.

Die Weibchen einiger Arten, besonders derjenigen, die im Winter schlüpfen, haben nur Stummelflügel oder die Flügel fehlen ganz (Tafel 27), wie z. B. beim Großen Frostspanner *(Erannis defoliaria)*, dessen Raupen an Obstbäumen schädlich sind.

Der Birkenspanner *(Biston betularia)* ist wegen der schnellen Zunahme einer melanistischen Form *(var. carbonaria)* während der letzten 100 Jahre von besonderem Interesse. Die dunkle Farbe stellt in den rauchgeschwärzten Industriebezirken, in denen sie zuerst auftraten, eine Schutzfärbung dar. In einigen Industriegebieten nimmt in neuerer Zeit die Umweltverschmutzung wieder ab. Dort soll der Prozentsatz weißer Birkenspanner wieder ansteigen.

Überfamilie Sphingoidea (Tafel 25, 26)

Die einzige Familie in dieser Gruppe sind die **Sphingidae**, die Schwärmer, die mit rund 30 Arten vertreten sind. Einige von ihnen sind aus Afrika zuwandernde Falter oder im Süden des Gebietes heimisch. Nördlich der Alpen kommen 18 Arten vor. Sie sind durch ihre Größe, den kräftigen Körper und die schmalen Vorderflügel, die sehr spitzwinklig sind, leicht zu erkennen. Der Saugrüssel ist gewöhnlich sehr lang und die Puppe des Windenschwärmers *(Herse convolvuli)* hat eine auffällig lange, frei abstehende Rüsselscheide. Die Schwärmer können, während sie im Rüttelflug über einer Blüte „stehen", Nektar aufnehmen. Die meisten Schwärmerraupen können ohne weiteres an einem Horn am Körperhinterende (Abb. S. 156) erkannt werden. Die Raupen vieler Arten sind grün mit Schrägstreifen, die die Kontur auflösen und an Blattadern erinnern. Eine bemerkenswerte Ausnahme ist die Raupe des Mittleren Weinvogels (*Deilephila elpenor*, Tafel 59), die dem Autor mehr als einmal als „merkwürdige Eidechse" gebracht wurde. Diese Raupe ist dunkelbraun und trägt am Hinterleibsbeginn 3 Paar Augenflecke. Wenn die Raupe angegriffen wird, zieht sie ihren Kopf samt Thorax ein und läßt die Augenflecken anschwellen. Die Raupe des Kleinen Weinschwärmers *(D. porcellus)* ist ähnlich, ihr fehlt nur das abdominale Horn. Die Raupen mancher anderer Arten nehmen eine sog. „Sphinxhaltung" ein, der Kopf ist eingezogen und der Vorderkörper angehoben. Die Verpuppung erfolgt am oder im Boden.

Schwärmer fliegen gewöhnlich in der Nacht, aber einige auch am Tage, wie z. B. das Taubenschwänzchen *(Macroglossum stellatarum)* (Tafel 25) oder der Hummel- und der Skabiosenschwärmer *(Hemaris fuciformis* und *H. tityus*, Tafel 26). Die letztgenannten Schwärmer sind beim Schlüpfen völlig beschuppt, aber sie verlieren die meisten Schuppen beim ersten Flug, und die Flügel erscheinen dann größtenteils nackt. Im Flug erinnern diese Schwärmer an Hummeln.

Überfamilie Bombycoidea

Den Angehörigen dieser Gruppe fehlen mit wenigen Ausnahmen Saugrüssel und Frenulum. Im großen und ganzen handelt es sich um große, behaarte Schmetterlinge mit breiten Flügeln.

Hierher gehören die **Lasiocampidae,** die Glucken oder Wollraupenspinner, mit 20 Arten im Gebiet. Die Humeralregion der Hinterflügel ist vergrößert und durch 2 oder mehr Humeraladern verstärkt. Die Glucken sind gute Flieger. Beide Geschlechter haben gekämmte Fühler, wenn sie auch beim Männchen größer ausgebildet sind. Beim Ringelspinner *(Malacosoma neustria,* Tafel 24) legt das Weibchen die überwinternden Eier in enger Spirale („Ringel") um einen dünnen Zweig der Futterpflanze (vor allem Obst- und andere Laubbäume). Die Raupen (Tafel 59) fressen zunächst gesellig in Gespinstnestern. Die Verpuppung erfolgt allgemein in einem Gespinstkokon.

Die **Saturniidae** sind eine im wesentlichen tropische Familie. In ganz Europa kommt nur ein halbes Dutzend Arten vor und im engeren Mitteleuropa nur eine. Die Familie trägt wegen ihrer Augenflecken den deutschen Namen Nachtpfauenaugen. Das Kleine Nachtpfauenauge *(Eudia pavonia)* ist im Gebiet heimisch. Das Große Nachtpfauenauge *(Saturnia pyri)*, mit einer Spannweite von 14 cm der größte mitteleuropäische Falter, ist eine südliche Art, die im Norden bis Niederösterreich und zum Elsaß geht.

Die **Endromididae**, Frühlings- oder Birkenspinner, umfassen überhaupt nur eine Art: *Endromis versicolora*, den Birkenspinner (Tafel 24). Die **Bombycidae** oder Seidenspinner haben in Mitteleuropa gar keinen freilebenden Vertreter. Hingegen ist *Bombyx mori*, der Maulbeerseidenspinner, zunächst als Seidenlieferant und in neuerer Zeit als Versuchstier zur Untersuchung biologischer und chemischer Fragen aus Ostasien eingeführt worden. Die Familie ist in Afrika, besonders aber in Süd- und Ostasien vertreten.

Sammeln und Präparieren

Viele Insektensammler beginnen ihre Tätigkeit mit dem Sammeln von Schmetterlingen, vielleicht weil dies so auffällige Tiere sind, vielleicht aber auch, weil ihr charakteristisches Aussehen die Bestimmung in vielen Fällen einfach macht. Die am Tage fliegenden Arten werden im allgemeinen mit einem Luftnetz (Schmetterlingsnetz) gefangen. Die nächtlich fliegenden Arten bekommt man jedoch nur, wenn man sie entweder durch Licht oder durch Köderflüssigkeiten anlockt.

Die meisten unserer Nachtfalter werden durch Licht angelockt. Sie fliegen in immer engeren Spiralen um die Lichtquelle, bis sie schließlich hineinstürzen. Jede normale Gartenlampe, die mit einem gegen Feuchtigkeit geschützten Kabel versehen ist und weiter in den Garten hinausgestellt werden kann, wird bereits viele Nachtfalter anlocken, und man kann sie hier leicht erbeuten, besonders wenn man die Lampe in Verbindung mit einem Fang- oder Leuchttuch benutzt. Dies ist ein Leinentuch von etwa 1,50 m Breite und 1,70 m Höhe, das mit Hilfe von zwei seitlichen kräftigen Stäben senkrecht, nach vorn etwas über die Leuchtquelle überhängend, aufgespannt werden kann. Viele Falter laufen, nachdem sie vom Licht angelockt wurden, auf dieser Tuchwand nach oben und versuchen, von der Oberkante abzufliegen. Auch von Straßenlaternen werden viele Schmetterlinge angelockt, und man braucht hier nur ein Netz mit genügend langem Stock und ein hinreichend „dickes Fell", um den Kommentaren der Passanten standzuhalten, dann kann man eine gute Ausbeute erwarten.

Von vielen Schmetterlingssammlern werden speziell dazu konstruierte Locklampen, Quecksilberdampflampen, Quarzlampen, Ultralux-Lampen u. ä. verwendet, die einen hohen Anteil an ultraviolettem Licht abgeben. Sie können mit besonderen Fallen kombiniert werden und haben den Vorteil, die Tiere über größere Entfernungen aus einem Gebiet anzulocken, womit man feststellen kann, was in einem Gebiet überhaupt vorkommt. Bei den Fallen sitzt die Lampe im Zentrum eines kurzen Schornsteins oder Trichters, der in einen allseits geschlossenen Kasten führt. Die Falter werden vom Licht angelockt und fallen durch den Schacht in den Kasten, aus dem sie nicht entkommen können. Hierin bieten Materialien wie Eierkisten-Pappen viele Versteckmöglichkeiten für die Schmetterlinge. Diese Fallen haben zwei Vorteile: Man kann sie unbeaufsichtigt während der ganzen Nacht arbeiten lassen, was deshalb wesentlich ist, weil viele Arten nur ganz bestimmte, oft recht kurze Flugzeiten während der Nacht haben und man sie nicht fängt, wenn man nur ein oder zwei Stunden am Abend leuchtet. Zum zweiten werden die Schmetterlinge nicht sofort getötet, und man kann das Fangergebnis am nächsten Tag in aller Ruhe sichten und die nicht benötigten Tiere wieder freilassen. Absolut unbeschädigtes Sammlungsmaterial erhält man jedoch auf diese Weise nicht. Außerdem gibt es Anzeichen dafür, daß häufiger Einsatz von Lichtfallen im gleichen Gebiet zu einem Niedergang der Schmetterlingszahlen führt. Es handelt sich hierbei wohl nicht um eine direkte Schädigung durch das Licht. Doch lernen Vögel sehr schnell, beim ersten Tagesanbruch die Lampenumgebung nach reicher Beute abzusuchen. In dieser Hinsicht muß man auch beim Wiederfreilassen von überschüssigem Fang sehr vorsichtig sein und die Tiere in das Unterholz bringen, wo sie gut geschützt sind.

Das Ködern macht mehr Arbeit als der Lichtfang und erbringt im allgemeinen weniger Tiere, ist aber sicher viel instruktiver. Das Prinzip ist, einzeln stehende Baumstämme an Waldrändern, Zaunpfähle o. ä. mit süßen, aromatischen Säften zu bestreichen. Für diese Substanzen gibt es viele Rezepte, die oft geheimgehalten werden. Häufig wird eine Mischung von ²/₃ dunklem Malzbier mit ¹/₃ Sirup verwendet, der wenige Tropfen Apfeläther zugesetzt werden. Das Mischen muß über dem Feuer geschehen. Es ist besser, zu wenig als zu viel Apfeläther zu verwenden. Man kann mit Wasser verdünnten Honig gären lassen und hier Apfeläther zusetzen oder gärende Melasse mit etwas Honig und Apfeläther vermischen. Alle diese Mischungen trägt man mit einem sauberen Pinsel in handtellergroßen Flecken in Brusthöhe auf, möglichst wiederholt an mehreren Tagen hintereinander. Das Auftragen sollte vor Einbruch der Dunkelheit geschehen, und die Köderstellen sollten nicht zu weit voneinander entfernt sein, so daß man alle in Abständen während der Nacht mehrmals besuchen und die „betrunkenen“ Falter absammeln kann. Achtung: Erst wenn man wirklich zum Fang bereit ist, darf Licht auf die Köderstelle fallen, sonst fliegen die Tiere vorher ab, oder sie lassen sich fallen! Es ist daher günstig, wenn man beim Köderfang zu zweit zusammenarbeitet. Man wird dabei feststellen, daß die Schmetterlinge gute Tafelmanieren besitzen: Sie sitzen im Kreis um die Köderstelle und tauchen nur ihre Rüsselspitzen, nicht aber etwa auch die Füße hinein, so daß sie keinesfalls klebenbleiben.

Mit dem Ködern wird man nicht auf Anhieb großen Erfolg haben. Erst mit der Zeit lernt man, die richtigen Köderstellen auszuwählen. Im Inneren eines Waldes bringt es gewöhnlich keinen Erfolg – einzeln stehende Bäume und Pfähle sind, wie gesagt, das günstigste. Auch das Wetter ist sehr wichtig, was übrigens auch für den Lichtfang gilt. Schwüle, feuchte Nächte mit bedecktem Himmel sind weitaus günstiger als sternenklare Mondnächte.

Auch überreife Bananen und schließlich viele Blüten locken Schmetterlinge an, besonders wenn sie stark duften oder reichlich Nektar absondern. Im Garten eines Schmetterlingssammlers sollten daher Pflanzen wie der Türkische Flieder *(Buddleia)*, Geißblatt *(Lonicera)*, Levkojen *(Matthiola)*, Heidekraut-Aster *(Aster ericoides)*, Dahlien und Petunien nicht fehlen.

Die Schmetterlingsraupen kann man durch Absuchen, Abklopfen und Abstreifen erlangen, und viele Arten lassen sich gut aufziehen. Eine Ausnahme bilden die Arten, die als Raupe überwintern, weil sie eine ständig gleichbleibende Feuchtigkeit benötigen, die schwer herzustellen ist. Die Zucht ist die einzige Methode, um von vielen kleineren Schmetterlingen unbeschädigte Stücke zu bekommen, z. B. von den Blattminierern. Blattminen kann man gewöhnlich in gutem Zustand halten, wenn man sie auf feuchten, durch Erhitzung sterilisierten Sand oder Torf in einem geschlossenen Gefäß legt.

Tiere, die für die Sammlung bestimmt sind, sollten möglichst schnell nach dem Fang abgetötet werden, da sie sonst ihre Flügel durch Abflattern stark beschädigen und die Schuppen verlieren. Die größeren Exemplare werden in der vorn beschriebenen Weise (S. 40) gespannt, wobei die Grenze zwischen Vorder- und Hinterflügel im rechten Winkel zur Körperachse stehen sollte. Tagschmetterlinge kann man aber auch in ihrer Ruhestellung mit zusammengeklappten Flügeln nadeln, um die Flügelunterseite zu zeigen. Dies sieht natürlicher aus, als sie verkehrt herum zu spannen. Das Spannen der sog. Kleinschmetterlinge braucht dagegen große Übung und ist erst mit der Zeit zu erlernen.

Ordnung Trichoptera *Köcherfliegen*

Erkennungsmerkmale: Kleine, mittelgroße oder große Insekten mit 2 Flügelpaaren, die behaart sind. Die Flügel zeigen nur wenige Queradern und werden in der Ruhe meist dachförmig, bei einigen Arten auch flach über dem Hinterleib zusammengelegt; fadenförmige Fühler, die meist so lang wie die Flügel, manchmal aber auch länger sind. Meist in Gewässernähe. Köcherfliegen ähneln in ihrer Gestalt verschiedenen Kleinschmetterlingen, und einige der kleineren Vertreter beider Gruppen können leicht verwechselt werden. Die behaarten (nicht beschuppten!) Flügel und das Fehlen eines aufgerollten Saugrüssels kennzeichnen jedoch die Köcherfliegen. Von den Netzflüglern unterscheiden sie sich durch die nur geringe Zahl von Flügelqueradern, von Stein- und Eintagsfliegen durch die Anzahl der Flügelqueradern und die Haltung der Flügel in der Ruhelage.

Neben den Schlammfliegen *(Megaloptera)* ist dies die einzige Ordnung der holometabolen Insekten, deren Larven primär aquatisch leben. Von den etwa 300 mitteleuropäischen Arten leben nur die Larven der beiden Arten der Gattung *Enoicyla* nicht im Wasser, sondern in feuchtem Moos am Fuß von Bäumen. Die erwachsenen Köcherfliegen sind düster gefärbte, meist bräunliche Tiere, die gewöhnlich während der Dämmerung fliegen. Die kleineren Arten entfernen sich gewöhnlich nicht weit von dem Gewässer, in dem sie aufgewachsen sind, während man größere, flugtüchtigere Arten oft auch beim Lichtfang in einiger Entfernung vom Wasser erbeutet. Am Tage verbergen sich die meisten Arten in der Ufervegetation und werden häufig übersehen.

Köcherfliege in Ruhestellung

Die Larven sind allgemein viel besser bekannt als die erwachsenen Tiere – nur wenige Kinder werden sie nicht irgendwann einmal am Ufer erbeutet haben. Sie sind von großer Bedeutung in den Nahrungsketten des Süßwassers und werden in großer Zahl von Fischen und Wasservögeln gefressen. Daher sind die Köcherfliegenlarven auch von Bedeutung für Fischer und Angler und werden von ihnen häufig auch als „Sprockwürmer“ bezeichnet.

Die Fühler der Köcherfliegen sind dünn und borstenförmig. Sie bestehen aus sehr vielen Gliedern und sind oft so lang wie die Flügel, in einer Reihe von Fällen aber auch länger. In der Ruhe werden sie nach vorn gestreckt. Die Komplexaugen sind gewöhnlich klein, Ocellen, sofern überhaupt, in der Dreizahl vorhanden, wobei die mittelste oft genau zwischen den Fühlerwurzeln steht und schwer zu entdecken ist. Köcherfliegen besitzen einfache kauende Mundwerkzeuge, die jedoch schwach entwickelt sind und oft verkümmert sein können, und nehmen im erwachsenen Zustand selten Nahrung auf. Die Maxillarpalpen sind lang und oft an den Seiten des Kopfes klar erkennbar, oder sie bedecken das Gesicht. Diese Palpen unterscheiden ihre Träger eindeutig von sonst ähnlichen Kleinschmetterlingen. Alle Weibchen tragen fünfgliedrige Palpen, während die Zahl der Glieder bei den Männchen variiert und als Bestimmungsmerkmal verwendet wird.

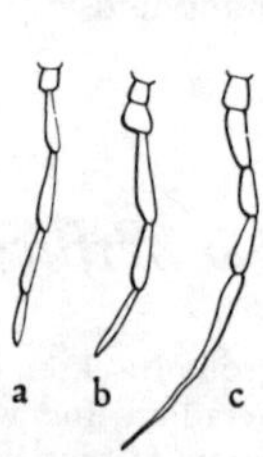

Maxillarpalpen von drei Köcherfliegen-Familien:
a *Phryganeidae*
b *Rhyacophilidae*
c *Philopotamidae*

Der Prothorax ist klein, der Mesothorax das größere der beiden übrigen Brustsegmente. Die Flügel sind bei den meisten Köcherfliegen voll entwickelt. Kurzflügligkeit kommt bei einigen Arten vor, z. B. bei *Acrophylax zerberus* Brauer in der Schweiz, und bei den Weibchen der bereits wegen ihrer terrestrisch lebenden Larven erwähnten Gattung *Enoicyla* sind beide Flügelpaare rückgebildet. Der Name *Trichoptera* bedeutet „behaarte Flügel“ (griech. *trichos* = Haar) und ist von den feinen Haaren abgeleitet, die Adern und Flächen der Flügel bedecken. Im Gegensatz zu den Schuppen auf den

Flügeln der Schmetterlinge lassen sich diese Haare nicht leicht abwischen. Die Vorderflügel sind relativ schmal, stärker behaart und gefärbt als die breiteren Hinterflügel. Die meisten Arten besitzen eine amplexiforme Flügelkopplung, d. h. die Hinterkante des Vorderflügels ist eingefaltet und umgreift die Costa des Hinterflügels.

Die ursprünglichen Köcherfliegen-Flügel zeigen nur wenige Queradern. Die Hauptadern spalten sich im äußeren Flügeldrittel auf und bilden charakteristische Gabelungen. Hiervon können in der weiteren Entwicklung einige verlorengehen, so daß dieses Merkmal ebenfalls zur Bestimmung herangezogen wird. M_{3+4} spaltet im Hinterflügel nicht auf, so daß in diesen die 4. Adergabelung fehlt. Weiterhin wird zur Bestimmung die Discoidalzelle verwendet. Ihre Gestalt variiert bei den einzelnen Gruppen stark, und sie kann auch ganz fehlen, d. h. in diesem Fall ist keine verbindende Querader zwischen R_3 und R_4 vorhanden. Ein ziemlich konstantes Merkmal ist die Thyridiumzelle, ein schmaler, fahler, haarloser Fleck etwa im Zentrum jedes Flügels. Ihre Bedeutung ist unklar, steht aber möglicherweise in Beziehung zu Sinneszellen.

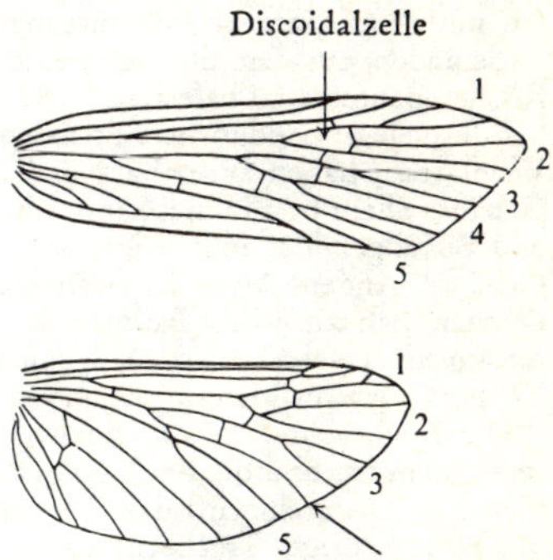

Flügel der Gattung *Hydropsyche* mit den typischen Adergabeln im Spitzendrittel der Flügel. Der Vorderflügel dieser Gattung zeigt 5 derartige Gabelungen, während im Hinterflügel die vierte Gabel fehlt

Die Beine sind lang, die Schienen mit beweglichen Spornen besetzt. Diese sind recht groß und nicht mit den kleineren dunkleren Dornen zu verwechseln, die den größten Teil des Beines bedecken. Die Spornzahlen auf den Schienen werden zur Klassifikation und Bestimmung verwendet. Hierbei gibt man gewöhnlich nur jeweils die Zahlen für die Beine einer Seite an. Spornzahl 2,4,4 bedeutet also: ein Endsporn und ein Mittelsporn an der Vorderschiene, 2 Endsporne und 2 Mittelsporne an der Mittelschiene, 2 Endsporne und 2 Mittelsporne an der Hinterschiene.

Die Paarung der Köcherfliegen erfolgt in Ruhe auf der Ufervegetation, die Eiablage findet Stunden oder Tage danach statt. Einige Arten legen ihre Eier an die Ufervegeta-

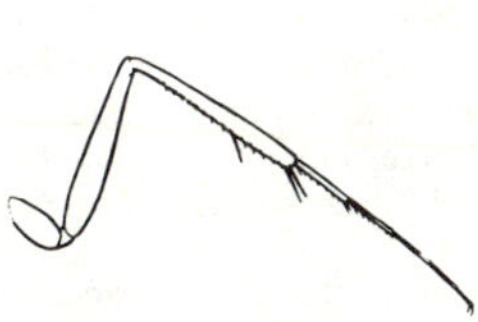

Bein einer Köcherfliege mit drei Spornen an der Schiene

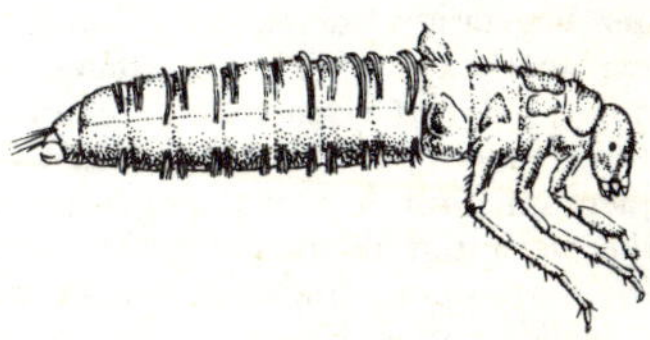

Köcherfliegenlarve, deren Köcher entfernt wurde

tion oder Pflanzen, die über die Wasserfläche ragen, andere über der Wasseroberfläche oder im Wasser. Die Tiere sind hierbei begehrte Beute vieler Fische, weshalb Köcherfliegen das Vorbild für viele Kunstfliegen der Angler abgaben.

Die Gelege haben meist arttypische Formen (Ringe, Kugeln o. ä.) und bestehen aus den Eiern und einer gallertartigen Substanz, die im Wasser ähnlich der Gallerte der Froscheier aufquillt und die Eier schützt. Nach 2–3 Wochen schlüpfen aus diesen kleine, zarthäutige Larven. Diejenigen Arten, deren Gelege außerhalb des Wassers abgelegt wurden, suchen nun das Wasser auf, und zwar meist dadurch, indem sie sich von überhängenden Pflanzen hineinfallen lassen.

Die Köcherfliegenlarven haben einen stark sklerotisierten Kopf und kräftige beißende Mandibeln. Die meisten Arten nehmen jede Art von Nahrung an, einige Arten leben jedoch vor allem als Räuber. Der Thorax ist zum Teil sklerotisiert und trägt drei gut entwickelte Beinpaare, der Hinterkörper jedoch ist weich und fleischig. Die meisten Köcherfliegenarten benutzen Material aus ihrem Lebensraum, um daraus die allbekannten Köcher zum Schutz des weichen Abdomens zu bauen. Paarige Spinndrüsen mit gemeinsamem Ausführgang an der Mundöffnung erzeugen einen klebrigen Seidenfaden, aus dem die Larve eine Gespinströhre um sich fertigt und womit sie das Köcher-Baumaterial befestigt. Viele Arten sind dabei auf ganz bestimmte Baumaterialien festgelegt: Sandkörner, Pflanzenteile oder leere Molluskengehäuse und -schalen. Viele Arten haben ein ganz spezifisches Baumuster, so daß man sie an Hand ihrer Gehäuse allein bestimmen kann. Eine Anzahl dieser Gehäuse ist auf den Tafeln 28, 29 und 30 abgebildet und zeigt unter anderem mosaikartig aus Sandkörnern erbaute Gehäuse. Andere Arten wechseln jedoch das Baumaterial während ihres Lebens oder nehmen nahezu jedes Baumaterial an, z. B. selbst feine Glasperlen *(Limnephilus flavicornis,* Tafel 30, Abb. 1). Wenn die Larven wachsen, fügen sie am Vorderende des Köchers weiteres Material an und entfernen oft am Hinterende Teile.

Die Köcher sind stets an beiden Enden offen, wenn auch die hintere Öffnung oft recht klein ist, und die Bewegungen der Larve erzeugen einen Wasserstrom durch das Gehäuse. Dadurch wird das Tier ständig mit Sauerstoff versorgt, den es dem Wasser mit Hilfe fiedriger Tracheenkiemen an den Seiten des Hinterkörpers entnimmt.

Kopf und Beine sehen aus dem Köcher hervor, so daß sich die Larve auf der Nahrungssuche umherbewegen kann. Zwei starke Haken am Ende des Hinterleibs greifen in die seidenartige Auskleidung des Köchers, so daß die Larve ihr Gehäuse nicht verlieren kann. Larven, die in stärker fließenden Gewässern leben, befestigen oft größere Steine an ihren Gehäusen, wahrscheinlich eine Instinkthandlung, die bewirkt, daß die Gehäuse vom Wasserstrom nicht mitgerissen werden. Einen anderen „Trick" zum Überleben zeigt *Anabolia nervosa* (Tafel 28). Forellen und andere Fische wie auch Wasservögel ernähren sich gern von Köcherfliegenlarven, die sie samt Gehäuse verschlucken. *Anabolia* befestigt einen oder mehrere Zweige an ihrem Köcher und kann so nicht verschluckt werden. Diese Art kann ganz offen in Forellengewässern leben, in denen andere Arten sofort gefressen werden, sobald sie sich ins freie Wasser wagen.

Nicht alle Köcherfliegenlarven bauen Gehäuse – einige spinnen auch ortsfeste Netze in der Vegetation oder unter Steinen. Diese Netze gewähren einen gewissen Schutz, dienen aber auch zum Nahrungsfang. Alle diese Arten müssen natürlich in Fließgewässern leben, da das Wasser die Beute in die Netze transportieren muß. Einige Arten der Gattung *Rhyacophila* fertigen weder Gehäuse noch Netze, sondern leben zwischen den Steinen am Grunde von Fließgewässern. Die Körper dieser freilebenden Arten sind stärker verfestigt als die der gehäusetragenden.

Die Verpuppung findet im Köcher statt, der vorher am Substrat festgesponnen wird. Freilebende Larven bauen eine besondere Verpuppungskammer im Sand, in der sie sich einen Gespinstkokon fertigen.

Die Puppe der Köcherfliegen ist sehr beweglich und behält die Ventilationsbewegungen der Larve bei. Auch die Kiemen der Larven erhalten sich bei den meisten Arten. Mit ihrer Hilfe erfolgt weiterhin die Atmung. Die Puppe besitzt freie Beine, Fühler, Flügel und ein Paar großer, beweglicher Kiefer. Wenn der Zeitpunkt des Schlüpfens herankommt, wird die Puppe sehr aktiv und beißt sich mit Hilfe dieser Kiefer aus dem Gehäuse heraus. Danach kriecht sie entweder an die Oberfläche oder schwimmt mit Hilfe eines stark behaarten Beinpaares, das als Riemen gebraucht wird, auf. Danach schlüpft die Imago und fliegt fast unmittelbar danach ab – im Notfall entfalten sich die Flügel äußerst schnell, wenn sie dann auch noch einige Zeit zum Aushärten benötigen, bevor das Tier gut fliegen kann.

Die frisch geschlüpften Köcherfliegen kann man über dem Wasser in großer Zahl beobachten. Oftmals steigen die Tiere in kleinen Schwärmen vertikal auf und ab. Zu diesem Zeitpunkt werden sie von Vögeln und Fledermäusen in großer Zahl gefressen. Der ganze Entwicklungszyklus dauert ein Jahr, wovon gewöhnlich der größere Teil auf die Larvalentwicklung fällt. Wenige Arten überwintern als Puppe, die meisten Arten verpuppen sich jedoch im Frühjahr und schlüpfen im zeitigen Sommer.

Köcherfliegen lassen sich nicht leicht bestimmen, denn die Unterscheidungsmerkmale sind unauffällig und oft durch die Behaarung verborgen. Die 18 Familien der europäischen Köcherfliegen können jedoch mit dem folgenden Schlüssel und einer guten Lupe unterschieden werden. Wenn möglich, bestimme man frisches oder in Alkohol aufbewahrtes Material, da sich Beine und Taster an solchen Tieren besser handhaben lassen.

Schlüssel für die Familien der europäischen Trichoptera

1. – Insekten winzig, max. 5 mm lang, behaart *Hydroptilidae,* S. 185
– Insekten größer, mit relativ kurzer Behaarung **2**
2. – Maxillarpalpen mit fünf Gliedern (Männchen oder Weibchen) **3**
– Maxillarpalpen mit weniger als fünf Gliedern (Männchen) **15**
3. – Letztes Glied der Palpen viel länger als alle vorhergehenden zusammen **4**

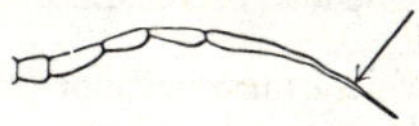

– Letztes Glied der Palpen nicht oder kaum länger als alle vorangehenden zusammen **7**
4. – Ocellen vorhanden (benetzen!) *Philopotamidae,* S. 185
– Ocellen fehlen **5**
5. – Vorderschiene mit drei Spornen *Polycentropodidae**, S. 185
– Vorderschiene mit weniger als drei Spornen **6**
6. – Erste Adergablung vorhanden *Hydropsychidae,* S. 186

– Erste Adergablung fehlt *Psychomyiidae**, S. 186

7. – Ocellen vorhanden **8**
– Ocellen fehlen **11**
8. – Vorderschiene mit zwei oder drei Spornen **9**
– Vorderschiene mit einem Sporn Weibchen d. *Limnephilidae,* S. 185

9. – Die beiden basalen Glieder des Palpus kurz und dick, das dritte lang und dünn ... 10

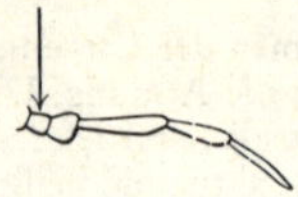

– Zweites Glied des Palpus länger als das erste ... Weibchen d. *Phryganeidae*, S. 184

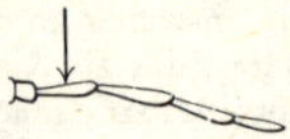

10. – Discoidalzelle fehlt ... *Rhyacophilidae*, S. 186

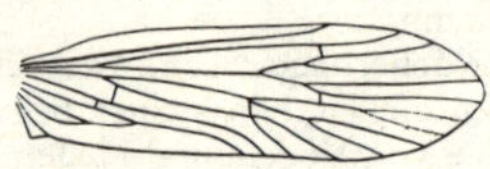

– Discoidalzelle vorhanden ... *Glossosomatidae*, S. 186

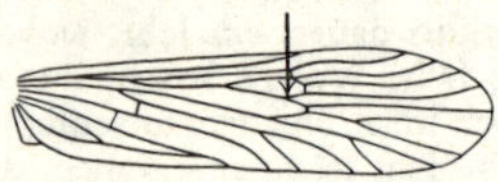

11. – Discoidalzelle fehlt ... 12
– Discoidalzelle im Vorderflügel vorhanden ... 13
12. – Spannweite über 12 mm, Spornzahl 2, 4, 4 ... *Molannidae*, S. 186
– Spannweite höchstens 12 mm, Spornzahl 2, 2, 4, ... *Beraeidae*, S. 186
13. – Fühler viel länger als Vorderflügel, Hinterschiene mit 2 Spornen ... *Leptoceridae*, S. 186
– Fühler kürzer oder nur wenig länger als Vorderflügel, Hinterschiene mit 2–4 Spornen ... 14
14. – Fühler innen schwach gezähnt (s. Tafel 29) ... *Odontoceridae*, S. 186
– Fühler ungezähnt ... 17
15. – Palpen viergliedrig ... Männchen d. *Phryganeidae*, S. 184
– Palpen mit weniger als vier Gliedern ... 16
16. – Vorderschiene mit einem Sporn, Ocellen vorhanden ... *Thremmatidae*, S. 185 und Männchen der *Limnephilidae*, S. 185
– Vorderschiene mit zwei Spornen, Ocellen fehlen ... 17
17. – Mittelschiene mit 2 oder 3 Spornen ... 19
– Mittelschiene mit 4 Spornen ... 18
18. – Dritte Adergablung im Hinterflügel vorhanden ... *Goeridae*, S. 185

– Dritte Adergablung im Hinterflügel fehlt ... *Lepistomatidae*, S. 185
19. – Hinterschiene mit 4 Spornen, Spornzahl 2, 2, 4 ... *Sericostomatidae*, S. 185
– Hinterschiene mit 2 oder 3 Spornen ... *Brachicentridae*, S. 185

* inkl. *Ecnomus tenellus*, S. 186

Die Familien der *Phryganeidae*, *Limnephilidae* und *Sericostomatidae* werden in der Unterordnung der **Inaequipalpa** zusammengefaßt, da in diesen Familien die Maxillarpalpen der Männchen weniger Glieder als die der Weibchen aufweisen. In allen übrigen europäischen Familien ist die Gliederzahl der Palpen in beiden Geschlechtern gleich, und man bezeichnet sie daher als Unterordnung der **Aequipalpa.**

Zu den **Phryganeidae** gehört unsere größte Köcherfliege, *Phryganea grandis* L., mit einer Flügelspannweite von über 50 mm (Tafel 28). Bei den Arten dieser Familie sind die Fühler kräftig und etwa so lang wie die Vorderflügel. Die Discoidalzelle ist in beiden Flügeln vorhanden, besonders lang und schmal im Vorderflügel. Die Spornzahl ist 2, 4, 4. Alle Larven leben in Still- oder schwach fließenden Gewässern und bauen ihren Köcher aus Pflanzenteilen, die sie spiralig anordnen. Oft werden auch Schilfstengel als Röhre verwendet (Tafel 30).

Die sehr umfangreiche Familie der **Limnephilidae** enthält etwa 120 europäische Arten von ganz unterschiedlicher Größe. Viele Arten sind fahlbraun mit dunkleren Abzeichen. Die Fühler sind gewöhnlich halb so lang wie die Vorderflügel, die Basalglieder dicker als die folgenden. Die Discoidalzelle fehlt im Vorderflügel nur bei den Männchen von *Anomalopterygella chauviniana* Stein, die Adergabel 4 fehlt stets in beiden Flügeln. Die Flügel sind nie sehr stark behaart, und viele Arten zeigen typische durchscheinende Flecke auf dem Vorderflügel. Die Hinterflügel sind besonders durchsichtig. Die Vorderschiene trägt nie mehr als einen Sporn. *Limnephilus* (Tafel 28) ist die umfangreichste und typische Gattung, *Enoicyla* dagegen für Köcherfliegen sehr atypisch, wie wir bereits sahen (s. S. 180). Die Köcher werden aus ganz unterschiedlichem Material gebaut, auch solchem, das normalerweise nicht im Lebensraum der Tiere vorkommt, und können recht groß sein (s. Tafel 30). Die Arten dieser Familie leben in allen Gewässertypen, hauptsächlich aber in schwach bewegtem Wasser.

Bei den **Sericostomatidae** sind die Fühler ziemlich dick, und das kräftige Grundglied ist stark behaart. Die Maxillarpalpen der Männchen sind aufgerichtet und liegen dicht vor dem Gesicht. Die Flügel sind gewöhnlich stark behaart. Die Vorderschiene trägt 2 Sporne. Die Larven leben fast nur in fließendem Wasser und bauen Köcher aus verschiedenen Materialien.

Die Vertreter der folgenden vier Familien wurden früher auch als **Sericostomatidae** angesehen, unterscheiden sich aber sowohl im Bau wie in der Lebensweise.

In Bächen und Flüssen des Flachlandes oder der Gebirge leben die **Brachicentridae.** Häufigster Vertreter ist *Brachycentrus subnubilus* (Tafel 28), der oft in riesigen Schwärmen von März bis Juni, im Norden auch noch bis August auftritt. Die Larven heften ihre Köcher an Pflanzen an und filtrieren mit dem kammartigen mittleren Beinpaar Nahrung aus dem Wasser.

Die **Goeridae** treten vor allem in kleineren klaren und kalten Fließgewässern auf und fliegen meist zwischen Mai und August. Mit nur einer Art, *Thremma gallicum* McLachlan, sind die **Thremmatidae** inselartig im Gebiet des Kaiserstuhls vertreten. Ihre eigentliche Heimat haben se in Südfrankreich und auf der Pyrenäenhalbinsel.

Die drei Arten der **Lepidostomatidae** finden sich in ganz Europa. Ihre Ansprüche an die Gewässer sind ganz unterschiedlich: *Lepidostoma hirtum* (Fabricius) bevorzugt keinen Lebensraum besonders; *Crenoecia irrorata* (Curtis) ist dagegen stark an Quellen und das Leben auf moosbedeckten, überrieselten Felsen angepaßt.

Die zu den **Hydroptilidae** gehörenden Köcherfliegen sind sehr aktive, kleine bis winzige Arten und können auf Grund ihrer geringen Größe und der lang fransenartig behaarten Flügel kaum verwechselt werden (Tafel 28). Durch diese Fransen wird die Breite der schmalen Flügel nahezu verdoppelt. Die Fühler sind relativ kurz und kräftig. Die Vorderschienen tragen keinen oder nur einen Sporn. Die Larven ernähren sich mit Hilfe stark umgebildeter Mundwerkzeuge durch Anstechen von Algen (*Spirogyra* u. a.) und bauen erst im letzten Larvenstadium ein zartes Seidengehäuse, das manchmal durch Sandkörner oder Pflanzenstücke verstärkt wird.

Bei den **Philopotamidae** sind die Fühler kräftig, ihre Glieder kurz. Die Familie ist durch die Form der Palpen und das Vorhandensein von Ocellen charakterisiert. Die Flügel sind grau, rauchbraun oder gelb und braun gefleckt (Tafel 28). Die Discoidalzelle ist stets sowohl im Vorder- wie im Hinterflügel vorhanden. Ihre Larven bauen Fangnetze und leben in raschfließenden Bächen der Mittel- und Hochgebirge.

Die Vertreter der **Polycentropidae** besitzen dichtbehaarte Flügel. Die Spitze der Vorderflügel ist stärker als in den übrigen Familien abgerundet. Fast alle Arten haben dunkle, goldgefleckte Flügel. Die Discoidalzelle ist in den Vorderflügeln stets vorhanden, kann aber bei manchen Arten im Hinterflügel fehlen. Die dicken Fühler sind nicht länger als der Vorderflügel. Die Spornzahl lautet 3, 4, 4. Die Larven bauen Fangnetze und ernähren sich räuberisch. Die Arten der Gattungen *Polycentropus*, *Neureclipsis* und *Plectrocnemia* leben am Grunde trichterartiger Netze in einer Gespinströhre, in die die Strömung die Nahrung hineinträgt. Auch in organisch stark verschmutzten Flüssen kommt *Ecnomus tenellus* (Rampur) vor, die heute als einziger Vertreter in der Familie der **Ecnomidae** abgetrennt wird.

Bei den **Hydropsychidae** ist die Discoidalzelle der Vorderflügel stets breit und kurz, die Spornzahl lautet 2, 4, 4. Das Grundglied der Fühler ist kurz und dick. Arten der Gattung *Hydropsyche* schwärmen im Sonnenschein, was ungewöhnlich für Köcherfliegen ist. Wie die beiden vorangegangenen Familien findet man die *Hydropsychidae* vor allem in raschfließenden Gewässern, denn auch ihre Larven spinnen Fangnetze zwischen den Steinen am Grunde des Flußbettes.

Bei den **Psychomyidae** sind die Flügel dicht behaart und gewöhnlich ziemlich einheitlich dunkel gefärbt. Die Discoidalzelle im Vorderflügel ist sehr klein und etwa dreieckig, während sie im Hinterflügel gewöhnlich fehlt. Der Hinterflügel ist viel kürzer und schmaler als der Vorderflügel, dessen Spitze bei vielen Arten den Eindruck erweckt, als sei sie schräg abgeschnitten (s. Tafel 29). Die Spornzahl lautet 2, 4, 4. Viele Arten sind klein und erreichen kaum 12 mm Spannweite. Die Larven bauen gewöhnlich galerieartige, mit Sandkörnchen bedeckte Gespinströhren, die an Steinen und im Wasser liegenden Holz befestig werden.

Zu den **Rhyacophilidae** gehören in der Gattung *Rhyacophila* selbst eine Anzahl primitiverer Köcherfliegen. Ihre Fühler sind so lang oder etwas kürzer als die Vorderflügel und ziemlich dünn. Die Flügel sind am Ende etwas zugespitzt und zeigen keine Discoidalzellen. Die Spornzahl lautet 3, 4, 4. Die erwachsenen Tiere sind leicht an den leuchtend grün und braun gefärbten Körpern zu erkennen. Die Larven leben frei und bauen weder Köcher noch Netz. Sie jagen am Grunde schnellfließender Gewässer zwischen Steinen.

Die **Glossosomatidae** werden oft als Unterfamilie der *Rhyacophilidae* betrachtet, unterscheiden sich von diesen aber durch das Vorhandensein einer Discoidalzelle im Vorderflügel und die Spornzahl 2, 4, 4. Die Larven sind weniger carnivor als die der vorgenannten Familie. Die Gattung *Agapetus*, die in schnellfließenden Gewässern lebt, baut aus Steinchen Gehäuse, die oben gewölbt, unten abgeflacht und mit der flachen Seite an Steinen befestigt sind (Tafel 29).

Odontocerum albicorne, die einzige Vertreterin der **Odontoceridae** im Gebiet, ist leicht durch die graue Färbung und die schwach gezähnten Fühler zu erkennen (Tafel 29). Ihre Flügelspannweite beträgt mehr als 25 mm. Man findet die Art in der Nähe fließender Gewässer, in denen die Larve ein gebogenes, hörnchenförmiges Gehäuse aus Sandkörnern baut.

Die Familie **Leptoceridae** ist leicht an den sehr dünnen Fühlern, die zwei- bis dreimal so lang wie die Flügel sind, zu erkennen. Die Fühler sind oft sehr blaß und machen einen silbrigen Eindruck. Die Tiere sind stark behaart und allgemein dunkel gefärbt. Die Discoidalzelle ist im Vorderflügel vorhanden, fehlt aber im Hinterflügel. Dieser ist viel kürzer als der Vorderflügel und mit ihm durch eine Reihe von kleinen Häkchen verbunden. Die Larven bauen schlanke, oft gekrümmte Sand- oder Pflanzenköcher.

Die **Molannidae** sind im Gebiet mit 5 Arten vertreten, von denen *Molanna angustata* die häufigste ist (Tafel 29). Die Palpen sind stark behaart, die Fühler ziemlich kräftig und etwas länger als die Flügel. Die Larven leben in stehenden oder nur schwach fließenden Gewässern und bauen aus Sand Röhren, die bei *Molanna* in charakteristischer Form schildförmig verbreitert sind.

Auch die **Beraeidae** sind in Mitteleuropa nur mit 5 Arten vertreten, die alle schwarze

Flügel mit einer Spannweite von höchstens 12 mm besitzen. Die kräftigen Maxillartaster sind stark behaart und werden erhoben vor dem Gesicht getragen. Die ziemlich kräftigen Fühler erreichen etwa die Länge der Flügel. Die Spornzahl lautet 2, 2, 4. Die Arten kommen in flachen fließenden und pflanzenreichen stehenden Gewässern vor.

Sammeln und Präparieren

Köcherfliegen kann man an den meisten Orten finden, an denen Süßwasser vorhanden ist, muß sie jedoch als Dämmerungs- und Nachttiere suchen. Das Abstreifen der Ufervegetation mit dem Netz ist der beste Weg, um Tiere zu fangen, doch kann man sie auch durch das Absuchen von Baumstämmen und rauhen Wänden in Ufernähe finden. Sofern man am Wasser wohnt, kann man mit einer Verandabeleuchtung abends meist eine Anzahl von Köcherfliegen anlocken.

Zum Abtöten können verschiedene Mittel angewendet werden, doch muß man stets Sorge dafür tragen, daß die Tiere nicht feucht werden, da dadurch ihre Behaarung beschädigt wird. Frisch gebrochener Lorbeer ist wohl das beste Mittel, weil er die Tiere weich erhält. Köcherfliegen trocknen ziemlich schnell aus und sind dann nicht leicht wieder zu erweichen. Die größeren Arten können genadelt und auf Spannbrettern gespannt werden, die kleineren und solche, die für weitere Untersuchungen bestimmt sind, sollte man in Alkohol aufbewahren, denn durch das Nadeln wird die Thoraxstruktur, die für ein genaueres Ansprechen wichtig ist, zerstört.

Köcherfliegenlarven lassen sich leicht aus dem Wasser sammeln und in kleinen Aquarien halten, sofern man diese nicht überbesetzt. So kann man ihren Köcherbau und ihren Nahrungserwerb beobachten. Auf diese Weise erhält man auch ausgezeichnet erhaltene Imagines. Die Gehäuse können leer getrocknet und zusammen mit den Imagines aufbewahrt werden. Hinfällige und schlecht zusammenhaltende Gehäuse übersprüht man vorher dünn mit einem Klarlack.

Ordnung Diptera *Zweiflügler (Fliegen und Mücken)*

Für die meisten Familien werden in der Folge zwei wissenschaftliche Namen angegeben. Dies geschieht aus folgendem Grunde: Meigen veröffentlichte erstmals im Jahre 1800 eine Klassifikation der Dipteren („Nouvelle Classification des Mouches à Deux Ailes"), die völlig unbekannt blieb. Dieselbe Einteilung, jedoch mit völlig anderen Benennungen, veröffentlichte er 1803 noch einmal („Versuch einer neuen Gattungseinteilung der europäischen zweiflügligen Insekten"). Diese Arbeit war über 100 Jahre Grundlage der Dipteren-Systematik, bis Hendel ein Exemplar der französischen Arbeit entdeckte, 1908 neu herausgab und damit die Änderung aller Namen nach dem Prioritätsgesetz beanspruchte, obwohl Meigen selbst sein Erstlingswerk nie erwähnt hatte. Dieses Vorgehen Hendels wurde von vielen Zoologen abgelehnt, die für Beibehaltung der eingeführten Namen plädierten. 1963 wurde schließlich ein Entscheid der Internationalen Zoologischen Nomenklaturkommission in ihrem Sinne veröffentlicht. Leider hat aber Lindner in dem Standardwerk der Dipterenkunde „Die Dipteren der Paläarktischen Region" die von Hendel geforderte Namensänderung durchgeführt. Damit wird man sich wohl für alle Zeit mit jeweils zwei Namen für die meisten Familien und Gattungen der Dipteren vertraut machen müssen, will man die bisher vorhandene Literatur benutzen.

Erkennungsmerkmale: Winzige bis große Insekten, deren Hinterflügel zu Halteren oder Schwingkölbchen umgebildet sind, so daß also nur ein Paar häutiger Flügel vorhanden ist. Einige Arten sind im Zusammenhang mit parasitischer Lebensweise flügellos. Die Tiere besitzen leckend-saugende, häufig aber auch stechend-saugende Mundwerkzeuge.

Viele Fliegen sehen infolge von Mimikry Bienen oder Wespen ähnlich. Diese Ähnlichkeit ist aber nur auf die Färbung beschränkt – genaueres Hinsehen läßt sofort das einzige Flügelpaar und damit die Fliegennatur erkennen. Auch einige der Eintagsfliegen haben nur zwei Flügel, jedoch fehlen ihnen stets die Schwingkölbchen. Außerdem lassen ihre Hinterleibsanhänge keinen Zweifel an ihrer Identität zu.

Das typische Aussehen einer Fliege aus der Unterordnung der *Cyclorrhapha*

Die Zweiflügler sind eine sehr große Insektenordnung. Von den ca. 85 000 bekannten Arten kommen in Mitteleuropa etwa 7000–8000 vor. Außer der Gemeinsamkeit der zwei Flügel, die der Ordnung auch den Namen gab (griech. di = zwei), gibt es kaum etwas, was sofort klar ausweist, daß alle diese Formen einer einzigen Ordnung zugehören. Viele allgemein bekannte Gestalten gehören hierher: Die Bremsen, Stubenfliegen, „Brummer", Mücken und Gnitzen sind nur einige von ihnen.

Diese Tiere haben sich die unterschiedlichsten Nahrungsstoffe erschlossen. Von Dung und Fäulnisprodukten bis zu Blut und Nektar reicht das Spektrum. Die Ordnung besitzt insgesamt eine große wirtschaftliche Bedeutung, und Schmeißfliegen und andere Arten, deren Larven Fäulnisbewohner sind, spielen eine wichtige Rolle im Nahrungskreislauf der Natur. Blütenbesuchende Fliegen fungieren als Bestäuber. Eine Reihe von Arten wie Fritfliege, Kirschfliege, Zwiebelfliege sind Schädlinge von Kulturpflanzen. Von besonderer Bedeutung aber sind die Arten, die Krankheiten auf den Menschen und die Haustiere übertragen. Blutsaugende Arten finden sich in verschiedenen Familien, doch ist das Blutsaugen oft auf die Weibchen beschränkt. Die Blutsauger, wie die Moskitos und die Tsetsefliegen, sind nicht wegen der Blutmenge, die sie dem Wirt entziehen, von Bedeutung, sondern durch die große Zahl gefährlicher Krankheiten, die sie verbreiten. Hierzu gehören Malaria, Gelbfieber und Schlafkrankheit. Die Stubenfliege ist kein Blutsauger, liebt aber gleichermaßen süße wie faulige Nahrung und überträgt durch die Verschmutzung menschlicher Nahrung eine große Zahl von Krankheiten.

Die Haustiere werden u. a. von den Goldfliegen *(Lucilia)*, deren Larven unter der Haut oder in Wunden fressen, der flügellosen, blutsaugenden Schaflausfliege *(Melophagus ovinus)* und den Dasselfliegen *(Hypoderma)*, deren Larven sich einen Weg durch den Körper des Viehs bahnen, heimgesucht (Tafel 35).

Der Kopf der Fliegen ist gewöhnlich relativ groß; ein ansehnlicher Teil wird von den großen Komplexaugen eingenommen. Sie sind bei den Männchen im allgemeinen größer als bei den Weibchen und stoßen bei einigen Arten oben auf dem Kopf zusammen, so daß diese Tiere einen Rundum- oder Panoramablick haben. Gewöhnlich sind drei Punktaugen auf dem Scheitel oder Vertex angeordnet, doch können sie bei einigen Familien auch fehlen. Die Region zwischen den Augen bis hinab zum Fühleransatz wird als Stirn oder Frons bezeichnet, was nicht der Verwendung dieses Begriffes bei anderen Insekten entspricht. Der Rest des Kopfes unterhalb der Fühler wird als das

„Gesicht" angesprochen. Bei den höherentwickelten Familien wird die Basis der Fühler von einer umgekehrt V-förmigen Naht umgeben. Sie wird als Ptilinal- oder manchmal als Frontalnaht bezeichnet und markiert die Austrittsstelle der Stirnblase oder des Ptilinums, eines ausstülpbaren Sackes, der zum Aufsprengen der Tönnchenpuppe dient (s. S. 194). Das Fehlen oder Vorhandensein dieser Naht ist eines der wichtigen Merkmale beim Bestimmen von Dipteren.

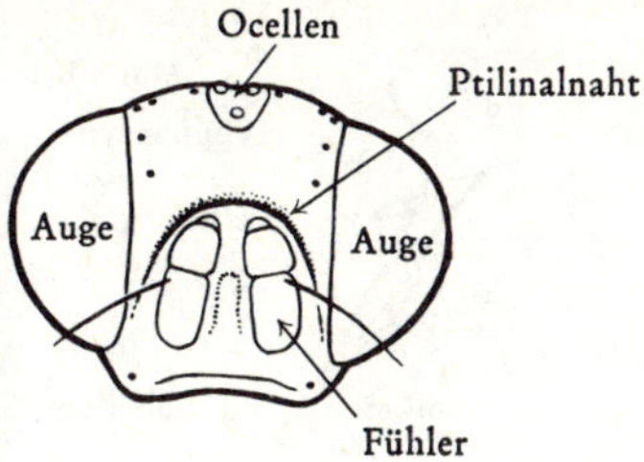

Fliegenkopf, von vorn gesehen, mit der Ptilinalnaht

Bei den primitiveren Zweiflüglern – den Schnaken und Mückenverwandten – sind die Fühler recht lang und aus einer großen Zahl mehr oder weniger gleichartiger, deutlich zu erkennender Glieder zusammengesetzt. Diese Arten werden in der Unterordnung der *Nematocera,* d. h. derjenigen mit den fadenförmigen Fühlern, zusammengefaßt. Alle übrigen höher entwickelten Zweiflügler gehören zu den beiden Unterordnungen der *Brachycera* und *Cyclorrhapha.* Bei ihnen sind nur zwei oder drei Fühlerglieder deutlich zu erkennen, der Rest ist mehr oder weniger zu einer Borste oder einem Stift verschmolzen. Die Form der Fühler ist ein weiteres sehr wichtiges Bestimmungsmerkmal in dieser Ordnung.

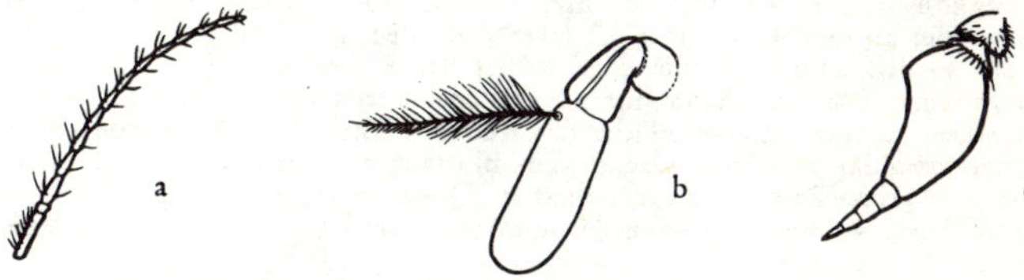

Fühlertypen: a einer Schnake; b einer Stubenfliege; c einer Bremse

Alle Zweiflügler nehmen flüssige Nahrung auf, haben aber dennoch eine große Mannigfaltigkeit von Ernährungsweisen und Mundwerkzeugen entwickelt. Selbst in ihren einfachsten Formen sind sie hochspezialisiert gegenüber den einfachen kauenden Mundwerkzeugen einer Schabe (Abb. s. S. 20). Allen Dipteren-Mundwerkzeugen ist gemeinsam, daß die Oberlippe (Labrum) die vordere Abdeckung des Nahrungskanals bildet. Der Hypopharynx formt einen Speichelkanal und bildet gleichzeitig die Rückwand des Nahrungskanals. Die rückwärtige Abgrenzung bildet die Unterlippe (Labium). Nur einige der blutsaugenden Arten besitzen Maxillen und Mandibeln, so die Mücken, Bremsen und einige andere, und zwar als scharfe Stechinstrumente. Die Maxillartaster dagegen sind fast immer vorhanden. Die größte Variationsbreite in der Ausbildung zeigt die Unterlippe. Sie kann bei den Mücken nur eine schwache Scheide für die Stechwerkzeuge darstellen, bei den nicht-blutsaugenden Arten aber auch zum Hauptternährungsorgan werden. Die Spitze der Unterlippe trägt zwei Lappen oder Labellen, die bei den Blutsaugern nur klein ausgebildet sind, bei den übrigen Fliegen aber groß und schwammig zum Auftupfen der flüssigen Nahrung dienen. Bei einer Anzahl blutsaugender Arten ist die Unterlippe, die auch als Proboscis bezeichnet wird, scharf zugespitzt und hier an die Stelle der Mandibel als Stechorgan getreten. Vier der häufigsten Mundwerkzeugtypen sind hier abgebildet und werden unter der jeweiligen

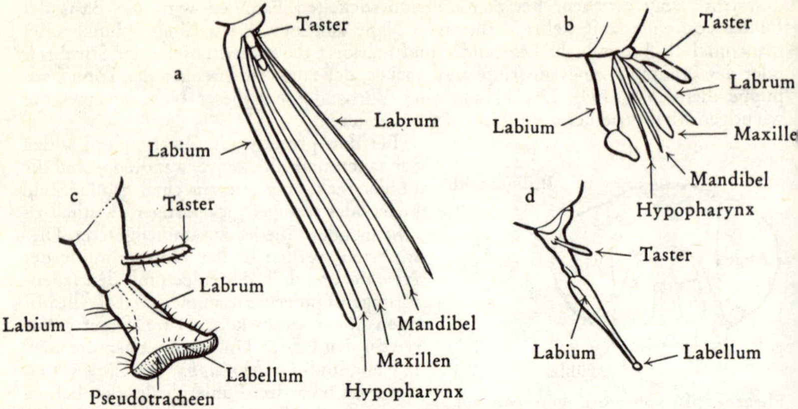

Vier verschiedene Mundwerkzeugtypen von Dipteren: a Stechmücke; b Bremse; c Stubenfliege; d Wadenstecher

Bei den Stechmücken dient das Labium nur als Schutz und Führung für die als Stechborsten ausgebildeten Mandibeln und Maxillen, die zusammen ein bohrerartiges Organ bilden. Mandibeln und Maxillen der Bremsen sind mehr messerartig geformt. Das Labium trägt hier an der Spitze einen „Tupfer", mit dem Blut, das aus der Wunde quillt, aufgetupft werden kann. Der fleischige Rüssel der Stubenfliege wird vorwiegend vom Labium gebildet. Das Tier kann nur flüssige oder verflüssigte Nahrung durch die sog. Pseudotracheen an der unteren Fläche des Rüssels aufnehmen. Der Rüssel des Wadenstechers ist sekundär zu einem Organ zum Blutsaugen umgebildet und trägt auf dem Labellum eine große Zahl winziger Zähnchen. Diese schneiden die Haut des Opfers an. Durch diese Wunde wird dann der hornige Rüssel zum Blutsaugen eingesenkt

Familie näher beschrieben. In einigen wenigen Fliegengruppen sind die Mundwerkzeuge schwach entwickelt und können schließlich bei einigen adulten Formen völlig fehlen.

In den genannten höher entwickelten Unterordnungen tragen Kopf und Brustabschnitt eine Anzahl deutlich ausgebildeter Borsten, deren Anordnung von großer Bedeutung bei der Einteilung und Bestimmung ist. Wenn diese Borsten auch recht kräftig sind, so brechen sie doch leicht ab. Man sollte also Fliegen immer möglichst bald nach dem Fang abtöten und spannen. Die grundsätzliche Anordnung der Borsten auf dem Kopf ist auf S. 191 abgebildet, obwohl nicht alle von ihnen immer gleichzeitig ausgebildet sein müssen. Für die Bestimmung der Familien sind die Postvertikalborsten unmittelbar hinter den Punktaugen, die Fronto-orbitalborsten entlang des vorderen unteren Augenrandes und die Vibrissen, große gekreuzte Borsten oberhalb der Mundwerkzeuge, die wichtigsten.

Wie zu erwarten ist, besteht der Brustabschnitt vor allem aus dem Mesothorax, während Pro- und Metathorax auf wenig mehr als einen beinetragenden „Kragen" vorn und hinten reduziert sind. Auf der Oberseite des Mesothorax sind drei Regionen, Praescutum, Scutum und Scutellum, zu erkennen. Die Grenze zwischen Praescutum und Scutum ist allerdings nicht immer ganz scharf ausgebildet. Es existiert auch noch ein Post-Scutellum, das aber zusammen mit dem Metathorax meist unter dem Scutellum verborgen ist. Die beiden Vorderecken des Praescutums sind meist etwas aufgeschwollen und werden als Humeral-Calli bezeichnet. Ähnliches kann an den

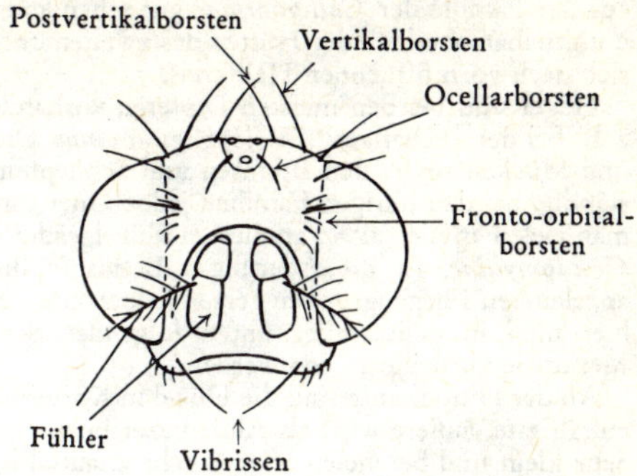

Fliegenkopf von vorn gesehen, mit Angabe der wichtigsten Borstengruppen

Hinterecken des Scutums auftreten: die hinteren oder Posterior-Calli. Als Notopleura werden zwei etwa dreieckige Regionen am Ende der Quernaht, die Praescutum und Scutum trennt, bezeichnet.

Nachstehende Abbildung zeigt die Hauptgruppen von Borsten auf dem Brustabschnitt. Für die Bestimmung der Tiere sind besonders die Dorsozentral- und die Hypopleuralborsten von Bedeutung. Letztere, die man z. B. bei den Schmeißfliegen

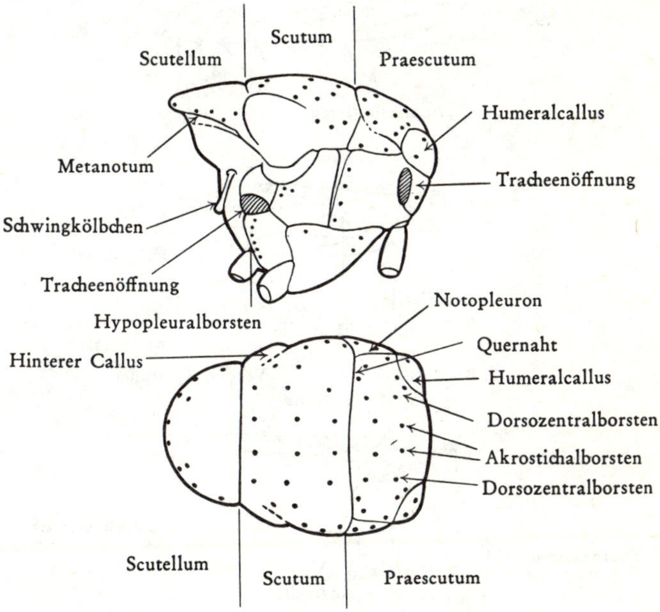

Fliegenthorax von der Seite und von oben gesehen, mit Angabe der wichtigsten Borstengruppen

aus der Familie der *Calliphoridae* gut sehen kann, befinden sich auf der Hypopleura unmittelbar oberhalb der Hüften des zweiten und dritten Beinpaares und bilden einen sich nach vorn öffnenden Halbkreis.

Flügel sind bei den meisten Dipteren vorhanden und fehlen nur einigen Parasiten, z. B. bei der „Schaflaus", *Melophagus ovinus.* Die Flügeladerung ist bei den Schnaken und Mücken sowie den Bremsen und Schnepfenfliegen *(Rhagionidae)* ziemlich vollständig, bei den übrigen Familien jedoch meist in irgendeiner Weise reduziert, so daß man viele Familien allein an diesem Flügelgeäder erkennen kann. Bei den Gallmücken, *Cecidomyidae,* ist die Aderung z. B. fast völlig verschwunden (s. Tafel 31). Die abgeleiteten Fliegengruppen zeigen jedoch eine relativ einheitliche Flügeladerung, und hier muß in dem weiter unten folgenden Schlüssel für die Familien auf andere Merkmale zurückgegriffen werden.

An der Hinterkante sind die Flügel in Körpernähe meist in drei Lappen zerteilt. Der auffälligste, äußere wird als Alula bezeichnet, der mittlere, etwas kleinere als Squama. Sehr klein und bei vielen Fliegen sehr unauffällig ist der innerste Lappen, der an den Körper anschließt. Die Thoraxschüppchen oder Squamulae sind aber z. B. bei den Raupen- und Schmeißfliegen groß ausgebildet und überdecken hier die Schwingkölbchen völlig.

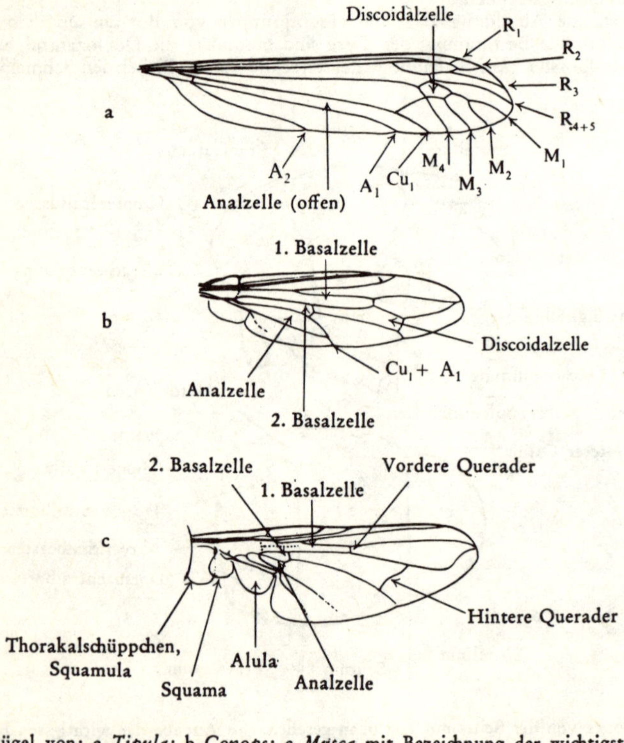

Die Flügel von: a *Tipula*; b *Conops*; c *Musca* mit Bezeichnung der wichtigsten Adern

Bei den Schwingkölbchen, die am Metathorax ansitzen, handelt es sich um das völlig umgewandelte zweite Flügelpaar. Einen sicheren Nachweis hierfür lieferte Drosophila, das berühmte Versuchsobjekt der Genetiker. Hier sind Mutanten bekannt, bei denen sich die Schwingkölbchen zu verkrüppelten Flügeln entwickeln. Normalerweise haben die Schwingkölbchen stecknadel- oder trommelschlegelförmige Gestalt und stehen an der Körperseite schräg hervor. Man kann sie z. B. bei den Schnaken (Tafel 31) auf den ersten Blick erkennen, muß sie aber bei manchen Fliegen, besonders jenen mit groß ausgebildeten Squamulae, suchen. Sie schwingen beim Fluge zusammen mit den Flügeln, haben aber auf Grund ihrer relativ schweren Köpfchen bei Richtungsänderungen, die das Tier ausführt, ein gewisses Beharrungsvermögen, ehe sie sich auf die neue Schwingungsebene einstellen. Hierdurch entstehen bestimmte Zugspannungen an der Wurzel des Schwingkölbchens, die zur Reizung bestimmter Sinneszellen dort führen. Dadurch wird die Abweichung von der Flugrichtung zum Gehirn der Fliege gemeldet, die ggf. Korrekturbewegungen einleitet. Die Schwingkölbchen arbeiten also etwa in der Art und Weise eines Kreiselkompasses.

Auch die Dornen und Borsten an den Beinen der Dipteren spielen bei der Bestimmung eine gewisse Rolle, doch sind das wichtigste Merkmal die Füße. Normalerweise sind zwei Klauen vorhanden, unter denen zwei lappenartige Pulvillen an der Seite eines mittleren Empodiums stehen. Wesentliche Abweichungen von diesem Schema sind das Fehlen der Pulvillen bei vielen Nematoceren und die kissenartige Ausbildung des Empodiums bei Bremsen und einigen anderen Brachyceren.

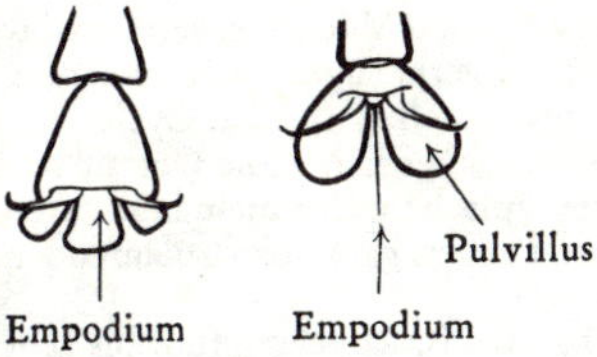

Fuß einer Bremse (links) und einer Stubenfliege. Das Empodium kann entweder lappenförmig (links) oder borstenförmig ausgebildet sein

Der Hinterleib kann bei den Dipteren die unterschiedlichste Gestalt und Größe besitzen – man vergleiche nur etwa eine Schnake und einen Hummelschweber – und bietet häufig die Möglichkeit, Tiere zu identifizieren. Nähere anatomische Einzelheiten werden jedoch nur für die Artbestimmung benötigt und sollen daher hier nicht weiter behandelt werden.

Die meisten Dipteren legen schlanke, stiftchenförmige Eier, aus denen unter günstigen Bedingungen schnell beinlose bleiche Larven schlüpfen, die Maden. Bei der Eiablage gibt es einige Abweichungen, besonders in der parasitischen Gruppe der Pupipara (s. S. 220).

Die Dipterenlarven zeigen sowohl hinsichtlich der Gestalt im einzelnen wie auch der Lebensräume, die sie bewohnen, eine größere Mannigfaltigkeit als jede andere Insektenordnung. Einige Familien sind reine Pflanzenfresser, von denen eine Reihe von Arten Schäden an Nutzpflanzen anrichtet. Die parasitischen Larven anderer Familien befallen sowohl Wirbeltiere wie auch Wirbellose als Wirte. Der größte Teil der Dipterenlarven lebt jedoch von sich zersetzenden Stoffen. Eine große Zahl lebt im Wasser. Aber auch die landbewohnenden Arten ernähren sich im allgemeinen anders als die erwachsenen Tiere, so daß es meist nur ein Entwicklungsstadium ist, das für den Menschen eine Plage darstellt. Moskitolarven leben z. B. völlig harmlos in stehendem Wasser. Gallmücken sind winzige, unscheinbare und völlig unschädliche Tiere, doch ihre Larven können an Kulturpflanzen Gallen und andere Deformationen hervorrufen und die Ernte beeinträchtigen.

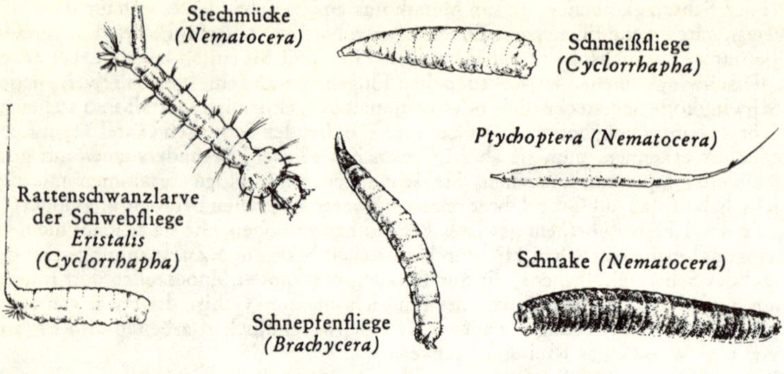

Verschiedene Dipterenlarven

Fliegenlarven sind immer beinlos, doch können stummel-, warzen- oder höckerartige Ersatzorgane hierfür vorhanden sein. Die meisten Larven kriechen mit Hilfe peristaltischer Kontraktionswellen, wobei Zapfen und manchmal vorhandene Borsten Hilfestellung leisten. Bei den Nematoceren ist eine Kopfkapsel mit kauenden Mundwerkzeugen allgemein vorhanden. Besonders gut ist sie bei den Mückenlarven entwikkelt. Auch bei den *Brachycera* sind Kopfkapsel und Mundwerkzeuge noch vorhanden, doch ist eine Tendenz zur Reduktion des Kopfes hier festzustellen. Bei den Cyclorrhaphen fehlt die Kopfkapsel schließlich, und die Mundwerkzeuge haben die Gestalt von zwei Mundhaken. Die Larven dieser Gruppen sind die typischen, allgemein bekannten „Fliegenmaden" mit einem abgestutzten Hinterende und einem ganz spitz zulaufenden Kopfende.

Bei den Nematoceren treten im allgemeinen vier, bei den Brachyceren fünf bis acht und bei den Cyclorrhaphen nur drei Larvenstadien auf. Bei den Nematoceren und Brachyceren wird die letzte Larvenhaut abgestreift und setzt eine Pupa obtecta frei, die jedoch gut beweglich ist, wie z. B. bei den Mücken. Bei einigen Arten dieser Gruppen kommt es zum Bau einer Puppenkammer oder einer Art Kokon. Diese Puppen können auf Grund ihrer Beweglichkeit die Position einnehmen, die für das Schlüpfen des fertigen Insektes am günstigsten ist. Dies gilt für die Puppen der cyclorrhaphen Fliegen nicht, denn sie sind in der letzten Larvenhaut, die zur Tönnchenpuppe wird, eingeschlossen.

Nur wenige Familien dieser Gruppe, so z. B. die Schwebfliegen, besitzen keine speziellen Einrichtungen zum Schlüpfen aus diesen Puppen. Die meisten jedoch können aus dem Kopf eine Stirnblase auspressen und damit den Deckel des Tönnchens absprengen. Diese Stirnblase wird auch als Ptilinum, ihre Austrittsstelle aus dem Kopf als Ptilinal- oder Frontalnaht bezeichnet (s. Abb. S. 189). Kommt der Zeitpunkt des Schlüpfens heran, dehnt sich dieser Sack im Kopf aus und drängt die Vorderfront des Gesichts nach vorn und unten, wodurch sich die Naht öffnet und eine weitere Vergrößerung des Sackes zuläßt. Durch diese wird dann der Puppendeckel abgesprengt, und die Fliege schlüpft. Dann schrumpft die Stirnblase ein, und die Naht schließt sich.

Die Entwicklungsdauer kann extrem kurz sein und unter besonders günstigen Bedingungen weniger als eine Woche betragen, ist aber artspezifisch. Stuben- und Schmeißfliegen können pro Jahr mehrere Generationen haben – andere Gruppen benötigen jedoch ein ganzes Jahr zur Entwicklung einer Generation.

Die Dipteren werden in die Unterordnungen der *Nematocera*, *Brachycera* und *Cyclorrhapha* eingeteilt. Zu den *Nematocera* gehören die ursprünglichsten Familien. Sie sind an ihren langen Fühlern, die aus einer großen Zahl deutlich sichtbarer, gleichartiger Glieder bestehen, leicht zu erkennen. Diese gaben der Unterordnung auch den Namen (*Nematocera* = Fadenhörner). Sowohl *Brachycera* wie *Cyclorrhapha* besitzen kurze Fühler und unterscheiden sich vor allem daran, wie die Kutikula bei jeder Häutung aufreißt. Bei den *Brachycera* geschieht dies in Form eines T-förmigen Spaltes auf der Rückenseite, während bei den *Cyclorrhapha* ein kreisförmiger Schlitz eine Kappe oder einen Deckel abtrennt. Dieses Merkmal läßt sich aber an den Imagines nicht mehr feststellen, weshalb hier beide Gruppen zusammen in einem Schlüssel behandelt werden. In einem zweiten Schlüssel werden die *Nematocera* dargestellt.

Unterordnung Nematocera *Mücken*

Neben den langen, dünnen Fühlern ist für die Vertreter dieser Gruppe auch der schlanke Körper charakteristisch. Nur in einigen wenigen Familien sind Körper und Fühler kürzer und kräftiger. Diese Arten kann man an Hand der Flügeladerung als *Nematocera* erkennen. Die Adern Cu und A_1 sind voneinander getrennt, ihr Abstand voneinander nimmt zum Flügelrand hin zu. Der Zwischenraum zwischen diesen beiden Adern sollte nach neueren Erkenntnissen als Cubitalzelle bezeichnet werden, doch wird in der Bestimmungsliteratur meist noch der alte Name „Analzelle" verwendet. Bei den beiden anderen Unterordnungen treffen sich die Adern Cu und A_1 oder verschmelzen sogar miteinander. Die fragliche Zelle wird also zum Flügelrand hin sehr schmal oder ist sogar vollständig geschlossen.

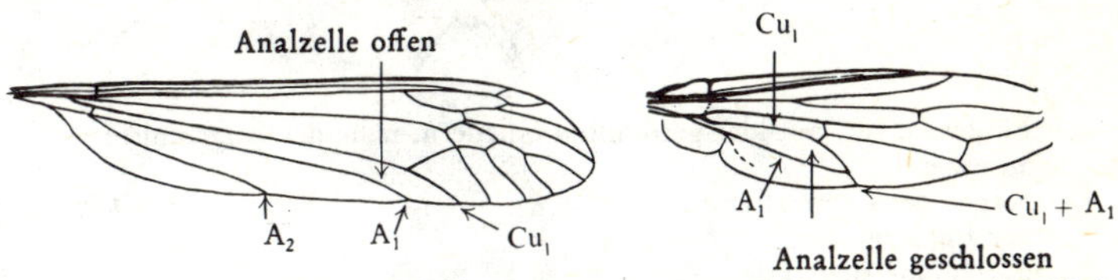

Flügel einer Nematocere (links) und einer cyclorrhaphen Fliege mit der unterschiedlichen Ausbildung der Analzelle

Viele Nematoceren treten gern in Schwärmen auf. Man kann sie gewöhnlich gegen Abend in regelrechten Wolken dicht über dem Boden auf- und abtanzen sehen. Es handelt sich hierbei um Paarungsschwärme, in denen Weibchen relativ selten sind. Wie bei einigen anderen Insektengruppen auch werden Weibchen, die sich dem Schwarm nähern, von einem Männchen ergriffen, und das Paar verläßt dann den Schwarm.

Schlüssel für die größeren Familien der mitteleuropäischen Nematocera (Mückenverwandten)

1. – Kleine, stark behaarte, schmetterlingsartige Fliegen — *Psychodidae*, S. 198
– Tiere anders — **2**

2. – Zwei Analadern erreichen den Flügelrand; V-förmige Naht auf dem Thorax — **3**
– Nur eine Analader erreicht den Flügelrand; keine V-förmige Naht auf dem Thorax — **4**

3. – Ocellen vorhanden; Ader A_2 sehr kurz — *Trichoceridae*, S. 198

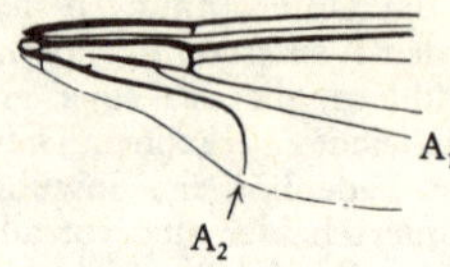

– Ocellen fehlen; Ader A_2 länger — *Tipulidae*, S. 197

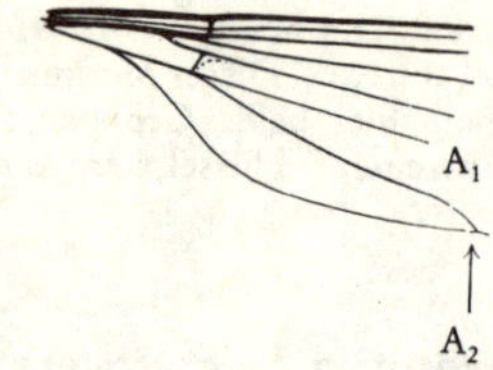

4. – Ocellen vorhanden — 5
– Ocellen fehlen — 10
5. – Schienen an der Spitze mit Spornen — 6
– Schienen an der Spitze ohne Sporne — 9
6. – Discoidalzelle (in Flügelmitte) gewöhnlich vorhanden; die Ader Rs gabelt sich an oder nahe der Querader r–m (Tafel 31) — *Anisopodidae*, S. 198
– Discoidalzelle fehlt; die Ader Rs gabelt sich, wenn überhaupt, erst jenseits der Querader r–m — 7
7. – Fühler kurz und kräftig, unterhalb der Augen ansetzend — *Bibionidae*, S. 201

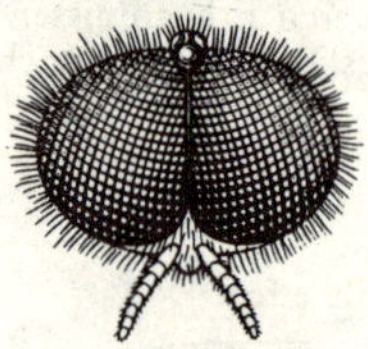

– Fühler länger, mit klar getrennten Gliedern, nahe der Augenmitte ansetzend — 8
8. – Augen berühren sich über der Fühlerwurzel durch eine stegartige Augenbrücke — *Sciaridae*, S. 202

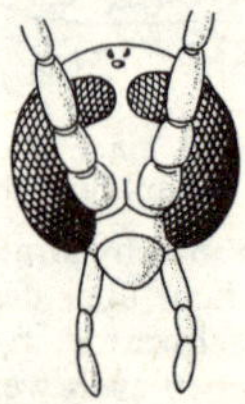

– Augen berühren sich über der Fühlerwurzel nicht — *Mycetophilidae*, S. 202
9. – Fühler kurz, Glieder schwer unterscheidbar; Flügel kahl, vordere Adern kräftig entwickelt — *Scatopsidae*, S. 202
– Fühler länger, deutlich gegliedert; Flügel meist behaart, Adern stark reduziert, nicht kräftig entwickelt — *Cecidomyiidae*, S. 202
10. – 10 oder mehr Adern erreichen den Flügelrand — 11
– Höchstens 8 Adern erreichen den Flügelrand — 12
11. – Schienen mit Spornen; U-förmige Naht auf dem Thorax — *Ptychopteridae*, S. 198
– Schienen ohne Sporne; U-förmige Naht fehlt — *Culicidae*, S. 199

12. – Höchstens 4 Adern erreichen den Flügelrand *Cecidomyiidae*, S. 202
– Mindestens 6 Adern erreichen den Flügelrand **13**
13. – Flügel sehr breit; Fühler kahl *Simuliidae*, S. 201
– Flügel nicht besonders breit; Fühler behaart **14**
14. – Vorderbeine oft länger als die übrigen; Ader M_{1+2} ungegabelt *Chironomidae*, S. 200

– Vorderbeine nicht länger als die übrigen; Ader M_{1+2} gegabelt *Ceratopogonidae*, S. 200

Die **Tipulidae** sind Mücken mit schlankem Körper und sehr langen Beinen, die gewöhnlich als Schnaken bezeichnet werden. Sie sind an der V-förmigen Naht auf dem Thorax, den beiden langen Analadern im Flügel, die beide den Flügelrand erreichen, und einer Discoidalzelle zu erkennen, außerdem aber auch an der Tatsache, daß die langen Beine schon beim lebenden Tier überaus leicht abbrechen. Discoidalzellen besitzen unter den Nematoceren sonst nur noch die *Trichoceridae* und die *Anisopodidae*. Über 300 Arten kommen in Mitteleuropa vor, unter denen *Tipula maxima* mit

Kopf

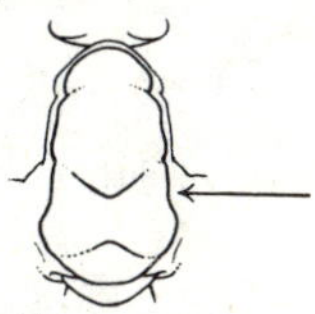

Thorax von *Tipula*, von oben gesehen, mit der V-förmigen Naht

65 mm Flügelspannweite die größte ist. Die kleinsten mit 15 mm Spannweite gehören zur Unterfamilie der *Limoniinae*, die artenreichste unter den *Tipulidae*, die auch als eigene Familie betrachtet wird. Die hierzu gehörenden Arten tanzen zuweilen in Schwärmen, manche Arten auch an warmen Wintertagen („Wintermücken"). Bei den großen Schnaken fehlt derartige Schwarmbildung. Sie werden aber an warmen Abenden von hellem Licht angelockt, sind also mit Lichtfang leicht in größerer Zahl zu erbeuten.

Die Lebensweise der Larven (Tafel 63) ist sehr unterschiedlich. Sie können im freien Wasser oder in der Schlammschicht als Räuber oder als Detritusfresser vorkommen, an Land in alle sich zersetzenden Pflanzenstoffe oder auch an frische Pflanzen gehen. Letzteres trifft für die Larven einer Reihe großer Schnaken wie *Tipula paludosa* Meig., die Wiesenschnake, und *Tipula oleracea* L., die Kohlschnake, zu, die in Erdgängen leben und an Wurzeln, nachts auch an oberirdischen Pflanzenteilen fressen. Die Imagines sind harmlos und können mit den weichen Labellen am Ende des schnabelartig verlängerten Kopfes nur Flüssigkeiten aufnehmen.

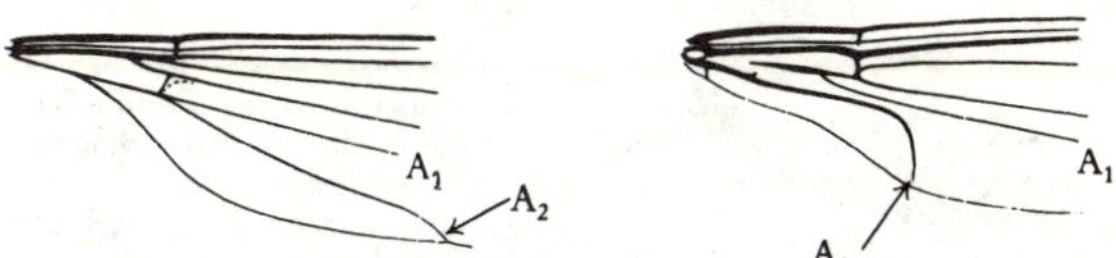

Wurzel der Flügel von *Tipula* (links) und *Trichocera*. Bei *Trichocera* und den übrigen Vertretern der *Trichoceridae* ist die 2. Analader (A_2) im Vergleich sehr kurz

Die **Trichoceridae** oder Wintermücken sind den *Tipulidae* nahe verwandt. Sie kommen nur mit ca. 10 Arten in Mitteleuropa vor. Von den kleinen Schnaken sind sie durch die kurze zweite Analader und die Tatsache, daß ihre Beine weniger hinfällig sind, zu unterscheiden. Die Männchen bilden zu den meisten Jahreszeiten Tanzschwärme, fallen aber besonders im Winter und im zeitigen Frühjahr auf, was ihnen den Namen eingetragen hat. Die Larven fressen zerfallende organische Stoffe, z. B. auch Fledermauskot. Die Familie wird auch als *Petauristidae* bezeichnet.

Die Fenstermücken (**Anisopodidae**, auch *Phryneidae*) ähneln den beiden vorangegangenen Familien, doch fehlt ihnen die Thoraxnaht, und ihre 2. Analader erreicht den Flügelrand nicht (s. Tafel 31). Knapp ein Dutzend Arten kommt in Mitteleuropa vor. Sie verteilen sich auf die Gattungen *Sylvicola* und *Mycetobia*, von denen erstere durch die vorhandene Discoidalzelle leicht zu erkennen ist. Der deutsche Name bezieht sich vor allem auf *Sylvicola fenestralis*, die oft in Häuser kommt. Die Larven leben von den unterschiedlichsten zerfallenden Pflanzenstoffen, die von *S. fenestralis* in Wohnungen häufig an faulenden Kartoffeln, im Freien auf Rieselfeldern.

Die **Ptychopteridae** *(Liriopidae)* sind eine andere Familie, die den Schnaken ähnlich sieht. Zu unterscheiden sind sie an der Naht auf dem Thorax, die hier U-Form besitzt, und der einzelnen Analader. Die Tiere sind bunt, meist gelb und schwarz gezeichnet,

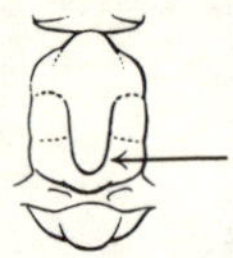

Thorax von *Ptychoptera*, von oben gesehen, mit der U-förmigen Naht

und haben gefleckte Flügel. *Ptychoptera contaminata* ist die häufigste der 12 mitteleuropäischen Arten (Tafel 31) und kommt im Sommer an seichten Gewässern überall vor. Die Larven leben in flachen Gewässern in senkrechter Haltung, fressen wohl vor allem Kieselalgen aus dem Schlamm und atmen durch ein peitschenförmiges, ein- und ausfahrbares Rohr am Hinterkörper, an dessen Spitze die allein offenen Hinterstigmen liegen, an der Wasseroberfläche (Abb. S. 194).

Wohl mit am leichtesten ist die Familie der Schmetterlingsmücken, **Psychodidae**, zu erkennen, von der etwa 2 Dutzend Arten in Mitteleuropa vorkommen. Alle sind klein und besitzen stark behaarte Körper und Flügel, die in der Ruhe leicht angehoben dachförmig über dem Rücken zusammengelegt werden. Die Larven leben in zerfallenden organischen Stoffen oder im Wasser und können an Kläranlagen, Abortgruben u. ä.

Psychoda spec., eine der Schmetterlingsmücken aus der Familie der *Psychodidae*, die leicht an den behaarten, vieladrigen Flügeln zu erkennen sind. In der Ruhestellung werden die Flügel ähnlich wie bei Tagschmetterlingen über dem Körper zusammengelegt

sehr häufig sein. Die meisten Arten stechen nicht. Eine Ausnahme sind die gelblich gefärbten Sandmücken (Gattung *Phlebotomus*) der Tropen und Subtropen, die bis Südeuropa vordringen und eine Reihe von Krankheiten (Papataci-Fieber, Orientbeule, Kala Azar) übertragen.

Die wohl wichtigste Nematoceren-Familie ist die der Stechmücken oder **Culicidae**. Bei allen diesen zarten Mücken sind die Adern und die hinteren Flügelränder gewöhnlich mit Schuppen oder Haaren bedeckt (Tafel 31). Die Fühler der Männchen sind mit langen Haaren, die in Wirteln stehen, besetzt. Die Weibchen besitzen stechend-saugende Mundwerkzeuge.

Die meisten Stechmücken leben als Blutsauger und sind für die Übertragung einer Reihe menschlicher Erkrankungen verantwortlich, z. B. der Malaria, des Gelbfiebers und der Elephantiasis. Unter den ca. 100 mitteleuropäischen Arten ist *Culex pipiens*, die „Hausmücke" (Tafel 31), eine der bekanntesten, die zum Glück jedoch relativ selten sticht. Eine der größten Stechmücken ist die Ringelschnake *Theobaldia annulata*, die an den schwarz und weiß geringelten Beinen, den „Ringelstrümpfen" zu erkennen ist. Ihr Stich ist schmerzhaft, erzeugt oft große Quaddeln und leichte Entzündungen, überträgt aber, soweit man weiß, keine Krankheiten. Nur die Mückenweibchen sind Blutsauger und besitzen entsprechend umgebildete Mundwerkzeuge. Mandibeln und Maxillen sind als nadeldünne Stechborsten ausgebildet. Auch die spitz zulaufende Oberlippe und der Hypopharynx werden in die Wunde eingesenkt. Die Oberlippe trägt eine Furche und bildet zusammen mit dem Hypopharynx das Nahrungsrohr (Abb. S. 190). Der Hypopharynx bildet außerdem das Speichelrohr. Alle genannten 6 Mundteile liegen in einer Scheide, die das Labium bildet. Dieses ist am Stechvorgang selbst nicht beteiligt, doch dienen die empfindlichen Labellen am unteren Ende zur Suche nach einem geeigneten Ort zum Stechen. Die meisten Stechmückenarten benötigen eine Blutmahlzeit, bevor sich beim Weibchen Eier entwickeln können. Einige Arten bzw. Rassen (z. B. von *Culex pipiens*) kommen jedoch mit Nektar und anderen Pflanzensäften aus. Dies ist auch die Nahrung der Männchen, denen die Stechborsten fehlen und die somit kein Blut aufnehmen können.

Unter den Stechmücken lassen sich zwei große Gruppen unterscheiden, die *Culicini* und die Fiebermücken oder *Anophelini*. Nur die letzteren, von denen mindestens 4 Arten auch in Mitteleuropa weit verbreitet sind, können die menschliche Malaria übertragen. Die Malaria-Erreger machen einen Teil ihrer Entwicklung im Mückenkörper durch und gelangen schließlich in die Speicheldrüsen der Mücken, von wo aus sie beim Stich auf Mensch oder Vogel übertragen werden. Diese Entwicklung läuft für die Formen der menschlichen Malaria in den *Anopheles*-Arten, für die Vogelmalaria in

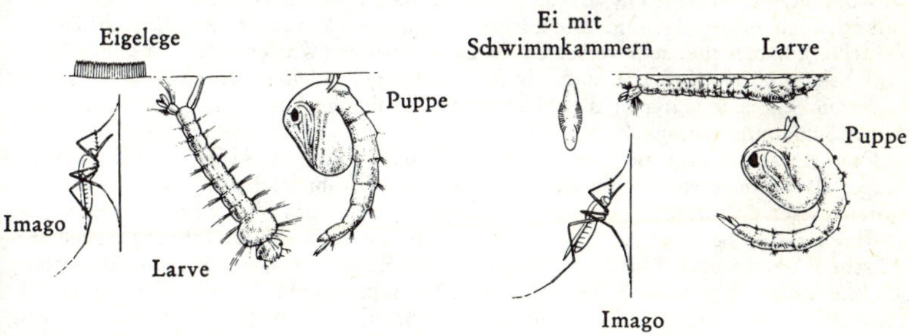

Entwicklungszyklus der *Culicini* (links) und der *Anophelini* (rechts)

Culex pipiens ab. Einige früher in Nordwestdeutschland heimische Malariaherde scheinen aber derzeit erloschen zu sein. Culicinen und Anophelinen lassen sich an ihrer Körperhaltung im Sitzen recht gut unterscheiden (s. Abb. S. 199).

Die Larven der Stechmücken entwickeln sich im Wasser, wobei viele Arten recht spezielle Ansprüche an die Wasserbeschaffenheit stellen, also keineswegs überall vorkommen. Die Eier werden gewöhnlich auf die Wasseroberfläche abgelegt, wobei die Gelege z. T. bezeichnende Schiffchen- oder Floßgestalt haben, etwa bei *Culex* und *Mansonia*. Die Larven besitzen einen gut ausgebildeten Kopf und einen breiten Thorax. Sie sind mit charakteristischen Haarbüscheln besetzt und bewegen sich ruckartig. Als Nahrung dienen kleinste im Wasser schwimmende Teilchen, die mit den lang behaarten Pinselorganen an der Oberlippe herbeigestrudelt werden. *Culicini*-Larven „hängen" schräg unter der Wasseroberfläche, *Anophelini*-Larven schweben waagerecht darunter. Dies hängt mit der Lage der Atemöffnungen zusammen, die bei ersteren auf einem seitlichen Horn am Körperende, bei letzteren auf der Rückenseite liegen. Die Mückenpuppen haben eine typische, sehr bewegliche Komma-Gestalt und atmen mit Hilfe zweier „Öhrchen" oben auf dem Kopf.

Die Vertreter der Zuckmücken, **Chironomidae**, von denen sicher über 1000 Arten in Mitteleuropa vorkommen, besitzen einen auffällig buckligen Thorax, so daß von oben gesehen der Kopf bei vielen Arten verborgen ist (Tafel 31). Auch hier sind die Fühler der Männchen lang wirtelig behaart. Die Mundteile sind gering entwickelt und zum Stechen und Blutsaugen ungeeignet. Viele Imagines nehmen keine Nahrung auf.

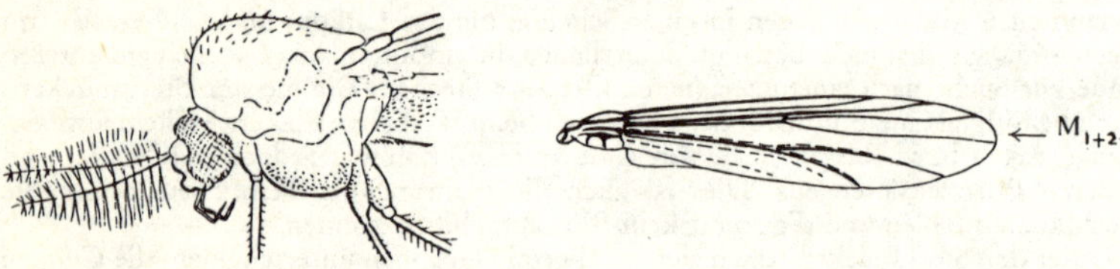

Links der bucklige Thorax einer Zuckmücke, der den Kopf überragt, rechts die Flügeladerung dieser Gruppe

Kleinere Zuckmücken sind leicht mit den blutsaugenden Gnitzen *(Ceratopogonidae)* zu verwechseln. Unterscheidungsmerkmale sind die verlängerten Vorderbeine der Zuckmücken, der weniger bucklige Thorax der Gnitzen und die Flügeladerung, obwohl letztere nicht leicht auszumachen ist, da die Adern im hinteren Flügelbereich nur schwach ausgeprägt sind. Die Larven der Zuckmücken sehen sich alle recht ähnlich (Tafel 63), haben aber sehr verschiedene Lebensweisen (Wasser- oder Landbewohner). Am bekanntesten sind die auch als Fischfutter gehandelten „roten Mückenlarven" (*Chironomus* spec.), denen der Hämoglobingehalt die Ausnutzung sehr sauerstoffarmer Schlamme ermöglicht.

Die Gnitzen, **Ceratopogonidae** oder *Heleidae*, sind sehr kleine Tiere, die kaum länger als 5 mm werden. Obwohl sie so klein sind, ist ihr Stich sehr schmerzhaft. Erst durch diesen Schmerz wird man im allgemeinen auf das Tier aufmerksam, dessen Anflug meist unbemerkt erfolgt. Fast alle Weibchen der mehreren hundert mitteleuropäischen Arten saugen Blut an anderen Insekten, Regenwürmern oder, wie die Gattung *Culicoides*, an Vögeln und Säugern. Für den Menschen wird z. B. *Culicoides pulicaris* L. lästig. An den Gnitzen-Männchen ist auffällig, daß sie noch Mandibeln besitzen, obwohl sie kein Blut saugen. In der Ruhestellung legen die Gnitzen ihre Flügel flach nach hinten über dem Körper zusammen – ein weiteres Unterscheidungsmerkmal zu den Zuckmücken, die ihre Flügel dachförmig zusammenlegen. Die Larven der Gnitzen leben zum Teil am Lande, zum Teil im schlammigen Wasser.

Die Kriebelmücken, **Simuliidae** oder *Melusinidae*, sind mit etwa 30 schwer unterscheidbaren Arten vertreten. Ihr Körper ist relativ kurz und gedrungen, die Flügel sind groß und breit. Die Weibchen saugen in der Regel Blut. Ihr Stich ist schmerzhaft wie

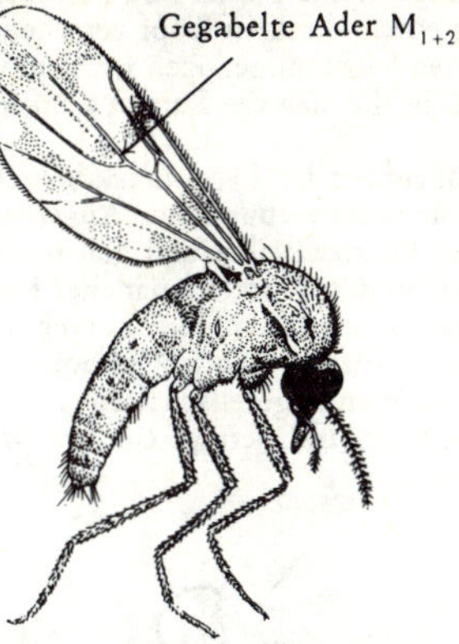

Culicoides spec., eine Gnitze aus der Familie der *Ceratopogonidae*. Die Tiere besitzen ebenfalls einen buckligen Thorax, und die meisten Arten sind sehr klein. Von kleinen Zuckmükken können sie an der gegabelten Ader M_{1+2} unterschieden werden

bei den Gnitzen, und der unterschiedlich giftige Speichel erzeugt mitunter nachhaltige Wirkung. *Wilhelmia equina* (L.) plagt, wie der Name andeutet, besonders Großsäuger wie Pferde an den Ohrmuscheln. In unseren Breiten ist die Gruppe ohne große wirtschaftliche Bedeutung, doch kann bereits in den südosteuropäischen Donauländern Massenbefall durch die berüchtigte Kolumbatscher Mücke (*Melusina columbaczensis* Sch.) zum Tod von Weidetieren führen. In Afrika und Amerika übertragen Kriebelmücken Filarien auf den Menschen. Die Larven (Tafel 63) leben in Fließgewässern, heften sich mit dem Hinterende an Spinnfäden auf dem Substrat fest und filtrieren mit den beiden Fächern am Vorderende feine Partikel aus dem Wasser, die sie mit den Mandibeln abkämmen.

Die **Bibionidae** oder Märzhaarmücken sind viel kräftiger als die anderen Nematoceren gebaut und machen eher einen fliegenartigen Eindruck. Sie sind meist schwarz und stark behaart, Weibchen auch hellbraun. Ihre kurzen, gedrungenen Fühler setzen

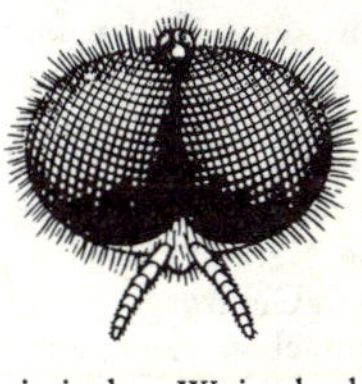

Kopf einer Bibionide von vorn gesehen, um die Ansatzstellen der Fühler unterhalb der Augen zu zeigen

unterhalb der Augen an. Die Schienen sind in charakteristischer Weise bedornt (Tafel 31). Im Frühjahr sind die Tiere oft häufig; sie spielen eine Rolle als Bestäuber von Obstbäumen. Die Larven leben im Boden und fressen faulende Pflanzenteile, greifen bei Massenauftreten aber auch lebende Wurzeln an. Von den gut zwei Dutzend Arten in Mitteleuropa sind *Bibio marci* L., *Bibio hortulanus* L. und *Philia (Dilophus) febrilis* L. (Tafel 31) häufig.

Die Dungmücken oder **Scatopsidae** sind mit den Bibioniden nahe verwandt, doch ist ihr Körper unbehaart, und an den Schienen fehlen die Dornen (Tafel 31). Die Familie kommt mit einigen Dutzend Arten im Gebiet vor.

Die Pilzmücken, **Mycetophilidae** oder *Fungivoridae*, erhielten ihren Namen, weil die Larven vieler, aber keineswegs aller ca. 500 mitteleuropäischen Arten in Pilzen leben. Die Imagines sind sehr zart, besitzen lange dünne Fühler und dünne Beine. Der Thorax ist gewöhnlich etwas bucklig. Die mit einem dunklen Kopf versehenen Larven finden sich in großer Zahl in Pilzen und können leicht aufgezogen werden, wenn man den Pilz in Kleie oder Sägemehl aufbewahrt, in die sich die Larven zum Verpuppen verkriechen.

Nahe verwandt sind die Trauermücken, **Sciaridae** oder *Lycoriidae*, die sich von den Pilzmücken durch die über der Fühlerwurzel stegartig verbundenen Augen unterscheiden. Die Larven leben in Pilzen, zerfallenden Pflanzenteilen und gehen als Minierer auch an gesunde Pflanzen. In Pilzzuchten und an den Wurzeln mancher Kulturpflanzen (Kartoffeln, Zwiebeln) können sie Schäden anrichten. Die Larven von *Sciara militaris* Nov., der Heerwurm-Trauermücke, schließen sich im Sommer, vor allem nachts, bei feuchtem Wetter in großer Zahl zu Wandergesellschaften („Heerwurm") zusammen. Die Wandergeschwindigkeit ist gering und beträgt ca. 1 m pro Stunde. Auch einige andere Arten bilden ähnliche Züge.

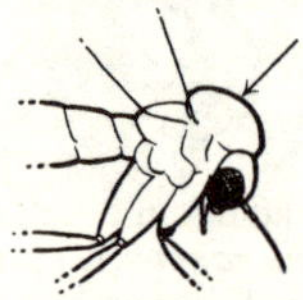

Thorax der *Mycetophilidae*

Die größte der Nematoceren-Familien ist die der **Cecidomyiidae** oder *Itonididae* mit fast 1000 Arten. Sie werden als Gallmücken bezeichnet, obwohl keineswegs alle Arten Gallbildner sind. Die Tiere sind sehr hinfällig, haben lange Beine, und ihre Flügel sind im allgemeinen behaart. Charakteristischstes Merkmal sind die sich kolbenartig erweiternden Fühlerglieder, die dem ganzen Fühler ein perlschnurartiges Aussehen verleihen. Ferner ist die Flügeladerung stark reduziert (Tafel 31). Die Gallmücken sind kaum einmal länger als 5 mm. Eine recht häufige Art ist *Cecidomyia veronicae*, die plustrige weiße Gallen an den Triebspitzen des Ehrenpreis erzeugt. Sie bestehen aus Büscheln angeschwollener und deformierter Blätter, in denen die winzigen, orangefarbenen Larven leben. Die Eibengallmücke, *Taxomyia taxi*, erzeugt schopfartige Gallen an den Triebspitzen der Eibe (Tafel 31). Eine wirtschaftlich bedeutende Art unter den Formen, die keine Gallen bilden, ist die Hessenmücke oder Hessenfliege, *Mayetiola destructor*, die u. U. große Schäden an Weizen, daneben auch an Gerste, Roggen und einigen Wildgräsern anrichtet. Eine weitere Gruppe der *Cecidomyiidae* sind Räuber und Parasiten, vor allem an Blattläusen und Milben.

Eine Nematoceren-Familie, die vor allem wegen des Schlüpfvorganges interessant ist, sind die Netzmücken oder **Blephariceridae**. Die Larven leben in raschfließenden Gewässern in Gebirgsgegenden. Die Imago schlüpft unter Wasser aus der Puppenhülle, hält sich, umgeben von einem Luftmantel, mit den langen Hinterbeinen so lange daran fest, bis sie mit den Vorderbeinen die Oberfläche des flachen Wassers erreicht, stützt sich dann an dieser Oberfläche auf, zieht auch die Hinterbeine aus der Puppe und fliegt ab. Dies ist möglich, weil die Flügel bereits in der Puppe ihre endgültige Größe haben. Sie falten sich nur noch auseinander, zeigen aber zeitlebens das Faltmuster als feines Netzwerk von Linien. Die langbeinigen Imagines (Tafel 31) fliegen ziemlich schlecht am Ufer raschfließender Gewässer.

Schlüssel der größeren Familien der mitteleuropäischen Brachycera und Cyclorrhapha (in Anlehnung an Oldroyd im RES-Handbook, jedoch unter Fortlassung der kleinen und seltenen Familien)

1. – Füße mit drei Haftlappen* 2

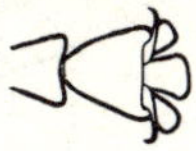

– Füße mit zwei Haftlappen 5

2. – Das 3. Fühlerglied besteht noch deutlich sichtbar aus mehreren verschmolzenen Gliedern 3

– Am 3. Fühlerglied sind keine derartigen Grenzen mehr sichtbar 4

3. – Kräftig gebaute Fliegen mit großen Squamae (Thoraxschüppchen); in der Flügelspitze gabelt sich der Radius zu einer großen Y-Figur *Tabanidae*, S. 209

– Abgeflachte, oft langgestreckte, schön gezeichnete Fliegen mit kleinen Squamae; in der Flügelspitze keine Y-Figur *Stratiomyidae*, S. 209

4. – Kräftige, kuglige Fliegen mit sehr kleinem Kopf, der viel tiefer als der Thorax liegt *Acroceridae*, S. 209

– Schlanke Tiere mit verlängertem Hinterleib *Rhagionidae*, S. 209

5. – Stirn ohne Ptilinalnaht 6

– Stirn mit Ptilinalnaht 16

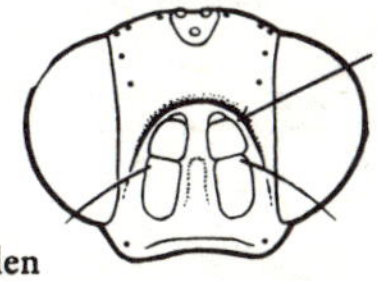

6. – Analzelle lang und zugespitzt, manchmal offen 7

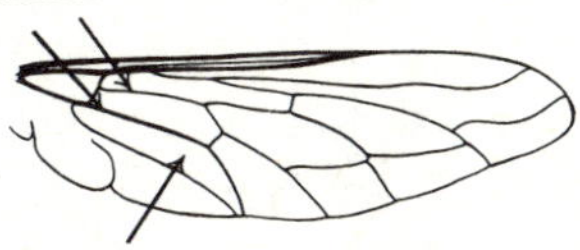

– Analzelle kurz und abgestumpft oder fehlend 11

7. – Adern R_4 und R_5 getrennt 8

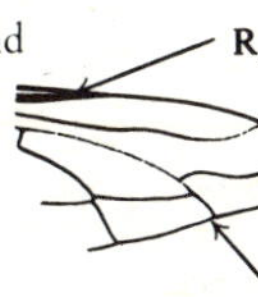

* Auch einige *Empididae* und *Dolichopodidae* besitzen 3 Haftlappen.

– Adern R_4 und R_5 verschmolzen, so daß der Radius also nur 3 Äste aufweist 14

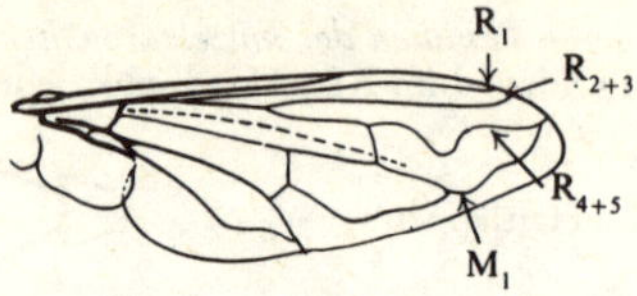

8. – Dicht bepelzte, bienen- oder hummelähnliche Fliegen mit langen, dünnen Beinen *Bombyliidae*, S. 209
– Anders aussehend 9
9. – Sehr kahle kleine schwarze Fliegen mit flachem Hinterleib *Scenopinidae*, S. 210
– Größere, beborstete Fliegen 10
10. – Scheitel zwischen den Augen eingesenkt *Asilidae*, S. 210

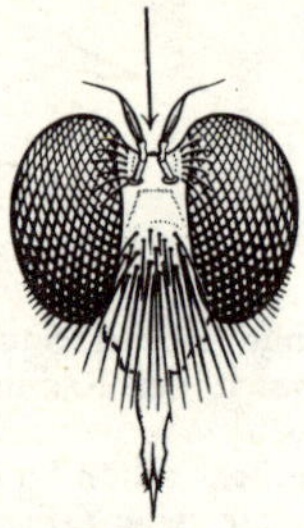

– Scheitel nicht eingesenkt; Augen der Männchen berühren sich *Therevidae*, S. 210
11. – Subcosta und Radius sehr kräftig, weit vor der Flügelspitze in Costa einmündend; übrige Adern schwach, parallel schräg nach hinten laufend *Phoridae*, S. 212
– Flügeladerung anders 12
12. – Flügel zugespitzt *Lonchopteridae*, S. 212
– Flügel abgerundet 13
13. – Erste Basalzelle lang *Empididae*, S. 210

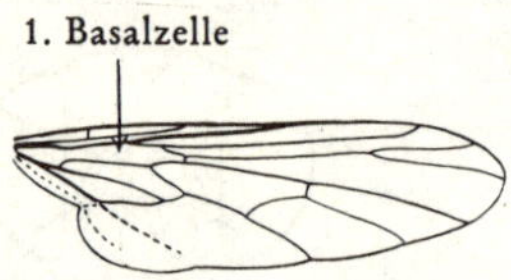

– Erste Basalzelle kurz *Dolichopodidae*, S. 211

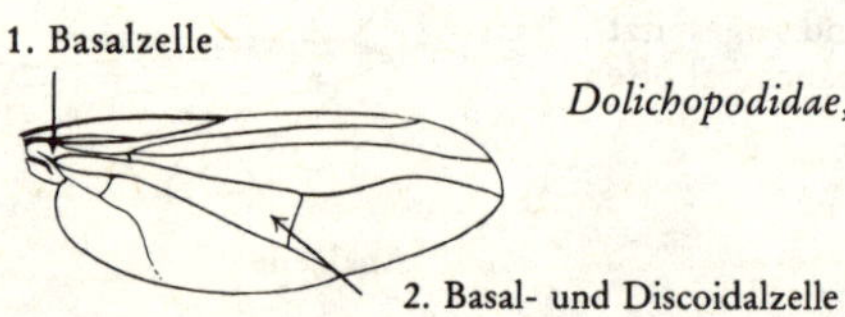

14. – Flügel mit einer „falschen Flügelkante“, die durch 2 parallel zur Kante verlaufende Adern gebildet wird *Syrphidae*, S. 212

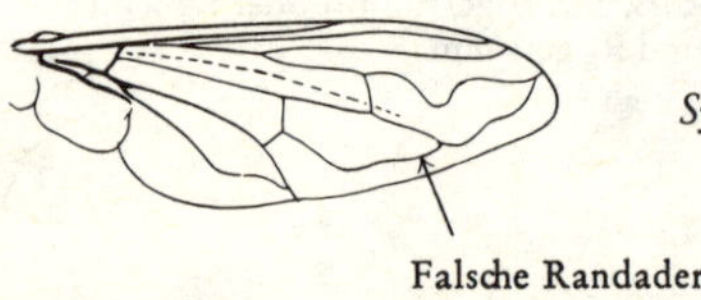

– Keine derart parallel verlaufenden Adern 15

15. – Kopf sehr groß, halbkugelförmig; Hinterfüße normal ausgebildet *Pipunculidae*, S. 212
– Kopf nicht besonders groß; Hinterfüße abgeflacht und verbreitert *Platypezidae*, S. 212

16. – Fliegen von herkömmlichem Aussehen, nicht abgeflacht **17**
– Parasitische Fliegen von atypischem Aussehen, abgeflacht, oft flügellos **46**

17. – Analzelle erreicht beinahe den Flügelrand *Conopidae*, S. 213

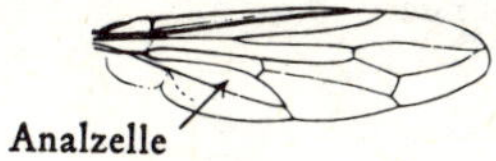

– Analzelle kurz **18**

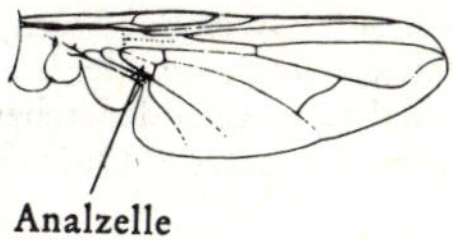

18. – Thoraxschüppchen höchstens angedeutet; hintere Calli fehlen; Augen immer gut voneinander getrennt; 2. Fühlerglied gewöhnlich ohne Furche; Transversalnaht nur angedeutet **19**

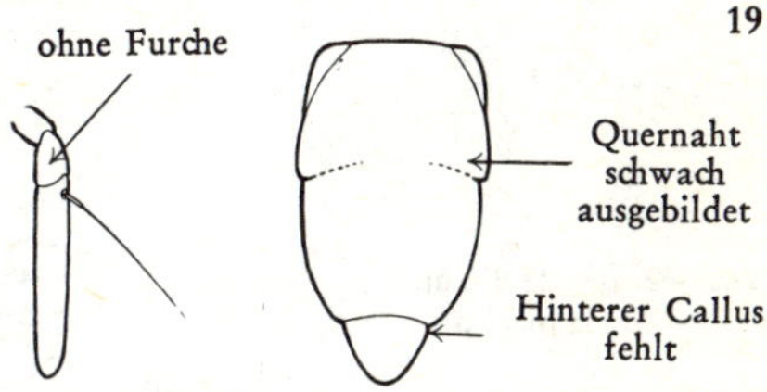

– Thoraxschüppchen gewöhnlich gut entwickelt, überdecken von oben gesehen die Schwingkölbchen; hintere Calli gut entwickelt; Augen der Männchen stoßen oft zusammen; 2. Fühlerglieder gewöhnlich mit Furche; Transversalnaht deutlich **43**

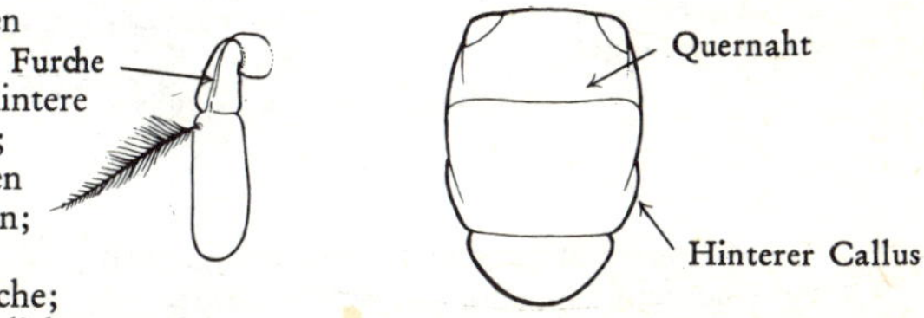

19. – Mundteile rudimentär; Fliegen bis 20 mm lang *Gasterophilidae*, S. 217
– Mundteile gut entwickelt; Fliegen gewöhnlich viel kleiner **20**

20. – Costa* im Gebiet der Einmündung von Subcosta und R_1 vollständig, höchstens im Gebiet um die Humeralquerader unterbrochen **21**
– Costa gewöhnlich im Gebiet der Einmündung der Subcosta verdünnt oder unterbrochen **28**

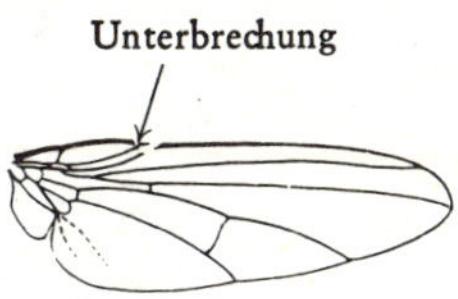

* Unterbrechungen der Costa sind oft nicht leicht zu erkennen. Dies Merkmal muß mit großer Sorgfalt untersucht werden.

21. – Beine sehr lang und dünn — *Micropezidae*, S. 214
– Beine von normaler Länge — **22**

22. – Kleine kahle, metallisch-schwarze oder rötliche Fliegen mit kugelförmigem Kopf und an der Basis eingeschnürtem Hinterleib; Flügel häufig mit schwarzem Fleck vor der Spitze — *Sepsidae*, S. 215
– Nicht dieser Beschreibung entsprechend — **23**

23. – Schienenrücken vor der Spitze mit einem Dorn — **24**

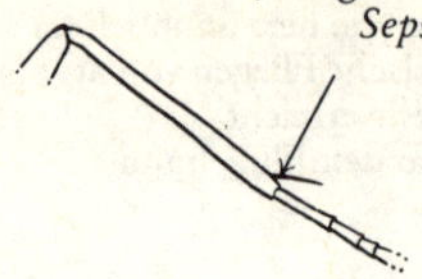

– Schienenrücken vor der Spitze ohne Dorn — **27**

24. – Postvertikalborsten konvergieren oder kreuzen sich (Abb. S. 191) — **25**
– Postvertikalborsten divergieren oder stehen parallel — **26**

25. – Analzelle durch starke, gerade Querader geschlossen; nur an Meeresküsten — *Coelopidae*, S. 215
– Analzelle durch bauchige Querader geschlossen — *Lauxaniidae*, S. 214

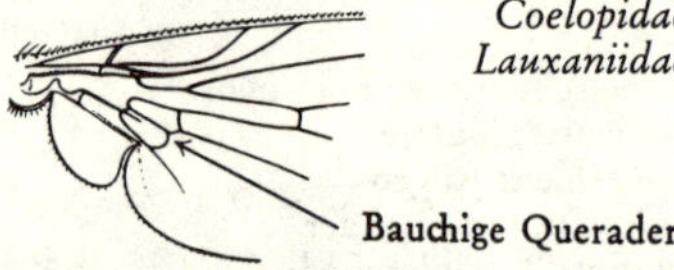

26. – 2. Basalzelle und Analzelle kurz — *Sciomyzidae*, S. 214

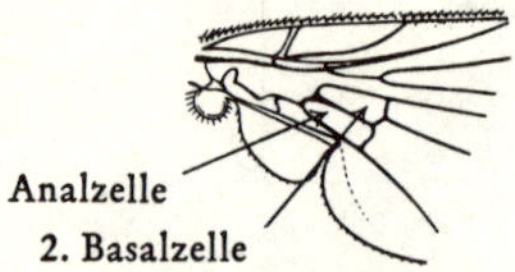

– 2. Basalzelle und Analzelle länger — *Dryomyzidae*, S. 214

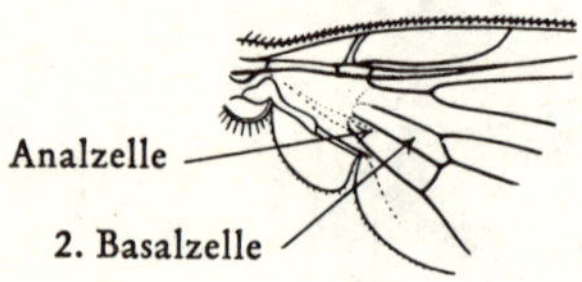

27. – Analader erreicht fast oder ganz den Flügelrand — *Otitidae*, S. 213
– Analader fehlt fast ganz oder völlig — *Chamaemyiidae*, S. 215

28. – Unterbrechung der Costa vor der Einmündung von R_1 — **29**

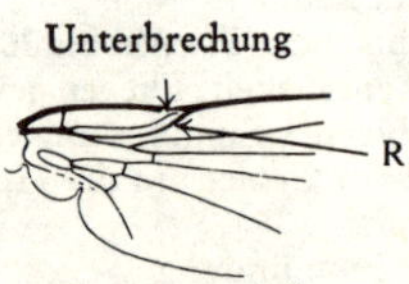

– Unterbrechung der Costa an der Einmündung von R_1 — **38**

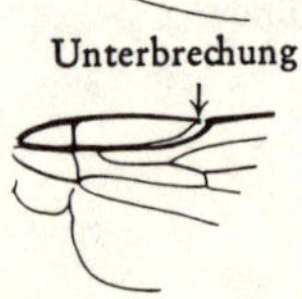

29. – Subcosta deutlich ausgebildet — **30**
– Subcosta rückgebildet oder sehr schwach ausgebildet — **34**

30. – Postvertikalborsten divergieren, stehen parallel oder fehlen völlig **31**
– Postvertikalborsten konvergieren oder kreuzen sich **33**
31. – Subcosta fast rechtwinklig zur Costa hin abgeknickt; Flügel in der Regel auffällig gemustert *Trypetidae*, S. 213

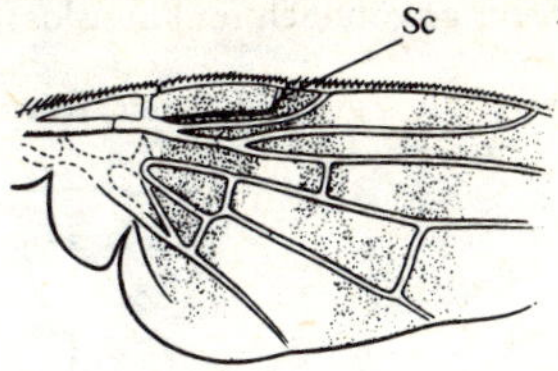

– Subcosta nicht scharf abgeknickt; kann aber gekrümmt sein **32**
32. – Kopf mit Augen in der Seitenansicht halbkugelförmig *Lonchaeidae*, S. 214
– Kopf mit Augen in der Seitenansicht kugelförmig *Piophilidae*, S. 214
33. – Costalrand bedornt *Helomyzidae*, S. 215
– Costalrand unbedornt *Chiromyiidae*, S. 215
34. – Analzelle vorhanden **35**

– Analzelle fehlend *Chloropidae*, S. 217

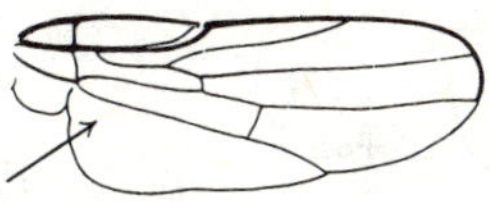

35. – Vibrissen deutlich ausgebildet **36**
– Vibrissen fehlen. Es können um den Mund kleine Borsten angeordnet sein, doch dann ist nur eine Fronto-Orbitalborste vorhanden **37**
36. – Postvertikalborsten divergieren *Agromyzidae*, S. 216
– Postvertikalborsten konvergieren oder fehlen *Anthomyzidae*, S. 215
37. – Die ersten beiden langen Flügeladern konvergieren *Opomyzidae*, S. 215
– Die ersten beiden Flügeladern konvergieren nicht *Psilidae*, S. 214
38. – Eine oder mehrere der unteren Fronto-Orbitalborsten nach innen gerichtet **39**

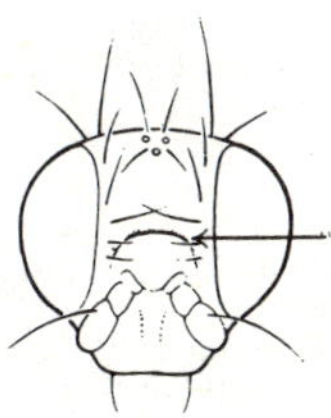

– Keine dieser Borsten nach innen gerichtet **40**
39. – Costa einmal unterbrochen *Agromyzidae*, S. 216
– Costa zweimal unterbrochen *Milichidae*, S. 216
40. – Grundglied der Hinterfüße kurz und dick *Borboridae*, S. 216
– Grundglied nicht so ausgebildet **41**
41. – Analzelle vorhanden *Drosophilidae*, S. 216
– Analzelle fehlt **42**

42. – Costa mit nur einer Unterbrechung *Chloropidae*, S. 217
– Costa mit zwei deutlichen Unterbrechungen *Ephydridae*, S. 215

43. – Mundteile klein, gewöhnlich funktionslos; Körper pelzig behaart *Oestridae*, S. 217
– Mundteile gewöhnlich gut entwickelt; Körper beborstet **44**

44. – Hypopleuralborsten vorhanden **45**

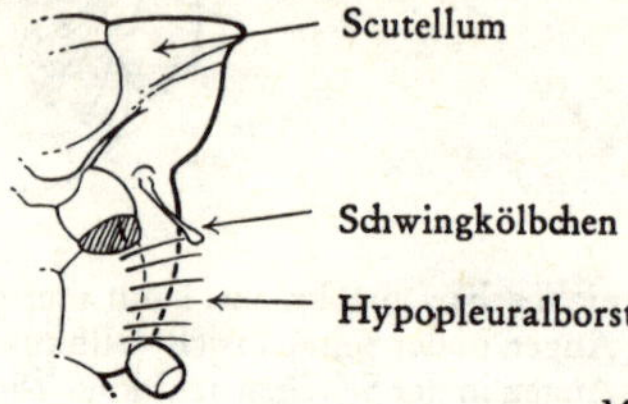

– Hypopleuralborsten fehlen *Muscidae*, S. 219

45. – Post-Scutellum stark entwickelt *Tachinidae*, S. 218
– Post-Scutellum kaum entwickelt oder fehlend *Calliphoridae*, S. 219

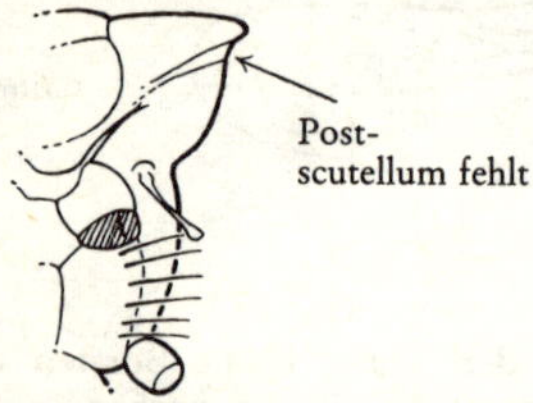

Calliphoridae

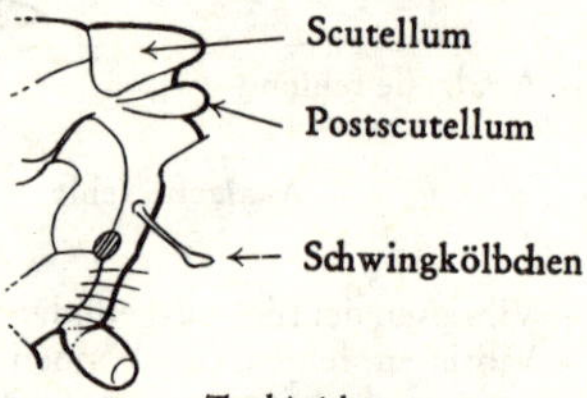

Tachinidae

46. – Tiere unter 1,5 mm Länge; flügellose Parasiten auf Bienen *Braulidae*, S. 215
– Tiere größer **47**

47. – Kopf sehr klein, in der Ruhe in eine Grube des Thorax zurückziehbar; flügellose Fledermausparasiten *Nycteribiidae*, S. 221
– Kopf größer, nicht in dieser Form zurückziehbar; manchmal geflügelt *Hippoboscidae*, S. 220

Unterordnung Brachycera *Fliegen*

Die Vertreter dieser Unterordnung sind meist relativ kräftige Fliegen mit kurzen, stämmigen Fühlern. Das dritte Fühlerglied ist häufig geringelt und kann eine Borste tragen. In dieser Hinsicht nehmen die brachyceren Fliegen eine Mittelstellung zwischen den Nematoceren und den cyclorrhaphen Fliegen ein. Auch für die Larven gilt Ähnliches: Ihre unvollständig entwickelten Köpfe bilden das Bindeglied zwischen den gut entwickelten Köpfen der Nematoceren und dem Fehlen der Köpfe bei den Maden der *Cyclorrhapha.*

Die Ausbildung der Füße ist in dieser Unterordnung ein wichtiges Bestimmungsmerkmal. Soweit nicht anders erwähnt, sind hier nur 2 Haftlappen vorhanden (s. S. 193).

Die Familie der Waffenfliegen, **Stratiomyidae,** ist in Mitteleuropa mit ca. 100 Arten vertreten. Die Tiere sind mittelgroß, ihr abgeflachter Hinterleib ist oft relativ breit, und sie sind häufig auffallend schwarz-gelb oder metallischglänzend gefärbt (Tafel 32). Die Discoidalzelle ist nicht sehr groß, die von ihr zum Flügelrand verlaufenden Adern sind schwach ausgebildet. Das Scutellum trägt bei verschiedenen Arten Dornen, die die Ursache für den deutschen Namen bilden. An den Füßen sind drei Haftlappen vorhanden. Waffenfliegen sitzen häufig still in der Sonne auf Blättern, können aber, aufgestört, recht gut fliegen. Die typischen Larven (Tafel 63) hängen kopfunter an einem Haarkranz am Hinterleibsende an der Wasseroberfläche und weiden Bewuchs ab. Daneben gibt es auch Arten, die im Boden, im Mist oder unter Rinde leben.

Mehrere Dutzend Arten der Schnepfenfliegen, **Rhagionidae** oder *Leptidae,* kommen in Mitteleuropa vor. Die Tiere sind schlank und langbeinig, sitzen in typischer, vorn hochgestellter Körperhaltung und sind meist wie die häufige *Rhagio scolopacea* (Tafel 32) gelb, braun und grau gefärbt. Die Füße tragen drei Haftlappen. Die Tiere sollen räuberisch von anderen Insekten leben, doch ist diese Angabe umstritten. Die Larven sind aber nachgewiesenermaßen Räuber und fressen Insekten und Regenwürmer im Fallaub und an ähnlichen Orten.

Die einzigen brachyceren Fliegen, die als Schädlinge für den Menschen zu bezeichnen sind, gehören zur Familie der Bremsen, **Tabanidae**. Sie sind mit etwa 100 Arten vertreten, die alle kräftig gebaut sind und durch ihre großen, im Leben prächtig bunt gefärbten Augen auffallen. Die Füße tragen drei Haftlappen, die Thoraxschüppchen sind groß ausgebildet. Alle Vertreter der Familie sind an der Y-förmigen Adergabel, die von R_4 und R_5 gebildet wird und die die Flügelspitze einschließt, eindeutig zu erkennen (Tafel 32). Die männlichen Tiere nehmen Nektar und andere Säfte auf, die Weibchen jedoch sind Blutsauger und ihre Stiche für Mensch und Tier sehr schmerzhaft. Die Mundwerkzeuge ähneln im Prinzip denen der Stechmücken (S. 190), doch sind die Stechborsten bei den Bremsen breiter, mehr messerartig ausgebildet. Das Labium trägt gut entwickelte Labellen (Abb. S. 190), mit denen die Tiere zusätzlich zur Blutnahrung Säfte auftupfen können. Die Larven der meisten Arten leben im feuchten Boden von den verschiedensten Kleintieren, die sie durch Giftbiß töten.

Von den drei auf Tafel 32 abgebildeten Arten dürfte die Regenbremse, *Haematopota (Chrysozona) pluvialis,* jedem Badenden bekannt sein. Während die meisten anderen Fliegen beim Anflug ein gewisses Geräusch erzeugen und damit eine Abwehrreaktion möglich wird, nähert sich die Regenbremse absolut geräuschlos, und man bemerkt sie erst, wenn sie gestochen hat. Die Weibchen lassen sich bei Gewitterwetter auch durch leichten Regen nicht am Stechen hindern, was ihnen ihren Namen eingetragen hat.

Die Kugel- oder Spinnenfliegen, **Acroceridae,** sind nur mit wenigen Arten in Mitteleuropa vertreten und an ihren kugligen Körpern und kleinen Köpfen gut zu erkennen (Tafel 32). Wie die drei vorangegangenen Familien tragen sie drei Haftlappen an den Füßen. Die Tiere sind nicht häufig, verdienen jedoch Erwähnung, da ihre Larven als Parasiten in Spinnen leben.

Die Hummelschweber, **Bombyliidae,** verdienen ihren Namen zu Recht, denn die stark behaarten, wolligen Arten sehen Hummeln sehr ähnlich. Ihre Beine jedoch sind lang und dünn. Über 100 der etwa 3000 bekannten Arten kommen in Mitteleuropa vor. Eine der im Frühjahr auftretenden Arten ist *Bombylius major* (Tafel 32), die nach Schwärmerart vor Blüten steht und mit ihrem langen Rüssel Nektar saugt, wobei sie sich allerdings meist auch mit den Vorderbeinen aufstützt. Es haben jedoch nicht alle Hummelschweber derartig lange Rüssel. Die Larven entwickeln sich als Parasiten in anderen Insekten, z. B. den Larven solitärer Bienen und Wespen. Die Weibchen legen in diesen Fällen das mit etwas Sand beklebte Ei (Tarnung?) direkt am oder in der Umgebung der Nesteingänge ab. Die geschlüpften Larven dringen dann aktiv ein und fressen zunächst das Futter der Hymenopteren-Larven. Später saugen sie diese Larve

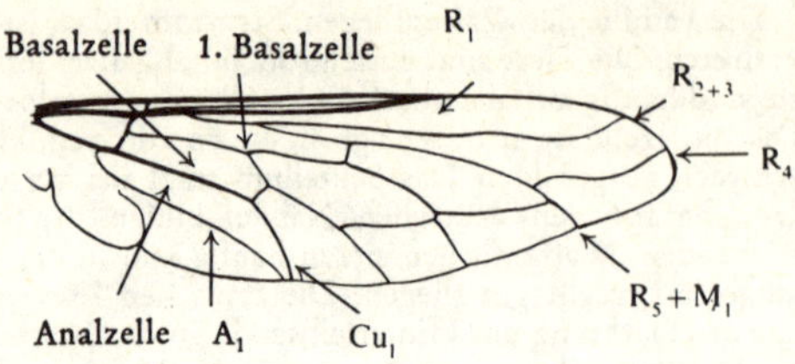

Aderung des Flügels eines Hummelschwebers *(Bombylius)*

selbst aus. Die Larven der *Hemipenthes*-Arten leben als Hyperparasiten in den Puppen von Raupenparasiten.

Die Fensterfliegen, **Scenopinidae** oder *Omphralidae,* sind nur durch eine Gattung mit wenigen Arten vertreten. Diese kahlen kleinen schwarzen Fliegen sind in alten Häusern oft häufig. Dies gilt vor allem für *Scenopinus fenestralis* (Tafel 32), die sich, wie der Name andeutet, besonders an den Fenstern ansammelt. Die Larven sollen in den Häusern von den Larven von Kleidermotten oder Flöhen leben, im Freien z. B. in Vogelnestern und Säugetierbauten. Sie nehmen aber wohl mehr totes organisches Material auf.

Die Dolch- oder Stilettfliegen, **Therevidae,** haben einen charakteristisch zugespitzten, langen Hinterleib, der namengebend wirkte, sind oft pelzig behaart und besitzen ziemlich lange, schlanke Beine. Letztere unterscheiden sie von den Asiliden. Der Rüssel ist kurz, dick und trägt zwei fleischige Labellen. Einige Arten sollen räuberisch leben (?). Die Larven leben im Boden und in verrottenden Pflanzen, vor allem wohl von Insektenlarven und -puppen. Von den etwa 40 Arten des Gebietes kommt *Thereva nobilitata* (Tafel 32) überall vor.

Zu den Raubfliegen, **Asilidae,** gehören sowohl mittelgroße wie große Arten. Alle sind schlank, aber kräftig gebaut und besitzen besonders derbe Beine (Tafel 32). Die Füße tragen normalerweise 2 Haftlappen, diese fehlen aber bei einigen Arten. Der Scheitel ist zwischen den Augen eingesenkt (Tafel 32). Alle Raubfliegen ernähren sich von anderen Insekten, die sie erjagen. Einige Arten fliegen hierzu suchend umher, während andere ihrer Beute auflauern. Die Mundwerkzeuge sind als harter Stech-Saug-Rüssel ausgebildet, mit dem selbst Käfer durchgebohrt und ausgesaugt werden können. Trotz ihrer Größe – *Asilus crabroniformis* ist eine der größten mitteleuropäischen Fliegen überhaupt – sind die Raubfliegen für den Menschen harmlos. Die Larven ernähren sich vor allem von zerfallenden Pflanzen und leben im Boden oder unter Rinde.

Die Tanzfliegen, **Empididae,** sind mit mehreren hundert Arten in Mitteleuropa heimisch. Der mehr oder weniger kuglige Kopf wird von einem dünnen Hals getragen. Der zuweilen sehr lange, hornige Rüssel dient zum Anstechen und Aussaugen anderer

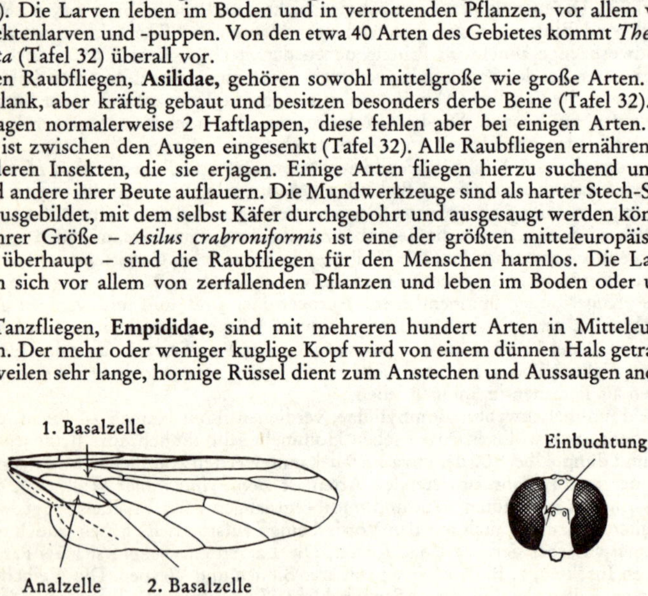

Links die Flügeladerung einer Tanzfliege *(Empididae)* mit der großen ersten Basalzelle, rechts ihr Kopf von vorn gesehen mit der typischen Einkerbung des inneren Augenrandes

Insekten, gewöhnlich Fliegen. Die Füße tragen meist 2 Haftlappen, bei der Gattung *Clinocera* jedoch drei. Das charakteristische, durchgehende Merkmal der Tanzfliegen ist eine Kerbe oder ein Einschnitt am inneren Augenrand, doch kann man dieses Merkmal nur mit einer guten Binokularlupe erkennen. Über die Lebensweise der im Boden oder im Wasser lebenden Larven ist wenig bekannt. Vermutlich leben sie vor allem räuberisch.

Ebenfalls mit mehreren hundert Arten sind die Langbeinfliegen, **Dolichopodidae,** in Mitteleuropa zu finden. Die häufig glänzend metallisch-grünen Fliegen haben lange, oft gelb gefärbte Beine und sind lang abstehend, aber spärlich beborstet. Die Füße tragen meistens 2, bei einigen Arten aber auch 3 Haftlappen. Alle Vertreter der Familie können an der einzelnen Querader, die in den vorderen 2/3 des Flügels steht, erkannt werden. Sie ernähren sich von Insekten, Insektenlarven und kleinen Würmern, die sie

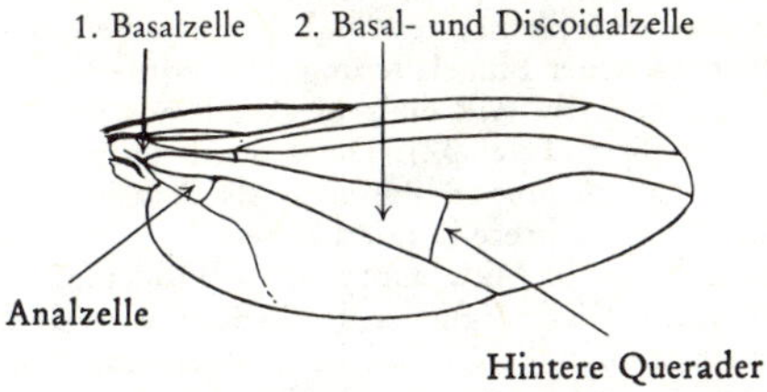

Flügel einer Langbeinfliege *(Dolichopodidae)* mit kurzer erster Basalzelle und einer sehr großen Zelle, die durch Verschmelzung der 2. Basalzelle und der Discoidalzelle entstanden ist

mit den fast kieferartig gegeneinander wirkenden Labellen der Unterlippe ergreifen und mit Zähnchen auf der Unterseite der Oberlippe aufschneiden. Die Larven leben im Humus oder im Wasser räuberisch.

Die Netzfliegen, **Nemestrinidae,** umfassen eine Anzahl großköpfiger, robuster Fliegen, deren Flügelspitze ein dichtes Adernetz aufweist. Die Fliegen können ähnlich wie Hummelschweber an Blüten Nektar saugen und fliegen nicht viel. In Mitteleuropa kommt nur *Hirmoneura obscura* Wied. vor, deren Larven als Parasiten in Junikäfer-Engerlingen leben. Die bienenähnliche *Fallenia fasciata* (Tafel 32) kommt nur in Südeuropa vor.

Ebenfalls auf Südeuropa ist die vorwiegend tropische Familie der **Mydaidae** mit einer Reihe nackter Arten mit gekeulten Fühlern beschränkt. *Leptomydas corsicanus* (Tafel 32) ist auf Korsika häufig, 2 Arten leben in Spanien und 4 auf Sardinien.

Unterordnung Cyclorrhapha *Fliegen*

Hierzu gehören alle Fliegen mit einer Tönnchenpuppe, die durch Absprengen eines Deckelchens verlassen wird. Die Fühler bestehen aus drei Gliedern, von denen das dritte groß ist und eine Borste – die restlichen verschmolzenen Fühlerglieder – trägt. Die Flügeladerung ist in dieser Unterordnung recht einheitlich und etwas reduziert. In der Gestalt unterscheiden sich die Familien recht erheblich. Viele Arten sind klein, aber nicht winzig, etliche aber auch recht kräftig (s. Abb. S. 188). Die Larven der cyclorrhaphen Fliegen sind die typischen Fliegenmaden, zum kopflosen Vorderende hin stark zugespitzt, am Hinterende abgestutzt (Tafel 63).

Innerhalb der cyclorrhaphen Fliegen kann man zwei Gruppen unterscheiden: die *Aschiza,* denen eine Ptilinalnaht fehlt, und die *Schizophora,* bei denen diese Naht im Zusammenhang mit dem Absprengmechanismus des Puppendeckels (s. S. 189) vorhanden ist. Man kann die *Aschiza* als Bindeglied zwischen den *Brachycera* und den übrigen cyclorrhaphen Fliegen betrachten, denn sie zeigen Merkmale beider Gruppen. Die *Schizophora* sind schließlich wiederum in drei Gruppen zu unterteilen: die *Acalyptratae*, bei denen die Thoraxschüppchen gewöhnlich schlecht entwickelt sind; die *Calyptratae*, bei denen die Squamae groß entwickelt die Schwingkölbchen überdecken, und die *Pupipara*, parasitische Fliegen, bei denen sich die Larven im Körper der Weibchen entwickeln.

Sektion Aschiza

Die **Lonchopteridae** kann man sofort an ihren lanzettförmigen Flügeln erkennen. Knapp ein Dutzend Arten kommt in Mitteleuropa vor, die alle bräunlich oder gelblich aussehen (Tafel 32). Die flachen, asselförmigen Larven leben in abgefallenem Laub. Ihr reduzierter Kopf weist auf die Verwandtschaft mit den *Brachycera* hin.

Die Buckel- oder Rennfliegen, **Phoridae**, sind kleine, gewöhnlich schwarze oder braune, bucklige Fliegen mit sehr charakteristischer Flügeladerung. Die Vorderkante des Flügels ist gewöhnlich an der Basis stark bedornt. Alle diese Merkmale zusammen machen ein Ansprechen dieser Familie möglich (Tafel 32). Die Larven leben von zerfallenden pflanzlichen und tierischen Stoffen, eine Reihe auch als Parasiten in Insekten und Tausendfüßern. In Europa gibt es mehrere hundert Arten.

Zu den **Platypezidae** oder *Clythiidae* gehören in Mitteleuropa etwa 35 kleine bis mittelgroße Fliegen mit relativ großen Flügeln. Die Fußglieder des 3. Beinpaares sind bei ihnen oft mehr oder weniger verbreitert, woran die Gruppe leicht zu erkennen ist (Tafel 33). Die Larven sehen oft asselartig aus und fressen an oder in Pilzen.

Die Dickkopffliegen, **Pipunculidae** oder *Dorylaeidae*, sind nackte, meist düster gefärbte kleine Fliegen mit auffallend großem Kopf, der fast vollständig von den Augen eingenommen wird. Ihre Flügel verengen sich zur Basis hin abrupt. Die etwa 70 europäischen Arten machen mit ihrem Flug den Schwebfliegen Konkurrenz. Die Larven leben in der Regel in Larven von Kleinzikaden.

Die Schwebfliegen, **Syrphidae**, gehören auf Grund ihrer oft prächtigen Färbungen und ihres Fluges zu den auffälligsten Fliegen überhaupt. Nach Größe, Gestalt und Lebensweise variieren sie stark – eine Auswahl ist auf Tafel 33 abgebildet – doch können sie an Hand der Flügeladerung immer gut erkannt werden. Der Flügel zeigt einen „falschen“ inneren Rand, der von der Querader m und der Media M_{1+2} gebildet wird, die nach oben abknickt und parallel zum Flügelrand verläuft, so daß die Zelle R_5 damit völlig geschlossen wird. Zwischen dem Radius und der Media ist ferner eine „falsche Ader“ (Vena spuria) zu finden, die nur durch eine Verdickung der Flügelmembran zustande kommt und mit den anderen, echten Flügeladern keine Verbindung hat. Die Schwebfliegen bieten ein gutes Beispiel für Mimikry – sie ahmen vor allem Wespen und Bienen nach. Von den großen *Volucella bombylans* existieren unterschiedliche Formen, die alle verschiedenen Hummelarten ähnlich sehen. Die Lebensweisen

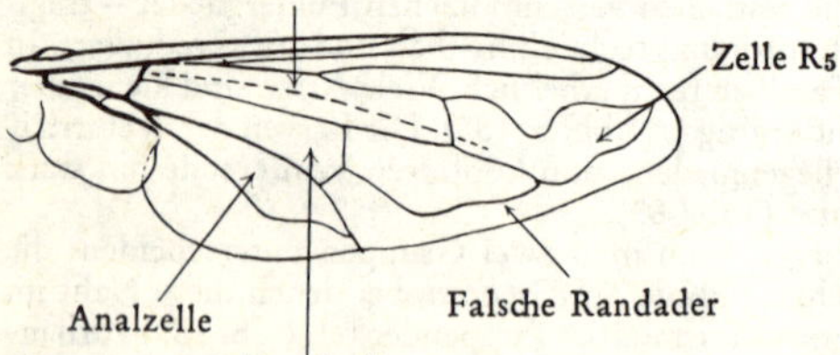

Flügel einer Schwebfliege *(Syrphidae)* mit falschem Flügelrand und der „Vena spuria“

der Schwebfliegenlarven sind äußerst unterschiedlich. Einige leben in frischen Pflanzen, darunter auch Pilzen, andere in zerfallendem Holz. Viele sind Räuber, z. B. die Gattung *Syrphus* (Tafel 33), und im Hinblick auf die Menge an Blattläusen, die sie verzehren, nicht ohne wirtschaftliche Bedeutung. Andere leben von Abfällen in den Nestern von Bienen und anderen sozialen Insekten und beseitigen hier auch tote und sterbende Tiere. Schließlich gibt es auch Wasserbewohner, die von organischem Schlamm leben. Zu letzteren gehört *Eristalis tenax* (Tafel 33), deren Larve am Hinterende ein langes teleskopartiges Atmungsrohr besitzt und deshalb auch als „Rattenschwanzlarve“ bezeichnet wird (Tafel 63). Die Syrphiden sind mit mehr als 300 Arten in Mitteleuropa vertreten.

Sektion Schizophora – Acalyptratae

Bei den Familien dieser Gruppe sind die Thoraxschüppchen gewöhnlich schwach entwickelt, eine Thoraxnaht fehlt oder ist nur angedeutet. Ebenso fehlen hintere Calli, und auf dem Fühler ist keine deutliche Furche erkennbar. Mit Ausnahme der Dickkopffliegen sind die meisten dieser Fliegen recht klein.

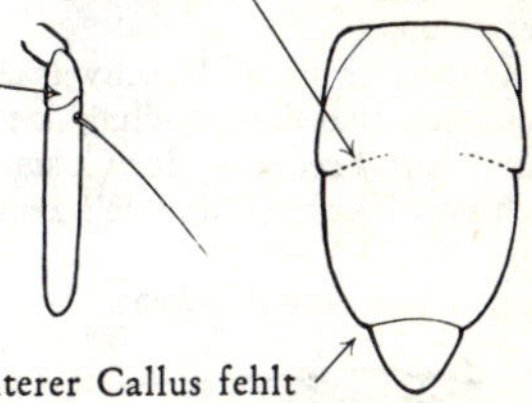

Fühler und Thorax einer acalyptraten Fliege

Die Dickkopffliegen, **Conopidae**, lassen sich von den anderen *Schizophora* an der Analzelle unterscheiden, die den Flügelrand fast erreicht (Tafel 34). Die kleinen bis mittelgroßen Fliegen haben ein recht unterschiedliches Aussehen und sind oft bienen- oder wespenartig gezeichnet. Der Kopf, der breiter als der Körper sein kann, ist oft vorn oder seitlich etwas aufgeblasen. Die Fühler einer Reihe von Arten sind lang gekeult, vorn zugespitzt und nach vorn gerichtet. Die adulten Tiere sind Blütenbesucher, die Larven dagegen Innenparasiten bei Wespen und Bienen. Diese sehr heterogene Familie wird häufig auch noch zu den *Aschiza* gerechnet.

Einige kleine Familien in dieser Gruppe besitzen bunt gezeichnete Flügel. Die beiden wichtigsten darunter sind die Schmuckfliegen – **Otitidae** oder *Ortalididae* – und die Bohr- oder Fruchtfliegen, **Trypetidae**. Bei letzteren ist die Subcosta zum Flügelrand hin scharf abgeknickt und verschwindet dann (Tafel 34). Die *Otitidae* sind an deutlichen Furchen auf dem Gesicht zu erkennen. Sie sind mit etwa 50 Arten, die *Trypetidae* mit ca. 200 in Mitteleuropa vertreten. Für die Schmuckfliegen ist in der Ruhestellung

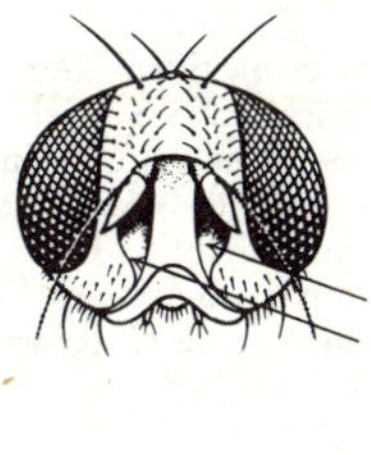

Der Kopf von *Melieria omissa,* von vorn gesehen, mit den typischen Furchen der *Otitidae*

Flügelwippen typisch, das aber auch in einigen anderen Familien auftritt. Die Larven der Schmuckfliegen leben vermutlich im Inneren von Pflanzen und unter Baumrinde, aber auch in Dung. Die Familie der **Platystomidae**, deren Larven vorzugsweise Pilzhyphen fressen, wird oft als Unterfamilie zu den *Otitidae* gestellt und ist daher im Schlüssel nicht getrennt aufgeführt. Diese Fliegen besitzen eine Unterbrechung der Costa in der Nähe der Humeralquerader.

Die Entwicklung der Larven der *Trypetiden* erfolgt fast ausschließlich in lebenden Pflanzen, und sie wirken hier in einzelnen Fällen gallbildend. So erzeugt *Urophora cardui* (Tafel 34) z. B. verholzende Gallen an Distelstengeln. Die Mittelmeerfruchtfliege, *Ceratitis capitata* Wied., befällt die unterschiedlichsten weichfleischigen Früchte und wird in Obstplantagen zuweilen sehr schädlich. In noch nicht voll ausgereiften Kirschen, aber auch anderen Früchten entwickeln sich die Larven der Kirschfliege, *Rhagoletis cerasi* L.

Alle Vertreter der **Piophilidae** sind kleine, stark glänzende Tiere, bei denen die Subcosta dem Radius$_1$ eng benachbart ist (Tafel 34). Der Kopf trägt sehr auffällige Vibrissen. Die Larven leben von organischen Abfällen und werden vor allem von eiweißreicher Nahrung, wie z. B. verdorbenem Fleisch, angelockt. Bekannt ist die Käsefliege, *Piophila casei* L., deren Larven in altem Käse, aber auch Fleisch- und Wurstwaren fressen. In Mitteleuropa ist diese Familie mit einem Dutzend Arten vertreten.

Durch stets dunkle, schwarze oder braune Schwingkölbchen und metallischen Glanz zeichnen sich die **Lonchaeidae** (Tafel 34) aus. Ihre Flügel sind relativ breit und zeigen eine Unterbrechung der Costa nahe der Subcosta. Die Larven leben sehr unterschiedlich von frischen oder sich zersetzenden tierischen und pflanzlichen Materialien.

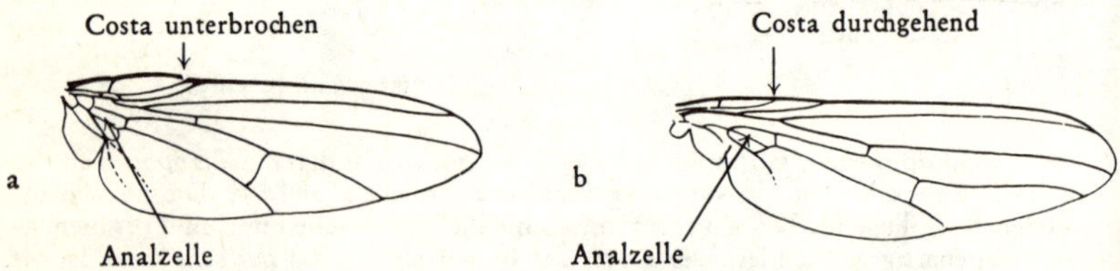

Unterschiede der Flügeladerung der *Lonchaeidae* (a) und der *Sepsidae* (b)

Über 100 kleine oder mittelgroße Arten gehören zu den **Lauxaniidae, Dryomyzidae** und **Sciomyzidae**, die sich an feuchten und schattigen Orten finden. Viele von ihnen haben gemusterte Flügel. Konvergierende Postvertikalborsten trennen die Lauxaniiden von den beiden anderen Familien, die relativ große Flügel haben und nicht leicht zu unterscheiden sind. Brauchbare Merkmale hierfür sind die kräftigen, hornartig nach vorn gerichteten Fühler vieler *Sciomyzidae* und die allgemein längere Analzelle der *Dryomyzidae*. Die meisten Larven leben als Fäulnisbewohner auf dem Lande oder im Wasser, die der *Sciomyzidae* aber, soweit bekannt, als Räuber oder Parasiten von Wasserschnecken.

Die Stelzfliegen,**Micropezidae** oder *Tylidae*, sind durch lange Beine und relativ große Flügel ausgezeichnet. Sie machen als mäßige Flieger an feuchten, schattigen Stellen Jagd auf kleine, weichhäutige Insekten, während die Nahrung der im Humus lebenden Larven nicht sicher bekannt ist. In Mitteleuropa kommt ein gutes Dutzend Arten vor, doch ist keine häufig (Tafel 34).

Die meist kaum mittelgroßen Nacktfliegen, **Psilidae**, sehen den *Sepsidae* ähnlich. Sie unterscheiden sich durch eine Unterbrechung der Costa und eine Querfalte, die sich von der Unterbrechung der Costa als fahler Strich nach hinten zieht. Die Larven fressen alle im Inneren von Pflanzen. Wichtigste der etwa 30 europäischen Arten ist die Möhrenfliege, *Psila rosae*, deren Larven in den Wurzeln von Mohrrüben und anderen Umbelliferen fressen. Ihre Anwesenheit ist an den bräunlichen Fraßgängen („Eisenmadigkeit") und den welken Blättern zu erkennen.

Die **Sepsidae** sind kleine, düstere, ameisenähnliche Fliegen, da ihr Hinterleib an der Basis eingeschnürt ist. Der Kopf ist mehr oder weniger kuglig, die Vorderbeine der Männchen sind häufig zu bedornten Greifbeinen umgebildet. An der Flügelspitze ist häufig ein schwarzer Fleck vorhanden, und mit den Flügeln werden beim Laufen schwingende Bewegungen ausgeführt, deren Funktion unbekannt ist. Die Imagines treten häufig in großen Mengen auf, die auf den Pflanzen umherlaufen. Der Autor zählte auf einem einzigen Himbeerblatt mehr als 50 Tiere, und dieser dichte Besatz erstreckte sich über einige m^2. Die Larven leben von Exkrementen und Jauche – jener Schwarm trat in der Nähe eines Misthaufens auf.

Die Vertreter der Blattlausfliegen, **Chamaemyiidae** oder *Ochthiphilidae*, sind kleine graue Fliegen, die an dem charakteristischen Flügelgeäder zu erkennen sind. Die vorderen Adern sind kräftig verdickt, die hinteren fast verschwunden (Tafel 34). Die Imagines einiger Arten erbetteln durch Betrillern ähnlich wie die Ameisen von Blattläusen Honigtau, die Larven leben räuberisch von Blatt- oder Schildläusen. Die 13 Arten finden sich in feuchtem Gras und sind nur an Hand von verborgenen Beborstungsmerkmalen zu unterscheiden.

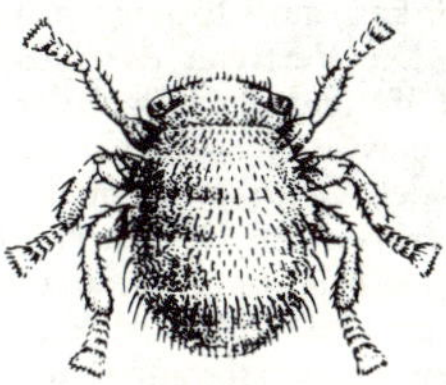

Braula coeca Nitzsch, die Bienenlaus

Die Bienenläuse, **Braulidae**, sind extrem an das Leben als Ektoparasiten auf Bienen angepaßt und erreichen nur 1–1,5 mm Länge. Sie befallen bevorzugt Königinnen. Die Imagines haben mit den *Pupipara* gewisse Ähnlichkeiten, legen aber Eier. Die Larven minieren in Zelldeckeln und Wänden, fressen aber wohl vor allem Pollen und Honig. Von den 2–3 existierenden Arten tritt in Europa nur *Braula coeca* Nitzsch auf.

Klein bis mittelgroß sind die Tangfliegen, **Coelopidae**, deren Larven in Tangauswürfen nahe der Flutgrenze leben. Sie sind recht stark behaart, etwas abgeplattet und können von ähnlichen Familien an Hand der geraden Querader, die den Abschluß der Analzelle bildet, unterschieden werden (Tafel 34). An den europäischen Meeresküsten kommt etwa ein Dutzend Arten vor.

Die Vertreter der **Helomyzidae** sind klein bis mittelgroß und häufig gelbrot gefärbt. Sie sind an den kleinen Dornen, die in Abständen auf der vorderen Flügelkante stehen, leicht zu identifizieren (Tafel 35). Die Larven sind Aasfresser, finden sich aber auch an Exkrementen und verwesenden Pflanzen. Sehr ähnlich sehen die **Chiromyiidae** aus, doch fehlen ihnen die Dornen auf der Flügelkante.

Die **Anthomyzidae** sind kleine, schlanke Fliegen mit relativ schmalen Flügeln (Tafel 35). Die meisten erreichen nicht 3 mm Länge. Lang bewimperte Flügel-Vorderränder und die Position der hinteren Flügel-Querader, die etwa auf der Mitte der Flügellänge steht, sind Erkennungsmerkmale der Familie. Die Larven leben in Schilfgallen, die Familie findet sich daher vorzugsweise an gut bewachsenen Ufern und in Sümpfen. Ca. 20 Arten sind bekannt.

Die **Opomyzidae** sind kleine Fliegen mit dunkel gezeichneten Flügeln, die mit etwa 25 Arten in Mitteleuropa vertreten sind. Sie ähneln den *Psilidae* und den *Anthomyzidae* in vieler Hinsicht, sind aber am Konvergieren der beiden großen Längsadern in der Flügelspitze leicht zu erkennen. Die Larven fressen in Gräsern und Getreide.

Die **Ephydridae** sind kleine oder sehr kleine Tiere. Sie werden als Sumpf- oder

Salzfliegen bezeichnet, weil sie sich vor allem an der Meeresküste und den Ufern von Teichen und Seen finden. Die Flügeladerung ist charakteristisch: Die Costa ist zweimal unterbrochen, und die Discoidal- und die 2. Basalzelle sind zu einer langen Zelle verschmolzen (Tafel 35). Die Imagines leben entweder räuberisch – die Vorderbeine können zu typischen Fangbeinen umgebildet sein – oder von faulendem Material. Unter den Larven finden sich Blattminierer, Räuber und Detritusfresser, und zwar sowohl im Wasser wie auf dem Lande. Die Gruppe ist mit über 200 Arten in Europa vertreten.

Die Dungfliegen, **Sphaeroceridae** oder *Borboridae,* sind klein bis winzig mit charakteristisch verkürzten und verbreiterten Basisgliedern der Hinterfüße und dicken Schenkeln. Die etwa 130 Arten sind meist auch daran zu erkennen, daß die 4. und 5. Längsader hinter der Discoidalzelle abrupt enden oder nur noch als schwache Spur bis zur Flügelkante laufen (Tafel 35). Die meisten Arten sammeln sich an Exkrementen, andere auch an Pilzen und Tang, um dort ihre Eier abzulegen.

Die Essig- oder Taufliegen, **Drosophilidae**, wurden vor allem durch *Drosophila melanogaster* berühmt. Diese Art wurde unter der Kurzbezeichnung *Drosophila* das Hauptobjekt der Genetik. Die Riesenchromosomen in den Speicheldrüsenzellen und die kurze Entwicklungsdauer machten das Tier zu einem idealen Objekt für genetische Arbeiten. Den Namen erhielt die Familie, weil alle Arten von gärenden Stoffen angelockt werden. So können sie etwa in Marmeladenfabriken, auf Obstlagerplätzen und in ähnlichen Einrichtungen zu einer Plage werden. Die Vertreter der Gruppe können an den scheinbar gegabelten Fühlerborsten (Tafel 35) und der Flügeladerung erkannt werden. Die 2. Basal- und Discoidalzelle sind gewöhnlich verschmolzen, außerdem ist aber im Gegensatz zu den *Ephydridae* und den *Chloropidae* noch eine Analzelle vorhanden. Die Costa ist an zwei Stellen unterbrochen. Die Larven der meisten Arten leben von Bakterien und Hefen in verwesendem Pflanzenmaterial, einige aber auch räuberisch oder als Parasiten. Rund 50 mitteleuropäische Arten sind bekannt.

Die Vertreter der Minierfliegen, **Agromyzidae**, sind klein bis winzig und sehen auf den ersten Blick wie die Miniaturausgaben von Stubenfliegen aus. Die Flügeladerung ist unterschiedlich ausgebildet, und es ist nicht leicht, diese Familie zu erkennen. Alle Larven leben jedoch als Blattminierer, und so kann man die Fliegen am leichtesten aus diesen Minen ziehen. Jede Art frißt mehr oder weniger artspezifische Minen und ist auf bestimmte Pflanzengruppen, z. B. Gräser, beschränkt. Eine sehr häufige Art ist *Phytomyza ilicis* (Tafel 35), die ihr Ei an die Mittelrippe junger *Ilex*-Blätter legt. Die Mine beginnt zunächst in der Mittelrippe. Später ist die Blattfläche unregelmäßig blasig-gelb

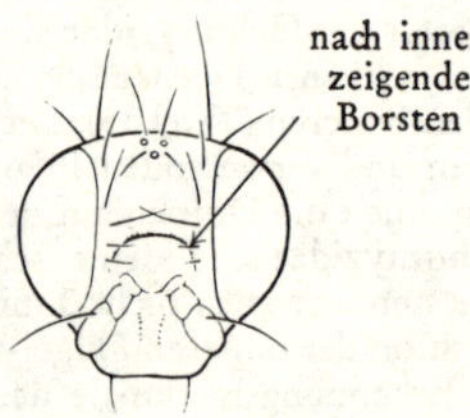

Kopf einer Minierfliege *(Agromyzidae)* mit den nach innen gerichteten unteren Frontoorbital-Borsten

aufgetrieben. Etwa 350 Arten kommen in Europa vor, von denen mehr als 50 % zur Gattung *Phytomyza* gehören.

Kleine bis winzige schwärzliche Fliegen mit recht großen Flügeln (Tafel 35) bilden die Familie der **Milichidae**. Sie sind durch eine Costa-Unterbrechung nahe der Einmündung von R_1 charakterisiert. Sie haben einen langen, gegliederten Rüssel und saugen an Beutetieren von Spinnen und anderen Insekten. *Carnus hemapterus* saugt mit kurzem Rüssel Blut an Vögeln. Die Larven dieser Art entwickeln sich an Abfällen in den Nestern, die ausschlüpfenden Imagines befallen sofort wieder die Jungvögel. Sie verlieren dann ihre Flügel. Die Larven der übrigen Arten leben in zerfallenden Pflanzen, einige auch in Ameisenbauten. Etwa 50 Arten kommen in Mitteleuropa vor.

Die Halmfliegen, **Chloropidae**, sind an dem stark vergrößerten Ocellen-Dreieck zu erkennen, das fast die ganze Stirn einnimmt (Tafel 35). Die Flügeladerung ist reduziert, eine Analzelle fehlt. Alle Arten sind klein oder winzig, entweder gelb und schwarz gestreift oder unscheinbar grauschwarz, die Augen aber im Leben prächtig gefärbt. Einige Larven leben räuberisch, die meisten jedoch in lebenden Pflanzen. Einige Arten haben wirtschaftliche Bedeutung. Die Frit-Fliege, *Oscinella frit*, ist nur 1,5 mm lang,

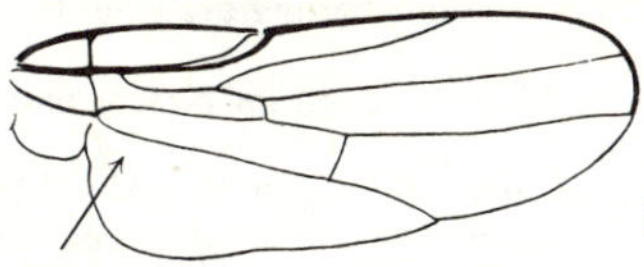

Flügel einer Halmfliege *(Chloropidae)*. Die Analzelle fehlt

richtet aber am Getreide schwere Schäden an. Der Fraß der Larve im Halm führt zur Weißährigkeit und einem Verkümmern der Körner. *Thaumatomyia notata* fällt als Flieger vielleicht am ehesten auf, da die Tiere im Herbst oft in großer Zahl in Häuser zum Überwintern eindringen. Von 1200 bekannten Arten kommen 300 in Europa vor.

Sektion Schizophora – Calyptratae

Dies sind die Fliegen, bei denen die Thoraxschüppchen normalerweise gut entwickelt sind und die Schwingkölbchen verbergen. Bei einigen Vertretern der Familie der *Muscidae* sind die Schüppchen verkümmert, doch sind sie an der vollständigen Dorsalnaht und den gut entwickelten hinteren Calli von den *Acalyptratae* zu trennen.

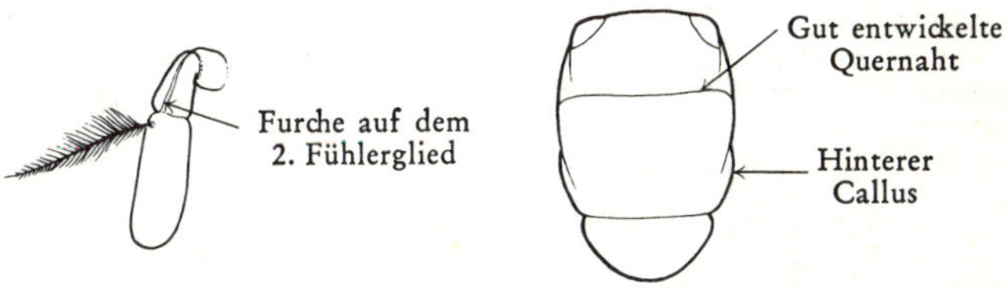

Fühler und Thorax einer calyptraten Fliege

Die Dassel- oder Biesfliegen, **Oestridae**, sind mit den *Tachinidae* eng verwandt. Es sind recht große, flaumig behaarte Tiere, deren Larven als Innenparasiten bei Säugetieren leben. Die Systematik der Familie ist umstritten. Es werden 4 Unterfamilien unterschieden, die Nasenbremsen, *Oestrinae*, die Hautdasselfliegen, **Hypoderminae**, die Rachenbremsen, **Cephenomyiinae**, und die Magenbremsen, **Gasterophilinae**, aber auch Hautdasselfliegen und Magenbremsen als eigenständige Familien angesehen und die Rachenbremsen den *Calliphoridae* zugeordnet, dann also als *Oestridae* nur die Nasenbremsen angesehen.

Die Nasenbremsen spritzen ihre Larven (oder Eier) mit einem Flüssigkeitströpfchen in die Nüstern des Wirtes. Die Larven siedeln sich in der Nasenhöhle an und ernähren sich von zerfallendem Gewebe. *Oestrus ovis,* die Schafbiesfliege, sitzt vor allem im Siebbeinlabyrinth der Schafe, führt zu starker Abmagerung der Tiere und erzeugt die „falsche Drehkrankheit" (Tafel 35).

Die Weibchen der Hautdasselfliegen legen die Eier an die Haare oft bestimmter Körperteile des Wirtes. Die schlüpfenden Larven bohren sich in den Wirt ein und machen in seinem Bindegewebe oft lange Wanderungen durch das ganze Tier, bis sie vor Bildung des Pupariums wieder unter die Haut wandern und hier die Dasselbeulen erzeugen. Durch die Atemöffnung der Beule verläßt die Larve schließlich den Wirt und verpuppt sich im Boden. Die Entzündungen der Dasselbeulen führen zu einer beträchtlichen Beeinträchtigung der Wirte, die Durchlöcherung der Haut bei Nutztieren zu erheblicher Wertminderung (Tafel 35).

Die Rachenbremsen leben ähnlich wie die Nasenbremsen im Nasen- und Rachenraum, z.B. bei Hirsch, Reh und Rentier.

Die Magenbremsen gehören mit zu unseren größten Fliegen. Ihre Mundwerkzeuge sind verkümmert, ihre Flügelschüppchen recht klein. Die Larven leben bei Pferden und anderen Einhufern, und der Anflug einer weiblichen Magenbremse löst bei diesen Tieren wilde Flucht aus. Hiervon leitet sich auch die Bezeichnung „Biesfliegen" (biesen = in panischer Furcht davonjagen) ab. Die Eier werden im Brust-, Bauch- und Beinbereich abgelegt und schlüpfen entweder spontan oder nach Kontakt mit dem Speichel des Wirtes. Die Larven werden vom Wirt aufgeleckt, gelangen in den Magen und heften sich an einer Wandung mit Hilfe der Mundhaken fest. Sie machen hier eine etwa neunmonatige Entwicklung durch, verlassen dann den Wirt über den Darm und verpuppen sich im Boden. Schwerer Befall führt zur Abmagerung des Wirtes und oft zu Sekundärinfektionen des Magens. *Gasterophilus intestinalis,* die Pferdemagenbremse (Tafel 34), ist die häufigste der 10 europäischen Arten.

Die Raupenfliegen, **Tachinidae,** sind eine große Familie mit etwa 500 mitteleuropäischen Arten. Es sind meist mittelgroße, düster gefärbte Fliegen, deren Postscutellum groß entwickelt ist (Tafel 36). Alle Larven sind Innenparasiten, vorzugsweise bei anderen Insekten, und sie verhalten sich ähnlich wie Schlupfwespenlarven (S. 238), d. h sie fressen zunächst die nicht lebenswichtigen Organe des Wirtes und töten ihn erst, wenn sie selbst ausgewachsen und verpuppungsreif sind. Viele Arten befallen Schmetterlingsraupen, aber auch Käfer, Wanzen, Heuschrecken und Hautflügler dienen als Wirte. Die Raupenfliegenlarven gelangen auf verschiedene Weise in den Wirt: Die Weibchen stechen den Wirt mit einem harten Legebohrer an und legen das Ei in ihn

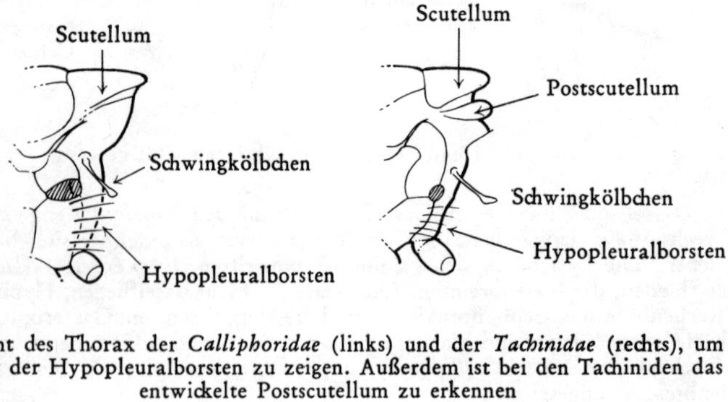

Seitenansicht des Thorax der *Calliphoridae* (links) und der *Tachinidae* (rechts), um die Anordnung der Hypopleuralborsten zu zeigen. Außerdem ist bei den Tachiniden das gut entwickelte Postscutellum zu erkennen

hinein; oder die Eier werden am oder in der Nähe des Wirtes abgelegt, und die geschlüpfte Larve bohrt sich aktiv in ihn ein; oder die Eier werden an die Futterpflanze gelegt und vom Wirt gefressen und schlüpfen erst dann. Es können von einigen Arten auch bereits Larven abgesetzt werden. Die Bestimmung der Raupenfliegen ist nur nach langer Einarbeitung und mit guten optischen Hilfsmitteln und einer Vergleichssammlung möglich.

Die Aas-, Fleisch- oder Schmeißfliegen, **Calliphoridae** (Tafel 36), sind eine weitere große Fliegenfamilie, deren Vertreter weit verbreitet und allgemein bekannt sind. Über die Abgrenzung dieser Familie bestehen unterschiedliche Ansichten. So wird sie auch als Unterfamilie in die *Tachinidae* einbezogen oder aber ein Teil der *Oestridae* hierher gerechnet. Die Tiere sind meist mittelgroß und an den Hypopleuralborsten und dem schwach entwickelten oder fehlenden Scutellum zu erkennen. Die erwachsenen Tiere nehmen flüssige oder verflüssigte Nahrung auf. Ihre Mundwerkzeuge gleichen denen der *Muscidae* (s. S. 190). Aas und andere zerfallende organische Substanzen sind Hauptnahrung der Larven, doch gibt es auch Parasiten und Blutsauger.

Wohl am bekanntesten sind die Schmeißfliegen *Calliphora vomitoria* und *C. vicina* (= *erythrocephala* Meigen), die mit lautem Brummen („Brummer") im Sommer oft in die Häuser eindringen und geeignetes Material für die Eiablage suchen. Wenn sie auch durch dieses Geräusch störender als die Stubenfliegen sind, ist ihre Gefährlichkeit als Krankheitsüberträger geringer, weil sie weniger an unverdorbene Nahrungsmittel gehen. Nur die Weibchen kommen in die Wohnungen; die Männchen suchen Blüten auf. Die Goldfliegen der Gattung *Lucilia* können mit einigen anderen grüngoldenen Gattungen verwechselt werden, die zu den *Muscidae* gehören, können aber an den Hypopleuralborsten erkannt werden. Die Lucilien kommen weniger in Wohnungen, können sich aber an Mülltonnen in großer Zahl sammeln, wenn diese Fleisch enthalten. Die meisten Arten legen ihre Eier an tote Tiere. Eine Reihe lebt aber auch als Wundparasiten (*Lucilia sericata* wurde zeitweilig in der Medizin zum Ausfressen stark zerfallener Wunden verwendet) oder als Parasiten an lebenden Tieren. *Lucilia bufonivora* Mon. zerstört von den Nasenlöchern her den Kopf lebender Kröten, und *Lucilia sericata* dringt von Wunden oder von der Aftergegend her in lebende Schafe ein. Die Larven der Grauen Fleischfliege, *Sarcophaga carnaria,* leben nicht, wie der Name sagt, in Fleisch. Die Weibchen legen vielmehr reife Eier mit schnell schlüpfenden Larven an Regenwurmlöcher, und die Larven wachsen in wenigen Tagen in Regenwürmern heran. Andere *Sarcophaga*-Arten leben in Aas und Kot. An Regenwürmern leben auch die Larven von *Pollenia rudis,* die im Herbst in großer Zahl in Häuser eindringt und unter den Dächern und in Mansarden überwintert. Die Art ist an flaumig-goldener Behaarung des Thorax zu erkennen. Je nach Abgrenzung der Familie rechnet man in Mitteleuropa mit mehreren hundert Arten.

Die **Muscidae,** die wenig überzeugend auch „Echte Fliegen" genannt werden, lassen sich von den ähnlichen, aber im Durchschnitt größeren *Calliphoridae* am Fehlen der Hypopleuralborsten unterscheiden. Die Familie, die ebenfalls systematisch keineswegs abgeklärt ist und oft in verschiedene Gruppen aufgelöst wird, ist in Mitteleuropa mit mehr als 500 Arten vertreten, die sich nach Aussehen und Lebensweise stark unterscheiden. Vor allem die Dungfliegen, **Scatophaginae** oder *Cordylurinae,* werden oft als eigene Familie ausgegliedert. Sie bilden auf Grund ihrer reduzierten Thoraxschüppchen ein Bindeglied zwischen *Acalyptratae* und *Calyptratae.* Einer der häufigsten Vertreter dieser Gruppe ist *Scatophaga stercoraria,* eine räuberische, pelzig-gelb behaarte Fliege (Tafel 36), die sehr häufig an frischen Rinderfladen auftritt und dort sowohl ihre Eier legt wie ihre Beute, kleine Insekten, fängt. Es sind jedoch nicht alle Arten dieser Gruppe Räuber. Nicht alle Larven leben in Dung, sondern etliche Arten auch in frischen Pflanzen.

Die übrigen Musciden sind näher miteinander verwandt. Unter ihnen gibt es unter den Imagines Flüssigkeitslecker, Blutsauger und Räuber, während sich die Larven in zerfallendem Material oder frischen Pflanzen entwickeln.

Die Stubenfliege, *Musca domestica,* ist die häufigere der beiden regelmäßig in Wohnungen auftretenden Arten. Sie gehört zur Unterfamilie der **Muscinae,** die durch die konvergierende 2. und 3. große Längsader – R_{4+5} und M_1 – charakterisiert sind. Der Kleinen Stubenfliege, *Fannia canicularis* L., fehlt diese Annäherung der beiden Adern. *Musca domestica* ist wohl eines der Tiere mit der weitesten Verbreitung. Sie ist dem Menschen in alle Teile der Erde gefolgt. Sie kann nicht stechen, betupft und bespeichelt aber nahezu jedes organische Material und verschleppt so eine große Menge krankheitserregender Keime. Durch die weltweite Verbreitung und die hohe Individuenzahl gehört die Art zu den bedeutendsten Schädlingen. Die Mundwerkzeuge bestehen vor allem aus dem Labium, das einen vorstreckbaren Rüssel bildet. Die Labellen sind groß und fleischig und werden von zahlreichen sog. Pseudotracheen durchbohrt. Zur Nahrungsaufnahme werden der Rüssel vorgestreckt und die Labellen auf die Nahrung gesetzt. Dann wird Speichel durch die genannten Kanäle auf die Nahrung gebracht, dessen Enzyme sie aufzulösen beginnen. Das vorverdaute, teilweise verflüssigte Substrat wird dann aufgesaugt. Die Fliegen würgen oft auch Tropfen der vorangegangenen Mahlzeit aus – einer der Hauptwege, auf dem Krankheitserreger übertragen werden. Einige werden ferner durch die Füße der Tiere verschleppt. Die Stubenfliege legt ihre Eier in verwesendes Material – die Exkremente von Haustieren und Misthaufen werden dabei bevorzugt. Bei warmem Wetter kann die Larvenentwicklung innerhalb von 2 Wochen abgeschlossen sein. Das Abdecken der genannten Materialien mit Erde ist einer der besten Wege, um Stubenfliegen-Bestände zu dezimieren.

Auch der Wadenstecher, *Stomoxys calcitrans,* ist eine bekannte Muscide. Er sieht der Stubenfliege ähnlich, kann aber stechen. Gewöhnlich tut er dies bei Kühen und Pferden, geht aber auch auf den Menschen. Das Labium ist zu einem festen, nicht rückziehbaren Rüssel umgebildet, der die Haut durchbohren und durch den Blut aufgesaugt werden kann (Abb. S. 190). Bei dieser und verwandten Arten saugen beide Geschlechter Blut.

Sektion Schizophora-Pupipara

Alle Fliegen in dieser Gruppe sind Parasiten bei Vögeln und Säugetieren und zeigen viele Anpassungen an diese Lebensweise. Die Flügel sind häufig rückgebildet oder fehlen ganz, die Klauen aber gut zum Festhalten an Federn und Haaren entwickelt. Die Körper sind abgeplattet und ledrig. Die Mundwerkzeuge sehen denen von *Stomoxys* ähnlich, sind jedoch dünner, und daher ist der Stich dieser Tiere, die den Menschen allerdings nur selten befallen, weniger schmerzhaft. Beide Geschlechter saugen Blut. Der Name der Gruppe nimmt auf ihren Lebenszyklus Bezug. Die Weibchen bringen in Abständen eine einzige, nahezu voll erwachsene Larve zur Welt, die sich umgehend verpuppt.

Die Lausfliegen, **Hippoboscidae,** sind in Mitteleuropa mit 25 der ca. 100 bekannten Arten vertreten (Tafel 36). Die Pferdelausfliege, *Hippobosca equina,* besitzt noch Flügel und kommt auf Einhufern, daneben aber auch auf Rindern und gelegentlich auf Hunden vor. Die Hirschlausfliege, *Lipoptena cervi* L., befällt neben allen Hirschverwandten auch Wildschwein, Fuchs und Dachs und fliegt im Walde u. U. auch den Menschen an. Beim Schlüpfen besitzt diese Art Flügel, die aber nach Erreichen eines geeigneten Wirtes abgeworfen werden. Stets flügellos ist die Schaflausfliege, *Melophagus ovinus,* die oft fälschlich auch als „Schafzecke“ bezeichnet wird, weil sie ihren gesamten Entwicklungsgang auf dem Schaf durchläuft. Sie schädigt die Schafe auf direktem Wege wenig. Doch kratzen sich die Tiere häufig, wodurch kleine Wunden entstehen und der Weg für Infektionen und *Lucilia*-Befall (s. S. 219) geöffnet wird.

Die Fledermausfliegen, **Nycteribiidae,** sind mit etwa einem Dutzend Arten in Mitteleuropa vertreten und leben als winzige flügellose Parasiten auf Fledermäusen. Sie sind von der vorgenannten Gruppe durch ihre relativ langen Beine unterschieden. Außerdem können sie den Kopf in ganz charakteristischer Weise in eine Rinne des Thorax nach hinten zurückklappen.

Sammeln und Präparieren

Die größeren, auffälligen Fliegen wie Bremsen, Raubfliegen oder Schwebfliegen sollte man einzeln mit einem Exhaustor direkt absammeln und einsaugen oder aber mit einem schnellen Netzschlag einfangen. Für alle kleineren Arten ist das Streifen die geeignete Fangmethode. Man sollte jedoch stets daran denken, daß die empfindlichen Borsten ein Hauptbestimmungsmerkmal darstellen. Solange sich die Tiere im Netz befinden, können sie zerschlagen werden oder sich gegenseitig beschädigen. Man sollte das Netz daher schon nach wenigen Schlägen mit dem Exhaustor aussammeln und die Tiere dann möglichst bald abtöten. Hierbei wird von vielen Essigäther bevorzugt, weil die Tiere hierbei den Rüssel und den Genitalapparat ausstülpen, was bei der Bestimmung oft hilfreich ist. Man sollte aber daran denken, daß bei Verwendung von Essigäther immer die Gefahr der Benetzung und Schwitzwasserbildung besteht. Jede Feuchtigkeit verklebt aber Borsten und die Flügel zarter Tiere, z. B. der meisten Nematoceren. Besonders für letztere wird daher ein Zyankaliglas vorgezogen. Im Grunde ist jedes Tötungsmittel geeignet, sofern man nur die Tiere möglichst bald aus dem Tötungsglas nimmt, sie so weglegt, daß sie nicht ständig gegeneinander stoßen können, z. B. zwischen Lagen von Zellstoff oder Tempotaschentüchern in einem Plastikdöschen, und sie zu Hause möglichst bald spannt.

Die Art des Spannens hängt sehr von der Größe der Tiere ab. Größere Exemplare können seitlich der Mittellinie durch den Thorax genadelt und die Flügel schräg nach hinten abgespreizt werden, so daß man den Hinterleib von oben sehen kann. Das rechtwinklige Abspreizen der Flügel nimmt sehr viel mehr Raum in Anspruch, macht die Tiere sehr viel empfindlicher und gibt mitunter ein ziemlich unnatürliches Bild.

Kleinere Fliegen kann man von unten her auf Minutien spießen, während sich bei all den Arten mit langen, empfindlichen Beinen, also den Nematoceren, das seitliche Spießen auf Minutien bewährt hat. Hier kann man durch eine entsprechende seitliche Position der Minutiennadel auf dem Aufklebeplättchen einen gewissen zusätzlichen Schutz für die Beine erreichen.

Ordnung Siphonaptera *Flöhe*

Erkennungsmerkmale: Kleine flügellose Insekten, seitlich sehr stark abgeplattet (kompreß), Ektoparasiten auf Vögeln und Säugetieren, Mundwerkzeuge stechend-saugend zur Blutaufnahme. Grundfärbung der Tiere braun.

Flöhe sind von allen anderen Insekten eindeutig durch ihre starke seitliche Abflachung des Körpers zu unterscheiden.

Die mit ca. 1500 Arten relativ kleine Ordnung ist in Mitteleuropa mit ca. 80 Arten vertreten. Die adulten Flöhe zeigen keine Ähnlichkeit mit irgendeiner anderen Insektenordnung – die hochgradige Anpassung an eine ausschließlich parasitische Lebensweise hat alle vielleicht einmal vorhanden gewesenen gemeinsamen Merkmale ausgelöscht. Die Larve jedoch lebt nicht als Parasit, sondern frißt organische Substanzen aus Nistmaterial und zeigt gewisse Ähnlichkeiten mit einigen Fliegenlarven. Es besteht heute kein Zweifel, daß die Flöhe in die Verwandtschaft geflügelter Insekten gehören. Sie werden heute mit den Schnabelhaften *(Mecoptera)*, der Schwestergruppe der Zweiflügler, in Verbindung gebracht.

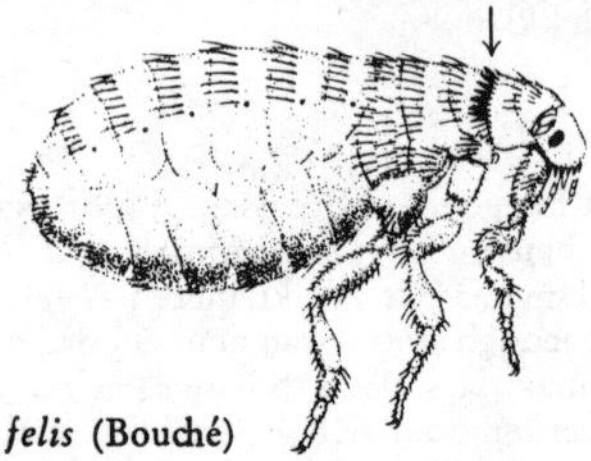

Katzenfloh, *Ctenocephalides felis* (Bouché)

Der ganze Entwicklungskreislauf spielt sich in der Nachbarschaft der Wirte ab, doch nur die erwachsenen Flöhe sind Parasiten. Aber auch sie verlassen bei den meisten Arten den Wirt von Zeit zu Zeit. Die Verbindung mit den Wirten ist also viel weniger fest als etwa bei den Läusen, und dies gilt auch für die Wirtsspezifität. Die Flohlarven leben von organischem Abfall einschließlich des Kotes ihrer Eltern in Nest oder Höhle des Wirtes und stellen recht spezifische Anforderungen. Die Wirtsspezifität wird also bei den Flöhen mehr über die Larven als über die erwachsenen Flöhe gesteuert. Viele Arten können Blut bei ganz unterschiedlichen Wirten saugen, sich aber nur bei einem mit ganz bestimmten Nestverhältnissen fortpflanzen. Aus diesem Grunde fehlen Flöhe auch gewöhnlich bei stark nomadisch lebenden Tierarten. Dies gilt z. B. für die Affen, die nur gelegentlich die Floharten anderer Tiergruppen auflesen. Besondere Affenflöhe aber gibt es nicht. Auch der Mensch scheint flohlos gewesen zu sein, bis er das nomadische Leben aufgab. Der als Menschenfloh bezeichnete *Pulex irritans* war ursprünglich ein Parasit höhlenbewohnender Füchse und Dachse und ging erst auf den Menschen über, als auch dieser Höhlen besiedelte. Etwa 95 % der bekannten Floharten sind Säugetierparasiten, die restlichen 5 % leben bei Vögeln.

Die Länge der Flöhe liegt zwischen 1 und 8 mm. Größter Vertreter im Gebiet ist der Maulwurfsfloh, *Hystrichopsylla talpae*, mit 6 mm. Der stark seitlich kompresse Körper ermöglicht es den Tieren, durch Federn und Fell zu schlüpfen und den Zähnen (und Fingern) der Wirte zu entkommen, eine ganz andere Lebensweise als etwa die der Läuse, deren abgeplattete Körper am Orte festsitzen und selbst starkem Druck von oben widerstehen können. Flöhe sind für ihr gutes Springvermögen sprichwörtlich bekannt – für *Pulex irritans* sind Sprünge von 30 cm Weite berichtet worden, doch auf dem Wirt laufen oder hasten sie nur herum. Die großen Klauen umfassen dabei Haare oder Federn, und die starke nach hinten gerichtete Bedornung verhindert ihr Abgleiten an senkrechten Flächen. An den Seiten und am Kopf sind diese Dornen oder Zähne oft sehr groß und bilden Zahnkämme, den Wangenkamm und den Pronotalkamm am Hinterrand des Vorderrückens, die beide zur Bestimmung herangezogen werden. Der ganze Körper der Tiere ist stark sklerotisiert und sehr hart, so daß es schwierig ist, Flöhe zu zerdrücken.

Der Kopf, der nicht scharf vom Brustabschnitt abgesetzt ist, ist scharf nach unten gerichtet und trägt zwei kurze kräftige Fühler in zwei seitlichen Gruben verborgen. Augen können vorhanden sein oder fehlen und sind oft verkümmert. Die Mundwerkzeuge sind an das Blutsaugen angepaßt. Epipharynx und Maxillen bilden die Stechborsten. Die Maxillen sind am Ende gezähnt und auf der Innenseite doppelt ausgehöhlt zu zwei Speichelrinnen. Der unpaare Epipharynx liegt zwischen ihnen und bildet auf seiner Unterseite ein Nahrungsrohr, durch das das Blut aufgesogen werden kann. Die

Kiefer- und Lippentaster umschließen in der Ruhe die Stechborsten, haben aber am Stechvorgang selbst keinen Anteil. Dieser wird ausschließlich von den vorn gesägten Maxillen ausgeführt, die den Epipharynx mit in die Wunde führen.

Die drei Brustabschnitte sind gut voneinander getrennt, die Vorderbrust, wie erwähnt, hinten häufig durch einen Pronotalkamm ausgezeichnet. Den erwachsenen Flöhen fehlen Flügel vollkommen. Kleine Hautfalten an der Mittel- und Hinterbrust verschiedener Flohpuppen wurden früher als reduzierte Flügelanlagen angesehen, entstehen aber nach neuesten Untersuchungen anders und weisen auch keine Tracheen oder Adern wie Flügel auf. Die Beine weisen ungewöhnlich lange Hüften und fünfgliedrige Füße auf, und die Hinterbeine sind im Zusammenhang mit dem Sprungvermögen der Tiere sehr groß ausgebildet.

Der Hinterleib besteht aus 10 Segmenten, an denen die Rückenplatten die Bauchplatten jeweils überlappen. Das 8. und 9. Körpersegment sind zu komplizierten Begattungsorganen umgebildet – das 9. trägt beim Männchen ein Paar Klammerorgane. Diese sind für einige Arten das einzige sichere Unterscheidungsmerkmal. Die Oberseite des 9. Segments trägt bei beiden Geschlechtern ein Feld von Sinnesorganen, das Sensilium. Das letzte Körpersegment ist sehr klein und unauffällig.

Die Flöhe können ihre perlweißen Eier ablegen, während sie sich auf dem Wirt befinden oder diesen dazu verlassen und die Eier direkt im Nest oder Bau ablegen. Das Resultat ist dasselbe, denn auf dem Wirt werden die Eier nicht weiter befestigt und fallen früher oder später ab. Jedes Weibchen legt mehrere hundert Eier, die innerhalb von ein oder zwei Wochen schlüpfen. Den wurmartigen, weißen Larven fehlen Augen und Beine, doch besitzen sie kauende Mundwerkzeuge. Sie leben von organischen

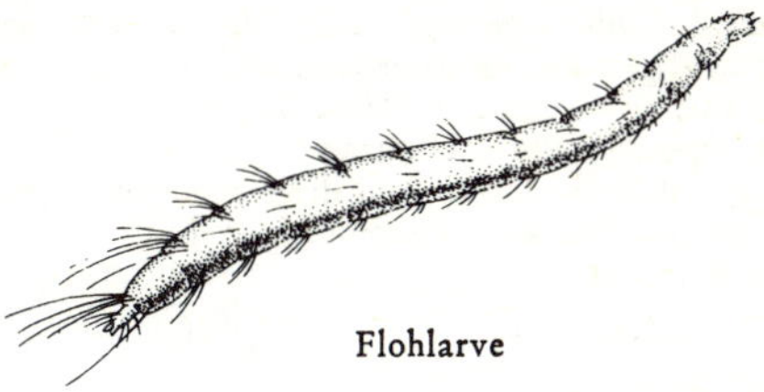

Flohlarve

Abfällen und belästigen den Wirt nicht weiter. Getrocknetes Blut scheint jedoch für eine Reihe von Arten notwendig zu sein. Interessanterweise geben die erwachsenen Flöhe in Abständen unverdautes Blut über den After ab. Auch der gewöhnliche Kot der Flöhe enthält noch teilweise unverdautes Blut, und so sind die Larven hinreichend versorgt. Eine genaue Untersuchung der Ruheplätze von Katzen und Hunden zeigt meist zahlreiche kleine Blutfleckchen, die auf die beschriebenen Weisen durch Flöhe entstanden sind.

Die Dauer der Larvenentwicklung ist bei den einzelnen Arten verschieden, dauert aber im Schnitt 2–3 Wochen. In dieser Zeit häuten sich die Larven zweimal. Ausgewachsen spinnen sie sich zwischen Abfällen einen kleinen Kokon. Zwei oder drei Tage lang liegt die Larve bewegungslos in diesem Kokon – das sog. Vorpuppenstadium – und häutet sich dann zur Puppe. Die Dauer des Puppenstadiums hängt von der Temperatur ab, und es ist wahrscheinlich, daß viele Floharten als Puppe überwintern. Säugetierflöhe legen während des ganzen Jahres Eier, doch sinkt die Eizahl im Winter ab. Die Vogelflöhe können sich dagegen nur während der Brutperiode ihrer Wirte fortpflanzen, da diese nur dann ständig ein Nest bewohnen, eine Erscheinung, die wohl für die relativ geringe Zahl von Vogelparasiten unter den Flöhen verantwortlich ist.

Adulte Flöhe benötigen einen mechanischen Reiz, um aus dem Kokon zu schlüpfen

– natürlicherweise sind dies die Bewegungen des Wirtes. Durch diese Kopplung wird sichergestellt, daß der Floh nach dem Schlüpfen auch wirklich einen Wirt vorfindet. Fehlt ein auslösender Reiz, können die fertig entwickelten Flöhe eine Reihe von Monaten im Kokon bleiben. Dies erklärt, warum längere Zeit leerstehende Häuser nach dem Wiederbesiedeln ganz plötzlich von Flöhen befallen sein können. Auch beim Entfernen alter Vogelnester kann man so häufig Flöhe „erwecken", die ihre Entwicklung erst vollendeten, nachdem ihre Wirte das Nest verlassen hatten.

Frischgeschlüpfte Flöhe oder solche, die ihren Wirt verloren haben, wählen einen neuen Wirt vor allem durch Prüfung seiner Körpertemperatur. Die meisten Flöhe springen fast jeden Wirt an und saugen auch auf ihm, erkennen und bevorzugen aber ihre Hauptwirtsart(en) auf chemischem Wege. Flöhe können über recht lange Zeit hungern, doch müssen die Weibchen Blut saugen, bevor sie Eier entwickeln können, und meist wiederum vor jeder Eiablage.

Der zufällige Flohstich, zu dem man durch das Streicheln eines Haustieres kommen kann, ist lästig. Eine wirkliche Gefahr sind die Flöhe aber als Krankheitsüberträger. Die wichtigste der durch Flöhe verbreiteten Krankheiten ist die Pest, die durch das Bakterium *Pasteurella pestis* hervorgerufen wird. Sie ist eigentlich eine Nagerkrankheit, die aber überall da, wo Ratten in enger Nachbarschaft zum Menschen leben, immer wieder einmal durch den Rattenfloh auch auf den Menschen übertragen werden kann.

Die Übertragung der Pest kann auf rein mechanischem Wege durch verschmutzte Mundwerkzeuge des Flohs geschehen oder aber auch dadurch, daß er infiziertes Blut in die Stichwunde erbricht. Bei den meisten infizierten Flöhen bildet sich ein Verschluß des Darmes durch Massenvermehrung der Bakterien aus, so daß das Blut bei ihren Saugversuchen schließlich infiziert wieder in den Wirt zurückfließt. Da keine Nahrung über den Darmverschluß hinausgelangen kann und verdaut wird, bleibt der Floh hungrig und sticht häufiger als normalerweise üblich. Dies führt zu einer raschen Ausbreitung der Krankheit. Auch der Mäuse-Typhus – eine schwächere Form des Typhus – wird von Nagetier-Flöhen übertragen.

Das Bestimmen der Flöhe ist auf Grund ihrer geringen Größe nicht einfach. Der folgende Schlüssel ist nur für die Flohfamilien in Mitteleuropa im engeren Sinne benutzbar:

1. – Hinterhüfte mit einer Gruppe kurzer starrer Dörnchen auf der Innenseite — *Pulicidae*, S. 225

– Derartige Dörnchen fehlen — 2

2. – Keine Zähne oder Zahnkämme; auf Raubtieren — *Vermipsyllidae*

– Mindestens ein Pronotalkamm (Vorderbrustrücken) ist vorhanden — 3

3. – Hinterrand des Hinterbrustrückens glatt, ohne Zähnchen — *Hystrichopsyllidae*, S. 225

– Hinterrand des Hinterbrustrückens mit kleinen Zähnchen — 4

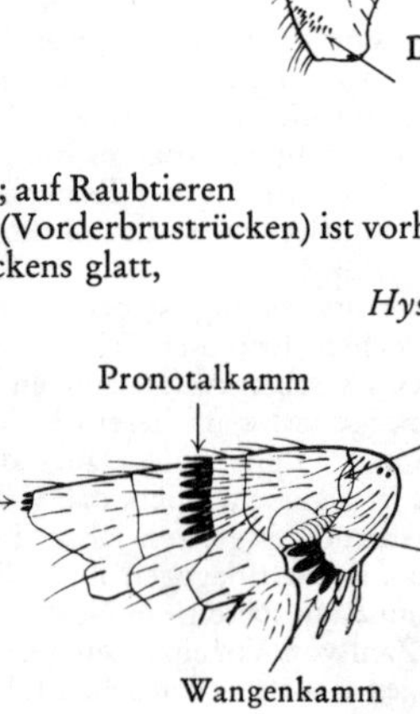

4. – Kopf durch eine zwischen den Fühlern über den Scheitel ziehende Naht zweigeteilt — 5
– Eine solche Naht fehlt — *Ceratophyllidae,* S. 225

5. – Kopf mit senkrechtem Zahnkamm unter oder hinter dem Auge (Wangenkamm) — *Leptopsyllidae*
– Kopf ohne Kamm, nur mit zwei flachen, stumpfen Zähnen; auf Fledermäusen — *Ischnopsyllidae*

Der größte Teil der Flöhe, die man findet, gehört zu den **Pulicidae.** *Ctenocephalides felis* (Bouché), der Katzenfloh, ist wahrscheinlich der häufigste der in Häusern gefundenen Flöhe, doch auch der Hundefloh, *C. canis* (Curtis) ist weit verbreitet. Häufig finden sich Katzenflöhe auf Hunden und umgekehrt, und beide Floharten stechen auch den Menschen. Sie vermehren sich in der Wärme schnell. Man sollte daher Hunde und Katzen regelmäßig mit entsprechenden Flohmitteln behandeln und vor allem ihre Schlafplätze ganz regelmäßig säubern, um ein Aufkommen der Larven zu verhindern. *C. canis* überträgt den Hundebandwurm *Dipylidium caninum,* der sich auch im Menschen entwickeln kann. Die Flohlarven infizieren sich mit Bandwurmeiern aus dem Schlafplatz des Wirtes. Die Finne entwickelt sich im Floh. Der Wurm gelangt in den Hauptwirt zurück, wenn dieser beim Putzen Flöhe verschluckt.

Die auffälligen Vorderbrust- und Wangenkämme unterscheiden die Gattung *Ctenocephalides* von dem Menschenfloh, *Pulex irritans.* Diese Art ist heute viel weniger häufig als noch vor 100 Jahren.

Unsere Vogelflöhe gehören zu den **Ceratophyllidae**. *Ceratophyllus gallinae,* der Hühnerfloh, ist weit verbreitet und befällt viele Wirte. Zu dieser Familie und zu den **Hystrichopsyllidae** gehören auch eine Reihe von Arten, die bei Nagetieren leben, hierunter die oben erwähnten Überträger des Mäuse-Typhus.

Der Kaninchenfloh, *Spilopsyllus cuniculi* (Dale), der Hauptüberträger des Myxomatose-Virus in Europa, weicht insofern von den übrigen Flöhen ab, als sein Weibchen in erwachsenem Zustand mehr oder weniger auf Dauer auf dem Wirt verbleibt. Sie suchen sich eine geeignete Stelle zum Saugen – gewöhnlich das Ohr – und heften sich hier mit dem Rüssel fest. Ähnliches gilt in noch weitergehendem Maße für andere Arten der *Pulicidae,* z. B. den Sandfloh, *Tunga penetrans.* Diese Floharten sind in den wärmeren Gebieten der Erde weit verbreitet. Sie können unter dem Geflügel und anderen Vögeln dadurch große Schäden verursachen, daß sie sich in großer Zahl auf Kopf und Hals ansiedeln, Regionen, die die Tiere schwer erreichen können. Die Sandflöhe stammen wohl ursprünglich aus Südamerika, haben sich aber auch in Afrika weit verbreitet. Die Larven leben auf dem Boden in den Wohngebieten der Wirte. Die frischgeschlüpften Flöhe laufen aktiv hin und her. Finden sie einen geeigneten Wirt – Menschen, Schweine und viele andere Tiere werden befallen –, so bohren sich die Weibchen vollkommen unter die Haut ein und bleiben hier für den Rest ihres Lebens, wobei sie Blut saugen und eine große Menge Eier produzieren. Die Männchen der Art sind frei beweglich und leben so wie für andere Flöhe beschrieben.

Sammeln und Konservieren

Flöhe können in ähnlicher Weise wie Läuse durch das Absammeln der Wirte erlangt werden, sind aber viel schwerer zu fangen. Kämmen oder das Anblasen des Fells bringt eine größere Zahl zum Abspringen. Frisch getötete Wirtstiere kann man auch in einen Behälter mit Chloroformdämpfen bringen. Hierdurch werden die Flöhe abgetötet und können anschließend aus dem Behälter herausgesammelt werden. Die oben beschriebene Entwicklungs- und Lebensweise der Flöhe bringt es aber mit sich, daß man sie auch einfach durch Durchsicht von Nestern oder Säugerbauten erhalten kann. Alte Vogelnester – hier sollte man aber sicher sein, daß diese auch wirklich verlassen sind! – und Streu von Schlafplätzen und Höhlen enthalten gewöhnlich alle Entwicklungsstadien der Flöhe. Die Puppen können meist leicht zum Schlüpfen gebracht werden (s. o.), aber auch die Larven können mit einem Gemisch aus grobem Sand, Blutmehl und Hefeflocken aufgezogen werden (Mischungsverhältnis 20 : 1 : 1). Sie stellen aber höhere Ansprüche an Temperatur (20°) und Luftfeuchtigkeit (um 85 %).

Die große Härte der Flohkörper erlaubt es, sie trocken aufzubewahren, bis man sie braucht. Zum Bestimmen müssen sie aber stets in Kalilauge mazeriert und dann als mikroskopisches Präparat montiert und betrachtet werden.

Ordnung Hymenoptera *Hautflügler*

ERKENNUNGSMERKMALE: Winzige bis große Insekten mit gewöhnlich zwei Flügelpaaren, von denen das vordere beträchtlich größer als das hintere ist. Die Flügel werden durch eine Häkchenreihe an der Vorderkante der Hinterflügel miteinander verkoppelt.

Die Flügeladerung ist stark reduziert; auf der Flügelfläche sind große Zellen abgegrenzt. Auf den ersten Blick kann eine Reihe von Fliegen mit Hautflüglern verwechselt werden. Doch besitzen diese nur ein Flügelpaar, was bei näherem Hinsehen leicht festgestellt werden kann. Keine andere Insektenordnung weist die für die Flügel der Hymenopteren typischen großen Zellen auf.

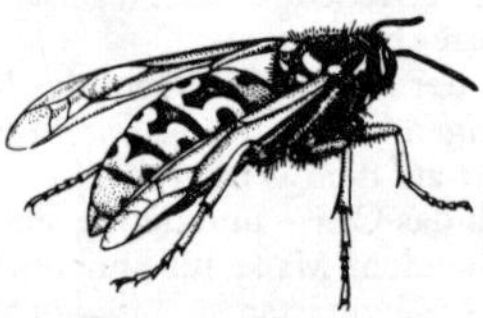

Eine Wespe mit der typischen Wespentaille und Flügeln in Ruhestellung (Faltenwespe)

Mit über 100 000 bekannten Arten sind die Hymenopteren eine riesige Ordnung. Ihre Vertreter variieren in Größe, Gestalt, Aussehen und Lebensgewohnheiten extrem, können aber auf zwei recht gut zu definierende Unterordnungen aufgeteilt werden. Es sind dies die *Symphyta*, die Blatt-, Halm- und Holzwespen, denen die sog. „Wespentaille" fehlt, und die *Apocrita*, bei denen diese Wespentaille zwischen Thorax und Abdomen vorhanden ist. Zur erstgenannten Unterordnung gehören die primitiveren Vertreter dieser Gruppe, während zu den *Apocrita* die Bienen, Wespen und Schlupfwespen sowie eine ganze Reihe anderer, zum Teil hoch spezialisierter Gruppen zählen. Nur in dieser Ordnung und bei den Termiten (Ordnung *Isoptera*, S. 103) finden sich staatenbildende Insekten. Viele Arten sind Parasiten in anderen Insekten und spielen eine höchst wichtige ökologische Rolle bei der Erhaltung eines natürlichen Gleichgewichts. Die Bienen im weitesten Sinne ernähren sich von Pollen und Nektar und verrichten, während sie dies sammeln, die wichtige Aufgabe der Blütenbestäubung. Dies vollbringen auch Insekten anderer Ordnungen, doch diese sammeln nur für eigenen Bedarf und keine Vorräte für die Brut. Keine andere Insektengruppe besucht so viele Blüten nacheinander wie die Bienen.

Der Kopf ist stark sklerotisiert und sehr hart. Er ist mit dem Thorax durch einen dünnen „Hals" verbunden und so frei nach allen Richtungen beweglich. Die Komplexaugen sind stets sehr groß, und im allgemeinen sind drei Ocellen vorhanden. Die Männchen besitzen häufig längere Fühler als die Weibchen. Besonders bei den weniger hoch spezialisierten Familien sind die Fühler recht unterschiedlich ausgebildet.

Die Mundwerkzeuge der Hautflügler gehören meist zum kauenden Typ. Mandibeln sind immer vorhanden, werden allerdings nicht immer zur Ernährung eingesetzt. Die Symphyten, und hier besonders die fleischfressenden Arten, besitzen die ursprünglichsten Mundwerkzeuge. Ihre Mandibeln sind gezähnt, voll entwickelte Maxillen und ein Labium, dessen unterer Teil deutlich in eine Glossa und zwei seitliche Paraglossae geteilt ist, sind vorhanden. Die Glossa kann zum Auflecken von Nektar benutzt

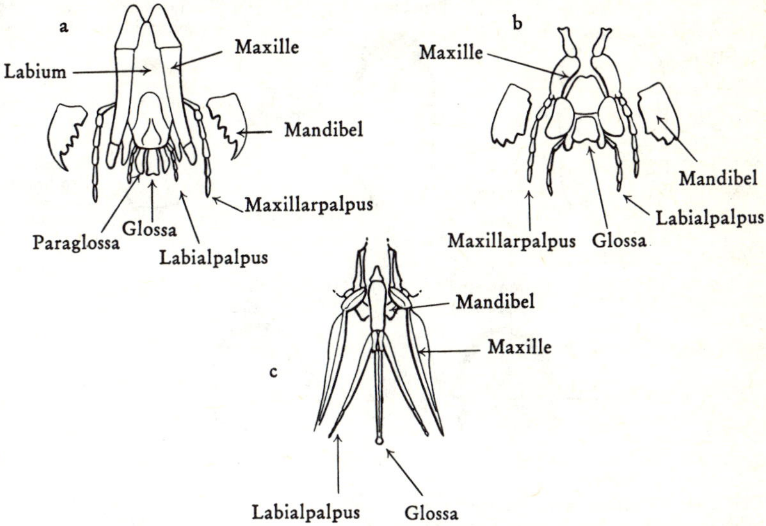

Mundwerkzeuge von Hymenopteren: a Pflanzenwespe, b Faltenwespe, c Biene; jeweils von unten gesehen. Die Zunge oder Glossa ist bei den Wespen breit, bei den Bienen lang und schmal ausgebildet

werden. Die Wespen, Ameisen und die Parasiten unter den Apocriten behalten diese Anordnung im wesentlichen bei, doch sind die Paraglossae etwas reduziert, und manchmal gilt dies auch für die Labial- und Maxillartaster. Besonders bei den Ameisen und Wespen nimmt die Bedeutung der Glossa zu, und sie ist hier breit und zungenartig ausgebildet. Sie wird zum Auflecken süßer Säfte benutzt. Auch einige primitivere Bienen weisen diesen Bauplan der Wespen auf. Bei den meisten Bienen ist jedoch die Zunge sehr viel länger als bei den Wespen entwickelt, und zwar im Zusammenhang mit der Ernährung von Nektar. In der Entwicklung der Zunge gibt es alle Übergangsstadien von der primitiven wespenähnlichen *Hylaeus (= Prosopis)* bis hin zur hochspezialisierten Honigbiene und den Hummeln, bei denen die Glossa zu einem langen Saugrohr geworden ist, das von den Labialtastern eingehüllt wird. Diese Arten können auch aus Blüten mit langem Kelch Nektar gewinnen. Trotz ihrer hochspezialisierten Ernährung besitzen aber auch diese Arten noch Mandibeln. Sie setzen sie jedoch vor allem beim Nestbau und anderen Arbeiten ein.

Der Thorax besteht gewöhnlich aus drei Abschnitten, doch wird bei den Apocriten auch das erste Hinterleibssegment in ihn einbezogen und als „Mittelsegment" bezeichnet. Die charakteristische „Wespentaille" befindet sich also gar nicht zwischen Thorax und Abdomen, sondern zwischen dem ersten und zweiten Hinterleibssegment. Das Pronotum ist gewöhnlich klein, kann aber an den Seiten nach hinten bis zur Wurzel der Flügel zu den Tegulae ziehen. Diese sind als Flügelschuppen an der Basis der Vorderflügel stets vorhanden, manchmal jedoch sehr klein und schwer zu erkennen. Das Mesonotum ist deutlich in Scutum und Scutellum getrennt, das kleinere Metanotum jedoch unter dem Scutellum verborgen und gewöhnlich nicht leicht zu finden.

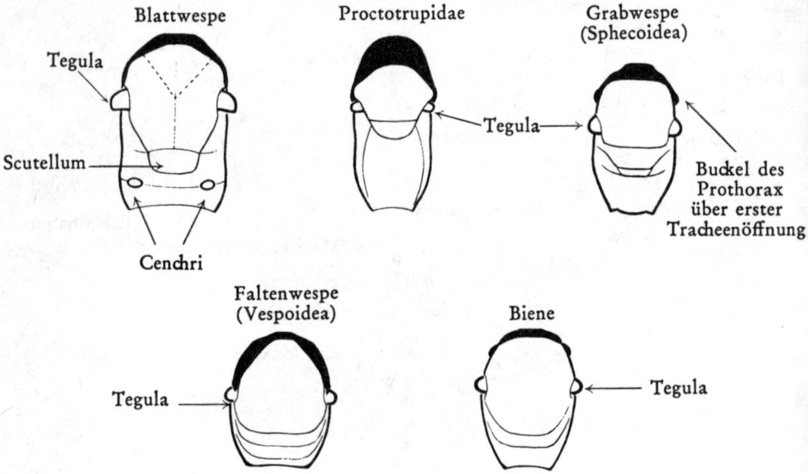

Die Brust (Thorax) verschiedener Hymenopteren, von oben gesehen. Das Pronotum (schwarz) erreicht bei einigen Gruppen die Tegulae an der Basis der Vorderflügel, bei anderen nicht

Die Ordnung erhielt ihren Namen nach den zwei Paaren häutiger Flügel (griech. *hymen* = Häutchen), obwohl es in einigen Gruppen – besonders aber unter den Ameisen – auch flügellose Individuen gibt. Die Hinterflügel sind gewöhnlich erheblich kleiner als die Vorderflügel und mit diesen durch eine Häkchenreihe an der Vorderkante der Hinterflügel verbunden (Abb. S. 24). Ein dunkel pigmentiertes Pterostigma oder Flügelmal kann bei den Vorderflügeln vorhanden sein.

Die Hauptadern sind bei den Hymenopteren reduziert, jedoch eine Anzahl von Queradern entwickelt, so daß die Flügel in große Zellen gefeldert erscheinen. Dies ist das Charakteristikum aller größeren Hymenopteren, die dadurch nicht leicht mit anderen Insekten verwechselt werden können. Die Flügeladerung hat sich so weit vom Grundbauplan des Insektenflügels entfernt, daß die Identifizierung der einzelnen Adern schwierig ist und es bis heute keine allgemein akzeptierte Benennungsweise gibt. Die Blattwespen haben noch die vollständigste Aderung, doch sind die fünf großen Längsadern – Costa, Subcosta, Radius, Cubitus und Media – auch hier bereits recht irregulär ausgebildet. Beide Flügel haben im Bereich der Analader eine ziemlich deutliche Kerbe, die auch als Vanalfalte bezeichnet wird und für die Gruppe charakteristisch ist. Eine zweite Kerbe, die Jugalfalte, liegt dichter an der Flügelwurzel. Im Vorderflügel ist sie kaum zu erkennen, doch beim Hinterflügel teilt sie einen Anallobus oder -lappen ab. Der Bereich zwischen den beiden Einschnitten wird auch als Vanallobus bezeichnet. Beide Lappen können den Hinterflügeln der höher entwickelten

Aderung des Vorderflügels einer Blattwespe *(Diprion pini)* mit den für die Hymenopterenflügel charakteristischen großen Zellen

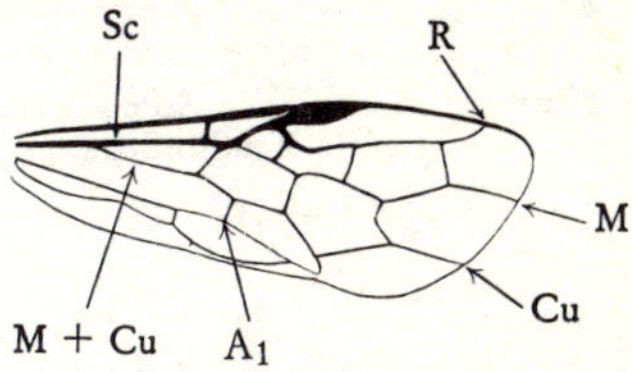

Hymenopteren fehlen. Eine gewisse Vorstellung von der großen Mannigfaltigkeit der Flügeladerung in dieser Ordnung vermitteln die Abbildungen in diesem Kapitel.

Wie bereits erwähnt, ist das erste Hinterleibssegment bei den Apocrita mit dem Thorax verschmolzen und wird als Segmentum medianum oder Mittelsegment bezeichnet. Der eigentliche Hinterleib beginnt mit dem 2. Segment, das wenigstens in seinem vorderen Bereich, bei einigen Gruppen aber auch ganz verengt und zur Wespentaille geworden ist. Die Länge dieses eingeschnürten Bereichs ist von Gruppe zu Gruppe unterschiedlich und kann bei den Ameisen sogar 2 Segmente, das zweite und das dritte Hinterleibssegment, umfassen. Den Pflanzenwespen dagegen fehlt jegliche derartige Einschnürung.

Bei den Weibchen ist in den meisten Fällen ein gutausgebildeter Legebohrer vorhanden. Bei den Blattwespen ist er sägeartig gezähnt und dient zum Anschneiden von Pflanzengeweben. Bei den übrigen Hymenopteren wird der Legebohrer entweder zum Anstechen von pflanzlichen oder tierischen Geweben zur Eiablage oder aber als

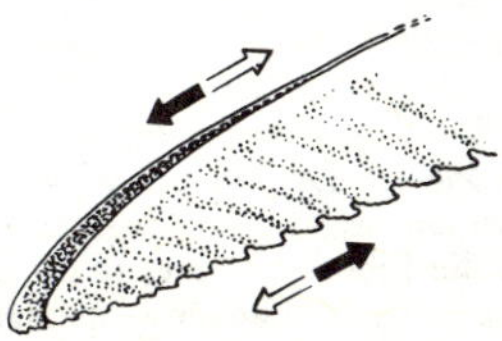

Der Legebohrer einer Blattwespe, der zum Anschlitzen von Pflanzen benutzt wird

Wehrstachel benutzt, der dann nicht mehr länger im Dienste der Fortpflanzung steht. Da es sich also bei dem Wehrstachel um einen umgebildeten Legebohrer handelt, können nur weibliche Hymenopteren stechen.

Die Eier der Hautflügler sind im allgemeinen weiß und sehen würstchenartig oder stiftförmig aus. Sie werden einzeln abgelegt. In verschiedenen Gruppen kommt Parthenogenese regelmäßig vor. Drohnen – die männlichen Honigbienen – entwickeln sich z. B. aus unbefruchteten Eiern, und bei vielen Gallwespen *(Cynipidae)* wechseln parthenogenetische Generationen regelmäßig mit solchen, die befruchtete Eier legen, ab. Bei einigen Arten sind Männchen äußerst selten und die Parthenogenese daher der einzige Weg, auf dem der Fortbestand der Art gesichert wird.

Die Hymenopterenlarven gehören zu zwei verschiedenen Typen. Die Larven der Pflanzenwespen sehen Raupen ähnlich, besitzen einen wohlausgebildeten Kopf, drei Brustbeinpaare und häufig auch fleischige Bauchfußpaare am Hinterleib. Die Larven der *Apocrita* sind dagegen beinlos, und ihr Kopf ist in den meisten Fällen stark reduziert. Hiermit steht in Zusammenhang, daß diese Larven in einem Nahrungsüberangebot leben und nicht nach Futter zu suchen brauchen. Die Puppen zeigen freie Körperanhänge und sind gewöhnlich in eine Art Kokon eingeschlossen, der allerdings so dünn sein kann, daß man ihn übersieht.

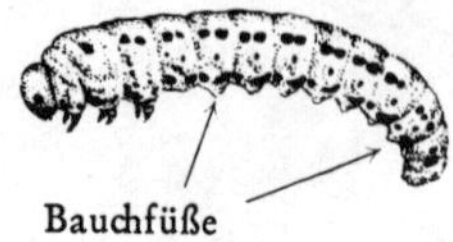

Blattwespenlarve, von Schmetterlingsraupen an den mindestens 6 Bauchfußpaaren zu unterscheiden

Unterordnung Symphyta *Pflanzenwespen*

Diese Gruppe ist von den übrigen Hymenopteren durch das Fehlen einer Wespentaille eindeutig getrennt. Das erste Hinterleibssegment kann zwar bis zu einem gewissen Maße umgebildet sein, ist jedoch nie in den Thorax verschmolzen, und dahinter liegt auch keine Einschnürung. Es ist dies die ursprünglichere der beiden Unterordnungen, deren Vertreter noch nicht die hohe Spezialisation wie z. B. Parasitismus und Staatenbildung zeigen, die wir unter den *Apocrita* finden.

Die meisten Pflanzenwespen mit Ausnahme der *Cephidae* tragen am Metanotum zwei kleine Knöpfe, die als Cenchri bezeichnet werden. Diese hervorstehenden Flächen sind oft hell gefärbt und von rauher Oberfläche. Jeder tritt mit einer entsprechend angerauhten Fläche auf der Unterseite jedes Vorderflügels in Kontakt, wenn sich die Flügel in Ruhelage befinden, und verankert ihn in dieser Stellung. Die Pflanzenwespen können gut fliegen, doch viele Arten laufen bei Störungen vorzugsweise hastig fort. Sie sitzen während eines Großteils ihres Lebens auf Blättern und Blüten. Besonders häufig sind sie auf Umbelliferen. Den adulten Tieren dient vorzugsweise Pollen als Nahrung, wenn einige Arten zusätzlich auch räuberisch leben.

Wie erwähnt, besitzen die Weibchen einen Legebohrer, dessen Bezahnung (s. Abb. S. 229) von Art zu Art verschieden ist. Sie schneiden damit Schlitze in Pflanzenstengel und Blätter und schieben ihre Eier dort hinein. Bei einigen Arten sind die Legescheiden zu einer Art Bohrer umgebildet, der ähnlich wie ein Drillbohrer wirkt. Die Große Holzwespe, *Urocerus gigas* (Tafel 37), besitzt einen langen und kräftigen Legebohrer, mit dem sie Holz anbohren kann. Wenn auch die Eier fast immer in die Stengel und Blätter hineingelegt werden, so fressen doch die meisten Pflanzenwespenlarven frei an den Blättern ihrer Futterpflanze. Sie sehen Schmetterlingsraupen dabei ähnlich, können jedoch an den mindestens 6 Bauchfußpaaren unterschieden werden. Schmetterlingsraupen besitzen niemals mehr als 5 dieser Fußpaare. Pflanzenwespenlarven, die in Blättern oder Stengeln minieren, fehlen diese Bauchfußpaare. Sie sehen mehr wie Käferlarven denn wie Raupen aus. Die Verpuppung erfolgt entweder in der Erde oder in Pflanzenabfällen in einem Kokon oder angeheftet an die Futterpflanze.

Schlüssel für die Familien der europäischen Pflanzenwespen (Tafel 37)

1. – Fühler entspringen unter den Augen; Hinterflügel ohne geschlossene Zellen — *Orussidae*, S. 231

– Fühler entspringen zwischen den Augen; Hinterflügel mit mindestens einer geschlossenen Zelle — 2

2. – Fühler mit nur drei Gliedern, von denen das dritte sehr lang ist — *Argidae*, S. 233

– Fühler mit mehr als drei Gliedern **3**

3. – Fühler mit drei Gliedern normaler Dicke, von denen das dritte sehr lang ist und einen geißelförmigen Faden (9 verschmolzene Glieder) trägt; Länge der Tiere meist unter 5 mm *Xyelidae*, S. 231

– Fühler anders gebaut; Tiere gewöhnlich größer als 5 mm **4**

4. – Pronotumhinterrand abgestutzt **5**

– Pronotumhinterrand tief halbkreisförmig ausgeschnitten **7**

5. – Vorderschienen mit einem Endsporn, Körper schlank, Hinterleib mehr oder weniger deutlich seitlich zusammengedrückt *Cephidae*, S. 232

– Vorderschienen mit zwei Endspornen, Hinterleib höchstens 3mal so lang wie breit, Hinterleib von oben nach unten zusammengedrückt **6**

6. – Fühlerglieder einseitig verlängert, gesägt oder gekämmt *Megalodontidae*, S. 232

– Fühlerglieder ohne Fortsätze *Pamphiliidae*, S. 232

7. – Fühler am Ende gekeult *Cimbicidae*, S. 233

– Fühler nicht gekeult **8**

8. – Fühler gefiedert, gesägt oder mit Fortsätzen auf der Unterseite *Diprionidae*, S. 233

– Fühler nur an den Grundgliedern oder überhaupt nicht gefiedert **9**

9. – Fühler mit 11 oder mehr Gliedern. Tiere gewöhnlich länger als 10 mm **10**

– Fühler gewöhnlich mit weniger als 10 Gliedern. Sind mehr als 10 Fühlerglieder vorhanden, so sind die Tiere kleiner als 10 mm, und das Pronotum hat keine gerade hintere Begrenzung *Tenthredinidae*, S. 232

10. – Prothorax halsartig verlängert, Kopf oben mit weißen Strichen *Xiphydriidae*, S. 232

– Prothorax nicht halsartig verlängert, Kopf oben nicht weiß gezeichnet *Siricidae*, S. 232

Die Familie der **Blasticotomidae** wurde im vorstehenden Schlüssel fortgelassen, da sie im Gebiet mit nur einer seltenen Art vertreten ist, *Blasticotoma filiceti* (Tafel 37). Sie ist auf Nordeuropa beschränkt. Ihre Larve frißt in den Blattstielen von Wald-Frauenfarn, *Athyrium filix-femina*. Die Imagines können an den viergliedrigen Fühlern erkannt werden, bei denen das 3. Glied sehr lang ist. Ihm sitzt ein sehr kleines viertes Fühlerglied kegelförmig auf.

Die **Orussidae** sind in Europa mit einer Gattung und zwei sehr bzw. außerordentlich seltenen Arten vertreten (Tafel 37). Die ungewöhnliche Flügeladerung und die Stellung der Fühler unterscheiden diese Familie von allen anderen Pflanzenwespen so

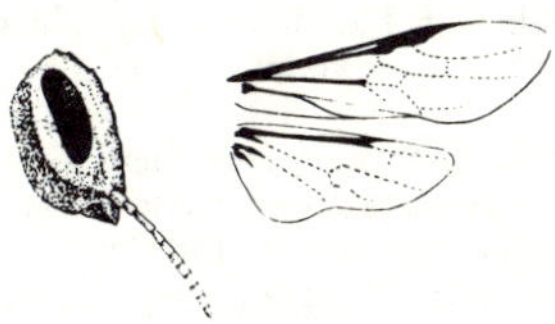

Kopf und Flügeladerung von *Orussus*. Bei dieser Pflanzenwespe ist die Stellung der Fühler unterhalb der Augen ungewöhnlich

stark, daß sie mitunter als eigene Unterordnung betrachtet wird. Die Larven leben vermutlich parasitisch in Insektenlarven in Laubbäumen.

Die **Xyelidae** sind mit 2 Gattungen mit je 2 Arten in Mitteleuropa vertreten. Sie können an ihren charakteristischen Fühlern und dem ziemlich breiten Flügelmal erkannt werden. Einen kräftigen, bis 7 mm langen Körper haben die Arten der Gattung *Pleroneura*, während die *Xyela*-Arten zart sind und nur 5 mm Länge erreichen. *Xyela julii* (Tafel 37) tritt mitunter häufig im Frühjahr in der Nähe von Birken und Kiefern auf. Die Larven leben in männlichen Kiefernzapfen, während sich die Imagines an den Birkenkätzchen sammeln. Die Tiere fliegen schlecht.

Die Gespinstblattwespen oder **Pamphiliidae** sind durch sehr breite, flache Körper von 7–15 mm Länge ausgezeichnet. Sie fliegen im allgemeinen recht gut. Die Larven leben auf Laub- und Nadelbäumen und fertigen Gemeinschaftsgespinste oder Einzelwohnröhren aus Pflanzenteilen an. Etwa 40 Arten kommen im Gebiet vor, von denen *Pamphilius silvaticus* auf Weiden, Pappeln und Hainbuchen eine der häufigsten ist. Parthenogenese ist in dieser Familie häufig – die Männchen einiger Arten sind außerordentlich selten. Nach Gestalt und Lebensweise sind die **Megalodontidae**, die in

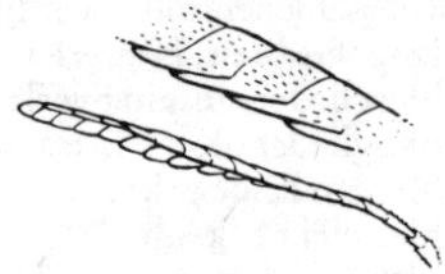

Zwei Ansichten des Fühlers von *Megalodontes*, der durch die einander überlappenden Glieder von der Unterseite gesehen einen gesägten Eindruck erweckt

Europa mit einem halben Dutzend gelbschwarz gezeichneter Arten vertreten sind, sehr ähnlich. Die Tiere sind an der Form der Fühlerglieder zu erkennen (s. Tafel 37). Die Larven fressen in gemeinsamen Gespinsten an krautigen Pflanzen und verpuppen sich im Boden.

Die **Siricidae** sind als Holzwespen bekannt, da die Weibchen mit ihrem kräftigen, das Hinterende überragenden Legebohrer das Holz von Bäumen anstechen. Die Tiere sind mindestens 14 mm lang, können aber erheblich größer (bis 40 mm!) werden und machen dann mit ihren Legebohrern, die oft für Wehrstachel gehalten werden, einen gefährlichen Eindruck. Die Tiere sind jedoch für den Menschen harmlos. Zu den Familienmerkmalen gehören sehr kleine Flügelschuppen, dünne, 17- bis 30gliedrige Fühler und ein tiefer Ausschnitt im Hinterrand des Pronotums. Wohl die bekannteste Art ist die gelb und schwarz gezeichnete *Urocerus gigas*. Die Weibchen sieht man nicht selten in Bodennähe, während die Männchen bei Sonnenschein in der Region der Baumwipfel fliegen. Die Weibchen bohren zur Eiablage kränkelnde oder geschädigte Fichten und andere Nadelbäume an. Die Larven besitzen kurze Brustbeine, jedoch keine Bauchfüße, und bohren im Holz. – Andere Holzwespenarten können einfarbig schwarz oder metallisch-dunkelblau gefärbt sein. Mit Holzimporten werden immer wieder einmal Holzwespen anderer Erdteile eingeschleppt, die u. U. hier schlüpfen können.

Die **Xiphydriidae** sind den *Siricidae* ähnlich, doch leben die Larven der vier mitteleuropäischen Arten ausschließlich in Laubholz. Ihre Fühler haben gewöhnlich 13–19 Glieder. Sehr auffällig ist die halsartig verlängerte und verschmälerte Vorderbrust (s. Tafel 37).

Die Halmwespen, **Cephidae**, sind langsam fliegende Tiere mit ziemlich schlankem, zylindrischem oder seitlich zusammengedrücktem Hinterleib. Das Fehlen der Cenchri unterscheidet sie von allen anderen Pflanzenwespen. Ihre Fühler sind lang, dünn und meist am Ende etwas verdickt. Die Larven der Halmwespen bohren im Inneren von Pflanzenstengeln (Name!) und können an Kulturpflanzen wie Getreide, Brombeeren, Apfel und Birne Schäden anrichten. *Cephus pygmaeus*, die Getreide-Halmwespe, besitzt in dieser Hinsicht einige Bedeutung. In Mitteleuropa kommen rund 25 Arten vor.

Die Echten Blattwespen, **Tenthredinidae**, sind mit mehreren hundert Arten die größte Familie dieser Unterordnung. Ihre Größe liegt im Bereich von 2,5 mm bis 15 mm, an Farben herrschen Schwarz, Gelb und Braun vor. Die Larven der Gelben Stachelbeer-Blattwespe können bei Massenauftreten Kahlfraß an Stachel- und Johannisbeeren verursachen. Eine ganze Reihe von Blattwespen erzeugt arttypische Gallen, z. B. mehrere *Pontania*-Arten an Weidenblättern (s. Tafel 37). Im Gegensatz zu anderen Gallen beginnen diese im Augenblick des Anstichs zu wachsen und sind fast fertig ausgebildet, bevor die Larve aus dem Ei schlüpft. Die Larven fressen dann das Gewebe des Gallinneren auf und verlassen diese zur Verpuppung im Boden. Auch in dieser Familie ist Parthenogenese sehr häufig. Die Männchen vieler Arten sind unbekannt.

Die Vertreter der **Argidae** sind 5–11 mm lang und fliegen ziemlich träge und schwerfällig. Sie können an dem sehr langen 3. Fühlerglied, das bei den Männchen behaart ist, und den ungewöhnlich großen Cenchri erkannt werden. Die zuweilen recht bunten Larven fressen an Büschen und Bäumen und sind mitunter ausgeprägte Nahrungsspezialisten.

Die Keulhornblattwespen, **Cimbicidae**, sind große, rasch fliegende Tiere, deren Fühler an der Spitze auffällig keulig verdickt sind. Die größten der rund 25 mitteleuropäischen Arten können fast 3 cm Länge erreichen. Die Larven sind auf bestimmte Futterpflanzen angewiesen und erreichen bei den größten Arten 4–5 cm Länge. Eine der auffälligen Arten ist die behaarte *Trichiosoma tibiale* (Tafel 37). Der braune Gespinstkokon kann, frei aufgehängt, an unbelaubten Weißdornzweigen gefunden werden. Im Sommer trifft man häufig auf *Abia*-Arten.

Die Vertreter der Buschhornblattwespen, **Diprionidae**, können, wie der Name besagt, an ihren Fühlern erkannt werden, die beim Weibchen gesägt, beim Männchen gefiedert sind. Die zu den *Tenthredinidae* gehörenden *Cladius*-Arten kann man mit ihnen verwechseln, obwohl bei diesen nur die Grundglieder der Fühler gezähnt sind. Die Buschhornblattwespen sind ziemlich kräftige, langsam fliegende Tiere, deren Larven auf Nadelbäumen leben. Die erwachsenen Tiere werden zwischen 5 und 10 mm lang. Am häufigsten ist die Gemeine Kiefern-Buschhorn-Blattwespe, *Diprion pini* (Tafel 37), die bei Massenauftreten außerordentlich schädlich werden kann.

Unterordnung Apocrita

Diese Unterordnung ist bei weitem größer und umfangreicher und enthält die vielleicht weitest entwickelten Insekten. Alle Vertreter können von den Pflanzenwespen durch ihre „Wespentaille" unterschieden werden.

Sehr häufig wird diese Unterordnung nach der Ausbildung des Stachelapparates in zwei Gruppen eingeteilt, die mit einem Legestachel ausgerüsteten *Terebrantia* (*terebra* = Legebohrer) und die mit einem Wehrstachel versehenen *Aculeata* (*aculeus* = Giftstachel). Eine wirklich zwingende Verteilung aller Familien auf diese beiden Gruppen ist aber nicht möglich. Weniger häufig wird auch eine Unterteilung nach der Lebensweise in die parasitisch lebenden *Parasitica* und die nicht parasitischen *Aculeata* versucht, doch geht dieser Versuch noch weniger auf, da es sowohl nicht parasitische *Terebrantia* (z. B. die gallerzeugenden *Cynipidae*) wie parasitische *Aculeata* (z. B. *Chrysididae, Bethylidae*) gibt. Man sollte daher die genannten Begriffe nur verwenden, wenn man sich in Kurzform über bestimmte Bereiche der *Apocrita* verständigen will, sie an Stellen, wo eine ganz saubere Trennung notwendig ist, wie z. B. im Bestimmungsschlüssel, jedoch fallenlassen.

Unter den Arten mit Legestachel, deren Larven in pflanzlichen oder tierischen Geweben leben, finden sich solche, bei denen der Legebohrer den Körper des Weibchens um das 2- bis 3fache in Länge übertrifft. Dies ist z. B. bei den *Ichneumonidae* der Fall, deren Larven wie die der *Chalcididae* in anderen Insekten leben. In diese Verwandtschaft gehören auch die bereits erwähnten *Cynipidae* oder Gallwespen. Von den Formen mit Wehrstachel, den *Aculeata*, sind die Bienen, Wespen und Ameisen am bekanntesten.

Die Larven dieser Unterordnung leben stets in einem reichlichen Nahrungsangebot, sei es in Form von Pflanze oder Tier, die als Wirt dienen, sei es durch Nahrung, die von den Elterntieren oder Artgenossen bereitgestellt wird. Im Zusammenhang damit sind die Larven madenartig ausgebildet – Beine fehlen, und die Köpfe sind reduziert.

Ein Zusammenleben in echten Staaten mit Arbeitsteilung findet sich unter den Insekten nur bei den Termiten und den aculeaten Hymenopteren. Es gilt für alle Ameisen, doch nur für eine relativ geringe Anzahl von Bienen- und Wespenarten. Von letzteren leben die meisten Arten einzeln und unterscheiden sich in ihrer Lebensweise abgesehen davon, daß sie eine Art Nest bauen und Nahrung für die Nachkommen eintragen, wenig von der anderer Insekten.

In den Staaten der staatenbildenden Hymenopteren leben ein oder mehrere begattete Weibchen als sog. Königin(nen). Ihre Aufgabe beschränkt sich nach dem Erstarken des Nestes vorzugsweise auf die Produktion von Eiern, während das Nahrungssammeln, die Aufzucht der Brut, Nestbau und Nestunterhaltung von Arbeiterinnen ausgeführt werden. Es handelt sich um Weibchen mit gering entwickelten Ovarien, die nur unter ganz bestimmten Umständen noch Eier legen können. Diese Arbeiterinnen sind gewöhnlich kleiner als die Königinnen. Die Männchen, die bei der Honigbiene als Drohnen bezeichnet werden, treten weniger häufig und nur zu bestimmten Jahreszeiten auf. Sie nehmen an den Arbeiten im Bau nicht teil und haben nur die Aufgabe, junge Königinnen zu begatten. Die Drohnen entstehen parthenogenetisch, d. h. aus unbefruchteten Eiern, die die Weibchen legen.

Ameisenkolonien und Honigbienenvölker existieren für mehrere Jahre, wobei von Zeit zu Zeit neue Königinnen die alte ablösen können. Die Völker von Hummeln und Wespen werden dagegen in jedem Jahr neu aufgebaut. Nur die begatteten Weibchen überwintern hier und beginnen im Frühjahr mit dem Bau eines neuen Nestes. Sie ziehen die erste Brut selbst auf, die dann die Aufgaben bis auf das Eierlegen übernimmt.

Bei Bienen, Wespen und einer Reihe von Ameisen ist der Legestachel zum Wehrstachel geworden und hat keine Funktion bei der Eiablage mehr. Besonders der Stachelapparat der Honigbiene ist gut untersucht, und die nachfolgenden Ausführungen beziehen sich auf ihn. Bei anderen *Aculeata* können Abweichungen vorhanden sein. Der eigentliche Stechapparat besteht aus zwei Stechborsten und der Stachelscheide. Diese drei Teile sind miteinander verfalzt und bilden einen Giftkanal. Stachel, Stachelmuskulatur und Giftdrüse liegen in den Hinterleib eingesenkt. Zum Stechen krümmt die Biene ihren Hinterleib, kippt den Stechapparat nach unten, und der Einstich

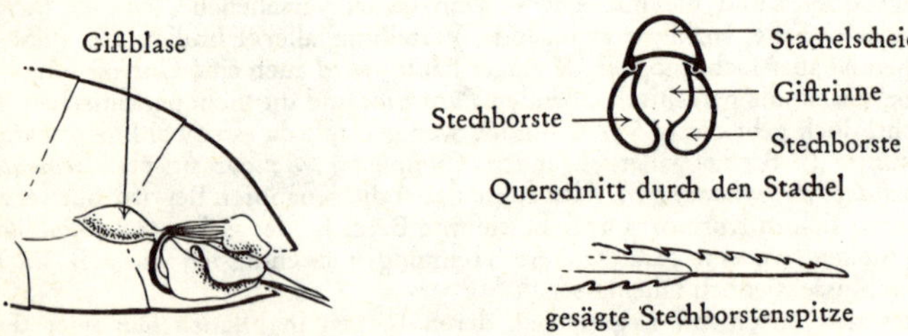

Der Bienenstachel liegt an der Spitze des Hinterleibes und besteht aus zwei gezähnten Stechborsten, die auf „Führungsschienen" der zugespitzten Stachelscheide laufen. Die Stechborsten werden abwechselnd vorwärtsgestoßen und dringen dabei tief in das Opfer ein. Das Gift wird durch den Zentralkanal gepumpt und fließt in die Bohrwunde

erfolgt, indem sich die beiden Stechborsten abwechselnd schnell vor und zurück bewegen. Die Spitzen der Stechborsten sind gesägt und vertiefen den Stichkanal dabei immer weiter. Gleichzeitig mit diesen Bewegungen wird Gift durch den Giftkanal in die Wunde gepumpt. Aus dem Stichkanal im harten Chitinpanzer anderer Insekten können die Bienen den Stachel unbeschädigt wieder herausziehen. Die elastische Haut von Wirbeltieren schließt sich jedoch wieder, und so bleiben die Zähne der Stechborsten wie Widerhaken stecken. Beim Abfliegen reißt sich die Biene nach einem solchen Stich den Stachelapparat daher meist selbst aus dem Leib. Bei Wespen, bei denen die Zähne an den Stechborstenspitzen kleiner sind, gelingt das Zurückziehen des Stachels aus Wirbeltierhaut meist. Das in die Wunde gepumpte Gift ist recht kompliziert aus Eiweißen, Enzymen und anderen Stoffen von Art zu Art unterschiedlich zusammengesetzt. Bei den Ameisen tritt vor allem die daher benannte Ameisensäure auf. Der Stachel wird vor allem zur Verteidigung des Nestes gegen Eindringlinge und von den Wespen zur Lähmung der Beute, die in das Nest eingetragen werden soll, benutzt.

Bienen und Wespen haben außerdem noch einen ätzenden Geschmack und sind oft hart und behaart. Dadurch und durch ihre Stachel sind sie vor einigen Vögeln und anderen Räubern geschützt. Bei vielen Arten treten leuchtende, auffällige Farben und Muster als Warnfarben auf. Schwarz, Gelb, Orange und Rot sind die häufigsten von ihnen. Man nimmt an, und Versuche haben dies auch bestätigt, daß die Räuber in ihrer Jugend die ungeeignete Beute zwar annehmen, es aber bald lernen, die negativen Erfahrungen mit dem auffälligen Aussehen zu assoziieren und diese Tiere dann ungeschoren zu lassen. Meisen, Spechte oder auch Bienenfresser betrachten Honigbienen aber durchaus als geeignete Beute.

Die auffällig gefärbten wehrhaften oder ungenießbaren Arten werden im Aussehen von einer Anzahl harmloser oder bekömmlicher Arten nachgeahmt, die damit in den Genuß des gleichen Schutzes kommen. Man bezeichnet diese Erscheinung als Mimikry und führt sie auf natürliche Auslese zurück. Jede zufällige Ähnlichkeit zwischen einem wehrhaften und einem ungeschützten Insekt wird dadurch verstärkt, daß die Feinde die am wenigsten ähnlichen am stärksten verfolgen und somit in jeder Generation die „ähnlichsten" Tiere zur Fortpflanzung kommen. So kann sich das Aussehen im Verlauf von Generationen immer mehr dem des geschützten „Vorbildes" nähern. Eine unserer Schwebfliegenarten, *Volucella bombylans* (Tafel 33), existiert in unterschiedlichen Farbvarianten, von denen jede einer anderen Hummelart ähnlich sieht.

Will man genauer sein, muß man die hier beschriebene Form der Mimikry als Bates'sche Mimikry (nach H. W. Bates, der sie erstmalig 1862 beschrieb) benennen, denn es gibt noch eine andere Form der Mimikry, bei der sich mehrere ungenießbare Arten ähnlich sehen. Bei dieser Müllerschen Mimikry (nach Fritz Müller, 1878) profitieren alle Arten von dem gemeinsamen Abschreckungsmuster, das der Feind nur einmal erlernen muß. Diese Müllersche Mimikry ist besonders unter südamerikanischen Schmetterlingen häufig, während es in der mitteleuropäischen Fauna keine Beispiele hierfür gibt.

Bienen und Wespen sind die häufigsten Mimikry-Vorbilder, die vor allem von Fliegen nachgeahmt werden, z. B. von Schwebfliegen. Aber auch Schmetterlinge, Käfer und andere Hymenopteren gehören zu den Nachahmern.

Vereinfachter Schlüssel der Überfamilien der Apocrita

Vorbemerkung: Im Gegensatz zu den Schlüsseln, die für die anderen Ordnungen gegeben wurden, führt dieser Schlüssel der *Apocrita* nur zu den Überfamilien und nicht bis zu den Familien. Das hat seinen Grund darin, daß bei den *Apocrita* sowohl die Überfamilien wie auch in vielen Fällen die Gattungen gut zu bestimmen sind. Die Familien jedoch lassen sich nur mit Hilfe äußerst verborgener und komplizierter

Merkmale charakterisieren, deren Feststellung im Gelände und mit einfachen Mitteln unmöglich ist. Daher wurde auf diese Ebene verzichtet, statt dessen aber eine Tabelle für die Bienengattungen (s. S. 250) aufgenommen, die wiederum gut benutzbar ist.

Der Schlüssel läßt sich ferner nur für geflügelte Arten verwenden. Von den ungeflügelten Arten in dieser Unterordnung, von denen es viele gibt, wird der Nicht-Spezialist nur die Ameisen, die an den geknieten Fühlern und dem Petiolus zwischen Brust und Hinterleib (s. Abb. S. 242) zu erkennen sind, und die Spinnenameisen *(Mutillidae)* finden. Letztere sind durch ihre starke Behaarung und bunte Zeichnung unverkennbar.

1. – Der Hinterleib sitzt oben am Rücken des Thorax am Propodeum, dem eingeschmolzenen 1. Hinterleibssegment, an — *Evanoidea*, S. 237

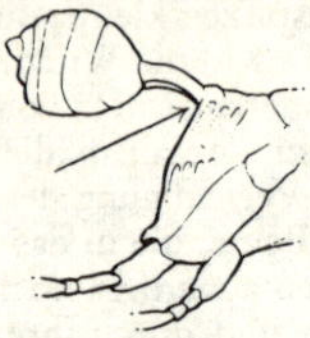

– Hinterleib sitzt unten dicht über den Hüften an — 2

2. – Fühler lang, mit mehr als 16 Gliedern; Vorderflügel mit Stigma — 3

– Fühler kürzer, mit höchstens 16 Gliedern; Stigma im Vorderflügel fehlt oft — 4

3. – Mandibeln groß, schaufelförmig, rechts mit 4 großen Zähnen; nur 1 Art! — *Trigonaloidea*, S. 237

– Mandibeln anders, höchstens mit 3 Zähnen; artenreichste Überfamilie — *Ichneumonoidea*, S. 238

4. – Das erste oder die ersten beiden Hinterleibssegmente (anatomisch also Segment 2 und 3) stielartig (knotig verdickt oder schuppenförmig) — *Formicoidea*, S. 242

– Hinterleib anders ausgebildet — 5

5. – Fühler 12- bis 13gliedrig. Im Vorderflügel mindestens 2 geschlossene Zellen. Hinterflügel mit Basallappen (Ausnahme: *Mutillidae*) — 9

– Fühler mit anderer Gliederzahl, oder Vorderflügel ohne geschlossene Zellen. Hinterflügel meist ohne Basallappen. Körper oft klein bis winzig — 6

6. – Hinterleib seitlich zusammengedrückt. Vorderflügel ohne Costa und Pterostigma. Radialzelle groß, dreieckig — *Cynipoidea*, S. 239

– Hinterleib meist nicht seitlich zusammengedrückt, Flügelgeäder anders — 7

7. – Hinterflügel mit deutlichen Basallappen. Fühler 10gliedrig, nicht gekniet. Pterostigma groß. Vorderbeine der Weibchen meist zu Greifwerkzeugen umgebildet. Körper nicht metallisch gefärbt — *Dryinidae*, zu *Bethyloidea*, S. 241

– Hinterflügel ohne Basallappen, Fühler meist gekniet — 8

8. – Pronotum reicht nicht bis zu den Tegulae. Körper vielfach metallisch gefärbt. Flügeladerung charakteristisch (s. Abb. S. 240) — *Chalcidoidea*, S. 240

– Pronotum reicht nach hinten bis zu den Tegulae. Keine Metallfärbung. Flügelgeäder anders — *Proctotrupoidea*, S. 241

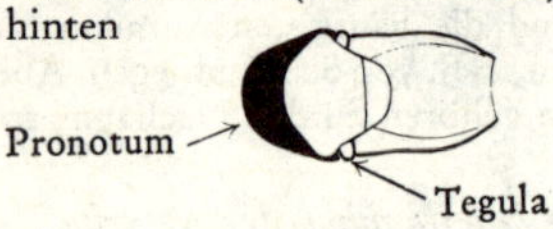

9. – Körper, zumindest Kopf und Brust, auffallend metallisch gefärbt. Hinterleib nur mit 3–5 sichtbaren Tergiten — *Chrysididae* u. *Cleptidae*, zu *Bethyloidea*, S. 241

– Körper nicht metallisch und/oder Hinterleib mit mehr als 5 sichtbaren Tergiten — 10

10. – Das Pronotum reicht nach hinten bis zu den Tegulae ... 11

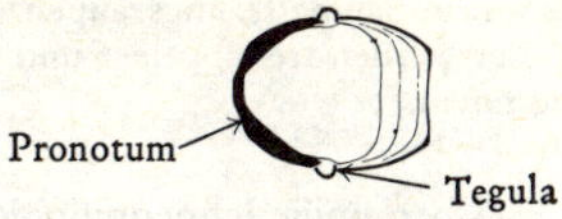

– Das Pronotum reicht nicht bis zu den Tegulae, sondern bildet eine Vorwölbung über der ersten Atmenöffnung des Thorax ... 13

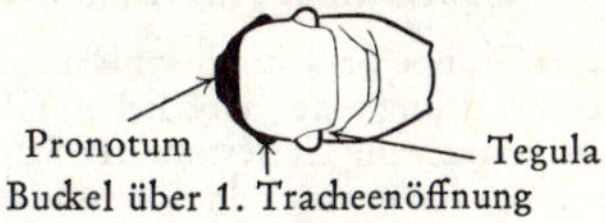

11. – Vorderflügel in der Ruhestellung der Länge nach zusammengefaltet; Augen ausgerandet nierenförmig ... *Vespoidea,* S. 245

Flügel längs gefaltet

– Vorderflügel nicht so gefaltet; Augen gewöhnlich nicht ausgerandet ... 12

12. – Beine lang, besonders die Hinterschenkel ... *Pompiloidea,* S. 247

– Beine gewöhnlich kurz und kräftig, Hinterleib auf der Unterseite mit tiefem Einschnitt (Bauchfurche) zwischen 1. und 2. Segment ... *Scolioidea,* S. 242

13. – 1. Hinterfußglied verbreitert, an der Innenseite meist bürstenartig behaart ... *Apoidea,* S. 248

– 1. Hinterfußglied nicht verbreitert, nicht bürstenartig behaart ... *Sphecoidea,* S. 248

Überfamilie Evanioidea *Hungerwespen*

Alle Vertreter dieser Gruppe sind mittelgroße, parasitische Tiere, die gewöhnlich schwarz oder schwarz und rot gefärbt sind. Alle sind daran zu erkennen, daß der

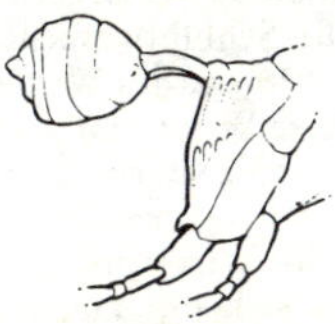

Seitenansicht einer Hungerwespe *(Evania),* die den hoch oben am Propodeum des Brustabschnittes ansetzenden Hinterleib zeigt

eigentliche Hinterleib hoch oben am Propodeum, dem in den Thorax eingeschmolzenen 1. Hinterleibssegment, ansetzt und vergleichsweise winzig ist – die Tiere machen einen „verhungerten" Eindruck. Drei Familien sind mit insgesamt ca. 40 Arten im Gebiet vertreten. Die Familien unterscheiden sich vor allem in der Flügellagerung, der Gestalt des Hinterleibes und den Wirtsinsekten, die sie befallen. Die Larven der **Aulacidae** entwickeln sich in Larven holzbewohnender Käfer und Holzwespen, die der **Gasteruptionidae** bei Larven aculeater Hymenopteren, deren Futtervorräte sie fressen, nachdem sie das Wirtsei oder die Larve vernichtet haben, und die der **Evaniidae**-Arten in den Eikapseln von Schaben.

Überfamilie Trigonaloidea

Aus dieser Gruppe ist nur eine Familie mit einer ziemlich seltenen Art, *Trigonalos hahni* (Tafel 39), in Mitteleuropa vertreten, die als Hyperparasit in parasitischen

Schlupfwespenlarven in Schmetterlingsraupen lebt. Der Legebohrer ist rückgebildet, die sehr kleinen Eier werden frei abgelegt und vom Wirt des Primärparasiten mit der Nahrung aufgenommen.

Überfamilie Ichneumonoidea *Schlupfwespen*

Diese sehr große Gruppe parasitischer Hymenopteren spielt eine sehr wichtige Rolle bei der Aufrechterhaltung eines natürlichen Gleichgewichts und dem Zusammenbrechen der Massenvermehrungen bestimmter Schadinsekten. Nur wenige Arten greifen Spinnen an – die meisten entwickeln sich in Insekten, besonders Schmetterlingen bzw. deren Raupen. Die Gruppe ist an den langen Fühlern, dem gewöhnlich im Vorderflügel vorhandenen Stigma und der nahezu oder völlig fehlenden Costalzelle zu erkennen. Im Gebiet kommen vier Familien, die *Ichneumonidae*, *Braconidae*, *Aphidiidae* und die *Agriotypidae*, vor, die sich vor allem in der Flügeladerung unterscheiden.

Die Larven der Echten Schlupfwespen, **Ichneumonidae**, leben vorzugsweise in Schmetterlingsraupen. Blattwespen-, Dipteren- und Käferlarven sind andere Hauptwirte. Eine kleine Zahl von Arten aus den Unterfamilien der *Gelinae (= Cryptinae)* und *Ephialtinae* leben auch als Hyperparasiten in anderen Parasitenlarven. Viele Arten sind nicht auf eine bestimmte Wirtsart festgelegt, aber nicht selten auf eine bestimmte Wirtsgruppe im systematischen Sinne fixiert. Die Imagines kann man häufig auf Blüten antreffen oder auf Pflanzen, wo sie nach geeigneten Wirten suchen, wobei sich ihre Fühler ständig stark bewegen. Hat das Weibchen einen solchen Wirt gefunden, legt es ein oder mehrere Eier mit Hilfe des dünnen Legestachels an oder in ihn. Der Legestachel entspringt auf der Unterseite des Hinterleibs unmittelbar vor der Spitze wie bei allen *Terebrantia.* Nur bei den *Aculeata* tritt beim Stechen der zum Wehrstachel umgebildete Legestachel direkt an der Spitze des Hinterleibes aus.

Die Echten Schlupfwespen stechen den Körper des Wirtes gewöhnlich mit Hilfe des Legestachels an und legen ein, selten mehrere Eier in ihn hinein. Nur wenige Arten legen die Eier an der Außenseite des Wirtes ab. In diesen Fällen müssen sich die schlüpfenden Larven selbst einen Weg in den Wirt hinein suchen oder aber sie heften sich nur an ihm fest und fressen ihn von außen her an. Die Schlupfwespenlarven beschränken sich dabei zunächst auf die nicht lebenswichtigen Organe des Wirtes und dezimieren seine Reserven, lassen ihn aber am Leben. Parasitierte Wirte sind gewöhnlich kleiner als unparasitierte und machen einen trägen Eindruck. Sie sitzen oft frei auf den Blättern, während sich gesunde verbergen. Sind die Schlupfwespenlarven nahezu erwachsen, dann greifen sie auch die lebenswichtigen Organe des Wirtes an und töten ihn. Sie verpuppen sich danach in kleinen Seidenkokons, die sich im Inneren oder außen an der leeren Körperhülle des Wirtes befinden können. Die Verpuppung des Wirtes kann bei manchen Arten erfolgen, bevor der Parasit ausgewachsen ist. Fast stets entwickelt sich nur ein Parasit pro Wirt.

Die Echten Schlupfwespen können in der Wirtslarve oder Wirtspuppe oder auch als Imago überwintern, die im Spätsommer aus den Wirten geschlüpft ist. Gewöhnlich überwintert das begattete Weibchen, während die Männchen im Herbst absterben.

Sehr auffällig sind die großen, gelb- bis rotbraunen *Ophion*-Arten, die ihren Legestachel auch als Wehrstachel benutzen und damit auch Menschen schmerzhaft stechen können. Sehr ähnlich, doch mit etwas anderer Flügeladerung und schwarzem Körperhinterende ist *Netelia testacea* (Tafel 39). Die Larven leben in Eulen-Raupen. Die Imagines werden nachts nicht selten von hellem Licht angelockt. Die auffälligsten aller Schlupfwespen sind aber wohl die Weibchen der großen *Rhyssa*-Arten (Tafel 39), deren Körper länger als 30 mm, deren Legebohrer aber sogar länger als 40 mm sein kann. Ihre Larven sind Parasiten der großen Holzwespenlarven (z. B. *Urocerus gigas,* Tafel 37). Die *Rhyssa*-Weibchen vermögen die Wirtslarven in ihren Gängen im Holz zu entdek-

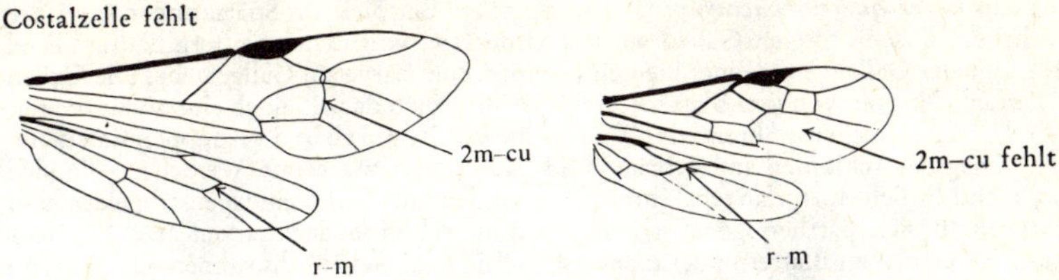

Flügeladerung der *Ichneumonidae* (links) und der *Braconidae*. Besonders zu beachten ist das Vorhandensein bzw. Fehlen der Querader 2 m–cu im Vorderflügel und die unterschiedliche Position der Querader r–m im Hinterflügel

ken und treiben dann zielsicher ihren dünnen Legebohrer durch das Holz. Hierbei bewegen sich die beiden Hälften des Legebohrers über ca. 30 Minuten äußerst schnell vor und zurück und dringen nach dem Prinzip eines Drillbohrers in das Holz ein. An jede Holzwespenlarve wird nur ein Ei abgelegt, und die ausschlüpfende Larve frißt äußerlich an dem Wirt.

Die Vertreter der Brackwespen, **Braconidae,** sind in Lebensgewohnheiten und Aussehen den Echten Schlupfwespen im Prinzip ähnlich. Wohl am bekanntesten ist *Apanteles glomeratus* (Tafel 39), ein Parasit der Raupen von Weißlingen und anderen Schmetterlingen. Eine große Kohlweißlingsraupe kann 150 und mehr Parasiten enthalten, deren gelbe Kokons häufig die tote Raupe oder Puppe umgeben und dann als „Raupeneier" bezeichnet werden (Tafel 39). Außerdem gibt es auch bei den Brackwespen Einzelparasiten.

Als Blattlauswespen oder **Aphidiidae** werden kleine, meist 2–3 mm lange Schlupfwespen von den Braconiden abgetrennt, deren Larven ausschließlich als Innenparasiten bei Blattläusen leben. Die *Aphidius*-Arten und andere kleben den Körper des toten Wirtes auf der Unterlage fest, bevor sie sich in oder unter ihm verpuppen. Die mumifizierten Wirtskörper bleiben noch lange, nachdem der Parasit durch ein kleines Loch ausgeschlüpft ist, auf der Futterpflanze haften.

Die **Agriotypidae** sind in Europa nur mit der Art *Agriotypus armatus* vertreten, die aber biologisch erwähnenswert ist, weil sich ihre Larve in Köcherfliegenlarven entwikkelt. Die Puppe überwintert im Wirtsgehäuse, das durch ein Gespinstband bis zu 5 cm Länge als befallen gekennzeichnet ist. Dieses Band dient offenbar dem Gasaustausch. Die im Frühjahr schlüpfenden Imagines lassen sich passiv zur Wasseroberfläche auftreiben. Die Weibchen tauchen zur Eiablage aktiv und suchen nur verpuppungsreife oder bereits verpuppte Köcherfliegenlarven auf.

Überfamilie Cynipoidea

Die Vertreter dieser Gruppe sind klein bis winzig und zeigen eine recht charakteristische Flügeladerung (Tafel 38). Der Hinterleib ist bei den einzelnen Arten mehr oder weniger stark seitlich zusammengedrückt, die Tiere sind meist düster, einige aber auch gelblich oder rotbraun gefärbt. Die wichtigste Familie, zu der auch die meisten Arten gehören, sind die Gallwespen oder **Cynipidae**. Sie sind besonders interessant, weil ein Teil der Arten, die namengebend für die ganze Gruppe wirkten, an Pflanzen Gallen hervorrufen und es bei ihnen zu einem Wechsel zwischen geschlechtlicher und ungeschlechtlicher Fortpflanzung kommt. Jede dieser Arten ruft an den Pflanzen artcharakteristische Gallformen hervor, die sich häufig leichter als die Tiere selbst bestimmen lassen. Eine der meistbefallenen Pflanzen ist die Eiche, aber auch auf Rosen sind derartige Gallen nicht selten.

Neuroterus quercus-baccarum ist ein typisches Beispiel. Im Spätsommer sind ihre rötlichen, linsenförmigen Gallen auf der Unterseite von Eichenblättern häufig (Tafel 38). In jeder Galle frißt in einer kleinen Kammer eine Larve am Gallgewebe. Die Gallen fallen im Oktober von den Blättern, wachsen aber auch danach noch eine Weile weiter. Die Larven schließen während des Winters ihr Wachstum ab und verpuppen sich dann. Die Imagines schlüpfen im Februar und März, und zwar nur Weibchen, die sich ungeschlechtlich fortpflanzen. Ihre Eier werden an Eichenknospen abgelegt und entwickeln sich parthenogenetisch. Die hieraus schlüpfenden Larven erzeugen rote kugelige Gallen an Blättern oder männlichen Blüten (Tafel 38). Aus ihnen schlüpfen im Mai und Juni erwachsene Tiere, und zwar die Männchen und Weibchen der Sommergeneration. Nach der Paarung legen diese Weibchen ihre Eier in das Gewebe von Eichenblättern. Aus ihnen entwickeln sich dann wieder die linsenförmigen Gallen und die Weibchen der Frühjahrsgeneration.

Bei der gemeinen Rosengallwespe *Diplolepis rosae*, die die großen, behaarten Schlafäpfel oder Bedeguare hervorruft, gibt es keinen Generationswechsel. Männchen sind bei dieser Art sehr selten, und sie pflanzt sich wie eine Reihe verwandter Arten vor allem parthenogenetisch fort.

Der Mechanismus der Gallbildung ist bisher nicht voll zu erklären. Ein wesentlicher Faktor ist dabei, daß die sich entwickelnde Larve durch ihre Anwesenheit das Pflanzengewebe in ganz spezifischer Weise zum Wachstum veranlaßt, wodurch hinreichend Nahrung für die Larve erzeugt wird. Eine Fortsetzung des Wachstums in einer einmal gebildeten Galle kann aber z. B. bei *Neuroterus quercus-baccarum* auch durch Heteroauxin *ohne* Anwesenheit einer Larve bewirkt werden.

Viele andere Insekten machen sich die einmal gebildete Galle zunutze, wobei die Gallwespenlarve oft verhungert oder getötet wird. Eine ganze Anzahl von *Cynipidae* erzeugt selbst keine Gallen, sondern lebt als Nahrungs-Parasiten in den Gallen anderer Gallwespen. Sie töten hierbei den „rechtmäßigen Besitzer" nicht, doch kann er bei zu starkem Befall verhungern. Echte Parasiten, die sowohl die Gallbildner wie die Nahrungsparasiten befallen, sind häufig. Besonders sind hier Ichneumoniden und Chalcidoidea zu nennen, die mit ihren langen Legebohrern die Larven im Inneren der Gallen erreichen können.

Rein parasitisch leben die **Ibaliidae,** eine artenarme Gruppe, die in Holzwespenlarven parasitiert, und die **Eucoilidae,** die Parasiten von Fliegenlarven sind. Eine Eucoilea-Art ist als Parasit der Fritfliege (s. S. 217) wichtig.

Überfamilie Chalcidoidea *Erz- oder Zehrwespen*

Dieses ist wohl mit mehr als 2000 bekannten mitteleuropäischen Arten die größte Überfamilie unter den Insekten. Da die Tiere sehr winzig sind, muß ohne Zweifel noch mit einer großen Zahl bisher nicht beschriebener Arten gerechnet werden. Sie sind allgemein verbreitet, finden sich häufig an Fensterscheiben und fehlen wohl in keinem Streifnetz im Sommer. Ihre Winzigkeit verlockt aber niemand zu genauerem Studium. Die meisten Chalcididen haben eine Länge unter 3 mm. Viele von ihnen sind jedoch

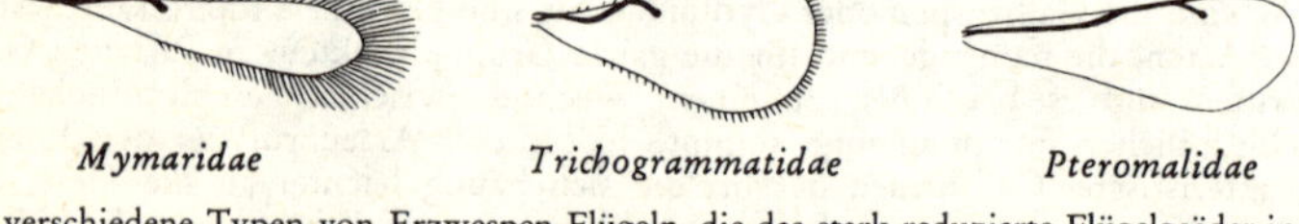

Drei verschiedene Typen von Erzwespen-Flügeln, die das stark reduzierte Flügelgeäder in dieser Überfamilie zeigen

bunt, vor allem metallisch grün oder blau, gefärbt, und man kann sie als schöne Tiere bezeichnen (Tafel 39). Die meisten sind Parasiten oder Hyperparasiten, die die Eier, Larven und Puppen anderer Insekten befallen. Wenige Arten sind Pflanzenfresser, ernähren sich von Samen oder rufen Pflanzengallen hervor. Die parasitischen Arten verpuppen sich gewöhnlich in ihrem Wirt.

Als Überfamilie können die *Chalcidoidea* gewöhnlich an ihren geknieten Fühlern und die geflügelten Arten an der charakteristischen, fast völlig fehlenden Flügeladerung erkannt werden. Die weitere Trennung in die 13 oder 14 in Mitteleuropa vorkommenden Familien ist jedoch schwierig. Die **Mymaridae** sind an ihren schmalen, gestielten Flügeln mit langen Wimperhaaren zu erkennen. Diese winzigen Wesen parasitieren in den Eiern anderer Insekten. Zu ihnen gehören die kleinsten Insekten überhaupt, die nur 0,2 mm Länge erreichen. Auch die **Trichogrammatidae** sind winzige Eiparasiten. Sie können an den dreigliedrigen Füßen und charakteristischen Haarstreifen auf den Flügeln erkannt werden. Einige dieser Arten wurden in der biologischen Schädlingsbekämpfung vor allem gegen schädliche Kleinschmetterlinge eingesetzt. Weiter seien hier die Familien der **Pteromalidae**, deren Hinterleib in der Seitenansicht oft mehr oder weniger dreieckig erscheint (Tafel 39), und die **Torymidae** genannt. Die Vertreter dieser Familie sind ziemlich langgestreckte, oft strahlend metallisch-grün gefärbte Tiere. Sie leben besonders als Parasiten von gallerzeugenden Insekten, und die Weibchen tragen meist recht lange Legebohrer, mit Hilfe derer sie die Larven in den Gallen erreichen können.

Überfamilie Proctotrupoidea

Auch dieser Familie wird häufig ebenso wie der vorangegangenen die Bezeichnung der „Zehrwespen“ zugelegt. Es ist diese und die folgende Überfamilie, die Merkmale der parasitischen *Terebrantia* und der *Aculeata* vereinen. Die *Proctotrupoidea* sind kleine oder winzige Parasiten, haben aber verschiedene anatomische Gemeinsamkeiten mit Wespen. Es sind fast alles schlanke schwarze Tiere, die eine große Vielzahl anderer

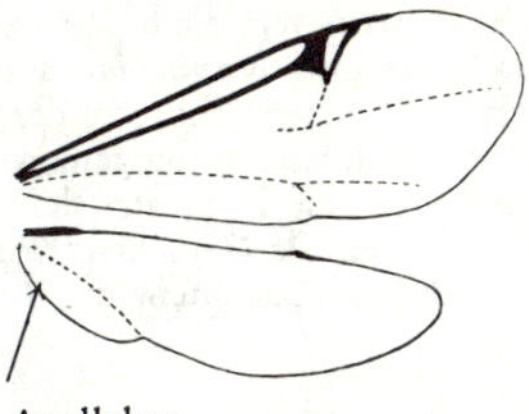

Flügel von *Phaenoserphus* (Familie *Proctotrupidae*) mit der für diese Gruppe charakteristischen reduzierten Aderung und dem Anallobus am Hinterflügel. Dieser Anallobus fehlt aber den meisten Proctotrupiden

Insekten befallen, darunter auch deren Eier. Auch bei ihnen ist die Flügeladerung oft stark reduziert, und es sind auch flügellose Arten bekannt. Einige Arten tragen auf dem Vorderflügel ein Stigma. In dieser Gruppe kommt Polyembryonie vor, d.h. es wird nur ein Ei in einen Wirt abgelegt, aus dem sich dann aber mehrere identische Larven entwickeln. Die umfangreichste unter unseren Familien ist die der **Platygasteridae**, deren Larven vor allem bei den Larven von Gallmücken parasitieren (*Cecidomyiidae*, s. S. 202). So befallen z.B. *Platygaster zosina* (Tafel 39) und andere Arten die Hessenfliege.

Überfamilie Bethyloidea

Obwohl auch alle Vertreter dieser Überfamilie prarasitisch leben, zeigen auch sie viele gemeinsame Merkmale mit den nicht-parasitischen *Aculeata*. Die systematische Stellung dieser Gruppe ist daher umstritten. Am besten sind wohl die Goldwespen oder

Chrysididae bekannt. Diese Tiere sind leuchtend-bunt, metallisch-grün, blau, goldrot und violett gefärbt (Tafel 40) und leben als Parasiten bei solitären Bienen und Wespen. In Mitteleuropa ist *Chrysis ignita* häufig, während die auffällige Art *Stilbum cyanurum* in wärmeren Gebieten weit verbreitet ist. Sie kommt in den südwestlichen Alpentälern und vom Wallis aus nach Süden und Osten vor.

Überfamilie Scolioidea

Wenn diese Gruppe auch zu den *Aculeata* gerechnet wird, enthält sie doch auch Parasiten. Über ihre systematische Stellung besteht noch keine Einigkeit, und in jüngster Zeit (1975) entstand die Ansicht, daß **Tiphiidae, Sapygidae** und **Mutillidae** sich unabhängig von den übrigen Familien entwickelt haben und deshalb eine eigene Überfamilie der **Mutilloidea** bilden. Die in Mitteleuropa lebenden Parasiten dieser Gruppe leben an Larven von Bienen, Wespen und Sandlaufkäfern. Die meisten Arten besitzen sehr harte Körper und kräftige Stachel. Die **Mutillidae** werden auch als Ameisenwespen, Bienen- oder Spinnenameisen bezeichnet, obwohl sie nichts mit den Ameisen zu tun haben. Der Name ist entstanden, weil die Weibchen, die man meist trifft, ungeflügelt sind und eine gewisse oberflächliche Ähnlichkeit mit Ameisen besitzen. Die Tiere sind jedoch mehr oder weniger stark behaart (Tafel 40).

Die sehr stattlichen Dolchwespen, **Scoliidae**, sind in Mitteleuropa nur mit 2 mittelgroßen Arten vertreten, *Scolia hirta* Schrnk. und *Scolia quadripunctata* Fabricius. Die Tiere sind stark behaart, schwarz gefärbt und durch gelbe oder orangerote Abzeichen auffällig. Im Gegensatz zu den Spinnenameisen sind hier beide Geschlechter geflügelt. Die Flügel sind oft dunkel gefärbt und tragen häufig metallischen Glanz. Die Larven leben als Ektoparasiten an verschiedenen Käferlarven. *Scolia flavifrons* aus Südeuropa ist der größte europäische Hautflügler überhaupt (Tafel 40).

Überfamilie Formicoidea *Ameisen*

Die große Überfamilie enthält bisher ca. 6000 beschriebene Arten, die heute meist auf 4 Familien, die *Myrmicidae, Poneridae, Dolichoderidae* und *Formicidae* aufgeteilt werden. Je etwa die Hälfte der 200 in Europa vertretenen Arten gehört zu der ersten und der letzten dieser vier Familien, während die beiden anderen nur mit ganz wenigen Arten vertreten sind. Alle Ameisen sind soziale Insekten, die in Staaten leben und gewöhnlich in 3 verschiedenen Formen oder Kasten auftreten: als Weibchen (Königin), Männchen und Arbeiter. Eine Reihe von Arten sind Sozialparasiten, die Arbeiter anderer Arten zur Brutaufzucht etc. benötigen.

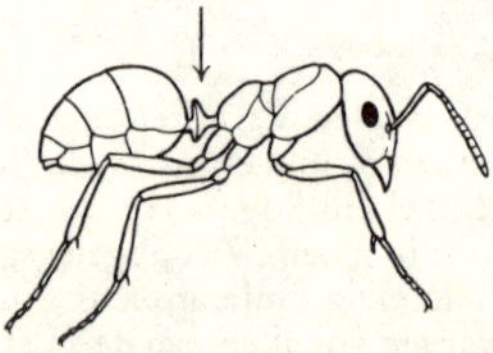

Seitenansicht einer Ameise. Der Pfeil markiert die Position des schuppen- oder knotenartigen Teils des Petiolus

Ameisen kann man stets von anderen Insekten an der Form des Petiolus unterscheiden, seien sie nun geflügelt oder ungeflügelt. Dieser „Knoten" besteht aus ein oder zwei Hinterleibssegmenten, die gewöhnlich verdickt sind oder Schüppchen tragen. Auch die geknieten Fühler der Ameisen sind ein brauchbares Unterscheidungsmerkmal gegen die meisten anderen Insekten. In einigen Familien ist ein Stachelapparat ausgebildet (z. B. *Myrmicidae, Poneridae*), der bei den übrigen stark oder völlig rückgebildet ist. Diese Gruppen verteidigen sich durch das Ausspritzen von Ameisensäure, die von den erhalten gebliebenen Drüsen des Stachelapparates gebildet wird. Die Mandibeln der Ameisen sind groß und kräftig ausgebildet und viele größere Arten können schmerzhaft beißen.

Den größten Anteil an einem Ameisenstaat machen die Arbeiter aus. Dies sind flügellose Weibchen mit schwach entwickelten Keimdrüsen, die nur unter bestimmten Umständen (beim Fehlen einer Königin) Eier legen können. Die Arbeiter sind nicht immer einheitlich ausgebildet. Bei verschiedenen Arten gibt es zwei oder mehr Arbeiterkasten. Großköpfige Arbeiter sind zum Beispiel bei Arten wie *Messor* (Tafel 40) vorhanden und werden als Soldaten bezeichnet. Ihre Aufgabe besteht in der Verteidigung des Staates. Eine merkwürdige Ausbildung sind die sog. „Honigtöpfe", die bei honigtausammelnden Arten auftreten. Diese Arbeiter hängen sich an der Decke einer Nestkammer auf und nehmen als Dauerspeicher im gewaltig aufgetriebenen Hinterleib den von anderen Arbeitern eingetragenen Honigtau auf. Wenn sie dazu aufgefordert werden, geben sie ihn wieder an Nestbewohner ab. Diese Honigameisen kommen in Mitteleuropa nicht vor.

Eine Honigtopfameise, ein lebender, durch Nahrung aufgeschwollener Vorratsbehälter. Diese Tiere hängen normalerweise bewegungslos von der Decke des Nestes herab in die Nestkammer

Zu bestimmten Jahreszeiten entstehen Männchen und voll entwickelte Weibchen. Beide Geschlechter sind gewöhnlich geflügelt und unternehmen Paarungsflüge. In jeder Gegend gibt es in der Regel einen Tag im Jahr, an dem die überall verbreiteten Gartenameisen in Massen schwärmen und jedermann belästigen. Die Entwicklung der Ameisen ist weitgehend von der Witterung abhängig, und dies stellt sicher, daß die Geschlechtstiere aus allen Nestern einer Gegend zum gleichen Zeitpunkt ausschwärmen. Nach der Paarung, die gewöhnlich in der Luft erfolgt, kehren die Tiere auf den Erdboden zurück, und die Männchen sterben bald. Die Weibchen werfen ihre Flügel ab und suchen geeignete Örtlichkeiten zur Anlage neuer Nester. Nur ein geringer Prozentsatz wird hierbei nicht von Vögeln gefressen.

Bei bestimmten Arten können die begatteten Weibchen auch in ein bereits vorhandenes Nest einwandern, das in diesem Fall dann mit mehr als einer „Königin" weiterexistiert. Bei anderen Arten sucht sich jedes Weibchen einen eigenen Nestplatz. Hier verbirgt es sich bis zum nächsten Frühjahr und lebt in dieser Zeit von den in seinem Körper gespeicherten Reservestoffen und der Flugmuskulatur, die nun nicht mehr benötigt und daher abgebaut wird. Die Eier reifen in dieser Zeit und werden im Frühjahr abgelegt. Die ausschlüpfenden Larven werden mit flüssiger Nahrung aus dem Kropf, z. T. auch mit Speicheldrüsensekret gefüttert. Sobald nach ihrer Verpuppung die ersten Arbeiterinnen schlüpfen, übernehmen sie die weitere Pflege und den Ausbau der Kolonie, und die Königin beschränkt sich nun nur noch auf das Eierlegen.

Die Arbeiterinnen bauen das Nest um die Kammer der Königin herum auf und legen eine große Zahl von Kammern und Gängen an. Die Nestanlage unterscheidet sich von Art zu Art – sie kann unterirdisch, in hohlen Bäumen oder in Nesthaufen, die von den Ameisen aufgetürmt werden, erfolgen. Die Königin bleibt in ihrer Kammer, legt Eier und wird von den Arbeiterinnen gefüttert und gepflegt. Die Eier werden aus dieser Kammer fortgetragen und schlüpfen an anderen Orten. Sie sind winzig – bei dem als „Ameiseneier" bezeichneten Fischfutter handelt es sich um die Puppen, nicht die Eier von Ameisen! Die Larven werden je nach Art in wechselndem Umfang mit flüssiger oder zerkauter fester Nahrung gefüttert und während ihres Heranwachsens häufig in andere Kammern des Nestes gebracht. Es kommt auch zu wechselseitiger Fütterung zwischen Arbeiterinnen und Larven, wenn letztere süße Sekrete abscheiden. Die Puppen werden gewöhnlich dicht unter der Oberfläche des Nestes aufbewahrt, wo sie von der Sonne etwas erwärmt werden und sich dadurch schneller entwickeln. Zwischen den Arbeiterinnen eines Nestes besteht eine bemerkenswerte Zusammenarbeit, und es kommt zwischen ihnen durch gegenseitiges Berühren mit Kopf und Fühlern zu ständigem Informationsaustausch. Viele Kolonien sind erstaunlich dauerhaft und langlebig. Die einzelnen Arbeiterinnen leben jeweils nur kürzere Zeit, die Königinnen jedoch mehrere Jahre, und ein ständiger Informationsaustausch zwischen den Arbeiterinnen sorgt dafür, daß von diesen rechtzeitig neue Königinnen herangezogen werden, die das Fortbestehen der Kolonie sicherstellen.

Unter den Ameisen findet sich eine ähnliche Vielfalt der Ernährungsweisen wie in der Evolution des Menschen: Die meisten primitiven Ameisen sind wie die frühen Menschen Jäger. Sie fressen vorwiegend Fleisch und durchstreifen die Umgebung des Nestes nach Beute. Einige dieser Ameisen haben keine ständigen Nester, sondern „kampieren" nur von Zeit zu Zeit, um eine neue Brut heranzuziehen. Diejenigen Arten, die schon Dauernester besitzen, entwickeln sich nicht zu großen Kolonien. In Analogie zu menschlichen Gewohnheiten werden bestimmte Ameisen als „Viehzüchter" bezeichnet. Diese Ameisen pflegen Blattläuse und sammeln ihre süßen Ausscheidungen, ferner Blütennektar und andere pflanzliche Nahrung ein. Eine Reihe von Ameisenarten pflegt die Blattläuse sogar in ihren Nestern – sie sammeln sie ein und setzen sie an Pflanzenwurzeln zum Saugen an.

Die meisten mitteleuropäischen Ameisenarten gehören dieser Gruppe der Sammler und „Viehzüchter" an. Die höchste Entwicklungsstufe repräsentieren die „Ackerbauern" in Gestalt der *Attini* des tropischen Amerikas. Diese Ameisen sind Pilzfresser und ziehen ihre Nahrung tatsächlich selbst auf besonders vorbereiteten, zerkauten Blättermassen, ähnlich wie in menschlichen Pilzzuchten, heran. Sie werden auf Grund ihres großen Blätterverbrauches als Blattschneiderameisen bezeichnet, fressen jedoch die Blätter selbst nicht.

Unter den Ameisen gibt es die verschiedensten Stufen des Sozialparasitismus und der Sklaverei. Bei einer Reihe von Arten kommt es zum sog. zeitweiligen Sozialparasitismus. Das begattete Weibchen sucht das Nest einer anderen (oft nahe verwandten) Art auf, wo es aufgenommen wird und mit dem Eierlegen beginnt. Die Eier und die schlüpfenden Larven werden von den Arbeiterinnen der Gastart betreut und aufgezogen. Sehr häufig wird die Königin des Gastvolkes später von dem eingedrungenen Weibchen getötet. Damit sterben die Arbeiterinnen dieser Art langsam aus, und das Nest geht auf die Gastart über. Diese kann das vorhandene Nest durchaus weiter betreuen – nur das Weibchen allein ist nicht mehr zu gleichzeitigem Eierlegen und zur Brutaufzucht und damit zu einer selbständigen Koloniegründung fähig.

Ein sehr bekanntes Beispiel für Sklavenhaltung sind die Arten *Formica sanguinea* Latr. und *Formica fusca* L. Arbeiterinnen der erstgenannten Art überfallen Nester verwandter Arten, wie z. B. von *F. fusca*, und rauben die Puppen dieser Art. Diese werden im *sanguinea*-Nest zum Schlüpfen gebracht, und die geschlüpften Tiere arbeiten dann dort. *F. sanguinea* kann ohne derartige „Sklaven" durchaus fortkommen, doch gibt es andere Ameisenarten, die ständig auf „Sklaven" angewiesen sind. Bei ihnen schwärmen die ersten geschlüpften Arbeiterinnen aus, um Sklavenpuppen zu sammeln, und der Nestbau beginnt bei diesen Arten erst, wenn die Sklaven geschlüpft sind.

Den ausgeprägtesten Sozialparasitismus finden wir bei *Anergates atratulus* Schenk. vor, bei der eigene Arbeiterinnen ganz fehlen. Hier dringt das Weibchen in das Nest der Rasenameise *Tetramorium caespitum* L. ein, und ihre Larven, aus denen sich nur Geschlechtstiere entwickeln, werden von der Wirtsart aufgezogen.

Eine größere Zahl anderer Insekten findet in Ameisenbauten Schutz und Nahrung, und das Studium dieser „Ameisengäste", von denen bisher ca. 3000 bekannt sind, stellt eine umfangreiche Aufgabe dar. Aus Platzmangel kann hier nicht ausführlich darauf eingegangen werden, sondern wir müssen uns auf das Aufzählen der drei wichtigsten Gruppen unter den Ameisengästen beschränken: Es sind dies a) eine Reihe räuberischer Käfer, die zweifellos den Ameisen nicht willkommen sind; b) eine große Zahl von Abfallfressern, darunter Käfer und Fliegenlarven, Springschwänze und die Assel *Platyarthrus hoffmannseggi* Brdt., die von den Ameisen mehr oder weniger ignoriert werden; c) willkommene Gäste, die z. T. auch aktiv von den Ameisen ins Nest transportiert werden, die den Ameisen als Gegenleistung süße Ausscheidungen bieten. Bläulingsraupen (s. S. 163) sind hierfür ein Beispiel.

Überfamilie Vespoidea *Wespen*

Diese Tiere werden auch als „Echte Wespen" bezeichnet, um sie von den Wespen der anderen Überfamilien zu unterscheiden. Die beiden wichtigsten hierher gehörenden Familien sind die der in Staaten lebenden *Vespidae* und die einzeln lebenden *Eumenidae.* Die charakteristischsten Merkmale dieser Überfamilie sind die tief eingebuchteten, nierenförmigen Augen (s. Tafel 42), die in der Ruhestellung der Länge nach zusammengefalteten Flügel (dieses Merkmal fehlt nur den nur mit einer Art, *Celonites abbreviata,* vertretenen **Masaridae**) und das bis zu den Tegulae nach hinten reichende Pronotum (Abb. S. 228).

Alle Wespen ernähren ihre Larven mit Fleisch – Insektenlarven, zerkautem Aas usw. – und unterscheiden sich in dieser Hinsicht grundlegend von den Bienen, die ihre Larven mit Nektar und Pollen füttern. Obwohl die adulten Wespen Nektar und andere süße Stoffe sehr lieben, besitzen sie nicht die zum Blütensaftsaugen umgebildeten Mundwerkzeuge der Bienen, sondern sehr kräftige Mandibeln und eine kurze „Zunge" (Abb. S. 227). Die Wespen haben auch keine Apparate zum Pollensammeln und sind viel weniger stark als die Bienen behaart. Ihre Färbung ist daher im wesentlichen die ihres Chitinpanzers und nicht die der Haare wie bei den Bienen.

Die **Eumenidae** sind mit mehr als 20, z. T. sehr artenreichen Gattungen im Gebiet vertreten, die alle ähnlich wie die Grabwespen (s. S. 248) leben. Besonders auffällig sind die Gattungen der Pillenwespen, *Eumenes,* und die artenreichen Lehmwespen *(Odynerus).* In dieser Familie gibt es keine Arbeiter, und die Tiere leben auch nicht in Staaten zusammen, obwohl die Weibchen ein Nest für die Larven bauen. *Eumenes pedunculatus* ist eine der Töpfer- oder Pillenwespen, die eine ganz charakteristische Körpergestalt haben (Tafel 42). Der deutsche Name bezieht sich auf den Nestbau der Weibchen. Sie tragen feuchten Lehm als Kügelchen zum Nistplatz und formen daraus eine kugelige, mit einem kurzen, engen Flaschenhals als Öffnung versehene Zelle. Diese Zelle verproviantiert die Wespe mit Raupen, die sie durch ihren Stich gelähmt hat, nachdem sie ein Ei an der Decke der Zelle oberhalb der Raupen abgelegt hat. Dann verschließt sie die Zelle und fliegt ab, um eine neue zu bauen. Die Larven ernähren sich während des Herbstes und Winters von den Raupen und schlüpfen als Imago im folgenden Sommer. *Delta unguiculatus* ist ein größerer südeuropäischer Vertreter dieser Gattung.

Zu den Lehmwespen der Großgattung *Odynerus* (Tafel 42) gehören viele schwer unterscheidbare Arten, die ihr Nest in Lehm, Sand oder Ziegelmauern mit weichem Mörtel bauen. Es besteht gewöhnlich aus drei oder vier Zellen oder Kammern, von denen jede mit Raupen und einem einzelnen Ei beschickt werden. Obwohl die Zellen eng beieinanderstehen, leben die Larven unabhängig voneinander, und es kommt zu keinerlei sozialen Verhaltensweisen. Die Elterntiere sehen ihre Nachkommen nie.

Dagegen leben die Faltenwespen – **Vespidae** – sozial in ziemlich großen Staaten zusammen. Bei ihnen sind neben Weibchen und Männchen auch Arbeiter ausgebildet.

Männchen und besonders die Königinnen sind erheblich größer als die Arbeiter (Tafel 43). Die Männchen können an den langen Fühlern erkannt werden, die im Gegensatz zu denen der Weibchen 13 statt 12 Glieder aufweisen. Wespenstaaten dauern nur ein Jahr lang aus, und nur die begatteten Königinnen überstehen den Winter, sind also die einzigen Wespen, die man im zeitigen Frühjahr zu Gesicht bekommt. Die Wespen versehen ihre Nester nicht mit Nahrungsvorräten und schwärmen in der gemäßigten Zone auch nicht, um die Zahl der Kolonien zu vermehren.

Im Gebiet kommen etwa ein Dutzend Arten vor, die früher alle zur Gattung *Vespa* zusammengefaßt wurden. Inzwischen ist jedoch festgestellt worden, daß mindestens 3 Arten als Kuckucksfaltenwespen leben, d. h. als Sozialparasiten, die in das Nest anderer Arten eindringen, dort die Königin töten und ihre Larven von den Arbeitern der Art aufziehen lassen, die das Nest gebaut haben. Auf Grund dieser und anderer Erscheinungen ist die Gattung *Vespa* heute aufgegeben, doch kann man grundsätzliche Gemeinsamkeiten der nestbauenden Arten folgendermaßen zusammenfassen: Das begattete Weibchen überwintert an einem geschützten Ort und sucht im Frühjahr nach einem Ort, der für die Anlage eines neuen Nestes geeignet ist. *Paravespula germanica, P. vulgaris* und *P. rufa* legen ihre Nester häufig oder ausschließlich unterirdisch an, wobei oft Mäuselöcher oder ähnliche Gänge als Beginn genommen und dann ausgebaut werden. *Dolichovespula saxonica, D. sylvestris* und *D. norvegica* befestigen dagegen ihre Nester hängend an Bäumen, auf Dachböden oder an ähnlichen Holzunterlagen. Nester von *D. media* findet man meist in dichtem Gebüsch. Die Hornisse, *Vespa crabro,* bevorzugt stehende oder liegende hohle Bäume. Zu den schon erwähnten Kuckuckswespen gehören *Pseudovespula adulterina* Buys. (Schmarotzer bei *D. saxonica), Ps. omissa* Bisch. (Schmarotzer bei *D. sylvestris)* und die am längsten bekannte *Vespula austriaca,* die bei *P. rufa* lebt.

Nach der Auswahl eines geeigneten Nistplatzes sammelt die Königin Baumaterial. Im Unterschied zu den Bienen besitzen die Wespen keine Wachsdrüsen und können daher auch keine Waben aus Wachs bauen. Sie benutzen dazu eine papiermachéartige Substanz, die sie ähnlich wie in der Papierherstellung durch das Zerkleinern von Holz herstellen. Sie nagen mit Hilfe ihrer kräftigen Kiefer Teilchen von Holz, Zaunpfählen, Telegraphenmasten, Rohrmatten o. ä. ab, die sie durchkauen und mit Speichel vermischen. Daraus werden dann die Waben und die Nesthülle verfertigt. Der Beginn des Nestes wird unter einem kleinen, schirmartigen Dach angelegt, das an der Decke der Höhle oder dem Zweig befestigt ist. Die Zellen liegen darunter mit nach unten gerichteter Öffnung. Die Königin befestigt in jeder Zelle ein Ei und füttert die daraus schlüpfenden Larven mit zerkauten Insekten. Aus diesen Larven gehen Arbeiterinnen hervor, die die Aufgabe des Bauens und der Nahrungsbeschaffung übernehmen, während sich die Königin nunmehr nur noch auf das Eierlegen beschränkt. Weitere Waben werden unter der erwähnten gebaut und jede an der darüberliegenden mit einer Reihe dünner Pappmaché-Säulchen befestigt. Ein voll ausgebildetes *vulgaris-* oder *germanica-*Nest hat meist 8 Waben übereinander und ist von kugeliger bis ellipsoider Gestalt. Wespennester werden von einer dünnen, papierartigen Hülle umgeben, die aus einzelnen Papierblättchen oder -schüppchen hergestellt wird. Die Färbung ist bei den einzelnen Arten, abhängig vom verwendeten Holz, verschieden, bei *P. germanica, P. rufa* und *D. saxonica* z. B. aschgrau, bei *P. vulgaris* in der Regel gelbbraun und bei *V. crabro* häufig rotbraun oder rotbraun gestreift. Jedes der Schüppchen zeigt eine bandartige, halbkreisförmige Streifung – jeder Streifen ist das Werk einer Wespe und der Ladung Holzbrei, die sie herbeitransportiert hat. Der Eingang zum Nest befindet sich gewöhnlich an seinem unteren Pol.

Die Wespenimagines ernähren sich von kohlehydratreichen Substanzen wie Nektar, Honigtau, dem Fleisch und dem Saft reifen Obstes (Obstkuchen!) und eiweißhaltigen Stoffen, die sie auch als Larvenfutter benötigen. Hier sind andere Insekten zu nennen,

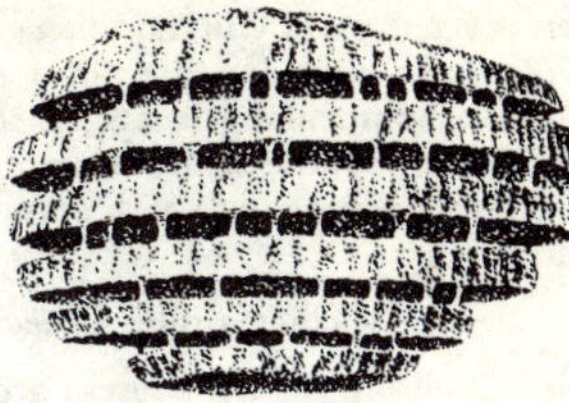

Der innere Aufbau eines Wespennestes mit den übereinanderhängenden einschichtigen Waben aus Papiermaché

aber auch Fleischabfälle (Wochenmärkte!). Wenn auch Wespen als Vertilger besonders von Fliegen eine Rolle spielen, sind die Schäden, die sie durch Fraß an zuckerhaltigen Substanzen hervorrufen, beträchtlich. Auch ihre Rolle als Krankheitsüberträger ist nicht zu unterschätzen. Ein beträchtlicher Teil der Tiere ist mit Coli-Bakterien und Salmonellen verseucht, was gefährlich wird, wenn die Tiere an rohes, zum menschlichen Genuß bestimmtes Fleisch geraten.

Gegen Ende des Sommers werden von den Wespen in bestimmten größeren Zellen Männchen und Weibchen herangezogen. Sobald diese Tiere schlüpfen, beginnt die Kolonie auseinanderzufallen. Die Arbeiter haben nun keine Larven mehr zu betreuen und können ihre ganze Aktivität zuckerhaltigem Futter zuwenden. Zu diesem Zeitpunkt werden die Wespen sehr lästig, sterben aber von allein, sobald es kälter wird. Nur die Weibchen sorgen für das Überleben der Art bis zum nächsten Frühjahr.

Zu den *Vespidae* gehören auch die Feldwespen, die mit einer Reihe von Arten nur auf dem Kontinent vertreten sind und z. B. in England nicht vorkommen. Die Arten der Gattung *Polistes* bauen kleine Nester mit gewöhnlich weniger als 100 Zellen und ohne schützende Papierhülle. In Deutschland sind die Nester einwabig. Diese Tiere sind zarter als die bisher beschriebenen. In Südeuropa gibt es auch für diese Gruppe Schmarotzer – Feldwespen der Gattung *Sulcopolistes*, die jedoch die Königin der Wirtsart nicht töten, sondern nur durch ein bestimmtes Verhalten „unterdrücken“, bis die eigenen Larven aufgezogen sind. *S. atrimandibularis* kommt auch im Ahrtal und in Kärnten und der Schweiz vor.

Überfamilie Pompiloidea *Wegwespen oder Spinnentöter*

Diese Gruppe ist im Gebiet vor allem durch die Familie der **Pompilidae** mit rund 100 Arten vertreten. Sie können an dem Pronotum, das nach hinten bis zu den Tegulae reicht, und den langen, dünnen Beinen erkannt werden. Der Hinterleib vieler Arten ist schwarz und orangerot gezeichnet (Tafel 41). Alle Arten leben solitär und tragen zur Versorgung der Larven Spinnen in ihre Nester ein (Name!). Viele Arten leben in Sandgebieten und bauen, wie die *Sphecoidea*, ihr Nest im Boden. Diese Eigenschaft war Ursprung für den anderen deutschen Namen, den der „Wegwespen“.

Die Lebensweise aller Arten ist recht ähnlich. Die Tiere schlüpfen im Sommer. Nach der Paarung beginnen die Weibchen, nach Spinnen zu suchen. Sie machen in äußerst gewandtem Lauf auf diese Jagd und lähmen sie mit einem Stich, sobald sie sie gefangen haben. Danach graben sie mit Hilfe der Mandibeln und der Beine einen Gang. Die Spinne wird in die Nestkammer gezogen und manchmal danach noch eine zweite und dritte Spinne eingetragen. Die Wespe legt dann ihr Ei auf eine der Spinnen ab, verschließt den Gang und beginnt mit der ganzen Prozedur aufs neue. Die Larven fressen bis zum Winter an den Spinnen und überdauern die kalte Jahreszeit als Larve oder im Vorpuppenstadium. Danach verpuppen sie sich, und die Imagines schlüpfen im Sommer. Die Pompiliden-Männchen kümmern sich nicht um Spinnen und besuchen ausschließlich Blüten. Gewöhnlich sind sie kleiner und schlanker als die Weibchen.

Wie in den vorgenannten Überfamilien gibt es auch in der Überfamilie der *Pompiloidea* Schmarotzer. Es sind dies die mit 4 Arten vertretenen **Ceropalidae**, die andere Wegwespen beim Spinnenfang belauern, sodann blitzschnell ihr Ei in die Tracheenlunge der gelähmten Spinne schieben und es in das Nest des Spinnenjägers eintragen lassen. Die daraus schlüpfende Larve entwickelt sich schneller als die des Wirtes und tötet sie schließlich.

Überfamilie Sphecoidea *Grabwespen*

Hier handelt es sich um die bei weitem größte Gruppe der solitären Wespen, die mit mehr als 250 Arten im Gebiet vertreten sind. Ihre deutsche Bezeichnung „Grabwespen" wird manchmal auch den *Pompiloidea* zugelegt, sollte aber auf die *Sphecoidea* beschränkt bleiben, obwohl keineswegs alle Arten graben. Eine Reihe von Arten legt Nester in hohlen Stengeln und an ähnlichen Orten an. Es gibt nur eine Familie, die **Sphecidae**, die jedoch in eine Reihe von Unterfamilien aufgeteilt wird. Die Vertreter der Unterfamilie **Sphecinae** werden auch als Sandwespen bezeichnet, da sie ihre Bauten an ausgesprochenen Sandplätzen anlegen. Die beiden Gattungen mit etwa einem halben Dutzend Arten, für die *Ammophila sabulosa* (Tafel 41) typisch ist, können an der Gestalt des Hinterleibes erkannt werden – er beginnt mit einem dünnen Stiel und endet keulenförmig. Der mittlere Teil des Hinterleibes ist bei unseren Arten immer gelbrot gefärbt.

Im Gegensatz zu den spinnenjagenden Pompiliden graben die Sandwespen die Höhle vor der Jagd. Ein langer Gang erweitert sich am Ende zu einer kolbenförmigen Brutkammer. Ist sie fertig, verschließt die Wespe den Gang und fliegt mehrfach um den Grabplatz herum, um sich die Örtlichkeit einzuprägen. Dann geht das Tier auf die Suche nach Raupen, vor allem solche ohne Behaarung, die sie durch einen Stich lähmt und dann im Fluge oder laufend zum Nistplatz befördert. Sie zieht sie dann in die wiedergeöffnete Brutkammer und legt daran ein Ei ab. Danach wird die Höhle mit Sand endgültig verschlossen. Die Larve lebt von der Raupe, und die nächste Generation schlüpft erst im kommenden Sommer aus der Puppe. Bei *Ammophila pubescens* Curtis finden sich erste Ansätze zu einem sozialen Verhalten. Hier erneuert das Weibchen den Nahrungsvorrat im Laufe der Zeit mehrfach und versorgt gleichzeitig oft mehrere Larven in verschiedenen Nestern. Diese Verhaltensweise fehlt den übrigen Ammophila-Arten.

Die übrigen 8 Unterfamilien entsprechen im Aussehen mehr den allgemein verbreiteten Vorstellungen vom Aussehen von Wespen und sind vor allem gelb und schwarz gezeichnet (Tafel 41). Sie können daran von den Faltenwespen unterschieden werden, daß ihr Pronotum nicht die Tegulae erreicht und die Flügel in der Ruhelage nicht der Länge nach zusammengefaltet werden. Die Beute dieser solitären Wespen wechselt von Gruppe zu Gruppe. Es befinden sich darunter Blattläuse, Fliegen, Käfer, Heuschrekken und Zikaden. Einige Arten legen Nester mit mehreren Zellen an. Wenn diese auch jeweils unabhängig voneinander und mit getrennten Vorräten versorgt sind, kann man darin doch wohl die ersten Anfänge einer Entwicklung von Sozialverhalten sehen.

Überfamilie Apoidea *Bienen*

Alle Bienen – staatenbildende und solitäre – sind in dieser Überfamilie zusammengefaßt. Allerdings gehören die staatenbildenden Arten, ca. 40 der rund 560 mitteleuropäischen Arten, nur zwei der 6 Familien an, den *Halictidae* und den *Apidae*. Alle Bienen, ob solitär oder staatenbildend, ernähren sich von Pollen und Nektar und füttern ihre Larven mit den gleichen Substanzen. In dieser Hinsicht unterscheiden sie sich von den Wespen, deren Larven ausschließlich mit Fleisch gefüttert werden. Im Aussehen unterscheiden sich die Bienen dadurch von den Wespen und Wegwespen, daß ihr Pronotum nicht nach hinten bis zu den Tegulae reicht (Abb. S. 228). Von den

Grabwespen können die Bienen dadurch unterschieden werden, daß sie breite und gewöhnlich charakteristisch behaarte Hinterbeine haben. Unter dem Mikroskop stellt man außerdem fest, daß viele Haare der Bienen gefiedert sind – eine Anpassung an das Pollensammeln –, wogegen Wespenhaare immer unverzweigt erscheinen.

Die Glossa oder Zunge der Bienen ist stets gut entwickelt, gewöhnlich zugespitzt und oft sehr lang. Allerdings kommen den Gattungen *Hylaeus (= Prosopis)* und *Colletes* noch kurze, wespenartige Zungen zu, die vorn breiter als hinten sind. *Andrena* und verwandte Gattungen weisen zugespitzte, aber noch relativ kurze und breite Zungen auf. Diese Bienen sind die wichtigen Bestäuber vieler Blüten, können aber tief im Kelch verborgenen Nektar nicht erreichen. Dies vermögen nur langrüsselige Arten wie die Honigbiene *(Apis)*, die Hummeln *(Bombus)* und die Pelzbienen *(Anthophora)*. Trotz der starken Anpassung und Umbildung der Glossa an die Aufnahme von Nektar besitzen die Bienen noch gut entwickelte Mandibeln oder Kiefer, mit denen sie vor allem ihr Nest und ihre Zellen bauen und dazu oft Holz und Blätter zerkleinern.

Die gefiederten Haare der Bienen wurden bereits erwähnt. Pollen haftet an diesen Haaren sehr gut, und oftmals kann man Bienen beobachten, die sich bei ihrem Weg durch viele Blüten über und über gelb gefärbt haben. Abgesehen von parasitischen Arten, die von Pollen- und Nektarvorräten anderer Arten leben, besitzen die Weibchen

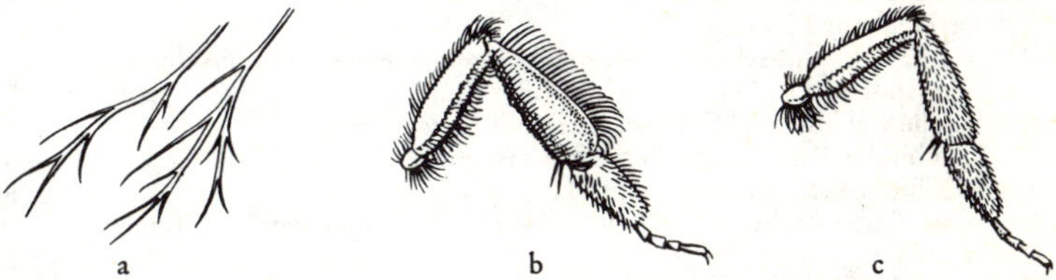

a stark vergrößerte Bienenhaare, b Hinterbein einer Hummel *(Bombus)* mit dem Körbchen, c Hinterbein einer Schmarotzerhummel *(Psithyrus)* ohne Körbchen

und Arbeiterinnen gewöhnlich besondere Einrichtungen zum Pollentransport, sei es an den Hinterbeinen oder aber auf der Bauchunterseite. In der einfachsten Form handelt es sich hierbei um eine Haarbürste, an welcher der Pollen haften bleibt, wenn der Körper in regelmäßigen Abständen abgekämmt wird. Komplizierte Einrichtungen sind die Körbchen, die an der Schiene der Hinterbeine von Hummeln und Honigbienen ausgebildet sind. Die Oberfläche der Schiene ist glatt und glänzend und am Rande von langen gekrümmten Haaren umstanden, die eine Art flexiblen Korbes oder Käfigs bilden. Der Pollen wird mit den Vorderbeinen vom Körper gekämmt und angefeuchtet, dann an die Hinterbeine weitergegeben und hier in das Körbchen gepreßt. Auf diese Weise kann auf einmal eine ziemlich große Menge Pollen transportiert werden – bei einigen Hummeln wurde festgestellt, daß sie bis zu 60 % des Körpergewichts an Pollen transportieren können, wenn auch die durchschnittliche „Ladung" bei 20 % dieses Gewichts liegt. Die geschwollenen, je nach Farbe des gesammelten Blütenstaubes gelben, roten, weißen oder braunen „Höschen" der zum Nest heimkehrenden Hummeln und Bienen sind jedenfalls eine vertraute Erscheinung.

Zu den *Apoidea* gehören eine ganze Anzahl von Familien, doch ist ihre Trennung schwierig und nur mit Hilfe minuziöser und oft verborgener Merkmale möglich. Leichter als diese gewöhnlich 8 Familien lassen sich die Gattungen unterscheiden, und zwar auf Grund ihrer Gestalt, Größe und Färbung sowie einiger anderer leicht feststellbarer Merkmale. Daher soll hier vom bisher benutzten Schema abgewichen und an Stelle der Familien- eine Gattungstabelle gegeben werden. Bei den im folgenden oft erwähnten Cubitalzellen handelt es sich um die Zellen, die unmittelbar hinter dem Radius (r) bzw. den Radialzellen (R) liegen.

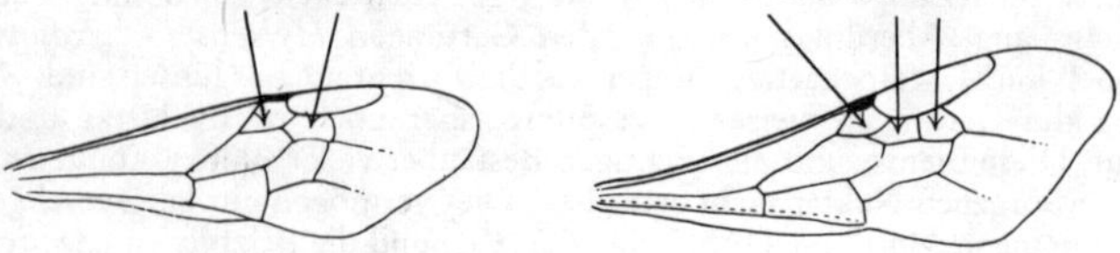

Vorderflügel von *Megachile* (links) und *Bombus* mit der Anordnung der Cubitalzellen

*Vereinfachter Schlüssel der Gattungen der mitteleuropäischen Bienen (Apoidea), die entweder nach Arten- oder nach Individuenzahl häufig oder auffällig sind. Eine Reihe seltener Gattungen wurde fortgelassen. Parasitische Gattungen sind durch * markiert.*

1. – Vorderflügel mit 3 Cubitalzellen **2**
– Vorderflügel mit 2 Cubitalzellen **17**

2. – Radialzelle lang und schmal, etwa 4mal so lang wie breit. Hinterschienen ohne Endsporne. Drohnen mit sehr großen Augen *Apis*, S. 255
– Radialzelle viel kürzer, Hinterschienen mit Endspornen **3**

3. – Die 3 Cubitalzellen etwa gleich groß. Meist große, stark behaarte Tiere **4**
– Die 3 Cubitalzellen verschieden groß **6**

4. – Die erste Cubitalzelle durch eine schwache Querader geteilt. Clypeus stets schwarz **5**
– Die erste Cubitalzelle ohne Querader. Clypeus der Männchen, oft auch der der Weibchen gelb oder weiß gezeichnet. Hinterschienen der Weibchen außen mit dichtem Haarpelz *Anthophora*

5. – Äußere Oberfläche der Hinterschienen dicht mit Haaren bestanden = Körbchen fehlt den Weibchen! Hinterleib ziemlich spärlich behaart, so daß die Chitinoberfläche durchschimmert. Gesicht stets schwarz behaart *Psithyrus**, S. 256
– Äußere Oberfläche der Hinterschiene nicht mit Haaren bestanden, sondern spiegelblank und nur von einem Haarkranz umstanden = Körbchen bei den Weibchen vorhanden. Hinterleib dicht behaart. Gesicht oft hell behaart *Bombus*, S. 254

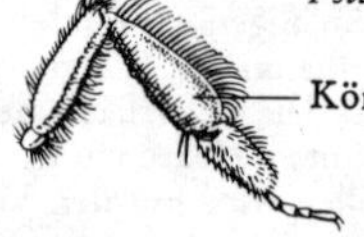

6. – Die dritte Cubitalzelle ist viel größer als die erste. Große, breite Tiere. Körper u. Flügel sind schwarzblau *Xylocopa*, s. Tafel 46
– Die dritte Cubitalzelle so groß wie oder kleiner als die erste **7**

7. – Erste und dritte Cubitalzelle etwa gleich groß **8**
– Erste Cubitalzelle viel größer als dritte **11**

8. – Dritte Cubitalzelle oben an der Radialzelle so breit wie oder schmaler als unten. Hinterleib schwarz, seitlich mit weißen Haarflecken *Melecta**
– Die dritte Cubitalzelle oben schmaler als unten **9**

9. – Hinterleib kahl, zum größten Teil rot. Männchen mit knotig vortretenden Fühlergliedern *Sphecodes** (vgl. 16)
– Hinterleib schwarz oder erzfarbig **10**

10. – Körper fast kahl, metallisch glänzend oder schwarz. Fühler kurz, am Ende etwas verdickt *Geratina*

– Körper mehr oder weniger lang behaart, Hinterleib oft mit Haarbinden. Fühler der Männchen auffallend lang (s. Tafel 64) *Tetralonia*

11. – Cubitalzellen 2 und 3 etwa gleich groß 12

– Die 3. Cubitalzelle viel größer als die 2. 14

12. – Hinterleib unbehaart, glänzend, schwarz mit roter oder gelber Zeichnung *Nomada**, S. 256

– Hinterleib behaart oder mit weißen Filzflecken 13

13. – Hinterleib behaart, oft mit hellen Haarbinden. Zunge kurz. Radialzelle zur Flügelspitze hin verschmälert *Colletes*

– Hinterleib mit hellen filzigen Haarflecken. Körper und Beine häufig braunrot gezeichnet *Epeolus**

14. – Basalnerv fast gerade 15

Basalader

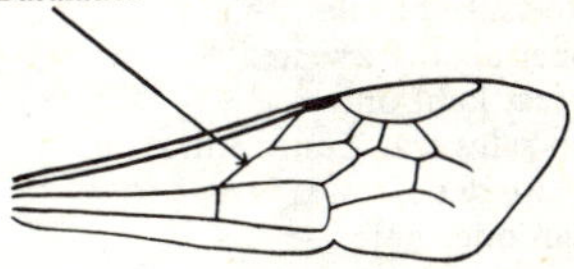

Andrena

– Basalnerv verläuft in einem stark (fast rechtwinklig) gekrümmten Bogen 16

Basalader

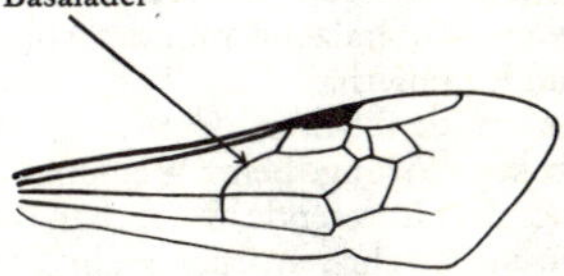

Sphecodes
ähnlich *Halictus, Lasioglossum*

15. – Letztes Tarsenglied normal, Weibchen mit Haarlocke am Schenkelring (Trochanter) der Hinterbeine. Fühler der Männchen nicht knotig, am Ende abgerundet *Andrena*, S. 253

– Letztes Fußglied auffallend groß. Weibchen ohne Haarlocke, Männchen mit knotigen Fühlergliedern, das letzte abgestutzt. *Melitta*

16. – Letztes Hinterleibssegment der Weibchen mit kahler Längsfurche. Männchen mit vorragendem, an der Spitze oft gelbem Clypeus. Hinterleib nur selten rot *Lasioglossum + Halictus*, S. 254

– Hinterleib der Weibchen ohne Längsfurche. Männchen mit schwarzem, weiß behaartem, nicht vorragendem Clypeus. Hinterleib mehr oder weniger ausgedehnt rot *Sphecodes**, S. 256

17. – Radialzelle zur Flügelspitze hin stark verengt und dem Vorderrand des Flügels anliegend (wenige, höchstens 11 mm lange Arten) 18

– Spitze der Radialzelle mehr oder weniger vom Flügelrand entfernt 20

18. – Hinterleib kugelig, kaum länger als der Thorax. Männchen mit gelbem Gesicht und verdickten Hinterschenkeln *Macropis*

– Hinterleib gestreckt, länger als der Thorax 19

19. – Körper wenig behaart, Hinterleib glänzend schwarz, ohne helle Binden *Dufourea*

– Körper, besonders Thorax, lang behaart; Hinterleib mit mehr oder weniger deutlichen hellen Haarbinden *Rhophites*

20. – Radialzelle am Ende abgestutzt, Mandibeln spitz. Hinterleib glänzend schwarz; beim Weibchen Schienen u. Metatarsen der Hinterbeine lang u. dicht behaart. 8–10 mm große Tiere *Panurgus*

– Radialzelle am Ende zugespitzt oder abgerundet. Mandibeln gezähnt. Hinterbeine nur bei *Dasypoda* lang behaart. 21

21. – Die erste Cubitalzelle viel kleiner als die zweite. Fühler der Männchen fast körperlang *Eucera*

– Erste Cubitalzelle so groß wie oder größer als die zweite. Männchen mit kurzen Fühlern 22

22. – Schienen und Metatarsen der Hinterbeine vor allem der Weibchen lang u. dicht behaart. Auch der übrige Körper der 15–18 mm langen Tiere lang behaart *Dasypoda*

– Die Hinterbeine kurz behaart 23

23. – Die erste Cubitalzelle viel größer als die zweite. Körper fast kahl und glänzend schwarz. Zunge kurz. Vorderseite des Kopfes fast stets weiß oder gelb gezeichnet *Hylaeus [Prosopis]*, S. 253

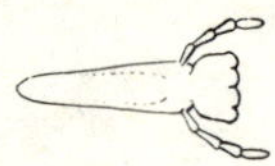

– Erste und zweite Cubitalzelle etwa gleich groß 24

24. – In die zweite Cubitalzelle münden von hinten zwei Queradern 25

– In die zweite Cubitalzelle mündet von hinten nur eine Querader; die zweite mündet außerhalb 28

25. – Schildchen an den Seiten deutlich gezähnt. Körper schwach behaart. Hinterleib kegelförmig, beim Weibchen zugespitzt, beim Männchen mit 6–9 Dornen am Hinterende. Weibchen ohne Bauchbürste *Coelioxys**

– Schildchen unbewehrt, Körper mehr oder weniger lang behaart. Weibchen mit Bauch-Sammelbürste 26

26. – Klauenglied ohne Haftlappen zwischen den Krallen. Hinterleibsrücken flach *Megachile*, S. 254
(*Chalicodoma* [Tafel 45], deren erste Cubitalzelle etwas größer als die zweite ist, gilt heute als Untergattung von *Megachile*)

– Klauenglied mit Haftlappen zwischen den Krallen. Hinterleibsrücken gerundet 27

27. – Hinterleib lang und schmal zylindrisch; wenn stärker gedrungen, dann das erste Segment vorn mit Querleiste *(Chelostoma)*. Weibchen mit lockerer Bauchbürste *Chelostoma + Heriades*

– Hinterleib breit und kurz, nicht selten mit Metallglanz. Weibchen mit dichter Bauchbürste *Osmia*

28. – Klauenglied ohne Haftlappen zwischen den Krallen. Hinterleib fast stets gelb gezeichnet. Weibchen mit Bauchbürste *Anthidium*

– Klauenglied der Männchen mit deutlichen Haftlappen zwischen den Krallen. Weibchen ohne Bauchbürste. Hinterleib schwarz, oder mit weißen Seitenflecken (gelbe Zeichnung nur bei einer Art) *Stelis**

Da bei der Behandlung der *Apoidea*, wie gesagt, im Schlüssel bis auf die sehr viel niedrigere Ebene der Gattung gegangen werden mußte, wird leicht einzusehen sein, daß wir hier nicht alle im Schlüssel enthaltenen Gattungen (Tafel 44–47) im einzelnen besprechen können. Wir müssen uns hier mit einer kurzen Übersicht über die unterschiedlichen sozialen Verhaltensweisen, die in dieser Überfamilie auftreten, begnügen.

Die Bienen der Gattung **Hylaeus (= Prosopis)** (Tafel 44) sind ziemlich kleine bis mittelgroße, mäßig behaarte schwarze Tiere mit gelbem Gesicht und werden danach auch als Maskenbienen bezeichnet. Sie erinnern im Aussehen wenig an Bienen, füttern aber ihre Larven mit Pollen und Nektar. Die Tiere leben einzeln (solitär) und bauen kleine Nestanlagen mit nur etwa einem halben Dutzend Zellen in hohlen Stengeln, morschem Holz, aber auch in verlassenen Pflanzengallen. Die einzelnen Zellen werden aus einem Sekret aus Drüsen des Mundbereiches gebaut, das schnell zu durchsichtigen Membranen erhärtet. Die kurze gedrungene Zunge, die *Hylaeus* und *Colletes* von allen anderen Bienen unterscheidet, spielt beim Bau der Zellen eine wesentliche Rolle. Die kaum behaarte *Hylaeus* kann Pollen nicht in der üblichen Weise sammeln und eintragen. Das Weibchen füllt vielmehr seinen Kropf mit Pollen und Nektar und wird daher als Mundsammler bezeichnet. Es verproviantiert die Zellen des Nestes mit dieser Mischung – dem sog. „Bienenbrot“ – und legt in jede ein Ei. Die Zellen werden dann verschlossen. Danach sterben die Elterntiere. Zwischen ihnen und den Larven kommt es also zu keinem direkten Kontakt. *Hylaeus* hat in jedem Jahr nur eine Generation. Die Bienen schlüpfen im Sommer und finden sich im Juli und August häufig auf Blüten der Brombeersträucher. Die kurze, wespenartige Zunge und das Fehlen jeglicher Pollensammelapparate bei *Hylaeus* unterstützt die Vorstellung, daß sich die Bienen aus wespenartigen Vorfahren entwickelt haben und ihre Sammelapparate parallel zum Übergang auf vegetarische Nahrung entstanden sind. Sicherlich sind die Vertreter der Gattung *Hylaeus* mit die primitivsten Bienen.

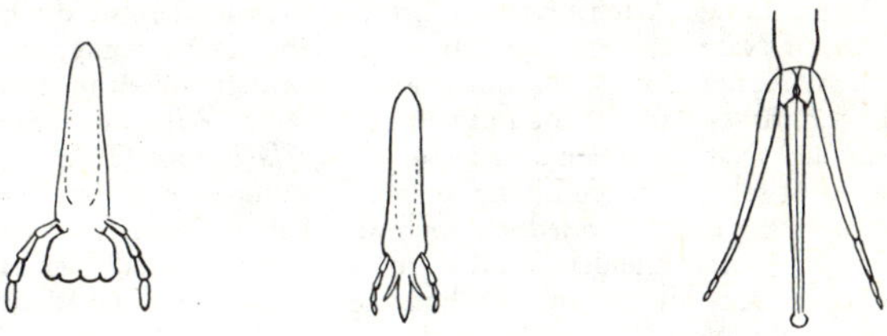

Bienenzungen. a die breite, wespenartige Zunge von *Hylaeus (= Prosopis)*, b die kurze, eiförmige Zunge von *Andrena*, c die lange, schmale Zunge von *Apis*

Die Vertreter der Gattung **Andrena** (Tafel 45), die mit etwa 125 schwer zu unterscheidenden Arten in Mitteleuropa vertreten sind, sind sowohl in Gestalt als auch in der Färbung sehr unterschiedlich ausgebildet. Die meisten Arten sind recht stark behaart und sehen oft Honigbienen ähnlich, können jedoch ohne Schwierigkeiten an ihren kurzen Zungen (s. Abb.) erkannt werden. Das wohl konstanteste Merkmal aller dieser Arten ist der merkbar abgeflachte Hinterleib. *Andrena*-Arten leben solitär und bauen ihr Nest im Boden, gewöhnlich hellem, leichtem Sand. Viele Nester können eng benachbart entstehen, so daß man von „Andrenen-Kolonien“ spricht und damit eine Vorstellung eines sozialen Verbandes hervorgerufen wird. Jedes Andrenaweibchen arbeitet jedoch allein an seinem Gang, der etwa ein halbes Dutzend Kammern enthält. *Andrena*- und *Halictus*-Arten werden wegen ihrer Bautätigkeit im Boden oft auch als „Erdbienen“ bezeichnet. Auch in diesen Gattungen kommt es zu keinem direkten Kontakt zwischen Elterntieren und den Larven. Nachdem die Weibchen die Erdbauten angelegt und mit Nahrung versehen haben, kümmern sie sich nicht weiter um sie. Sie sterben wahrscheinlich bereits, bevor die Larven schlüpfen. Die meisten Arten schlüpfen im Frühjahr aus den Puppen und verlassen dann die Erdbauten. Nach der Paarung legen die Weibchen neue Nester an. Viele Arten bringen im Juli noch eine zweite Generation hervor, andere jedoch benötigen das ganze Jahr zur Vollendung eines Lebenszyklus. Erwachsene Tiere findet man immer nur in einer kurzen, recht scharf begrenzten Zeit des Jahres, die von Art zu Art verschieden ist. Die *Andrena*-Arten sind bevorzugte Wirte der parasitischen *Stylops*-Arten (*Strepsiptera*, s. S. 283).

Die Blattschneiderbienen der Gattung **Megachile**, von denen im Gebiet über 20 Arten vorkommen, sind auf Grund ihrer Tätigkeit an Rosen-, Eichen- und Blütenblättern recht gut bekannt. Sie nisten vor allem im Holz oder in hohlen Stengeln, aber auch im Boden und formen ihre Zellen aus Stückchen frischer Blätter, die sie mit Hilfe ihrer Mandibeln sauber halbkreisförmig ausschneiden. Die Bienen sehen in manchen Arten Honigbienen nicht unähnlich, können aber immer daran erkannt werden, daß sie nur 2 Cubitalzellen (Tafel 45) in den Vorderflügeln aufweisen. Alle Arten leben solitär.

Die große Gattung *Halictus* wurde, sicher zu Recht, vor einiger Zeit in die Gattungen **Halictus** und **Lasioglossum** aufgeteilt. Die Bienen dieser Gattungen sind, wenn auch nicht sehr auffällig, behaart, und gewöhnlich recht schlank. Die Weibchen kann man leicht an einer unbehaarten Furche auf der Oberseite des letzten Hinterleibsringes erkennen (Tafel 45), hiervon leitet sich der deutsche Name Furchenbiene ab. Sie werden oft mit *Andrena* verwechselt, obwohl ihr Hinterleib weit weniger abgeflacht ist. Ein weiterer, allerdings nicht sehr auffälliger Unterschied besteht in der stark gekrümmten Basalader bei *Halictus* und *Lasioglossum* (Tafel 45). Bei *Andrena* ist diese Ader nahezu gerade. Die meisten *Halictus*-Arten leben solitär und ihre Nestbaugewohnheiten sind denen von *Andrena* sehr ähnlich. Es gibt aber auch einige subsoziale und soziale Arten. Einige Arten betreuen ihre Nester, nachdem sie die Eier abgelegt und die Zellen mit Nahrung versehen haben, und leben lange genug, um ihre Nachkommen kennenzulernen. Einige ausländische Arten schaffen kontinuierlich Nahrung herbei, doch kommt es dabei nicht notwendig zu einer Zusammenarbeit zwischen Nestgründerin und Nachkommen. *Lasioglossum malachurum* (Tafel 45), in Teilen Mitteleuropas nicht selten, hat die Ebene sozialer Zusammenarbeit erreicht, die einmalige Verproviantierung der Zellen jedoch noch beibehalten. Diese Art – tatsächlich die ganzen Gattungen – unterscheidet sich dadurch von *Andrena*, daß hier das Weibchen nach der Begattung überwintert. Im Frühling kommen sie aus ihren Winterquartieren hervor und legen ihr Nest an, das sie in der beschriebenen Weise beschicken. Die Weibchen – oder Königinnen, wie man sie hier besser bezeichnen sollte – bleiben dann beim und im Nest und bewachen es. Soweit entsprechen die Dinge noch den übrigen solitären Arten, doch im folgenden unterscheiden sie sich: Bei den Bienen, die aus den ersten Zellen schlüpfen, handelt es sich um Arbeiterinnen, d. h. Weibchen mit unvollkommen ausgebildeten Geschlechtsorganen. Sie beginnen mit dem Bau weiterer Zellen und versorgen sie mit Vorräten, so daß die Königin weitere Eier ablegen kann. Aus den folgenden Bruten entstehen dann auch paarungsbereite große Weibchen und – aus unbefruchteten Eiern – Männchen. Nach der Paarung überleben nur die begatteten Weibchen, die gewöhnlich zusammen im alten Nest überwintern. Durch die Aufzucht einer ersten Brut von Arbeiterinnen – wenn es sich dabei gewöhnlich auch nur um ein bis zwei Dutzend handelt – ist diese *Lasioglossum*-Art in der Lage, eine größere Menge an Nachkommen als jede andere solitäre Biene, bei der dies von der Leistungsfähigkeit eines einzigen Weibchens abhängt, aufzuziehen. *Lasioglossum malachurum* ist ein schönes Beispiel für ein Zwischenstadium zwischen solitären Bienen wie den *Andrena*-Arten und hoch entwickelten sozialen Formen wie den Hummeln und der Honigbiene.

Die großen, stark behaarten und jedermann bekannten Hummeln gehören gewöhnlich der Gattung **Bombus** an. Die Grundfarbe der Behaarung ist häufig schwarz. Dazu kommen farbige Binden und Körperenden. Die deutschen Namen – Erd-, Moos-, Steinhummel – nehmen auf den Lebensraum, in dem die Arten vorzugsweise auftreten, Bezug. Alle diese Hymenopteren leben in Staaten, und zwar vor allem unter der Erde, wenn auch eine Reihe von Arten das Nest in dichtem Bodenbewuchs, in Hecken, Baumstümpfen o. ä. anlegt. Die begatteten Königinnen (Tafel 46) überwintern als einzige. Die Lebensgeschichte der Hummeln ähnelt weitgehend der der Wespen. Nach der Überwinterung sucht die Königin im Frühjahr nach einem geeigneten Nistplatz, wie z. B. einem Mauseloch. Mit dem Beginn des Nestbaus haben sie im allgemeinen keine Eile – möglicherweise, weil sie sowieso warten müssen, bis zum Füttern für die Larven genügend Blüten zur Verfügung stehen – und sie verbringen anfangs einen großen Teil ihrer Zeit untätig. Zum Nestbau sammeln sie trockenes Gras und Moos, sofern sie dies nicht in einem Nagetierloch bereits vorfinden, und formen daraus einen kleinen Ball. Dann fliegt die Königin ab und sammelt eine Tracht Pollen und Nektar. Nach der Rückkehr zum Nest formt sie daraus eine kleine Portion Bienenbrot, die in der Mitte des Nistmaterials placiert wird. Darauf legt das Weibchen etwa ein Dutzend Eier ab und überdeckt das Ganze mit einer Wachshaube. Das Wachs wird aus besonderen Wachsdrüsen am Hinterleib ausgeschieden. Ferner beginnt das Weibchen mit dem Bau eines Honignapfes aus Wachs, in dem es Honigvorräte zur eigenen und zur Ernährung der Larven bei schlechtem Wetter sammelt. Die Königin sitzt auf der Zelle und hält die Eier warm. Die Larven schlüpfen nach ungefähr 5 Tagen und wachsen schnell auf dem Bienenbrot heran. Von Zeit zu Zeit verproviantiert das Weibchen nach. Innerhalb von 14 Tagen verpuppen sich die Larven und sind schlüpfbereit. Bei den nun schlüpfenden Hummeln handelt es sich ausschließlich um Arbeiterinnen, und diese sind noch kleiner als die aus späteren Bruten. Die Königin fährt mit dem Bau von Wachszellen fort, doch die frischgeschlüpften Arbeiterinnen übernehmen die Fütterung der Larven. Voll ausgebildete Weibchen und Männchen entstehen später im Jahr. Nach dem Paarungsflug nehmen die jungen Königinnen mehrmals Nahrung auf und suchen sich dann einen Überwinterungsort.

Bei der **Honigbiene (Apis mellifera)** handelt es sich vielleicht um das am weitestgehenden untersuchte Insekt der Erde. Unzählige Bücher wurden über ihr Verhalten und die einzigartige Weise der Zusammenarbeit und Informationsübermittlung unter den Arbeiterinnen geschrieben. Die Honigbiene ist ein Vertreter der alten Welt, wurde aber überallhin exportiert. In Mitteleuropa kommt sie nicht mehr wild vor, sondern lebt praktisch überall unter der Hand des Menschen. Da sie ein Höhlenbrüter ist, nimmt sie die ihr vom Imker gebotenen Behausungen, „Beuten", früher häufiger auch Körbe an. Im Gegensatz zu den Faltenwespen tragen ihre Nester keine selbstgebaute Hülle.

Die drei Kasten – Königin, Drohnen, Arbeiterinnen – lassen sich bei der Honigbiene leichter als bei den anderen Bienenarten unterscheiden (Tafel 46). Die Königin ist weder am Bau noch am Nahrungssammeln oder ähnlichen Arbeiten im Staat beteiligt, denn sie gründet niemals einen Staat allein. Die Koloniegründung erfolgt immer durch einen Bienenschwarm mit einer Königin. Diese besitzt in diesem Zusammenhang weder Pollensammelapparate noch Wachsdrüsen zum Bau von Zellen, und ihre Zunge ist kürzer als die der Arbeiterinnen.

Die Zellen der Honigbiene werden stets in einem Verband, der Wabe, gebaut, die zweischichtig ist und die zu mehreren von der Decke der Nisthöhle herabhängen. Gewöhnlich ist dies der Bienenstock, doch kann es z. B. auch ein hohler Baum sein, wenn ein Schwarm dem Imker entkommt. Jede Zelle ist sechseckig (hexagonal). Die Zellen dienen zur Aufzucht der Larven oder zur Unterbringung von Pollen- und Honigvorräten. Drohnenzellen sind gewöhnlich etwas größer als die Zellen der Arbeiterlarven und treten vor allem in den äußeren Bereichen der Wabe auf. In diese werden von der Königin unbefruchtete Eier gelegt, aus denen dann Drohnen entstehen. Königinnen- oder Weiselzellen sind irreguläre, konische Gebilde, die am Rande der Wabe herabhängen. Sie werden vor dem Schwärmen eines Volkes gebaut oder sobald die alte Königin ihre Altersgrenze erreicht. In die Königinnenzellen werden die gleichen Eier wie in die Arbeiterinnenzellen abgelegt – die Zukunft des Eies hängt von der Betreuung durch die Arbeiterinnen ab. In den ersten 3 Tagen ihres Lebens werden alle Bienenlarven mit Futtersäften, die Mischungen aus Sekreten der Kopfdrüsen und des Honigblaseninhaltes darstellen, gefüttert. Die Mischungsverhältnisse sind bei den Arbeiter- und Königinnenlarven verschieden. Über 3 Tage alte Arbeiterlarven erhalten pollenhaltigen Futtersaft. Durch Austausch von Larven zwischen Weisel- und Arbeiterinnen-Zellen konnte man zeigen, daß lediglich die Fütterung, nicht jedoch irgendwelche Erbanlagen für die Entwicklung einer Königin den Ausschlag geben. Hiervon machen Imker bei der sog. „Königinnenzucht" Gebrauch. Völker, die aus irgendeinem Grunde ihre Königin verloren haben, beginnen sofort mit der Vergrößerung einiger Arbeiterinnen-Zellen, um sog. „Nachschaffungsköniginnen" heranzuziehen. Der Verlust der Königin wird im Volk sehr schnell bemerkt, da die „Königinsubstanz" oder „queen-substance" ausbleibt, die die Königin absondert und die von einer Arbeiterin zur nächsten weitergegeben wird, wenn sie einander füttern.

Wenn die erste neue Königin geschlüpft ist, verläßt der Vorschwarm mit der alten Königin das Volk. Die neue Königin läuft gewöhnlich im Stock umher und sticht die übrigen, noch in ihren Zellen befindlichen Königinnen ab. Danach verläßt sie den Stock zu den Paarungsflügen, bei denen die Begattung meist mit mehreren Drohnen erfolgt. Diese Hochzeitsflüge haben also nichts mit dem Bienenschwarm zu tun. Danach kehrt sie wieder zum Stock zurück und beginnt mit der Eiablage. Sind nicht alle weiteren jungen Königinnen abgestochen worden, bzw. alle Weiselzellen beseitigt worden, kann das Volk im selben Jahr weitere Schwärme abgeben.

In einem gut entwickelten Volk der Honigbiene können sich 50 000 und mehr Bienen befinden, von denen der überwiegende Teil Arbeiterinnen sind. Die Königinnen leben mehrere Jahre, doch das Leben der Arbeiterinnen und Drohnen ist nur kurz, besonders wenn im Sommer viel Arbeit zu verrichten ist. In dieser Zeit leben die Arbeiterinnen nur wenige Wochen. Drohnen werden im Sommer geduldet, verrichten aber keine Arbeiten. Im Herbst werden sie aus dem dann an Zahl reduzierten Volk verdrängt, wenn dieses sich zur Überwinterung und Ernährung aus den während des Sommers eingetragenen Vorräten anschickt.

Parasitische Bienen wurden bereits erwähnt. Sie ernähren sich nicht direkt von ihren Wirten, sondern nur von der Nahrung, die für die Larven des Wirtes bestimmt war. Es handelt sich also um Sozialparasiten, die oft auch als Kuckucksbienen bezeichnet werden. Einige Entomologen bezeichnen sie auch als Inquilinen oder Einmieter und wollen das Wort Parasit nur für die Fälle verwendet wissen, in denen sich Tiere direkt vom Wirt ernähren. Zur Gattung **Nomada** gehören viele wespenartige Tiere mit gelber, brauner oder schwarzer Zeichnung (Tafel 45). Die meisten parasitieren bei *Andrena* und *Halictus.* Wie die anderen Kuckucksbienen besitzen auch die *Nomada*-Arten keine Pollen-Sammelapparate. Auch Bienen der Gattung **Sphecodes** parasitieren bei *Halictus.* Die bei uns vorkommenden Arten sind nie gelb gezeichnet, doch können einige Arten mit braun- und schwarzgezeichneten *Nomada*-Arten verwechselt werden. Ein gutes Unterscheidungsmerkmal ist, daß die Fühler von *Sphecodes* kaum einmal rot gezeichnet sind, während dies bei *Nomada*-Arten gewöhnlich der Fall ist. Ein anderes Unterscheidungsmerkmal besteht darin, daß die Basalader bei *Nomada* fast gerade, bei *Sphecodes* stark gekrümmt ist (Tafel 45).

Als letzte Bienengattung, die hier behandelt werden soll, sei auf die Schmarotzerhummeln der Gattung **Psithyrus** eingegangen. Im Gebiet kommt etwa ein Dutzend Arten vor, die alle bei jeweils einer, selten zwei bestimmten Hummelarten als Einmieter leben und denen sie ziemlich ähnlich sehen (Tafel 47). Weibchen können ziemlich leicht unterschieden werden, denn die Schmarotzerhummeln besitzen keine Körbchen, doch bei den Männchen ist die Unterscheidung nicht so leicht. Grundsätzlich kann man sagen, daß es sich bei allen „Hummeln" im Flachland, die bräunlich gefärbte Flügel zeigen, um Schmarotzerhummeln handelt. Doch gilt dies wirklich nur für das mitteleuropäische Flachland – in den Alpen, in Österreich und in der Schweiz kommen auch Bombusarten mit dunklen Flügeln vor. Hier ist eines der besten Unterscheidungsmerkmale die spärliche Behaarung des Hinterleibs bei den Schmarotzern, durch die die Chitintergite durchschimmern. Bei den Hummeln sind sie stets unter der dichten Behaarung verborgen.

Die *Psithyrus*-Weibchen überwintern ebenso wie die *Bombus*-Weibchen, verlassen ihre Winterquartiere jedoch erst einige Wochen später, nachdem die Hummelweibchen schon mit ihrer Arbeit begonnen haben. Zu diesem Zeitpunkt ist das Nest fertig und wird von einigen kleinen Arbeiterinnen betreut. Nun nähert sich die Schmarotzerhummel dem Wirtsnest und dringt in dieses ein. Hierbei kann sie von den Arbeiterinnen angegriffen werden, doch es sind nicht viele, und sie sind klein. Ihre Stiche können den festen Panzer der Kuckuckshummel nicht durchdringen und sie kann einige der Arbeiterinnen leicht töten, sofern dies nötig wird. Nach anfänglicher Unruhe wird das *Psithyrus*-Weibchen nun geduldet und beginnt mit der Ablage eigener Eier. Die daraus schlüpfenden Larven werden von den Arbeiterinnen der Wirtsart aufgezogen, daneben jedoch höchstens noch wenige der eigenen Königin, denn die *Psithyrus*-Weibchen töten entweder die nesteigene Königin oder fressen die von dieser gelegten Eier weitgehend auf.

Sammeln und Präparieren

Die größeren Arten, darunter viele Bienen und Wespen, Schlupf- und Pflanzenwespen, kann man mit dem Netz im Fluge fangen. Viele Arten lassen sich auch mit dem Exhaustor von Blüten absammeln oder aber nach einiger Übung in übergestülpte Gläschen bringen. Die kleineren Arten erhält man durch das Abstreifen der Vegetation oder aber gezielt durch das Sammeln der Wirte (z. B. Schlupfwespen) oder ihrer Gallen, was die Bestimmung in manchen Fällen vereinfacht.

Alle erwähnten Tötungsmittel sind auch für Hymenopteren geeignet. Nur bei Zyankaligläsern muß man darauf achten, daß die abgetöteten Tiere nicht zu lange darin verbleiben, da sich dann gelbe in rote Färbungen verwandeln können. Benutzt man Essigäther, so muß man in jedem Fall darauf achten, daß genügend saugfähiges Fließpapier die in den Tötungsgläsern erbrochene Flüssigkeit (Honig!) und evtl. Schwitzwasser aufnimmt, um ein Verkleben der Flügel zu vermeiden.

Bis zu einer Größe abwärts bis zu 5 mm können Hymenopteren genadelt werden. Es hat sich bewährt, die Flügel der einen Seite wie auf den Tafeln 37–47 abzuspreizen, um das Flügelgeäder für die Bestimmung zugänglich zu machen. Mit einiger Übung gelingt es auch, Vorder- und Hinterflügel dabei mit ihrer natürlichen Verankerung zusammenzuhaken. Der andere Flügel sollte aber in Ruhestellung verbleiben, um etwa die als Bestimmungsmerkmal wichtige Längsfaltung (Faltenwespen!) deutlich werden zu lassen. Tiere unter 5 mm Größe dürfen nicht von oben her genadelt werden, da dadurch die Struktur der Thorax-Oberfläche zerstört wird. Man nadelt sie von unten her mit Minutien, die kaum nach oben die Thoraxoberfläche durchdringen dürfen. Man bohrt hierzu auf einem Aufklebeplättchen von unten her mit einer Insektennadel Größe 1 etwas vor, sticht die Minutiennadel durch und führt sie dann in das Insekt ein. Die Minutiennadel sollte im vordersten Viertel stehen, um dem Insekt genügend Raum nach hinten zu bis zur Insektennadel zu gewähren, auf die man das Aufklebeplättchen im hintersten Randbereich spießt, damit man es in die Sammlung einstecken kann. Für ganz winzige Parasiten und Gallwespen bleibt nur die Aufbewahrung in Alkohol, da diese Tiere, genadelt, einfach vertrocknen und unkenntlich werden.

Ordnung Coleoptera *Käfer*

ERKENNUNGSMERKMALE: Winzige bis sehr große Insekten, die normalerweise zwei Flügelpaare besitzen, von denen das vordere hart oder ledrig ausgebildet ist. Die beiden Flügel dieses Paares treffen auf der Mittellinie des Körpers zusammen und bedecken ihn oft ganz. Die Hinterflügel sind häutig und werden in der Ruhelage unter die Vorderflügel gefaltet, so daß sie dann nicht zu sehen sind. Mitunter können die Hinterflügel auch fehlen, und einige Käferarten sind überhaupt flügellos. Der Prothorax ist gewöhnlich groß und beweglich. Die Mundwerkzeuge gehören stets dem kauenden Typ an.

Die meisten Käfer können als solche an der Form der Vorderflügel, die auch als Elytren bezeichnet werden, erkannt werden. Eine Verwechslung kann am leichtesten mit Wanzen erfolgen, doch bei diesen überlappen sich die Vorderflügel, haben gewöhnlich einen membranösen Spitzenabschnitt, und die Tiere besitzen einen Saugrüssel. Einige Käfer mit verkürzten Flügeldecken sehen Ohrwürmern in gewisser Weise ähnlich, weisen jedoch nie deren Zangen am Körperhinterende auf.

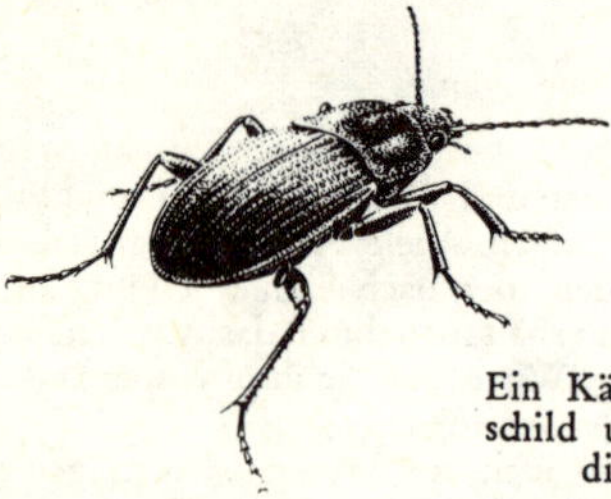

Ein Käfer mit dem typischen großen Halsschild und den großen, festen Flügeldecken, die den ganzen Hinterleib bedecken

Mit mehr als 350 000 bekannten Arten ist dies die größte Insektenordnung überhaupt. Etwa 5600 dieser Arten werden in Mitteleuropa gefunden. Mit den tropischen Herkules- und Goliathkäfern, die um 100 g wiegen können, weisen die Käfer auch die massigsten bekannten Insekten auf. Die Formen- und Größenmannigfaltigkeit in dieser Ordnung ist aber so stark, daß sie auch einige der kleinsten Insekten von weniger als 0,5 mm Länge vorzuweisen hat. Käfer sind nach Arten- wie Individuenzahl überall überreichlich vorhanden, wenn dies auch dem zufälligen Betrachter oft verborgen bleibt, da viele Arten winzig sind oder im Verborgenen oder nächtlich leben. Die meisten Käfer können gut fliegen und tun dies auch, aber relativ selten – sie sind die Insekten des Bodens und der Vegetation.

Innerhalb der Grenzen, die durch die kauenden Mundwerkzeuge gegeben sind, haben sich die Käfer alle vorhandenen Lebensräume einschließlich der Meere und alle Nahrungsquellen erschlossen. Zur Ordnung gehören Pflanzenfresser, darunter viele wichtige Holzbohrer, Aasfresser, Räuber und Parasiten. Es gibt nur weniges an organischem Material, was nicht wenigstens von der einen oder anderen Art angenommen wird. Einige Arten zählen zu den bedeutenden Schädlingen – Kartoffelkäfer und andere Arten bedrohen die Ernten, andere fressen an Getreide- und Mehlprodukten, Speck- und Museumskäfer bedrohen Fleisch- und Wurstvorräte, aber auch Gewebe, und das Holz fällt den Larven von vielen Käfergruppen anheim. Man kann überhaupt sagen, daß es die Larven der Käfer sind, die die Hauptschäden anrichten, während sich die adulten Tiere oft auf Pollen und Nektar beschränken. Doch gibt es auch unter ihnen erhebliche Blattfresser. Auf der anderen Seite stellt eine Reihe von Käferarten nützliche Verbündete bei der Bekämpfung von Schädlingen dar. Besonders die blattlausfressenden Marienkäfer und ihre Larven sind von Wichtigkeit. Weiterhin gehören zu den nützlichen Käferarten die Dung- und Mistkäfer und die Totengräber, die für die Umsetzung von Dung und tierischen Kadavern sorgen und eine wichtige Rolle im Stickstoffkreislauf der Natur spielen.

Der Erfolg der Käfer als Gruppe beruht wohl weitgehend auf der festen Ausgestaltung der Elytren und der allgemeinen Härte ihres Körpers. Die Elytren gestatten es den Käfern, unter Steinen und in grobem Abfall zu leben und ihren Schutz zu genießen, obwohl sie die für den Flug nötigen häutigen Flügel beibehalten haben. Die Härte des Körpers macht die Tiere wenig anfällig gegen Verletzungen und gegen Austrocknung, so daß sie an trockneren Orten als die meisten anderen Insekten leben können, z. B. in Kornspeichern. Mit Hilfe der Elytren können die Käfer auch das Wasser als Lebensraum erobern: Der Raum zwischen Elytren und Körper wird mit Luft gefüllt und dient damit als Luftreservoir. Wenn die kauenden Mundwerkzeuge auch den urtümlichsten Typ von Mundwerkzeugen darstellen, so sind sie doch auch am Erfolg dieser Gruppe beteiligt, denn dieser primitive Typ ist am anpassungsfähigsten für die unterschiedlichsten Funktionen, und nicht nur die der Ernährung.

Der Kopf der Käfer stellt eine stark sklerotisierte Kapsel dar und ist, von wenigen bemerkenswerten Ausnahmen abgesehen, ein ziemlich konstantes Merkmal der ganzen Ordnung. Eine wesentliche Ausnahme sind die Rüsselkäfer, bei denen der Kopf vorn in einen Rüssel oder ein Rostrum oder aber kurz schnauzenförmig ausgezogen ist. Bei ihnen setzen dann die Fühler an der Länge des Rüssels an. Die Grundform des Käferfühlers ist der 11gliedrige Fühler, doch kommt es häufig zu einer Reduktion der Gliederzahl, selten zu einer Vermehrung. Die Gestalt der Fühler variiert stark und ist ein wesentliches Bestimmungsmerkmal. Bei vielen Arten sind die Fühler deutlich gekniet. Komplexaugen sind gewöhnlich vorhanden, wenn auch manchmal klein, doch Ocellen finden sich nur bei wenigen Gruppen. Alle Teile der Mundwerkzeuge sind voll entwickelt, die Mandibeln gewöhnlich am stärksten als große Kauapparate. Das heißt jedoch nicht, daß die Käfer nur feste Nahrung aufnehmen: Viele von ihnen verdauen ihre Nahrung außerhalb des Körpers mit Hilfe von ausgeschiedenen Verdauungssäften und saugen dann den aufgelösten Brei auf. Andere lecken Nektar aus Blüten und die Säfte blutender Bäume, und die Mandibeln einer Reihe von Larven sind zu Saugzangen umgebildet, die sie in ihre Beute schlagen.

Der Prothorax ist groß und ziemlich beweglich und kann von oben in ganzer Ausdehnung betrachtet werden. Der Mesothorax dagegen – der größte Brustabschnitt bei den meisten fliegenden Insekten – ist bei den Käfern am kleinsten, da die Flügel dieses Abschnitts ja keine Flugfunktionen mehr haben. Er ist mit dem Metathorax verschmolzen, der bei allen flugfähigen Käfern relativ groß ausgebildet ist. Beide Abschnitte mit Ausnahme des Mesoscutellums oder Schildchens werden in der Ruhelage von den Elytren überdeckt.

Die Elytren sind, wie bereits erwähnt, die stark umgestalteten Vorderflügel, fest oder ledrig und gewöhnlich ziemlich dick. Die Bezeichnung Coleoptera bezieht sich auf diese Elytren und bedeutet „Deckflügler" (griech. *koleos* = Hülle, Scheide). Bei einigen flugunfähigen Rüsselkäfern und anderen, denen die Hinterflügel fehlen, verschmelzen die Elytren miteinander zu einem einzigen festen Schild. Die Elytren sind gewöhnlich so groß, daß sie den ganzen Hinterkörper überdecken, wenn der Käfer in Ruhe ist. Nur bei einigen Familien ist dies nicht der Fall, und hier bleibt stets ein kleinerer oder größerer Teil des Hinterkörpers unbedeckt. Gewöhnlich ragen nur die letzten 2 oder 3 Segmente hervor, doch bei den Kurzflüglern *(Staphylinidae)* können bis zu 7 Segmente unbedeckt bleiben. Die Flügeldecken weisen oft ein hübsches Muster von Furchen, Punktreihen und Kettenstreifen auf, die beim Bestimmen der Käfer, besonders unterhalb des Niveaus der Familie, mit herangezogen werden. Außerdem können die Flügeldecken behaart und beschuppt sein oder metallischen Glanz aufweisen.

Beim Fluge spielen die Elytren keine aktive Rolle und werden in einem bestimmten Winkel vom Körper abgespreizt gehalten, oder sie verbleiben in der Ruhestellung, und die Hinterflügel werden seitlich darunter hervorgefaltet. Als Antrieb dienen die häutigen Hinterflügel, doch haben Versuche erbracht, daß z. B. Maikäfer nach völliger Entfernung der Elytren ihr Flugvermögen verloren haben, eine Erscheinung, für die eine letzte Deutung noch aussteht. – In der Ruhelage werden die Hinterflügel unter den Elytren zusammengefaltet, und sie sind meist nicht zu sehen. Ihre Aderung ist reduziert, doch wird sie in einigen Fällen auch zur Bestimmung mit herangezogen.

Die Beine sind gewöhnlich als Laufbeine ausgebildet, können jedoch viele Anpassungen an die Lebensweise der Käfer zeigen. So findet man z. B. Grab-, Schwimm- und Sprungbeine. Gestalt und Lage der Hüften (Coxen) sind ein wichtiges Bestimmungs-

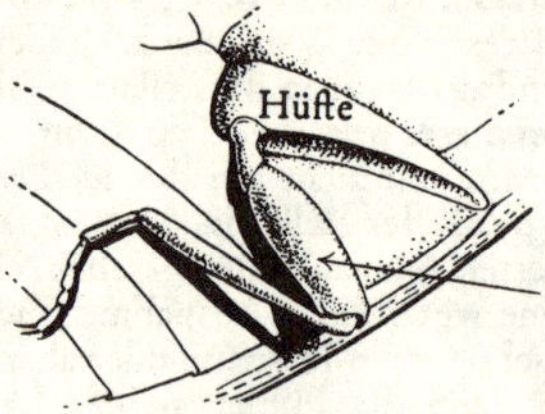

Unterseite eines Käfers mit ausgehöhlten Hinterhüften, in die der Schenkel eingelegt werden kann

merkmal. Sie können länger als breit sein und ragen dann aus ihren Gelenkhöhlen heraus, oder aber breiter als lang, sog. quere Hüften. Sind beide Abmessungen etwa gleich, sind die Hüften gerundet. Die Hinterhüften sind oftmals ausgehöhlt, so daß sie den Schenkel aufnehmen können, wenn das Bein zusammengefaltet wird. Die ursprüngliche Fußgliederzahl an allen Füßen ist fünf und wird mit der Fußformel 5, 5, 5 bezeichnet. In vielen Gruppen kommt es hier jedoch zu Reduktionen. Die häufigste Abwandlung ist die Rückbildung des 4. Gliedes bis zu einem Grade, daß der Rest nur

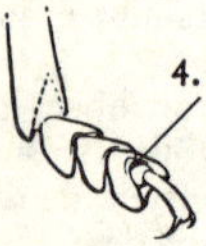

Der scheinbar viergliedrige Fuß eines Blattkäfers (*Chrysomelidae*), bei dem das tatsächliche 4. Glied winzig entwickelt und im dritten Fußglied verborgen ist

bei sehr starker Vergrößerung sichtbar wird und die Füße daher als „scheinbar viergliedrig" bezeichnet werden müssen. Ist das 4. Glied in dieser Weise rückgebildet, ist das 3. Glied normalerweise gleichzeitig vergrößert, wodurch das Rudiment des 4. verborgen wird. Es gibt auch noch eine andere Form „scheinbar viergliedriger" Füße, bei denen das basale Fußglied rückgebildet ist.

Über den Hinterleib der Käfer ist nichts Ungewöhnliches zu berichten, wenn auch einige seiner Merkmale bei der Bestimmung der Gruppe mit verwendet werden. Die beiden Unterordnungen der Käfer werden an Hand der Ausbildung des 1. Hinterleibssternites (der 1. Bauchplatte, s. S. 26) unterschieden. Einige weitere Untergliederungen werden an Hand der Zahl der sichtbaren Bauchringe vorgenommen.

Die Eier der Käfer sind gewöhnlich einfach und von Eigestalt, ohne irgendwelche Strukturen und Verzierungen. Die Zahl, die ein Weibchen legt, ist von Art zu Art verschieden und kann zwischen einem Dutzend und mehreren 1000 liegen. Eine Reihe von Arten legt die Eier dort ab, wo die Larven mit Sicherheit Nahrung finden – andere verstreuen sie mehr oder weniger wahllos in der Gegend. Nur wenige Käfer betreiben eine regelrechte Brutpflege – die meisten gehen zugrunde, bevor die Larven ausschlüpfen. Doch in einigen Arten kommt es auch zu einer regelrechten Bewachung der Eier und der jungen Larven durch die Eltern. Die Larven besitzen einen wohlausgebildeten Kopf und kauende Mundwerkzeuge wie die adulten Tiere, von den bereits erwähnten Abweichungen abgesehen. Larven und Käfer fressen oft an derselben Nahrung. Drei Brustbeinpaare sind bei den meisten Käferlarven vorhanden, fehlen aber den Larven der Rüssel- und Samenkäfer, die in Samen, Knospen u. ä. leben. Andere Larven werden als eruciform (raupenförmig), engerlingsartig oder campodeoid bezeichnet, wobei letztere die typische Form der ursprünglicheren Käfergruppen ist. Die Puppe ist bei den meisten Arten eine Pupa libera, d. h. Flügelscheiden und Beinanlagen stehen frei vom Körper ab. Bohrende Larven verpuppen sich gewöhnlich in den Larvengängen, nachdem sie diese zunächst bis dicht unter die Oberfläche des Stengels, Stammes oder Samens geführt haben. Viele freilebende Larven bauen sich eine Puppenkammer im Boden, die sie mit Ausscheidungen härten, oder spinnen eine Hülle oberhalb des Erdbodens.

Die meisten Käferarten haben nur eine Generation in jedem Jahr und überwintern als junge Larve, Puppe oder Käfer. Nur relativ wenige Arten überdauern den Winter als Ei.

Die mitteleuropäischen Käfer gehören zwei Unterordnungen an, den *Adephaga* und den *Polyphaga*. Eine dritte Unterordnung, die *Archostemmata*, ist in Europa nicht vertreten. Die beiden europäischen Unterordnungen können an folgenden Merkmalen unterschieden werden:

Hinterhüften unbeweglich an der Hinterbrust (Metasternum) ansetzend. Sie teilen den ersten sichtbaren Hinterleibsring (Abdominalsternit) völlig. Fühler 11gliedrig, gewöhnlich fadenförmig oder rosenkranzähnlich — *Adephaga*, S. 261

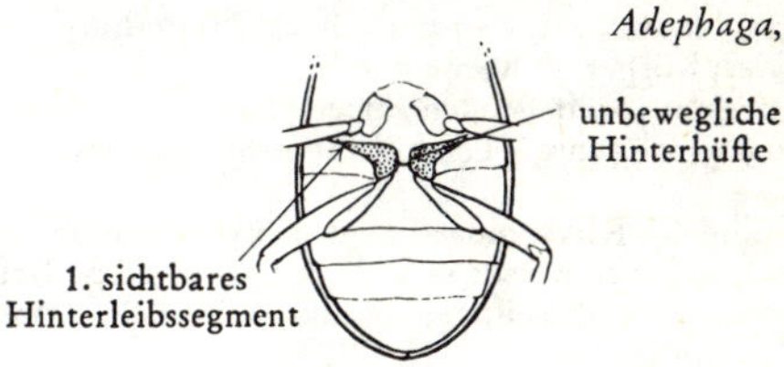

Hinterhüften gewöhnlich beweglich an der Hinterbrust ansetzend, teilen nur äußerst selten den ersten sichtbaren Hinterleibsring. Fühler von sehr unterschiedlicher Gestalt — *Polyphaga*, S. 265

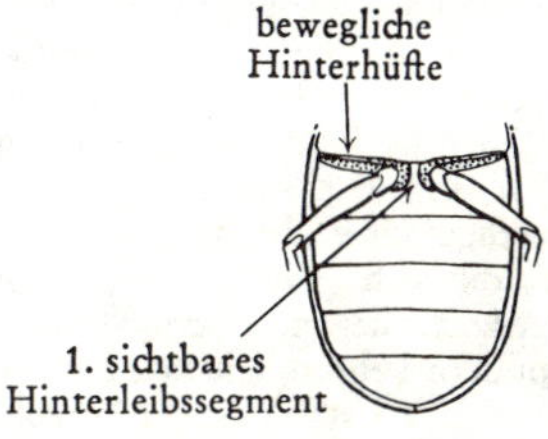

Unterordnung Adephaga

Dies ist diejenige der beiden Unterordnungen, die die ursprünglicheren Formen umfaßt, vor allem räuberische Land- und Wasserbewohner. Der Name *Adephaga* leitet sich wahrscheinlich von der Gewohnheit, der Beute nachzujagen (latein. *ad* = nach, zu . . . hin), ab. Die Larven gehören zum campodeoiden Typ und leben gewöhnlich ebenso wie die Käfer als Räuber. Larven und Käfer sind meist sehr aktiv und lebhaft. Es gibt nur eine Überfamilie, die *Caraboidea,* und in dieser 7 Familien, die mit Hilfe des folgenden Schlüssels, der auf den von Crowson im RES-Handbook gegebenen zurückgeht, unterschieden werden können:

Schlüssel der Familien der europäischen Adephaga

1. – Landbewohnende Käfer mit vorragenden Sinneshaaren an vielen Teilen des Körpers; Hinterhüften ragen seitlich nicht so weit vor, daß sie die Flügeldecken berühren **2**
– Wasserbewohnende Käfer ohne derartige Sinneshaare; Hinterhüften ragen seitlich so weit vor, daß sie die Flügeldecken berühren **4**
2. – Fühler gedrungen und behaart *Rhysodidae,* S. 262
– Fühler schlanker **3**
3. – Flügeldecken ohne Längsstreifung oder -furchung; Fühler auf der Stirn vor den Augen ansetzend *Cicindelidae,* S. 262
– Flügeldecken gewöhnlich mit Längsstreifung; Fühler an der Seite des Kopfes zwischen Augen und Kiefer ansetzend *Carabidae,* S. 262
4. – Komplexaugen vollständig in eine obere und eine untere Hälfte geteilt; Mittel- und Hinterbeine völlig zu kurzen, flachen Paddeln umgestaltet *Gyrinidae,* S. 263
– Käfer anders gestaltet **5**
5. – Flügeldecken mit deutlichen Punktreihen; Hinterhüften groß, plattenartig; Körper unter 6 mm lang *Haliplidae,* S. 263
– Flügeldecken nicht so gezeichnet; Hinterhüften nicht plattenartig ausgebildet; Körper oft über 6 mm lang **6**
6. – Käfer mit vorquellenden Augen (Tafel 49) *Hygrobiidae,* S. 264
– Augen nicht vorquellend, Kopf mehr abgerundet *Dytiscidae,* S. 264

Die Familie der **Rhysodidae** findet sich vor allem in den Tropen, doch kommen einige wenige Arten auch bereits in Südeuropa vor. Diese Käfer tragen tiefe Gruben auf dem Brustabschnitt und kräftige, rosenkranzähnliche Fühler. Käfer und Larven leben in verrottendem Holz.

Die Vertreter der **Cicindelidae** werden Sandlaufkäfer, vor allem in anderen Sprachen auch Tigerkäfer genannt. Sie sind mit den *Carabidae* oder Laufkäfern nahe verwandt und werden manchmal auch nur als Unterfamilie dieser Familie betrachtet, unterscheiden sich aber in der Stellung der Fühler und Ausbildung der Flügeldecken, die bei den Sandlaufkäfern stets glatt sind. Die 8 mitteleuropäischen Arten, von denen *Cicindela campestris,* der Feld-Sandlaufkäfer, der häufigste ist, sind durchweg langbeinige, sehr schnell laufende Käfer, die sich gern in hellem Sonnenschein auf warmem Boden aufhalten. Werden sie gestört, fliegen sie schnell und brummend auf, jedoch nicht über sehr weite Strecken, sondern kehren bald wieder auf den Boden zurück. Larven und Käfer sind große Räuber. Die Larve (Tafel 62) lebt in einer selbstgegrabenen, meist senkrechten Erdröhre und lauert hier auf Beute. Im Zusammenhang mit dieser grabenden Lebensweise der Larve sind die Arten an leichte Böden ohne stauende Nässe gebunden.

Die **Carabidae** oder Laufkäfer sind eine große Familie, von der etwa 500 Arten in Mitteleuropa vorkommen. Wie die Sandlaufkäfer sind auch diese Käfer sehr gute und schnelle Läufer und erhielten danach ihren deutschen Namen. Vielen von ihnen fehlen die Hinterflügel. Bei einer Reihe von derartigen Arten sind die Flügeldecken miteinander verschmolzen. Sie bieten den Käfern bei ihrem bodengebundenen Leben unter Steinen u. ä. einen zusätzlichen Schutz. Nur wenige Arten wie die Puppenräuber *(Calosoma)* steigen auch auf Bäume, um dort zu jagen. Die meisten Laufkäfer führen eine nächtliche Lebensweise, und man findet sie am Tage in Verstecken unter Steinen, Stämmen und ähnlichem. Sowohl die Käfer wie die Larven sind auch hier Räuber, doch graben sich diese Larven (Tafel 62) nicht ein. Sie streifen frei umher und jagen Würmer, Nacktschnecken und Insekten. Die Flügeldecken der Käfer haben normalerweise 9 Längsfurchen, die durch Rippen oder Kettenstreifen getrennt sind. Diese Muster sind für die Artbestimmung von Bedeutung. Schwarz ist die Haupt- und Grundfarbe der Laufkäfer, doch schimmern bei vielen Arten die Flügeldecken sehr schön metallisch (Tafel 48). Die Gestalt des Körpers ist in dieser Familie recht konstant, und viele Arten können auf den ersten Blick erkannt werden.

Über die weitere Unterteilung der Familie gibt es sehr unterschiedliche Ansichten. Die eine geht dahin, den Bestand auf 2 (nimmt man die Sandlaufkäfer hinzu, auf 3) Unterfamilien aufzuteilen, die **Carabinae** und die **Harpalinae**. Es ist dies die klassische Einteilung, bei der der größte Teil der Arten, nämlich all die, deren Vorderschiene eine Kerbe oder Grube (s. Abb.) aufweist, zu den *Harpalinae* gestellt werden. Die andere, moderne Anschauung verteilt den Bestand auf etwa 2 Dutzend Unterfamilien, wobei der – vielleicht akademische – Streit darüber, ob dies nicht eine zu hohe Einstufung und Bewertung der Kategorien darstellt, hier nicht geklärt und entschieden werden kann. –

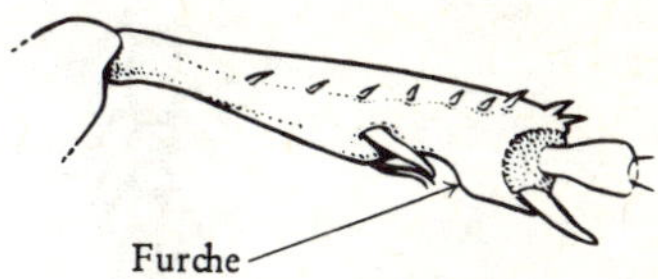

Die ausgeschnittene Vorderschiene der Harpalinen

Die größten Laufkäfer gehören zu der Gattung *Carabus,* von denen der größte, der Lederlaufkäfer, *Carabus coriaceus* L., über 4 cm lang werden kann. Auf Tafel 48 ist aus dieser Gruppe der violett-gerandete *Carabus violaceus* abgebildet. Aus der ziemlich einheitlichen Gestaltengruppe der Laufkäfer fallen die Puppenräuber der Gattung *Calosoma* durch die stark ausgebildeten Schultern der Flügeldecken unverwechselbar heraus, von denen auch Arten auf Bäumen und Sträuchern klettern und jagen. Jedes Tier benötigt innerhalb eines Jahres 200–400 Raupen als Nahrung. – Die meisten Laufkäfer sind jedoch ziemlich kleine, unscheinbare Tiere, deren Körperlänge unter 12 mm liegt. Nur die Arten der Sammelgattung *Pterostichus* (oder *Feronia*), die bis zu 18 mm lang werden können, machen unter den häufigeren Arten noch eine Ausnahme.

Die Taumelkäfer oder **Gyrinidae**, von denen hier *Gyrinus natator* (Tafel 49) abgebildet ist, werden auch als Kreiselkäfer bezeichnet, da sie ihr Leben in Scharen auf der Oberfläche von Stillgewässern kreiselnd verbringen. Es sind kleine schwarze, glänzende Tiere, bei denen die Mittel- und Hinterbeine, abgeflacht und mit Haaren besetzt, zu idealen Paddeln oder Rudern zur Bewegung auf und im Wasser geworden sind. Jedes Auge ist bei ihnen in zwei Teile getrennt. Der obere dient zum Sehen in der Luft über der Wasseroberfläche, der untere zum Sehen im Wasser selbst. Die herumkreiselnden Käfer ernähren sich von Insekten, die auf die Wasseroberfläche fallen, tauchen aber auch manchmal nach Beute. Auch wenn sie gestört werden, tauchen sie unter. Gegen Ausgang des Sommers findet man sie in großen Scharen auf den Wasseroberflächen, doch dann verschwinden sie, um im Schlamm zu überwintern. Nach dem Wiedererscheinen im Frühjahr legen sie ihre Eier an Wasserpflanzen ab. Die Larven leben räuberisch, doch ist die Art ihrer Nahrungsaufnahme umstritten.

Zu den **Haliplidae** zählen in Mitteleuropa kaum 20 Arten kleiner Käfer, die man oft auch als Wassertreter bezeichnet, weil sie nicht gern umherschwimmen, sondern den Laufrhythmus der Bewegung (abwechselnd rechts-links, nicht zugleich schlagend) beibehalten haben und hauptsächlich auf Massen von *Spirogyra* und anderen Algen, die auch ihre Hauptnahrung darstellen, umherklettern. An ihrer charakteristischen Zeichnung (Tafel 49) können sie leicht erkannt werden, ferner daran, daß ihre Hinterhüften zu sehr breiten Platten umgebildet sind.

Die Feuchtkäfer, **Hygrobiidae**, sind in Mitteleuropa nur mit der Art *Hygrobia tarda* vertreten, die etwa 10 mm lang wird und einen aufgewölbten Körper besitzt. Auffälligstes Körpermerkmal sind die vorquellenden Augen (Tafel 49), doch ist das zirpende Geräusch, das der Käfer bei Beunruhigung, z. B. beim Anfassen, durch Reiben des letzten Hinterleibsringes gegen den hinteren Flügeldeckenrand erzeugt, noch viel

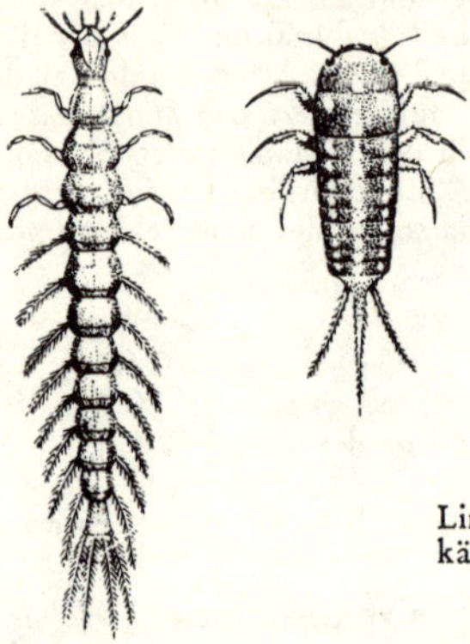

Links Larve eines Taumelkäfers, rechts die eines Feuchtkäfers *(Hygrobiidae)*

auffälliger. Die Larve hat eine merkwürdige Gestalt mit auffallend dickem Vorderkörper und drei fedrigen Hinterleibsanhängen. Sie lebt in schlammigen Tümpeln.

Die **Dytiscidae** oder Echten Schwimmkäfer sind eine recht große Familie, die mit rund 150 Arten in Mitteleuropa vertreten ist. Die Arten können von 2 mm Körperlänge bis zu 45 mm groß werden. Die größten, die Gelbrandkäfer, gehören zur Gattung *Dytiscus*. Eine der verbreitetsten Arten ist *Dytiscus marginalis* (Tafel 49). Die meisten Vertreter der Familie sind ziemlich dunkel gefärbt, mit abgeflacht eiförmigem Körper. Kopf, Brustabschnitt und Flügeldecken gehen in einer Linie ineinander über und bieten so beim Schwimmen im Wasser günstige Widerstandsverhältnisse. Die Hinterbeine sind zu breiten, behaarten Schwimmrudern umgebildet und schlagen zugleich. Käfer und Larven sind große Räuber, und es ist nicht ratsam, sie in ein Aquarium einzusetzen, in dem sich schon irgend etwas anderes, und seien es selbst Fische, befindet. Die Käfer machen mit Kaulquappen, kleinen Fischen, Fröschen und Molchen kurzen Prozeß, und geraten sie in Gartenteiche, so greifen sie selbst Goldfische an. Die Larven (Tafel 62) sind noch größere Räuber als die Käfer, ernähren sich aber auf unterschiedliche Weise. Ihre Mandibeln sind zu Saugzangen umgebildet und jede von einem Kanal durchbohrt. Sie werden in die Beute geschlagen, Gift und Verdauungssaft hineingegeben, und das Verdaute wird dann aufgesogen.

Die Gattung *Noterus* (Tafel 49) unterscheidet sich etwas von den übrigen Dytisciden, denn bei den beiden hierher gehörenden Arten haben die Männchen verbreiterte Fühler. Auch ihre Körpergestalt weicht von der der übrigen Arten ab, denn sie sind auf der Oberseite hoch aufgewölbt, auf der Bauchseite aber nahezu flach. Bei allen übrigen Gattungen sind Ober- und Unterseite annähernd gleich stark gewölbt. *Noterus* wird daher von einigen Entomologen auch in eine eigene Familie, die **Noteridae**, gestellt. Interessant ist in diesem Zusammenhang noch, daß die beiden Arten im Gegensatz zu den übrigen Gattungen auch in Brackwasser und Meereslagunen eindringen.

Unterordnung Polyphaga

Hier handelt es sich um die bei weitem umfangreichste Unterordnung der Käfer, und hierzu gehören, wie schon der Name besagt (*Polyphaga* bedeutet „Allesfresser") sehr unterschiedliche Käfergruppen. Gemeinsam ist ihnen eigentlich nur, daß es sich um Käfer handelt, und wenn auch die einzelnen Familien recht gut definiert sind, so ist die Zusammenfassung zu Überfamilien von einer befriedigenden Lösung weit entfernt. Die Forschungen der letzten 25 Jahre haben zur Aufspaltung so unbefriedigender Gruppierungen wie den *Diversicornia* – Käfer mit unterschiedlichen Fühlern – geführt, doch es gibt weitere sehr heterogene Überfamilien wie etwa die der *Cucujoidea*, deren Unterschiedlichkeit auf den Tafeln 53 und 54 illustriert wird.

Da in diesem Buch nicht hinreichend Raum zur Behandlung aller Käferfamilien gegeben ist und es hierfür auch sehr umfangreiche weiterführende Literatur gibt, wollen wir uns, ungeachtet des Gesagten, doch auf die Beschreibung der Überfamilien beschränken und weiterhin eine Reihe von auffälligen oder interessanten Vertretern herausgreifen. Die hier erwähnten Überfamilien entsprechen den von Crowson im RES-Handbook gegebenen und weichen erheblich von den in der älteren Bestimmungsliteratur gegebenen ab. Um den Bezug auf diese Werke zu erleichtern, wird bei der Beschreibung jeder Überfamilie auch ein Hinweis auf die Stellung in der älteren Systematik gegeben.

Der folgende Schlüssel ist stark vereinfacht und berücksichtigt eine Reihe abseitiger Gruppen nicht. Dennoch kann mit seiner Hilfe der größte Teil der in Mitteleuropa vorkommenden Arten richtig zugeordnet werden.

Vereinfachter Schlüssel der Überfamilien der mitteleuropäischen Polyphaga (nach Crowson im RES-Handbook)

1. – Kopf mehr oder weniger stark in einen Rüssel verlängert, oder kleine, zylindrische Käfer, deren Flügeldecken am Ende etwas ausgehöhlt sind (Tafel 57); Fühler im allgemeinen am Ende geknöpft und gekniet, das erste Fühlerglied in eine Vertiefung des Rüssels einlegbar *Curculionoidea,* S. 281

– Käfer entsprechen dieser Beschreibung nicht 2

2. – Fühler mit 9–11 Gliedern, von denen die letzten 3–7 an einer Seite zu einem Lamellenfächer verbreitert sind *Scarabaeoidea,* S. 270

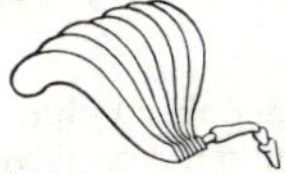

– Fühler anders gestaltet. Bilden die letzten 3 Glieder eine Fühlerkeule, dann ist das Glied 8 kleiner als das Glied 7, oder die Hüften der Hinterbeine sind ausgehöhlt 3

3. – Fühler klein, ragen gewöhnlich weniger als die Maxillartaster vor und enden in einer kleinen Keule *Hydrophiloidea,* S. 267

– Fühler anders gestaltet und fast immer größer als Maxillartaster 4

4. – Alle Füße scheinbar 4gliedrig; Fühler nicht gekeult *Chrysomeloidea,* S. 280

– Nicht alle Füße scheinbar 4gliedrig; oder Fühler gekeult 5

5. – Kopf nahezu oder so breit wie der Thorax; Fühler 10gliedrig, die letzten beiden als Keule ausgebildet; winzige Tiere unter 1,5 mm Länge *Dascilloidea*, S. 272

– Käfer entsprechen dieser Beschreibung nicht 6

6. – Ziemlich langgestreckte Käfer mit langen Beinen und weichem Körper; Fußgliederzahl 5, 5, 5; Fühler fadenförmig oder gekämmt; Flügel manchmal fehlend 7

– Käfer entsprechen dieser Beschreibung nicht 10

7. – Auf dem Thorax und an den Seiten der Flügeldecken abstehend borstig behaart; Flügeldecken häufig gebändert oder gefleckt oder metallisch glänzend (Tafel 53); Flügel immer voll entwickelt *Cleroidea*, S. 276

– Tiere nicht so behaart oder gefärbt 8

8. – Fußglieder sehr lang und dünn; Körper mehr oder weniger zylindrisch; Fühler kurz und gezähnt; Männchen mit charakteristischen Maxillartastern (s. Tafel 53) *Lymexyloidea*, S. 276

– Käfer stärker abgeflacht, mit kürzeren Füßen, deren vorletztes Glied auf der Unterseite etwas gelappt ist 9

9. – Sehr schmale Käfer; Flügeldecken am Ende meist abgestutzt *Cantharoidea*, S. 274

– Käfer mehr gerundet; Flügeldecken am Ende etwas zugespitzt *Dascilloidea*, S. 272

10. – Flügeldecken abgestutzt, mindestens 3 Hinterleibssegmente freilassend; Fühler selten gekeult; Füße ohne gelappte Glieder *Staphylinoidea*, S. 268

– Flügeldecken lassen weniger als 3 Hinterleibssegmente frei, oder die Fühler sind stark gekeult 11

11. – Harte, glänzend-schwarze Käfer mit abgestutzten Flügeldecken, die 1 oder 2 Hinterleibssegmente freilassen; Fühler gewöhnlich gekniet und stark gekeult; Füße ohne geklappte Fußglieder *Histeroidea*, S. 268

– Käfer entsprechen dieser Beschreibung nicht völlig; sind nur 1 oder 2 Hinterleibssegmente frei, sind gewöhnlich die vorletzten Fußglieder gelappt 12

12. – Hinterhüften hinten deutlich ausgehöhlt; Fühler selten gekeult 13

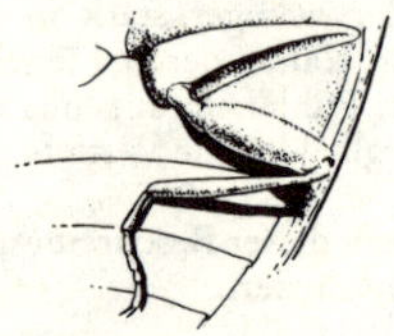

– Hinterhüften hinten nicht deutlich ausgehöhlt oder aber Fühler stark gekeult 18

13. – Vorderhüften nach hinten vorragend; Hinterwinkel des Halsschildes nicht zugespitzt 14

– Vorderhüften quer oder abgerundet; Hinterwinkel des Halsschildes gewöhnlich zugespitzt 15

14. – Halsschild kapuzenartig über den Kopf vorgezogen; die letzten drei Fühlerglieder unterscheiden sich von den übrigen *Bostrychoidea*, S. 275

– Halsschild nicht so vorgezogen; die letzten 3 Fühlerglieder nicht unterschieden *Dascilloidea*, S. 272

15. – Käfer sehr kurz und breit, mit breiten Fühlern *Dryopoidea*, S. 272
– Käfer entsprechen dieser Beschreibung nicht **16**

16. – Kurze ovale Käfer, stark gewölbt und behaart *Byrrhoidea*, S. 272

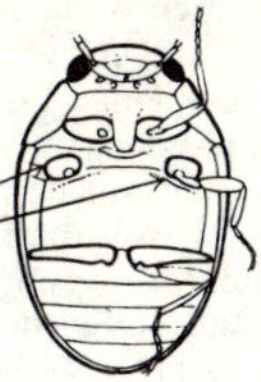

– Käfer nicht so geformt oder aber unbehaart **17**

17. – Kopf stark nach unten gebeugt; Fühler sehr kurz und gezähnt; Tiere oben mehr oder weniger kahl *Buprestoidea*, S. 273
– Kopf weniger stark nach unten gebeugt; Fühler länger; Tiere oben nicht immer deutlich pubescent behaart *Elateroidea*, S. 273

18. – Hinterhüften hinten ausgehöhlt; Fühler stark gekeult **19**
– Hinterhüften hinten nicht ausgehöhlt oder Tiere kleiner als 1,5 mm **20**

19. – Mittelhüften voneinander weit getrennt; Flügeldecken gewöhnlich deutlich gestreift *Byrrhoidea*, S. 272
– Mittelhüften nicht weit voneinander getrennt; Flügeldecken gewöhnlich nicht gestreift *Dermestoidea*, S. 275

20. – Halsschild überdeckt den Kopf zum Teil kapuzenartig; Fußgliederzahl 5, 5, 5 *Bostrychoidea*, S. 275
– Halsschild anders gebildet, oder aber Fußgliederzahl tatsächlich oder scheinbar 4, 4, 4 **21**

21. – Fühler fadenförmig; Fußgliederzahl 5, 5, 5; jeweils das 5. Glied und die Klauen stark ausgebildet *Dryopoidea*, S. 272
– Fühler gewöhnlich nicht fadenförmig oder Füße nicht wie vorstehend beschrieben ausgebildet **22**

22. – Vorderhüften nach hinten vorragend; einige Teile des Körpers stark borstig behaart; Flügeldecken bedecken den Körper *Cleroidea*, S. 276
– Vorderhüften ragen nicht nach hinten vor, oder die Flügeldecken sind kürzer als der Hinterleib, oder die Tiere sind unbehaart **23**

23. – Vorderhüften deutlich nach hinten vorragend; die Fühlerkeule besteht häufig aus 4 oder 5 Gliedern *Staphylinoidea*, S. 268
– Vorderhüften oft quer oder gerundet; ragen sie nach hinten vor, dann bestehen die Hinterfüße aus 4 Gliedern; sofern eine Fühlerkeule vorhanden ist, hat sie nur selten mehr als 3 Glieder *Cucujoidea*, S. 277

Überfamilie Hydrophiloidea *Wasserkäfer*

Die Vertreter dieser Gruppe wurden früher in die sog. *Clavicornia* – „Käfer mit gekeulten Fühlern“ – eingereiht, später aber unter der Bezeichnung *Palpicornia* abgetrennt. Dieser Name nimmt Bezug auf die weit vorragenden Taster (Palpen) und beschreibt die Gruppe vielleicht noch besser als die Bezeichnung *Hydrophiloidea*, denn es gibt unter ihnen neben vielen im Wasser lebenden Arten auch einige Landbewohner. Nahezu alle Käfer leben als Pflanzenfresser, vor allem an verrottenden Pflanzen, doch viele Larven sind Räuber. Die meisten Arten leben in stehendem Wasser und sind als Käfer keine guten Schwimmer. Ihre Beine sind nicht zu ruderartigen Schwimmbeinen umgebildet, und sie behalten auch im Wasser den Laufrhythmus bei. Im Wasser klettern sie vorwiegend auf Wasserpflanzen umher. Sehr auffällig ist bei der ganzen Gruppe die silberglänzende Körperunterseite, die durch einen feinen Haarbesatz, der Atemluft festhält, hervorgerufen wird. Die eigentliche Farbe der Käfer ist gewöhnlich ein dunkles Braun oder Schwarz. Außer dem auf der Körperunterseite transportierten Luftfilm tragen die Käfer noch einen Luftvorrat unter den Flügeldecken. Die Erneuerung dieser Luft geschieht auf eine ganz spezielle Art und Weise. Während die meisten im Wasser lebenden Käferarten mit dem Hinterkörper zuerst auftauchen, durchbrechen die hydrophiliden die Wasseroberfläche mit dem Kopf voran und benutzen die kurzen, haarigen, etwa kolbenförmigen Fühler zum Luftwechsel. Die Haare der Fühler wirken wasserabstoßend, und so wird durch die Fühler, die die Wasseroberfläche durchdringen, eine kontinuierliche Verbindung zwischen der Außenluft hin zu einer Rinne entlang der Körperseiten des Tieres hergestellt. Diese Rinne verbindet die Tracheenöffnungen und die Luftreservoirs auf dem Rücken und dem Bauch. Eine solche Rinne befindet sich auf beiden Seiten des Körpers, doch kommen die Käfer normalerweise mit einer gewissen „Schlagseite" zur Wasseroberfläche und durchstoßen diese nur mit einem Fühler, der dann allein den Gaswechsel vollzieht. Die stark vergrößerten Taster dieser Käfer haben die übliche Funktion der Fühler übernommen.

In Mitteleuropa kommen etwa 150 Arten vor. Von einer Reihe von Entomologen werden sie 5 verschiedenen Familien zugerechnet, während andere nur von einer Familie, den **Hydrophilidae**, sprechen. Am bekanntesten ist wohl der unter Naturschutz stehende Große Kolbenwasserkäfer *(Hydrous piceus)* (Tafel 49). Er wird fast 5 cm lang und ist damit unser größter Wasserkäfer. Er ist ein Pflanzenfresser, doch kann man sich an ihm beim unachtsamen Anfassen durchaus an einem spitzen Dorn auf seiner Unterseite verletzen.

Überfamilie Histeroidea *Stutzkäfer*

Die Vertreter dieser Überfamilie wurden ursprünglich zu den *Clavicornia* und den *Staphylinoidea* gestellt, werden aber jetzt auf Grund ihrer stark gekeulten und geknieten Fühler abgetrennt. Mit einer einzigen Ausnahme gehören die etwa 80 in Mitteleuropa vorkommenden Arten zu den Miststutzkäfern oder **Histeridae.** Die Ausnahme ist der ziemlich seltene *Sphaerites glabratus* (Tafel 50), dessen Fühler nicht gekniet sind. Er rechnet zur Familie der **Sphaeritidea.** Die Histeriden sind gewöhnlich harte, schwarzglänzende Tiere, die manchmal rote Abzeichen auf den Flügeldecken tragen können (Tafel 50). Die Flügeldecken sind kurz und lassen zwei Hinterleibssegmente unbedeckt. Bei Beunruhigung legen die Tiere ihre Körperanhänge in Gruben auf der Körperunterseite und stellen sich tot. Es handelt sich um Aasfresser, die man unter Dung, Aas, verfaulenden Pflanzen und ähnlichen Substraten findet. Sie scheinen jedoch in gleichem Maße von anderen Aasfressern wie von diesem Material selbst zu leben. Die Larven leben nahezu alle als Räuber.

Überfamilie Staphylinoidea

Auch diese Käfer wurden ursprünglich zu den *Clavicornia* gerechnet, obwohl viele von ihnen fadendünne Fühler besitzen. Seit einiger Zeit faßt man sie aber als *Staphylinoidea* zusammen, und sie werden so auch schon in einer Reihe älterer Bestimmungsbücher bezeichnet. In jüngerer Zeit wurden dann nur die Histeriden als eigene Überfamilie abgetrennt. Joy benutzt die Bezeichnung *Brachyelytra* in Hinblick auf die kurzen Flügeldecken, die den meisten Arten eigentümlich sind. Zu dieser sehr großen Überfamilie gehören 10 Familien. Am besten sind wohl die *Silphidae* bekannt – grabende und nichtgrabende Aasfresser – und die *Staphylinidae*, die Kurzflügler. Sie leben vor allem als Räuber oder als Aasfresser und die meisten Arten haben sehr kurze Flügeldecken, die drei bis sechs Hinterleibssegmente freilassen.

Zu den **Silphidae** oder Aaskäfern gehören die größeren Vertreter dieser Überfamilie. Die etwa 25 in Mitteleuropa vertretenen Arten haben stark gekeulte oder geknöpfte Fühler. Eine Reihe von ihnen wird auch als Totengräber bezeichnet (Gattung *Necrophorus*), da sie kleine Kadaver eingraben, bevor sie ihre Eier daran ablegen. Die meisten Vertreter dieser Totengräber sind auffällig rot gebändert, während die meisten anderen Aaskäfer rein schwarz gefärbt sind (Tafel 50). Die Käfer besitzen einen guten Geruchssinn und werden von Aas angelockt. Der erste Vertreter jedes Geschlechts, der einen Kadaver erreicht, scheint alle übrigen Artgenossen abzuwehren. Man findet daher die Totengräber im allgemeinen nur einzeln oder im Pärchen an einem Kadaver. Nach der Paarung beginnen die Tiere mit dem Vergraben der Leiche eines Vogels, einer Maus, eines Maulwurfes oder was auch immer es ist, indem sie die Erde darunter hervorgraben. Hierbei setzen sie vor allem die Kiefer und die bedornten Schienen ein und beißen Graswurzeln und ähnliche Hindernisse glatt durch. Es ist beobachtet worden, daß sie auch Glieder von dem Aas abtrennen, um dadurch das Eingraben und Hineinbringen in eine Grube zu erleichtern. Sie zerren kleine Kadaver auch über eine Strecke zu Bodenstellen, die zum Graben geeigneter sind. Nach dem Eingraben bohrt das Weibchen noch eine kleine Sackgasse an der Seite der Erdkammer und legt dort ihre Eier ab. Dann kehrt es zu dem Aas zurück und frißt daran. Das Männchen verbleibt nur manchmal, das Weibchen aber immer in der Kammer und füttert die ausgeschlüpften Larven während der ersten Zeit mit ausgewürgtem Nahrungsbrei. Später fressen die Larven dann selbst an dem Kadaver. Die Larven machen eine Hypermetamorphose durch. Das erste der drei Larvenstadien ist eine campodeoide Larve, das letzte eine praktisch beinlose Made. Jede verpuppt sich in einer kleinen Kammer, die sie neben dem von der Mutter gegrabenen Raum aushöhlt.

Obwohl die Aaskäfer gewöhnlich als Aasfresser betrachtet werden, hat dies nicht allgemein seine Richtigkeit. Einige Arten fressen tatsächlich Aas, andere aber leben als Räuber von Maden und anderen Aasinsekten (Tafel 50).

In Mitteleuropa leben etwa 1300 Arten der Kurzflügler **(Staphylinidae)**, von denen die größten über 25 mm, die kleinsten aber unter 1 mm lang sind. Die Fühler sind nicht gekeult, die Flügeldecken fast immer sehr stark verkürzt, wodurch die Käfer eine oberflächliche Ähnlichkeit mit Ohrwürmern bekommen, doch fehlen ihnen die Zangen am Körperende. Trotz der kurzen Flügeldecken sind die Hinterflügel voll ausgebildet und die meisten Arten fliegen gut. Viele kann man in und an Dung finden, doch wahrscheinlich ernähren sich die meisten Arten räuberisch von Fliegenmaden und anderen Insekten. Ameisennester beherbergen auch eine ganze Anzahl von Staphylinidenarten. Einige von ihnen sind den Ameisen sehr willkommen, da sie *süße* Sekrete abgeben, die von den Ameisen begierig aufgenommen werden. Andere werden nur geduldet und leben als Aasfresser, nehmen aber gelegentlich auch Ameisenlarven oder -puppen an.

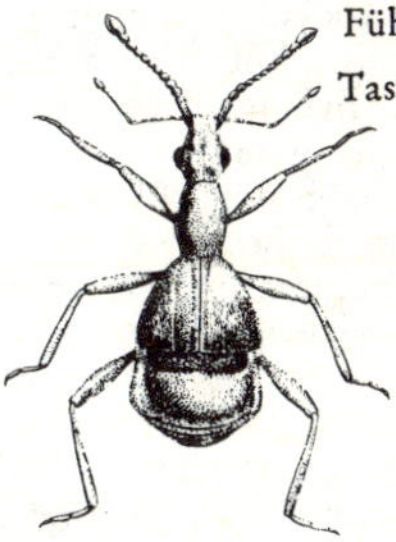

Pselaphus heisei, ein Vertreter der *Pselaphidae*, von denen viele ameisenartig aussehen. Die langen, geknieten Taster finden sich nicht bei allen Arten

Zu den **Pselaphidae** gehören viele kleine Käfer, von denen eine ganze Anzahl Ameisengäste sind. Sie sehen den Ameisen oft recht ähnlich, können aber durch die kräftigen gekeulten Fühler und großen, geknieten und ebenfalls gekeulten Taster leicht unterschieden werden.

Überfamilie Scarabaeoidea *Blatthornkäfer*

Diese Überfamilie wird in älteren Büchern als *Lamellicornia* bezeichnet, da sie am leichtesten nach der Gestalt der Fühler zu erkennen ist. Die letzten drei bis sieben Fühlerglieder sind auf einer Seite blätter- oder lamellenartig ausgezogen. Diese Blätter können zu einer Blätterkeule dicht zusammengelegt werden (Abb. S. 21). Die Blatthornkäfer sind eine sehr große Überfamilie mit über 20 000 Arten, von denen über 150 in Mitteleuropa vorkommen. Es sind große, kräftige Tiere, die einen Teil ihres Lebens grabend in Dung, in der Erde oder vermoderndem Holz zubringen. Außerdem sind aber alle Arten gute Flieger. Bei vielen Arten besitzen die Männchen bizarre Auswüchse auf Kopf und Halsschild. Die typischen Larven dieser Gruppe sind die Engerlinge, weichhäutige, kräftige, ständig gekrümmte Tiere (s. Tafel 62). Sie leben gewöhnlich in einem Nahrungsüberfluß – Pflanzenwurzeln, Dung verrottendem Holz – und bewegen sich nicht viel, obwohl ihre Brustfüße gut entwickelt sind.

Vier Familien sind zu unterscheiden, die nach folgendem Schlüssel getrennt werden können:

1. – Fühler mehr oder weniger gekniet; die Blätter des Fühlers können nicht zu einer Blätterkeule zusammengelegt werden *Lucanidae*
   – Fühler nicht gekniet; die Blätter des Fühlers können zu einer Blätterkeule zusammengelegt werden 2
2. – Flügeldecken stark skulpturiert, mit Haaren, Schuppen oder Warzen besetzt *Trogidae*
   – Flügeldecken nicht in dieser Weise skulpturiert 3
3. – Fühler 11gliedrig; Kiefer von oben voll sichtbar *Geotrupidae*
   – Fühler 9- bis 10gliedrig; Kiefer von oben gesehen oft verborgen *Scarabaeidae*

Von den 6 mitteleuropäischen Arten der **Lucanidae** oder Hirschkäferartigen ist der Hirschkäfer, *Lucanus cervus* (Tafel 51), der bekannteste, der seinen Namen nach den geweihartig verlängerten Kiefern der Männchen erhielt. Er kann 7,5 cm lang werden und ist damit unser größter Käfer. Die Größe kann aber außerordentlich stark variieren, und es gibt auch Tiere, die nur halb so groß werden. Wenn die Männchen mit diesem großen Kopfschmuck auch recht bedrohlich ausschauen, so sind es doch harmlose Tiere. Die „Geweihe“ werden zu Rivalenkämpfen benutzt, doch reicht die Muskulatur nicht zu ihrem Einsatz als Waffe gegen Feinde aus. Die Weibchen können mit ihren kleinen Mandibeln kräftiger zufassen. Die Larven leben an verrottendem Eichenwurzelholz und verbrauchen davon im 5. Larvenjahr pro Monat und Tier 250 cm^3. Bei dieser großen Nahrungsmenge wird klar, daß die wenigen brüchigen Eichen, die in mitteleuropäischen Wäldern noch geduldet werden, nur für wenige Tiere Entwicklungsmöglichkeit bieten. Obwohl die Art unter Naturschutz gestellt wurde, dürfte damit ihrem weiteren Rückgang kein Einhalt geboten werden können.

Die **Trogidae** und **Geotrupidae** werden oft auch als Unterfamilien der *Scarabaeidae* betrachtet, doch neigt man in der letzten Zeit dazu, ihnen den Rang eigener Familien zuzuerkennen. Die einzigen Vertreter der Trogiden sind bei uns 7 nicht sehr häufige Arten der Gattung *Trox*. Sie können an der rauh skulpturierten Oberfläche ihrer Flügeldecken erkannt werden (Tafel 51) und ernähren sich vor allem von kleinem Aas. Sie besitzen nicht die breiten Grabbeine der **Geotrupidae.** Diese Familie, deren

Vertreter auch als Roß- oder Mistkäfer bezeichnet werden, umfaßt mitteleuropäische Arten, vorzugsweise Mistfresser. Die Fühler enden in einer schwach behaarten, dreigliedrigen Keule. Der häufige *Geotrupes stercorarius* (Tafel 51) trägt häufig Milben in großer Zahl, die ihn als Transportwirt von einem Kuhfladen zum nächsten, noch nicht ausgetrockneten, benutzen. Männliche und weibliche Käfer arbeiten zusammen und graben unter dem Kuhfladen Schächte, in die sie eine Portion Mist eintragen und daran dann die Eier ablegen. Auch die Käfer fressen von dem Dung und graben gewöhnlich sehr viel mehr ein, als sie verbrauchen können. Sie haben so eine bestimmte Aufgabe im Kreislauf der Natur und beschleunigen die Rückkehr des Stickstoffs in den Boden. Eine verwandte Art, der Stierkäfer, *Typhoeus typhoeus,* tut gleiches mit den Kotpillen von Kaninchen und Schafen sowie Rotwildlosung. Das Männchen dieser Art trägt die namengebenden großen Hörner auf dem Brustschild (Tafel 51) und schafft zwar die Kotpillen herbei, gräbt sie aber nicht mit ein.

Die Familie der **Scarabaeidae** ist mit rd. 20 000 Arten eine der größten Insektenfamilien überhaupt. Von ihnen kommen rd. 150 in Mitteleuropa vor. Die Scarabaeiden sind nicht nur eine der größten Familen, sie enthalten auch mit den tropischen Goliath- und Herkuleskäfern die größten, massigsten Insekten. Die Familie ist auch durch die großen Hörner bekannt, die eine Reihe von Arten auf Kopf und Brustabschnitt tragen. Sie sind gewöhnlich nur beim Männchen voll entwickelt, wie etwa bei dem Nashornkäfer *(Oryctes nasicornis),* wenn auch bei einigen Arten beide Geschlechter Hörner tragen. Die Mandibeln sind so wie allgemein üblich entwickelt und oft, von oben gesehen, verborgen. Man kann die Familie in zwei große Gruppen teilen, die mistfressenden Dungkäfer und die blätterfressenden übrigen Arten. Beide Gruppen werden dann jeweils noch in mehrere Unterfamilien eingeteilt. Die Hauptgattungen der Dungkäfer, die man findet, sind *Copris* und *Aphodius.* Vertreter beider sind auf Tafel 51 abgebildet. Der Mondhornkäfer, *Copris lunaris,* ist deshalb von besonderem Interesse, weil hier beide Partner die Erdgänge anlegen und die Larven betreuen, bis diese die Dungkammer verlassen.

Nashornkäfer-Männchen

Während die dungvergrabenden Käfer eine nützliche Funktion erfüllen, kann man die blattfressenden **Melolonthinae** kaum so bezeichnen. Die bekanntesten und volkstümlichsten sind die Maikäfer (*Melolontha,* Tafel 52), die in sog. „Maikäferjahren" dort, wo sie in großer Zahl auftreten, mit lautem Brummen gegen beleuchtete Fensterscheiben prallen. Ihre Größe – sie werden bis 25 mm lang – und ihr lauter Flug rufen oft Aufregung hervor, doch sind die Tiere für den Menschen selbst harmlos. Durch das Abfressen der Blätter richten sie dagegen an den jungbelaubten Bäumen großen Schaden an. In noch größerem Maße gilt dies für die fetten weißen Engerlinge (s. Tafel 62). Ihre unterirdische Lebensweise dauert, in den einzelnen Bereichen Mitteleuropas unterschiedlich, 3–4 Jahre. In dieser Zeit fressen sie Pflanzenwurzeln, besonders von Löwenzahn, aber auch von Getreide und Gräsern. Besonders an Sanddünen, auch am Meer, ist der Walker oder Türkische Maikäfer gebunden, dessen Larven ähnlich leben. Mit 35 mm ist er der größte Maikäfer unseres Gebietes (Tafel 64). Zu zwei anderen Unterfamilien, den **Rutelinae** und den **Cetoniinae**, gehören der Gartenlaubkäfer, *Phylloperta horticola,* der etwas nach den Maikäfern auftritt und deshalb auch als Junikäfer bezeichnet wird, und die Rosenkäfer der Gattung *Cetonia* (Tafel 52). Die Larven der Junikäfer leben wie die der Maikäfer, während die Rosenkäferlarven im Mulm oder in Ameisennestern zu finden sind.

Überfamilie Dascilloidea

Diese relativ kleine Gruppe enthält nur drei Familien des Gebietes, die früher zu den *Diversicornia* und den *Staphylinoidea* gestellt wurden. Die drei Familien unterscheiden sich im Aussehen recht stark – sie erscheinen getrennt in dem Schlüssel für die Überfamilien auf S. 265 –, stimmen jedoch in den mehr oder weniger konischen, vorragenden Vorderhüften und den ausgehöhlten Hinterhüften überein. Die **Clambidae** oder Punktkäfer sind winzige Tiere, die höchstens 1,5 mm lang werden, breite

Ein Vertreter der Punktkäfer *(Clambidae)*

Köpfe und geknöpfte Fühler besitzen. Ca. 10 Arten kommen in sich zersetzenden Pflanzenresten und hinter morscher Baumrinde vor und leben hier von Schimmelrasen. *Dascillus cervinus* ist einer der wenigen Vertreter der **Dascillidae** und lebt auf Blüten nasser Wiesen oder im Gebüsch feuchter Wälder. Mit etwa 25 Arten sind die **Helodidae,** die recht weich und hinfällig sind, stärker vertreten. Die meisten Arten sind zwischen 2 und 6 mm lang und finden sich in der Umgebung von Teichen und Flüssen. Ihre Larven leben im Wasser.

Überfamilie Byrrhoidea *Pillenkäfer*

Zu dieser Überfamilie gehört nur eine Familie, die **Byrrhidae** oder Pillenkäfer, die früher zu den *Diversicornia* gestellt wurden. Mit etwa 40 Arten vertreten, haben diese nahezu kugelförmigen Käfer eine Länge von 1,5–13 mm. Fühler und Beine können in Furchen auf der Körperunterseite weggeklappt werden, wenn die Tiere sich totstellen. *Byrrhus pillula* ist eine der häufigen Arten (Tafel 50). Die meisten Arten leben an Moosen.

Überfamilie Dryopoidea

Die meisten Käfer in dieser Gruppe leben aquatisch und sind winzig – sie erreichen 5 mm Länge nicht. Etwa 60 Arten aus 5 Familien finden sich im Gebiet. Wenn sie auch im Wasser leben, so können die Tiere doch nicht richtig schwimmen. Die Vertreter der

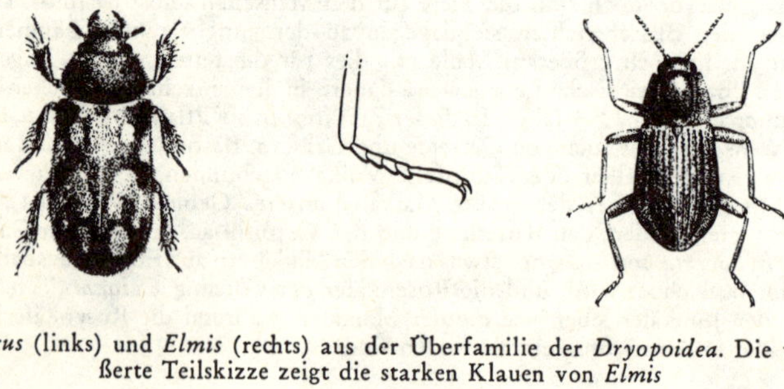

Heterocerus (links) und *Elmis* (rechts) aus der Überfamilie der *Dryopoidea*. Die vergrößerte Teilskizze zeigt die starken Klauen von *Elmis*

Heteroceridae (Tafel 52) graben mit Hilfe ihrer stark verbreiterten Schienen Gänge in den Uferrändern von Seen, Bächen, Flüssen und am Meer. Die **Dryopidae**, Haken- oder Klauenkäfer, und die **Elmidae** kriechen an Wasserpflanzen und bemoosten Steinen umher. Ihre Schienen sind nicht verbreitert, jedoch die Krallen stark vergrößert, mit deren Hilfe sie sich festhalten können. Viele von ihnen leben in schnellfließendem Wasser. Einige der Elmiden haben eine Plastron-Atmung entwickelt (s. S. 29).

Überfamilie Buprestoidea *Prachtkäfer*

Auch diese Überfamilie bildete einmal einen Teil der *Diversicornia* und enthält nur eine große Familie, die **Buprestidae.** Obwohl es sich um eine vorzugsweise tropische Familie handelt, gelangen doch über 100, allerdings meist kleinere Arten in unser Gebiet. Die meisten davon sind allerdings nicht häufig. Die größte Art, *Chalcophora mariana*, ist mit 30 mm von der Größe her auffällig, nicht so sehr dagegen von der erzbraunen Oberfläche (Tafel 64). Die glänzenden, oft metallischen Arten erreichen höchstens 20–25 mm Länge. Ihr Kopf ist tief in das Halsschild zurückgezogen, die Augen sind ungewöhnlich groß und die Fühler kurz und gezähnt. Die meisten der kochlöffelförmigen Larven (Tafel 62) fressen zunächst unregelmäßig gewundene Gänge hinter Bast und Rinde. Manche dringen später in das Splintholz ein, und einige können junge Bäume zum Absterben bringen. Eine geringe Zahl von Arten miniert als Larve in Blättern, und einige Larven erzeugen schließlich auch Gallen. Mit über 30 Arten ist die Gattung *Agrilus* (Tafel 50) vertreten. *Buprestis aurulentus* (Tafel 50) ist dagegen in Amerika heimisch, wird aber gelegentlich mit Holz eingeschleppt. Die Larve dieser Art soll bis zu 30 Jahre für ihre Entwicklung benötigen können.

Überfamilie Elateroidea

Die Vertreter dieser Gruppe – Teil der alten *Diversicornia* – sind allgemein schmale, langgestreckte Tiere mit hartem Panzer. Der Kopf ist tief in den Brustabschnitt eingesenkt und trägt gezähnte oder gekämmte Fühler (Tafel 52). Die Hinterwinkel des Halsschildes sind scharf zugespitzt und oft verlängert. Die wichtigste unserer drei Familien ist die der Schnellkäfer oder **Elateridae,** die nach der Fähigkeit benannt sind, sich aus der Rückenlage hoch in die Luft und wieder auf die Beine zu schnellen oder zu schnipsen. Die Fähigkeit wird durch ein gut bewegliches Gelenk zwischen dem ersten und zweiten Thorax-Sternit ermöglicht. Unter normalen Bedingungen ruht ein Dorn der Vorderbrust auf dem Rand einer Grube der Mittelbrust. Wenn das Tier auf den Rücken fällt, krümmt es sich und macht einen „Hohlrücken". Dabei rutscht der Dorn vom Rand über eine schräge Gleitfläche in die genannte Grube. Dies erzeugt ein

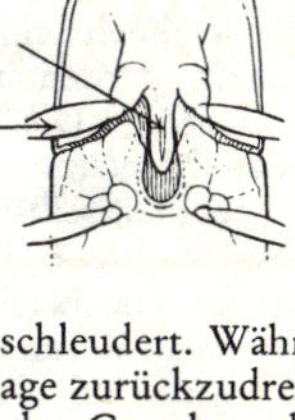

Unterseite eines Schnellkäfers mit dem Schnellmechanismus (Familie *Elateridae*)

scharfes Knips-Geräusch und das Tier wird dabei in die Luft geschleudert. Während des Fluges vermag sich das Tier um 180° in die normale Körperlage zurückzudrehen. Die rund 150 im Gebiet vorkommenden Arten ähneln sich in der Gestalt und die meisten auch in den trüben schwarzen, bräunlichen und gelblichen Farbtönen. Nur einige Arten sind durch Metallglanz oder rote Flügeldecken ausgezeichnet (Tafel 52).

Unter dem Binokular sieht man, daß sie von feinen, oft grauen Haaren bedeckt sind. Die Larven der Schnellkäfer werden als Drahtwürmer (Tafel 62) bezeichnet und sind für viele Schäden an Sämereien und Pflanzenwurzeln verantwortlich. Die Käfer leben von Nektar und Pollen, aber auch von Blütengeweben und zarten Pflanzenteilen, sind aber harmlos.

Zu den **Cebrionidae** gehören einige relativ große Käfer, die mit den Schnellkäfern verwandt sind. Ihre Larven sehen den Drahtwürmern sehr ähnlich und leben im Boden. Die weiblichen Käfer sind manchmal flügellos. Einige Vertreter finden sich in Südeuropa; *Cebrio gigas* (Tafel 52) ist einer davon.

Überfamilie Cantharoidea

Diese Käfer – wiederum ein anderer Teil der früheren *Diversicornia* – sind schmale, lange Tiere, deren Körper und Flügeldecken weich sind. Letztere sind mit kurzen, flaumigen Haaren besetzt, die ihnen oft ein mattes Aussehen verleiht. Mit etwa 80 Arten sind die **Cantharidae** oder Weichkäfer die größte Familie in Mitteleuropa. Ihre Flügel zeigen die Andeutung einer Streifung, was sie von den **Lycidae** (8 Arten) unterscheidet. Die Weichkäfer sind vor allem Blütenbesucher und werden besonders von Doldenblütlern angelockt. Sie fressen jedoch nicht an ihnen, sondern sind Räuber, die auf den Dolden auf andere blütenbesuchende Insekten lauern. Eine der häufigsten Arten ist die rotgelbe *Rhagonycha fulva* (Tafel 52). Achtung: Diese Käfer zerbeißen noch im Tötungsglas andere Insekten!! Man hüte sich, sie in ein schon gefülltes Glas zu werfen, vor allem dann, wenn darin zarte Tiere sind!!

Zur Familie der **Lampyridae** oder Leuchtkäfer gehört einer der berühmtesten Käfer, das Glühwürmchen *(Lampyris noctiluca)*. Der Volksname, der etwas irreführend ist, leitet sich von den Weibchen ab, die zwar nicht wie Würmer, aber auf den ersten Blick auch nicht wie Käfer aussehen (Tafel 52). Das Männchen hat dagegen Käfergestalt, voll entwickelte Flügel und ist flugfähig. Bei beiden Geschlechtern ist der Halsschild nach vorn vergrößert und verbirgt den Kopf. Es leuchten alle Stadien dieser Tiere einschließlich der Eier, am stärksten jedoch das erwachsene Weibchen. Die Leuchtorgane liegen auf der Unterseite der letzten 3 Hinterleibssegmente und bestehen aus einer Lage d-Luciferin und einem Reflektor aus winzigen Kristallen. Das Leuchten wird durch enzymatische Oxydation des Luciferins erzeugt, wobei Wasser und Sauerstoff zugeführt werden müssen. Zu diesem Zweck ist das Luciferin von Tracheen gut versorgt. Das entstehende Licht ist von fahl grünblauer Farbe. Bei diesem Prozeß wird nahezu die gesamte chemische Energie in Licht umgesetzt und es entsteht fast keine Wärme. Das Licht dient zur Anlockung der Männchen, wobei das Weibchen bewegungslos im Gras sitzt und den Hinterleib nach oben krümmt. Ein Rain oder Waldrand voller Glühwürmchen ist in der Tat ein faszinierender Anblick! Die Augen der Männchen sind weitaus besser entwickelt als die der Weibchen, und ein leuchtendes Weibchen wird von ihnen schnell gefunden. Das Leuchten kann, wenn notwendig, schlagartig eingestellt werden, möglicherweise durch eine Unterbrechung der Sauerstoffzufuhr zum Luciferin. Die Tiere leuchten vorzugsweise am Spätabend oder nachts für etwa 3 Stunden. Manchmal erlöschen sie bei Störungen schlagartig, doch fahren viele Tiere mit dem Leuchten selbst dann fort, wenn man sie aufsammelt und in ein Glas setzt.

Ausgewachsene Tiere nehmen selten oder nie Nahrung auf. Die Larven leben räuberisch von Nackt- und Gehäuseschnecken. Sie ergreifen sie mit ihren Mandibeln und töten sie durch einen Giftbiß. Sodann fressen sie die Gehäuse aus und reinigen sich danach oft stundenlang von dem Schleim. Auf Grund dieser Nahrung sind Glühwürmchen vor allem an kalkhaltige Gebiete geknüpft, da hier ein besonderer Schneckenreichtum herrscht.

Überfamilie Dermestoidea

Die **Dermestidae,** Speck- und Pelzkäfer, sind die einzige Familie dieser Gruppe, die Bedeutung hat. Auch sie wurden früher zu den *Diversicornia* gerechnet. Die etwa 35 mitteleuropäischen Arten haben Abmessungen zwischen 1,5 und 10 mm und sind meist düster gefärbt. Sie sind mit feinen Haaren oder Schuppen bedeckt. Die meisten Arten tragen in der Mitte des Kopfes einen einzelnen, großen Ocellus. Er fehlt jedoch den Speckkäfern (Gattung *Dermestes*). Die Fühler sind deutlich gekeult und können ebenso wie die Beine in Furchen auf der Körperunterseite zurückgezogen werden. In dieser Position stellen sich die Käfer dann tot. Die Dermestiden sind grundsätzlich Aasfresser (Tafel 52) und vielen Arten kommt eine hohe wirtschaftliche Bedeutung zu. *Dermestes maculatus* und *D. lardarius,* der Schinken- und der Speckkäfer, vernichten Häute und Fleischprodukte und sind in Lagerhäusern häufiger als im Freien anzutreffen, obwohl sie auch an vertrocknetem Aas fressen. Man setzt diese Tiere daher auch mitunter zum Skelettieren kleiner Tiere ein. Weiterhin sind von großer Wichtigkeit die Pelzkäfer (Gattung *Attagenus*) und die Museumskäfer *(Anthrenus, Trogoderma)* (Tafel 52, 62), die nahezu alle kohlenhydrat-, fett- und eiweißhaltige Substanzen vernichten. Es sind nur die Larven, die hier die Schäden anrichten. Sie sind mit charakteristischen Haarbüscheln bedeckt (Tafel 62). Viele Arten sind in Verbindung mit ihrer Lebensweise weltweit verschleppt, und mit dem Auftreten neuer Arten muß ständig gerechnet werden. Die Wanderwege können hierbei merkwürdig sein: *Trogoderma angustum* Sol., eine mittelamerikanische Art, gelangte über Stettin nach Mitteleuropa und dringt hier von Osten nach Westen vor. In Berlin dürfte bereits ein Großteil aller Motten zugeschriebenen Schäden auf die Larven dieser Art zurückgehen.

Überfamilie Bostrychoidea

Die Vertreter dieser Gruppe, früher den *Clavicornia* zugerechnet, sind durch das nach vorn kapuzenartig vorgezogene Halsschild ausgezeichnet, durch welches der Kopf, von oben gesehen, teilweise oder ganz verborgen wird. Die meisten Arten leben als Holzbohrer und richten hier zum Teil erhebliche Schäden an. Die Larven sind weiß und weich und meist engerlingsartig geformt.

Die Familie der **Lyctidae,** aus der *Lyctus fuscus* (Tafel 53) abgebildet ist, wird Splintholz- oder Holzmehlkäfer genannt, weil die Larven einen sehr feinen Staub beim Bohren im Holz erzeugen, der dem der Pochkäfer ganz unähnlich ist (s. unten). Die Splintholzkäfer weichen von den anderen Familien dieser Gruppe dadurch ab, daß das Halsschild den Kopf nicht völlig überdeckt und ihre Fühlerkeulen deutlich zweigliedrig sind. In den übrigen drei Familien sind diese Keulen entweder dreigliedrig, oder aber sie fehlen überhaupt.

Die Holzbohrkäfer oder **Bostrychidae** sind mit kaum einem Dutzend Arten in Mitteleuropa vertreten und im allgemeinen selten. Sie können an der dreigliedrigen

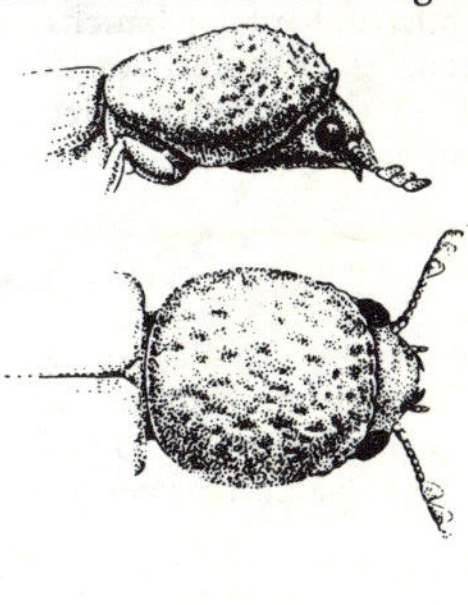

Rhizopertha dominica (Fam. *Bostrychidae*) in der Ansicht von der Seite und von oben, um das vorragende Halsschild zu zeigen

Fühlerkeule erkannt werden. Hier soll *Rhizopertha dominica*, der Getreidekapuziner (Tafel 53), erwähnt werden, der sich als eingeschleppter Getreideschädling in Silos und Lagern heute weltweit findet.

Zu den **Anobiidae** oder Pochkäfern (Tafel 53) gehören zwei wichtige Schädlinge, der Gemeine Nagekäfer *(Anobium punctatum)* und die Totenuhr *(Xestobium rufovillosum)*. Die Larven dieser Käfer bohren in totem Holz – Langholz, Möbeln, toten Bäumen – und können es schnell zu Bohrmehl verwandeln. Die Weibchen legen die Eier in jeden kleinen Spalt ab – wohlpolierte Möbel sind daher relativ sicher –, von wo aus sich die ausschlüpfenden Larven in das Holz hineinbohren. Erst wenn die Käfer aus Bohrlöchern ausschlüpfen, wird im allgemeinen der Befall bemerkt. Die Totenuhr verrät sich allerdings schon vorher durch ein leises tickendes Geräusch. Sie erzeugen dies durch mehrmaliges schnelles Aufschlagen des unteren Kopfteiles auf die Unterlage, was wahrscheinlich zum Balzverhalten im Frühjahr gehört. Weitere wichtige Schädlinge aus dieser Gruppe, die auf Tafel 53 abgebildet sind, sind der Tabakkäfer, *Lasioderma serricorne*, und der Brotkäfer, *Sitodrepa (Stegobium) paniceum*, die fast alle Vorräte einschließlich Tabaklager befallen können. Alle Vertreter dieser Familie besitzen keine deutlichen Fühlerkeulen, und die Fühlerbasen sind deutlich voneinander getrennt.

Die Diebskäfer oder **Ptinidae** sind mit den Pochkäfern nahe verwandt, doch setzen ihre Fühler dicht beieinander an. Die Teile ihres Körpers (Halsschild, Hinterleib) sind auch ausgesprochen abgerundet und kugelig, was ihnen ein etwas spinnenhaftes Aussehen gibt (Tafel 53). Es sind Aasfresser – keine Art lebt bohrend. Verschiedene Arten sind zu Vorratsschädlingen geworden und fressen an Getreide, Trockenobst und Geweben. Ihr natürliches Vorkommen sind offenbar Vogelnester und die Höhlen kleiner Säugetiere.

Überfamilie Cleroidea

Zu dieser weiteren Gruppe der früheren *Clavicornia* gehört eine Reihe von Räubern und Aasfressern, die meisten davon aus der Familie der Buntkäfer (**Cleridae**). Diese Käfer sind ziemlich stark behaart und meist bunt gefärbt, wie der Name schon sagt (Tafel 53). Die Fühler sind entweder stark gesägt oder aber gekeult. Die Larven der Buntkäfer jagen Borkenkäfer und die Larven von holzbohrenden Insekten. *Necrobia rufipes* ist jedoch ein Schädling an Speck- und Schinkenvorräten.

Der Schwarze Getreidenager *(Tenebroides mauritanicus)* gehört zu der nahe verwandten Familie der **Trogositidae** und ist nicht behaart (Tafel 53). Diese Art ist eingeschleppt, jedoch in Mühlen, Silos und Speichern heimisch geworden, wo sie Jagd auf andere Schädlinge macht.

Die große Familie der **Malachiidae** ist in Mitteleuropa nur mit etwa 30 Arten vertreten. Die hierher gehörenden Käfer sehen sehr unterschiedlich aus – grüne Grundfärbung und gelbrote Abzeichen sowie rote ausstülpbare Drüsenschläuche am Halsschild und auf der Bauchseite, deren Funktion noch unbekannt ist (Abwehr?), sind Merkmale einer Reihe von Arten. Außerdem ist ihr Kopf lang borstig behaart. Die Fußklauen sind gezähnt oder tragen ähnliche Auswüchse. Die meisten Arten finden sich im Frühjahr und Sommer, wie z. B. *Anthocomus fasciatus* (Tafel 52).

Überfamilie Lymexyloidea

Nur eine Familie gehört zu dieser Überfamilie, die Werftkäfer, **Lymexylonidae.** Dazu gehören nur zwei deutsche Arten, *Hylecoetus dermestoides*, der sich an sterbenden und gefällten Bäumen findet, und *Lymexylon navale*, der Werftkäfer, mit ähnlicher Lebensweise. Sein Name ist irreführend – er wird mit Holz nur zufällig in Werften eingeschleppt. Auffälligstes Merkmal dieser langgestreckten, den Weichkäfern (s. S. 274) etwas ähnlichen Käfer sind die buschig entwickelten Kiefertaster der Männchen (s. Tafel 53).

Überfamilie Cucujoidea

Dies ist eine sehr große, heterogene Käfergruppe, deren große Zahl von Familien durch wenig gemeinsame Merkmale zusammengehalten wird. Es gehören dazu Vertreter der früheren *Heteromera* sowie der größte Teil der ehemaligen *Clavicornia.* Man kann von daher zwei recht scharf getrennte Familienreihen in dieser Überfamilie unterscheiden – die früheren *Heteromera,* deren Fußgliederformel 5, 5, 4 lautet und deren Fühler meist schwach gekeult sind, und die ehemaligen *Clavicornia,* bei denen die Füße der Weibchen nie dieser Formel entsprechen, aber die Fühlerkeule immer stark entwickelt ist. Nur die Hauptfamilien dieser beiden Familienreihen werden hier genannt.

Familienreihe *Heteromera*

Die Vertreter der **Oedemeridae** sind ziemlich langgestreckte, weiche, oft grünglänzende Käfer (Tafel 53), die nicht selten trotz dieser anderen Färbung mit Weichkäfern verwechselt werden. Ihren Namen erhielten sie nach den bei manchen Arten stark verdickten Hinterschenkeln der Männchen. Die Käfer finden sich mit Weichkäfern zusammen auf Blüten, die Larven in morschem Holz. Etwa 30 Arten kommen in Mitteleuropa vor.

Nur drei Arten vertreten die Feuerkäfer oder **Pyrochrodidae,** die wegen ihrer auffälligen, leuchtend roten Färbung Erwähnung verdienen (Tafel 53). Ihre flachen, durch das zweispitzige Hinterende unverwechselbaren Larven (Tafel 62) leben unter Borke und jagen die Larven von Bock- und Prachtkäfern. Auch die Käfer findet man dort oder aber auf Blüten.

Die Vertreter der Blumenkäfer, **Anthicidae,** sehen auf den ersten Blick kleinen Laufkäfern recht ähnlich (Tafel 53), sind jedoch mit 3–4 mm viel kleiner als die meisten von jenen. Außer der Größe unterscheiden sie noch die ungestreiften Flügeldecken und die 4 Fußglieder an den Hinterbeinen. Die Käfer leben in verrottendem Material, z. B. in Komposthaufen oder faulendem Seetang.

Die Ölkäfer (**Meloidae**) sind wegen ihres Entwicklungskreislaufes von besonderem Interesse. Die meisten mitteleuropäischen Arten leben als Larve als Parasiten in Hymenopterennestern, einige wenige *(Mylabris)* wie die Vertreter in anderen Teilen der Welt an Heuschreckengelegen. Die Weibchen legen eine sehr große Zahl von Eiern in den Boden ab. Ein *Meloë*-Weibchen erzeugt mehrere tausend Eier, die in Portionen in Erdhöhlen abgelegt werden. Die Eiablage erfolgt im Frühjahr. Aus ihnen schlüpfen bald kleine, sehr bewegliche Larven, deren letztes Fußglied 3 klauenartige Bildungen trägt und die danach als Triungulinus-Larven oder Dreiklauer bezeichnet werden. Sie klettern auf Löwenzahnblüten u. ä. und warten hier auf das Anfliegen von solitären Bienen. Nur eine geringe Zahl trifft auf die richtigen Wirte – die anderen gehen zugrunde. Die erfolgreichen Larven klammern sich an die Bienen, werden von ihnen in das Nest getragen und fessen hier das Ei des Wirtes. Danach wenden sie sich den eingetragenen Pollen- und Nektarvorräten zu und fressen sie nach und nach auf. Dabei machen sie mehrere Häutungen durch und werden bei jeder dieser Häutungen madenartiger, d. h. die Beine verschwinden, der Körper wird weißhäutig. Andere Arten, die bei Grabwespen leben, fressen deren Futtervorräte, z. B. gelähmte Heuschrecken.

Von der Gestalt her ist *Lytta vesicatoria,* die Spanische Fliege, typisch für die meisten Vertreter der Familie. Auffälliger, aber untypisch sind die Maiwürmer oder Ölmütter der Gattung *Meloë* (Tafel 54). Bei ihnen bedecken die hinten zugespitzten Flügeldekken nur einen Teil des Hinterleibs, der besonders bei hochträchtigen Weibchen

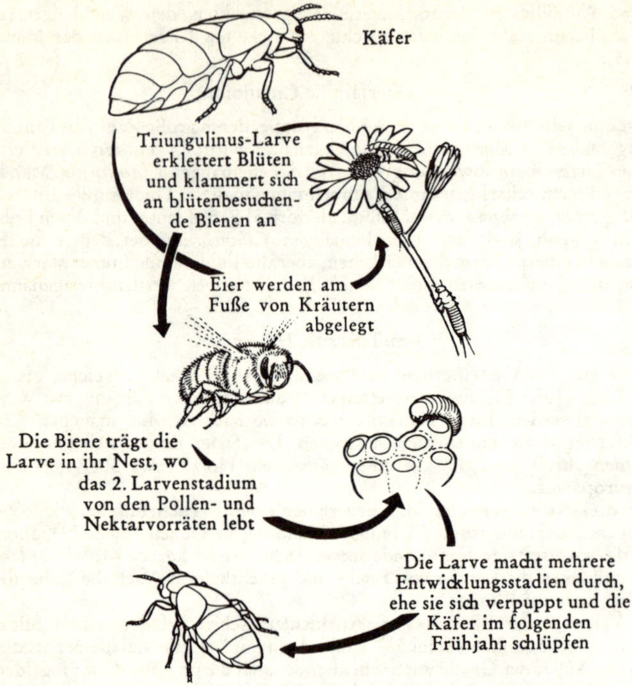

Entwicklungszyklus des Ölkäfers *Meloë proscarabaeus*

gewaltig anschwillt. Die blau- oder violettglänzenden schwarzen Tiere machen dann einen sehr unbeholfenen Eindruck. Der deutsche Name bezieht sich auf die Fähigkeit der Tiere, bei Störungen ölige Tropfen an den Beingelenken austreten zu lassen. Hierbei handelt es sich um das Blut der Tiere, das bei vielen Arten das Gift Cantharidin enthält. Dies ist ein Beispiel für Reflexbluten (s. S. 279, 280).

Die Familie der Schwarz- oder Dunkelkäfer (**Tenebrionidae**) ist sehr artenreich, doch kommen nur etwa 50 dieser Arten auch in Mitteleuropa vor. Ihre Namen erhielten sie auf Grund ihrer meist düsteren Färbung und nächtlichen Lebensweise. Die Mehrzahl der Arten kann nicht fliegen oder ist sogar flügellos. Die Flügeldecken sind oft miteinander verwachsen. Was die Form und Größe der einzelnen Arten betrifft, so gibt es hier eine große Mannigfaltigkeit, und man kann wohl sagen, daß sich in dieser Familie die Gestalten nahezu aller anderen Käferfamilien wiederfinden. Kommt man mit einem gefangenen Käfer nicht zurecht, obwohl man meint, ihn nach seiner Gestalt einer bestimmten Familie zuordnen zu können, so sehe man unter den Tenebrioniden nach – meist wird man damit Erfolg haben. Gemeinsam ist den Arten, daß die Fühler oft verdickt und an den Enden mehr oder weniger geknöpft sind. Auf Tafel 53 sind zwei sehr häufige Arten abgebildet, der Mehlkäfer, *Tenebrio molitor*, und ein Totenkäfer, *Blaps mucronata*. Der Mehlkäfer lebt an allen Getreideprodukten und seine Larve ist der allbekannte Mehlwurm, der als (leicht zu beschaffendes, aber oft wenig bekömmliches) Futter für Vögel, Eidechsen und andere Terrarientiere dient. Eine Reihe von Arten treten als ausgesprochene Vorratsschädlinge auf, z. B. die Reismehlkäfer (Gattung *Tribolium*), der Vierhornkäfer *(Gnathocerus cornutus)* (beide Tafel 54) und *Latheticus oryzae*. Viele dieser Arten waren offenbar ursprünglich im Gebiet nicht heimisch und wurden mit Vorräten eingeschleppt.

Familienreihe *Clavicornia*

Die Familie der **Nitidulidae** oder Glanzkäfer ist sehr groß und umfaßt viele kleine Arten, die an faulenden Pflanzenabfällen leben. Die meisten von ihnen sind kleiner als 5 mm. Man findet sie häufig hinter Baumrinde, an ausfließenden Baumsäften, an Pilzen, aber auch an verwesendem tierischen Material. Einige Arten werden an Vorräten oder an Kulturpflanzen schädlich. *Carpophilus hemipterus* (Tafel 54) ist eine dieser Arten und findet sich weltweit an Getreide, getrockneten Flächen u. ä. Bei allen in Mitteleuropa vorkommenden Arten – es sind über 100 – enden die Fühler in einem dreigliederigen Knopf. In vielen Fällen bedecken die Flügeldecken den Hinterleib nicht völlig.

Die etwa 50 im Gebiet vertretenen Arten der **Cucujidae** leben von zerfallenden Pflanzen und als Räuber unter Baumrinde. Am häufigsten findet man jedoch einige Arten, die in Vorräten auftreten. Die Tiere sind flach und werden deshalb auch als Plattkäfer bezeichnet. Ihre Fühler zeigen höchstens eine undeutliche Fühlerkeule (Tafel 54). Der Getreideplattkäfer, *Oryzaephilus surinamensis*, kommt häufig in Getreidelagern vor, nährt sich aber vorwiegend von Abfällen anderer Schädlinge und vermag nur Getreidekörner anzunehmen, die bereits vom Kornkäfer, *Sitophilus granarius*, zerstört wurden (s. S. 281). Besonders auffällig sind an ihm die gezähnten Seiten des Halsschildes, ein Merkmal, das sich, weniger auffällig, auch bei vielen anderen Vertretern dieser Familie findet.

Von Abfällen leben auch die Schimmelkäfer oder **Cryptophagidae**, die zwischen 1 und 5 mm lang werden. Ihre Fühler sind am Ende deutlich gekeult, und ihre etwas behaarten Flügeldecken bedecken den Hinterleib vollständig. Vor allem findet man sie unter loser Borke und an Pilzen, einige Arten auch in Vorratslagern. *Cryptophagus*-Arten (Tafel 54) sind vor allem Schimmelpilzfresser und finden sich häufig in feucht gewordenem Getreide.

Die **Lathridiidae** oder Moderkäfer sind den Schimmelkäfern ähnlich, unterscheiden sich aber dadurch, daß sie nur 3 Fußglieder besitzen, die *Cryptophagidae* jedoch 4 oder 5. Pilze, verwesende Pflanzen, trockene Kadaver und Vorräte sind die Fundplätze für diese Käfer, von denen etwa 50 in Mitteleuropa vorkommen.

Die Marienkäfer (**Coccinellidae**) sind sicher die bekannteste Familie unter den *Cucujoidea* (Tafel 54). Die meisten der etwa 70 Arten des Gebietes leben räuberisch und verzehren vor allem Blatt- und Schildläuse, und zwar sowohl als Käfer wie auch als Larve (Tafel 62). Die leuchtenden Farben – vor allem Gelb, Rot und Schwarz – sind Warnfarben, die auf den bitteren Geschmack der Käfer hinweisen. Bei starker Beunruhigung lassen sie vor allem an den Gelenkhäuten gelbe Blutflüssigkeit austreten, deren Geruch und Farbe der menschlichen Haut eine Weile anhaftet. Weder dieses Reflexbluten noch die Warnfarben schützen die Marienkäfer völlig vor dem Gefressenwerden.

Einer der Pflanzenfresser der Gruppe ist der Luzerne-Marienkäfer, *Subcoccinelle vigintiquattuorpunctata*, oder, wie hier wie auch bei anderen vielgefleckten Arten abkürzend geschrieben wird, *24-punctata*. Wie manche anderen Arten der Marienkäfer ist auch dieser in der Zeichnung sehr variabel, und man kann eigentlich nur damit rechnen, daß ein gefundenes Tier nicht 24 Punkte hat! Die häufigste Zeichnung sind 16–20 irreguläre Tupfen. Die Gestalt der Gattungen *Coccidula* und *Rhyzobius* (Tafel 54) paßt gar nicht zu der allgemeinen Vorstellung von „Marienkäfern“, denn sie sind langgestreckter, nicht halbkugelig wie die übrigen. Farbe und Muster, das sei hier noch einmal betont, variieren bei den meisten Arten erheblich und sind keine sicheren Unterscheidungsmerkmale der Arten.

Überfamilie Chrysomeloidea

Fast alle Vertreter dieser Überfamilie sind Pflanzenfresser, wonach die Gruppe früher als die der *Phytophaga* bezeichnet wurde. Keine der Arten zeigt an den Fühlern eine deutliche Keulenbildung. Die Füße sind scheinbar 4gliedrig – das 4. Glied ist sehr klein. Zu dieser Überfamilie gehören ca. 40 000 Arten, die drei Familien zugerechnet werden.

Die **Cerambycidae** oder Bockkäfer sind holzbewohnende Käfer, die man gewöhnlich an ihren sehr langen Fühlern erkennen kann, die wie das Gehörn eines Bockes getragen werden. Etwa 180 Arten kommen vorzugsweise in den Waldgebieten Mitteleuropas vor, wo die Larven (Tafel 62) oft große Schäden am lebenden und toten Holz anrichten. Eine Anzahl dieser Käfer, die zum Teil groß und auffällig gefärbt sind, zeigt Tafel 55. Bei den Widder- und Wespenböcken der Gattung *Clytus* ist es unklar, ob die bei einigen Arten recht wespenähnliche Zeichnung und das wespenähnliche Verhalten wirklich Wespenmimikry darstellt. Die Larve des Hausbockes lebt in totem, oft recht trockenem Nadelholz über 2–10 Jahre und findet sich daher oft in Dachstühlen u. ä., die nicht entsprechend imprägniert wurden. Ähnlich langlebige Larven ausländischer Arten führen immer wieder einmal dazu, daß diese mit Holzimporten eingeschleppt werden und dann hier schlüpfen. Auffällig sind auch die Fraßspuren der Larven im Holz bzw. die Puppenwiegen, die manche Arten bauen, z. B. die *Rhagium*-Arten aus Nagespänen unter der Rinde.

Die Larven der **Bruchidae** leben in Samen, wonach man diese Familie als Samenkäfer bezeichnet. Etwa 900 Arten sind bekannt, von denen aber nur rd. 25 in Mitteleuropa heimisch sind. Der Kopf der Käfer ragt zwischen den Fühlern zugespitzt etwas nach vorn vor, jedoch nicht in Form eines Rostrums wie bei den Rüsselkäfern. Ferner sind die Fühler der Samenkäfer nicht gekniet (Tafel 56). Die Flügeldecken sind oft kürzer als der Hinterkörper und bedecken ihn nicht ganz. Vor allem werden die Samen von Leguminosen von den Samenkäfern befallen. Daher finden sich manche Arten auch an Vorräten von Bohnen, Erbsen und Linsen.

Die **Chrysomelidae** oder Blattkäfer sind die größte der drei Familien. Von den fast 35 000 Arten kommen rund 500 im Gebiet vor, und zwar fast alle als Blattfresser, was zu ihrem Namen führte. Die meisten sind ziemlich klein, aber oft auffällig gefärbt, z. B. metallisch bunt (Tafel 56). *Timarcha tenebricosa* ist einer der größten Vertreter der Gruppe im Gebiet. Der schwarze, violett schimmernde Käfer findet sich im Frühjahr und im Frühsommer an Labkrautarten. Er ist flügellos und die Flügeldecken sind miteinander verschmolzen. Auch dieser Käfer zeigt bei Beunruhigung das Reflexbluten, und zwar preßt er tiefrote Tropfen aus der Mundöffnung und einigen anderen Körperstellen, die die Funktion einer Warnfarbe haben. Wie nach der Lebensweise zu erwarten, zählen etliche Blattkäfer zu den Schädlingen. Die Erdflöhe der Gattung *Phyllotreta* fressen vor allem an Blättern der Kreuzblütler (Kohl, Raps u. ä.). Auch der berüchtigte Kartoffelkäfer *(Leptinotarsa decemlineata)* gehört zu dieser Familie. Erwähnenswert sind noch die Schilf- oder Rohrkäfer der Gattung *Donacia*, von denen jede Art auf ganz bestimmten Wasserpflanzen lebt. Die Käfer fressen an den Teilen über Wasser, klammern sich hier mit ihren starken Krallen fest und erscheinen in ganz bestimmten Monaten des Jahres. Die Larven fressen an den untergetauchten Teilen und zapfen das Luftkanalsystem der Pflanzen an. An einen Schildkrötenpanzer erinnern Halsschild und Flügeldecken der Schildkäfer *(Cassida)*, die das ganze Tier, von oben gesehen, völlig verbergen. Die Oberfläche der Larven dieser Tiere ist dagegen vielzipflig bedornt und recht auffällig (s. Tafel 62).

Überfamilie Curculionoidea

Zu dieser ebenfalls sehr umfangreichen Überfamilie gehören die Rüsselkäfer *(Curculionidae)* und die Borkenkäfer *(Scolytidae)*. Auch hier sind fast alle Arten Pflanzenfresser. Die Rüsselkäfer, die den Hauptanteil dieser Überfamilie ausmachen, besitzen einen in ein Rostrum ausgezogenen Kopf. Dieser Rüssel trägt am Ende die Mundwerkzeuge, etwa in der Mitte die Fühler (Tafel 57). Die Gruppe wird manchmal auch noch mit ihrem alten Namen *Rhynchophora* (Rüsselträger, griech. *rhynchos* = Rüssel) bezeichnet. Den Borkenkäfern fehlt dieser Rüssel, sie sind aber durch andere Merkmale mit den Rüsselkäfern verbunden. Zum Beispiel sind auch ihre Fühler nahezu immer gekniet und ihre Füße scheinbar viergliedrig.

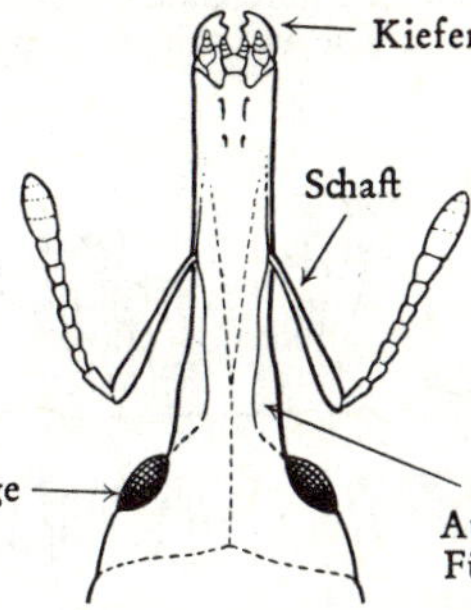

Rüssel oder Rostrum eines Rüsselkäfers, von oben gesehen

Die **Curculionidae**, die heute wohl auch in verschiedene kleinere Familien aufgeteilt werden, umfassen rund 45 000 Arten, davon fast 1000 im Gebiet. Allen gemeinsam sind die Merkmale des Rüssels oder Rostrums und der gekeulten Fühler, die fast immer gekniet sind. Das erste Fühlerglied, der Schaft, kann in eine Furche des Rüssels eingelegt werden. Viele Arten sind auf der Oberfläche mit feinen, glänzenden Schuppen bedeckt, die die schöne Färbung vieler Rüsselkäfer hervorrufen. Etliche Arten sind flügellos, ihre Flügeldecken verschmolzen. Der Rüssel ist bei einer Reihe von Arten kurz und wird hier als Bohrwerkzeug benutzt, etwa um Löcher für die Eiablage herzustellen oder die saftigen inneren Zellschichten einer Pflanze zu erreichen. Die Larven sind beinlos und leben hauptsächlich in Wurzeln, Stengeln oder Pflanzensamen. Viele Arten, wie etwa der Kornkäfer, *Sitophilus granarius*, sind bedeutende Vorratsschädlinge. Interessant ist die Gruppe der Stecher und Roller: Die Weibchen des Haselnußbohrers *(Curculio nucum)* stechen im Mai Jungnüsse an und legen ihr Ei hinein, die Weibchen des Haselnuß-Blattrollers *(Apoderus coryli)* (Tafel 64) rollen am Strauch befindliche Blätter nach einem Doppelschnitt im unteren Teil zu einer charakteristischen „Zigarre“ zusammen, in der die Larve frißt. Ähnliche Rüsslerarten gibt es an Ahorn, Eiche, Birke, Pappel, Wein bzw. an Pflaumen, Eicheln, Erdbeeren.

Die Borkenkäfer oder **Scolytidae** sind düster gefärbte Tiere von der typisch zylindrischen Gestalt holzbohrender Käfer (Tafel 57). Ein Rüssel fehlt ihnen völlig, und der Kopf ist oft, von oben gesehen, unter dem Halsschild verborgen. Die Fühler sind relativ kurz, aber deutlich in einen Schaft und eine Fühlerkeule wie bei den Rüsselkäfern gegliedert. Die Flügeldecken sind am Ende häufig eingebuchtet oder eingedellt, und sie werden als „Schaufeln“ beim Ausräumen der Gänge von Nageabfall benutzt. Die Gänge der Borkenkäfer sind oft viel besser bekannt als die Käfer selbst, und sie sind charakteristisch für die einzelnen Arten. Einige der typischen Formen sind nachstehend abgebildet. Schwerer Befall tötet die befallenen Bäume und durch Abschälen der Rinde der Bäume läßt sich der jeweilige Urheber des Schadens eindeutig erkennen. Da die Käfer weniger als 5 mm lang sind, benutzt man gewöhnlich dieses einfachere Bestimmungsmerkmal der Gangmuster. Jeder Gang beginnt mit dem Muttergang des eierlegenden Tieres, nachdem sich dieses durch die Borke eingebohrt hat. Gewöhnlich macht das Weibchen diese Arbeit, doch befindet sich auch das Männchen dabei in der Nähe und hilft beim Forträumen des Bohrabfalls. Sobald die Tiere die nährstoffreiche Kambiumzone erreicht haben, frißt das Männchen eine Begattungskammer (Rammelkammer) aus, in der sich die Paarung vollzieht. Das oder die Weibchen (auf ein Männchen können mehrere Weibchen kommen) bohren dann von der Kammer ausgehend einen oder mehrere Gänge unter der Borke, an deren Wänden sie in Abständen die Eier ablegen. Die ausschlüpfenden Larven fressen dann etwa in

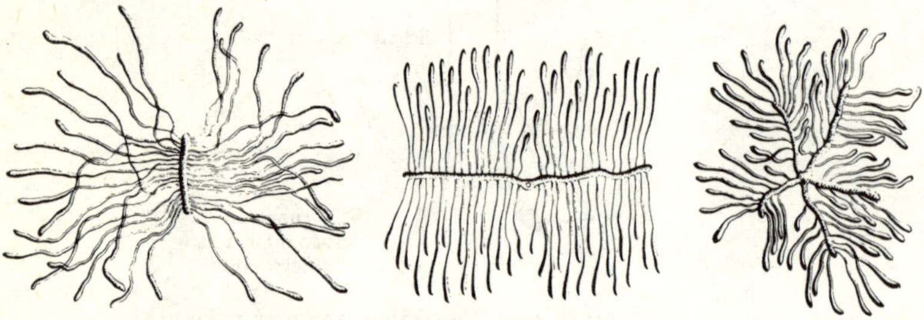

Fraßgänge einiger Borkenkäfer. Links: *Scolytus scolytus* an Ulme. Mitte: *Blastophagus minor* an Nadelhölzern. Rechts: *Pityogenes chalographus* an Fichte

rechtem Winkel davon neue, anfangs enge, später immer weiter werdende Gänge und rufen so die artspezifischen Muster mit hervor. Ausgewachsen verpuppen sich die Larven unter der Rinde, und die Käfer bohren sich dann durch diese nach dem Schlüpfen aus. *Scolytus* ist die typische Gattung der Borkenkäfer, kenntlich an der gezähnten Vorderschiene (Tafel 57).

Zu dieser Familie gehören auch Arten, die Gänge in das Holz hineinfressen und dann vom ausfließenden Saft und den in den Gängen sich ansiedelnden Pilzen leben. Für diese Käfer ist die Gattung *Xyleborus*, die auch Ambrosiakäfer genannt werden, typisch.

Mit nur einer Art, *Platypus cylindrus*, ist eine dritte Familie dieser Überfamilie im Gebiet vertreten, die mit 800 Arten fast nur in warmen Ländern vorkommt und die als **Platypodidae** bezeichnet werden.

Sammeln und Präparieren

Aus dem bisher Gesagten geht eigentlich schon hervor, daß man Käfer jederzeit und an allen Orten finden kann. Viele von ihnen sind relativ träge und leicht zu greifen. Durch das Abstreifen der Vegetation mit dem Streifsack erbeutet man das Gros der Blattkäfer und Blütenbesucher, sofern man es nicht vorzieht, mit dem Exhaustor gezielt einzelne Exemplare abzusammeln. Durch Köder und Fallen (s. S. 38) oder aber durch Umdrehen von Steinen kommt man zu den meist nächtlich lebenden Bodenbewohnern.

Hierbei geht man bei Steinhaufen am besten so vor, daß man möglichst einen etwas außerhalb liegenden Stein ausspart und ihn erst zuletzt umdreht, da man bei reichem Besatz nicht alle aufgestörten Tiere auf einmal greifen kann und mit diesem „Refugiumstein" eine Chance besitzt, dorthin geflüchtete Tiere im zweiten Anlauf zu fangen. Ggf. kann man auch 2–3mal hintereinander so vorgehen.

Die meisten Tötungsmittel sind für Käfer geeignet, obwohl manche Arten recht widerstandsfähig sind. Man beachte, daß dadurch andere, bereits im Tötungsgefäß befindliche Tiere Schaden nehmen können oder zerbissen werden (s. Weichkäfer, S. 274).

Sind die Tiere groß genug, kann man sie einfach durch die rechte Flügeldecke nadeln. Hierbei achte man darauf, daß die Flügeldecken nicht künstlich zum Spreizen gebracht oder die Hüften aus ihrer Lage gedrängt werden. So genadelte Tiere kann man ohne weiteres auch von der Unterseite betrachten, um die Bestimmungsmerkmale hier zu untersuchen. Kleinere Arten müssen entweder auf Minutien genadelt (s. S. 41) oder auf Aufklebeplättchen geklebt werden. Im angelsächsischen Bereich hat es sich eingeführt, die Spitze des Plättchens abzuknicken und an die Körperseite (s. Abb. S. 41) zu kleben. Diese Methode läßt ebenfalls die Unterseite zur Betrachtung und Bestimmung frei, macht aber ältere Sammlungen, bei denen der Leim ausgetrocknet ist, sehr stoßempfindlich. Die Verwendung von durchsichtigen Kunststoffplättchen hat sich bisher nicht recht durchsetzen können, wohl weil die meisten, nicht ganz klaren Kunststoffe bei der Betrachtung durch das Binokular das Bild des Tieres etwas verzerren. Für die allerkleinsten Käferarten bleibt in jedem Falle nur die Aufbewahrung in Alkohol.

Ordnung Strepsiptera *Fächerflügler*

Erkennungsmerkmale: Kleine Insekten, deren Entwicklungsstadien vorwiegend als Innenparasiten leben. Die Männchen leben frei. Ihre Vorderflügel sind ähnlich wie die Hinterflügel der Dipteren zu schwingkölbchenartigen Gebilden umgewandelt. Die Hinterflügel sind groß und breit, wie ein Fächer zusammenfaltbar. Die Weibchen sehen madenähnlich aus und leben gewöhnlich immer in ihren Wirten.

Diese kleinen Insekten sind durchaus weit verbreitet, werden aber vom Nichtspezialisten kaum einmal gefunden oder beachtet. Die Frage der Artenabgrenzung ist sehr schwierig und bisher keinesfalls gelöst. Die Angaben über die in Mitteleuropa vorkommenden Arten schwanken daher sehr und dürften eher bei 8 als bei 18 liegen. Ebenso wird von 220, aber auch von etwa 400 bisher bekannten Arten überhaupt gesprochen. Wieder dürfte die niedrigere Zahl die wahrscheinlichere sein.

Alle Arten sind Parasiten in anderen Insekten. In Mitteleuropa dienen Zikaden und Hautflügler, besonders Bienen der Gattungen *Andrena* und *Halictus*, als Wirte. Befall durch Fächerflügler ruft morphologische und Verhaltensänderungen, u. U. auch Fortpflanzungsunfähigkeit der Wirte hervor. Die Parasiten haben also einen gewissen Einfluß auf die Bestandsrate der Wirte, kommen jedoch für einen Einsatz im Sinne einer biologischen Bekämpfung nicht in Frage, weil ihre Zucht in großer Zahl nicht möglich ist.

Die erwachsenen Fächerflügler stellen eine durchaus unverwechselbare Gruppe dar. Die Larven und ihre Entwicklung weisen aber gewisse Ähnlichkeiten mit einigen Käferfamilien auf, so daß immer wieder der – sicher unbegründete – Versuch unternommen wird, die Tiere als Käferfamilie anzusprechen.

Die Körperlänge der Männchen beträgt weniger als 4 mm, und sie sind schwarzbraun. Der Kopf wird von den vorragenden Komplexaugen und den sehr großen, charakteristischen Fühlern bestimmt. Letztere bestehen aus 4–7 Gliedern, von denen einzelne Fortsätze tragen, die den Fühler gegabelt erscheinen lassen. Die kauenden Mundwerkzeuge sind stark reduziert. Die ersten beiden Brustabschnitte sind nur klein, der Metathorax ist dagegen groß ausgebildet und trägt die großen Hinterflügel. Er kann etwa die Hälfte der Körperlänge ausmachen. Die kolbenförmigen Schwingkölbchen haben vermutlich die gleiche Funktion wie die Schwingkölbchen der Dipteren (s. S. 193). Der Name *Strepsiptera* bedeutet „gefaltete Flügel" (griech. *strepsis* = eine Falte). Die Hinterflügel sind groß, aber zart und hinfällig und werden nur von wenigen stark reduzierten Adern gestützt.

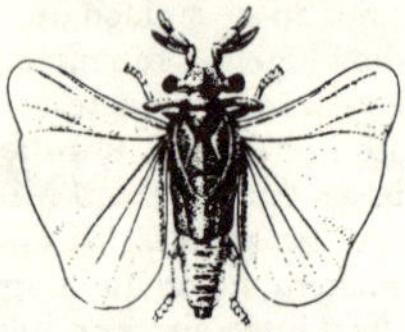

Ein Fächerflügler-Männchen mit den kräftigen Fühlern und großen Hinterflügeln

Bei den in Mitteleuropa vorkommenden Arten bleiben die Weibchen stets in ihren Wirten. Sie sind madenförmig. Beine, Augen und Fühler fehlen ihnen, und sie bleiben zeitlebens in der letzten Larvenhaut eingekapselt. Kopf und Brust sind zu einem einheitlichen, stark chitinisierten, braunschwarzen Cephalothorax verschmolzen, der zwischen den Hinterleibsringen des Wirtes herausragt.

Fächerflügler-Weibchen im Hinterleib einer Sandbiene (geöffnet)

Die Lebensgeschichte der Stylopidae ist bei einer Reihe von Hautflüglern untersucht worden. Die folgende Beschreibung ist recht typisch: Die *Stylops*-Männchen schlüpfen gewöhnlich aus ihren Wirten, wenn diese ausgeflogen sind, und suchen aktiv nach ihren Weibchen. Die sehr großen, komplexen Fühler spielen hierbei offenbar eine wesentliche Rolle. An der Grenze zwischen Kopf und Brust ist bei den Weibchen auf der Unterseite eine sog. Brutspalte vorhanden, die in den Brutraum zwischen der Haut der Imago und der letzten Larvenhaut führt. Das Männchen führt seinen Penis in die Mündung des Brutkanals, durchsticht dessen Wand und injiziert die Samenfäden in die Leibeshöhle des Weibchens. Die sich nach der Befruchtung entwickelnden Larven schlüpfen durch den Brutspalt, während das Weibchen weiter in seinem Wirt sitzt. Larven des ersten Stadiums besitzen Beine und Punktaugen, sind recht beweglich und suchen, etwa auf Blüten, andere Vertreter der Wirtsart auf. Sie benutzen sie als Transportwirte, quasi als „Taxi", um in ihre Nester und an ihre Larven zu gelangen. Geschieht dies, bohren sie sich in die Wirtslarven ein und häuten sich zu einem madenartigen Larvenstadium, dessen Augen, Beine und Mundwerkzeuge zurückgebildet sind. Es lebt in der Leibeshöhle der Wirtslarve und nimmt Nahrung direkt über die Leibeshöhlenflüssigkeit auf. Sobald der Wirt aus der Puppe schlüpft, ist auch der Fächerflügler geschlechtsreif.

Stylops-Männchen sind häufiger als *Stylops*-Weibchen und scheinen sich bevorzugt in Wirtsweibchen zu entwickeln. Sie haben auf den Wirt einen größeren Einfluß als die Weibchen. Sie töten ihn nicht, beeinflussen aber seine Geschlechtsorgane und sekundären Geschlechtsmerkmale. Männliche Wirte entwickeln weibchenähnliche Merkmale und umgekehrt. Die parasitierten Individuen sind meist steril. Auch Proportionen und Gestalt des Körpers sind verändert, so daß stylopisierte Hymenopteren durchaus schon als neue Arten beschrieben worden sind. Alle mitteleuropäischen Arten werden heute der Familie der Stylopidae zugerechnet. Am häufigsten sind die Gattungen *Stylops* (in *Andrena*) und *Elenchus* (in Zikaden).

Sammeln und Präparieren

Der einzige Weg, Fächerflügler zu sammeln, ist der, befallene Wirte zu suchen und sie zu halten, bis die Parasiten schlüpfen. Hierbei ist von Vorteil, daß die befallenen Hymenopteren im zeitigen Frühjahr etwa 14 Tage *vor* den normal entwickelten Tieren erscheinen, also ein abgewandeltes Verhalten zeigen und sich sozusagen allein aussortieren. Mit einem lebenden Weibchen kann man leicht Männchen anlocken. Man achte auf die zwischen den Hinterleibsringen hervorragenden Parasiten, die den Hinterleib mehr oder weniger deformieren können. Die Parasiten müssen in Alkohol oder als mikroskopische Präparate aufbewahrt werden.

Erläuterung entomologischer Fachausdrücke

Abdomen Der hinterste der drei Körperabschnitte der Insekten.

Akrostichalborsten Die beiden Borsten-Längsreihen beiderseits der Mittellinie auf dem Thorax vieler Fliegen *(Diptera)* (Abb. s. S. 191).

aculeat Mit einem Wehrstachel versehen (Hymenopteren).

acuminat Lang spitz zulaufend

Aedoeagus Der Teil des männlichen Genitalapparates, der während der Kopulation in das Weibchen eingeführt wird und der Übertragung des Spermas dient. Seine Gestalt ist zur Trennung nahe verwandter Arten oft von Wichtigkeit.

Alula Das äußerste der drei Läppchen an der Flügelbasis von Dipteren, ein Teil der Flügelmembran (Abb. s. S. 192).

anal a. Den After oder die hintere Spitze des Abdomens betreffend; b. die hintere Partie des Flügels betreffend.

annulat Geringelt.

Antennae Das Paar von Sinnesorganträgern auf dem Kopf, die Fühler. Ihre Gestalt variiert sehr stark.

Antenodalqueradern Kleine Queradern an der Vorderkante der Flügel der Libellen *(Odonata)* zwischen der Flügelbasis und dem Nodus (Abb. S. 72).

anterior Kopf bzw. Vorderende betreffend.

apical Die Spitze oder den entferntesten Teil eines Organes betreffend, z. B. Apical-Zellen an der Spitze eines Flügels.

Appendix Anhängsel, Anhang, z. B. ein kurzer Aderanhang an der Stelle, an der sich die Hauptrichtung der Ader ändert.

apterus Flügellos.

aquatisch Im Wasser lebend.

Arista Fühlerborste; der borstenförmige, aus verschmolzenen Fühlergliedern bestehende Endteil des Fühlers vieler Fliegen (Abb. s. S. 189).

aristat Eine Fühlerborste tragend.

Arolium Ein lappenartiger Anhang zwischen den beiden Klauen des Insektenfußes. Gewöhnlich ziemlich klein, ist er bei Heuschrecken und einigen anderen Insekten gut entwickelt.

basal Die Wurzel oder den dem Körper am nächsten liegenden Abschnitt einer Struktur betreffend. Die Basalzellen der *Diptera* sind z. B. kleine Zellen an der Flügelwurzel.

Basitarsus Das erste Tarsenglied, gewöhnlich auch das größte. Oft auch als Metatarsus bezeichnet.

brachypter Mit kurzen oder verkürzten Flügeln.

Bursa copulatrix Die Region des weiblichen Genitalapparates, die den Aedoeagus und das Sperma bei der Kopulation aufnimmt. Ihre Ausbildung ist oft zur Trennung nahe verwandter Arten von Bedeutung.

Callus Eine runde Anschwellung oder Schwiele. Wird z. B. für die polsterförmigen Anschwellungen oder Beulen am Vorder- oder Hinterende des Thorax verschiedener Fliegen benutzt (Abb. S. 191).

Calyptra Thorakalschüppchen; das innerste der drei Läppchen an der Flügelbasis von Dipteren, das die Halteren überdeckt (Abb. s. S. 192).

campodeoid (Für Larven verwendet) Abgeflacht, langgestreckt, mit gut entwickelten Beinen und Fühlern. Viele Käferlarven gehören zu diesem Typ, ebenso manche Netzflügler-Larven (Abb. s. S. 31).

Carina Eine erhöhte Rippe oder ein Kiel.

caudal Den Schwanz oder das Hinterende betreffend.

Cerci Die paarigen, oft sehr langen Anhänge, die am Ende des Hinterleibes vieler Insekten entspringen (Einzahl: Cercus).

cervical Die Halsregion unmittelbar hinter dem Kopf betreffend.

Chaetae Steife Haare oder Borsten (Einzahl: Chaeta).

Chaetotaxie Von Osten-Sacken 1881 begründeter Teil der Taxonomie, der sich mit der Einordnung, Benennung und taxonomischen Verwertung der Haare befaßt, z. B. in der Fliegensystematik.

Chitin Der feste, von den Zellen der Hypodermis ausgeschiedene Grundstoff der Insektenkutikula, ein stickstoffhaltiges Kohlehydrat.

ciliat Feine Haare tragend.

clavat Keulenförmig, am Ende angeschwollen; besonders bei Fühlern verwendet.

Clavus Der hinterste Teil im Vorderflügel einer Wanze *(Hemiptera)* (Abb. s. S. 120).

Clypeus Der unterste Teil des Gesichts eines Insekts oberhalb des Labrums (Abb. S. 19).

coarctat (Für Puppen verwendet) In die letzte Larvenhaut eingeschlossen, die die Funktion eines Kokons ausübt und die Puppe schützt. Derartige Puppen finden sich bei Fliegen *(Diptera)* in der Gruppe der *Cyclorrhapha.*

Corbicula s. Körbchen.

Corium Der Hauptteil des Vorderflügels der Wanzen *(Hemiptera)* (Abb. s. S. 120).

Costa Eine der großen Längsadern des Flügels, die gewöhnlich seinen Vorderrand bildet (Randader); abgekürzt als C bezeichnet (Abb. s. S. 24).

Costalraum Der Raum zwischen der Costa und der Subcosta.

Coxa Die Hüfte, das Grundglied des Insektenbeines, oft fest mit dem Körper verbunden (Abb. s. S. 23).

Cremaster Ein mit Widerhaken versehener Vorsprung am Hinterende von Schmetterlingspuppen *(Lepidoptera)*. Die Haken greifen in kleine Gespinstpolster ein und verankern die Puppe (Abb. s. S. 158).

Cubitus Eine der großen Längsadern des Flügels, im hinteren Teil des Flügels gelegen und gewöhnlich in zwei oder drei Äste gegabelt; Abkürzung Cu (Abb. s. S. 25).

Cuneus Eine mehr oder weniger dreieckige Region auf dem Vorderflügel der Wanzen *(Hemiptera)*, vom Corium durch eine Naht oder Sutur getrennt (Abb. s. S. 120).

dentat Gezähnt.

denticulat Mit kleinen, zahnähnlichen Vorsprüngen versehen.

depress Von oben nach unten abgeplattet wie etwa die Läuse (Abb. s. S. 114).

Diapause Eine Periode mit Einstellung sämtlicher äußerer Lebenserscheinungen, die regelmäßig im Leben mancher Insekten auftritt, besonders während der Entwicklung.

Discoidalzelle Auch Discalzelle: Bezeichnung für eine oder mehrere große, auffällige Zellen in der Mitte des Flügels. Die Zellen sind in den einzelnen Insektenordnungen nicht identisch und werden daher auch von verschiedenen Adern begrenzt.

distal Das am weitesten vom Körper entfernte Ende betreffend.

dorsal Die Rücken- oder Oberseite eines Tieres betreffend.

Dorsozentralborsten Zwei Borstenreihen auf dem Thorax der Fliegen *(Diptera)* außen neben den Reihen der Akrostichalborsten (Abb. s. S. 191).

dorsolateral Zu den Seiten der Ober- oder Dorsalfläche hin.

dorsoventral Von der Ober- zur Unterseite hinziehend oder verlaufend.

Dorsum Oberseite, Rückenseite des Körpers.

Ektoparasit Ein Parasit, der außen auf seinem Wirt lebt. Flöhe und Läuse sind die bestbekannten Beispiele unter den Insekten.

Elytren Die harten, stark kutikularisierten Vorderflügel bei Käfern und Ohrwürmern (Einzahl: Elytra). S. auch Hemielytren.

emarginat Mit einer deutlichen Einkerbung oder einem Einschnitt versehen.

Embolium Der schmale Rand vor der Costa an den Halbdecken verschiedener Wanzen *(Hemiptera : Heteroptera)*, der vom Rest des Coriums durch eine Naht oder Sutur getrennt wird (Abb. s. S. 120).

Empodium Ein unpaarer Auswuchs zwischen den Klauen am letzten Tarsalglied der Fliegen *(Diptera)*, der borsten- oder lappenförmig ausgebildet sein kann (Abb. s. S. 193).

Endoparasit Ein Parasit, der im Inneren seines Wirtes lebt. Die meisten der Schlupfwespenlarven (S. 238) sind derartige Endoparasiten.

Endopterygota Endopterygote Insekten sind solche, deren Flügelanlagen sich zunächst innerhalb des Körpers entwickeln. Die Tiere machen eine vollständige Verwandlung durch, bei der ein Puppenstadium vor der Imago eingeschaltet ist.

Epimeron Auch Epimerum, der hintere, hinter der Pleuralnaht liegende Teil der Seitenwand der drei Thoraxsegmente. Je nach dem Segment werden dem Begriff die Silben Pro-, Mes- oder Met- vorangestellt.

Epipharynx Die innere, häutige Wand des Labrums (Oberlippe), bei Insekten mit kauenden Mundwerkzeugen meist nur ein kleiner Lappen, bei den Flöhen jedoch stark vergrößert und in den Dienst des Blutsaugens getreten.

Epiproct Ein Anhang, der in der Mittellinie am letzten Abdominalsegment entspringt, direkt oberhalb des Afters. Bei primitiven Insekten (z. B. Felsenspringer, Eintagsfliegen) ist er fadenartig ausgezogen und bildet hier den mittelsten der „Schwanzanhänge".

Episternum Der vordere, vor der Pleuralnaht liegende Teil der Seitenwand der drei Thoraxsegmente. Je nach dem Segment werden dem Begriff die Silben Pro-, Mes- oder Met- vorangestellt.

eruciform Eruciforme Larven besitzen einen mehr oder weniger zylindrischen Körper, echte Thoralkalbeine und stummelförmige Afterfüße in der hinteren Körperregion. Die Raupen der Schmetterlinge sind hierfür typische Beispiele.

excavat Ausgehöhlt, wie etwa die Coxa bei vielen Käfern, in die der Femur eingelegt werden kann (Abb. s. S. 260).

Exopterygota Exopterygote Insekten sind solche, bei denen sich die Flügelanlagen schrittweise an der Außenseite des Körpers entwickeln. Ein Puppenstadium ist nicht vorhanden.

Exuvie Die bei der Häutung abgestreifte Kutikula eines Insekts oder eines anderen Arthropoden.

Facette Die meist 6eckige äußere kutikulare Linse über den einzelnen Ommatidien, aus denen sich ein Komplexauge zusammensetzt.

Femur Der Schenkel, das dritte und größte Glied eines Insektenbeines.

Filament Ein fadenförmiges Gebilde, besonders am Ende eines Fühlers.

filiform Fadenförmig oder haarartig, besonders für Fühler verwendet.

Flagellum Die Fühlergeißel jenseits des zweiten Fühlergliedes (Abb. s. S. 21).

Flügelschüppchen Das mittlere der drei Läppchen an der Flügelbasis von Dipteren zwischen der Alula und dem Thorakalschüppchen, ein Teil der Flügelmembran.

Frenulum Der Kopplungsmechanismus der Flügel, der sich bei vielen Nachtschmetterlingen und einigen anderen Insekten findet. Er besteht aus einer steifen Chitinborste oder einer Gruppe solcher Borsten in der Nähe der Wurzel am Vorderrand des Hinterflügels, die unter den Vorderflügel greifen und dort durch das Retinaculum, eine Falte oder eine Borstengruppe festgehalten werden.

Frons Die Stirn, der obere Teil des Insektengesichtes zwischen und unterhalb der Fühler, auf dem gewöhnlich auch der mittlere Ocellus steht. Bei den Fliegen *(Diptera)* nimmt dieser Teil nahezu die ganze Vorderfläche des Kopfes außerhalb der Augen ein.

Frontalborsten Die beiden Borstenreihen auf dem Gesicht der Fliegen *(Diptera)*, die von den Ocellen zu den Fühlerwurzeln laufen (Abb. s. S. 191).

Fronto-Orbitalborsten Die kurze Borstenreihe an jeder Seite des Fliegenkopfes *(Diptera)* zwischen dem Auge und den Frontalborsten (Abb. s. S. 191).

Furcula Die Sprunggabel der Springschwänze *(Collembola)*.

Galea Die Außenlade der Maxillen (Gegenstück: Lacinia).

Gallen Wachstumsanomalien an einer Pflanze, die durch den Stich oder die Anwesenheit eines Insekts, seines Entwicklungsstadiums oder eines anderen Tieres verursacht werden. Blattläuse (Tafel 13), Gallwespen (Tafel 38) und Gallmücken (Tafel 31) zählen zu den wichtigsten gallerzeugenden Insekten.

Gaster Bei gestieltem Hinterleib der breitere, vom Stiel abgesetzte Teil des Hinterleibes (s. auch Propodeum).

Gena Die Wange, der Teil des Kopfes unterhalb und hinter dem Auge.

geniculat Plötzlich stark abgeknickt, etwa bei geknieten Fühlern.

Genitalien Geschlechtsorgane. In der Taxonomie gewöhnlich die äußeren Begattungsorgane, deren Gestalt und Lage oft das einzige Mittel zur Unterscheidung nahe verwandter Arten bietet.

Genus Gattung, eine Gruppe nächst verwandter Arten. Der Gattungsname ist Teil der wissenschaftlichen Bezeichnung jeder dieser Arten: *Pieris napi* und *Pieris rapae* gehören zum Beispiel beide zur Gattung *Pieris* (Mehrzahl: Genera).

Glossa Zunge, ein ursprünglich paariger, häufig verschmolzener schmaler Anhang des Labiums (Unterlippe). Bei den Honigbienen und Hummeln gewöhnlich sehr lang ausgebildet, werden dort die beiden Glossae zur Nektaraufnahme verwendet.

Gynandromorphie Zusammentreffen weiblicher und männlicher sekundärer Geschlechtsmerkmale an ein und demselben Tier. Gewöhnlich sind sie so verteilt, daß die eine Seite des Tieres männliche, die andere Halbseite weibliche Merkmale aufweist. Besonders auffällig ist dies, wenn es bei den Bläulingen *(Lycaenidae)* auftritt, bei denen Männchen und Weibchen unterschiedlich gefärbt sind.

Halteren Schwingkölbchen, meist hantel- oder trommelschlegelartig umgebildete Flügel, die sich bei den *Diptera* (Hinterflügel), den *Strepsiptera* (Vorderflügel) u. a. finden.

Hamuli Die winzigen Häkchen an der Vorderkante der Hinterflügel der Bienen und anderer Hymenopteren, die Vorder- und Hinterflügel miteinander verkoppeln. Auch der Haken, mit dem die Sprunggabel der Springschwänze in der Ruhestellung festgehalten wird, trägt die Bezeichnung Hamulus.

Haustellum Zum Lecken umgebildeter Rüssel der Fliegen *(Diptera)*, auch Stechapparat der Läuse *(Anoplura)*.

Hemielytren Halbdecken, die Vorderflügel der Wanzen *(Hemiptera: Heteroptera)*, die sich von denen der Käfer dadurch unterscheiden, daß ihre Spitzenpartie häutig ausgebildet ist.

hemimetabol Mit unvollkommener Verwandlung – ein Puppenstadium fehlt; so z. B. Libellen, Heuschrecken u. a.

heteromer Bei Käfern: mit unterschiedlicher Tarsenzahl an den drei Beinpaaren, z. B. je fünf an den ersten beiden und vier am dritten.

holometabol Mit vollkommener Verwandlung – ein Puppenstadium ist vorhanden; so z. B. Schmetterlinge und Käfer.

holoptisch Bezeichnung für Insekten, deren Komplexaugen sehr groß sind und am Scheitel zusammenstoßen (z. B. *Diptera*).

Holotypus s. Typus.

homonym Wird derselbe wissenschaftliche Name zwei verschiedenen Arten verliehen, so sind sie homonym. Wird dies festgestellt, muß eine der beiden Arten umbenannt werden.

Honigtau Zuckerhaltige Ausscheidungen, wie sie etwa von den Blattläusen aus dem Darm abgegeben werden (s. S. 132).

Humerallobus Humerallappen, Vergr. des Vorderrandes des Hinterflügels im Bereich des Costalfeldes.

Humeralquerader Eine kurze Querader zwischen Costa und Subcosta unweit der Flügelwurzel.

Humeralwinkel Im Flügel der Bereich zwischen dem Vorderrand des Flügels und dem Körper.

hyalin Klar und farblos, wie etwa die Flügel vieler Libellen *(Odonata)*.

Hypermetamorphose Alle diejenigen Entwicklungszyklen, bei denen zwei oder mehr verschiedene Larvenformen auftreten (Abb. s. S. 278).

Hyperparasit Ein Parasit, der sich an oder in einem anderen Parasiten entwickelt.

hypognath Kopfstellung, bei der der Kopf im spitzen Winkel zum übrigen Körper steht, so daß die Mundwerkzeuge nach unten und hinten zeigen (Abb. S. 19).

Hypopharynx Schlund, eine zungenartige Ausstülpung des Mundfeldes direkt vor dem Labium (Unterlippe). Gewöhnlich kurz und zungenartig bei Arten mit kauenden Mundwerkzeugen, bei saugenden Mundwerkzeugen jedoch oft zu einer Speichelrinne ausgezogen (Abb. s. S. 190).

Hypopleuralborsten Gekrümmte Borstenreihe an den Thoraxseiten verschiedener Fliegen *(Dipt.)*, unmittelbar unterhalb und vor der Haltere und direkt oberhalb der Basis des Hinterbeines (Abb. S. 191).

Imago Das fertige, geschlechtsreife Insekt (Mehrzahl: Imagines).

Inquilinen Ein Lebewesen, das im Nest einer anderen Art lebt, diese jedoch offensichtlich in keiner Weise beeinflußt.

Integument Die äußere Körperdecke des Insektenkörpers.

Intercalaradern Zusätzliche Längsadern im Flügel, die am Flügelrand entspringen und nach innen ziehen, ohne aber mit einer der Hauptlängsadern in Verbindung zu treten (Abb. s. S. 65).

Jugum Ein schmaler fingerförmiger Fortsatz an der Basis des Vorderflügels verschiedener Nachtschmetterlinge, der den Rand des Hinterflügels übergreift und so beide Flügel miteinander verkoppelt.

Kaste Die Gesamtheit aller Tiere einer Morphe, d. h. Gestalt oder Ausprägung sozialer Bienen, Ameisen und Termiten, z. B. Arbeiterkaste, Soldatenkaste.

Kiemen Die Atmungsorgane vieler wasserbewohnender Tiere, darunter eine Reihe von Insekten und ihrer Jugendstadien. Bei den Insektenkiemen handelt es sich im allgemeinen um sehr feine Ausstülpungen der Körperoberfläche, in die viele Verästelungen der Tracheen ziehen.

Kokon Eine Hülle, die ganz oder teilweise aus Seidengespinst gefertigt wird und die die Puppe vieler Insekten, besonders aber Nachtschmetterlinge, schützt. Der Kokon wird von der Larve vor der Verpuppung gefertigt.

Körbchen Die glatte, meist etwas vertiefte Außenfläche der Hinterschienen der Arbeiterinnen von Hummeln und Honigbienen. Die durch steife, am Rande stehende Borsten darin festgehaltenen Pollenklümpchen werden als Höschen bezeichnet.

Labellum Die polsterartig vergrößerte Spitze des Labiums, die bei vielen Fliegen *(Diptera)* zum Auftupfen gelöster Nahrung dient (Abb. s. S. 190).

labial Das Labium (die Unterlippe) betreffend.

Labium Die „Unterlippe" der Mundwerkzeuge der Insekten, durch die Verschmelzung zweier maxillenähnlicher Teile entstanden.

Labrum Die „Oberlippe" der Mundwerkzeuge der Insekten. Nicht aus umgewandelten Extremitäten entstanden, sondern ein beweglicher Anhang des Kopfschildes.

Lacinia Die Innenlade, der innere Ast der Maxillen (Gegenstück: Galea).

Lamellen Dünne blattartige Ausstülpungen oder Plättchen, wie sie z. B. bei den mit einer blattartigen Keule versehenen Fühlern der *Lamellicornia (Coleoptera)* auftreten (Abb. s. S. 21).

lamellat Mit Lamellen versehen; besonders für Fühler benutzt (Abb. s. S. 21).

Larve Bezeichnung für Entwicklungsstadien von Insekten. Während die Larven hemimetaboler Insekten den Imagines häufig sehr ähnlich sehen, unterscheiden sich die der Holometabola, wie z. B. Raupen oder Fliegenmaden, sehr stark. Letztere durchlaufen ein Puppenstadium vor der Umwandlung zur Imago, erstere nicht.

lateral Die Seiten betreffend.

Ligula Das Zünglein, ein durch die Verschmelzung von Glossae und Paraglossae an der Spitze des Labiums gebildeter Anhang.

Mandibel Der Kiefer der Insekten, der stark gezähnt als Kauwerkzeug wie bei Heuschrecken oder Wespen oder aber z. B. auch nadelförmig wie bei den Mücken ausgebildet sein kann. Mandibeln fehlen den meisten Fliegen *(Diptera)* und Schmetterlingen *(Lepidoptera)*.

Marginalzelle s. Radialzelle.

Maxille a. 1. Maxille = Unterkiefer; paarige Mundwerkzeuge unmittelbar hinter den Mandibeln, die an der Weiterleitung der zerkauten Nahrung zum Schlund beteiligt sind.

Bei stechend-saugenden Mundwerkzeugen röhren- oder rinnenförmig umgewandelt. – b. 2. Maxille = Labium, Unterlippe.

Media Die große Längsader im zentralen Flügelbereich der meisten Insekten; Abkürzung M.

membranös Dünn und häutig, oft durchsichtig.

Mesonotum Die dorsale Fläche des zweiten Thoraxsegmentes, des Mesothorax. Gewöhnlich das größte der drei Thoraxsegmente.

Mesopleuron Meist Mesopleura: die Sklerite, die die Seitenwand des Mesothorax bilden.

Mesoscutellum Der hinterste der drei großen Abschnitte des Mesonotums, oft mehr oder weniger dreieckig oder schildchenförmig, gewöhnlich in Kurzform nur als „Scutellum" bezeichnet (Abb. s. S. 191).

Mesoscutum Der mittlere und gewöhnlich größte der drei Mesonotum-Abschnitte (Abb. s. S. 191).

Mesosternum Die ventrale Fläche des zweiten Thoraxsegmentes, des Mesothorax.

Mesothorax Das zweite Segment des Thorax.

Metamorphose Bezeichnung für die Gesamtheit der Veränderungen, die bei einem Insekt vom Schlüpfen aus dem Ei bis zum Erreichen des fortpflanzungsfähigen Imaginalstadiums ablaufen. Sie können sich schrittweise und unauffällig vollziehen wie etwa bei den Heuschrecken – man spricht von unvollkommener Verwandlung. Sie können sich aber auch in einem einzigen Schritt mit sehr großen Umwandlungen wie etwa bei den Schmetterlingen vollziehen, wobei ein Puppenstadium eingeschaltet wird. Hier spricht man von vollkommener Verwandlung.

Metanotum Die dorsale Fläche des dritten Thoraxsegmentes, des Metathorax. Sie ist oft sehr klein, ihre Unterteilung undeutlich.

Metapleuron Meist Metapleura: die Sklerite, die die Seitenwand des Metathorax bilden.

Metasternum Die ventrale Fläche des dritten Thoraxsegmentes, des Metathorax.

Metatarsus Auch Basitarsus. Das Grundglied des Tarsus oder Fußes, gewöhnlich auch das größte.

Metathorax Das dritte Segment des Thorax.

moniliform Perlschnur- oder rosenkranzartig. Für Fühler verwendet, deren einzelne Glieder nahezu kugelförmig und miteinander durch dünne, kurze Stielchen verbunden sind.

Nodus Eine kurze, kräftige Querader im Flügel der Libellen *(Odonata)*, die das Ende der Subcosta mit Costa und Radius verbindet. Die Costa ist an dieser Stelle etwas eingeknickt (Abb. s. S. 72).

Notaulix Auch Parapsidenfurche: Ein Paar auf dem Mesonotum verschiedener Hymenopteren verlaufender Furchen, die dieses in einen mittleren und zwei seitliche Bereiche teilen (Mehrzahl: Notaulices, **nicht** Notauli).

Notopleuron Ein dreieckiger Bereich auf dem Thorax verschiedener Fliegen *(Diptera)* unmittelbar hinter dem Humeralcallus, der sowohl einen Teil der Seiten- wie der Rückenfläche einnimmt.

Notum Die dorsale oder obere Fläche jedes Thoraxsegmentes. Je nach dem Segment werden dem Begriff die Silben Pro-, Meso- oder Meta- vorangestellt.

Occipitalnaht Hinterhauptsnaht, eine hinter den Komplexaugen quer über die Kopfkapsel ziehende Naht, die den Vertex vom Occiput trennt bzw. an den Kopfseiten die hintere Begrenzung der Genae darstellt. Fehlt bei den höheren Insekten meist.

Occiput Hinterhaupt, die hintere Kopfregion zwischen Occipitalnaht und Halsmembran. Nicht allgemein als deutliche Platte oder Sklerit ausgebildet.

Ocellarborsten Zwischen den Ocellen oder um sie herum stehende Borsten bei verschiedenen Fliegen *(Diptera)*.

Ocellarplatte Auch Ocellardreieck, eine dreieckige Chitinplatte, gewöhnlich deutlich vom Rest des Kopfes abgesetzt, auf der bei Fliegen und Ichneumoniden die Ocellen angeordnet sind.

Ocellus Einzel-, Punktaugen; die einfachsten Insektenaugen, die gewöhnlich in Dreizahl oben auf dem Kopf angeordnet sind, aber bei einer Reihe von Insekten auch fehlen.

Ommatidium Das Einzelelement, aus dem sich Komplexaugen aufbauen (Abb. s. S. 22).

Oothek Eikapsel, wie sie etwa als taschenförmiges Gebilde bei den Schaben oder als schwammige Masse zur Aufnahme der Eier bei Gottesanbeterinnen vorkommt.

Oralvibrissen Ein Paar starker Borsten direkt oberhalb der Mundöffnung bestimmter Fliegen *(Diptera)*. Häufig auch nur als Vibrissen bezeichnet (Abb. s. S. 191).

ovipar Eierlegend.

Ovipositor Der Legeapparat eines weiblichen Insekts. Er ist bei vielen Insekten im Körperinneren verborgen, kann aber auch, stark ausgebildet, auffällig hervorragen wie bei den Laubheuschrecken (S. 91) oder bestimmten parasitischen Hymenopteren (Tafel 39).

Palpen Gegliederte, fühlerartige Gebilde, die an den Maxillen und am Labium ansetzen und eine Funktion als Träger von Sinnesorganen haben. Sie spielen eine Rolle bei der

Untersuchung von Nahrungsstoffen auf ihre Eignung.

Paraglossa Paarige Außenladen an der Spitze des Labiums. Können mit den Innenladen, den Glossae, zur Ligula verschmelzen.

Paraproct Eines der beiden Zipfelpaare neben dem After am Endsegment.

Parasit Ein Organismus, der sein Leben zum Teil oder ganz in enger Abhängigkeit von einer anderen Art verbringt, durch sie Nahrung erhält, aber dafür keine Gegenleistung erbringt. Ektoparasiten sitzen an der Außenseite, Endoparasiten im Inneren des Wirtes.

Parthenogenese Eine Form der Fortpflanzung, bei der sich die Eier normalerweise ohne Befruchtung entwickeln. Sie kommt z. B. als regelmäßige Fortpflanzungsform bei den Stabheuschrecken, bei den Gallwespen in bestimmten Generationen (S. 239) und bei den Blattläusen vor.

pectinat Gekämmt; Bezeichnung für eine besondere Fühlerform, bei der an der Hauptachse seitlich Fortsätze wie die Zähne eines Kammes stehen (s. Tafel 54).

Pedicellus Bezeichnung für das 1. Glied der Fühlergeißel, d.h. das 2. Glied des Fühlers insgesamt.

Petiolus Der Hinterleibsstiel; die enge „Taille" der Bienen, Wespen und anderer Hymenopteren.

pleural Die Körperseiten betreffend.

Pleuralnaht Eine vertikal oder diagonal verlaufende Naht auf jeder Pleura des Thorax, die das zum Kopf hin liegende Episternum vom dahinter liegenden Epimerum trennt.

Pleuron Oder Pleura; die Seitenwand jedes Thoraxsegmentes.

plumat Auch plumös, allseitig gefiedert, besonders bei Fühlern verwendet.

posterior Den Schwanz bzw. das Hinterende betreffend.

Postmentum Der basale Teil des Labiums oder der „Unterlippe".

Postscutellum Ein kleiner Abschnitt des Mesonotums unmittelbar hinter dem Scutellum. Gewöhnlich sehr klein oder fehlend, doch bei bestimmten Dipteren groß ausgebildet (Abb. s. S. 218).

Postvertikalborsten Ein divergierendes, parallel stehendes oder konvergierendes Borstenpaar hinter dem Ocellenhöcker am Kopf bestimmter Dipteren (Abb. s. S. 191).

prae-apical Unmittelbar vor der Spitze entspringend. Viele Fliegen weisen z.B. praeapicale Borsten unmittelbar vor der Spitze der Tibia auf (Abb. s. S. 206).

Praementum Die distale Region des Labiums, der Unterlippe, eines Insekts, aus der die Labialpalpen und die Ligula entspringen.

Praepupa Vorpuppe, ein Ruhestadium, das viele Insekten durchlaufen, bevor sie sich in die Puppe umwandeln. Die Larven sind in diesem Stadium gewöhnlich bereits etwas geschrumpft und deformiert.

Proboscis Bezeichnung für verschiedene Arten saugender Mundwerkzeuge, bei denen einige der Mundteile zu einem langen Rüssel ausgezogen sind.

prognath Bezeichnung für einen mehr oder weniger horizontal angeordneten Kopf, bei dem die Mundwerkzeuge nach vorn weisen.

Pronotalkamm Eine Reihe kräftiger Dornen am Hinterrand des Pronotums bei bestimmten Flöhen (Abb. s. S. 224).

Pronotum Die dorsale Fläche des ersten Thoraxsegmentes, des Prothorax.

Propodeum Das erste Hinterleibssegment, das als Mittelsegment in den Brustabschnitt der *Apocrita (Hymenoptera)* eingeschmolzen ist (s. S. 228).

Prosternum Die ventrale Fläche des ersten Thoraxsegmentes, des Prothorax.

Prothorax Das erste Segment des Thorax.

proximal Den basalen Teil eines Körperanhanges betreffend bzw. den dem Körper am nächsten liegenden Abschnitt.

Pterostigma Das Flügelmal; ein meist dunkel gefärbtes Feld nahe der Flügelspitze zwischen Radius und Costa bei Libellen, Hymenopteren und etlichen anderen Insekten mit durchsichtigen Flügeln. Oft auch nur als Stigma bezeichnet (Abb. s. S. 72).

Ptilinum Die Stirnblase; eine kleine, ballonartige Bildung bestimmter Dipteren beim Schlüpfen aus dem Puparium. Das Ptilinum tritt mit Hilfe des Blutdruckes an der Vorderseite des Kopfes aus und sprengt beim Anschwellen den Deckel des Pupariums ab. Danach verschrumpft es und verschwindet. Die Austrittsstelle wird durch die Ptilinalnaht markiert (Abb. s. S. 189).

pubescent Mit kurzen, weichen Haaren bedeckt.

Pulvillus Paarig auftretende, häutige Haftläppchen am Grunde der Klauen an den Füßen von Fliegen *(Diptera)* (Abb. s. S. 193).

Pupa Puppe; die dritte Erscheinungsform im Entwicklungskreislauf von Insekten mit vollkommener Verwandlung, wie etwa der Schmetterlinge. Während des Puppenstadiums, in dem keine Nahrung aufgenommen und sich für gewöhnlich auch nicht vom Platz bewegt wird, verwandelt sich der Körper der Larve in den der Imago.

Pupa libera Freie Puppe, bei welcher die Fühler und Beinanlagen in ihren Scheiden äußerlich frei dem Körper anliegen und leicht abgehoben werden können.

Pupa obtecta Mumienpuppe, bei der sich die Körperanhänge äußerlich nur als Erhöhungen der Puppenhaut abzeichnen.

Puparium Das tönnchenförmige Gefäß, in dem die Puppe bestimmter Fliegen *(Diptera)* verborgen ist. Sie wird von der abgestreiften, verhärteten letzten Larvenhaut gebildet. An ihr sind, im Gegensatz zu echten Puppen, äußerlich keine Flügel- oder Beinanlagen zu erkennen.

Pupiparie Diejenige Form der Viviparie, bei der Insekten so weit entwickelte Larven zur Welt bringen, daß sie sich kurz nach der Geburt verpuppen. Die wichtigsten Beispiele sind verschiedene parasitische Fliegen (S. 220).

Quadrilateralzelle Eine Zelle im Flügel der Schlankjungfern *(Odonata)* nahe der Basis, deren Gestalt zur Trennung der einzelnen Familien wichtig ist (Abb. s. S. 72).

Queradern Kurze Adern, die zwei benachbarte Längsadern miteinander verbinden.

Radialsektor Der hintere der beiden Hauptäste des Radius, gewöhnlich mit Rs bezeichnet. Er verzweigt sich gewöhnlich mehrfach weiter.

Radialzelle Eine bei den Hymenopteren regelmäßig auftretende Zelle zwischen Pterostigma und Flügelspitze.

Radius Eine der großen Längsadern im vorderen Flügelbereich, Abkürzung R. Sie zweigt sich in einen hinteren Ast des Radialsektors und einen vorderen auf. Die einzelnen Äste dieser Ader werden als R_1, R_2 etc. bezeichnet.

reticulat Genetzt.

Rostrum Ein Schnabel oder Rüssel, eine Bezeichnung, die besonders für die stechend-saugenden Mundwerkzeuge der Wanzen *(Hemiptera)* und die verlängerten Köpfe von Rüsselkäfern verwendet wird (Abb. s. S. 281).

rudimentär Rückgebildet, kaum noch entwikkelt.

Scapus Der Fühlerschaft, das erste Fühlerglied, vor allem, wenn es länger als die übrigen ist.

Scopa Die Schienen- und Bauchbürsten des Pollensammelapparates der Bienen.

Scopula Kleines Haarbüschel.

Scutellum Der dritte der Hauptabschnitte auf der Dorsalseite eines Thoraxsegmentes, gewöhnlich nur am Mesothorax zu erkennen. Bei einigen Wanzen *(Hemiptera)* sehr groß ausgebildet (Abb. s. S. 118, 191).

Scutum Der mittlere der drei Hauptabschnitte auf der Dorsalseite eines Thoraxsegmentes (Abb. s. S. 191).

Segment Einer der Körperringe, oder der Abschnitt eines Körpergliedes zwischen zwei Gelenken.

serrat Gesägt.

sessil Festsitzend, bewegungsunfähig, wie etwa weibliche Schildläuse (S. 139).

Seta Auch Saeta: Borste.

Siphonen Ein Paar von Öffnungen oder Röhrchen auf dem Hinterleibsrücken der Blattläuse, aus denen bei Beunruhigung wachshaltige Blutzellen austreten.

Sklerit Jeder ringsum durch eine Membran oder Naht abgegrenzte harte Kutikulaabschnitt.

Species Die Art: Grundeinheit aller Lebewesen, bestehend aus einer Gruppe von Individuen, die alle mehr oder weniger gleich gebaut sind und die sich untereinander ohne Einschränkung fruchtbar fortpflanzen können. Viele Species werden in Subspecies (Unterarten) aufgeteilt. Diese bewohnen gewöhnlich voneinander getrennte Gebiete und können sich im Aussehen unterscheiden, vermögen sich aber miteinander fortzupflanzen.

Spina Dorn.

Spiraculum Tracheenöffnung; eine der Atemöffnungen des Tracheensystems, die paarig auf den meisten Körpersegmenten auftreten, am besten aber bei den Schmetterlingsraupen zu sehen sind (Abb. s. S. 156).

Sporn Ein großer, gewöhnlich beweglicher Dorn, normalerweise an den Beinen auftretend.

Squama Die membranösen Läppchen an der Flügelbasis der Fliegen *(Diptera)* (Mehrzahl: Squamae) (Abb. s. S. 192).

Stadium Der Lebensabschnitt zwischen zwei Häutungen.

Sternit Die Platte oder der Sklerit auf der Unterseite eines Körpersegmentes.

Stigma s. Pterostigma.

Striae Über den Körper verlaufende Furchen, besonders auf die Furchen auf den Flügeldecken der Käfer angewandt.

Stridulation Tonerzeugung durch das Aneinanderreiben von zwei Körperteilen, am besten bei den Heuschrecken zu beobachten.

Stylus Die dünnen, borstenartigen Endglieder des Fühlers bestimmter Fransenflügler *(Thysanoptera)*.

subapical Unmittelbar vor der Spitze gelegen.

Subcosta Gewöhnlich die erste der großen Längsadern im Flügel unterhalb der den Vorderrand bildenden Costa, kann aber oft fehlen oder nur schwach ausgebildet sein. Abkürzung Sc.

Subimago Tritt nur bei den Eintagsfliegen auf (S. 64). Die Subimago ist ein geflügeltes Insekt, das aus der letzten Larvenhaut schlüpft, in den Farben noch sehr trüb aussieht und sich sehr bald noch einmal zur Imago häutet – der einzige Fall einer Häutung geflügelter Insekten.

Subspecies s. Species.

Sutur Naht: eine Furche auf der Körperoberfläche, die zwei Platten oder Sklerite voneinander trennt. Auch die Verbindung zwischen den Elytren eines Käfers.

synonym Ein oder mehrere andere Namen für dieselbe Tierart. Gewöhnlich ist der älteste Name der gültige.

Tarsus Der Fuß eines Insekts, ursprünglich ein einziges Glied, bei den heutigen Insekten aber meist in mehrere Abschnitte aufgespalten.

Tegmen Bezeichnung für die ledrigen Vorderflügel der Heuschrecken und ähnlicher Insekten, z. B. Schaben (Mehrzahl: tegmina).

Tegula Ein schmaler Lappen oder ein Schüppchen, das die Basis der Vorderflügel wie ein „Schulterstück" überdeckt (Abb. S. 228).

Tergit Die primäre, die dorsale Oberfläche jedes Körpersegmentes bildende Platte.

Tergum Die dorsale Oberfläche jedes Körpersegmentes.

Thorax Der mittlere der drei Hauptabschnitte des Insektenkörpers. Flügel und Beine setzen, sofern vorhanden, stets am Thorax an.

Thorakalschüppchen Der innerste der Lappen an der Wurzel des Flügels bestimmter Fliegen *(Diptera)*, gehört zum größten Teil zum Mesothorax und überdeckt die Halteren.

Tibia Die Schiene, der Abschnitt des Beines zwischen Femur und Tarsus (Abb. s. S. 23).

Tracheen Röhrenförmige, verzweigte Hauteinstülpungen, die den Insektenkörper durchziehen und Luft in alle Körperteile leiten. Sie öffnen sich mit den Spiracula zur Umwelt.

Transversalnaht Eine Quernaht über den Thorax vieler Fliegen *(Diptera)*, die das Mesonotum in Scutum und Praescutum teilt.

Triangulum Flügeldreieck, ein Flügelfeld nahe der Basis bei Libellen *(Odonata)*. Es hat dreieckige Gestalt und kann in mehrere Zellen unterteilt sein.

Triungulinuslarve Bezeichnung für das erste Larvenstadium der *Meloë*-Arten *(Coleoptera)* und einiger verwandter Arten (S. 278), die scheinbar drei Klauen an jedem Fuß tragen (Abb. s. S. 278).

Trochanter Der Schenkelring: ein Glied des Insektenbeines zwischen Coxa und Femur, oft sehr klein und häufig übersehen (Abb. S. 23).

truncat Abgestutzt, abgeschnitten.

Tympanum Die Schallplatte des Trommelorgans der Singzikaden.

Tympanalorgane Die Gehörorgane verschiedener Insekten (Abb. s. S. 89).

Typus Das Typus-Exemplar einer Insektenart ist das Tier, wonach die Originalbeschreibung der Art angefertigt wurde. Wurden mehrere Exemplare zu diesem Zweck verwendet, so wird eines von ihnen zum Typus erklärt. Da das Typusexemplar nur einem Geschlecht angehören kann, wird gewöhnlich ein Exemplar des anderen Geschlechts als Allotypus bestimmt. In diesem Fall wird das Typus-Exemplar als Holotypus bezeichnet. Diese Typen stellen ein sehr wichtiges Material in den Museumssammlungen dar.

ventral Die Unterseite, Bauchseite des Körpers betreffend.

Vertex Der Scheitel, der obere Bereich auf dem Kopf zwischen und hinter den Augen (Abb. s. S. 19).

vestigal Schwach entwickelt.

Vibrissen s. Oralvibrissen.

vivipar Es werden keine Eier abgelegt, sondern die Jungen (Larven) lebend zur Welt gebracht.

Wangenkamm Eine Reihe starker Dornen an der unteren Begrenzung der Wangen bestimmter Flöhe.

Wirt Ein Organismus, der von einem Parasiten befallen wird.

Zelle Ein von Adern begrenzter Flügelbereich. Die Zelle ist geschlossen, wenn sie ringsum von Adern begrenzt wird, dagegen offen, wenn dies nur teilweise der Fall ist.

Literatur

Unter dem Abschnitt „Allgemeine Entomologie" sind vor allem Werke aufgeführt, die sich allgemein mit der Anatomie, Physiologie und Biologie vor allem europäischer Insekten beschäftigen. Spezielle systematische und biologische Werke werden dann in den nachfolgenden Abschnitten genannt, die sich entweder nur jeweils mit einer Ordnung oder aber mehreren, heute getrennten Ordnungen beschäftigen, die aber aus der historischen Entwicklung her meist zusammen in einem Werk abgehandelt werden.

Für viele europäische Länder gibt es große, vielbändige Faunen- oder Bestimmungswerke. Nur aus der „Tierwelt Deutschlands" und der „Tierwelt Mitteleuropas" konnten einzelne Bände genannt werden. Für die übrigen sind nachstehend nur die Reihentitel genannt:

Danmarks Fauna. Kopenhagen.
Svensk Insektfauna. Stockholm.
Fauna entomologica scandinavica. Gadstrup.
Handbooks for the Identification of British Insects. London.
Faune de France. Paris.
Nouvel Atlas d'Entomologie. Paris.
Insecta Helvetica Fauna. Lausanne.
Klusze do Oznaczania Owadow Polski. Warschau.
Fauna SSSR. Moskau.
Fauna CSSR. Prag.

Naturschutz

Autorenkollektiv, 1970–1983. Handbuch der Naturschutzgebiete der Deutschen Demokratischen Republik, Bd. 1–5. Jena–Berlin.

Blab, J.; Nowak, E.; Trautmann, W.; Sukopp, H. (Hrg.), 1977. Rote Liste der gefährdeten Tiere und Pflanzen in der Bundesrepublik Deutschland. (naturschutz aktuell 1). Greven.

Erz, W. (Hrg.), 1979. Katalog der Naturschutzgebiete der Bundesrepublik Deutschland. (naturschutz aktuell 3). Greven.

Olschowy, G., 1978. Natur- und Umweltschutz in der Bundesrepublik Deutschland. Hamburg–Berlin.

Weitzel, W., 1968 ff. Bedrohte Tiere und Pflanzen – Recht des Artenschutzes. (Lose-Blatt-Sammlung). Wiesbaden.

Wolkinger, F.; Gepp, J.; Plank, S.; Zimmermann, A.Natur- und Landschaftsschutzgebiete Österreichs. Österr. Ges. f. Natur- und Umweltschutz, Wien.

Allgemeine Entomologie

Askew, R. R., 1971. Parasitic Insects. London.

Bei-Bienko, G. Ya., 1967 (1964). Keys to the Insects of the European USSR. (Moskau–Leningrad). Jerusalem.

Borror, D. J.; DeLong, D. M., 1971. An Introduction to the Study of Insects. London.

Brauns, A., 1976. Taschenbuch der Waldinsekten. Stuttgart.

Brohmer, P., 1982. Fauna von Deutschland. Heidelberg.

Buhr, H., 1964–1965. Bestimmungstabellen der Gallen (Zoo- und Phytocecidien) an Pflanzen Mittel- und Nordeuropas. Bd. I + II. Jena.

Clegg, J., 1974. Freshwater Life. London.

Eidmann, H.; Kühlhorn, F., 1970. Lehrbuch der Entomologie. Hamburg und Berlin.

Ford, R. L. E., 1963: Practical Entomology. London.

Gepp, J. (Ltg.), 1983. Rote Listen gefährdeter Tiere Österreichs. Bundesministerium für Gesundheit und Umweltschutz, Wien.

Gepp, J. (Hrsg.), 1984. Gefährdete Alpentiere – Bedrohung und Schutz. Naturschutzbund, Graz.

Hennig, W., 1969. Die Stammesgeschichte der Insekten. Frankfurt/Main.

Imms, A. D., 1977. A General Textbook of Entomology. London.

— 1959. Outlines of Entomology. London.

— 1971. Insect Natural History. London.

Jacobs, W.; Renner, M., 1974. Taschenlexikon zur Biologie der Insekten. Stuttgart.

Jacobs, W.; Seidel, F., 1975. Systematische Zoologie: Insekten. Stuttgart.

KAESTNER, A., 1972–1973. Lehrbuch der Speziellen Zoologie 1,3 A,B. Insecta. Jena.
KOCH, M., 1964. Präparation von Insekten. Radebeul–Berlin.
LAMPEL, G., 1973. Biologie der Insekten. München.
LARSON, P. P.; LARSON, M. W., 1971. Insektenstaaten. Hamburg und Berlin.
MANI, M. S., 1963. The Ecology of Plant Galls. Den Haag.
MELLANBY, H., 1953. Animal Life in Fresh Water. London.
OLDROYD, H., 1958. Collecting, Preserving and Studying Insects. London.
— 1968. Elements of Entomology. London.
ROSS, H.; HEDICKE, H., 1927. Die Pflanzengallen (Cecidien) Mittel- und Nordeuropas. Jena.
SMITH, K. G. V., 1973. Insects and other Arthropods of Medical Importance. London.
STRESEMANN, E., 1969–1978. Exkursionsfauna von Deutschland. Wirbellose 2,1–2, Insekten. Berlin.
TWEEDIE, M. W. F., 1968. Pleasure from Insects. London.
WEBER, H., 1933 (Reprint 1968). Lehrbuch der Entomologie. Jena.
WEBER, H.; WEIDNER, H., 1974. Grundriß der Insektenkunde. Stuttgart.
WESENBERG-LUND, C., 1943. Biologie der Süßwasserinsekten. Berlin–Wien.
WIGGLESWORTH, V. B., 1964. Das Leben der Insekten. Lausanne.
— 1974. Insect Physiology. London.
— 1974. The principles of Insect Physiology. London.
WILLIAMS, C. B., 1961. Die Wanderflüge der Insekten. Hamburg und Berlin.

„Apterygota“

DELANY, M. J., 1954. Thysanura und Diplura. Handbooks for the Identification of British Insects 1, 2. London.
GISIN, H., 1960. Collembolenfauna Europas. Genf.
HANDSCHIN, E., 1929. Apterygota. Die Tierwelt Deutschlands 16. Jena.
NOSEK, J., 1973. The European Protura, their Taxonomy, Ecology and Distribution. With Keys for Determination. Genf.
PACLT, J., 1956. Biologie der primär flügellosen Insekten. Jena.
PALISSA, A., 1964. Insekten 1. Apterygota. Die Tierwelt Mitteleuropas IV, 1a. Leipzig.
WYGODZINSKY, P. W., 1941. Beiträge zur Kenntnis der Dipluren und Thysanuren der Schweiz. Denks. Schweiz. Naturf.Ges. 74, 2. Zürich.

Ephemeroptera

GODDARD, J., 1966. Trout Fly Recognition. London.
— 1970. Trout Flies of Stilwater. London.
KIMMINS, D. E., 1950. Ephemeroptera. Handbooks for the Identification of British Insects 1, 9. London.
NEEDHAM, J. G.; TRAVER, J. R.; HSU, Y., 1935. The Biology of Mayflies. U.S.A.
SCHOENEMUND, E., 1930. Ephemeroptera. Die Tierwelt Deutschlands 19. Jena.

Odonata

CORBET, P. S., 1962. A Biology of Dragonflies. London.
CORBET, P. S.; LONGFIELD, C.; MOORE, N. W., 1960. Dragonflies.
FRASER. F. C., 1956. Odonata. Handbooks for the Identification of British Insects. 1, 10. London.
JURZITZA, G., 1978. Unsere Libellen. Stuttgart.
MAY, E., 1933. Libellen (Wasserjungfern) oder Odonata. Die Tierwelt Deutschlands 27. Jena.
ROBERT, P. A., 1959. Die Libellen (Odonaten). Bern.
SCHIEMENZ, H., 1953. Die Libellen unserer Heimat. Jena.

Plecoptera

GODDARD, J., 1966. s. Ephemeroptera.
ILLIES, J., 1963. Plecoptera, Steinfliegen–Uferfliegen. Die Tierwelt Mitteleuropas IV. Leipzig.
KIMMINS, D. E., 1950. Plecoptera. Handbooks for the Identification of British Insects 1, 6. London.

Saltatoria

CHOPARD, L., 1947. Orthoptères et Aptérygotes de France. Paris.

Harz, K., 1960. Geradflügler oder Orthoptera (Blattodea, Mantodea, Saltatoria, Dermaptera). Die Tierwelt Deutschlands 46. Jena.
— 1969–1975. Die Orthopteren Europas, I + II. Den Haag.
Hincks, W. D., 1956. Dermaptera and Orthoptera. Handbooks for the Identification of British Insects 1, 5. London.
Ragge, D. R., 1965. Grasshopers, Crickets, and Cockroaches of the British Isles. London.

Phasmida

Chopard, L., 1947. s. Saltatoria.
Harz, K.; Kaltenbach, A., 1976. Die Orthopteren Europas III. Den Haag.
Ragge, D. R., 1965. s. Saltatoria.
Westwood, J. O., 1859. Catalogue of Orthopterous Insects. Part I: Phasmidae. London.

Dermaptera

Chopard, L., 1947. s. Saltatoria.
Harz, K., 1960. s. Saltatoria.
Harz, K.; Kaltenbach, A., 1976. s. Phasmida.
Hincks, W. D., 1956. s. Saltatoria.

Blattodea und Mantodea

Chopard, L., 1947. s. Saltatoria.
Harz, K., 1960. s. Saltatoria.
Harz, K.; Kaltenbach, A., 1976. s. Phasmida.
Hincks, W. D., 1956. s. Saltatoria.
Ragge, D. R., 1965. s. Saltatoria.

Isoptera

Harz, K.; Kaltenbach, A., 1976. s. Phasmida.
Howse, P. E., 1970. Termites. London.
Krishna, K.; Weesner, F. M., 1969–1970. Biology of Termites I + II. London–New York.

Psocoptera

Badonnel, A., 1943. Psocoptères. Faune de France 42. Paris.
Guenther, K. K., 1974. Staubläuse, Psocoptera. Die Tierwelt Deutschlands 61. Jena.

Mallophaga und Anoplura

Askew, R. R., 1971. Parasitic Insects. London.
Ferris, G. F., 1951. The Sucking Lice. California.
Jancke, O., 1938. Aphaniptera und Anoplura. Die Tierwelt Deutschlands 35. Jena.
Seguy, E., 1944. Insectes ectoparasites. Faune de France 43. Paris.
Zlotorzycka, J.; Eichler, W.; Ludwig, H. W., 1974. Taxonomie und Biologie der Mallophagen und Läuse mitteleuropäischer Haus- und Nutztiere. Jena.

Hemiptera

Borchsenius, N. S., 1949–1960. Coccoidea. Fauna SSSR 7–9. Moskau.
Dixon, A. F. G., 1976. Biologie der Blattläuse. Stuttgart–New York.
Haupt, H., 1935. Psyllidae + Aleyrodidae. Die Tierwelt Mitteleuropas 4, 3. Leipzig.
Lampel, G., 1968. Die Biologie des Blattlaus-Generationswechsels. Jena.
Le Qesne, W. J., 1965–1969. Hemiptera – Homoptera: Cicadomorpha. Handbooks for the Identification of British Insects 2, 2 a, b. London.
— 1960. Hemiptera – Homoptera: Fulgoromorpha. Handbooks for the Identification of British Insects 2, 3. London.
Lindinger, L., 1912. Die Schildläuse (Coccidae) Europas. Stuttgart.
Schmutterer, H., 1959. Schildläuse oder Coccoidae I: Deckelschildläuse oder Diaspididae. Die Tierwelt Deutschlands 45. Jena.
Southwood, T. R. E.; Leston, D., 1959. Land and Water Bugs of the British Isles. London.

STICHEL, W., 1925–1938. Illustrierte Bestimmungstabellen der deutschen Wanzen. Berlin.
— 1954–1962. Illustrierte Bestimmungstabellen der Wanzen – II. Europa. Berlin.
THEOBALD, F. V., 1926–1928. The Aphididae of Great Britain, 1–3. London.
VILLIERS, A., 1947–1951. Atlas des Hémiptères de France I + II. Paris.
WAGNER, E., 1952. Blindwanzen oder Miriden. Die Tierwelt Deutschlands 41. Jena.
— 1966. Wanzen oder Heteroptera I: Pentatomorpha. Die Tierwelt Deutschlands 54. Jena.
— 1967. Wanzen oder Heteroptera II: Cimicomorpha. Die Tierwelt Deutschlands 55. Jena.
WEBER, H., 1930. Biologie der Hemipteren. Eine Naturgeschichte der Schnabelkerfe. Berlin.
ZAHRADNIK, J., 1963. Aleyrodina. Die Tierwelt Mitteleuropas 4, 10 d. Leipzig.

Thysanoptera

LEWIS, T., 1973. Thrips: their Biology, Ecology and Economic Importance. London.
PRIESNER, H., 1964. Ordnung Thysanoptera. Bestimmungsbücher zur Bodenfauna Europas, 2. Berlin.
SCHLIEPHAKE, G. 1979. Thysanoptera, Fransenflügler. Die Tierwelt Deutschlands 66. Jena.

Megaloptera, Planipennia, Mecoptera

ASPÖCK, H.; ASPÖCK, U., 1964. Synopsis der Systematik, Ökologie und Biogeographie der Neuropteren Mitteleuropas im Spiegel der Neuropteren-Fauna von Linz und Oberösterreich sowie Bestimmungsschlüssel für die mitteleuropäischen Neuropteren. Linz.
ASPÖCK, H.; ASPÖCK, U.; HÖLZEL, H., 1980. Die Neuropteren Europas. 1–2. Krefeld
BERLAND, L., 1962. Atlas des Neuroptères de France, Belgique, Suisse. Paris.
FRASER, F. C., 1959. Mecoptera, Megaloptera, Neuroptera. Handbooks for the Identification of British Insects 1, 12–13. London.
KILLINGTON, F. J., 1936–1937. A Monograph of British Neuroptera, 1–2. London.

Lepidoptera

BEIRNE, B. P., 1954. British Pyralid and Plume Moths. London.
BERGMANN, A., 1951–1954. Die Großschmetterlinge Mitteldeutschlands, 1–5. Jena.
BLESZYNSKI, ST., 1965. Crambinae. Microlepidoptera palaearctica 1. Wien.
BRADLEY, J. D.; TREMEWAN, W. G.; SMITH, A., 1973. British Tortricoid Moths. Cochylidae and Tortricidae: Tortricinae. London.
ECKSTEIN, K., 1933. Die Kleinschmetterlinge Deutschlands. Stuttgart.
FORSTER, W.; WOHLFARTH, T. A., 1954–1981. Die Schmetterlinge Mitteleuropas, 1–5. Stuttgart.
HANNEMANN, J. H., 1961. Kleinschmetterlinge oder Microlepidoptera I: Die Wickler s.str. (Tortricidae). Die Tierwelt Deutschlands 48. Jena.
— 1964. Kleinschmetterlinge oder Microlepidoptera II: Die Wickler s.l. (Cochylidae und Carposinidae); die Zünslerartigen (Pyraloidea). Die Tierwelt Deutschlands 50. Jena.
HIGGINS, L. G.; RILEY, N. D., 1971. Die Tagfalter Europas und Nordwestafrikas. Hamburg u. Berlin.
HOWARTH, T. G., 1973. Souths' British Butterflies. London.
KOCH, M., 1954–1961. Wir bestimmen Schmetterlinge, 1–4. Radebeul–Berlin.
MEYRICK, E., 1968 (1928). Revised Handbook of British Lepidoptera. Hampton.
RAZOWSKI, H., 1970. Cochylidae. Microlepidoptera palaearctica 3. Wien.
ROESLER, U., 1973. Phycitinae. Microlepidoptera palaearctica 4. Wien.
SATTLER, K., 1967. Ethmiidea. Microlepidoptera palaearctica 2. Wien.
SOUTH, R., 1961. The Moths of the British Isles, 1–2. London.
SPULER, A., 1910. Die Schmetterlinge Europas. Stuttgart.
STOKOE, W. J., 1944. The Caterpillars of British Butterflies. London.
— 1948. The Caterpillars of British Moths, 1–2. London.
WAGNER, H., 1913. Taschenbuch der Raupen. München.

Trichoptera

GODDARD, J., 1966. s. Ephemeroptera.
HICKIN, N. E., 1952. Caddis. London.
— 1967. Caddis Larvae. London.
MOSELY, M. E., 1939. The British Caddis Flies (Trichoptera): A Collectors Handbook. London.

Tobias, W.; Tobias, H., 1981. Trichoptera Germanica I: Imagines. CFS 49. Frankfurt/M.
Ulmer, G., 1909. Trichoptera. Süßwasserfauna Deutschlands 5–6. Jena.

Diptera

Brauns, A., 1954. Terricole Dipterenlarven. Göttingen.
— 1954. Puppen terricoler Dipterenlarven. Göttingen.
Chvála, M., 1975. The Tachydrominae (Diptera, Empididae) of Fennoscandia and Denmark. Fauna entomologica scandinavica 1. Gadstrup.
Chvála, M.; Lyneborg, K.; Moucha, J., 1972. The Horse Flies of Europe (Diptera, Tabanidae). Kopenhagen.
Colyer, C. N.; Hammond, C. O., 1968. Flies of the British Isles. London.
Hennig, W., 1948–1952. Die Larvenformen der Dipteren, 1–3. Berlin.
Hering, M., 1927. Agromyzidae. Die Tierwelt Deutschlands 6. Jena.
Karl, O., 1928. Muscidae. Die Tierwelt Deutschlands 13. Jena.
Kröber, O., 1930. Conopidae. Die Tierwelt Deutschlands 20. Jena.
Landrock, K., 1940. Fungivoridae (Pilzmücken). Die Tierwelt Deutschlands 38. Jena.
Lindner, E., 1924–1976. Die Fliegen der Palaearktischen Region. Stuttgart.
— 1973. Alpenfliegen. Krefeld.
Oldroyd, H., 1964. The Natural History of Flies. London.
Rozkosny, R., 1973. The Stratiomyioidea of Fennoscandia and Denmark. Fauna entomologica scandinavica 1. Gadstrup.
Sack, P., 1930. Syrphidae. Die Tierwelt Deutschlands 20. Jena.
Szilady, Z.; Kröber, O.; Engel, E. O., 1932. Notacantha, Rhagionidae, Tabanidae, Therevidae, Omphralidae, Asilidae. Die Tierwelt Deutschlands 26. Jena.
West, L. S., 1951. The House-fly, its Natural History, Medical Importance and Control. London.

Siphonaptera

British Museum (Nat. Hist.), 1958. Fleas: their Medical and Veterinary Importance. London.
Jancke, O., 1938. s. Anoplura.
Rothschild, M.; Clay, T., 1952. Fleas, Flukes and Cuckoes. London.
Smit, F. G. A. M., 1957. Siphonaptera. Handbooks for the Identification of British Insects 1, 16. London.

Hymenoptera

Alford, D., 1975. Bumblebees. London.
Andrewes, C., 1969. The Lives of Wasps and Bees. London.
Balthasar, V., 1972. Grabwespen – Sphecoidea. Fauna CSSR 20. Prag.
Beaumont, J. de, 1969. Hymenoptera: Sphecidae. Insecta Helvetica Fauna 3. Lausanne.
Bischoff, H., 1927. Biologie der Hymenopteren. Berlin.
Blüthgen, P., 1961. Die Faltenwespen Mitteleuropas. Berlin.
Butler, C. G., 1957. Die Honigbiene. Düsseldorf–Köln.
Donisthorpe, H. St. J. K., 1927. British Ants, their Life History and Classification. London.
— 1927. The Guests of British Ants, their Habits and Life Histories. London.
Friese, H. (1895–1901), 1969. Die Bienen Europas 1–6. Amsterdam.
Frisch, K. von, 1965. Tanzsprache und Orientierung der Bienen. Berlin–Heidelberg–New York.
— 1969. Aus dem Leben der Bienen. Berlin–Heidelberg–New York.
Gösswald, K., 1954. Unsere Ameisen, 1–2. Stuttgart.
Goetsch, W., 1953. Vergleichende Biologie der Insektenstaaten. Leipzig.
Kemper, H.; Döhring, E., 1967. Die sozialen Faltenwespen Mitteleuropas. Berlin und Hamburg.
Oehlke, J. Beiträge zur Insektenfauna der DDR.
1969. Hymenoptera – Bestimmungstabellen bis zu den Unterfamilien. Beitr. Ent. 19
1970. Hymenoptera – Sphecidae. Beitr. Ent. 20.
1974. Hymenoptera – Scolioidea. Beitr. Ent. 24.
Schmidt, H. G., 1974. Sozialpolymorphismus bei Insekten – Probleme der Kastenbildung im Tierreich. Stuttgart.
Schmiedeknecht, O., 1930. Die Hymenopteren Nord- und Mitteleuropas. Jena.
Schröder, Chr., 1914–1926. Die Insekten Mitteleuropas, insbesondere Deutschlands, 1–3: Hymenoptera. Stuttgart.

SPRADBERY, J. P., 1973. Wasps. An Account of the Biology and Natural History of Solitary and Social Wasps. London.
STITZ, H., 1939. Formicidae. Die Tierwelt Deutschlands 27. Jena.
STOECKHERT, F. K., 1954. Fauna Apoideorum Germaniae. München.
WOLF, H., 1972. Hymenoptera: Pompilidae. Insecta Helvetica Fauna 5. Lausanne.
ZANDER, E.; WEISS, K., 1964. Das Leben der Biene. Stuttgart.

Coleoptera

BALFOUR-BROWNE, F., 1940–1958. British Water Beetles, 1–3. London.
DEMELT, C. VON, 1966. Bockkäfer oder Cerambycidae I: Biologie mitteleuropäischer Bockkäfer (Col. Cerambycidae) unter besonderer Berücksichtigung der Larven. Die Tierwelt Deutschlands 52. Jena.
FREUDE, H.; HARDE, K. W.; LOHSE, G. A., 1964–1983. Die Käfer Mitteleuropas, 11 Bände. Krefeld.
HINTON, H. E., 1945. A Monograph of the Beetles associated with Stored Products. London.
HORION, A., 1935. Nachtrag zur „Fauna Germanica". Krefeld.
KUHNT, P., 1911. Illustrierte Bestimmungstabellen der Käfer Deutschlands. Stuttgart.
LINSSEN, E. F., 1959. Beetles of the British Isles, 1–2. London.
MROZEK-DAHL, T., 1928. Carabidae. Die Tierwelt Deutschlands 7. Jena.
REITTER, E., 1908–1916. Fauna Germanica. Die Käfer des Deutschen Reiches, 1–5. Stuttgart.

Strepsiptera

FREUDE, H.; HARDE, K. W.; LOHSE, G. A., 1969. Die Käfer Mitteleuropas, 8. Krefeld.
KINZELBACH, R., 1978. Fächerflügler (Strepsiptera). Die Tierwelt Deutschlands 65. Jena.
LINSSEN, F. E., 1959. Beetles of the British Isles, 2. London.
ULRICH, W., 1927. Strepsiptera. Biologie der Tiere Deutschlands 23. Berlin.
— 1930. Strepsiptera. Die Tierwelt Mitteleuropas 5, 2. Leipzig.

Tafel 1

Ordnung Ephemeroptera *Eintagsfliegen*

Hinfällige Insekten mit langen Schwanzanhängen; Hinterflügel erheblich kleiner als Vorderflügel oder ganz fehlend; gewöhnlich in Gewässernähe. Alle abgebildeten Tiere sind Männchen. 64

Familie **Ephemeridae** 68

Ziemlich große Tiere, in deren Vorderflügel A_1 und Cu an der Wurzel stark divergieren; Flügel häufig gefleckt, drei Schwanzanhänge

1 *Ephemera danica* Müller 1,5fach

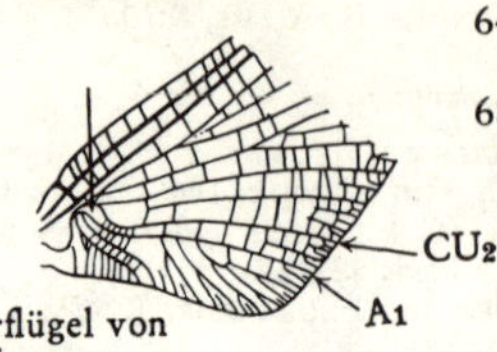

Vorderflügel von *Ephemera*

Familie **Potamanthidae** 68

Adern A_1 und Cu im Vorderflügel divergieren an der Wurzel stark; Flügel ungefleckt, durchsichtig

2 *Potamanthus luteus* (L.) 2fach

Familie **Siphlonuridae** 69

Mittlere Schwanzborste sehr kurz, aber vorhanden

3 *Siphlonurus lacustris* Eaton 2fach

Familie **Ecdyonuridae** 69

Mittlere Schwanzborste fehlt völlig

4 *Ecdyonurus dispar* (Curtis) 2fach

Familiae **Caenidae** 68

Kleine Tiere ohne Hinterflügel, 3 Schwanzanhänge

5 *Caenis macrura* Stephens 4fach

Vorderflügel von *Ephemerella*

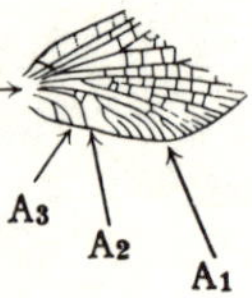

Familie **Ephemerellidae** 68

Im Vorderflügel Adern A_1 und A_2 an der Wurzel dicht beieinander

6 *Ephemerella ignita* (Poda) 2,5fach

Familie **Isonychiidae** 69

Ader A_2 des Vorderflügels über den größten Teil ihrer Länge parallel zur Flügel-Hinterkante

7 *Isonychia ignota* (Walker) 2,5fach

Familie **Baetidae** 69

Kleine Tiere mit winzigen oder fehlenden Hinterflügeln, 2 Schwanzanhänge

8 *Cloeon dipterum* (L.) 4fach

9 *Baetis rhodani* (Pictet) 2,5fach

Familie **Leptophlebiidae** 68

Im Vorderflügel entspringt A_2 in der Mitte zwischen A_1 und A_3 oder nahe A_3

10 *Leptophlebia vespertina* (L.) 2,5fach

Vorderflügel von *Leptophlebia*

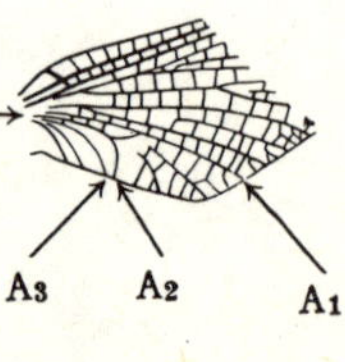

1
2
3
4
5
6
7
8
9
10

Ordnung Ephemeroptera *Eintagsfliegen* (Forts.)

Familie **Palingeniidae** 68
Im Vorderflügel divergieren Cu und A_1 stark, sehr große Tiere mit nur 2 Schwanzanhängen
1 *Palingenia longicauda* (Olivier) nat. Größe

Familie **Oligoneuriidae** 68
Beide Flügel mit nur wenigen Adern
2 *Oligoneuriella rhenana* (Imhoff) nat. Größe

△ Familie **Metretopodidae** 69
Hinterflügel stark oval; im Vorderflügel zwischen A_1 und A_2 ein Paar Intercalaradern
▲ 3 *Metretopus norvegicus* Eaton 3,5fach

Familie **Polymitarcidae** 68
Im Vorderflügel divergieren die Adern Cu und A_1 stark, weiße Flügel
4 *Ephoron virgo* (Olivier) 3,5fach

Ordnung Odonata *Libellen*

Insekten mit langgestrecktem Hinterleib, großen Augen und unauffälligen, borstenartigen Fühlern. Alle abgebildeten Tiere sind Männchen. 69

Unterordnung Zygoptera *Kleinlibellen*

Vorder- und Hinterflügel gleichgestaltet

Familie **Calopterygidae** 75
Viele Antenodal-Queradern
5 *Calopteryx splendens* (Harris) 1,5fach

Familie **Coenagrionidae** 75
2 Antenodal-Queradern, Quadrilateralzelle mit zugespitztem distalem Ende
6 *Pyrrhosoma nymphula* (Sulzer) 1,5fach
7 *Coenagrion puella* (L.) 1,5fach
8 *Ischnura elegans* (van der Linden) 1,5fach

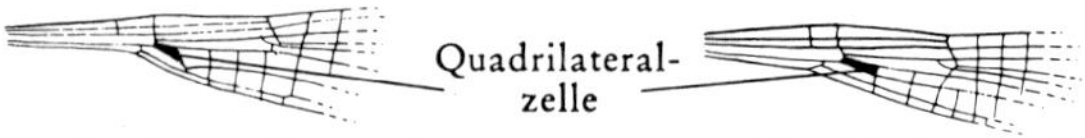

Flügelbasis von *Coenagrion* Flügelbasis von *Platycnemis*

Familie **Platycnemididae** 75
2 Antenodal-Queradern, Quadrilateralzelle rechteckig
9 *Platycnemis pennipes* (Pallas) – Federlibelle 1,5fach

Familie **Lestidae** 75
2 Antenodal-Queradern, Stigma länger als breit
10 *Lestes sponsa* (Hansemann) 1,5fach

1
2
3
4
5
6
7
8
9
10

Ordnung Odonata *Libellen* (Forts.)

Unterordnung Anisoptera *Großlibellen*

Vorder- und Hinterflügel von unterschiedlicher Gestalt 75

Familie **Aeshnidae** 76

Dreieck in beiden Flügeln gleichartig, Augen stoßen auf breiter Front zusammen

1 *Anax imperator* Leach ²/₃ nat. Gr.
2 *Aeshna grandis* (L.) ²/₃ nat. Gr.
3 *Brachytron pratense* (Müller) ²/₃ nat. Gr.

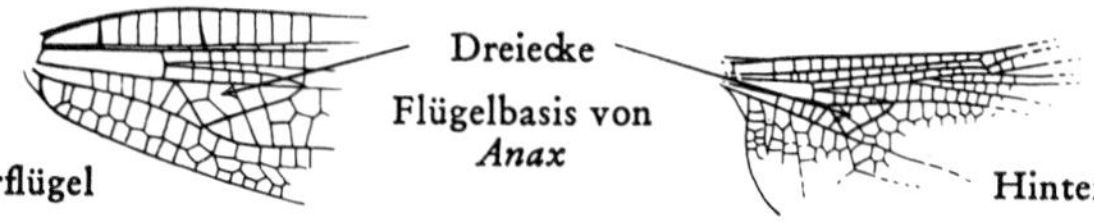

Familie **Cordulegastridae** 77

Dreieck in beiden Flügeln gleichartig, Augen berühren sich nur in einem Punkt

4 *Cordulegaster boltoni* (Donovan) ²/₃ nat. Gr.

Familie **Gomphidae** 76

Dreieck in beiden Flügeln gleichartig, Augen weit getrennt

5 *Gomphus vulgatissimus* (L.) ²/₃ nat. Gr.

Familie **Corduliidae** 77

Dreieck in beiden Flügeln verschieden, im Vorderflügel kaum höher als breit

6 *Cordulia aenea* (L.) – Smaragdlibelle ²/₃ nat. Gr.

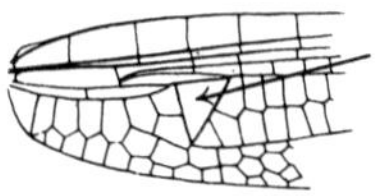

Familie **Libellulidae** 77

Dreieck in beiden Flügeln verschieden, im Vorderflügel viel höher als breit, Rumpf nie metallisch

7 *Orthetrum cancellatum* (L.) – Blaupfeil ²/₃ nat. Gr.
8 *Leucorrhinia dubia* (van der Linden) ²/₃ nat. Gr.
9 *Libellula depressa* L. – Plattbauch ²/₃ nat. Gr.
10 *Sympetrum sanguineum* (Müller) ²/₃ nat. Gr.

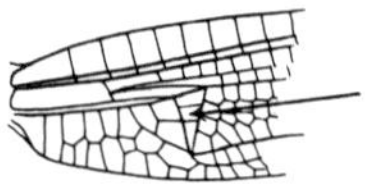

1
2
3
4
5
6
7
8
9
10

Ordnung Plecoptera *Steinfliegen*

Tiere mit weichen Körpern, in Wassernähe, Hinterflügel größer als Vorderflügel, in der Ruhe flach über den Körper gelegt oder um diesen herumgerollt. Die abgebildeten Tiere sind Weibchen. – Männchen haben mitunter verkürzte Flügel. 78

Familie **Leuctridae** 81
Zweites Fußglied kürzer als die beiden anderen, keine X-förmige Aderfigur im Vorderflügel
1 *Leuctra fusca* (L.), rechts Tier mit zusammengerollten Flügeln in Ruhestellung 3,5fach

Familie **Taeniopterygidae** 81
Alle Fußglieder etwa gleichlang, Cerci kurz
2 *Taeniopteryx nebulosa* (L.) 2,5fach

Familie **Neumouridae** 81
Zweites Fußglied kürzer als die beiden anderen, X-förmige Aderfigur im Vorderflügel
3 *Nemoura cinerea* (Retzius) 3,5fach

Familie **Isoperlidae** 82
Analadern im Hinterflügel gegabelt
4 *Isoperla grammatica* (Poda) 3,5fach

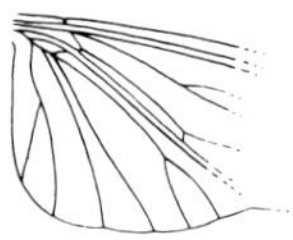

Hinterflügel von *Isoperla*

Familie **Capniidae** 81
Basales Fußglied so lang wie das dritte, keine doppelte „Leiter“ im Flügel
5 *Capnia bifrons* Newman 3,5fach

Familie **Perlodidae** 82
Ader R_{2+3} verzweigt, Ader R_{4+5} entspringt vor der Transversal-Querader
6 *Perlodes microcephala* (Pictet) 2fach

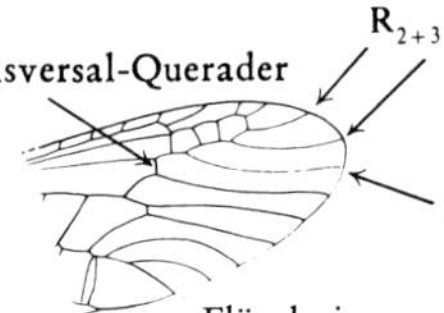

Flügelspitze von *Perlodes*

Familie **Chloroperlidae** 82
Alle Analadern unverzweigt
7 *Chloroperla torrentium* (Pictet) 3,5fach

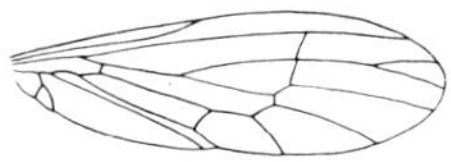
Hinterflügel von *Chloroperla*

Familie **Perlidae** 81
Ader R_{2+3} verzweigt, Ader R_{4+5} entspringt an der Transversal-Querader
8 *Dinocras cephalotes* (Curtis) 1,5fach

Flügelspitze von *Dinocras*

1
2
3
4
5
6
7
8

Ordnung Saltatoria *Grillen* und *Laubheuschrecken*

Tiere mit kräftigem Körper, vergrößertem sattelförmigen Pronotum; Hinterbeine gewöhnlich als Sprungbeine ausgebildet 83

Familie **Gryllidae** – Grillen 88
Fühler länger als der Körper, Füße dreigliedrig
1 *Acheta domestica* (L.) – Heimchen 1,5fach
2 *Gryllus campestris* L. – Feldgrille 1,5fach
3 *Nemobius sylvestris* (Bosc) – Waldgrille 2fach
▲ 4 *Mogoplistes squamiger* (Fischer) 2fach

Familie **Tettigoniidae** – Laubheuschrecken 89
Fühler länger als der Körper, Füße viergliedrig
5 *Conocephalus discolor* Thunberg 2fach
6 *Meconema thalassinum* (de Geer) – Eichenschrecke 2fach
7 *Leptophyes punctatissima* (Bosc) 2fach
8a *Pholidoptera griseoaptera* (de Geer), Männchen 2fach
8b *Pholidoptera griseoaptera* (de Geer), Weibchen 2fach
9 *Ephippiger ephippiger* (Fiebig) nat. Gr.
10 *Tettigonia viridissima* L. – Großes grünes Heupferd nat. Gr.

Familie **Gryllotalpidae** – Maulwurfsgrillen 87
Vorderbeine zu Grabbeinen vergrößert
11 *Gryllotalpa gryllotalpa* (L.) – Maulwurfsgrille, Werre nat. Gr.

Alle abgebildeten Tiere sind, soweit nicht anders vermerkt, Männchen.

Grillen und Laubheuschrecken können auch an der Lage der Flügel unterschieden werden, sofern diese entwickelt sind. Bei den Laubheuschrecken liegt der linke Vorderflügel normalerweise über dem rechten, während es bei den Grillen umgekehrt ist.

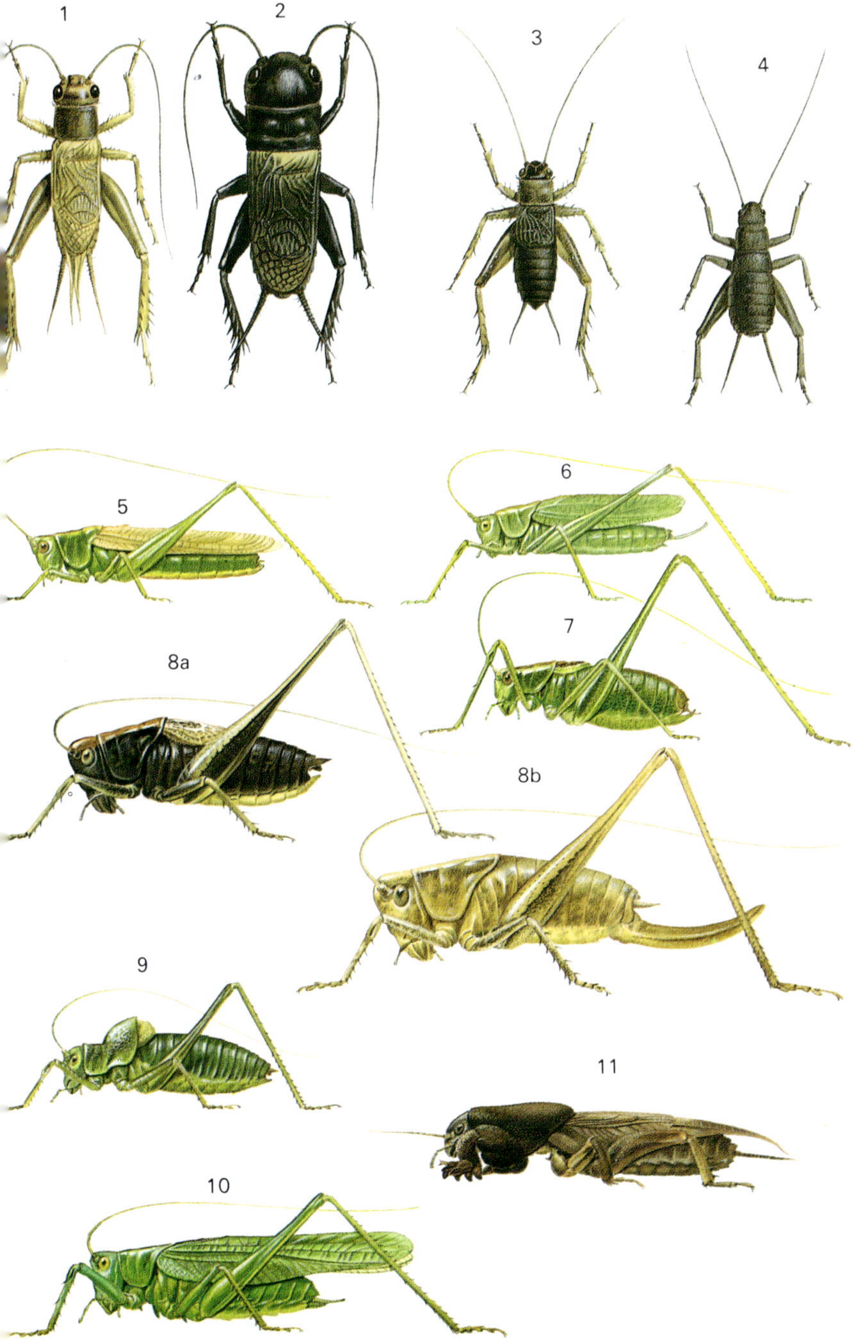
1
2
3
4
5
6
7
8a
8b
9
10
11

Ordnung Saltatoria *Feldheuschrecken* u. a. (Forts.)

Familie **Acrididae** – Feldheuschrecken 91
Fühler kürzer als der Körper, aber länger als das Pronotum.
1a *Chorthippus parallelus* (Zetterstedt), Männchen 2fach
1b *Chorthippus parallelus* (Zetterstedt), Weibchen 2fach
2 *Chorthippus brunneus* (Thunberg) 2fach
3 *Stenobothrus lineatus* (Panzer) 2fach
4 *Oedipoda germanica* (Latreille) – Rotflügelige Ödlandschrecke 2fach
5 *Myrmeleotettix maculatus* (Thunberg) – Keulenschrecke 2fach
6 *Locusta migratoria* L. – Wanderheuschrecke nat. Gr.

Familie **Rhaphidophoridae** – Höhlen- und Gewächshausschrecken 91
Flügellose Tiere mit sehr langen Tastern
7 *Tachycines asynamorus* Adelung – Gewächshausschrecke nat. Gr.

▲ 8 *Dolichopoda azami* Saulcy nat.Gr.

Familie **Tetrigidae** – Dornschrecken 93
Fühler kürzer als der Körper; Pronotum dornförmig bis zur Hinterleibsspitze ausgezogen.
9 *Tetrix undulata* Sowerby 2,5fach

Familie **Tridactylidae** – Grabschrecken 94
Sehr kleine Tiere mit sehr großen Hinterschenkeln
10 *Tridactylus variegatus* (Latreille), Weibchen 2,5fach

Alle abgebildeten Tiere sind, soweit nicht anders vermerkt, Männchen.

Bei den Feldheuschrecken können Männchen und Weibchen am Körperhinterende unterschieden werden. Das des Männchens ist nach oben gebogen und erinnert an einen Bootsbug.

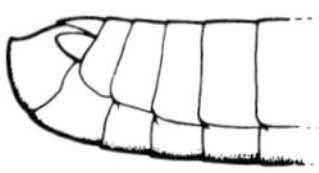

Männchen

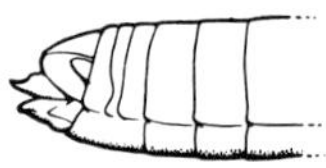

Weibchen

1a
1b
2
3
4
5
6
7
8
9
10

Ordnung Blattodea *Schaben*

Geflügelte oder ungeflügelte abgeflachte Insekten mit einfachen Schreitbeinen; Pronotum überdeckt den Kopf. 100

Familie **Blattidae** – Schaben 101
1 *Periplaneta americana* (L.) – Amerikanische Großschabe, Weibchen nat. Gr.
2a *Ectobius lapponicus* (L.) – Waldschabe, Männchen 2fach
2b *Ectobius lapponicus* (L.) – Waldschabe, Weibchen 2fach
3 *Blatella germanica* (L.) – Deutsche Schabe, Weibchen 2fach
4 *Blatta orientalis* L. – Küchenschabe, Weibchen nat. Gr.

Ordnung Mantodea *Fangheuschrecken*

Vorderbeine zu Raub- bzw. Fangbeinen umgebildet, Prothorax halsartig verlängert. 99

Familie **Mantidae** 99
5 *Mantis religiosa* L. – Gottesanbeterin, Weibchen nat. Gr.
▲ 6 *Iris oratoria* (L.), Weibchen nat. Gr.
▲ 7 *Ameles spallanzania* (Rossi), Weibchen nat. Gr.

Ordnung Dermaptera *Ohrwürmer*

Schlanke abgeflachte Insekten mit einem Zangenpaar am Körperende 96

Familie **Labiduridae** 98
2. Fußglied normal, Fühler 10- bis 30gliedrig
8 *Labidura riparia* (Pallas) – Sandohrwurm, Männchen nat. Gr.

Familie **Forficulidae** 98
2. Fußglied verbreitert

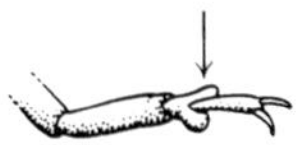

9 *Forficula auricularia* L. – Gemeiner Ohrwurm Männchen 2fach
▲10 *Forficula lesnei* Finot, Männchen 2fach
11 *Apterygida media* (Hagenbach), Männchen 2fach

Familie **Labiidae** 98
2. Fußglied normal, Fühler 11- bis 15gliedrig
12 *Labia minor* (L.), Männchen 2fach

Ordnung Phasmida *Gespenstschrecken*

Dünne, zweigähnliche Tiere 94

△ Familie **Phasmatidae** 95
▲13 *Bacillus rossius* (Rossius), Weibchen nat. Gr.

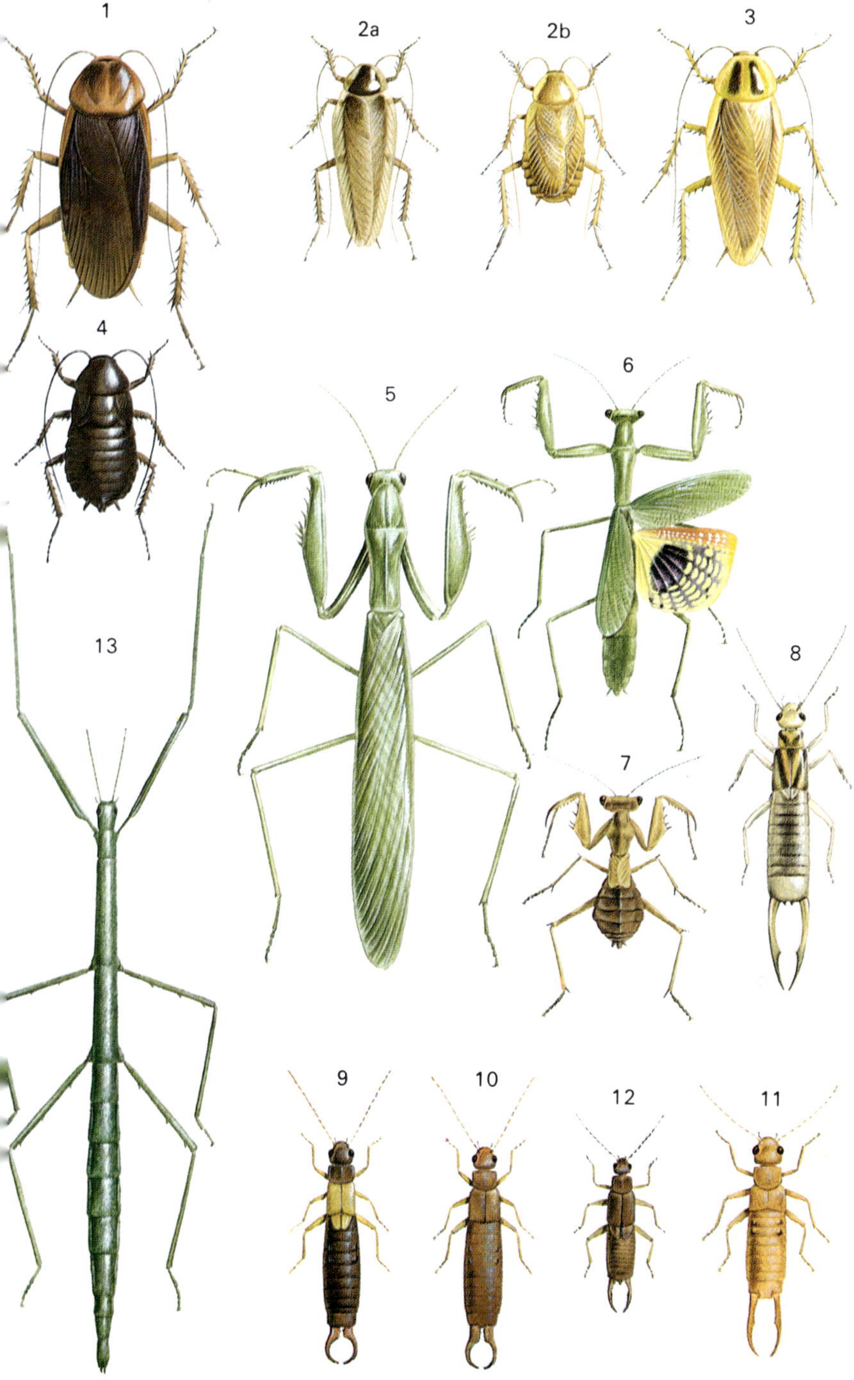
1
2a
2b
3
4
5
6
13
8
7
9
10
12
11

Ordnung Hemiptera *Schnabelkerfe*

Insekten mit einem Schnabel oder Rostrum, der zum Anstechen und Aussaugen von pflanzlichem oder tierischem Gewebe dient. 118

Unterordnung Heteroptera *Wanzen*

Wenn Vorderflügel vorhanden, dann in einen ledrigen Basisteil und eine häutige Spitze unterteilt. Der Schnabel entspringt stets vorn am Kopf. 119

Familie **Aradidae** – Rindenwanzen 124
Sehr flache Wanzen mit kräftigen Fühlern; gewöhnlich voll entwikkelt
1 *Aradus cinnamomeus* (Panzer) – Kiefernrindenwanze 5fach

Familie **Aneuridae** 124
Sehr flache Wanzen mit glasartig durchsichtigen Vorderflügeln
2 *Aneurus laevis* (Fabricius) 5fach

Familie **Cydnidae** – Erdwanzen 125
Tiere mit sehr stark bedornten Grabbeinen
3 *Corimelaena scarabaeoides* (L.) 5fach
4 *Sehirus bicolor* (L.) 3fach

Familie **Pentatomidae** – Baumwanzen 125
A. Unterfamilie **Eurygastrinae (Scutellerinae)** – Schildwanzen
Schildchen stark vergrößert, bedeckt Flügel und Hinterleib völlig
5 *Odontoscelis dorsalis* (Fabricius) 5fach
6 *Eurygaster testudinaria* (Geoffroy) 2fach
7 *Podops inuncata* (Fabricius) 3fach
8 *Graphosoma italicum* Müller 2fach

B. Unterfamilie **Pentatominae** – Baumwanzen im engeren Sinne 125
9 *Pentatoma rufipes* (L.) – Rotbeinige Baumwanze 2fach
10 *Picromerus bidens* (L.) 2fach

Familie **Meziridae** 124
Sehr flache Wanzen ähnlich den *Aradidae*, Kopf hinter den Augen jedoch viel breiter
11 *Mezira tremulae* (Germar) 2fach

Familie **Acanthosomatidae** 124
Füße zweigliedrig
12 *Acanthosoma haemorrhoidale* (L.) – Stachelwanze 2fach
13 *Elasmucha grisea* (L.) 2fach

Familie **Coreidae** – Rand- oder Lederwanzen 125
Fühler viergliedrig, Hinterleib meist über die Flügel hinaus seitlich verbreitert
14 *Coreus marginatus* (L.) – Saumwanze 2fach
▲**15** *Phyllomorpha laciniata* (Villiers) 2fach

Familie **Alydidae** 125
Kopf dreieckig, so breit wie Halsschild, Hinterschenkel bedornt
16 *Alydus calcaratus* (L.) 2fach

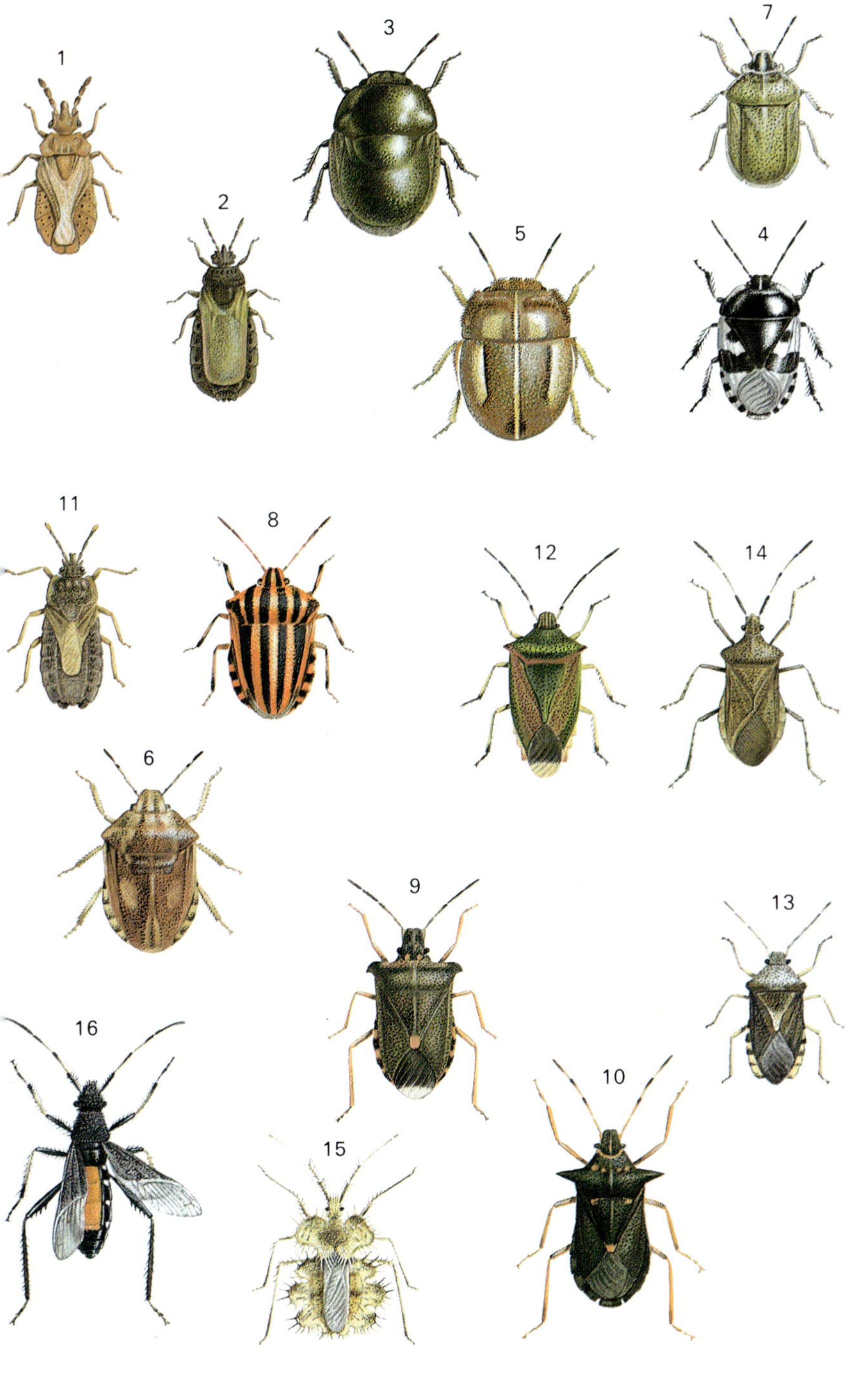
1
2
3
4
5
6
7
8
9
10
11
12
13
14
15
16

Ordnung Hemiptera *Schnabelkerfe*

Unterordnung Heteroptera *Wanzen* (Forts.)

Familie **Corizidae** 125
Ähnlich den *Coreidae*, doch Stinkdrüsen zwischen Mittel- und Hinterhüften versteckt
1 *Chorosoma schillingi* Schilling 1,2fach
2 *Rhopalus subrufus* (Gmelin) 2fach

Familie **Lygaeidae** – Bodenwanzen 126
Flügelmembran mit höchstens 5 Längsadern; kurzflüglige Tiere, dunkelbraun oder schwarz, Beine normal
3 *Megalonotus chiragra* (Fabricius) 4fach
4 *Scoloposthetus decoratus* (Hahn) 4fach
5 *Lygaeus saxatilis* (Scopoli) – Ritterwanze 2fach
6 *Gymnus melanocephalus* Fieber 4fach

Familie **Berytidae** – Stelzenwanzen 126
Wie *Lygaeidae*, jedoch Beine und Fühler mückenartig dünn
7 *Berytinus minor* (Herrich-Schaeffer) 2fach

Familie **Reduviidae** – Raubwanzen 126
Räuberische und blutsaugende Wanzen; dreigliedriger Rüssel in der Ruhe nur unter den Körper gekrümmt
8 *Reduvius personatus* (L.) – Große Raubwanze 2fach
9 *Rhinocoris iracundus* Poda 2fach
10 *Coranus subapterus* (De Geer) 2fach
11 *Empicoris vagabundus* (L.) – Mückenwanze 2fach

Familie **Piesmidae** – Meldenwanzen 126
Halsschild und Vorderflügel mit netzartiger Struktur; Schildchen sichtbar
12 *Piesma maculata* (Costa) 7fach
13 *Piesma quadrata* Fieber – Rübenwanze 7fach

Familie **Tingidae** – Netzwanzen 126
Halsschild und Vorderflügel mit netzartiger Struktur; Schildchen unter Halsschild verborgen
14 *Tingis cardui* (L.) – Distelnetzwanze 7fach

Familie **Pyrrhocoridae** – Feuerwanzen 126
Große, orangerot und schwarz gezeichnete Tiere
15 *Pyrrhocoris apterus* (L.) – Feuerwanze, kurzflügliges Tier 2fach

Familie **Dicranocephalidae** 126
Membran mit mehr als 5 Längsadern; Schienen, Mittel- und Hinterschenkel schwarz-gelb geringelt
16 *Dicranocephalus medius* (Mulsant et Rey) 2fach

Familie **Nabidae** – Sichelwanzen 127
Räuberische Wanzen; viergliedriger Rüssel in der Ruhe nur unter den Körper gekrümmt
17 *Nabis limbatus* Dahlbom 2fach
18 *Nabis apterus* Fabricius 2fach

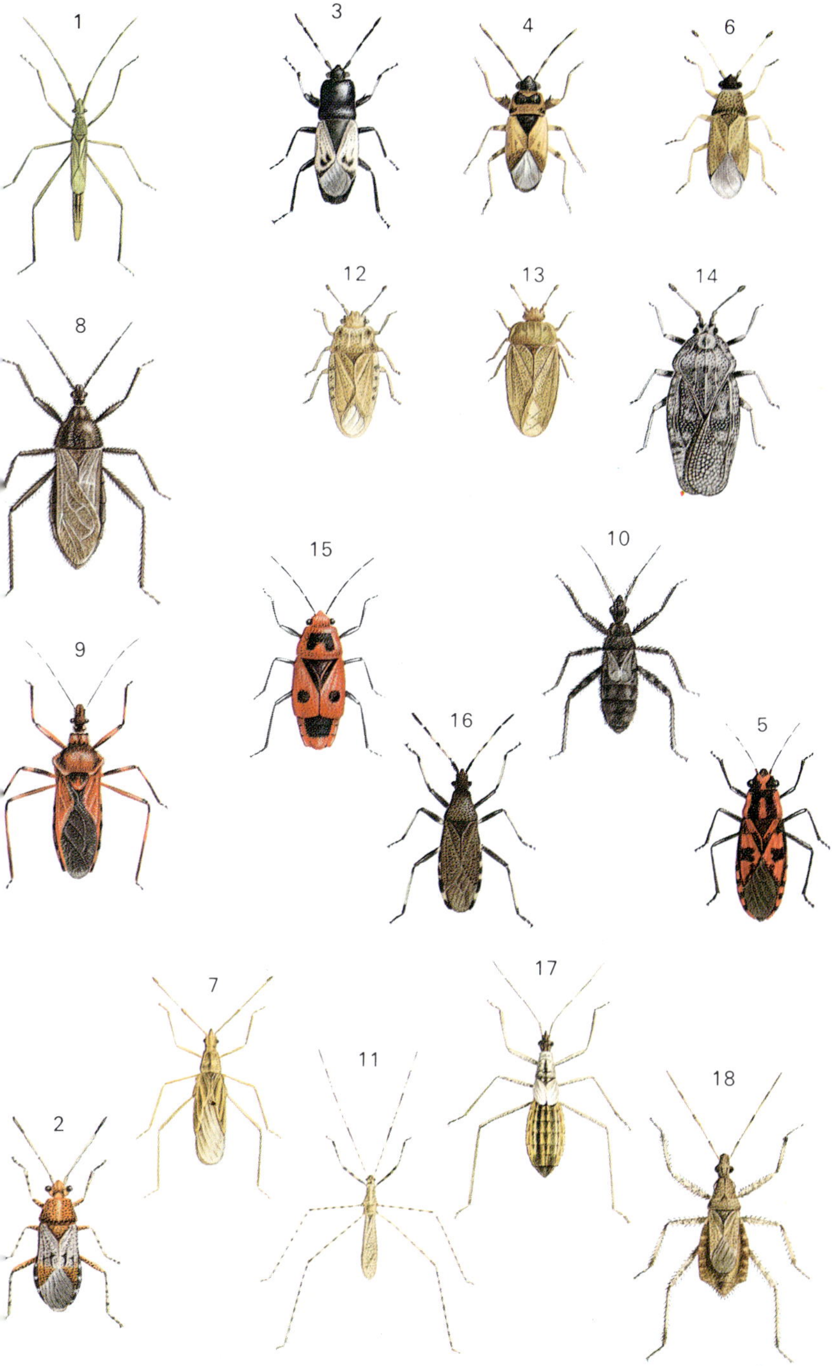

1
3
4
6
8
12
13
14
15
10
9
16
5
7
17
11
18
2

Ordnung Hemiptera *Schnabelkerfe*

Unterordnung Heteroptera *Wanzen* (Forts.)

Familie **Cimicidae** – Bettwanzen 127
Stark abgeplattete, flügellose Blutsauger
1 *Cimex lectularius* L. – Bettwanze 3fach

Familie **Anthocoridae** – Blumenwanzen 127
Flügel mit gut ausgebildetem Embolium
2 *Anthocoris nemorum* (L.) 4fach
3 *Xylocoris galactinus* (Fallen) 6fach

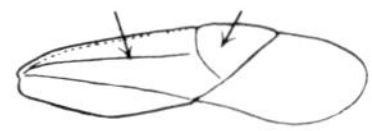

Vorderflügel der Anthocoridae

Familie **Miridae** – Weichwanzen 128
Ziemlich weiche Tiere; wenn Flügel vorhanden, mit Cuneus
4 *Pilophorus perplexus* Douglas et Scott 3fach
5 *Psallus varians* (Herrich-Schäffer) 4fach
6 *Myrmecoris gracilis* F. Dahlberg – Ameisenwanze 3fach
7 *Phylus melanocephalus* (L.) 3fach
8a *Systellonotus triguttatus* (L.), Männchen 4fach
8b *Systellonotus triguttatus* (L.), Weibchen 4fach
9 *Lygus pratensis* (L.) 3fach
10 *Capsus ater* (L.) 3fach
11 *Blepharidopterus angulatus* (Fallen) 3fach
12 *Amblytylus nasutus* (Kirschbaum) 3fach
13 *Halticus apterus* (L.) 6fach

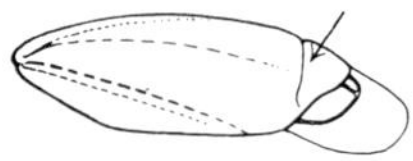

Vorderflügel der Miridae

Familie **Saldidae** – Ufer- oder Springwanzen 128
Äußerst lebhafte, großäugige Wanzen an Wasserrändern
14 *Saldula saltatoria* (L.) 4fach

Familie **Leptopodidae** 128
Ähnlich den *Saldidae*, jedoch Rücken und Vorderbeine stark bedornt
15 *Leptopus marmoratus* (Goeze) 4fach

Familie **Plataspidae** – Kugelwanzen 125
Halbkugelige Tiere, deren Schildchen den Hinterleib ganz bedeckt; zwei Fußglieder
16 *Coptosoma scutellatum* Geoffroy – Kugelwanze 4fach

△ Familie **Ochteridae** 131
Aquatische oder halbaquatische Wanzen mit sichtbaren Fühlern
▲17 *Ochterus marginatus* Latreille 3fach

Familie **Isometopidae** 128
Im allgemeinen baumbewohnende Wanzen mit großen Augen, Punktaugen und einem Cuneus auf den Flügeln
▲18 *Isometopus mirificus* Mulsant et Rey 6fach

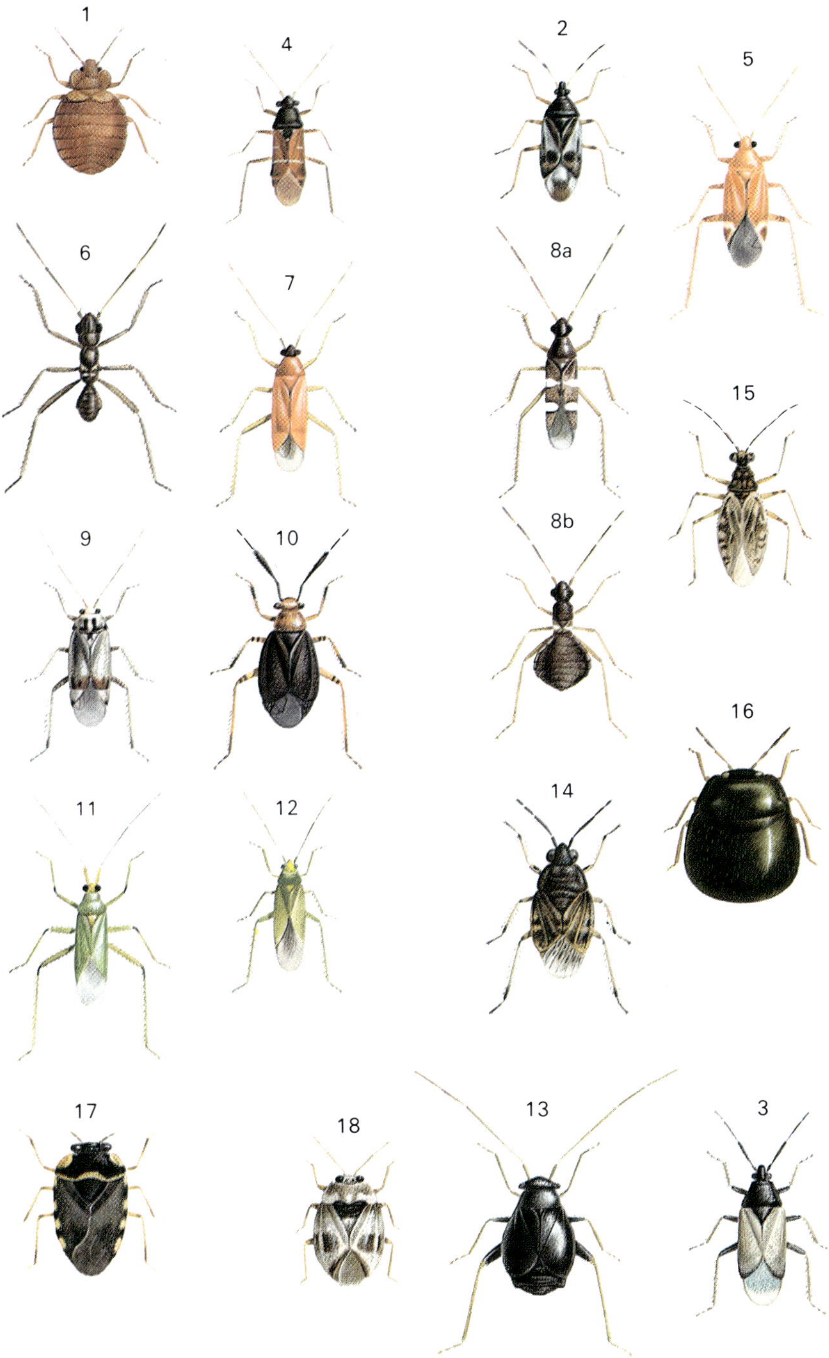
1
4
2
5
6
7
8a
15
9
10
8b
16
11
12
14
17
18
13
3

Ordnung Hemiptera *Schnabelkerfe*

Unterordnung Heteroptera *Wanzen* (Forts.)

Familie **Hydrometridae** – Teichläufer 129
Kopf fünfmal so lang wie breit
1 *Hydrometra stagnorum* (L.) – Gemeiner Teichläufer 2,5fach

Familie **Hebridae** – Zwergwasserläufer 129
Sehr klein; Fühler fünfgliedrig
2 *Hebrus ruficeps* Thomson – Gemeiner Zwergwasserläufer 15fach

Familie **Mesoveliidae** 129
Vorderfüße mit Spitzenklauen; gewöhnlich flügellos
3 *Mesovelia furcata* Mulsant et Rey 7fach

Spitzenklauen

Familie **Pleidae** – Zwergrückenschwimmer 131
Rückenschwimmer von höchstens 3 mm Länge
4 *Plea atomaria* (Pallas) 7fach

Familie **Veliidae** 129
Auf der Wasseroberfläche gleitende Insekten; Beine in etwa gleichen Abständen angeordnet
5 *Velia caprai* Tamanini – Großer Bachläufer 2,5fach

Familie **Nepidae** 130
Mit lang ausgezogenem Atemrohr
6 *Nepa rubra* L. – Wasserskorpion 2fach
7 *Ranatra linearis* (L.) – Stabwanze 2fach

Familie **Gerridae** – Wasserläufer 129
Auf der Wasseroberfläche gleitende Insekten; Vorderbeine von den übrigen weit entfernt
8 *Gerris lacustris* (L.) 2,5fach

Familie **Aphelocheiridae** – Grundwanzen 130
Abgeflachte Wanzen mit kaum entwickelten Flügeln
9 *Aphelocheirus aestivalis* (Fabricius) – Grundwanze 2fach

Familie **Naucoridae** – Schwimmwanzen 130
Stark verdickte Vorderschenkel
10 *Ilyocoris cimicoides* (L.) 2fach

Familie **Corixidae** – Ruderwanzen 131
Zylindrische Tiere mit etwa gleichlangen Mittel- und Hinterbeinen
11 *Corixa punctata* (Illiger) 2fach

Familie **Notonectidae** – Rückenschwimmer 130
Wanzen mit bootförmigem Körper; Mittelbeine viel kürzer als Hinterbeine
12 *Notonecta glauca* L. – Rückenschwimmer 2fach

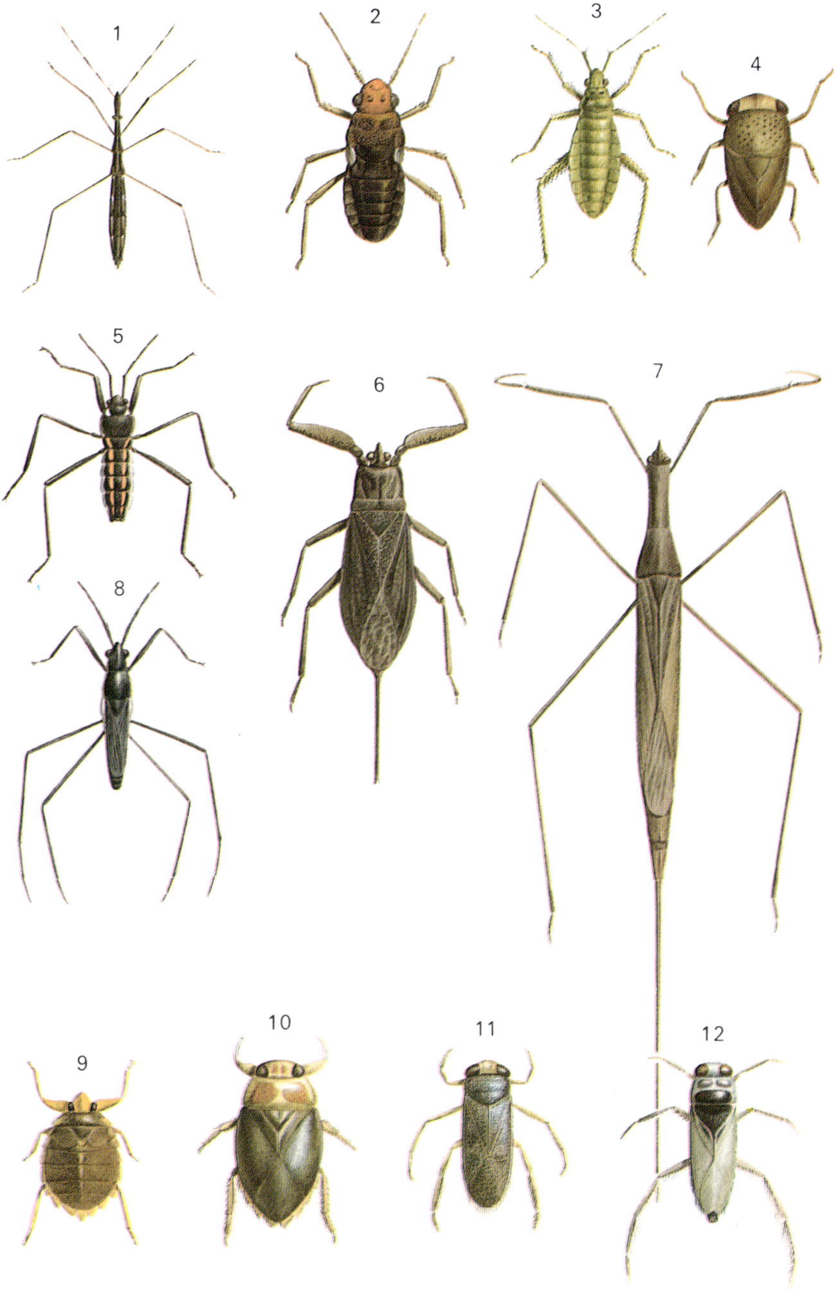
1
2
3
4
5
6
7
8
9
10
11
12

Ordnung Hemiptera *Schnabelkerfe*

Unterordnung Homoptera *Zikaden*

Vorderflügel einheitlich häutig oder verdickt; der Rüssel entspringt hinten am Kopf 131

Familie **Cicadidae** – Singzikaden 134
Große Insekten mit 3 Punktaugen
1 *Cicada plebeja* (Scopoli) nat. Gr.
2 *Cicadetta montana* Scopoli – Bergzikade nat. Gr.

Familie **Cercopidae** – Schaumzikaden 135
Hinterschienen rund, mit nur 1–2 Dornen
3 *Cercopis vulnerata* Illiger – Blutzikade 2fach
4a *Philaenus spumarius* – Wiesenschaumzikade 2,5fach
4b+c Farbvarianten der Wiesenschaumzikade 2,5fach

Familie **Fulgoridae** 136
Kopf lang kegelartig verlängert
5 *Fulgora europaea* L. – Europäischer Laternenträger 2fach

Familie **Membracidae** – Buckelzirpen 135
Halsschild nach hinten verlängert
6 *Gargara genistae* (Fabricius) – Ginsterzikade 3,5fach
7 *Centrotus cornutus* (L.) 2,5fach

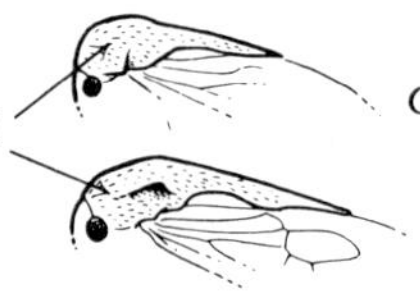

Familie **Delphacidae** – Spornzikaden 136
Hinterschiene mit großem beweglichen Sporn
8 *Delphax pulchellus* (Curtis) 3,5fach

Familie **Jassidae** – Zwergzikaden 135
Hinterschiene kantig, dicht bedornt
9 *Jassus lanio* (L.) 2,5fach
10 *Penthimia nigra* Goeze 3,5fach
11 *Eupteryx aurata* (L.) 3,5fach
12 *Elymana sulphurella* (Zetterstedt) 3,5fach
13 *Thamnotettix confinis* (Zetterstedt) 2,5fach
14 *Macropsis scutellata* (Boheman) 3,5fach
15 *Macrosteles variatus* (Fallen) 3,5fach

Familie **Tettigometridae** – Käferzikaden 136
Wangen und Stirnseiten von vorn gut sichtbar
16 *Tettigometra impressopunctata* Dufour 3,5fach

Familie **Cixiidae** 136
Glashelle Flügel mit deutlichen Adern
17 *Cixius nervosus* (L.) 2,5fach

Familie **Issidae** 136
Vorderflügel ledrig, mit Netzwerk feiner Adern; gedrungen, Schultern auffällig verbreitert
18 *Issus coleoptratus* (Fabricius) 2,5fach

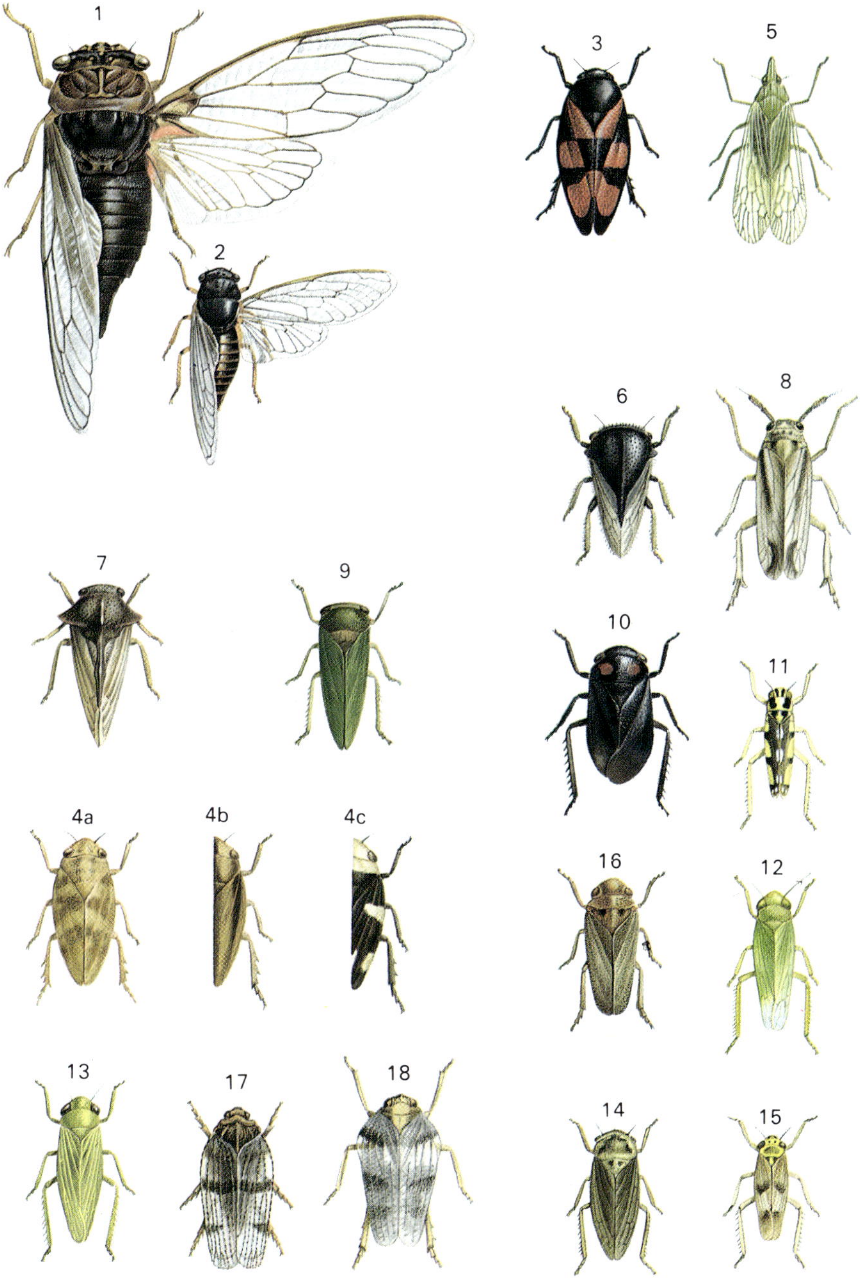
1
2
3
5
6
8
7
9
10
11
4a
4b
4c
16
12
13
17
18
14
15

Ordnung Hemiptera *Schnabelkerfe*

Unterordnung Homoptera (Forts.) *Blattflöhe, Blattläuse* und *Schildläuse*

Überfamilie **Psylloidea**

Familie **Psyllidae** – Blattflöhe 136
Schenkel verdickt, Vorderflügel etwas kräftiger als Hinterflügel
1 *Psyllopsis fraxini* (L.) – Eschenblattfloh, darunter Blattrand-Rollgalle an Esche 10fach

Überfamilie **Aphidoidea** 137
Füße zweiklauig; wenn Flügel vorhanden, durchsichtig und von gleicher Beschaffenheit; Hinterleib häufig mit Siphonen

Familie **Aphididae** – Röhrenläuse 139
Mindestens 4 schräge Adern im Vorderflügel; Siphonen gewöhnlich deutlich
2 *Brevicoryne brassicae* (L.) – Mehlige Kohlblattlaus 10fach
3 *Aphis fabae* Scopoli – Schwarze Bohnenlaus 10fach
4 *Myzus persicae* (Sulzer) – Grüne Pfirsichblattlaus 10fach

Familie **Pemphigidae** – Blasenläuse 139
Mindestens 4 schräge Adern im Vorderflügel; Fühler kürzer als Kopf; Siphonen winzig und meist nicht sichtbar
5 *Eriosoma lanigerum* (Hausmann) 10fach
6 *Pemphigus bursarius* (L.) – Salatwurzellaus; 10fach
Galle an Pappelblattstiel

Familie **Adelgidae** – Tannenläuse 139
Nur 3 schräge Adern im Vorderflügel; Siphonen fehlen
7 *Adelges abietis* (L.) – Fichtengallaus 10fach
„Ananas“-Galle an Triebspitze

Familie **Phylloxeridae** – Zwergläuse 139
Wenn Flügel vorhanden, dann in Ruhe flach über den Körper gelegt; Fühler dreigliedrig
8 *Viteus vitifolii* (Fitch) – Reblaus 30fach
in der verbreiteten flügellosen Form.
Geflügelte Tiere sind in Europa selten

Überfamilie **Aleyrodoidea**

Familie **Aleyrodidae** – Mottenschildläuse 137
Flügel undurchsichtig, gewöhnlich weiß
9 *Trialeurodes vaporariorum* (Westwood) 10fach

Überfamilie **Coccoidea** – Schildläuse 139
Männchen mit nur einem Flügelpaar; Weibchen flügellos, oft unter einem schützenden Schild lebend; Füße mit nur einer Klaue
10a *Lepidosaphes ulmi* (L.) – Kommaschildlaus, Männchen 30fach
10b *Lepidosaphes ulmi* (L.) – Kommaschildlaus, Weibchen 4fach
11 *Icerya purchasi* Maskell 4fach
12 *Planococcus citri* (Risso) – Citrus-Schildlaus 4fach

1
2
8
10a
5
9
11
6
3
10b
7
4
12

Ordnung Planipennia *Echte Netzflügler*

Insekten mit netzartiger Flügeladerung, Längsadern mit Tendenz zur Gabelung am Flügelrand, Antennen gewöhnlich relativ lang 145

Familie **Myrmeleonidae** – Ameisenjungfern 146
Große Tiere mit langgestrecktem Körper, Fühler kurz, kräftig, am Ende gekeult
▲ **1** *Palpares libelluloides* (L.) 1,5fach

△ Familie **Nemopteridae** 145
Hinterflügel bandförmig
▲ **2** *Nemoptera coa* (L.) 1,5fach

Familie **Ascalaphidae** – Schmetterlingshafte 146
Fühler lang, am Ende geknöpft
3 *Libelloides coccajust* (Denis et Schiffermüller), Männchen 1,5fach
4 *Libelloides macaronius* Scopoli, Männchen 1,5fach

Familie **Mantispidae** – Fanghafte 145
1. Beinpaar zu Fangbeinen umgebildet
5 *Mantispa styriaca* (Poda) 2fach

Dieses Tier kann man vielleicht mit einer Gottesanbeterin (s. S. 99) verwechseln, doch sind Größe und genetzte Flügel der Mantispa sichere Unterscheidungsmerkmale. Die gleichgestalteten Vorderbeine in beiden Gruppen stehen in Zusammenhang mit der gleichen Ernährungsweise.

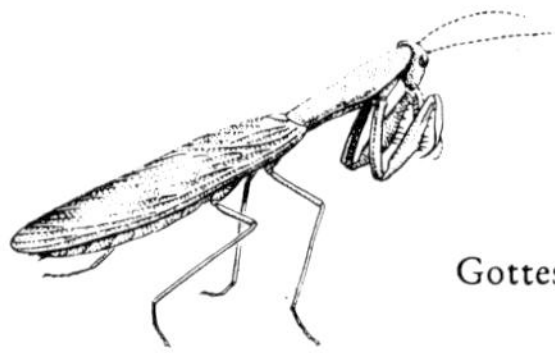
Gottesanbeterin

△ Familie **Dilaridae** 146
Antennen der Männchen stark gefiedert, Weibchen mit langem Legebohrer
▲ **6a** *Dilar meridionalis* (Hagen), Weibchen 3fach
▲ **6b** *Dilar meridionalis* (Hagen), Männchen 3fach

1
2
3
4
5
6a
6b

Ordnung Planipennia *Echte Netzflügler* (Forts.)

Familie **Chrysopidae** – Florfliegen 147
Ziemlich große Tiere, Flügel mit nur wenigen Längsadern
1 *Chrysopa septempunctata* Wesmael 2,5fach
2 *Nothochrysa capitata* (Fabricius) 2,5fach

Familie **Sisyridae** – Schwammfliegen 147
Adern Sc und R_1 verschmelzen kurz vor der Flügelspitze, wenige Costal-Queradern, die sich selten gabeln
3 *Sisyra fuscata* (Fabricius) 4fach

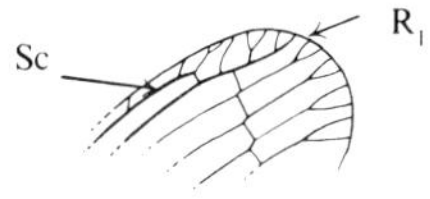

Flügelspitze von *Sisyra*

Familie **Hemerobiidae** – Blattlauslöwen 147
Adern Sc und R_1 verschmelzen nicht, viele Costalqueradern, die sich fast alle gabeln
4 *Hemerobius humulinus* L. 4fach

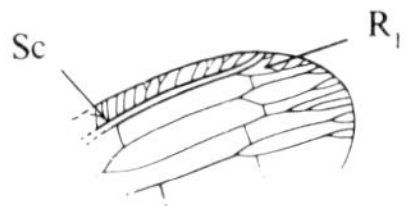

Flügelspitze von *Hemerobius*

Familie **Coniopterygidae** – Staubhafte 145
Kleine Tiere mit wachsbestäubten Flügeln
5 *Conwentzia psociformis* (Curtis) 6fach

Familie **Osmylidae** – Bachhafte 146
Große Tiere mit gefleckten Flügeln
6 *Osmylus fulvicephalus* (Scopoli) 2fach

Ordnung Megaloptera *Schlammfliegen*

Insekten ohne auffällige Gabelung der Flügeladern am Flügelrand, Kopf und Brust massig, gedrungen wirkend 144
7 *Sialis lutaria* (L.) 2,5fach

Ordnung Raphidioptera *Kamelhalsfliegen*

Insekten mit langem, halsartigem Prothorax, Weibchen mit langem Legebohrer 145
8 *Raphidia notata* Fabricius, Männchen 2,5fach

Ordnung Mecoptera *Schnabelhafte*

Kopf in einen langen „Schnabel" ausgezogen, an dessen unterem Ende die Mundwerkzeuge sitzen 148

Familie **Panorpidae** – Skorpionsfliegen 149
Flügel meist gefleckt, Hinterende des Männchens skorpionsähnlich nach oben gekrümmt
9 *Panorpa communis* L., Männchen 2,5fach

Familie **Bittacidae** – Mückenhafte 150
Beine außergewöhnlich lang und dünn, am Ende mit einer einzelnen Klaue
10 *Bittacus italicus* Müller 2,5fach

1
2
3
4
5
6
7
8
9
10

Ordnung **Lepidoptera** *Schmetterlinge*

Flügel mit winzigen Schuppen bedeckt, die farbige Muster bilden 151

Familie **Danaidae** 161

Große Schmetterlinge mit schuppenlosen Fühlern; Fühlerkeule oft klein; Vorderbeine unvollkommen ausgebildet

* 1 *Danaus plexippus* (L.) – Monarch nat. Gr.

Familie **Papilionidae** – Ritterfalter 163

Große Schmetterlinge, bei denen alle Beinpaare gut ausgebildet sind; Hinterflügel oft geschwänzt und mit nur einer Analader

2 *Papilio machaon* L. – Schwalbenschwanz nat. Gr.
(Raupe Tafel 58)

3 *Parnassius apollo* L. – Apollofalter nat. Gr.
(Raupe Tafel 58)

Basis des Hinterflügels der Papilioniden

Familie **Satyridae** – Augenfalter 161

Vorderbeine nicht mehr als Laufbeine verwendbar; Wurzeln der vorderen Adern im Vorderflügel angeschwollen

4 *Pyronia tithonus* (L.) – Samtborte, Männchen nat. Gr.

5 *Aphantopus hyperantus* (L.) – Brauner Waldvogel, Männchen nat. Gr.

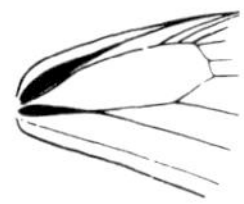

Basis des Vorderflügels der Satyriden

6 *Melanargia galathea* (L.) – Schachbrett nat. Gr.

Familie **Libytheidae** 162

Taster sehr lang

7 *Libythea celtis* Laicharting – Zürgelbaumfalter nat. Gr.
(Südtäler der Alpen) (Raupe Tafel 58)

* Der Monarch kommt in Europa regulär nicht vor, verfliegt sich aber sporadisch hierher aus Amerika und von den Kanarischen Inseln.

1
2
3
4
5
6
7

Ordnung Lepidoptera *Schmetterlinge* (Forts.)

Familie **Nymphalidae** – Edelfalter 162

Vorderbeine nicht mehr als Laufbeine verwendbar; Fühlerkeule gewöhnlich deutlich ausgeprägt

Vorderbein eines Männchens (links) und eines Weibchens der Nymphaliden

1 *Argynnis paphia* (L.) – Kaisermantel, Männchen nat. Gr.
(Raupe Tafel 58)

2 *Clossiana euphrosyne* (L.) – Veilchen-Perlmutterfalter nat. Gr.

3 *Aglais urticae* (L.) – Kleiner Fuchs nat. Gr.
(Raupe Tafel 58)

4 *Vanessa atalanta* (L.) – Admiral nat. Gr.

5 *Apatura iris* (L.) – Großer Schillerfalter, Männchen nat. Gr.
(Raupe Tafel 58)

6 *Polygonia c-album* (L.) – C-Falter nat. Gr.

7 *Limenitis camilla* (L.) – Kleiner Eisvogel nat. Gr.
(Raupe Tafel 58)

8 *Inachis io* (L.) – Tagpfauenauge nat. Gr.
(Raupe Tafel 58)

1
2
3
4
5
6
7
8

Ordnung Lepidoptera *Schmetterlinge* (Forts.)

Familie **Nymphalidae** – Edelfalter (Forts.) 162
Vorderbeine nicht mehr als Laufbeine verwendbar; Fühlerkeule gewöhnlich deutlich ausgeprägt
1 *Nymphalis antiopa* (L.) – Trauermantel nat. Gr.

Familie **Hesperiidae** – Dickkopffalter 164
Fühler an der Wurzel weit voneinander getrennt, verdicken sich allmählich zu einer Keule, die oft an der Spitze hakenförmig gekrümmt ist
2 *Pyrgus malvae* (L.) – Malven-Würfelfleckfalter nat. Gr.
3 *Ochlodes venatus* (Bremer et Grey) – Rostfarb-Dickkopffalter, Männchen (Raupe Tafel 57) nat. Gr.
4 *Erynnis tages* (L.) – Dunkler Dickkopffalter nat. Gr. (Raupe Tafel 58)

Familie **Nemeobiidae (= Riodinidae)** 163
Vorderbeine der Männchen nicht mehr als Laufbeine verwendbar, Vorderbeine der Weibchen voll entwickelt. Nur eine europäische Art.
5 *Hamearis lucina* (L.) Brauner Würfelfalter nat. Gr.

Familie **Lycaenidae** – Bläulinge 163
Alle Beine voll entwickelt, Vorderbeine der Männchen jedoch ohne Klauen. Kleine bis mittelgroße Schmetterlinge mit oft metallischen Farben
6 *Quercusia quercus* (L.) – Blauer Eichenzipfelfalter, Männchen (Raupe Tafel 58) nat. Gr.
7 *Lysandra coridon* (Poda) – Silbergrüner Bläuling, Männchen (Raupe Tafel 58) nat. Gr.
8 *Lycaena phlaeas* (L.) – Feuerfalter nat. Gr.
9 *Polyommatus icarus* (Rottenburg) – Hauhechelbläuling, Männchen nat. Gr.

Familie **Pieridae** – Weißlinge 164
Alle Beine voll entwickelt; im Hinterflügel 2 Analadern; gewöhnlich weiß und gelb

Basis eines Pieridenhinterflügels

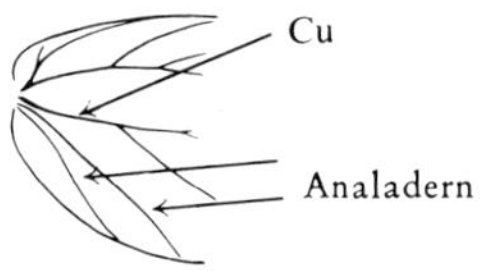

10 *Anthocharis cardamines* (L.) – Aurorafalter, Männchen nat. Gr.
11 *Colias crocea* Fourcroy – Postillon, Männchen nat. Gr.
12 *Gonepteryx rhamni* (L.) – Zitronenfalter, Männchen nat. Gr. (Raupe Tafel 58)
13 *Pieris rapae* (L.) – Kleiner Kohlweißling nat. Gr. (Raupe Tafel 58)

1
2
3
6
5
4
7
8
9
10
11
12
13

Ordnung Lepidoptera *Schmetterlinge* (Forts.)

Familie **Hepialidae** – Wurzelbohrer 165

Fühler sehr kurz; Aderung in beiden Flügelpaaren sehr ähnlich; auffälliges Jugum am Vorderflügel

Flügelbasis mit dem Jugum, das den Vorderrand des Hinterflügels umgreift

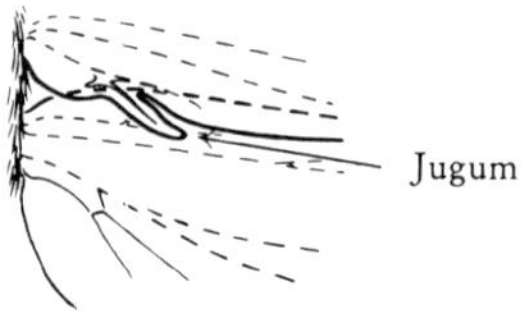

1 *Hepialus fusconebulosa* (de Geer) nat. Gr.
2a *Hepialus humuli* (L.) – Hopfenmotte, Männchen (Raupe Tafel 61) nat. Gr.
2b *Hepialus humuli* (L.) – Hopfenmotte, Weibchen nat. Gr.
3 *Hepialus lupulinus* (L.) nat. Gr.
4 *Hepialus hecta* (L.) – Heidekrautwurzelbohrer nat. Gr.

Familie **Cossidae** – Holzbohrer 167

Große Schmetterlinge ohne große Zelle im Vorderflügel

5 *Cossus cossus* (L.) – Weidenbohrer nat. Gr. (Raupe Tafel 61)
6 *Zeuzera pyrina* (L.) – Blausieb, Kastanienbohrer nat. Gr.
7 *Phragmataecia castaneae* (Hübner) – Rohrbohrer nat. Gr.

Familie **Limacodidae (Cochlididae)** – Asselspinner, Schildmotten 168

Kleine Familie mit unterschiedlichen Erscheinungsbildern; große Zelle im Vorderflügel und Rüssel fehlt

8 *Heterogenea asella* (Den. et Schiff.) – Kleine Schildmotte nat. Gr.
9 *Apoda limacodes* Hufnagel nat. Gr.

Familie **Sesiidae (Aegeriidae)** – Glasflügler 170

Sehr schmale, nahezu schuppenlose Vorderflügel

10 *Sesia apiformis* (Clerck) – Hornissenschwärmer nat. Gr.
11 *Synanthedon tipuliformis* (Clerck) – Johannisbeerglasflügler nat. Gr.
12 *Bembecia chrysidiformis* (Esper) nat. Gr.
13 *Synanthedon myopaeformis* (Borkh.) – Apfelbaumglasflügler nat. Gr.

Familie **Zygaenidae** – Widderchen 168

Tiere mit metallischen Farben, gekeulten oder gezähnten Fühlern und einem deutlichen Frenulum

14a *Zygaena filipendulae* (L.) – Gemeines Blutströpfchen, typische Form (Raupe Tafel 61) nat. Gr.
14b *Zygaena filipendulae* (L.) – Gemeines Blutströpfchen, Gelbling nat. Gr.
15 *Zygaena exulans* (Hochenwarth et Rainer) nat. Gr.
16 *Procris statices* (L.) – Gemeines Grünwidderchen, Grasnelkenwidderchen nat. Gr.
17 *Zygaena purpuralis* (Brünn) – Purpurwidderchen nat. Gr.
18 *Zygaena fausta* (L.)

1
5
2a
6
2b
7
3
4
8
9
10
11
12
13
14a
15
16
14b
17
18

Ordnung Lepidoptera *Schmetterlinge* (Forts.)

Familie **Cochylidae (= Phaloniidae)** 169

Flügel am Ende rechtwinklig abgestutzt; Ader Cu_{Ib} entspringt im Vorderflügel im distalen Teil der Zelle

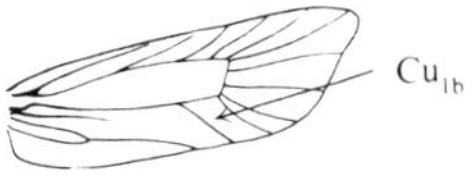

Vorderflügel eines Phaloniiden

1 *Agapeta hamana* (L.) 1,25fach
2 *Aethes cnicana* (Westwood) 1,25fach

Familie **Tortricidae** – Wickler 169

Flügel am Ende rechtwinklig abgestutzt; Ader Cu_{Ib} entspringt im Vorderflügel etwa in der Mitte der Zelle

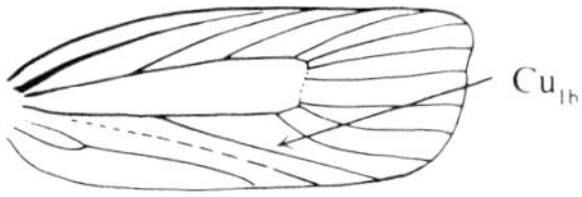

Vorderflügel eines Tortriciden

3 *Cacoecimorpha pronubana* (Hübner) 1,25fach
4 *Tortrix viridana* L. – Eichenwickler 1,25fach
5 *Cydia pomonella* (L.) – Apfelwickler 1,25fach
6 *Croesia bergmanniana* (L.) – Rosenwickler 1,25fach

Familie **Pterophoridae** – Federgeistchen 168

Kleine Motten, deren Flügel gewöhnlich in 2, 3 oder 4 Federn aufgelöst sind; Beine lang und bedornt
7 *Pterophorus pentadactylus* (L.) – Federgeistchen 1,25fach
8 *Agdistis bennetii* (Curtis) 1,25fach

Familie **Alucitidae** – Geistchen, Federmotten 174

Jeder Flügel in 6 Federn aufgelöst
9 *Alucita hexadactyla* (L.) – Geißblattgeistchen 1,25fach

Überfamilie **Pyraloidea** – Zünsler und Verwandte 168

Meist kleine Schmetterlinge mit relativ schmalen Vorderflügeln; im Hinterflügel Sc + R_1 mit Rs jenseits der Zelle verschmolzen; Hörorgane am Hinterleib (Abb. s. S. 183, 189)

Hinterflügel eines Pyraliden

10 *Eurrhypara hortulata* (L.) 1,25fach
11 *Pyrausta purpuralis* (L.) 1,25fach
12 *Ostrinia nubilalis* (Hübner) – Maiszünsler 1,25fach
13 *Nymphula nymphaeata* (L.) 1,25fach
14 *Pyralis farinalis* (L.) – Mehlzünsler 1,25fach
15 *Galleria mellonella* (L.) – Große Wachsmotte 1,25fach
16 *Scoparia pyralella* (Den. et Schiff.) 1,25fach
17 *Crambus pratellus* (L.) 1,25fach
18 *Catoptria pinella* (L.) 1,25fach
19 *Nephopteryx palumbella* (Fabricius) 1,25fach
20 *Ephestia kuehniella* (Zeller) – Mehlmotte 1,25fach
21 *Nephopteryx semirubella* (Scopoli) 1,25fach

1
3
4
2
5
6
7
8
9
10
11
12
13
14
15
16
17
18
19
20
21

Ordnung Lepidoptera *Schmetterlinge* (Forts.)

Familie **Micropterigidae** – Urmotten 165
Kleine, metallisch glänzende Motten mit funktionsfähigen Kiefern
1 *Micropterix calthella* (L.) 2fach

Familie **Eriocraniidae** – Trugmotten 165
Kleine, metallisch glänzende Motten ohne funktionsfähige Kiefer
2 *Eriocrania purpurella* (Haworth) 2fach
Familie **Nepticulidae** – Zwergmotten 166
Das 1. Fühlerglied bildet eine „Augenklappe“;
kräftiges Frenulum bei den Männchen
3 *Nepticula aurella* Stainton 2fach

Kopf von *Nepticula*

Familie **Elachistidae** – Grasminiermotten 171
Hinterflügel zugespitzt, mit deutlicher Zelle
4 *Elachista bisulcella* Duponchel 2fach
Familie **Tineidae** – Echte Motten 172
Häufig mit silbrigem oder goldenem Schimmer
5 *Tinea pellionella* (L.) – Pelzmotte 2fach
6 *Tineola bisselliella* (Hummel) – Kleidermotte 2fach
7 *Trichophaga tapetzella* (L.) – Tapetenmotte 2fach
Familie **Plutellidae** 172
Grau oder bräunlich; Fühler in Ruhe nach vorn gerichtet
8 *Ypsolophus mucronellus* (Scopoli) 2fach
9 *Plutella xylostella* L. [= *maculipennis* (Curtis)] – Kohlschabe 2fach
Familie **Incurvariidae** – Miniersackmotten 166
Metallisch; Weibchen mit Jugum, Männchen mit starkem
Frenulum; Fühler oft extrem lang; überwiegend Tagtiere
10 *Adela viridella* (Scopoli), Männchen 2fach
11 *Adela degeerella* (L.), Männchen 2fach
Familie **Ethmiidae** 172
12 *Ethmia bipunctella* (Fabricius) 2fach
Familie **Yponomeutidae** – Gespinstmotten 172
Oft stark getüpfelt; Flügel relativ breit
13 *Yponomeuta padella* (L.) – Zwetschgen-, Traubenkirschen-Gespinstmotte 2fach
Familie **Oecophoridae** 171
Gewöhnlich mit Haarpinsel an der Fühlerbasis

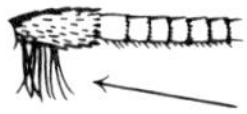

14 *Depressaria pastinacella* (de Geer) 2fach
15 *Dasycera sulphurella* (Fabricius) 2fach
16 *Hofmannophila pseudospretella* (Stainton) 2fach
Familie **Gelechiidae** – Palpenmotten 171
Nach oben gerichtete Taster; Hinterflügel gekurvt ausgeschnitten

17 *Sitotroga cerealella* (Olivier) 2fach
Familie **Gracillariidae** – Minier- u. Blattütenmotten 172
Sehr klein; schmale Flügel; in Ruhestellung hochgerichtet
18 *Phyllonorycter alnifoliella* (Duponchel) 2fach
Familie **Glyphipterygidae** – Rundstirnmotten 172
Ocellen groß; Flügel oft metallisch
19 *Glyphipteryx haworthana* (Stephens) 2fach
Familie **Psychidae** – Sackträger 173
Männchen mit spärlicher Flügelbeschuppung, Weibchen flügellos
20 *Sterrhopteryx fusca* (Harworth) 2fach
Familie **Coleophoridae** – Sackträgermotten 172
Schmale zugespitzte Flügel, fast ganz aus Fransen bestehend
21 *Coleophora alticollella* Zeller 2fach
Familie **Cosmopterygidae** – Fransenmotten 171
Schmale, oft prächtig gefärbte Flügel
22 *Chrysoclista linneella* (Clerck) 2fach

1
2
3
4
5
6
7
8
9
10
11
12
13
14
15
16
17
18
19
20
21
22

Ordnung Lepidoptera *Schmetterlinge* (Forts.)

Familie **Notodontidae** – Zahnspinner 174

Kräftige Schmetterlinge mit ziemlich schmalen Flügeln, Vorderflügel oft mit Haarbüscheln am Hinterrand; im Vorderflügel M_2 und M_3 an der Basis nicht dicht beisammen

Vorderflügel

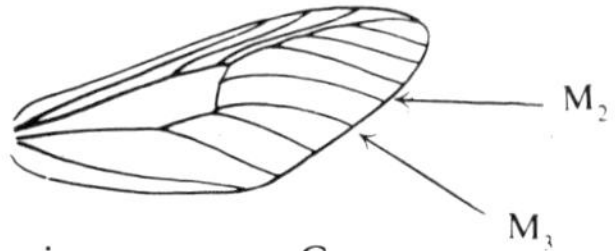

1 *Pheosia tremula* (Clerck) – Pappel-Porzellanspinner nat. Gr.
2 *Phalera bucephala* (L.) – Mondvogel, Mondfleck (Raupe Tafel 59) nat. Gr.
3 *Notodonta dromedarius* (L.) (Raupe Tafel 59) nat. Gr.
4 *Cerura vinula* (L.) – Großer Gabelschwanz (Raupe Tafel 59) nat. Gr.
5 *Pterostoma palpina* L. – Palpenspinner nat. Gr.
6 *Harpyia furcula* (Clerck) nat. Gr.
7 *Leucodonta bicoloria* (Schiff.) – Weißer Zahnspinner, Goldpfeil nat. Gr.

Familie **Thaumetopoeidae** – Prozessionsspinner 174

Im Vorderflügel M_2 und M_3 an der Basis dicht beieinander, $Sc + R_1$ entspringen im Hinterflügel an der Basis der Zelle

8 *Thaumetopoea processionea* L. – Eichenprozessionsspinner nat. Gr.

Familie **Amatidae (= Syntomidae)** – Fleckwidderchen 175

Ader $Sc + R_1$ fehlt im Hinterflügel, Flügel oft metallisch

9 *Amata phegea* (L.) – Weißfleckwidderchen nat. Gr.

Familie **Arctiidae** – Bärenspinner 175

Kräftig gebaut, mit leuchtenden Farben; im Vorderflügel M_2 und M_3 an der Basis dicht beieinander; $Sc + R_1$ entspringt im Hinterflügel gewöhnlich in der Mitte der Zelle

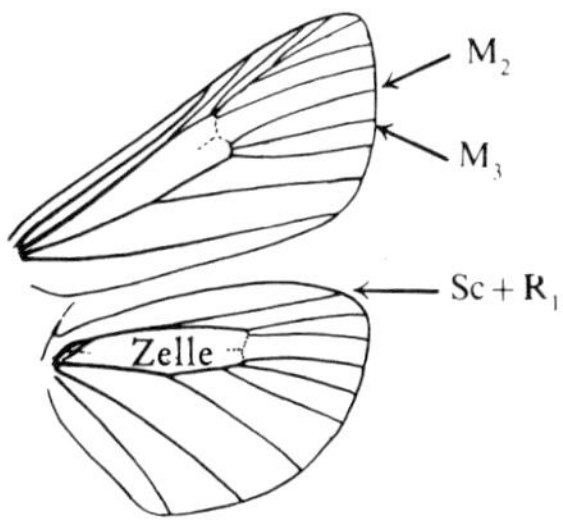

10 *Spilosoma luteum* Hufnagel [*lubricipeda* auct.] Holunderbär, gelbe Tigermotte (Raupe Tafel 60) nat. Gr.
11 *Phragmatobia fuliginosa* (L.) – Rost-, Zimtbär nat. Gr.
12 *Miltochrista miniata* (Forster) – Rosenmotte nat. Gr.
13 *Eilema lurideola* (Zincken) nat. Gr.
14 *Arctia caja* (L.) – Brauner Bär (Raupe Tafel 60) nat. Gr.
15 *Thyria jacobaeae* (L.) – Karmin-, Blutbär (Raupe Tafel 60) nat. Gr.

1
2
3
4
5
6
7
9
8
10
11
12
13
14
15

Ordnung Lepidoptera *Schmetterlinge* (Forts.)

Familie **Noctuidae** – Eulen 175

Eine sehr große Familie, deren Vertreter meist düstere Vorderflügel mit Verbergungstracht besitzen. Im Vorderflügel M_2 und M_3 an der Basis sehr dicht beieinander; $Sc + R_1$ entspringt im Hinterflügel an der Basis der Zelle

Hinterflügel

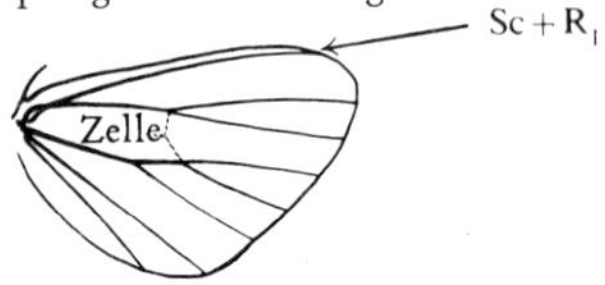

1 *Acronicta alni* (L.) – Erleneule (Raupe Tafel 60) nat. Gr.

2 *Mesapamea secalis* (L.) – Roggeneule nat. Gr.

3 *Agrotis exclamationis* (L.) – Gemeine Graseule, Männchen nat. Gr.

4 *Acronicta psi* (L.) – Pfeileule (Raupe Tafel 60) nat. Gr.

5 *Cerapteryx graminis* (L.) – Graseule nat. Gr.

6 *Mythimna impura* (Hübner) nat. Gr.

7 *Pseudoips fagana* Fabricius [= *prasinana* (L.)] – Kleiner Kahnspinner (Raupe Tafel 60) nat. Gr.

8 *Earias chlorana* (L.) – Kahneulchen nat. Gr.

9 *Atethmia centrago* Haworth nat. Gr.

10 *Cucullia umbratica* (L.) – Schattenmönch nat. Gr.

11 *Dichonia aprilina* (L.) – April-, Grüne Eicheneule nat. Gr.

12 *Xylena vetusta* (Hübner) – Moderholzeule nat. Gr.

13 *Scoliopteryx libatrix* (L.) – Zacken-, Zimteule (Raupe Tafel 61) nat. Gr.

14 *Noctua pronuba* (L.) – Hausmutter (Raupe Tafel 60) nat. Gr.

*15 *Autographa gamma* (L.) – Gammaeule nat. Gr.

16 *Catocala nupta* (L.) – Rotes Ordensband (Raupe Tafel 61) nat. Gr.

▲17 *Trichoplusia orichalcea* (Fabricius) nat. Gr.

18 *Polychrysia moneta* (Fabricius) – Münzeneule nat. Gr.

* Wanderfalter

1
2
3
4
5
6
7
8
9
10
11
12
13
14
15
16
17
18

Ordnung **Lepidoptera** *Schmetterlinge* (Forts.)

Familie **Lymantriidae** – Schadspinner 175
Stark behaarte Schmetterlinge; Männchen mit stark gekämmten Fühlern; Rüssel schwach entwickelt oder fehlend

1 *Dasychira pudibunda* (L.) – Rotschwanz, Streckfuß, Männchen (Raupe Tafel 59) nat. Gr.

2 *Porthesia similis* (Fuessly) – Schwan (Raupe Tafel 59), ähnlich Goldafter nat. Gr.

3a *Orgyia recens* (Hübner) [= *antiqua* (L.)] – Schlehenspinner, Männchen nat. Gr.
3b *Orgyia recens* (Hübner) [= *antiqua* (L.)], Weibchen (Raupe Tafel 59) nat. Gr.

4 *Laelia coenosa* Hübner – Gelbbein nat. Gr.

5 *Lymantria monacha* (L.) – Nonne, Männchen nat. Gr.

6 *Lymantria dispar* (L.) – Schwammspinner, Männchen nat. Gr.

Familie **Lasiocampidae** – Glucken 177
Kräftige Schmetterlinge ohne Frenulum, mit stark vergrößerter Humeralregion der Hinterflügel

7 *Lasiocampa quercus* (L.) – Eichenspinner, Quittenvogel, Männchen nat. Gr.

8a *Philudoria potatoria* (L.) – Grasglucke, Trinkerin (Raupe Tafel 59), Männchen nat. Gr.
8b *Philudoria potatoria* (L.), Weibchen nat. Gr.

9 *Gastropacha quercifolia* L. – Kupferglucke, Männchen nat. Gr.

10 *Malacosoma neustria* (L.) – Ringelspinner, Männchen (Raupe Tafel 59) nat. Gr.

Familie **Endromididae** – Birkenspinner 177
Familie mit nur einer europäischen Art

11 *Endromis versicolora* L. – Birkenspinner, Männchen nat. Gr.

Familie **Saturniidae** – Nachtpfauenaugen 177
Große Nachtschmetterlinge ohne Frenulum; fast alle Arten mit Augenflecken auf den Flügeln

12 *Eudia pavonia* L. Kleines Nachtpfauenauge, Männchen (Raupe Tafel 59) nat. Gr.

1
2
3a
3b
4
5
6
7
8a
8b
9
10
11
12

Tafel 25

Ordnung Lepidoptera *Schmetterlinge* (Forts.)

Familie **Sphingidae** – Schwärmer 176
Schmetterlinge mit kräftigem Körper und langen, schmalen Vorderflügeln

1 *Mimas tiliae* (L.) – Lindenschwärmer nat. Gr.

*2 *Acherontia atropos* (L.) – Totenkopf nat. Gr.

3 *Hyloicus pinastri* (L.) – Kiefernschwärmer nat. Gr.

4 *Macroglossum stellatarum* L. – Taubenschwanz nat. Gr.

5 *Smerinthus ocellata* (L.) – Abendpfauenauge nat. Gr.

6 *Laothoe populi* (L.) – Pappelschwärmer nat. Gr.

7 *Proserpinus proserpina* Pallas – Nachtkerzenschwärmer nat. Gr.

8 *Sphinx ligustri* L. – Ligusterschwärmer (Raupe Tafel 59) nat. Gr.

*9 *Herse convolvuli* (L.) – Windenschwärmer nat. Gr.

* Zuwanderer aus dem Süden

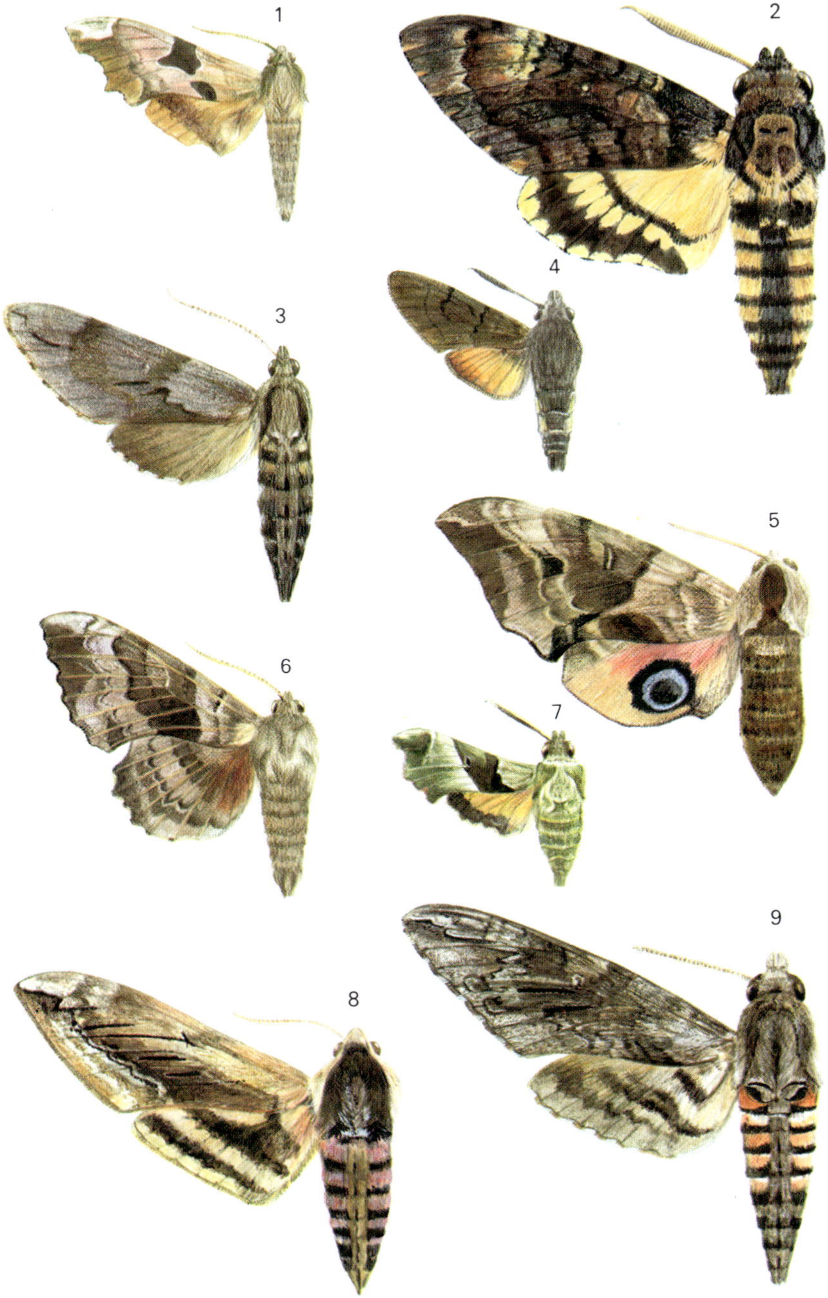
1
2
3
4
5
6
7
8
9

Ordnung Lepidoptera *Schmetterlinge* (Forts.)

Familie **Sphingidae** – Schwärmer (Forts.) 176

1 *Celerio euphorbiae* (L.) – Wolfsmilchschwärmer (Raupe Tafel 59) nat. Gr.

*2 *Daphnis nerii* (L.) – Oleanderschwärmer nat. Gr.

3 *Celerio galii* (Rottenburg) – Labkrautschwärmer nat. Gr.

*4 *Hyles nicaea* (de Prunner) nat. Gr.

*5 *Celerio lineata livornica* (Esper) – Linienschwärmer nat. Gr.

6 *Hemaris fuciformis* (L.) – Hummelschwärmer nat. Gr.

7 *Deilephila elpenor* (L.) – Mittlerer Weinschwärmer (Raupe Tafel 59) nat. Gr.

*8 *Hippotion celerio* (L.) – Großer Weinschwärmer nat. Gr.

9 *Hemaris tityus* (L.) – Skabiosenschwärmer nat. Gr.

10 *Deilephila porcellus* (L.) – Kleiner Weinschwärmer nat. Gr.

* Zuwanderer aus dem Süden

1
2
3
4
5
6
7
8
9
10

Ordnung Lepidoptera *Schmetterlinge* (Forts.)

Familie **Thyatiridae** – Wollrücken-, Eulenspinner 176
Relativ kräftig gebaute Schmetterlinge mit Hörorganen am Hinterleib

1 *Thyatira batis* (L.) – Roseneule nat. Gr.

2 *Habrosyne pyritoides* (Hufnagel) – Achatspinner nat. Gr.

3 *Polyploca ridens* (Fabricius) nat. Gr.

Familie **Drepanidae** – Sichelflügler 176
Schlank gebaute Schmetterlinge mit sichelförmig ausgeschnittenen Vorderflügeln; Hörorgane auf der Oberseite des Hinterleibes

4 *Drepana lacertinaria* (L.) – Eidechsenschwanz nat. Gr.

5 *Drepana falcataria* (L.) – Birkensichler nat. Gr.

6 *Cilix glaucata* (Scopoli) – Silberspinnerchen nat. Gr.

Familie **Geometridae** – Spanner 176
Zarte Schmetterlinge mit Hörorganen auf der Unterseite des Hinterleibes

7 *Eupithecia centaureata* (Schiffermüller) nat. Gr.

8 *Eupithecia icterata* (Villiers) nat. Gr.

9 *Calostigia pectinataria* (Knoch) nat. Gr.

10 *Melanthia procellata* (Schiffermüller) nat. Gr.

11 *Pseudopanthera macularia* (L.) – Panterspanner nat. Gr.

12 *Lomaspilis marginata* (L.) – Schwarzrandspanner nat. Gr.

13 *Calothysanis griseata* (Petersen) – Ampferspanner nat. Gr.

14a *Erannis defoliaria* (Clerck) – Großer Frostspanner, Männchen (Raupe Tafel 61) nat. Gr.

14b *Erannis defoliaria* (Clerck), Weibchen nat. Gr.

15 *Selenia bilunaria* (Esper) – Mondspanner nat. Gr.

16 *Abraxas grossulariata* (L.) – Stachelbeerspanner nat. Gr.

17 *Geometra papilionaria* (L.) – Grünes Blatt nat. Gr.

18a *Biston betularia* (L.) – Birkenspanner, Normalform (Raupe Tafel 61) nat. Gr.

18b *Biston betularia* (L.) – Birkenspanner, melanistische Form nat. Gr.

19 *Ourapteryx sambucaria* (L.) – Holunderspanner (Raupe Tafel 61) nat. Gr.

1
4
5
2
3
6
7
9
10
8
12
13
11
14a
14b
15
16
17
18a
19
18b

Ordnung Trichoptera *Köcherfliegen*

Insekten mit behaarten Flügeln, die nur wenige Queradern aufweisen, meist in Gewässernähe 179

Familie **Phryganeidae** 184
Spornzahl 2, 4, 4; sehr lange Discoidalzelle im Vorderflügel
1 *Phryganea grandis* L. 1,5fach

Familie **Philopotamidae** 185
Letztes Palpusglied länger als alle vorangehenden zusammen, Ocellen vorhanden
2 *Philopotamus montanus* (Donovan) 2fach

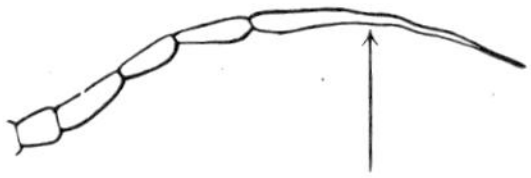

Familie **Limnephilidae** 185
Vorderschiene höchstens mit einem Sporn
3 *Limnephilus lunatus* Curtis 2fach
4 *Anabolia nervosa* (Curtis) 2fach

Familie **Brachycentridae** 185
Grundglied des Fühlers kräftig, stark behaart, Vorderschiene mit zwei Spornen, Ocellen fehlen
5 *Brachycentrus subnubilus* Curtis 3fach

Familie **Hydropsychidae** 186
Letztes Palpusglied länger als alle vorangehenden zusammen, Ocellen fehlen, Adergabel 1 vorhanden, Spornzahl 2, 4, 4
6 *Hydropsyche ornatula* McLachlan 3fach

Familie **Polycentropidae** 185
Letztes Palpusglied viel länger als alle vorangehenden zusammen, Ocellen fehlen, Spornzahl 3, 4, 4
7 *Polycentropus flavomaculatus* (Pictet) 5fach

Familie **Hydroptilidae** 185
Sehr kleine Insekten, Flügel mit langen Fransen
8 *Hydroptila sparsa* Curtis 10fach

Alle Abb. stellen Männchen dar. Zwischen Weibchen und Männchen bestehen oftmals Abweichungen in Gestalt und Größe der Flügel. In der Mitte sind einige Gehäuse der jeweils danebenstehenden, mit gleicher Ziffer versehenen Art abgebildet.

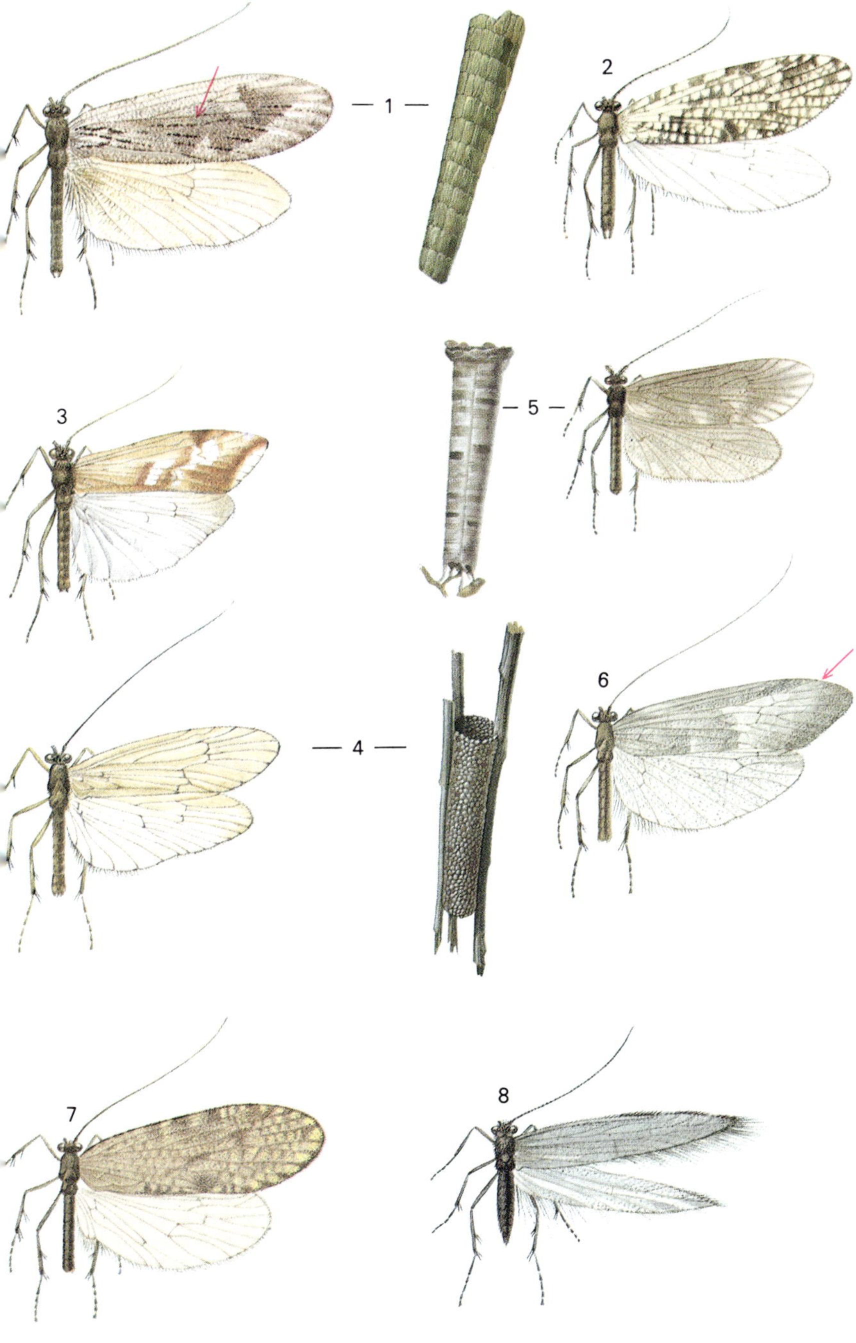
1
2
3
5
4
6
7
8

Ordnung Trichoptera *Köcherfliegen* (Forts.)

Familie **Rhyacophilidae** 186

Die beiden basalen Glieder des Palpus kurz und dick, das dritte lang und dünn. Discoidalzelle fehlt

1 *Rhyacophila obliterata* McLach. 3fach

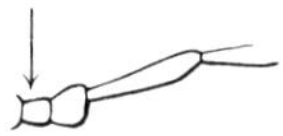
Palpus

Familie **Psychomyidae** 186

Letztes Palpusglied viel länger als alle vorangehenden zusammen, Ocellen fehlen, Adergabel 1 meist fehlend, sehr kleine Discoidalzelle

2 *Tinodes waeneri* (L.) 4fach

Familie **Ecnomidae** 186

Erstes Basalglied nur halb so lang wie die drei folgenden; Ocellen fehlen; Adergabel 1 vorhanden, Spornzahl 2, 4, 4

3 *Ecnomus tenellus* (Rambur) 6fach

Familie **Odontoceridae** 186

Fühler auf der Innenseite schwach gezähnt

4 *Odontocerum albicorne* (Scopoli) 3fach

Teil des Fühlers

Familie **Leptoceridae** 186

Fühler sehr lang, Hinterschiene mit nur zwei Spornen

5 *Ceraclea nigronervosa* (Retzius) 3fach

Familie **Glossosomatidae** 186

Die beiden basalen Glieder des Palpus kurz und dick, das dritte lang und dünn. Discoidalzelle vorhanden

6 *Agapetus fuscipes* Curtis 6fach

Familie **Molannidae** 186

Ocellen und Discoidalzelle fehlen, Spornzahl 2, 4, 4

7 *Molanna angustata* Curtis 3fach

Familie **Beraeidae** 186

Ocellen und Discoidalzelle fehlen, Spornzahl 2, 4, 4

8 *Ernodes articularis* (Pictet) 6fach

Alle Abb. stellen Männchen dar. Zwischen Weibchen und Männchen bestehen oftmals Abweichungen in Gestalt und Größe der Flügel. In der Mitte sind einige Gehäuse der jeweils danebenstehenden, mit gleicher Ziffer versehenen Art abgebildet.

1
2
3
4
5
6
7
8

Ordnung Trichoptera *Köcherfliegen* (Forts.)

Familie **Limnephilidae** 185
Vorderschiene höchstens mit einem Sporn

1 *Limnephilus flavicornis* (Fabricius) nat. Gr.
a Drei Gehäuse aus natürlichen Materialien
b Gehäuse aus Glasperlen

2 *Limnephilus stigma* Curtis nat. Gr.

3 *Grammotaulius nigropunctatus* (Retzius) 1,5fach

4 *Glyphotaelius pellucidus* (Retzius) 1,5fach

5 *Halesus* spec. nat. Gr.

Familie **Phryganeidae** 184
Spornzahl 2, 4, 4; sehr lange Discoidalzelle im Vorderflügel

6 *Agrypnia pagetana* Curtis nat. Gr.

7 *Oligotricha striata* (L.) [= *Neuronia ruficrus* Scopoli] nat. Gr.

Familie **Glossosomatidae** 186
Die beiden basalen Glieder des Palpus kurz und dick, das dritte lang und dünn. Discoidalzelle vorhanden

8 *Agapetus fuscipes* Curtis (s. auch Tafel 29, 6)
Gehäuse in natürlicher Anordnung an der Unterseite eines Steines

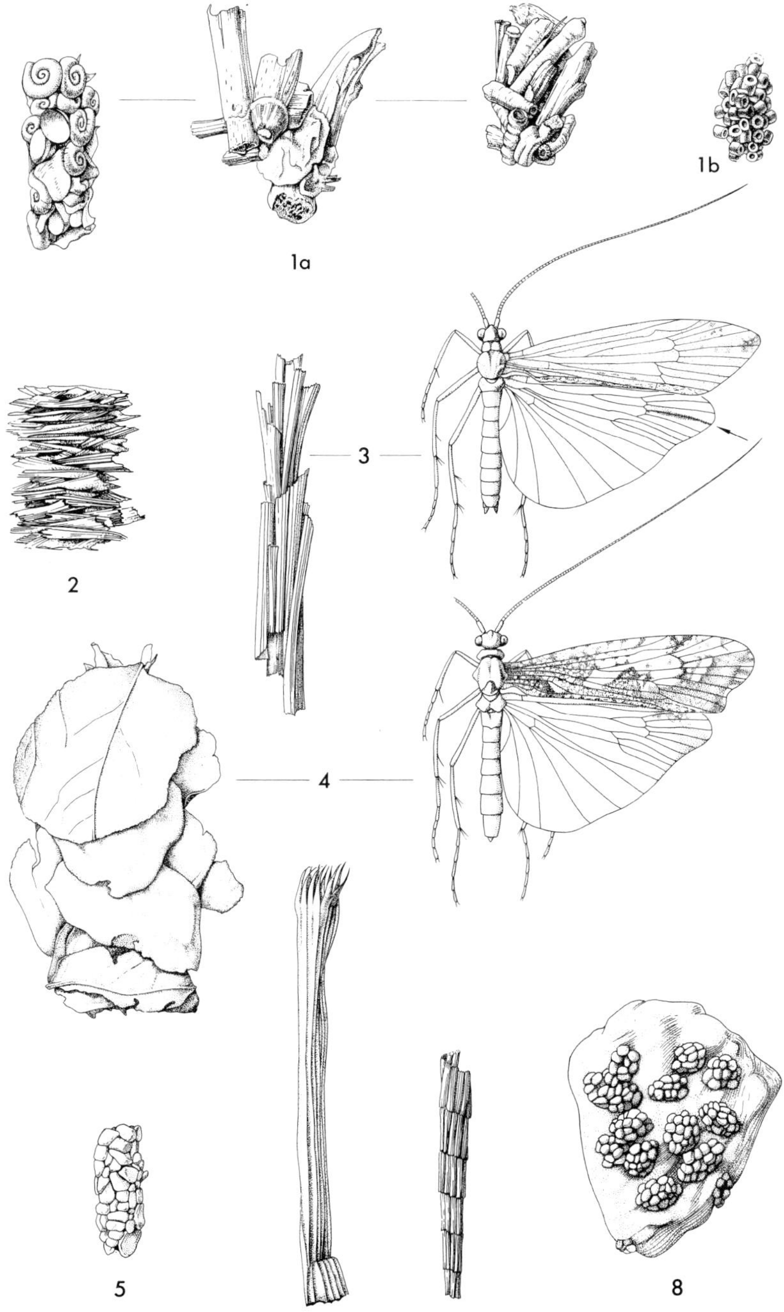

1a
1b
2
3
4
5
6
7
8

Ordnung Diptera *Zweiflügler*

Insekten mit nur 2 Flügeln, deren Hinterflügel zu Schwingkölbchen umgebildet sind 187

Unterordnung Nematocera *Mücken*

Familie **Tipulidae** – Schnaken 197
Langbeinige Tiere mit 2 langen Analadern und einer V-förmigen Naht auf dem Thorax
1 *Tipula maxima* Poda nat. Gr.
Familie **Trichoceridae** – Wintermücken 198
Mit V-Naht, jedoch Analader 2 kurz; Ocellen vorhanden
2 *Trichocera annulata* Meigen 4fach
Familie **Culicidae** – Stechmücken 199
Zarte Tiere, bei denen 10 Adern den Flügelrand erreichen; Adern und Flügelrand beschuppt
3 *Culex pipiens* L., Männchen 4fach
4 *Theobaldia annulata* (Schrank) – Ringelschnake, Weibchen 4fach
Familie **Anisopodidae** – Fenstermücken 198
V-Naht fehlt; Flügel gewöhnlich mit Discoidalzelle; nur eine Analader erreicht den Flügelrand
5 *Syvicola fenestralis* (Scopoli) – Fenstermücke 4fach
Familie **Simuliidae** – Kriebelmücken 201
Kurze, gedrungene Tiere mit breiten Flügeln und kurzen Fühlern
6 *Wilhelmia equina* (L.) 5fach
Familie **Scatopsidae** – Dungmücken 202
Kleine dunkle Tiere, deren hintere Flügeladern kaum zu sehen sind
7 *Scatopse inermis* (Ruthe) 5fach
Familie **Cecidomyiidae** – Gallmücken 202
Winzige Mücken, bei denen höchstens 4 Adern den Flügelrand erreichen; perlschnurartige Fühler; Körper häufig orange
8 *Taxomyia taxi* (Inchbald) – Eibengallmücke 6fach
Familie **Sciaridae** – Trauermücken 202
Zarte dunkle Tiere mit buckligem Thorax und stegartig verbundenen Augen
9 *Sciara thomae* (L.) 4fach
Familie **Ptychopteridae** 198
Langbeinige Mücken mit Schienenspornen; Thorax mit tiefer U-Naht
10 *Ptychoptera contaminata* (L.) 2,5fach
Familie **Chironomidae** – Zuckmücken 200
Thorax bucklig; Adern am hinteren Flügelteil sehr schwach; Fühler der Männchen wirtelig behaart
11 *Chironomus annularius* (de Geer) 2,5fach
Familie **Bibionidae** – Haarmücken 201
Fliegenähnliche Mücken mit kurzen Fühlern unterhalb der Augen; Vorderschienen stark bedornt

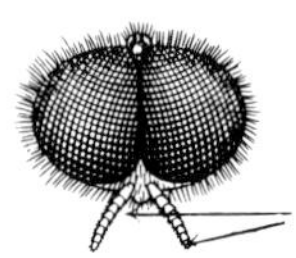

12 *Philia febrilis* (L.) 3fach
Familie **Blephariceridae** – Netzmücken 202
Schlanke Mücken mit sehr langen Beinen in Gewässernähe; Flügel mit Netzwerk von Falten
13 *Liponeura cinerascens* Loew 3fach

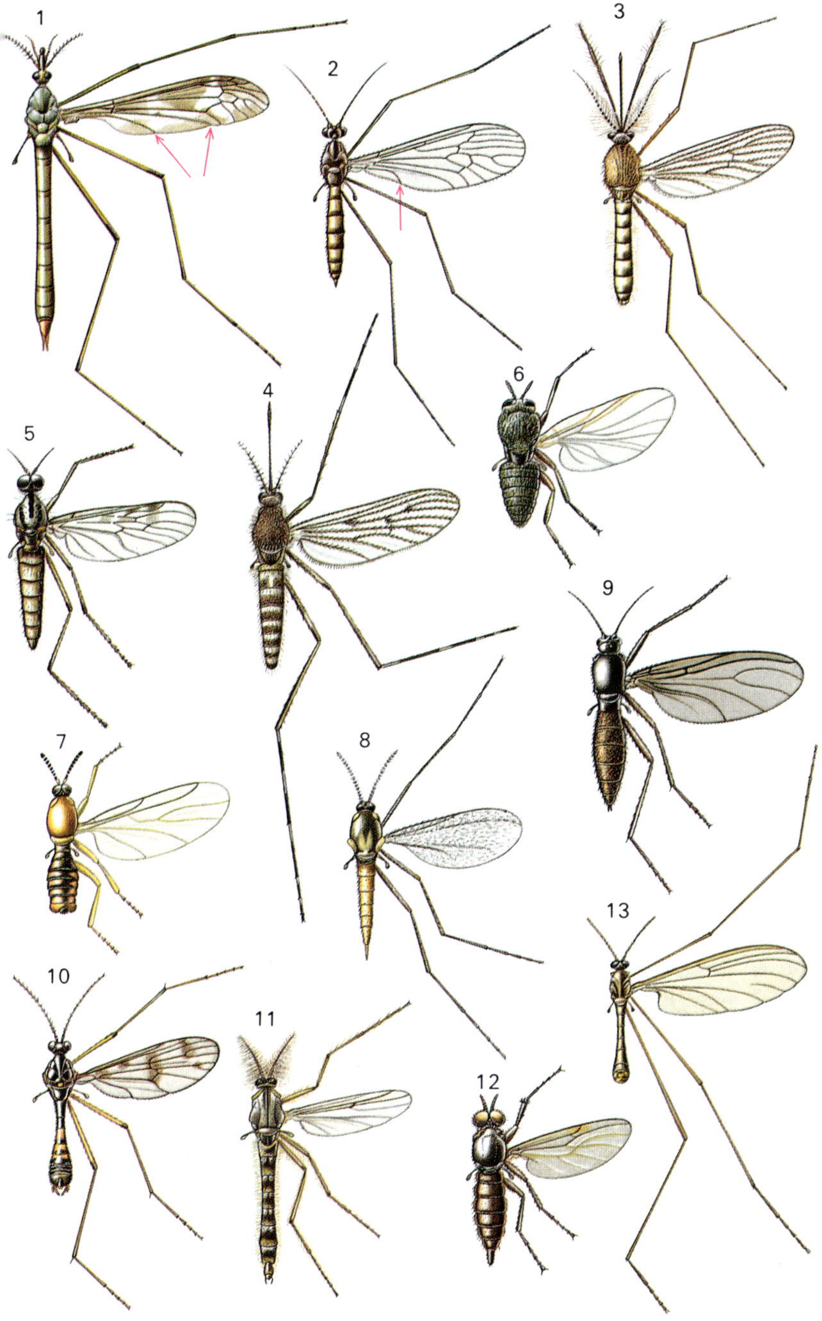
1
2
3
4
5
6
7
8
9
10
11
12
13

Ordnung Diptera *Fliegen*

Familie **Stratiomyidae** – Waffenfliegen 209
Füße mit 3 Haftlappen; häufig schwarz-gelb oder metallisch
1 *Oxycera pulchella* Meigen 3fach

Familie **Tabanidae** – Bremsen 209
Füße mit 3 Haftlappen; in der Flügelspitze große Y-Figur der Adern
2 *Haematopota pluvialis* (L.) – Regenbremse 3fach
3 *Tabanus bromius* L. 2fach
4 *Chrysops relictus* Meigen 2fach

Fuß

Familie **Acroceridae** – Spinnenfliegen 209
Fliegen mit kugligem Körper und kleinem Kopf; Flügeladerung reduziert
5 *Ogcodes pallipes* (Latreille) 3fach

Familie **Bombyliidae** – Hummelschweber 209
Wollige, hummelähnliche Fliegen mit langen dünnen Beinen und häufig langem Rüssel; Flügel oft gefärbt
6 *Bombylius major* L. 2fach
7 *Anthrax fenestratus* (Fallen) 2fach

Familie **Empididae** – Tanzfliegen 210
Beborstete Fliegen, gewöhnlich mit hornigem Rüssel; innerer Augenrand mit kleinem Einschnitt oder Delle
8 *Empis tesselata* Fabricius 2fach
9 *Hilara maura* (Fabricius) 3fach

Augeneinschnitt

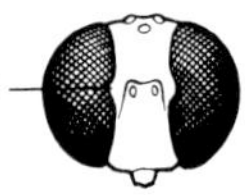

△ Familie **Mydaidae** 211
Große Fliegen mit gekeulten Fühlern
▲10 *Leptomydas corsicanus* Bequaert 1,5fach

Familie **Scenopinidae** – Fensterfliegen 210
Kleine nackte Fliegen mit hängenden Fühlern
11 *Scenopinus fenestralis* (L.) 3fach

Familie **Rhagionidae** – Schnepfenfliegen 209
Füße mit 3 Haftlappen; Körper schlank; Beine lang
12 *Rhagio scolopacea* (L.) 2fach

Familie **Therevidae** – Stilettfliegen 210
Füße mit 2 Haftlappen; kräftige Fühler; Scheitel zwischen den Augen nicht eingesenkt
13 *Thereva nobilitata* (Fabricius) 2fach

Familie **Lonchopteridae** 212
Kleine Fliegen mit zugespitzten Flügeln; ohne auffällige Queradern
14 *Lonchoptera lutea* Panzer, Weibchen 4fach
(Die Flügeladerung der Männchen weicht etwas ab)

Familie **Asilidae** – Raubfliegen 210
Mittlere bis große Fliegen mit starken Beinen; Füße mit 2 Haftlappen; Scheitel zwischen den Augen eingesenkt
15 *Asilus crabroniformis* L. 1,5fach

Asilus-Kopf

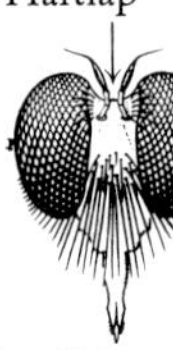

Familie **Nemestrinidae** – Netzfliegen 211
Großköpfig; verschiedene Adern laufen parallel zum hinteren Flügelrand; häufig Adernetz an der Flügelspitze
▲16 *Fallenia fasciata* Meigen 2fach

Familie **Phoridae** – Buckel- oder Rennfliegen 212
Klein; Adern nur im vorderen Wurzelbereich des Flügels deutlich
17 *Phora aterrima* (Fabricius) 4fach

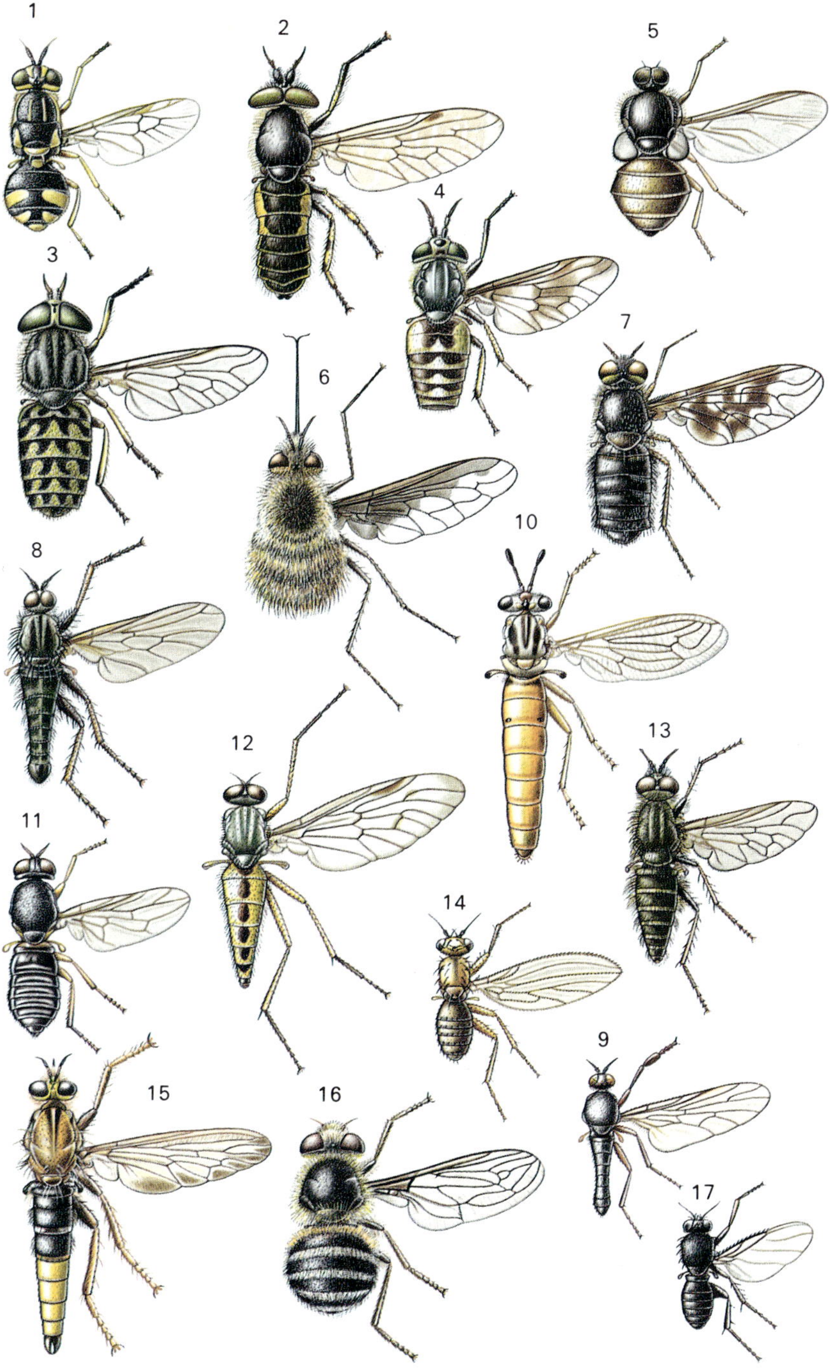
1
2
5
4
3
6
7
10
8
12
13
11
14
9
15
16
17

Ordnung Diptera *Fliegen* (Forts.)

Familie **Dolichopodidae** – Langbeinfliegen 211

Beborstete, metallisch gefärbte Fliegen mit langem Kopf (im Profil gesehen); nur eine deutliche Querader

1 *Sciopus platypterus* Fabricius 4fach

2 *Dolichopus popularis* Wiedemann 3fach

Dolichopus – Kopf von der Seite

Familie **Pipunculidae** – Dickkopffliegen 212

Düster gefärbte kleine Fliegen mit auffallend großem Kopf, der fast völlig von den Augen eingenommen wird

3 *Pipunculus thomsoni* (Becker) 3fach

Familie **Platypezidae** 212

Hinterfüße gewöhnlich verbreitert

4 *Clythia atra* (Meigen) 4fach

Familie **Syrphidae** – Schwebfliegen 212

Einige Adern laufen parallel zur Flügelhinterkante und bilden einen falschen Rand; häufig prächtig gefärbt; Augen groß

5 *Xylota lenta* Meigen 2fach

6a *Volucella bombylans* (L.) 1,5fach

6b *Volucella bombylans* (L.) 1,5fach

7 *Volucella zonaria* (Poda) 1,5fach

8 *Eristalis tenax* L. 2fach

9 *Baccha elongata* (Fabricius) 2fach

10 *Volucella inanis* (L.) 1,5fach

11 *Scaeva (Lasiopticus) pyrastri* (L.) 2fach

12 *Syrphus ribesii* (L.) 2fach

▲13 *Milesia crabroniformis* Fabricius 1,5fach

14 *Leucozona lucorum* L. 2fach

15 *Doros conopseus* (Fabricius) 2fach

1
5
4
6a
2
7
6b
8
3
9
10
11
12
13
15
14

Ordnung Diptera *Fliegen* (Forts.)

Familie **Gasterophilidae** – Magenbremsen 217
Große Fliegen mit verkümmerten Mundwerkzeugen
1 *Gasterophilus intestinalis* (de Geer) 3fach

Familie **Conopidae** – Dickkopffliegen 213
Analzelle lang und zugespitzt; Rüssel lang
2 *Conops quadrifasciatus* de Geer 3fach

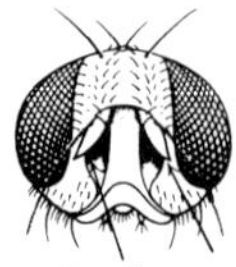

Gesicht von *Melieria*

Familie **Otitidae** – Schmuckfliegen 213
Gesicht mit deutlichen Furchen; Flügel gemustert
3 *Melieria omissa* (Meigen) 3fach

Familie **Trypetidae** – Fruchtfliegen 213
Flügel gemustert; Subcosta scharf abgeknickt
4 *Urophora cardui* (L.) 4fach

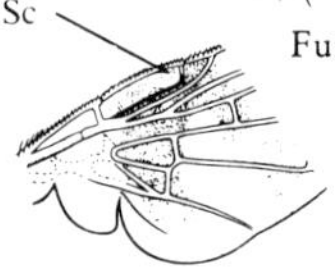

Flügelbasis von *Urophora*

Familie **Lauxaniidae** 214
Analzelle durch bauchige Querader geschlossen (s. u.), Postvertikalborsten konvergieren
5 *Calliopum aeneum* (Fallen) 4fach

Familie **Sciomyzidae** 214
2. Basal- und Analzelle kurz; Schienen vor der Spitze mit Borsten
6 *Tetanocera elata* (Fabricius) 4fach

Familie **Platystomidae** 214
Flügel gemustert; Costa an der Humeralquerader unterbrochen
7 *Platystoma seminationis* (L.) 4fach

Familie **Dryomyzidae** 214
Große Flügel; 2. Basal- und Analzellen groß (s. u.)
8 *Dryomyza flaveola* (Fabricius) 3fach

Familie **Coelopidae** – Tangfliegen 215
Kleine borstige Fliegen an Meeresküsten; Beine kräftig
9 *Coelopa frigida* (Fabricius) 4fach

Familie **Psilidae** – Nacktfliegen 214
Ocellen-Dreieck groß; Costa deutlich unterbrochen
10 *Psila rosae* (Fabricius) – Möhrenfliege 5fach

Familie **Micropezidae** – Stelzfliegen 214
Beine außergewöhnlich lang und dünn
11 *Trepidaria petronella* (L.) 4fach

Familie **Chamaemyiidae** – Blattlausfliegen 215
Costa nicht unterbrochen; an den Schienen keine Borsten vor der Spitze
12 *Chamaemyia aridella* (Fallen) 5fach

Familie **Lonchaeidae** 214
Metallisch glänzende Fliegen; Costa an der Einmündung der Subcosta unterbrochen; Augen halbkreisförmig
13 *Lonchaea chorea* (Fabricius) 4fach

Familie **Sepsidae** 215
Hinterleib eingeschnürt; Flügel oft mit Fleck vor der Spitze
14 *Sepsis punctum* (Fabricius) 4fach

Familie **Piophilidae** 214
Dunkel, stark glänzend; Vibrissen stark; Augen im Profil gesehen rund; Costa an der Einmündung der Subcosta unterbrochen
15 *Piophila casei* (L.) – Käsefliege 4fach

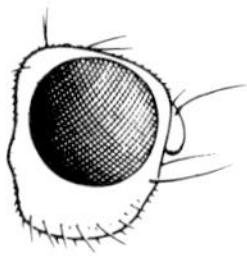
Piophila-Kopf von der Seite

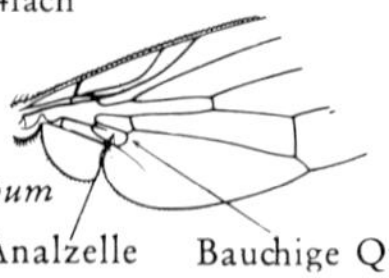

Calliopum

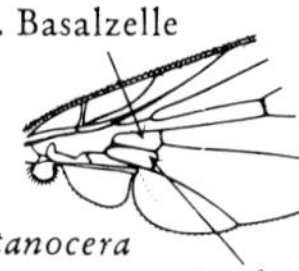

Tetanocera

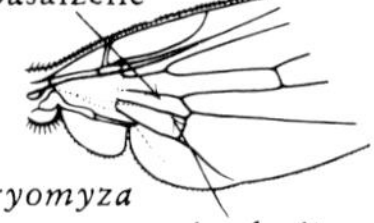

Dryomyza

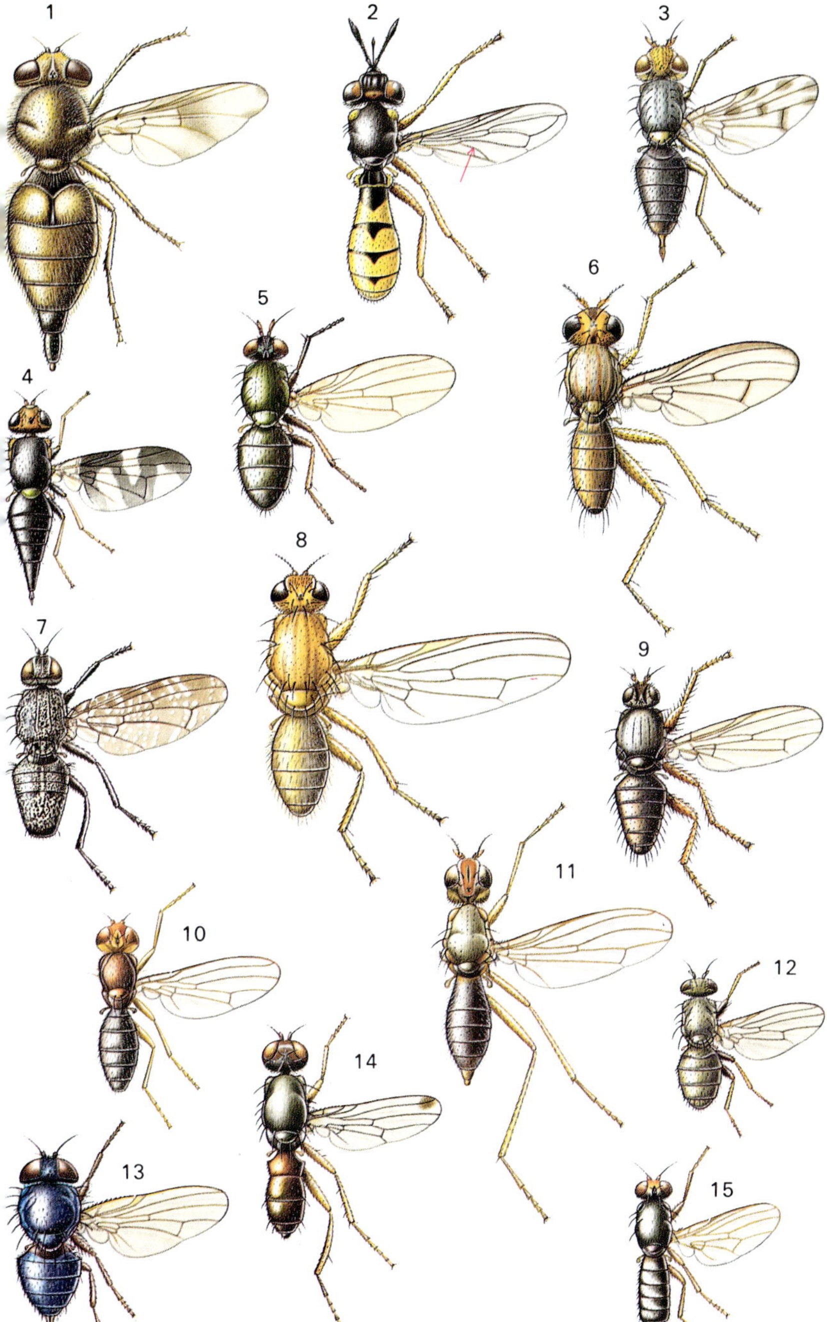

1
2
3
4
5
6
7
8
9
10
11
12
13
14
15

Ordnung Diptera *Fliegen* (Forts.)

Familie **Helomyzidae** 215
Costa mit starken Dornen besetzt
1 *Helomyza spec.* 4fach

Familie **Anthomyzidae** 215
Costa lang bewimpert; hintere Flügelquerader etwa auf halber Flügellänge
2 *Anthomyza gracilis* Fallen 6fach

Familie **Sphaeroceridae** – Dungfliegen 216
Basisglied der Hinterfüße verbreitert
3 *Trichiaspis similis* Collin 5fach

Familie **Opomyzidae** 215
Die beiden großen Längsadern konvergieren an der Flügelspitze
4 *Opomyza germinationis* L. 6fach

Familie **Ephydridae** – Sumpf- oder Salzfliegen 215
Kleine Fliegen mit doppelt unterbrochener Costa; Analzelle fehlt
5 *Psilopa nigritella* Stenhammar 7fach

Familie **Chloropidae** – Halmfliegen 217
Plattenförmiges Ocellendreieck
6 *Oscinella frit* (L.) – Fritfliege 7fach
7 *Thaumatomyia notata* (Meigen) 8fach
8 *Lipara lucens* Meigen 4fach

Familie **Milichidae** 216
Winzig, düster; Flügel groß, mit 2 Costabrüchen
9 *Meonura obscurella* (Fallen) 8fach
10 *Carnus hemapterus* Nitzsch 8fach

Familie **Nycteribiidae** – Fledermausfliegen 221
Flügellose Fledermausparasiten; Kopf in den Thorax zurückgeklappt
11 *Nycteribia biarticulata* (Hermann) 6fach

Familie **Drosophilidae** – Essig- oder Taufliegen 216
Costa 2fach unterbrochen; Analzelle vorhanden; Schienen vor der Spitze mit Borsten; Fühler an der Spitze scheinbar gegabelt
12 *Drosophila funebris* Fabricius 6fach

Fühler von *Drosophila*

Familie **Agromyzidae** – Minierfliegen 216
Postvertikalborsten divergieren; Costa einmal unterbrochen; untere Fronto-orbitalborsten nach innen gerichtet
13 *Phytomyza ilicis* Curtis 7fach

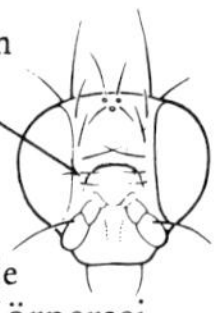

Gesicht einer Agromyzide

Familie **Oestridae** 217
Postscutellum gut entwickelt; Hypopleuralborsten an den Körperseiten vorhanden; weich behaart
14 *Hypoderma bovis* (L.) – Rinderbiesfliege nat. Gr.
15 *Oestrus ovis* L. – Schafbiesfliege nat. Gr.

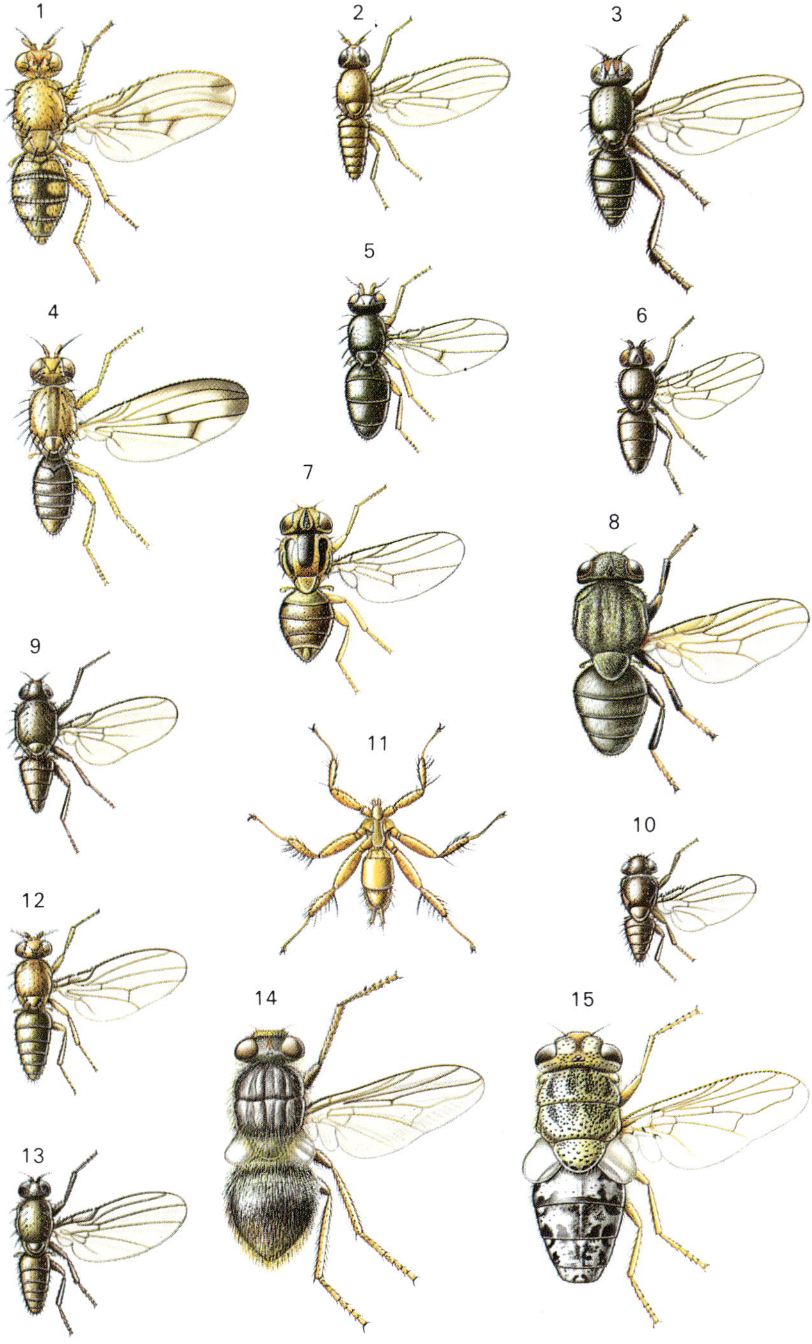
1
2
3
4
5
6
7
8
9
10
11
12
13
14
15

Ordnung **Diptera** *Fliegen* (Forts.)

Familie **Tachinidae** – Raupenfliegen 218

Ein Fächer von Hypopleuralborsten auf jeder Körperseite; Postscutellum gut entwickelt

1 *Echinomyia fera* (L.) 2fach
2 *Gymnochaeta viridis* (Fallen) 2fach
3 *Salmacia divisa* (Meigen) 2fach
4a *Allophora hemiptera* Fabricius, Männchen 2fach
4b *Allophora hemiptera* Fabricius, Weibchen 2fach

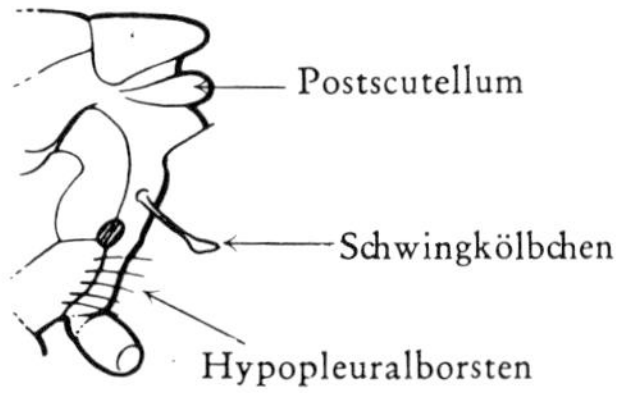

Hinterer Teil des Thorax von der Seite

Familie **Calliphoridae** – Aas- oder Schmeißfliegen 219

Ein Fächer von Hypopleuralborsten auf jeder Körperseite; Postscutellum klein oder fehlend

5 *Lucilia caesar* (L.) 2fach
6 *Calliphora vomitoria* (L.) – Schmeißfliege 2fach
7 *Pollenia rudis* (Fabricius) 3fach
8 *Sarcophaga carnaria* (L.) – Graue Fleischfliege 2fach

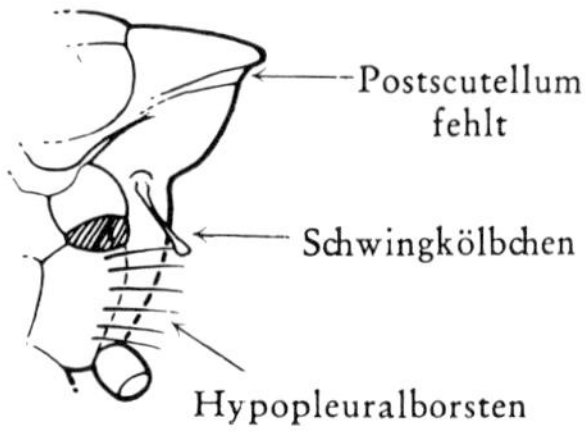

Hinterer Teil des Thorax von der Seite

Familie **Muscidae** 219

Kein Fächer von Hypopleuralborsten an den Körperseiten; Schwingkölbchen gewöhnlich unter den Thoraxschüppchen verborgen (nicht so bei den Dungfliegen); hintere Calli gut ausgebildet

9 *Scatophaga stercoraria* (L.) – Dungfliege 2fach
10 *Mesembrina meridiana* (L.) 2fach
11 *Stomoxys calcitrans* (L.) – Wadenstecher 2fach
12 *Dasyphora cyanella* (Meigen) 2fach
13 *Musca domestica* L. – Stubenfliege 2fach

Familie **Hippoboscidae** – Lausfliegen 220

Kopf im Thorax verborgen; Flügel oft reduziert oder fehlend; starke Klauen

14 *Hippobosca equina* L. – Pferdelausfliege 2fach
15 *Melophagus ovinus* (L.) – Schaflausfliege 3fach

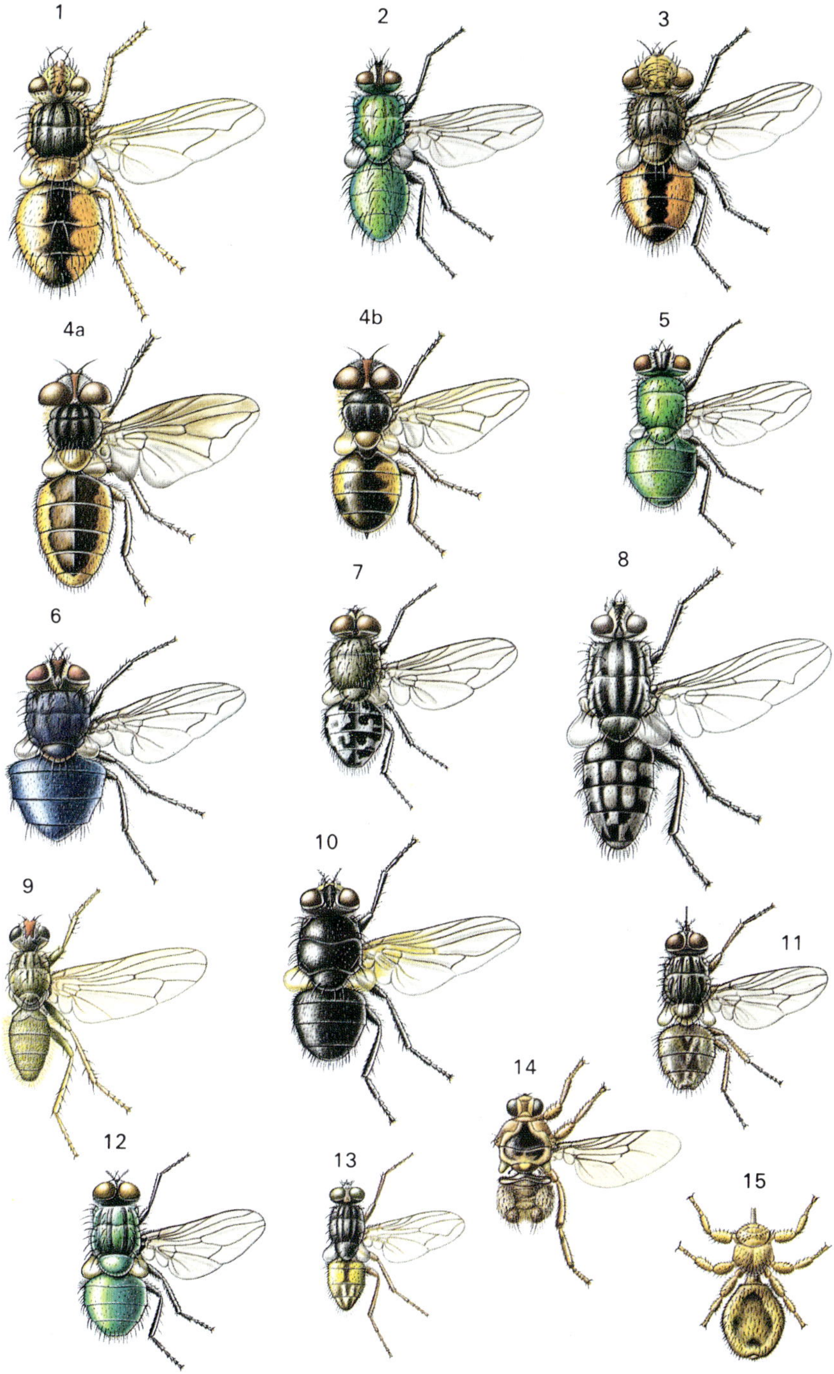
1
2
3
4a
4b
5
6
7
8
9
10
11
12
13
14
15

Ordnung Hymenoptera *Hautflügler*

Insekten, bei denen die Flügel, wenn sie vorhanden sind, wenige große Zellen aufweisen 226

Unterordnung Symphyta *Pflanzenwespen*

Körper ohne Wespentaille 230

Familie **Cimbicidae** – Keulhornblattwespen 233
Fühler vorn keulig verdickt
1 *Trichiosoma tibiale* Stephens nat. Gr.

Familie **Siricidae** – Holzwespen 232
Groß, mit zylindrischem Körper; Ader R an der Spitze rückläufig
2a *Urocerus gigas* (L.) – Riesenholzwespe nat. Gr.
2b Männchen derselben Art nat. Gr.

Familie **Xiphydriidae** 232
Körper zylindrisch; Ader R an der Spitze nicht rückläufig
3 *Xiphydria prolongata* (Geoffroy) 1,25fach

Familie **Megalodontidae** 232
Körper abgeflacht; Fühler gesägt;
Querader 2r vorhanden
4 *Megalodontes klugi* Leach
1,25fach

Vorderflügel und Fühler (mit vergrößertem Ausschnitt) von *Megalodontes*

Familie **Pamphilidae** – Gespinstblattwespen 232
Körper abgeflacht; Fühler fadenförmig;
mit 11 oder mehr Gliedern
5 *Pamphilius silvaticus* (L.) 1,25fach

Familie **Tenthredinidae** – Echte Blattwespen 232
Fühler normalerweise mit nur 9 Gliedern
6a *Pontània proxima* (Lepeletier) 1,5fach
6b Die von dieser Art an Weidenblättern erzeugten Gallen
7a *Pteronidea ribesii* Scopoli – Gelbe Stachelbeerblattwespe,
Männchen 2fach
7b Weibchen derselben Art 2fach

Familie **Blasticotomidae** 231
Fühler viergliedrig (4. Gl. klein); Flügel mit birnenförmiger Zelle
8 *Blasticotoma filiceti* Klug 1,5fach

Familie **Orussidae** 231
Fühler entspringen unter den Augen; Hinterflügel ohne geschlossene Zelle
9 *Orussus abietinus* Scopoli 2fach

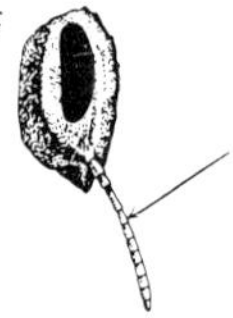

Familie **Argidae** 233
Fühler dreigliedrig, letztes Glied sehr lang
10 *Arge ustulata* (L.) 1,5fach

Familie **Cephidae** – Halmwespen 232
Cenchri fehlen; Körper sehr schlank
11 *Cephus pygmaeus* (L.) – Getreide-Halmwespe 1,5fach

Familie **Diprionidae** – Buschhorn-Blattwespen 233
Fühler der Männchen gefiedert, der Weibchen gesägt; Querader 2r fehlt; unter dem Stigma große offene Zelle
12 *Diprion pini* (L.) – Gemeine Kiefern-Buschhorn-Blattwespe:
a Männchen, b Weibchen 1,5fach

Familie **Xyelidae** 231
Winzig; Fühler mit geißelförmigem Faden
13 *Xyela julii* (Brébisson) 4fach

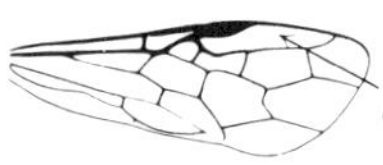

Vorderflügel von *Diprion*

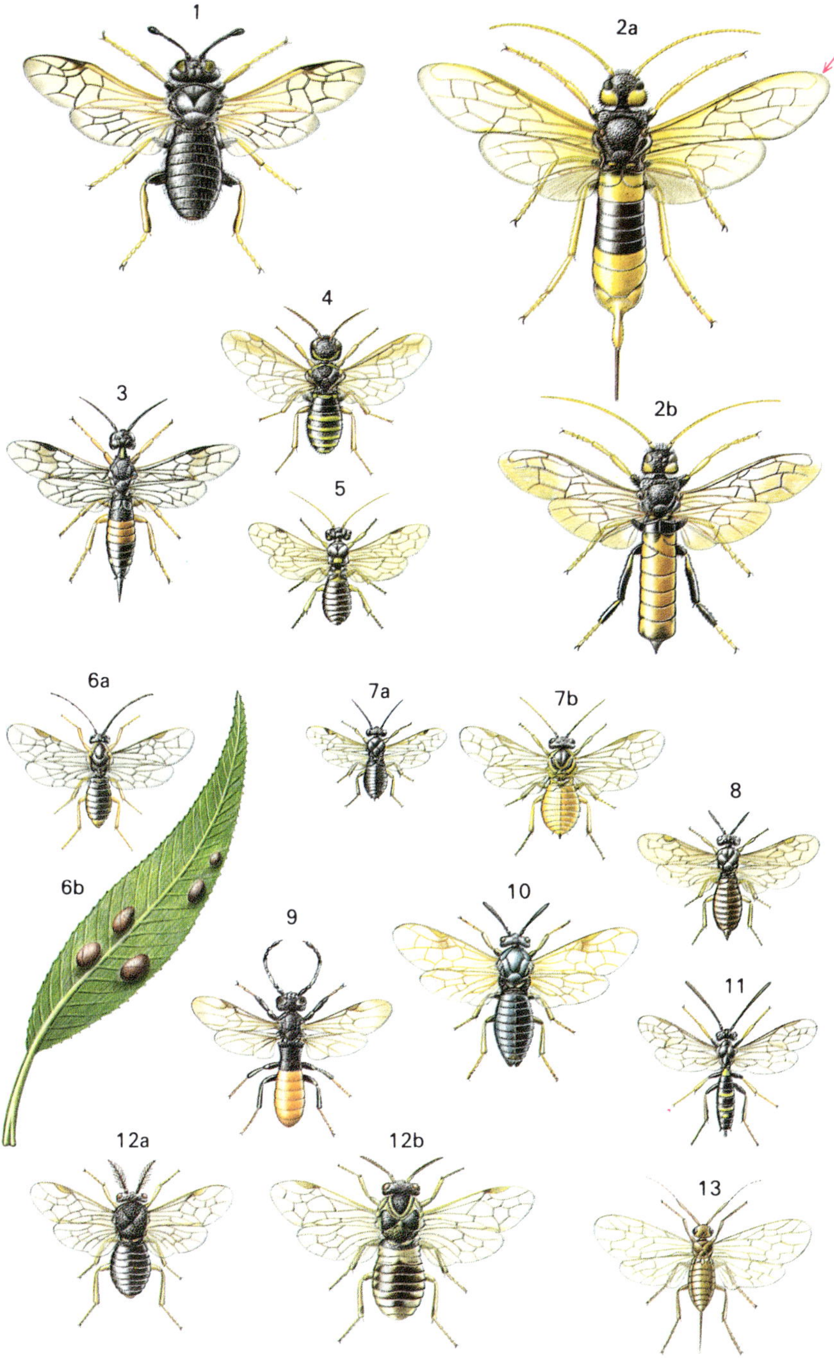
1
2a
4
3
2b
5
6a
7a
7b
8
6b
10
9
11
12a
12b
13

Ordnung Hymenoptera *Hautflügler* (Forts.)

Unterordnung Apocrita

Kleine geflügelte oder ungeflügelte Tiere; Bauch seitlich abgeplattet; geflügelte Tiere mit charakteristischer Flügel-Aderung. Die Tiere rufen an einer Vielzahl von Pflanzen Gallen hervor. Eine besonders große Zahl von Arten lebt an Eichen

1a *Andricus kollari* (Hartig) 1,5fach
1b Tier in Ruhestellung
1c Galläpfel an Eiche

2a *Andricus fecundator* (Hartig) 1,5fach
2b Knospengalle an Eiche
2c Schnitt durch eine derartige Galle mit der Larvenkammer

3a *Neuroterus quercus-baccarum* (L.) 3fach
3b Linsen-Blattgallen der parthenogenetischen Generation an Eiche
3c Gallen der sexuellen Generation an männlichen Blütenständen der Eiche

4a *Diplolepis rosae* (L.) 3fach
4b „Schlafapfel" – Galle an Rose im Sommer
4c Schnitt durch eine derartige Galle im Winterzustand mit vielen Larvenkammern

5 Glatte und bedornte Gallen von *Diplolepis nervosa* (Curtis) an Rose

6a *Diastrophus rubi* (Bouché) 3fach
6b Galle an einem Himbeer-Stengel

7a *Biorrhiza pallida* (Olivier), sexuelle Generation 3fach
7b Gallapfel der sexuellen Generation an Eiche
7c Parthenogenetische Generation
7d Wurzelgallen der parthenogenetischen Generation

1a
1c
1b
2b
2c
2a
3c
3a
3b
4a
4b
4c
6a
6b
5
7b
7a
7d
7c

Ordnung Hymenoptera *Hautflügler* (Forts.)

Unterordnung Apocrita (Forts.)

Schlupfwespen und andere Parasiten

Überfamilie **Evanioidea** – Hungerwespen 237
Hinterleib setzt oben am Rücken des Thorax am Propodeum an

Familie **Evaniidae**
Petiolus lang
1 *Evania appendigaster* (L.) 1,25fach

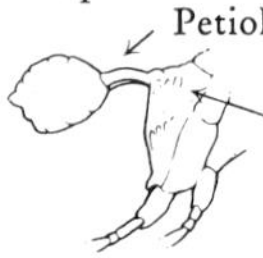

Seitenansicht von *Evania*

Familie **Gasteruptiidae** 237
Hinterleib lang und schmal
2 *Gasteruption jaculator* (L.) 1,25fach

Familie **Aulacidae** 237
Hinterleib birnenförmig mit kurzem Petiolus
3 *Aulacus striatus* Jurine 1,25fach

Überfamilie **Ichneumonoidea** – Schlupfwespen 238
Fühler mit mehr als 16 Gliedern, Costalzelle geschlossen

Familie **Ichneumonidae** – Echte Schlupfwespen 238
Vorderflügel mit Stigma und Querader 2m-cu
4 *Netelia testacea* Gravenhorst 1,25fach
5 *Amblyteles armatorius* (Forster) 1,25fach
6 *Ichneumon suspiciosus* Wesmael 1,25fach
7a *Rhyssa persuasoria* (L.) – Holzschlupfwespe
7b *Pseudorhyssa alpestris* benutzt den Bohrkanal einer *Rhyssa* als Hyperparasit

Vorderflügel einer Ichneumonide
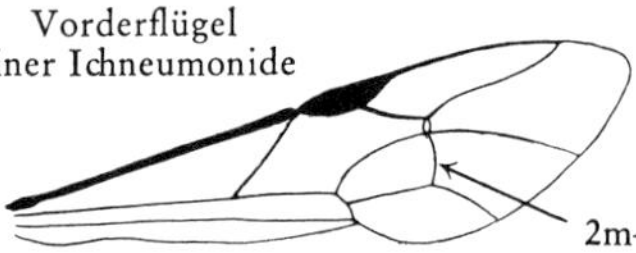

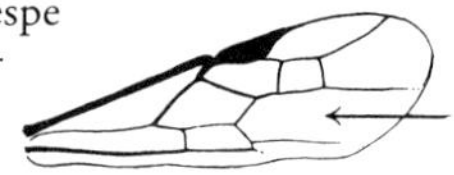

Vorderflügel einer Braconide

Familie **Braconidae** – Brackwespen 239
Querader 2m-cu fehlt
12a *Apanteles glomeratus* (L.) 5fach
12b Tote Kohlweißlingsraupe mit Larven und Puppen

Überfamilie **Trigonaloidea** / Familie **Trigonalidae** 237
Fühler mit mehr als 16 Gliedern, Costalzelle offen
8 *Trigonalos hahni* (Spinola) 2fach

Überfamilie **Chalcidoidea** – Erz- oder Zehrwespen 240
Winzig, metallisch bunt; Fühler gekniet

Familie **Pteromalidae** 241
Hinterleib oft dreieckig, Hinterhüften nicht größer als übrige Hüften
9 *Pteromalus puparum* L. 6fach

Familie **Torymidae** 241
Hinterhüften größer als übrige Hüften; Legebohrer sehr lang; Hinterschenkel unten gezähnt
10 *Torymus nigricornis* Boheman 6fach

Überfamilie **Proctotrupoidea** / Familie **Platygasteridae** 241
Winzig, Flügel aderlos; Fühler zehngliedrig, rosenkranzartig
11 *Platygaster zosina* Walker 8fach

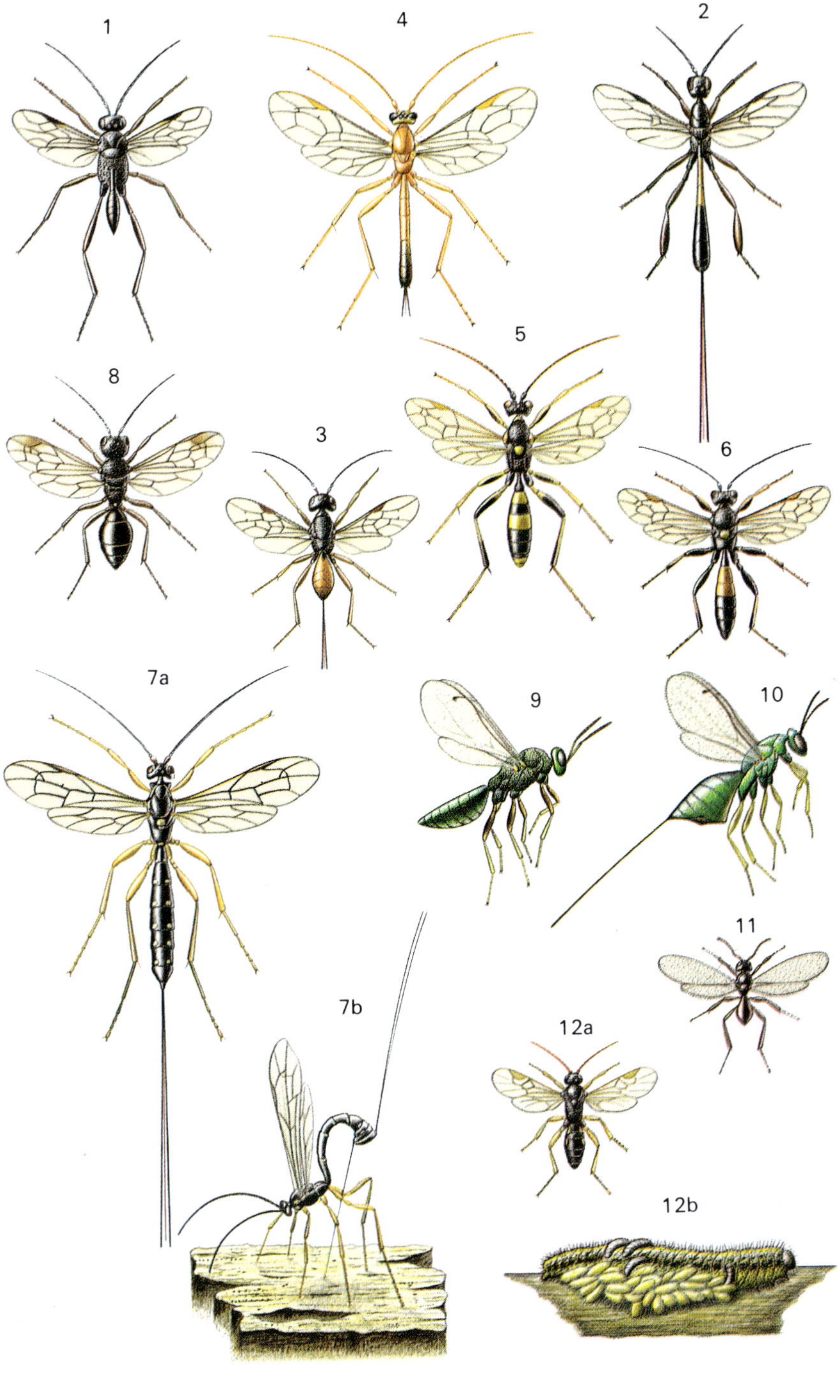
1
4
2
8
3
5
6
7a
9
10
11
7b
12a
12b

Ordnung Hymenoptera *Hautflügler* (Forts.)

Unterordnung Apocrita (Forts.)

Überfamilie **Scolioidea** 242
Größere Arten mit kräftigen Beinen und Stacheln, oft auffällig gefärbt; Pronotum erreicht Tegulae

Familie **Mutillidae** – Bienenameisen 242
Stark behaart, Weibchen flügellos, bunt
1a *Mutilla europaea* L. – Männchen 1,5fach
1b *Mutilla europaea* L. – Weibchen 1,5fach

Familie **Tiphiidae**
Unbehaart; Weibchen oft flügellos
2a *Methocha ichneumonides* Latreille, Männchen
2b ebenso, Weibchen beide 1,5fach

Familie **Scoliidae** – Dolchwespen 242
Große Tiere, Flügel gefärbt in beiden Geschlechtern
▲ 3 *Scolia flavifrons* Fabricius nat. Gr.

Familie **Sapygidae**
Beide Geschlechter geflügelt; Hinterflügel mit Anallobus
4 *Sapyga quinquepunctata* (Fabricius) 2fach

Überfamilie **Bethyloidea** / Familie **Chrysididae** – Goldwespen 241
Hinterflügel ohne geschlossene Zellen; Körper metallisch gefärbt
5 *Stilbum cyanurum* (Forster) 2fach
6 *Chrysis ignita* (L.) 2fach

Überfamilie **Formicoidea** – Ameisen / Familie **Formicidae** 242
Vorderer Teil des Hinterleibes stielchenartig mit ein oder 2 Verdickungen; Fühler gekniet; geflügelt oder flügellos
7a *Formica rufa* L. – Rote Waldameise, Männchen 2fach
7b Weibchen
7c Arbeiterin
8a *Messor barbarus* (L.) – Ernteameise, Männchen 1,5fach
8b Soldat
8c Weibchen
8d Arbeiterin

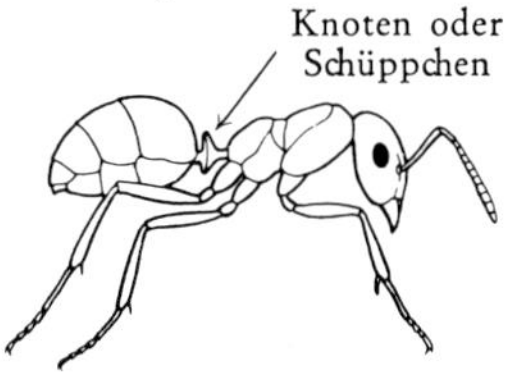

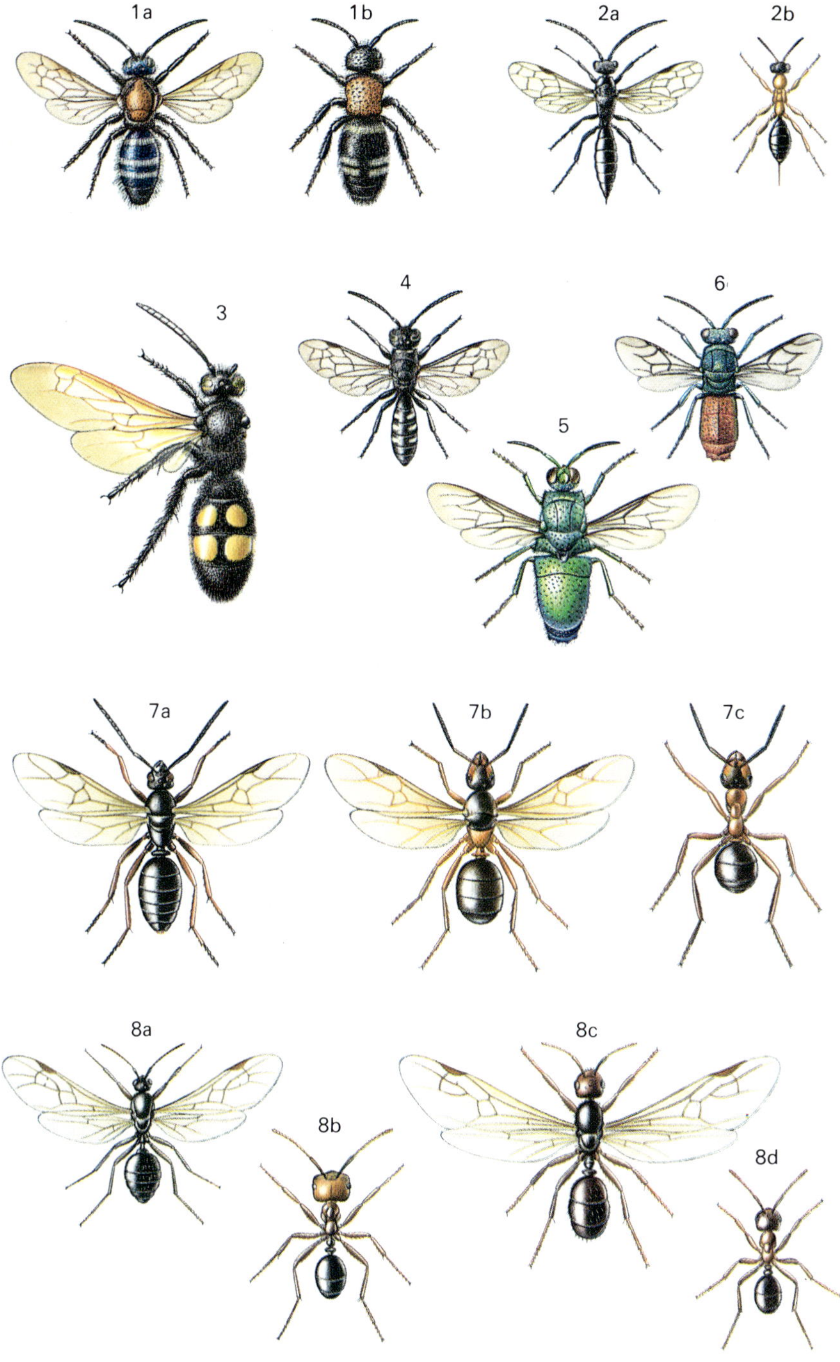
1a
1b
2a
2b
3
4
6
5
7a
7b
7c
8a
8c
8b
8d

Ordnung Hymenoptera *Hautflügler* (Forts.)

Unterordnung Apocrita (Forts.)

Überfamilie **Pompiloidea** / Familie **Pompilidae** – Wegwespen 247

Pronotum erreicht Tegulae; Flügel in der Ruhelage flach übereinandergelegt; Hinterschenkel recht lang*

▲ 1 *Cryptocheilus spectabilis* (Morawitz) nat. Gr.

2 *Anoplius viaticus* (L.) 1,5fach

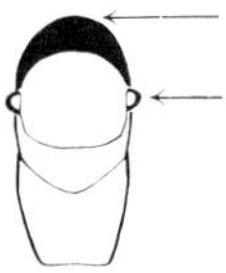

Thorax von oben gesehen

Überfamilie **Sphecoidea** / Familie **Sphecidae** – Grabwespen 248

Pronotum erreicht die Tegulae nicht; Hinterfußglieder nicht verbreitert*

3 *Ammophila sabulosa* (L.) 1,5fach

4 *Podalonia hirsuta* (Scopoli) 1,5fach

5 *Argogorytes mystaceus* (L.) 1,5fach

6 *Mellinus arvensis* (L.) – Kotwespe 2fach

7 *Pemphredon lugubris* (Latreille) 2fach

8 *Ectemnius sexcinctus* (Fabricius) 2fach

9 *Cerceris arenaria* – Knotenwespe 2fach

10 *Crabro cribrarius* (L.), Weibchen 2fach

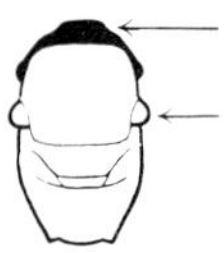

Thorax von oben gesehen

Die schwarz und gelb gezeichneten Vertreter der *Sphecidae* kann man auf den ersten Blick mit den echten Wespen *(Vespidae)* verwechseln. An ihrem Pronotum und an der Tatsache, daß sie die Flügel in der Ruhelage nicht der Länge nach zusammenfalten, kann man die Spheciden jedoch erkennen. Durch dieses Zusammenfalten erscheinen die Flügel der sozialen Wespen in der Ruhe auch bereits auf den ersten Blick viel schmaler (s. Tafel 42).

* Es gilt fast immer, daß die Männchen 13, die Weibchen 12 Fühlerglieder besitzen.

1
2
3
4
5
6
7
8
9
10

Ordnung Hymenoptera *Hautflügler* (Forts.)

Unterordnung Apocrita (Forts.)

Familie **Sphecidae** – Grabwespen (Forts.) 248

1 *Sphex maxillosus* Fabricius nat. Gr.

2 *Sceliphron destillatorium* Illiger nat. Gr.

3 *Bembix rostrata* L. nat. Gr.

▲ 4 *Liris praetermissa* (Richards) 2fach

▲ 5 *Pison atrum* Spinola 2fach

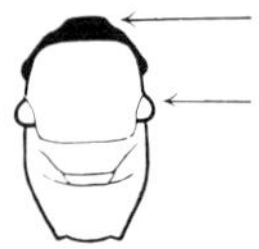

Thorax von oben gesehen

Überfamilie **Vespoidea** – Faltenwespen / Familie **Vespidae** 245
Pronotum reicht bis zu den Tegulae; Augen nierenförmig; Flügel in Ruhelage längs zusammengefaltet

Flügel gefaltet

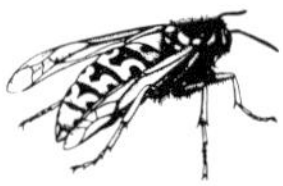

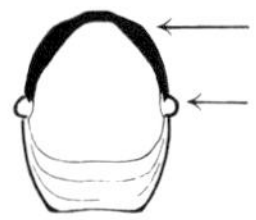

Thorax von oben gesehen

6 *Delta unguiculatus* (Villers) nat. Gr.

7a *Eumenes pedunculatus* (Panzer) – Pillenwespe 1,5fach
7b Nest dieser Art

8 *Oplomerus spinipes* (L.) – Lehmwespe 1,5fach

9 *Polistes gallicus* (L.) – Feldwespe 1,5fach

1
2
3
4
5
6
7a
8
7b
9

Ordnung Hymenoptera *Hautflügler* (Forts.)

Unterordnung Apocrita (Forts.)

Familie **Vespidae** – Wespen (Forts.) 245

Die verschiedenen Wespenarten unterscheiden sich vor allem im Zeichnungsmuster auf dem Gesicht und dem Hinterleib, wobei letztere etwas variieren können. Als Unterscheidungshilfe wurden die Gesichter aller dargestellten Arten mit abgebildet

1a *Paravespula vulgaris* (L.), Männchen nat. Gr.
1b Gesicht einer Arbeiterin 2fach
1c Königin nat. Gr.
1d Arbeiterin nat. Gr.

2 *Vespa crabro* L. – Hornisse nat. Gr.

3 *Dolichovespula media* (Retzius) nat. Gr.

4 *Paravespula rufa* (L.) nat. Gr.

5 *Dolichovespula sylvestris* (Scopoli) nat. Gr.

6 *Paravespula germanica* (Fabricius) nat. Gr.

7 *Dolichovespula norvegica* (Fabricius) nat. Gr.

8a *Vespula austriaca* (Panzer) – Kuckuckswespe, Männchen nat. Gr.
8b Gesicht 2fach
8c Weibchen nat. Gr.

Zur Artbestimmung werden auch die Färbung der Grundglieder der Fühler (bei den Männchen sind diese stets etwas gelb gefärbt) und die Länge der Wange zwischen Auge und Kieferansatz herangezogen. Ferner bestehen Unterschiede in der Zahl der gelben Flecken.

Achtung! Die abgebildeten Arbeiterinnen und Männchen wurden nach sehr großen Exemplaren gezeichnet. Besonders im Frühjahr und Frühsommer sind alle Arbeiterinnen etwas kleiner.

1a
1b
1d
1c
2
3
4
5
6
7
8a
8c
8b

Ordnung Hymenoptera *Hautflügler* (Forts.)

Unterordnung Apocrita (Forts.)

Überfamilie **Apoidea** – Bienen 248

Das Pronotum erreicht die Tegulae nicht; Hinterfüße gewöhnlich verbreitert; Tiere meist stark behaart

Die Familiendiagnosen werden an dieser Stelle fortgelassen, da die zur Trennung der Familien benutzten Merkmale nicht leicht zu erkennen sind. Ein Schlüssel für die wichtigsten Gattungen ist auf S. 250 zu finden.*

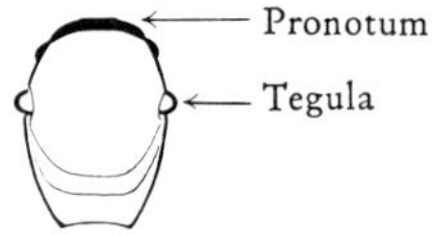

Thorax von oben gesehen

1 *Hylaeus signatus* (Panzer) 2fach

2 *Colletes succinctus* (L.) 2fach

3 *Panurgus banksianus* (Kirby) 2fach

4 *Dasypoda hirtipes* (Fabricius) 1,5fach

5 *Macropis labiata* (Fabricius) 1,5fach

6 *Stelis punctulatissima* (Kirby) 1,5fach

7a *Coelioxys inermis* (Kirby), Männchen 2fach
7b *Coelioxys inermis* (Kirby), Weibchen 2fach

8 *Chelostoma florisomne* (L.) 1,5fach

9 *Anthidium manicatum* (L.), Weibchen 2fach

10 *Anthidium florentinum* (Fabricius), Weibchen 1,5fach

▲11 *Anthidium variegatum* Latreille, Weibchen 2fach

* Es gilt fast stets, daß die Männchen 13, die Weibchen 12 Fühlerglieder besitzen.

1
2
3
4
5
6
7a
7b
8
9
10
11

Ordnung Hymenoptera *Hautflügler* (Forts.)

Unterordnung Apocrita (Forts.)

Überfamilie **Apoidea** – Bienen (Forts.) 248

Die Familiendiagnosen werden an dieser Stelle fortgelassen, da die zur Trennung der Familien benutzten Merkmale nicht leicht zu erkennen sind. Ein Schlüssel für die wichtigsten Gattungen ist auf S. 250 zu finden.*

1a *Megachile centuncularis* (L.), Männchen 2fach
1b *Megachile centuncularis* (L.), Weibchen 2fach
1c Tier im Fluge beim Transport eines Blattabschnittes

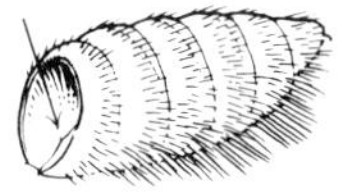

Hinterleib von *Megachile* mit der Höhlung auf seiner Vorderseite

2a *Eucera longicornis* (L.), Männchen 1,5fach
2b *Eucera longicornis* (L.), Weibchen 1,5fach

3 *Chalicodoma parietina* (Fourcroy) nat. Gr.

4a *Osmia rufa* (L.), Männchen 1,5fach
4b *Osmia rufa* (L.), Weibchen 1,5fach

5 *Sphecodes spinulosus* von Hagens 1,5fach

6a *Andrena armata* (Gmelin), Männchen 1,5fach
6b *Andrena armata* (Gmelin), Weibchen 1,5fach

7 *Nomada lineola* Panzer 1,5fach

8 *Halictus scabiosae* (Rossi) 2fach

9 *Lasioglossum malachurum* (Kirby) 2fach

10 *Ceratina cyanea* (Kirby) 3fach

* Es gilt fast stets, daß die Männchen 13, die Weibchen 12 Fühlerglieder besitzen.

Die zu den Gattungen *Andrena* und *Halictus* gehörenden Arten werden oft miteinander verwechselt, obwohl *Halictus*-Arten selten so flache Hinterkörper wie *Andrena*-Arten haben. Ferner ist die Furche auf der Oberseite des Hinterendes bei *Halictus* ein sicheres Unterscheidungsmerkmal. Schließlich können die Gattungen am Verlauf der Basalader in der Mitte des Vorderflügels unterschieden werden. Bei *Andrena* ist sie dort nahezu gerade, bei *Halictus* (und *Sphecodes*) ziemlich stark gekrümmt.

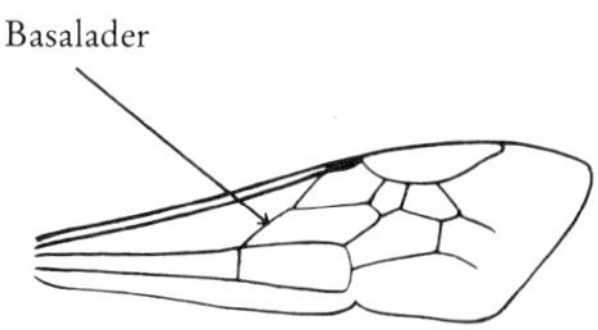

Andrena

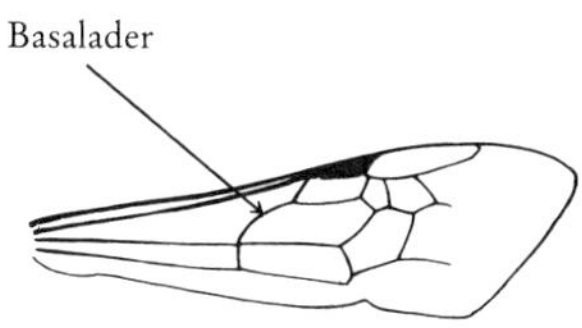

Sphecodes
ähnlich *Halictus*, *Lasioglossum*

1a
1b
1c
2a
2b
3
4a
4b
5
6a
6b
7
8
9
10

Ordnung Hymenoptera *Hautflügler* (Forts.)

Unterordnung Apocrita (Forts.)

Überfamilie **Apoidea** – Bienen (Forts.) 248

Die Familiendiagnosen werden an dieser Stelle fortgelassen, da die zur Trennung der Familien benutzten Merkmale nicht leicht zu erkennen sind. Ein Schlüssel für die wichtigsten Gattungen ist auf S. 250 zu finden.*

1 *Epeolus cruciger* (Panzer) 3fach

2 *Melecta luctuosa* (Scopoli) 1,5fach

3a *Apis mellifera* (L.) – Honigbiene, Drohne 1,5fach
3b *Apis mellifera* (L.) – Honigbiene, Königin 1,5fach
3c *Apis mellifera* (L.) – Honigbiene, Arbeiterin 1,5fach

4a *Anthophora acervorum* (L.), Männchen 1,5fach
4b *Anthophora acervorum* (L.), Weibchen 1,5fach

▲ 5 *Anthophora hispanica* (Fabricius) 1,5fach

6 *Xylocopa violacea* (L.) – Holzbiene nat. Gr.

7a ***Bombus terrestris* (L.) – Erdhummel, Männchen nat. Gr.
7b *Bombus terrestris* (L.) – Erdhummel, Arbeiterin nat. Gr.
7c *Bombus terrestris* (L.) – Erdhummel, Königin nat. Gr.

* Es gilt fast stets, daß die Männchen 13, die Weibchen 12 Fühlerglieder besitzen.

** Bei den abgebildeten Tieren handelt es sich um in England gefangene Exemplare. Bei den auf dem Kontinent vorkommenden Erdhummeln ist das Hinterleibsende fast immer weiß gefärbt, nicht gelblich.

1
2
3a
3b
3c
4a
4b
5
6
7a
7b
7c

Tafel 47

Ordnung Hymenoptera *Hautflügler* (Forts.)

Unterordnung Apocrita (Forts.)

Überfamilie **Apoidea** – Bienen (Forts.): **Hummeln und Schmarotzerhummeln** 248

1 *Bombus lucorum* (L.) 1,25fach

2 *Bombus lapidarius* (L.) – Steinhummel 1,25fach

3 *Bombus pratorum* (L.) – Wiesenhummel 1,25fach

4 *Bombus pascuorum* (Scopoli) (= *agrorum* Fabricius) – Feldhummel 1,25fach

▲ 5 *Bombus argillaceus* Scopoli 1,25fach

6 *Bombus consobrinus* Dahlbom 1,25fach

▲ 7 *Bombus hyperboreus* Schönherr 1,25fach

▲ 8 *Bombus wurfleini pyrenaicus* Gerstäcker 1,25fach

9 *Psithyrus rupestris* (Fabricius), Weibchen 1,25fach

10a *Psithyrus vestalis* (Geoffroy), Männchen 1,25fach
10b *Psithyrus vestalis* (Geoffroy), Weibchen 1,25fach

Soweit nicht anders vermerkt, handelt es sich bei den abgebildeten Tieren um Königinnen.*

Die *Psithyrus*-Arten sind Schmarotzer- oder Kuckuckshummeln, die ihre Eier in die Nester anderer Hummelarten legen. Jede Schmarotzerhummel-Art sieht ihrem normalen Wirt sehr ähnlich und ist an der Färbung nur schwer zu unterscheiden. Hauptunterschiede sind das weniger stark behaarte Abdomen bei *Psithyrus*, dessen Rückenplatten durchschimmern, und das Fehlen der Sammeleinrichtungen (Körbchen) auf den Hinterbeinen der Weibchen.

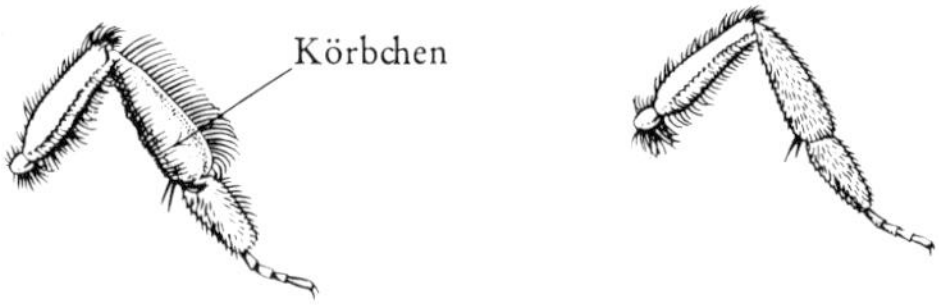

Hinterbeine von ***Bombus*** (links) und ***Psithyrus***

* Die Männchen besitzen 13, die Weibchen 12 Fühlerglieder.

1
2
3
4
5
6
7
8
9
10a
10b

Ordnung Coleoptera *Käfer*

Insekten mit festen, stark chitinisierten Vorderflügeln, die die Hinterflügel und normalerweise auch den Hinterkörper ganz bedecken. Diese Flügeldecken (Elytren) treffen auf der Mittellinie aneinander 258

Familie **Cicindelidae** – Sandlaufkäfer 262
Fühler auf der Stirn vor den Augen ansetzend; Flügeldecken glatt

1 *Cicindela campestris* L. – Feld-Sandlaufkäfer 1,5fach

2 *Cicindela silvatica* L. – Wald-Sandlaufkäfer 1,5fach

Familie **Carabidae** – Laufkäfer 262
Fühler an der Seite des Kopfes ansetzend; Flügeldecken gestreift

3 *Poecilus cupreus* L. 1,5fach

4 *Pterostichus niger* (Schaller) 1,5fach

5 *Leistus spinibarbis* (Fabricius) 1,5fach

6 *Elaphrus cupreus* Duftschmid 1,5fach

7 *Brachinus crepitans* (L.) – Bombardierkäfer 3fach

8 *Dromius quadrimaculatus* (L.) 3fach

9 *Dyschirius globosus* (Herbst) 6fach

10 *Amara aulica* (Panzer) 3fach

11 *Carabus granulatus* L. – Körniger Laufkäfer nat. Gr.

12 *Carabus nemoralis* O. Müller – Hain-Laufkäfer nat. Gr.

13 *Carabus violaceus* L. – Goldleiste nat. Gr.

△ Familie **Rhysodidae** 262
Kräftige, rosenkranzähnliche Fühler

▲14 *Rhysodes sulcatus* (Fabricius) 3fach

1
2
3
4
5
6
7
8
9
14
10
11
12
13

Ordnung Coleoptera *Käfer* (Forts.)

Familie **Dytiscidae** – Schwimmkäfer 264
Flügeldecken ohne deutliche Punktreihen; oft große Tiere

1a *Dytiscus marginalis* L. – Gelbrand, Männchen nat. Gr.
1b *Dytiscus marginalis* L. – Gelbrand, Weibchen nat. Gr.

2a *Acilius sulcatus* (L.) – Furchenschwimmer, Männchen nat. Gr.
2b *Acilius sulcatus* (L.) – Furchenschwimmer, Weibchen nat. Gr.

3 *Platambus maculatus* (L.) 3fach

4 *Noterus crassicornis* (Müller) 4fach

5 *Deronectes depressus* (Fabricius) 4fach

6 *Laccophilus minutus* (L.) 4fach

Familie **Gyrinidae** – Taumelkäfer 263
Mittel- und Hinterbeine kurz, paddelartig

7 *Gyrinus natator* L. 3fach

Familie **Hygrobiidae** – Feuchtkäfer 264
Vorquellende Augen

8 *Hygrobia tarda* Herbst 3fach

Familie **Haliplidae** 263
Kleine Käfer mit deutlichen Strich-Punkt-Furchen auf den Flügeldecken; Hinterhüften zu breiten Platten umgebildet

9 *Haliplus fulvus* Fabricius 4fach

Familie **Hydrophilidae** – Wasserkäfer 267
Fühler gekeult, Taster sehr lang

10 *Hydrous piceus* (L.) – Großer Kolbenwasserkäfer nat. Gr.

11 *Spercheus emarginatus* (Schaller) 3fach

12 *Laccobius sinuatus* Motschulsky 4fach

13 *Enochrus testaceus* (Fabricius) 4fach

14 *Hydrochus elongatus* Schaller 4fach

1a
1b
10
2a
2b
7
8
3
11
4
9
5
12
13
6
14

Ordnung Coleoptera *Käfer* (Forts.)

Familie **Silphidae** – Aaskäfer 269
Stark geknöpfte Fühler; Hinterleib von Flügeldecken nicht völlig bedeckt
1 *Necrophorus humator* Olivier – Schwarzer Totengräber 1,25fach
2 *Necrophorus vespilloides* Herbst 1,25fach
3 *Necrophorus investigator* Zetterstedt 1,25fach
4 *Phosphuga atrata* (L.) 2fach

Familie **Staphylinidae** – Kurzflügler 269
Fühler nicht gekeult; Flügeldecken sehr kurz, lassen gewöhnlich 6 Hinterleibssegmente frei
5 *Ocypus olens* (O. Müller) 1,25fach
6 *Tachyporus hypnorum* L. 3fach
7 *Stenus bimaculatus* Gyllenhal 2fach
8 *Paederus litoralis* Gravenhorst 2fach
9 *Philonthus marginatus* (Stroem) 2fach
10 *Emus hirtus* (L.) 2fach
11 *Creophilus maxillosus* (L.) 2fach

Familie **Sphaeritidae** 268
Glänzende Käfer mit stark gekeulten, jedoch nicht geknieten Fühlern; Vorderschienen ungezähnt; ein Hinterleibssegment frei
12 *Sphaerites glabratus* (Fabricius) 3fach

Familie **Histeridae** – Miststutzkäfer 268
Glänzende Käfer mit stark gekeulten, geknieten Fühlern; Vorderschienen stark gezähnt; zwei Hinterleibssegmente frei
13 *Hister cadaverinus* Hoffmann 2fach

Familie **Buprestidae** – Prachtkäfer 273
Metallische Käfer, Kopf tief in den Halsschild zurückgezogen; Augen oft groß
14 *Agrilus pannonicus* (Piller) 3fach
▲15 *Buprestis aurulentus* (L.) 2fach

Familie **Byrrhidae** – Pillenkäfer 272
Kugelige Käfer, die ihre Körperanhänge in Furchen auf der Körperunterseite einklappen können
16 *Byrrhus pilula* L. 2fach

Familie **Dascillidae** 272
Vorderhüften konisch; Fußglieder stark gelappt
17 *Dascillus cervinus* (L.) 2fach

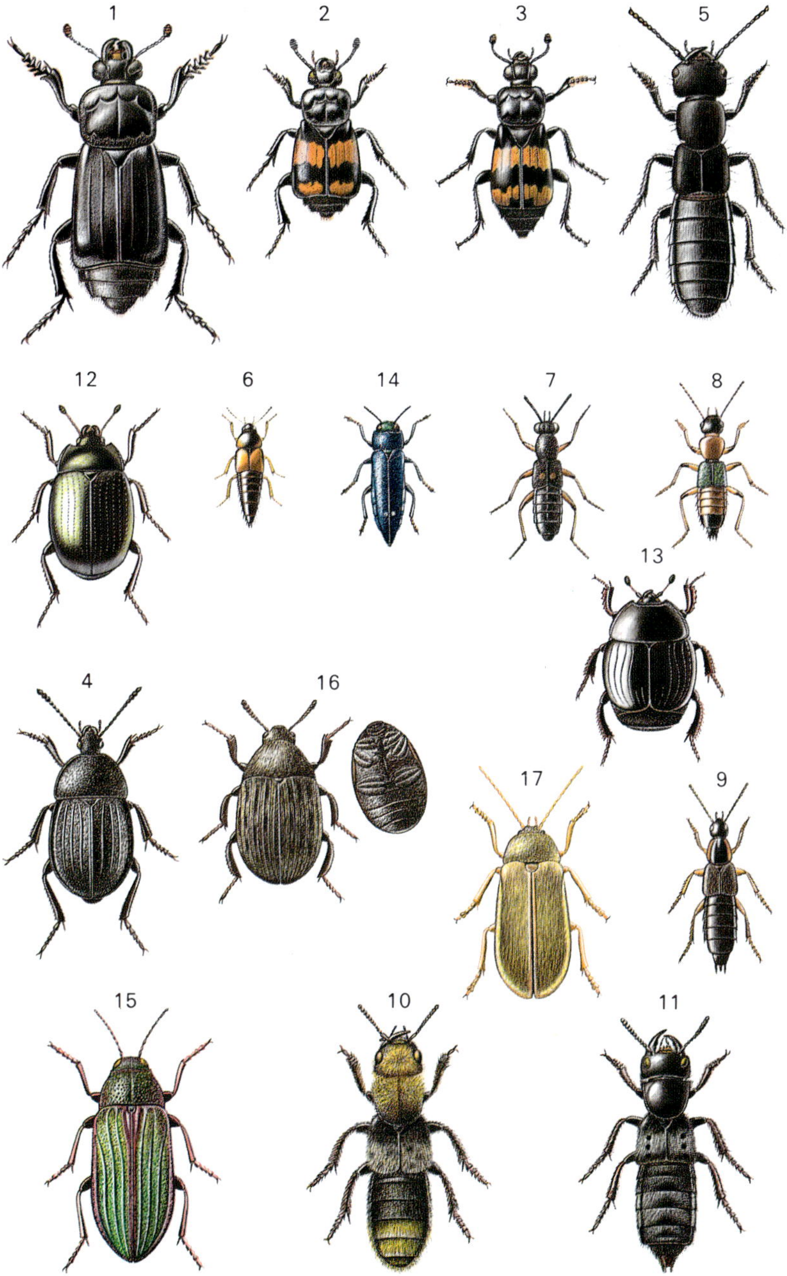
1
2
3
5
12
6
14
7
8
13
4
16
17
9
15
10
11

Ordnung Coleoptera *Käfer* (Forts.)

Familie **Lucanidae** – Hirschkäferartige 270
Fühler mehr oder weniger gekniet; letzte Fühlerglieder auf einer Seite in flache Platten ausgezogen

1a *Lucanus cervus* L. – Hirschkäfer, Männchen nat. Gr.
1b *Lucanus cervus* L. – Hirschkäfer, Weibchen nat. Gr.

2 *Dorcus parallelopipedus* (L.) – Balkenschröter nat. Gr.

3 *Sinodendron cylindricum* (L.) – Kopfhornschröter 1,5fach

Familie **Geotrupidae** – Mist- oder Roßkäfer 270
Fühler 11gliedrig, nicht gekniet, letzte Glieder als zusammenlegbare Blätterkeule ausgebildet; Kiefer von oben her sichtbar

4 *Geotrupes stercorarius* (L.) 1,5fach

5a *Typhoeus typhoeus* (L.) – Stierkäfer, Männchen 1,5fach
5b *Typhoeus typhoeus* (L.) – Stierkäfer, Weibchen 1,5fach

6 *Odontaeus armiger* (Scopoli) 1,5fach

Familie **Trogidae** 270
Fühler nicht gekniet, letzte 3 Glieder als zusammenlegbare Blätterkeule ausgebildet; Flügeldecken rauh skulpturiert, oft behaart

7 *Trox scaber* (L.) 2fach

Familie **Scarabaeidae** 271
Fühler 9- oder 10gliedrig, ungekniet, letzte Glieder als zusammenlegbare Blätterkeule ausgebildet; Kiefer von oben her gewöhnlich nicht sichtbar

8 *Copris lunaris* (L.) – Mondhornkäfer 1,5fach

9 *Aphodius rufipes* (L.) 2fach

1a
1b
2
3
4
5a
5b
6
7
8
9

Ordnung Coleoptera *Käfer* (Forts.)

Familie **Scarabaeidae** (Forts.) 271
1 *Melolontha melolontha* (L.) – Maikäfer 1,25fach
2 *Cetonia aurata* L. – Rosenkäfer 1,25fach
3 *Phyllopertha horticola* (L.) – Gartenlaubkäfer 1,25fach
4 *Hoplia philanthus* Fuessly 1,25fach

Familie **Cantharidae** – Weichkäfer 274
Langgestreckte Käfer mit behaarten, weichen Flügeldecken
5 *Cantharis rustica* Fallen 1,25fach
6 *Rhagonycha fulva* (Scopoli) 3fach

Familie **Lampyridae** – Leuchtkäfer 274
Langgestreckt; Flügeldecken, falls vorhanden, behaart und weich; Kopf vom Halsschild verdeckt; Leuchtorgane vorhanden
7a *Lampyris noctiluca* (L.) – Glühwürmchen, Männchen 1,25fach
7b *Lampyris noctiluca* (L.) – Glühwürmchen, Weibchen 1,25fach
7c *Lampyris noctiluca* (L.) – Glühwürmchen, Larve 1,25fach

Familie **Elateridae** – Schnellkäfer 273
Langgestreckt, Flügeldecken hart; Hinterwinkel des Halsschildes scharf zugespitzt; Fühler oft gezähnt oder gekämmt
8 *Ctenicera cuprea* (Fabricius) 1,25fach
9 *Athous haemorrhoidalis* (Fabricius) 1,25fach
10 *Ampedus balteatus* (L.) 1,25fach
11 *Agriotes lineatus* (L.) 3fach
12 *Oedostethus quadripustulatus* (Fabricius) 3fach

Familie **Dermestidae** – Speck- und Pelzkäfer 275
Fühler deutlich gekeult; Flügeldecken stark flaumig behaart; gewöhnlich ein großer Ocellus auf dem Kopf, der jedoch Dermestes fehlt
13 *Attagenus pellio* (L.) – Pelzkäfer 5fach
14 *Anthrenus fuscus* Olivier 5fach
15 *Dermestes maculatus* de Geer 3fach
16 *Dermestes lardarius* L. – Speckkäfer 3fach
17 *Trogoderma granarium* Everts – Khaprakäfer 3fach

Familie **Malachiidae** 276
Borstig; Fußklauen gezähnt oder mit anderen Anhängen
18 *Anthocomus fasciatus* (L.) 5fach

Familie **Heteroceridae** 273
Fühler kurz und dick; Vorderbeine stark bedornt
19 *Heterocerus flexuosus* Stephens 5fach

△ Familie **Cebrionidae** 274
Fühler dicht an den Augen ansetzend; Kiefer groß, vorragend
▲20 *Cebrio gigas* Fabricius, Männchen 1,25fach
ACHTUNG! Das Weibchen ist flügellos

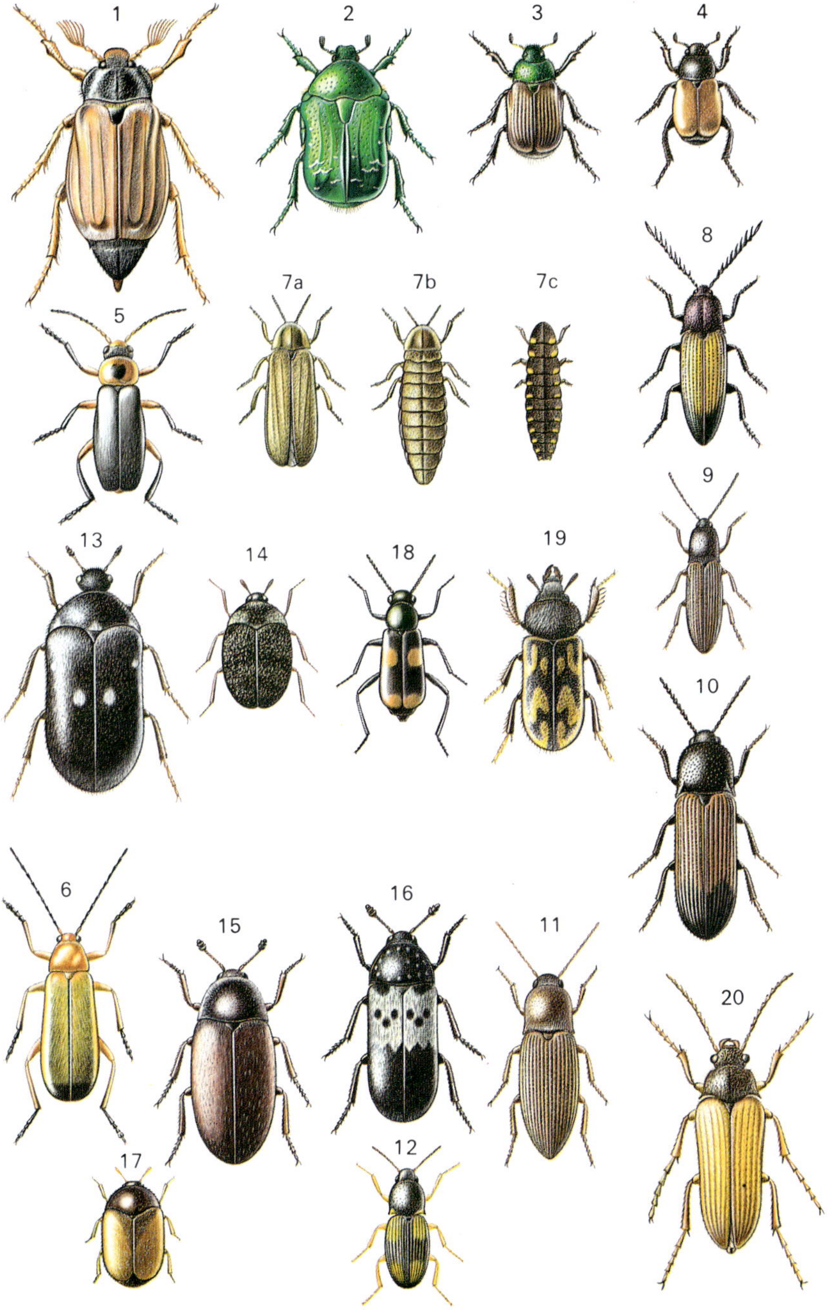
1
2
3
4
5
7a
7b
7c
8
9
13
14
18
19
10
6
15
16
11
20
17
12

Ordnung Coleoptera *Käfer* (Forts.)

Familie **Anobiidae** – Pochkäfer 276
Kopf oft durch das kapuzenartig vorgezogene Halsschild verdeckt; Fühler mehr oder weniger gesägt
1 *Lasioderma serricorne* (Fabricius) – Tabakkäfer 5fach
2 *Stegobium paniceum* (L.) Brotkäfer 5fach
3a *Anobium punctatum* de Geer – Gemeiner Nagekäfer 3fach
3b Typische Schäden durch Anobium-Larven („Holzwurm")
4 *Xestobium rufovillosum* (de Geer) – Totenuhr 3fach

Familie **Ptinidae** – Diebskäfer 276
Klein, Fühler und Beine lang; Kopf häufig unter dem Halsschild verborgen; Hinterleib meist kugelig
5a *Ptinus fur* (L.) – Kräuterdieb, Männchen 5fach
5b *Ptinus fur* (L.) – Kräuterdieb, Weibchen 5fach

Familie **Cleridae** – Buntkäfer 276
Behaart; Fühler stark gekeult; ein oder mehrere Fußglieder mit häutigen Lappen
6 *Necrobia rufipes* (de Geer) – Schinkenkäfer 5fach

Familie **Lyctidae** – Splintholz- oder Holzmehlkäfer 275
Länglich; Fühler mit großer, zweigliedriger Keule; letztes Fußglied sehr lang
7 *Lyctus linearis* (Goeze) 3fach

Familie **Bostrychidae** – Holzbohrkäfer 275
Halsschild kapuzenartig über Kopf vorgezogen; Fühler mit dreigliedriger Keule

Rhizopertha

8 *Rhizopertha dominica* (Fabricius) – Getreidekapuziner 3fach

Familie **Trogositidae** 276
Letzte Fußglieder relativ lang, mit kleinen Lappen zwischen den Klauen
9 *Tenebrioides mauritanicus* (L.) – Schwarzer Getreidenager 3fach

Familie **Lymexylonidae** – Werftkäfer 276
Schmal, flaumig behaart; Männchen mit buschigen Kiefertastern
10 *Hylecoetus dermestoides* (L.) 3fach
a Männchen, b Weibchen
11 *Lymexylon navale* (L.) 3fach
a Männchen, b Weibchen

Familie **Anthicidae** – Blumenkäfer 277
Klein; gerundeter Kopf klar vom Halsschild abgesetzt
12 *Anthicus antherinus* (L.) 3fach

Familie **Pyrochroidae** – Feuerkäfer 277
Stark abgeplattet, Fühler gefiedert; gewöhnlich rot gefärbt
13 *Pyrochroa coccinea* (L.) – Feuerkäfer 1,5fach

Familie **Oedemeridae** 277
Weiche, oft grünglänzende Käfer; vorletztes Fußglied zweilappig; Hinterschenkel der Männchen oft geschwollen
14 *Oedemera nobilis* (Scopoli) 1,5fach
a Männchen, b Weibchen

Familie **Tenebrionidae** – Schwarz- oder Dunkelkäfer 278
Kräftige, dunkle Käfer unterschiedlicher Gestalt; Flügeldecken oft verschmolzen
15 *Tenebrio molitor* L. – Mehlkäfer 1,5fach
16 *Blaps mucronata* Latreille – Totenkäfer nat. Gr.

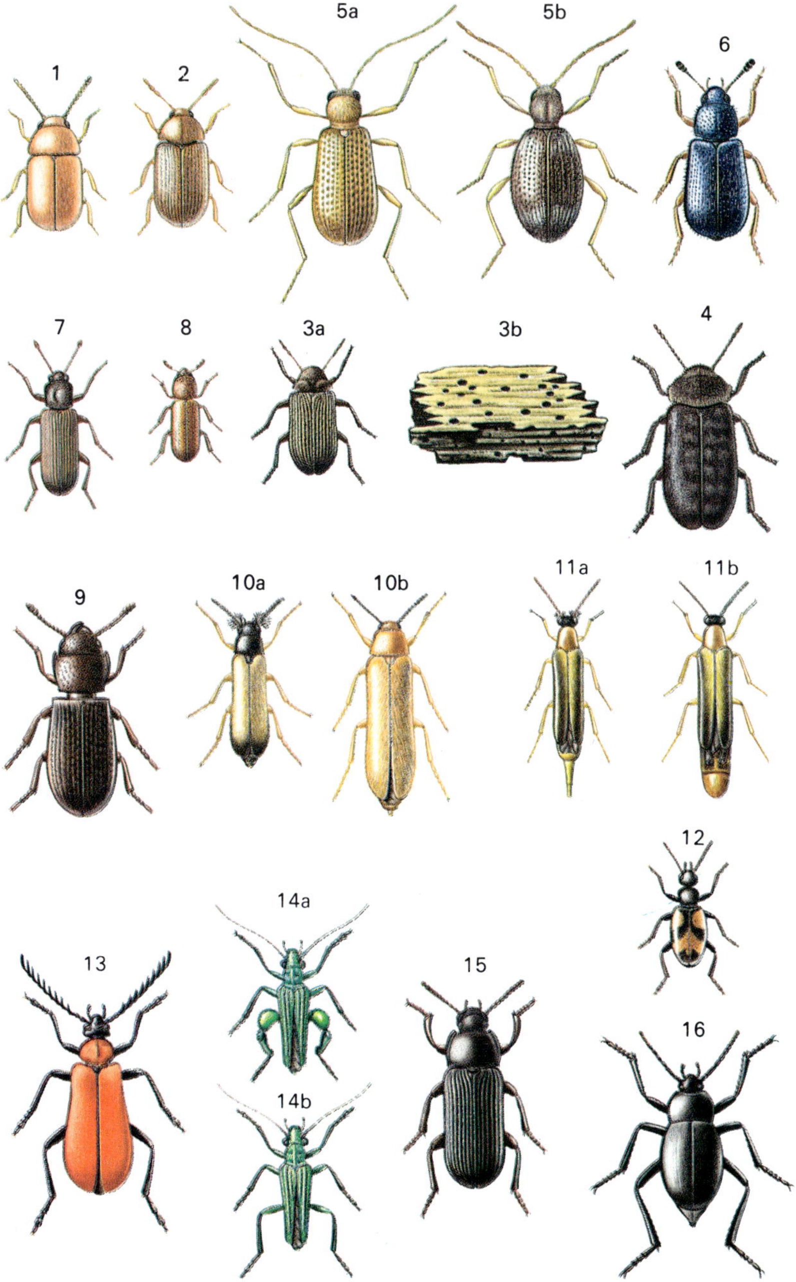
1
2
5a
5b
6
7
8
3a
3b
4
9
10a
10b
11a
11b
12
13
14a
14b
15
16

Ordnung Coleoptera *Käfer* (Forts.)

Familie **Meloidae** – Ölkäfer 277
Käfer mit weichem Körper und deutlich abgesetztem Hals; Flügeldecken oft verkürzt
1 *Meloë proscarabaeus* L. – Ölkäfer 1,25fach
2 *Lytta vesicatoria* (L.) – Spanische Fliege 1,25fach

Familie **Tenebrionidae** (Forts., s. Tafel 53) 278
Oft flügellos, Flügeldecken verschmolzen
3 *Tribolium confusum* Duval – Reismehlkäfer 4fach
4 *Gnathocerus cornutus* (Fabricius) – Vierhornkäfer 4fach

Familie **Nitidulidae** – Glanzkäfer 279
Fühler mit deutlich dreigliedriger Keule; Hinterleib oft frei
5 *Carpophilus hemipterus* (L.) 4fach

Familie **Cucujidae** – Plattkäfer 279
Fühler mit undeutlicher Keule; Halsschild an den Seiten bei vielen Arten gezähnt
6 *Oryzaephilus surinamensis* (L.) – Getreideplattkäfer 6fach

Familie **Cryptophagidae** – Schimmelkäfer 279
Sehr kleine, ziemlich behaarte Käfer mit deutlich gekeulten Fühlern
7 *Cryptophagus saginatus* Sturm 6fach

Familie **Coccinellidae** – Marienkäfer 279
Meist kugelige Käfer, deren Kopf von oben gesehen teilweise verborgen ist; Füße viergliedrig, das 3. jedoch winzig, so daß die Füße scheinbar dreigliedrig erscheinen
8 *Anatis ocellata* (L.) 2fach
9 *Coccinella 7-punctata* L. – Siebenpunkt 2fach
10 *Coccidula rufa* (Herbst) 5fach
11 *Rhyzobius litura* (Fabricius) 5fach
12 *Thea 22-punctata* (L.) 5fach
13 *Propylaea 14-punctata* (L.) 5fach
14 *Subcoccinella 24-punctata* (L.) – Luzernemarienkäfer 5fach
15a–d *Adalia bipunctata* (L.) – Zweipunkt 4fach
16a–d *Adalia 10-punctata* (L.) 4fach

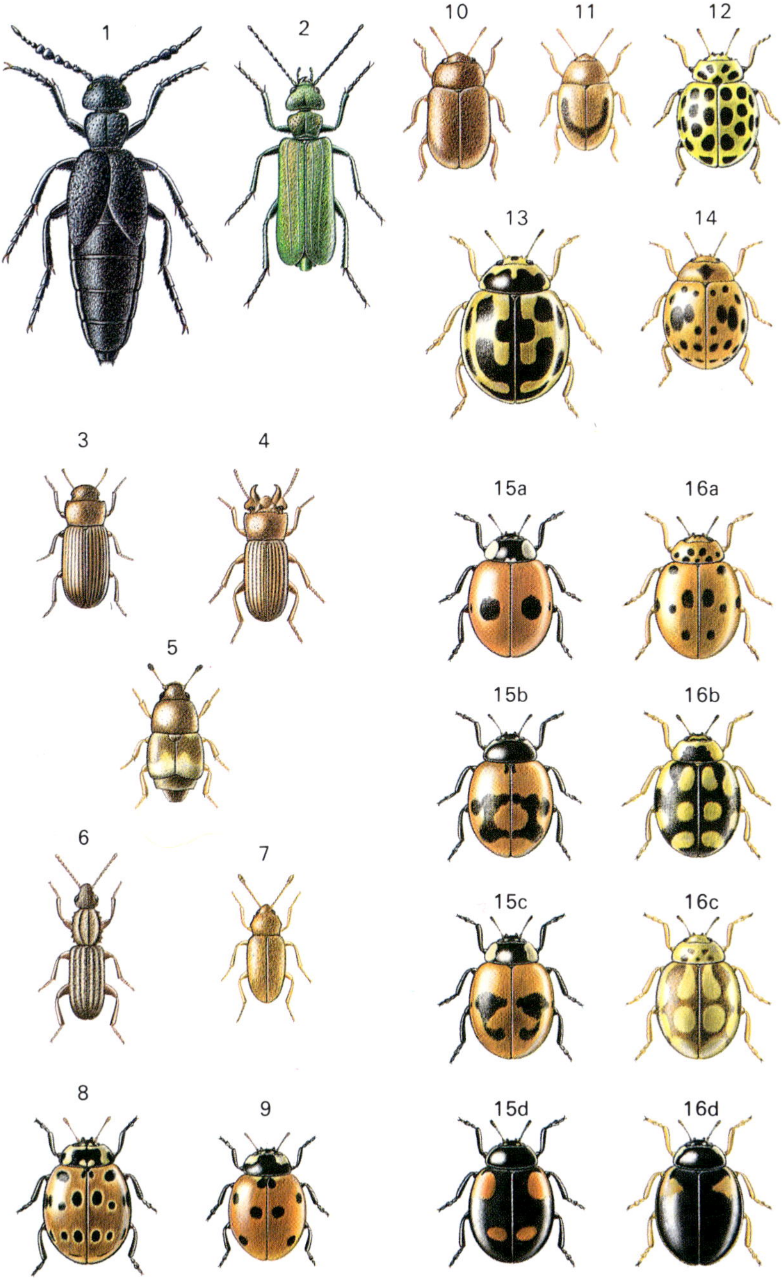
1
2
10
11
12
13
14
3
4
15a
16a
5
15b
16b
6
7
15c
16c
8
9
15d
16d

Tafel 55

Ordnung Coleoptera *Käfer* (Forts.)

Familie **Cerambycidae** – Bockkäfer 280
Fühler gewöhnlich sehr lang; Füße scheinbar 4gliedrig, das 2. Glied zweilappig

1 *Prionus coriarius* (L.) – Sägebock nat. Gr.

2 *Monochamus galloprovincialis* (Olivier) nat. Gr.

3 *Aromia moschata* (L.) – Moschusbock nat. Gr.

4 *Saperda carcharias* (L.) – Großer Pappelbock 1,25fach

5 *Cerambyx cerdo* L. – Eichenbock nat. Gr.

6 *Lamia textor* (L.) – Weberbock 1,25fach

7 *Clytus arietis* (L.) – Widderbock 1,25fach

8 *Agapanthia villosoviridescens* de Geer 1,25fach

9 *Hylotrupes bajulus* (L.) – Hausbock 1,25fach

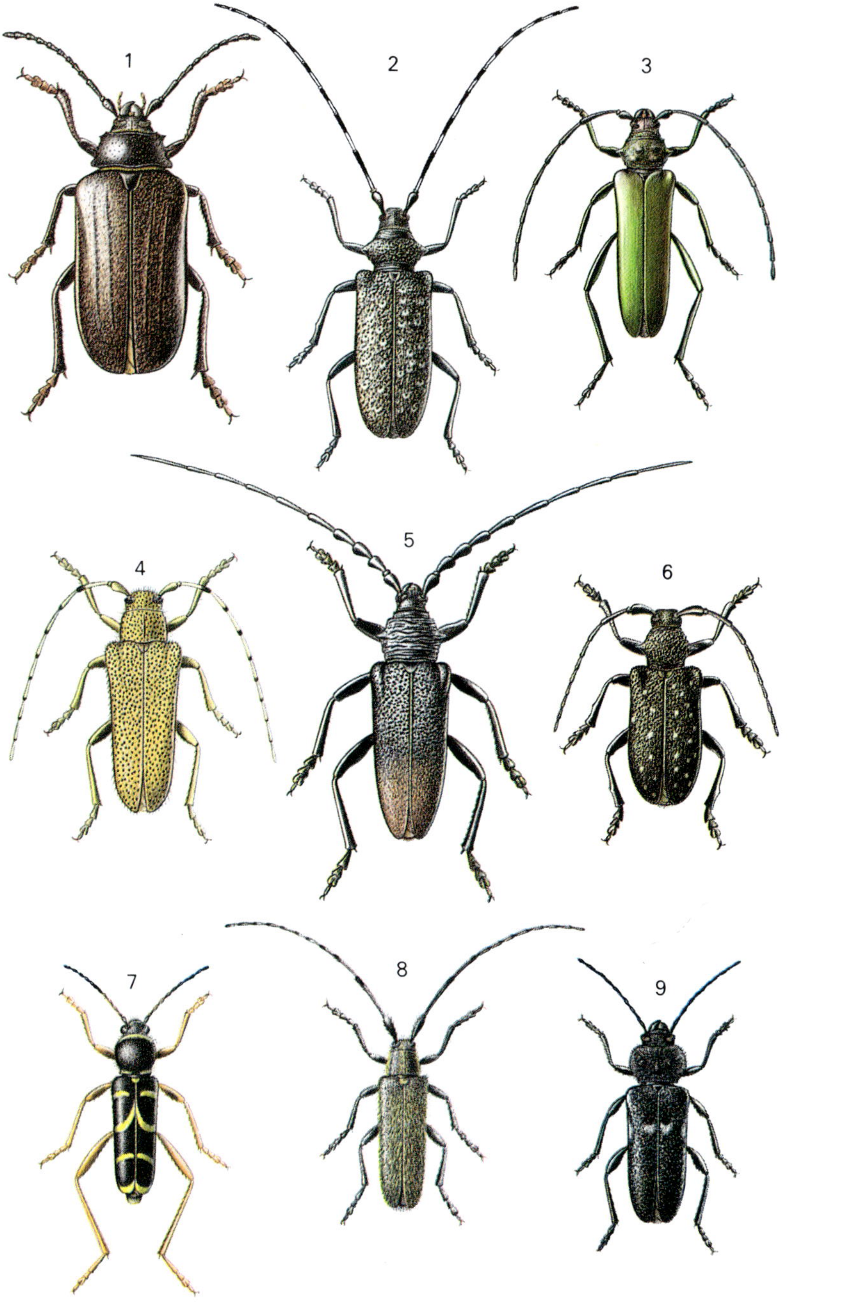
1
2
3
4
5
6
7
8
9

Ordnung Coleoptera *Käfer* (Forts.)

Familie **Chrysomelidae** – Blattkäfer 280

Meist ziemlich abgerundete Käfer mit glänzenden Flügeldecken; Fühler nicht außergewöhnlich lang; drittes Fußglied vergrößert, verbirgt das winzige vierte, so daß die Füße scheinbar viergliedrig sind

1 *Galerucella nymphaeae* (L.) – Erdbeer-Blattkäfer 2,5fach

2 *Donacia vulgaris* Zschach. – Schilfkäfer 2,5fach

3 *Chrysomela polita* L. 2,5fach

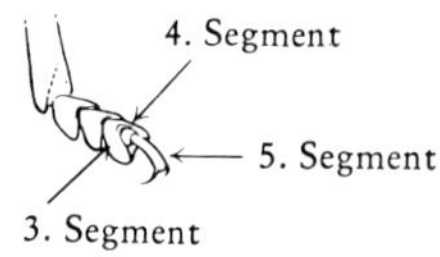

4 *Cassida viridis* L. – Grüner Schildkäfer 2,5fach

5 *Cryptocephalus hypochoeridis* (L.) 4fach

6 *Chrysomela hyperici* Forster 4fach

7 *Clytra quadripunctata* (L.) – Sackkäfer 2,5fach

8 *Gastroidea viridula* (de Geer) 4fach

9 *Phyllotreta nemorum* L. – ein Erdfloh 4fach

10 *Lema melanopus* (L.) – Getreidehähnchen 4fach

11 *Leptinotarsa decemlineata* Say – Kartoffelkäfer 1,5fach

12 *Timarcha tenebricosa* (Fabricius) 1,5fach

13 *Melasoma populi* (L.) – Pappelblattkäfer 1,5fach

Familie **Bruchidae** – Samenkäfer 280

Fühler zur Spitze hin deutlich verdickt; zwischen Kopf und Brustschild gewöhnlich ein Hals sichtbar; Flügeldecken oft verkürzt, den Hinterleib freilassend; Füße scheinbar viergliedrig

14 *Bruchus pisorum* (L.) – Erbsenkäfer 4fach

1
2
3
4
5
6
7
8
14
9
10
11
12
13

Ordnung Coleoptera *Käfer* (Forts.)

Familie **Curculionidae** – Rüsselkäfer 281

Kopf in einen vorragenden Rüssel ausgezogen

1 *Otiorrhynchus clavipes* (Bonsdorff) 2fach

2 *Coenorhinus aequatus* (L.) 4fach

3 *Byctiscus populi* (L.) – Pappelblattroller 4fach

4 *Apion miniatum* Germar 4fach

5 *Phyllobius virideaeris* (Laicharting) 4fach

6 *Notaris bimaculatus* (Fabricius) 4fach

7a *Dorytomus longimanus* (Forster), Männchen 4fach
7b *Dorytomus longimanus* (Forster), Weibchen 4fach

8 *Polydrusus tereticollis* (de Geer) 4fach

9 *Cryptorhynchus lapathi* (L.) 3fach

10 *Curculio nucum* L. – Haselnußbohrer 4fach

11 *Curculio elephas* Gyllenhal 4fach

12 *Sitophilus granarius* (L.) – Kornkäfer 4fach

13 *Cionus hortulanus* (Geoffroy) 4fach

Familie **Scolytidae** oder **Ipidae** – Borkenkäfer 281

Dunkle, zylindrische Käfer mit stark geknöpften Fühlern. Die Flügeldecken sind am Ende häufig ausgebuchtet

14 *Pityogenes bidentatus* (Herbst) – Kiefernborkenkäfer 6fach

15 *Scolytus scolytus* (Fabricius) – Großer Ulmensplintkäfer 4fach

Familie **Platypodidae** 282

Zylindrische Käfer, Halsschild seitlich mit Knoten; erstes Fußglied sehr lang

16 *Platypus cylindrus* (Fabricius) 4fach

1
2
3
4
5
6
7a
7b
8
9
10
11
12
13
14
15
16

Ordnung Lepidoptera *Schmetterlinge*

Raupen

Familie **Satyridae** – Augenfalter 161

1 *Maniola jurtina* L. – Ochsenauge

2 *Hipparchia semele* L. – Rostbinde

3 *Coenonympha tullia* Müller – Großer Heufalter

Familie **Nymphalidae** – Edelfalter 162

4 *Argynnis paphia* (L.) – Kaisermantel

5 *Limenitis camilla* (L.) – Kleiner Eisvogel

6 *Apatura iris* (L.) – Großer Schillerfalter

7 *Aglais urticae* (L.) – Kleiner Fuchs

8 *Inachis io* (L.) – Tagpfauenauge

Familie **Libytheidae** 162

9 *Libythea celtis* Laicharting – Zürgelbaumfalter

Familie **Nemeobiidae** 163

10 *Hamearis lucina* (L.) – Brauner Würfelfalter

Familie **Lycaenidae** – Bläulinge 163

11 *Lysandra coridon* (Poda) – Silbergrüner Bläuling

12 *Quercusia quercus* (L.) – Blauer Eichenzipfelfalter

13 *Lycaena dispar rutilus* Werneburg – Großer Feuerfalter

Familie **Papilionidae** – Ritterfalter 163

14 *Papilio machaon* L. – Schwalbenschwanz

15 *Parnassius apollo* L. – Apollofalter

Familie **Pieridae** – Weißlinge 164

16 *Pieris rapae* (L.) – Kleiner Kohlweißling

17 *Pieris brassicae* L. – Großer Kohlweißling

18 *Pontia daplidice* L. – Gemeiner Heufalter

19 *Colias hyale* L. – Gemeiner Heufalter

20 *Gonepteryx rhamni* (L.) Zitronenfalter

Familie **Hesperiidae** – Dickkopffalter 164

21 *Erynnis tages* (L). – Dunkler Dickkopffalter

22 *Ochlodes venatus* (Bremer et Grey) – Rostfarbiger Dickkopffalter

23 *Hesperia comma* L. – Kommafalter

1
2
3
4
5
6
7
8
9
10
11
12
13
14
15
16
17
18
19
20
21
22
23

Ordnung Lepidoptera *Schmetterlinge*

Raupen (Forts.)

Familie **Sphingidae** – Schwärmer 176

1 *Sphinx ligustri* L. – Ligusterschwärmer

2 *Celerio euphorbia* (L.) – Wolfsmilchschwärmer

3a *Deilephila elpenor* (L.) – Mittlerer Weinschwärmer
3b *Deilephila elpenor* (L.), Raupe in Drohstellung

Familie **Notodontidae** – Zahnspinner 174

4 *Cerula vinula* (L.) – Gabelschwanz, in Drohstellung

5 *Phalera bucephala* (L.) – Mondvogel

6 *Notodonta dromedarius* (L.)

7 *Pheosia gnoma* Fabricius – Birken-Porzellanspinner

Familie **Lymantriidae** – Schadspinner 175

8 *Orgyia recens* (Hübner) – Schlehenspinner

9 *Dasychira pudibunda* (L.) – Rotschwanz

10 *Porthesia similis* (Fuessly) – Schwan

Familie **Lasiocampidae** – Glucken 177

11 *Malacosoma neustria* (L.) – Ringelspinner

12 *Philudoria potatoria* (L.) – Trinkerin

Familie **Saturniidae** – Nachtpfauenaugen 177

13 *Eudia pavonia* (L.) – Kleines Nachtpfauenauge

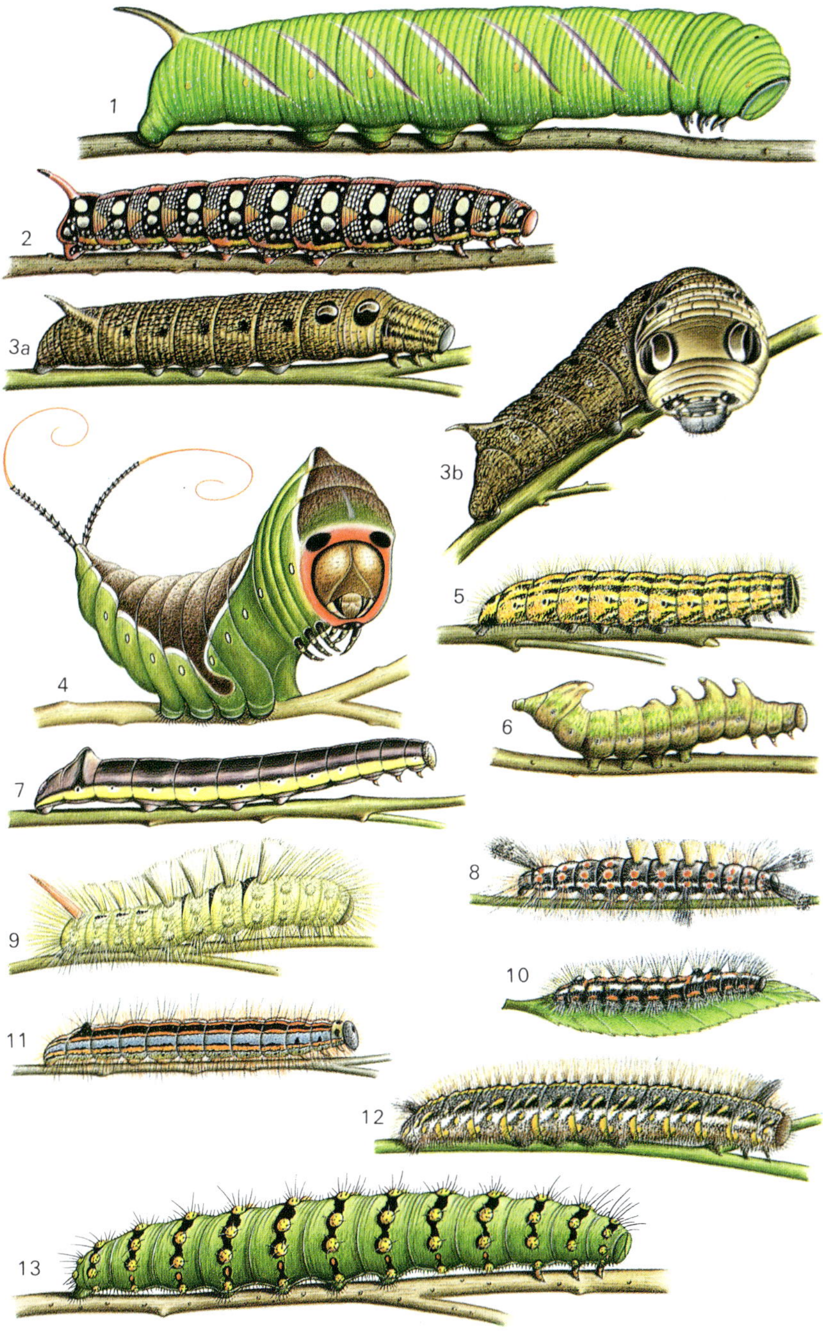
1
2
3a
3b
4
5
6
7
8
9
10
11
12
13

Ordnung Lepidoptera *Schmetterlinge*

Raupen (Forts.)

Familie **Amatidae** (= **Syntomidae**) – Fleckwidderchen 175

1 *Amata phegea* (L.) – Weißfleckwidderchen

Familie **Arctiidae** – Bärenspinner 175

2 *Arctia caja* (L.) – Brauner Bär
3 *Euplagia quadripunctaria* Poda
4 *Spilosoma luteum* Hufnagel – Holunderbär
5 *Thyria jacobaeae* (L.) – Karminbär

Familie **Noctuidae** – Eulen 175

6 *Pseudoips fagana* (L.) – Kleiner Kahnspinner
7 *Acronicta alni* (L.) – Erleneule
8 *Acronicta psi* (L.) – Pfeileule
9 *Acronicta aceris* (L.) – Ahorneule
10 *Acronicta rumicis* (L.) – Ampfereule
11 *Mamestra brassicae* (L.) – Kohleule
12 *Noctua pronuba* (L.) – Hausmutter
13 *Mamestra persicariae* L.
14 *Mamestra pisi* L. – Erbseneule
15 *Mormo maura* (L.) – Schwarzes Ordensband
16 *Euplexia lucipara* L.
17 *Leucania lythargyria* (Esper)
18 *Orthosia gothica* (L.)
19 *Cucullia verbasci* L. – Brauner Mönch

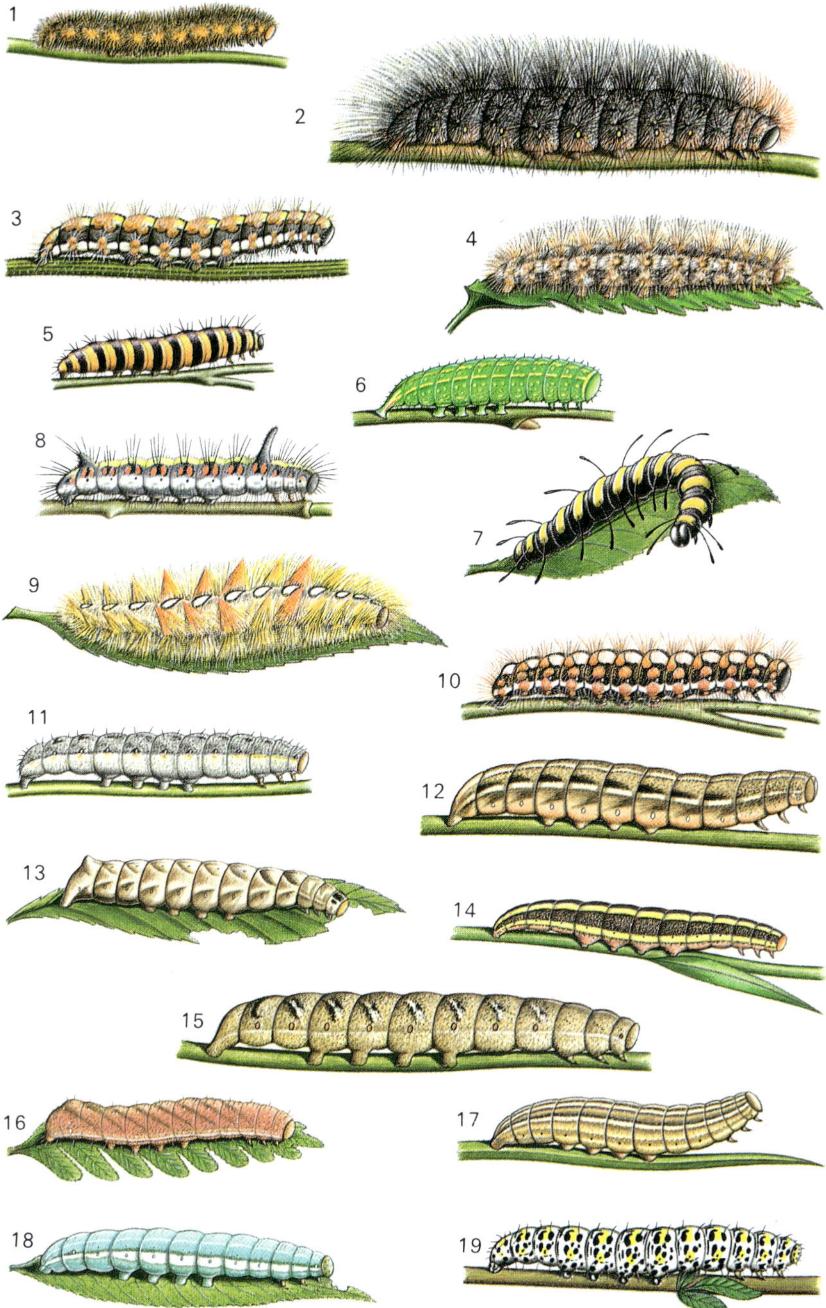
1
2
3
4
5
6
8
7
9
10
11
12
13
14
15
16
17
18
19

Ordnung Lepidoptera *Schmetterlinge*

Raupen (Forts.)

Familie **Noctuidae** – Eulen (Forts.) 175

1 *Unca triplasia* (L.)

2 *Scoliopteryx libatrix* (L.) – Zackeneule

3 *Plusia chrysitis* L. – Messingeule

4 *Catocala nupta* (L.) – Rotes Ordensband

Familie **Drepanidae** – Sichelflügler 176

5 *Drepana binaria* Hufnagel – Eichensichler

Familie **Geometridae** – Spanner 176

6 *Anaitis plagiata* L.

7 *Ennomos autumnaria* Werneburg – Herbstspanner

8 *Ourapteryx sambucaria* (L.) – Holunderspanner

9 *Abraxas grossulariata* (L.) – Stachelbeerspanner

10 *Erannis defoliaria* (Clerck) – Großer Frostspanner

11a *Biston betularia* (L.) – Birkenspanner
11b *Biston betularia* (L.) – Raupe beim Laufen

Familie **Zygaenidae** – Widderchen 168

12 *Zygaena filipendula* (L.) – Gemeines Blutströpfchen

Familie **Hepialidae** – Wurzelbohrer 165

13 *Hepialus humuli* (L.) – Hopfenmotte

Familie **Cossidae** – Holzbohrer 167

14 *Cossus cossus* (L.) – Weidenbohrer

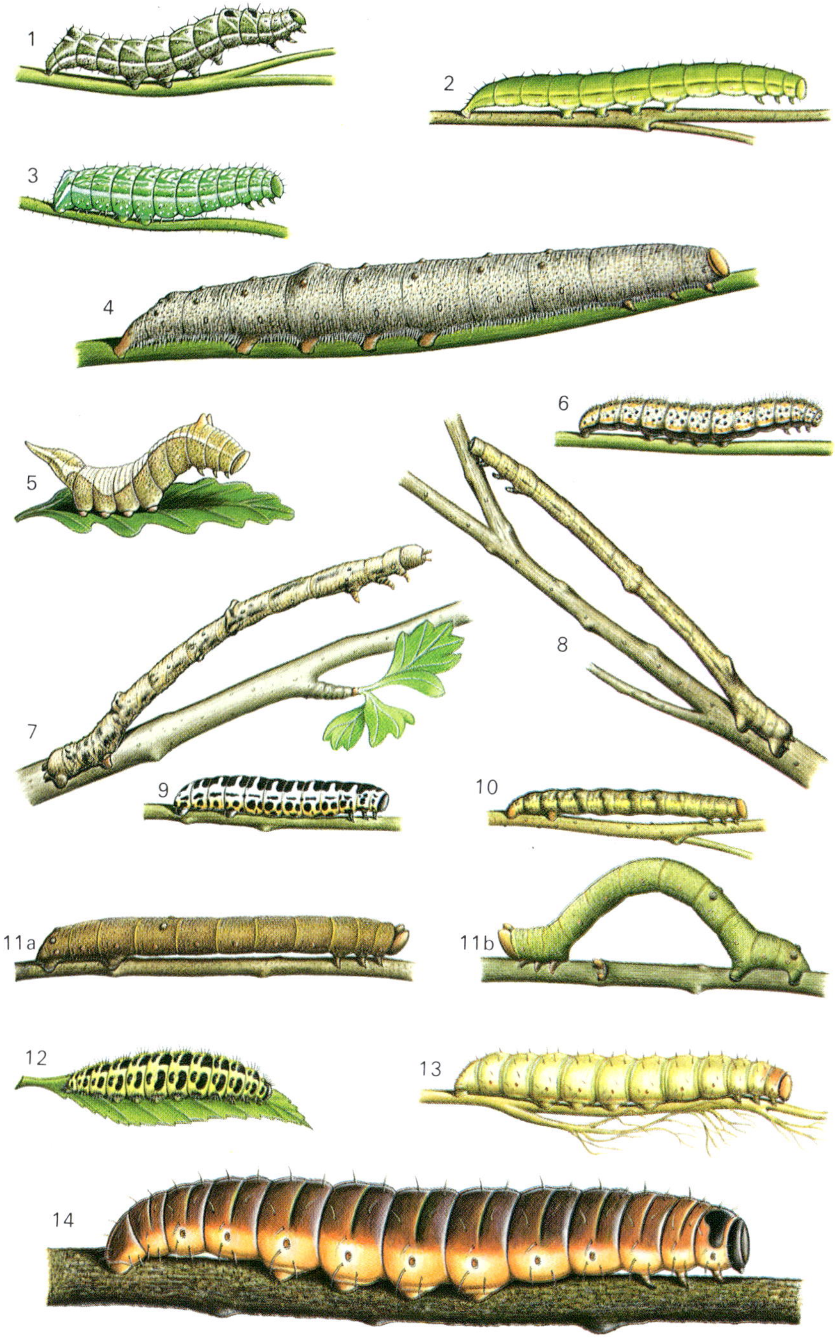

1
2
3
4
5
6
7
8
9
10
11a
11b
12
13
14

Ordnung Coleoptera *Käfer* (Forts.)

Käferlarven

Familie **Carabidae** – Laufkäfer 262
1 *Carabus* spec.

Familie **Cicindelidae** – Sandlaufkäfer 262
2 *Cicindela* spec.

Familie **Staphylinidae** – Kurzflügler 269
3 *Staphylinus* spec.

Familie **Silphidae** – Aaskäfer 269
4 *Silpha obscura* L.

Familie **Pyrochrodidae** – Feuerkäfer 277
5 *Pyrochroa* spec.

Familie **Elateridae** – Schnellkäfer 273
6 *Agriotes* spec. – Drahtwurm

Familie **Dermestidae** – Pelz- und Speckkäfer 275
7 *Anthrenus museorum* L. – Museumskäfer-Larve
8 *Trogoderma angustum* Solier

Familie **Cerambycidae** – Bockkäfer 280
9 *Cerambyx cerdo* L. – Eichenbock-Larve

Familie **Buprestidae** – Prachtkäfer 273
10 *Chalcophora mariana* L.

Familie **Hydrophilidae** – Wasserkäfer 267
11 *Hydrous piceus* (L.) – Großer Kolbenwasserkäfer, Larve

Familie **Dytiscidae** – Schwimmkäfer 264
12 *Dytiscus marginalis* L. – Gelbrand-Larve

Familie **Chrysomelidae** – Blattkäfer 280
13 *Cassida* spec. – Schildkäfer-Larve
16 *Leptinotarsa decemlineata* Say – Kartoffelkäfer-Larve

Familie **Scarabaeidae** 271
14 *Oryctes nasicornis* L. – Engerling des Nashornkäfers

Familie **Coccinellidae** – Marienkäfer 279
15 *Coccinella* spec.

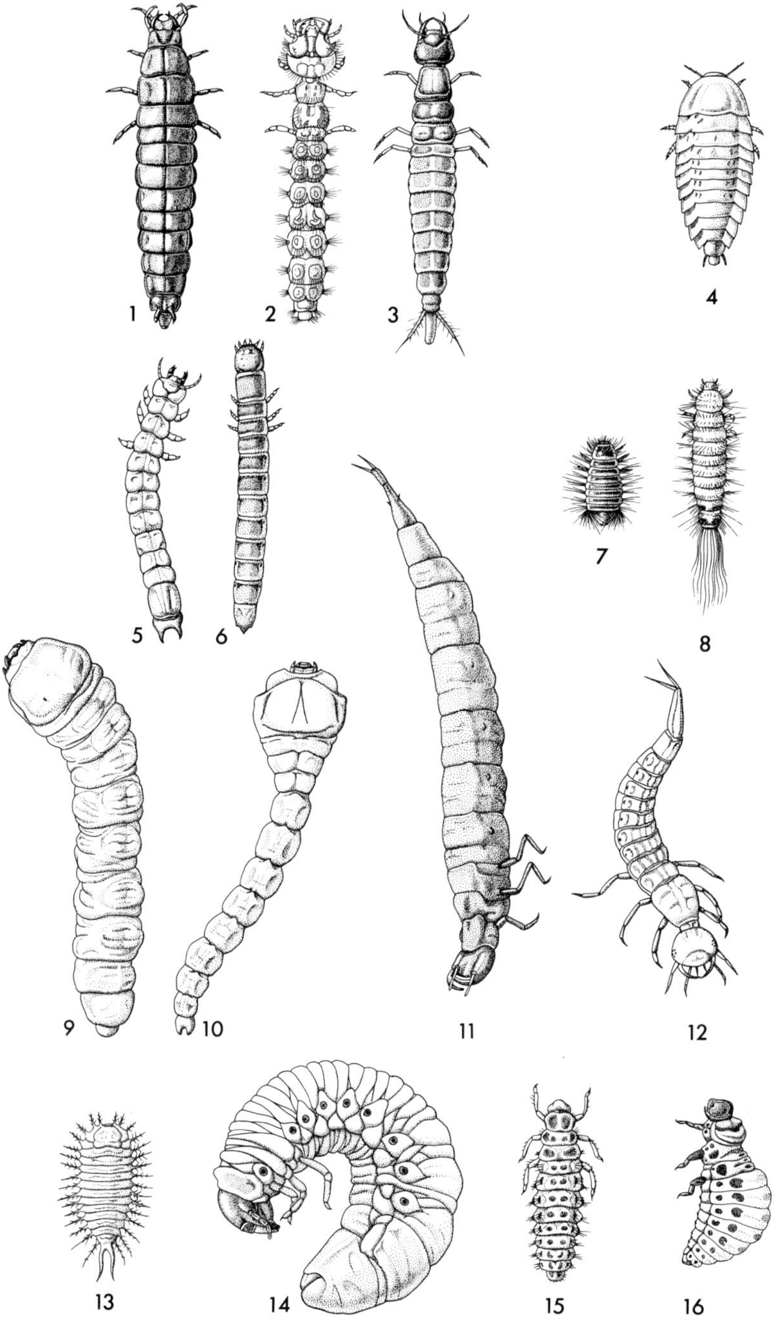

1
2
3
4
5
6
7
8
9
10
11
12
13
14
15
16

Ordnung Planipennia *Echte Netzflügler*

Larven

Familie **Chrysopidae** – Florfliegen – Landbewohner, Kiefer nadelartig, gebogen, Blattlausjäger 147
1 *Chrysoperla carnea* Stephens 3,5fach

Familie **Myrmeleonidae** – Ameisenjungfern – Landbewohner, Kiefer zangenartig gebogen, innen gezähnt 146
2 *Myrmeleon formicarius* L. – Ameisenlöwe 2,5fach

Familie **Sisyridae** – Schwammfliegen – Wasserbewohner in Schwämmen und Moostierchenkolonien, Kiefer nadelartig dünn, nach außen gebogen 147
3 *Sisyra fuscata* (Fabricius) 3,5fach

Familie **Osmylidae** – Bachhafte – Larve amphibisch an Gewässerrändern unter Steinen, Kiefer stilettartig, etwas nach außen gebogen 146
4 *Osmylus fulvicephalus* (Scopoli) 3,5fach

Familie **Ascalaphidae** – Schmetterlingshafte – Landbewohner, Kiefer zangenartig gebogen, innen kräftig gezähnt, Hinterleib seitlich mit großen Warzen besetzt 146
5 *Libelloides* spec. 2,5fach

Ordnung Megaloptera *Schlammfliegen*

Familie **Sialidae** – Schlammfliegen – Wasserbewohner, Hinterkörper mit 7 Paaren gegliederter, langer Tracheenkiemen 144
6 *Sialis lutaria* (L.) 3,5fach

Ordnung Raphidioptera *Kamelhalsfliegen*

Familie **Rhaphididae** – Kamelhalsfliegen – Landbewohner, Körper flach, Mundwerkzeuge wenig vorragend, unter Borke 145
7 *Raphidia notata* Fabricius 2,5fach

Ordnung Diptera *Zweiflügler*

Larven

Familie **Tipulidae** – Kopf undeutlich; hornige, sehr dunkle Kiefer durchschimmernd; Hinterende mit zwei Atemöffnungen teufelsfratzenartig 197
1 *Tipula* spec. 2fach

Familie **Chironomidae** – Zuckmücken – Vorder- und Hinterende mit einem Paar Afterfüßen; glasklar oder blutrot (Schlammbewohner) 200
2 *Chironomus* spec. 4fach

Familie **Simuliidae** – Kriebelmücken – In Fließgewässern mit Hinterende festgeheftet; Vorderende mit 2 charakteristischen Fächern zum Nahrungserwerb 201
3 *Simulium* spec. 4fach

Familie **Bibionidae** – Märzhaarmücken – Larven mit deutlicher Kopfkapsel; Bodenbewohner; am Hinterende längere Papillen 201
4 *Bibio hortulanus* L. 3fach

Familie **Stratiomyidae** – Waffenfliegen – Körper spindelförmig, Glieder teleskopartig verschiebbar; Hinterende mit Haarkranz 209
5 *Stratiomys riparia* Meigen 2fach

Familie **Syrphidae** – Schwebfliegen – Larven äußerst unterschiedlich. Räuberische Landbewohner, z. T. nacktschneckenartig oder halbdurchsichtig, Darm durchschimmernd. Schlammbewohner mit Atemrohr 212
6 *Syrphus torvus* Ost.-Sack 4fach
7 *Eristalis* spec. 2fach

Familie **Calliphoridae** – Schmeißfliegen – Ohne Kopf, Vorderende zugespitzt, Hinterende abgestutzt, häufig mit zwei dunklen Atemlöchern 219
8 *Calliphora vicina* (= *erythrocephala* Meigen) 4fach

Familie **Oestridae** – Biesfliegen – Larven tönnchenartig, stark bedornt; Mundhaken kräftig; Innenparasiten 217
9 *Gasterophilus intestinalis* de Geer – Pferdemagenbremse 2fach

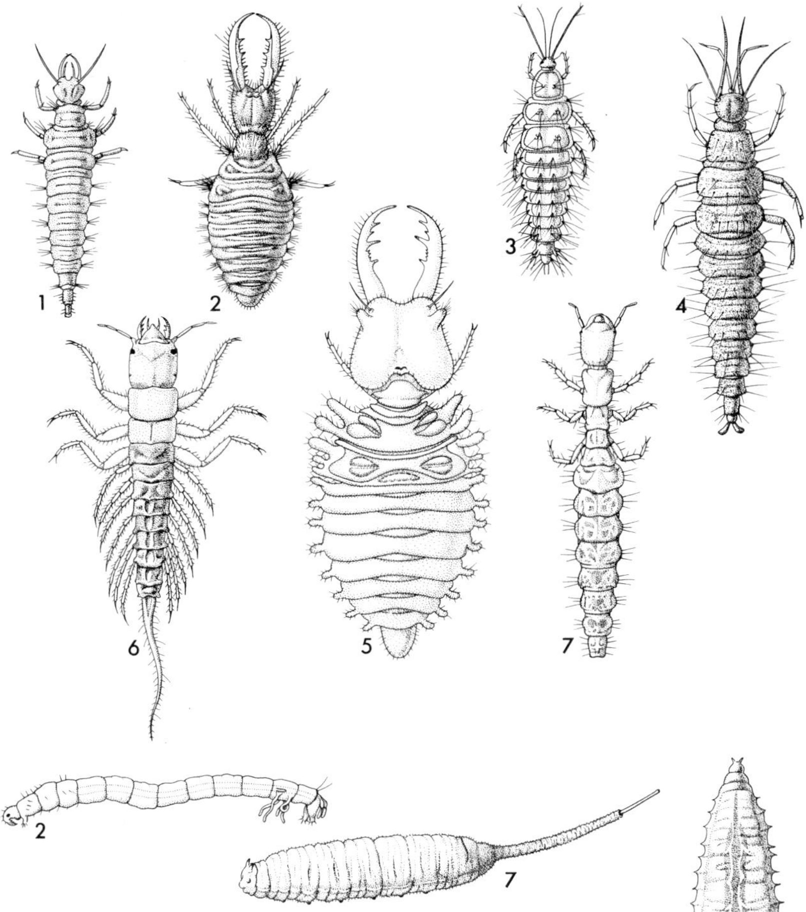

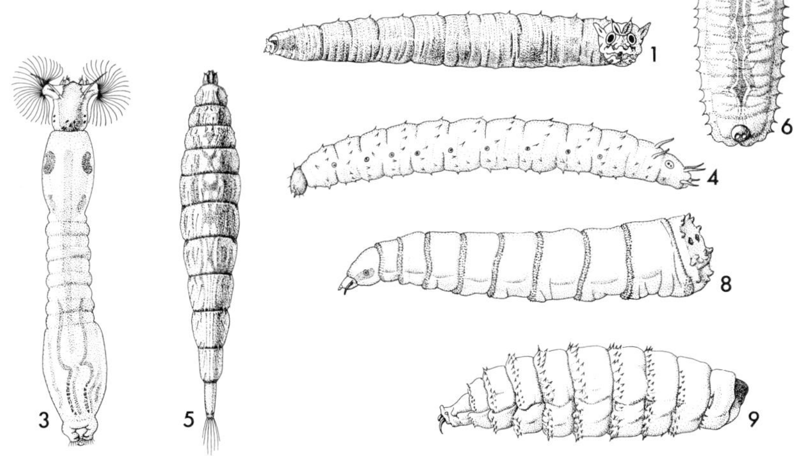

Ergänzungstafel

Ordnung Hemiptera / Unterordnung Heteroptera *Wanzen*

Familie **Pentatomidae** – Baumwanzen (s. Tafel 8) 125

1 *Dolycoris baccarum* L. – Beerenwanze nat. Gr.
2 *Eurydema oleraceum* L. – Kohlwanze nat. Gr.
3 *Aelia acuminata* L. – Spitzling nat. Gr.

Familie **Coreidae** – Rand- oder Lederwanzen (s. Tafel 8) 125

4 *Syromastus rhombeus* L. – Rautenwanzen nat. Gr.

Familie **Berytidae** – Stelzenwanzen (s. Tafel 9) 126

5 *Neides tipularis* L. – Große Stelzenwanze nat. Gr.

Ordnung Hemiptera / Unterordnung Homoptera *Zikaden*

Familie **Membracidae** – Buckelzirpen (s. Tafel 12) 135

6 *Ceresa bubalus* Fabricius – Büffelzirpe 1,5fach

Ordnung Hymenoptera / Unterordnung Apocrita

(s. Tafel 44/45)

7 *Tetralonia salicariae* (Lepeletier) Weibchen 2fach 251
8 *Tetralonia salicariae* (Lepeletier) Männchen 2fach 251
9 *Melitta leporina* (Panzer) Weibchen 2fach 251

Ordnung Coleoptera *Käfer*

Familie **Carabidae** – Laufkäfer (s. Tafel 48) 262

10 *Calosoma sycophanta* L. – Puppenräuber nat. Gr.

Familie **Scarabaeidae** (s. Tafel 52) 271

11 *Polyphylla fullo* L. – Walker nat. Gr.

Familie **Buprestidae** – Prachtkäfer (s. Tafel 50) 273

12 *Chalcophora mariana* (L.) – Kiefernprachtkäfer nat. Gr.

Familie **Cleridae** – Buntkäfer (s. Tafel 53) 276

13 *Thanasimus formicarius* (Fabricius) nat. Gr.
14 *Trichodes apiarius* (L.) – Immenkäfer nat. Gr.

Familie **Curculionidae** – Rüsselkäfer (s. Tafel 57) 281

15 *Apoderus coryli* L. – Dickkopfrüßler 1,5fach

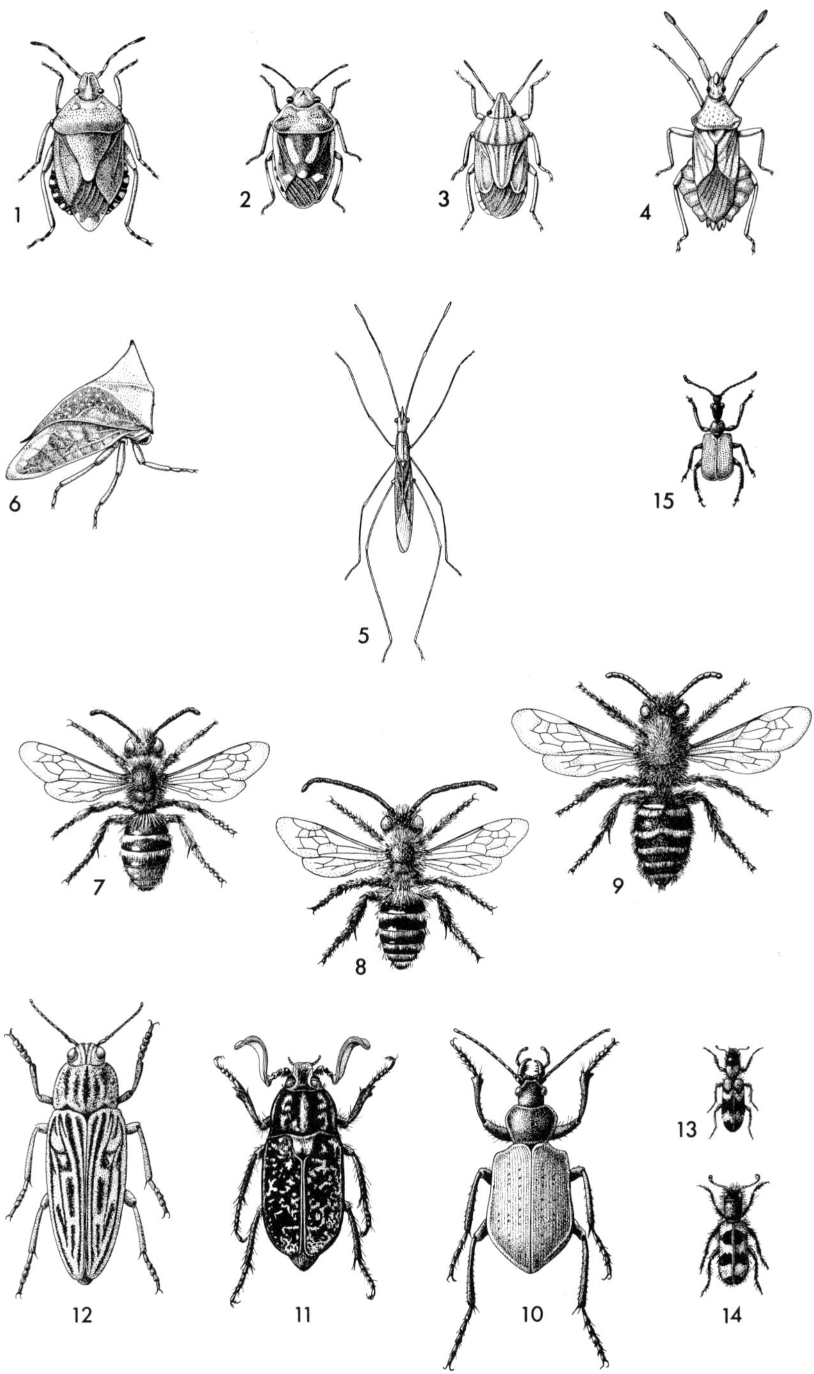
1
2
3
4
6
5
15
7
8
9
12
11
10
13
14

Register

Die normal gedruckten Zahlen verweisen auf den Text, die fettgedruckten Zahlen auf die Tafeln, auf denen die betreffenden Arten abgebildet sind.

Entomologische Handlungen

Fa. Lüco
Hans Lühr
Weissenburgstr. 4–6
D-2300 Kiel 1

Naturwissenschaftlicher Spezialversand
Gerd Fiebig
Langenscheidtstr. 10
D-1000 Berlin 62

Dr. E. Reitter
Veterinärstr. 4
D-8000 München 22

* World Wide Butterflies Ltd.
Over Compton
Sherborne
Dorset
Great Britain

* Fa. Bioform
Angelika Benecke
Giegenhausen 1 – Postfach 4
D-8069 Schweitenkirchen

* The Butterfly Farm
Bilsington
Ashford
Kent
Great Britain

* Carolina Biological Supply Company
2700 York Road
Burlington, North Carolina 27215
USA

Entomologische Handlung
Hans J. Lehmann
Koffererstr. 148
D-5141 Holzweiler/Erkelenz

Fa. A. Winkler
Dittesgasse 11
A-1180 Wien

Das Handbook for the Identification of British Insects kann bezogen werden von
E. W. Classey Ltd.
353 Hanworth Road
Hampton, Middlesex
Great Britain

* Diese Händler liefern auch lebendes Material (Eier, Raupen, Puppen)

NOTIZEN

NOTIZEN

Die fettgedruckten Zahlen verweisen auf die Tafeln,
die normalgedruckten Zahlen auf die Seiten

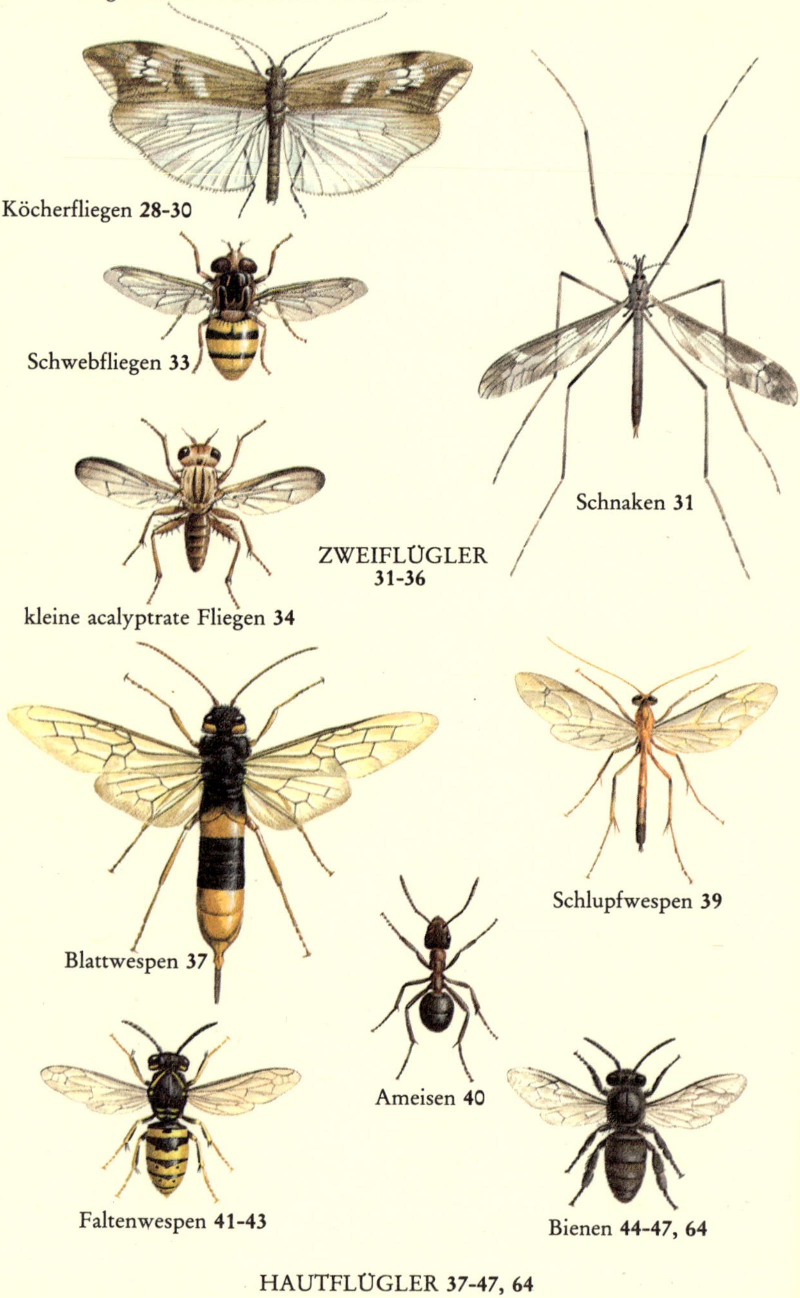